当我们谈论AI时

从互联网走向通用人工智能

上册

于晓强

著

清華大学出版社

北京

内 容 简 介

随着 2022 年底 ChatGPT 的横空出世，人们开始普遍意识到人工智能正成为新时期变革一切技术的"根技术"。但 AI 的发展不是一簇而就，有观点认为：互联网最大的价值，或许就是为 AI 积累了二十多年的数据。从 1994 年中国首次接入国际互联网算起到 2024 年，中国互联网行业迎来了 30 周年，这是中国科技行业穿越周期定律，快速发展的 30 年，是不可被复制的 30 年。本书正是一本记录中国科技互联网行业 30 年历史的行业编年体传记。

本书以"五纵四横"的框架记录了当代科技史的人类群星闪耀时。"五纵"即从赛道层面，重点关注科技互联网领域信息、社交、泛娱乐、电商、计算平台这五条核心赛道。"四横"即从时间轴上将中国互联网公司发展历程整体分为四大时期：青铜时代（1994—2000年）、白银时代（2001—2009 年）、黄金时代（2010—2018 年）、铂金时代（2019—2024年）。在"五纵四横"的框架下，本书妙趣横生地讲述了中美两国科技界主流互联网公司及创始人的故事，中国科技互联网公司在该年度最重要的战略动作与成果，每年度政治、经济、社会等层面的宏观变化、热点话题和社会现象等，兼备历史人文价值与商业战略价值。

本书适合任何对这段激荡人心的中国科技成长史感兴趣的读者阅读，包括但不限于财经读者，历史读者，企业管理者，企业观察、研究者，中国企业史、经济发展史研究者等。当我们谈论 AI 时，不应忘记它来时的路，看清我们曾经走过哪些弯路，如何抓住风口，才会在 AI 时代继续走在前沿。

图书在版编目(CIP)数据

当我们谈论 AI 时：从互联网走向通用人工智能 / 于晓强著．
北京：清华大学出版社，2025. 9. -- ISBN 978-7-302-70369-3
Ⅰ. TP18
中国国家版本馆 CIP 数据核字第 2025F8Y676 号

责任编辑：栾大成
封面设计：杨玉兰
责任校对：徐俊伟
责任印制：杨 艳

出版发行：清华大学出版社
　　　网　　　址：https://www.tup.com.cn，https://www.wqxuetang.com
　　　地　　　址：北京清华大学学研大厦 A 座　　　　　邮　　编：100084
　　　社 总 机：010-83470000　　　　　　　　　　邮　　购：010-62786544
　　　投稿与读者服务：010-62776969，c-service@tup.tsinghua.edu.cn
　　　质 量 反 馈：010-62772015，zhiliang@tup.tsinghua.edu.cn
印 装 者：涿州汇美亿浓印刷有限公司
经　　销：全国新华书店
开　　本：148mm×210mm　　　印　张：25.375　　字　数：707 千字
版　　次：2025 年 10 月第 1 版　　印　次：2025 年 10 月第 1 次印刷
定　　价：108.00（上、下册）

产品编号：100624-01

前言

当我们在谈论 AI 时，我们究竟在谈些什么？

2025 年的中国农历春节期间，一款名为 DeepSeek 的中国 AI 应用，迅速登顶了全球 140 多个国家的手机应用商店。中国深度求索公司所推出的推理模型 DeepSeek-R1，因为同时具备领先、开源、极低成本的特点，迅速在全球引发下载热潮。

对于西方的观察家来说，这款产品还有一个无法被忽视的标签：来自中国。德意志银行的分析师马克·安德里森（Marc Andreessen）将 DeepSeek 的发布称为"中国的斯普特尼克时刻"（Sputnik moment）。1957 年，苏联发射了人类历史上第一颗人造卫星——斯普特尼克 1 号（Sputnik 1），这标志着苏联在太空竞赛中的突破，当时震撼了全世界，更直接刺激了美国。"斯普特尼克时刻"在这之后，被指某一国家或地区在某个领域突然突破，带来巨大的技术、经济或政治影响，通常促使全球或其他国家重新评估自己的发展方向和竞争力。

一直以来，人们依旧觉得，人工智能距离大众生活还比较遥远。1997 年 IBM 公司的计算机深蓝"险胜"了人类象棋大师，2016 年谷歌公司的 AlphaGo 以"碾压"姿态战胜了人类围棋大师。2022 年的年底，ChatGPT 横空出世，改变了一切。自此之后，不论是远在美国硅谷的科技精英，还是近在中国的大街小巷的普通百姓，都意识到，人工智能技术正在加速改变着世界和每个人的生活。可以说人工智能，正在成为新时期，变革一切技术的"根技术"。

算力、数据、算法这三条河流，在 2022 年，终于汇聚一处，最终冲破束缚，奔向通用人工智能的海洋。数据方面，此前互联网已经在全球发展了 28 年，为 AI 积累了海量数据；算法方面，Transformer 架构提出，一个可以被规模化的网络结构终于出现；算力方面，半导体产业的发展，乃至整个软件生态的发展，让人类能够去训练 10 的 25 次方浮点数运算这样的庞大模型。

可以说，人工智能的发展得益于互联网、Transformer 架构和半导体技术的发展，这三个天时地利的因素共同促成了 AI to C 的机会。甚至有观点认为：互联网最大的价值，或许就是为 AI 积累了二十多年的数据。

人们有一种感觉，世界似乎重新回到了互联网刚刚开启的 1994 年，一切都在飞速增长，快速爆炸。人工智能正在以每年十倍的速度变得更好。当我们谈论 AI 时，我们不应忘记它来时的路，看清我们曾经走过哪些弯路，如何抓住风口，才会在 AI 时代继续走在前沿。

起心动念写这本书，源于 2018 年深秋的一个晚上，一个想法突然"砸中"了我的脑袋。

2018 年 10 月 30 日，传奇武侠小说作家金庸突然谢世，每一个中国人，都感到很伤感。这一天深夜，在从公司回家的路上，略感疲惫的我默默坐在出租车后座，一遍又一遍听着黄霑吟唱《沧海一声笑》略表纪念。快速划过车窗的，是北京繁华街道的乱世浮生。无数俗思杂念从脑中混沌地闪过。

一个想法闪现在我的头脑里：科技互联网行业，不就像极了金庸笔下的"江湖"吗？从1994年到2024年，在这个江湖上，发生了一些激动人心的创业故事。这30年的风云变幻，就像武侠世界里那般精彩绝伦。从1994年中国正式接入国际互联网到2024年这30年，是否值得用一本书来纪念？

当我们谈论AI时，不应忘了它来时的路。从.com到.ai的30年创业故事，我们能够看到当代科技史的人类群星闪耀时。

这个小小的创作目标自出现了之后，总是在我脑中挥之不去。我慢慢开始思量，自己是否有足够的能力和心力，来写作这样一本书。如果我的能力无法做出一些能让世界记住的事情，那尝试用文字去记录那些值得被记住的故事，也会是一个不错的选择。

过去三十余年的"三点成线"，让我自己多少有了一些信心。第一，我到目前为止的生命旅程，恰好见证了互联网在中国崛起的全过程，自己多少算是一个"亲历者"；第二，我在求学期间所学的专业是新闻传播学，也曾在不同类型媒体进行过实习，写过一些还算易懂的内容；第三，我工作以来，主要在科技互联网公司从事科技互联网行业的市场研究与分析工作。

贯穿生命的这30年的时光、新闻传播学的专业背景、互联网公司的工作经历，再加上心中对这一话题已经燃起的熊熊烈火，让我开始认为自己有可能驾驭这样一个庞大的题材。准备工作，也从2018年底左右，悄然开始。

30年是多长时间呢？如果按天计，30年总计约10 950天。这一万余天，足够让一个新生儿从呱呱坠地长至而立之年。在这一万余天里，互联网在全球范围实现了从无到有、从弱到盛，并在行业发展的高潮中，迎来了人工智能浪潮的序曲；在这一万余天中，一群本是英文教师、新闻记者、国企职工、大学辍学生的弄潮儿，转眼之间，成为了变革行业、改变社会的盖世英雄；在这一万余天中，60 后、70 后、80 后、90 后四代中国互联网创业家所创办的科技互联网企业完成了从无到有、由守转攻，最后纵横四海的创业三部曲。

"沧海一声笑，滔滔两岸潮，浮沉随浪只记今朝。"如果说创作本书有任何初衷，那就是尝试记录和描述科技互联网行业中的英雄群体，去记录昨天，去描绘今天，去猜测明天。

传统商业犹如登山，互联网行业更像是追逐一波又一波浪潮。一代又一代科技互联网人勇立潮头，争相跃上浪潮。即便没有机会追逐大潮，无数创业者也愿意作为一个"赶海者"，寻觅着属于自己的小机会。

从中美竞争大背景下看中国互联网公司"由守转攻"的出海历程，尤为有趣。让人振奋的是，在这 30 年中，中国互联网公司几乎在每条赛道，都在本土成功击退了国际巨头的进攻。进入 21 世纪第二个十年，中国互联网公司远征军开始尝试进军国际市场。TikTok 更是攻坚拔寨，一跃成为全球互联网平台。进入 21 世纪的第三个十年，人工智能浪潮的号角，重新集结齐了从 60 后到 90 后四代企业家。真正精彩的故事，或许才刚刚开始上演。

这横跨 30 年时光的写作历程犹如一个漫长的体育赛季，也是一场个人版本的世界大战。绝大部分写作任务被分散在日常工作结束后，或工作日出门前。在深夜打开笔记本，在清晨爬起来码字一小时。令我感激的是，这个"秘密项目"一直有着足够的吸引力，让我能够有耐心逐步将这个既真实又颇为魔幻的时空初步搭建起来。

吴晓波曾在写作《腾讯传》时感慨：你如何定义一座正在喷发，且已经喷发了 30 年的火山？如果说，腾讯是一座喷发中的火山，那科技互联网的这 30 年发展史，就是无数座或已熄灭、或正在喷发的"火山丛林"。让人激动的是，30 年犹如一个轮回，当前正在进行中的人工智能浪潮，让人们确信，科技互联网行业的下一波浪潮，已经到来。

这个"丛林"，繁密变化，千回百转。如果不希望在历史的无数条线索中"迷路"，我必须找到一个足够稳定的框架来浇筑出这本书的整体结构。参考早年王兴提出的"四纵三横"理论，本书以"五纵四横"的大框架来整体叙事推进。

"五纵"即从赛道层面，重点关注科技互联网领域信息、社交、泛娱乐、电商、计算平台这五条核心赛道。这五大科技互联网赛道犹如五条大河，水流自上而下，既急且宽，支脉频现，最终聚合入海，走向世界。

"四横"即从时间轴上进行横切，将中国互联网公司发展历程整体分为四大时期，分别是青铜时代（1994—2000 年）、白银时代（2001—2009 年）、黄金时代（2010—2018 年）、铂金时代（2019—2024 年）。

在"五纵四横"的大框架下，在这 30 年中，多股力量你追我赶、你争我夺，上演了精彩的竞合故事。这是跌宕起伏的 30 年，这是英雄辈出的 30 年。笔者尝试寻觅这万余天中的蛛丝马迹，试图回答三个问题：

第一，60 后、70 后、80 后，这三代从千军万马中脱颖而出的中美科技互联网领军人物究竟做对了什么？

第二，为何 eBay、雅虎、Google 等美国公司均在中国市场铩羽而归？中国互联网公司又是如何一步步走向海外市场的？

第三，在已经到来的人工智能时代，中国科技互联网公司何去何从？应该在国民经济中扮演怎样的角色？

为最大程度保证真实性，本书叙述素材主要来自公司招股书或财报、高管公开演讲或媒体访谈、官方公司传记，同时辅以第三方研究报告和权威媒体报道做交叉验证。但万密终有疏漏之处，笔者也期待着在未来的时光中，持续完善这个话题的准确性和可读性。

为提升本书的可读性，书中部分引用照片来源于网络，如有使用不当之处，图片版权方可联系笔者或出版社，我们将在图书再版时加以修正。

回顾过去，是为了更清晰地看清未来。亲爱的朋友，在 AI 的大航海时代，我不祝你一帆风顺，我祝你乘风破浪。

如果你准备好了，让我们共同开启这段从互联网，走向通用人工智能的时光之旅。

作者

2025 年 3 月

目录

青铜时代

1994
—
2000年

1994

物种起源

生活就像一盒巧克力，你永远不知道下一颗是什么味道。

——电影《阿甘正传》，1994

万物之中，希望至美。至美之物，永不凋零。

——电影《肖申克的救赎》，1994

　　达尔文在《物种起源》中写道："存活下来的物种，从不是最强壮的那群，也不是智力最高的种群，而是那些对变化做出最积极反应的物种"。

　　"学校英语教学以四、六级统考为准绳，以通过率高低、过与不过论英雄，而忽视学生听、说、读、写的实际水平的提高，这就像是拔苗助长，是不足取的。"在杭州电子工业学院 1994 年 3 月 15 日出版的校报上，一位来自该校基础部的青年教师马云这样说道。马云只是众多发言者之一，这一天的这一版面有一个统一的主题：

《首届优秀青年骨干教师谈我院的建设和发展》[①]

生于 1964 年 9 月的马云即将年满三十岁。他身材瘦削，天生一张娃娃脸，浑身散发着少年气。在经过三次高考的尝试后，马云终于在 1984 年考上了杭州师范学院英语系。而自从 1988 年本科毕业以来，他就一直在杭州电子工业学院教书。凭借这份教职，马云每个月能够按时领取 92 元人民币的工资。

名字被铅字印在报纸上，对任何一个年轻人来说，都是一件大事。利用下午的片刻休息时间，马云疾步走回办公室，将报纸平铺在办公桌上，开始逐字逐句地品味起来。

这次优秀青年教师评选，实际上缘自该校另一份文件：《关于稳定、发展我院青年骨干教师队伍的若干意见》。杭州电子工业学院的领导们，希望这些"有想法"的青年教师们能够安稳些。这两年的"下海潮"，让这个国家的年轻人们在工作之余，总是喜欢思考一些庞大又漫无边际的事情。

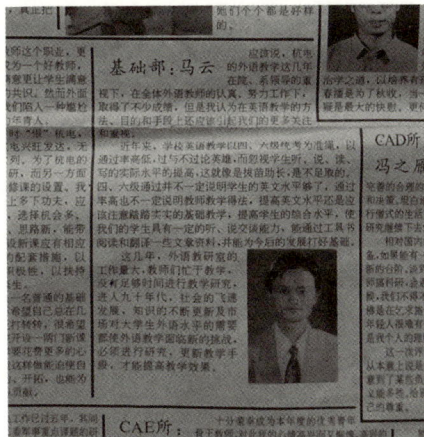

图 1-1　马云 1994 年在杭州电子工业学院校报发言

1994 年元旦当晚，九十高龄的邓小平，在一众随员的陪护下，缓步登上新锦江大酒店顶层，俯瞰上海的璀璨夜景。从 1988 年开始，这位老人每年都会来到这座气候温和的南方城市，度过春节。这次一到上海，邓小平主动提出要去杨浦大桥看看。杨浦大桥是上海市境内连接杨浦区与浦东区的过江通道，此时刚刚开通运营。踩在这座大桥上远眺时，这位老人竟不自觉地吟出一句诗："喜看今日路，胜读百年书。"[②]

[①]　1994 年 3 月 15 日的杭电报第二版《首届优秀青年骨干教师谈我院的建设和发展》专题。

[②]　武市红、高屹：《邓小平与共和国重大历史事件（102）》，《广安日报》2018 年 3 月 1 日。

在 1994 年，国人还是会经常谈起邓小平的那次"家庭旅行"。在 1992 年近乎同样的时间，邓小平冒着严寒从北京南下，以迅雷之势用 33 天视察了武汉、深圳、珠海、上海等 10 个中国改革开放的前沿城市。

这次的南方之行中，邓小平这样对他的国民和同事叮嘱："从现在起到下个世纪中叶，将是很要紧的时期，我们肩上的担子重，责任大，要埋头苦干。"[①] 在历史长河的关键时刻，中国社会主义改革开放的总设计师眺望远方，坚定地推动这艘巨轮瞄准新航向，开启一段新旅程。

从 1992 年开始，大批中国知识分子"下海"经商，中国人的注意力重新聚焦到发展经济上来。仅在 1992 年，就有 12 万公务人员辞职"下海"。敏锐的头脑们意识到，一个新时代已经到来。虽然没有人能够说清，未来究竟会变成什么样。

而杭州人马云，就是这一波浪潮中的一个典型代表。这年 1 月份，马云下定决心，希望在 30 周岁到来前，正式开启属于自己的事业。马云的成长伴随着杭州的逐步开放。1972 年尼克松访华后，很多美国游客跟随尼克松的脚步来到杭州。"小马云"会在早上五点起床，骑着自行车围着西湖转，他会主动为在此旅游的外国人免费做导游，以此来锻炼自己的英文口语。这样风雨无阻的日子，马云坚持了十余年。

这个年轻人有着与生俱来聚合人气的能力。杭州电子工业学院里曾有一个专门播放电影的俱乐部，旁边有一间偏厅一直空着，马云自告奋勇搬来了音箱，还专门放些流行舞曲供大家跳舞，并雇人在门口售卖冰淇淋。但热闹之余，马云也明白，这样的小打小闹无法真正做成事业。

如火如荼的中国力量

1994 年除夕当晚，中央电视台举办了第 12 届春节联欢晚会。这一

---

① 陈炎兵、何五星：《邓小平南方谈话与中国的发展》，中共中央文献研究室，2013 年 12 月 2 日。

年的晚会的主题颇具感染力：弘扬民族精神。春节一过，中国正式进入狗年。

一位这一年刚刚从美国回来的学者这样描述他所观察到的变化："在80年代之前，人们互称'同志'，在毛泽东时代结束后，我们曾短暂地用'先生'一词彼此称呼，而现在，'老板'这个称呼最受欢迎。"①

从7月1日开始，《中华人民共和国公司法》正式在全国范围内执行。从东北到长三角乃至珠三角，各色形态的公司企业，如雨后春笋般，一夜长满山头。一群弄潮儿，感受到了互联网"新大陆"的召唤，他们莽莽撞撞、单枪匹马，一个扑腾，跳入浪中。就这样，在太平洋东岸，一群互联网弄潮儿们开始来到这片海域，摩拳擦掌，准备大干一番。

年初，在珠海，一座名为"巨人"的大厦拔地而起。这座建筑的设计方案被一改再改，从16层最终升至70层。大厦的所有者史玉柱正是春风得意，他的巨人公司在1993年刚刚推出了M-6405、中文笔记本电脑、中文手写电脑等多款产品，快速占领了市场。② 在1994年的一次面向十大城市上万人的民意调查中，史玉柱在"最受崇拜的青年人物"中排名第二，排名第一的是美国微软公司的比尔·盖茨。

3月，在四川简阳，一家只有四张桌子的火锅店正式开业。火锅店老板张勇本是四川拖拉机厂的一名电焊工，在经历过几次失败的创业尝试后，他开启了新的商业冒险。张勇的太太有一次在打麻将时和牌，而且最后一张是自己摸到，这在四川重庆地区的麻将术语中被称为"海底捞"，有"海底捞月"之意。夫妇俩灵机一动，顺势把火锅店的名字从原本的"大三元"改为了"海底捞"。这家小小的火锅店逐渐在简阳地区有了些名气。

在北京，一家名为华谊的广告公司开始运营。创始人王中军拥有美国纽约州立大学大众传媒专业硕士学位。在美国时，王中军和太太通过

---

① 尹晓煌：《1994年中国的镀金与蜕变》，《大西洋月刊》1994年4月。
② 1993年，巨人的中文手写电脑和软件去年的销售额达到惊人的3.6亿元。

送外卖打工等辛苦工作，逐渐积累了 10 万美元，这也成为了他回国创业的启动资金。王中军和弟弟王中磊一起为华谊设定了一个远大的目标："每年挣到 50 万元人民币"。

这年夏天，22 岁的延边青年罗永浩加入了天津一家中韩合资企业，并顺利被派往韩国学习不锈钢金属电焊技术。罗永浩认为"知识分子要活得有尊严，就得有点钱"。在过去 4 年中，他先后筛过沙子，摆过书摊，代理过批发市场招商，还走私过汽车，做过期货。朝鲜族背景的他甚至还曾以短期旅游身份前往韩国销售过中国补药。[1] 这个年轻人逐渐意识到，此刻的自己还不太适合经商，更适合打工。

英语教师俞敏洪此刻正站在北京中关村一间闷热教室的讲台上，给学生上课。近几年的出国热让英语培训变成了一门利润极好的生意。去年，32 岁的俞敏洪从北京大学辞职后下海创业，他创办了这所名为北京新东方的英语培训学校。每天晚上回到住处，俞敏洪都会大致计算下自己目前的存款金额，他期待着尽快凑齐自己出国求学的费用。

闷声发大财，从来不容易。躁动的媒体们开始为中国企业家们盘算身家。这一年，美国《福布斯》杂志与香港中文《资本家》杂志合作，首次公布了中国内地富豪榜。进入榜单中的中国内地富豪共有 19 人，刘永好兄弟以 6 亿元人民币的财富成为第一，东方集团的张宏伟则以 5 亿元身价名列第二[2]。

此时的世界与中国

1994 年，还没有人会将美国与中国放在一起对比。这一年，中国 GDP 为 0.56 万亿美元，美国 GDP 为 7.31 万亿美元。此时美国有 2.62

---

[1] 罗永浩：《给我个机会面试吧，我会是新东方最好老师》，2000 年 1 月。
[2] 前 5 名：刘永好兄弟（约 6 亿元人民币）、张宏伟（5 亿元人民币），冼笃信（5 亿元人民币）、牟其中（3 亿元人民币）、张果喜（3 亿元人民币）。

亿人口，中国则有 11.98 亿人口。虽然中国人口总数量是美国的 4 倍，但美国经济总量却是中国的 13 倍。

这一年，电影《阿甘正传》在美国上映。主人公阿甘在电影中说了一句名言："生活就像一盒巧克力，你永远不知道下一颗是什么味道。"1994 年底，开放的中国正式引进了第一部好莱坞大片《亡命天涯》。

但此时的世界，对中国仍然疑虑重重。美国学者莱斯特·布朗在研究报告《谁来养活中国》中声称，中国未来 30 年的粮食产量将呈下降趋势，不但中国养活不了中国人，就是全世界也养活不了中国人。拥有冷峻面容和卷曲头发的布朗一时之间成为西方散布"中国威胁论"的标杆人物。

不管西方世界如何解读，此刻的中国已下定决心融入世界。不知从何时起，中国老百姓们有了两个清晰的目标：加入世界贸易组织①，以及尝试办一届奥运会。

全中国从上到下，都在憋着气希望早一点加入世界贸易组织（WTO）。因为一旦成功加入这一国际组织，中国将取得多边、稳定、无条件的最惠国待遇，并且还能以发展中国家身份获得普惠制等特殊优惠待遇。加入 WTO，可以让中国加速实现市场多元化，大幅度增加出口贸易额。

在 1993 年底，当中国国家主席同美国总统举行会晤时，阐明了中国处理"复关"问题的三项原则：第一，关贸总协定是一个国际性组织，如果没有中国这个最大的发展中国家参加是不完整的；第二，中国要参加，毫无疑问是作为发展中国家参加；第三，中国加入这个组织，其权利和义务一定要平衡。②

1993 年 1 月 11 日，中国正式提出申办 2000 年奥运会的目标。"开放的北京迎奥运"是北京的申奥口号。中国人希望北京能够通过成功申

---

① 1994 年 4 月 15 日，在摩洛哥马拉喀什市举行的关贸总协定部长会议上，与会各国决定成立更具全球性的世界贸易组织，以取代成立于 1947 年的关贸总协定。

② 1994 年，在世界贸易组织取代关税和贸易总协定的前一年，中国实际上已经非常接近"复关"的目标。但由于美国等少数缔约方谈判中持续拉扯，中国"复关"未果。

办奥运会，把中国的改革开放事业进一步推向前进。

遗憾的是，最终，中国人并没有从国际奥委会主席萨马兰奇口中听到"北京"一词，北京申办失败。在第二天北京的头班地铁里，车厢的门口贴上了白底黑字的小标语："申奥尚未成功，同志仍须努力"。

在这年上映的电影《肖申克的救赎》中，有一句日后成为经典的台词："万物之中，希望至美。至美之物，永不凋零。"这次申奥失败，并没有让中国人失去信心，人们隐隐觉得，中国越来越强盛的国力，终将迎来属于自己的荣光时刻。

对普通中国人来说，从 1994 年开始，生活发生了质的改变。

自新中国成立以来，中国人"单休"的日子一直过到了 1994 年。2月 3 日，国务院发布《国务院关于职工工作时间的规定》，实施每周工作 44 小时的新制度。规定从 3 月 1 日起，当月第一周双休、第二周单休，依次循环，即形成了"隔周五天工作制"。当时的人们管这个制度叫作"大小周末"。一般人们把休两天叫"大周末"，休一天叫"小周末"①。以往因只休息一天而出现的"战斗的星期天，疲劳的星期一"的日子告一段落。

从这一年开始，中国人逐渐有了更多休闲时间。拥有更多的休闲时间的人们期待更多信息娱乐。

元旦当天，一部名为《北

图 1-2 《北京人在纽约》海报

---

① 当然，没有人能够预料到，在未来的某一时刻，大小周将在一个名叫互联网的新兴行业"重新开张"。

京人在纽约》的电视剧①开始上映。这部电视剧讲述了两个北京青年，大提琴家王起明和妻子郭燕在纽约的奋斗故事。异国实景拍摄的新奇感以及跌宕起伏的剧情走向让这部片子很快火遍全国。对90年代的中国人来说，美国有些遥远，有人说那里是天堂，有人说那里是地狱。

4月1日，一档名为《焦点访谈》的电视节目在CCTV-1开始播出。

4月17日，第一届全国足球甲级联赛开始，大连万达队最终夺冠。

4月25日，一部名为《我爱我家》的40集情景喜剧开始播出。这是中国大陆第一部情景喜剧。透过90年代北京一个六口之家以及他们的邻里、亲朋各色人等构成的社会横断面，立体展示了中国改革开放浪潮中普通城市居民生活状态的快速变迁。

10月23日，CCTV-1首播了历史题材的电视连续剧《三国演义》，这部电视剧将三国时期魏、蜀、吴三国之间近一个世纪的争斗拍得极具张力又不乏韵味。尤其是电视剧的片头曲，让人回味无穷。

滚滚长江东逝水 / 浪花淘尽英雄 / 是非成败转头空 / 青山依旧在 / 几度夕阳红 / 白发渔樵江渚上 / 惯看秋月春风 / 一壶浊酒喜相逢 / 古今多少事 / 都付笑谈中 / 一壶浊酒喜相逢 / 古今多少事 / 都付笑谈中。

这一年，《东方时空》下的新栏目《生活空间》在秋季推出后引发广泛关注。很多人都记住了这个节目的宣传语。演员王刚配音，再加上一句三弦的尾音，被称为"中国第一定位"的栏目标板打出来了："讲述老百姓自己的故事"。

普通家庭的出行习惯，也有了一些新选择。年初，北京城里满城跑着的天津大发牌黄色面包车面临下课。根据北京市出租车汽车管理局的最新规定，从今年4月起，出租车将从"面的"升级为普桑和富康等车型。

7月3日，国务院正式颁布《汽车工业产业政策》，这是中华人民共和国成立以来第一部汽车产业政策，该政策明确了以轿车为主的汽车发

---

① 电视开始取代广播，成为全民最重要的信息和娱乐来源。

展方向，首次提出鼓励汽车消费，允许私人购车，对合资产品有了明确的国产化要求 ① 等。

1994 年中国民用汽车保有量为 940 万辆，其中私人汽车保有量为 205 万辆，占民用汽车保有总量的 21%。1994 年中国汽车工业产量为 135 万辆。②

来自港台地区的百货公司最早开始进入大陆市场。1993 年，台湾太平洋百货的门店开始在北京、上海、成都、重庆等城市开设。1994 年，香港的新世百货在武汉经营管理了第一家百货商场。1994 年 3 月，马来西亚百盛百货在北京复兴门内大街，开设了自己在中国市场的首家百货店 ③。此外，日本伊势丹百货、法国春天百货也在这一时期进入中国市场。④ 城市居民们，开始慢慢习惯前往超市，购买家庭的所需物资。

从这一年开始，在新华社浙江分社的青年记者吴晓波开始为《杭州日报》撰写专栏。通过一篇篇专栏，吴晓波学会用更易让读者接受的语言写作。

在这一年的街头小店，到处都在播放一首名为《同桌的你》的歌曲。流行音乐盗版光碟成为青年人的最爱，年轻人可以很轻松地找到地下交换市场。

伴随着回归脚步临近，内地与香港之间也开始更加亲密起来。越来越多香港电影、音乐作品传到内地。简单罗列影片名称，就可以看出当年香港电影的异常繁荣：《重庆森林》《东邪西毒》《赌神》《九品芝麻官》《国产凌凌漆》……

1993 年 6 月 30 日，香港 Beyond 乐队灵魂人物黄家驹去世，乐迷们

---

① 《汽车工业产业政策》第六章第 27 条明确提出"国家鼓励汽车工业企业利用外资发展我国的汽车工业"，这使得外资品牌直接在华投资有"法"可依。同时，第六章第 32 条还提到："生产汽车、摩托车整车和发动机产品的中外合资、合作企业的中方所占股份比例不得低于 50%"。50% 股比成为此后二十多年合资车企严格恪守的一道政策红线。

② 张小虞：《中国将迈向汽车产业强国》，人民网 - 国际金融报，2003 年 12 月 12 日。

③ 家乐福和普尔斯马特等超市于 1995 年进入中国。

④ 陈祺欣：《百货业 66 年见证了两大中国首富诞生 却败给万达模式》，《每日经济新闻》，2018 年 11 月。

在未来只能从无限回放中，感受曾经的歌声中充斥的真诚。实际上现在最当红的明星是两年前由刘德华、张学友、郭富城、黎明组成的"四大天王"。

8月19日，中央国家机关开始首次招考公务员。

12月19日，在天安门广场东侧、革命博物馆[①]西门回廊，香港回归倒计时牌开始矗立于天安门广场，那逐日减少精确到秒的红色数字，让每一个经过的人心潮澎湃。

图 1-3　香港回归倒计时

自1978年改革开放，到1994年开年，中国已进行了15年经济改革。普通人已习惯通过自己劳动赚来的收入购买所需物品，城市居民的

---

① 1969年9月，中国革命博物馆和中国历史博物馆合并，称中国革命历史博物馆；1983年初，两馆恢复独立建制；2003年2月28日两馆再次合并，成立中国国家博物馆。

生活质量有着较为明显的改善。多年以来，城市居民发现，出来遛弯时在大街上开始偶尔可以看见胖子。

同样是在 1994 年，这一年，三位经济学家林毅夫、蔡昉、李周合著的《中国的奇迹：发展战略与经济改革》一书出版，年轻学者们大胆提出了"中国奇迹"这一概念。从各方面传导来的信号似乎都在表明，"欣欣向荣"似乎终于摸到了这个"老大国家"的国运龙脉。

这两年国民经济的跃升幅度的确让人振奋：1993 年中国国内生产总值同比增长 13.9%。1992 年增速更是达到 14.2%。最近的一次人口普查，也就是 1990 年进行的第四次人口普查数据显示，此刻中国全国人口为 1 160 017 381 人，平均每户人口 3.96 人，市镇总人口比重为 26.23%。

火种点燃前的准备工作

就在俞敏洪创办的新东方学校所在地，北京西北部中关村地区，一场"技术革命"正在酝酿之中。由中国科学院主持，联合北京大学、清华大学共同实施的中关村地区教育与科研示范网络项目正在加速落地。

对中国科技工作者而言，实现与国际互联网的互联互通一直是一个梦想。中国人接入国际互联网的努力可以追溯到 1987 年。

1987 年 9 月 14 日 21 点 07 分，一封以《跨越长城，走向世界》为主题的电子邮件从中国悄然发至德国，这封邮件通常被认为是中国对外发送的第一封电子邮件。这封黑色界面、绿色文字的邮件有以英文、德文分别撰写的这样一句极具隐喻的哲言：跨越长城，走向世界。"Across the Great Wall, we can reach every corner in the world." 这是一次点燃火种的尝试，"跨越长城，走向世界"也成为了一个近乎预言性质的历史注脚。

```
(Message # 50: 1532 bytes, KEEP, Forwarded)
Received: from unika1 by iraul1.germany.csnet id aa21216; 20 Sep 87 17:36 MET
Received: from Peking by unika1; Sun, 20 Sep 87 16:55 (MET dst)
Date:    Mon, 14 Sep 87 21:07 China Time
From:    Mail Administration for China <MAIL@ze1>
To:      Zorn@germany, Rotert@germany, Wacker@germany, Finken@unika1
CC:      lhl@parmesan.wisc.edu, farber@udel.edu,
         jennings%irlean.bitnet@germany, cic%relay.cs.net@germany, Wang@ze1,
         RZLI@ze1
Subject: First Electronic Mail from China to Germany

"Ueber die Grosse Mauer erreichen wie alle Ecken der Welt"
"Across the Great Wall we can reach every corner in the world"
Dies ist die erste ELECTRONIC MAIL, die von China aus ueber Rechnerkopplung
in die internationalen Wissenschaftsnetze geschickt wird.
This is the first ELECTRONIC MAIL supposed to be sent from China into the
international scientific networks via computer interconnection between
Beijing and Karlsruhe, West Germany (using CSNET/PMDF BS2000 Version).
    University of Karlsruhe      Institute for Computer Application of
    -Informatik Rechnerabteilung-  State Commission of Machine Industry
    (IRA)                        (ICA)
    Prof. Werner Zorn            Prof. Wang Yuen Fung
    Michael Finken               Dr. Li Cheng Chiung
    Stefan Paulisch              Qiu Lei Nan
    Michael Rotert               Ruan Ren Cheng
    Gerhard Wacker               Wei Bao Xian
    Hans Lackner                 Zhu Jiang
                                 Zhao Li Hua
```

图 1-4　发往世界的第一封邮件

　　为加速接入国际互联网，国家计划委员会①将科研院所连接国际互联网的 NCFC 项目②列入"世界银行贷款重点学科发展项目"，并于 1989 年 8 月组织项目招标，最终确定由中国科学院负责承担工程项目的建设任务。主持该项工作的是时任中国科学院副院长胡启恒。

　　1993 年，在外汇储备紧张的情况下，国务院批准使用 300 万美元总理预备费支持启动金桥前期工程建设，我国开始了公共互联网接入建设。

　　1993 年 12 月 15 日，中日海底光缆正式开通并投入使用，这是中

① 中华人民共和国国家计划委员会，简称"国家计委"，2003 年 3 月改组为国家发展和改革委员会。
② NCFC：最初的互联网接入尝试来自由中国科学院主持，联合北京大学、清华大学共同实施的中关村地区教育与科研示范网络项目——世界银行命名为 National Computing and Networking Facility of China。

国第一条通向世界的大容量海底通信光缆。中日海底光缆从上海南汇至日本九州宫崎，全长 1252 公里。这条光缆是 1990 年中国邮电部电信总局、日本 KDD 公司和美国 AT&T 三方签约共同建设的国际通信工程。在经过了两年 8 个月的建设后，终于投入运营。

在建设过程中，因为当时滩涂上都是淤泥，布缆船在距离岸边接头点 3 公里的地方搁浅，最终只能采取了"土办法"，靠人海战术将海缆拖回岸边，经过 20 个小时的艰苦奋战，终于获得成功。《上海电信》报记载："为了助劲，他们喊起了号子，这支队伍中，有鬓发斑白的领导，有身子单薄的机关干部，更有船员和工程队的队员们……"已经埋入海底的光缆，静静地等待着被接通的时刻到来。

图 1-5　人们靠"人海战术"将海缆拖回岸边

中国正式接入国际互联网

1994 年 4 月的华盛顿樱花绽放。时任中科院副院长的胡启恒赴美拜访了美国自然科学基金会，她代表中国正式提出希望接入国际互联网。

胡启恒实际上是利用参加中美科技合作联委会的机会，找到了美国自然科学基金会负责互联网对外合作的斯蒂芬·沃尔夫。两人一交谈，沃尔夫就笑了，他爽快地说："你回去就可以开通了。"①

1994 年 4 月 19 日深夜，当天在 NCFC 机房值班的是年轻的工程师李俊。正在电脑前的他忽然发现自己能进入世界互联网了。李俊回忆："当时我忽然发现自己能联网了，美国互联网上的一些东西我都能看到了，我兴奋得简直难以形容。"这份欣喜若狂很容易理解，严格意义上讲，李俊是中国进入互联网的第一人。李俊还留了一个心眼儿，这天晚上他没有打电话给任何人，而是想着自己先玩一会儿再说，第二天上班才向领导汇报。

就这样，1994 年 4 月 20 日被正式认定为中国开通全球互联网的纪念日。中国通过一条 64K 的国际专线②，全功能接入了国际互联网，成为第 77 个国际互联网成员。这近乎是一个创世纪般的里程碑时刻。

历史就是这样，身处其中的大多数人对身边的伟大浑然不觉。互联网的闸门一旦打开，一系列里程碑时刻犹如滔滔江水，连绵不绝，接踵而至。

5 月 15 日，中国科学院高能物理研究所的许榕生教授带着学生们建立了中国第一个网页服务器，并推出了第一个 WWW 网站：WWW.ihep. ac.cn。在这个网站上，有一个名为 "Tour in China"（《中国之窗》）的栏目③。栏目以图文并茂的形式，全面展示了中国经济、文化、商贸等各个领域的信息。

域名如同在互联网上一家一户的门牌号，为一长串复杂的 IP 地址穿上了简洁的衣服。

5 月 21 日，在钱天白教授和德国卡尔斯鲁厄大学的协助下，中国科学院计算机网络信息中心完成了中国国家顶级域名（CN）服务器④的设

---

① 《中国接入互联网二十年，一根网线改写中国》，人民网 - 人民日报海外版，http://cpc. people.com.cn/n/2014/0418/c83083-24912230.html。

② NCFC 工程通过美国 Sprint 公司连入互联网的 64K 国际专线开通。

③ 在很大程度上，这个栏目是中国新闻网站的起点。

④ 中国的英文名是 China，最适合的域名就是 CN。1990 年时，王运丰教授在措恩教授的协助下，向国际互联网信息中心申请了 .CN 的顶级域名。但由于当时的中国尚未联网，域名就一直由措恩教授所在的卡尔斯鲁厄大学代为管理。

置。就这样，中国顶级域名 .CN 结束了海外漂泊的岁月，正式回归。

5 月 22 日，国家智能计算机研究开发中心开通了 BBS 曙光站。这是中国第一个基于互联网的 BBS 站、第一个开放的网络论坛平台。不过此刻的曙光站只对清华大学、北京大学和中国科学院的人员开放，本质上是一个学术科研交流平台。

6 月 8 日，国务院办公厅向各部委、各省市发出《国务院办公厅关于"三金工程"有关问题的通知》[1]，开始启动建设金桥、金关、金卡工程[2]。中国开始建设自己的"信息准高速国道"。

与此同时，中国公用计算机互联网 ChinaNet 开始建设，这是中国最早的民用互联网骨干网，也是当时中国最大的骨干网，别名 163 网[3]。

到 1994 年底，NCFC 总计连接了中国科学院的 30 个研究所以及北京大学、清华大学的各类工作站及大中型计算机 500 台，PC 机及终端 2000 台。[4] 中国终于与全世界在网络层面真正融为一体。

互联网是从羊肠小道走进来的

"互联网进入中国，不是八抬大轿抬进来的，而是从羊肠小道走进来的。"胡启恒的这句话曾被无数次拿来引用，她本人也成为中国互联网历史上难以绕开的里程碑式人物。

1934 年 6 月 15 日，胡启恒生于北京，她的父亲早逝，她的母亲没

---

① 国办发明电〔1994〕18 号。

② "金桥工程"首先建立国家共用经济信息网。具体目标是建立一个覆盖全国并与国务院各部委专用网连接的国家共用经济信息网；"金关工程"是对国家外贸企业的信息系统实行联网，推广电子数据交换技术（EDI），实行无纸贸易的外贸信息管理工程；"金卡工程"是以推广使用"信息卡"和"现金卡"为目标的货币电子化工程。

③ 1994 年的网民主要使用电话线拨号上网，而拨打 163 接入的就是 China Net。也因此，163 这个数字在第一代网民中几乎尽人皆知。

④ 美国的互联网开始于 1969 年，斯坦福大学与另一个大学联接，25 年后，中国的互联网同样由大学开启。

图 1-6　胡启恒

有上过一天学堂，却自己学会了识字，能写出非常漂亮的文章。依靠自身的努力，胡启恒接受了那个年代罕见的良好教育。

自 1963 年从原苏联莫斯科化工机械学部研究生部博士毕业回国后，胡启恒就一直在中国科学院自动化所工作。作为当时比较年轻的科学家，胡启恒在中国开启改革开放的 1978 年参加了中国派到美国的第一个较高层次的科学考察团，为期一个月的美国之行，让她大开眼界，对美国信息技术的发展印象深刻。

回国后不久，她在中国科学院自动化所接待了美国自然科学基金委计算机科学部的主任，一位华裔科学家，接着，她应这位华裔科学家的邀请，到他在美国的计算机实验室做访问研究教授。在美国工作两年期间，胡启恒敏锐地感觉到，计算机联网是一个强大的资源，也是一个发展趋势。在美国，高科技成果从研究到生产产品的过程很短，这得益于他们的科研人员直接创办高技术公司，于是她访美回国后就立刻给中国科学院写建议，建议中国科学院应该鼓励科研人员创办高技术公司。

柳传志曾回忆胡启恒的一件小事："她当时在中国科学院做秘书长，高科技企业这一块归她管。联想当时还是个小公司，遇到了一个工作环节方面的问题，死活解决不了。那天启恒在屋里开会，我就在外面等着，趁她会议间隙匆匆走出来，我一下就把她拦住了，把遇到的难题给她说了一遍。她很严肃地听着，听完以后只说一句'我知道了'。我还以为她要表态怎么的，没有，扭头就走了。没想到，第二天这事儿就解决了。"

张朝阳回忆与胡启恒的一次交往："在互联网大会上，一个熟悉的场景让我至今难忘，胡院士[①]总是认真地用笔在本子上做着记录，虽然她是专家，但那种一丝不苟、发自内心的学习精神，会让很多年轻人看了都觉得不好意思；这么多年来，在和胡院士接触的过程中，我深感她是一个坚持原则、正直而又单纯的人。如果有人不正当获利，侵犯网民的权益，她的态度会非常严厉。她洁身自好，恪守科学家的操守。此外，胡院士性格开朗，是一个乐观的老人，她笑起来非常可爱，像个孩子一样极富感染力。"

大洋彼岸：互联网大幕正式拉开

如果说中国正穿越"羊肠小道"逐步走进互联网时代，那么在太平洋彼岸的美利坚合众国，可以说互联网的大幕已经全面拉开。此刻的互联网，已经从 60—70 年代的军方，穿过 80 年代的学术界，在 90 年代正式开始走进寻常百姓家。1994 年，可以说是美国互联网进入商业化的元年。

1 月 25 日，第 42 任美国总统比尔·克林顿在《国情咨文》中描述了美国建设信息高速公路的雄心壮志。这位二战后出生的美国总统为所有美国人带来了一些 21 世纪的线索。

克林顿这样描绘未来："争取在 2000 年以前，把美国每一个教室、每一个诊疗所、每一个图书馆、每一所医院，乃至企业、商店、银行、

---

① 1994 年，60 岁的胡启恒当选为中国工程院院士。

新闻机构、电视台、会议厅、娱乐场所、电脑数据等都联系在一起；在
21 世纪初让大部分美国家庭上网，实现多媒体普及化；用 15 至 20 年建
成一个前所未有的、从全美最终扩展至全世界的电子通信网络，四通八
达的互联网未来将把地球上的每个人连接在一起。"

"信息高速公路"这一概念最早可以追溯到 1955 年。当时的美国田纳
西州民主党参议员阿尔伯特·戈尔提出了惊世骇俗的"州际高速公路法
案"。这一法案计划在美国建设当时世界上效率最高、最复杂，纵横北美
的州际高速公路网。到 1994 年，当年蓝图中的高速公路已遍布美国。

36 年后的 1991 年，阿尔伯特的儿子，时任田纳西州参议员的阿尔·戈
尔提出了"美国信息超级高速公路法案"。1994 年 1 月，阿尔·戈尔为《互
联网指导大纲》撰写了序言。[①]

1994 年，两本与《连线》杂志[②]
有着千丝万缕联系的互联网预言书籍
出版，并将在此后长久的岁月中持续
发挥魔力。

《连线》杂志的创始人罗塞托曾向
MIT 媒体实验室创始人尼葛洛庞帝提
出一个方案：如果给杂志免费写一年
专栏，就用 75 000 美元换得 10% 的
股份。尼葛洛庞帝并没有浪费这些文
章，他在 1994 年用六周时间，将最近
一年的专栏文章集结成册，终于在 9
月出版了《数字化生存》[③]一书。

图 1-7 《数字化生存》（Being Digital）封面

尼葛洛庞帝写道："整个社会构建
的基本要素将发生变化。"在他看来，随着互联网技术越发成熟，物质

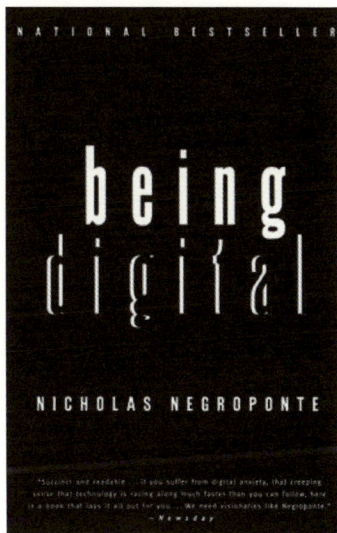

---

① 在政策拉动下，北美、欧洲和东亚地区都迎来了网络建设的高潮，1994 年被称为"国
际网络年"。

② 1993 年，《连线》杂志诞生，主要记录正在崛起中的科技行业。

③ Being Digital。

性世界将快速转型为虚拟性世界，比特将取代原子，知识、信息、商品制造乃至销售都将通过电子流实现与以往完全不同的生存方式。

同样是在 1994 年，《连线》杂志的创始主编凯文·凯利也出版了一本名为《失控：机器、社会与经济的新生物学》的奇书①。通过这本书，"云计算、物联网、网络经济"等概念开始进入行业观察者的视线。作者写道："要成长为新的物种，就要经历所有你不会再扮演的角色。"

1994 年美国 IT 界的头面人物是比尔·盖茨和史蒂夫·乔布斯。同样出生于 1955 年的两人可谓是美国科技界的"绝代双骄"。借助 Windows 系统的高歌猛进，比尔·盖茨的微软公司已初显王霸之

图 1-8 《失控：机器、社会与经济的新生物学》

气。当年 4 月份，盖茨首次成为《连线》杂志封面人物。

与盖茨的春风得意相比，乔布斯却显得有些意兴阑珊。乔布斯此时已被自己所创立的苹果公司放逐②。从 1986 年开始，乔布斯将精力更多放在两家新公司身上：一家为生产专业工作站电脑的 NEXT 公司，另一家为尝试用电脑制作动画的皮克斯公司。

乔布斯在这一年接受硅谷历史协会③采访时，鼓励更多年轻人创业："在你的生命里，你唯一真正拥有的就是时间。如果你把时间投资在那些可以丰富你人生经历的事情上，那你绝对不会输。所以，我

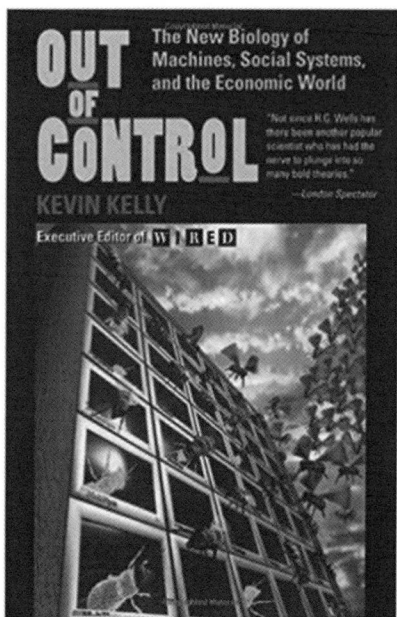

---

① 英文名：*Out of Control: The New Biology of Machines, Social Systems, and the Economic World*。

② 1985 年底乔布斯离开苹果公司创建 NeXT，1986 年乔布斯收购皮克斯。

③ SVHA。

常建议人们莫等闲。趁年轻没有什么可输的时候，去做点什么，记住这条。"

茨威格在《人类群星闪耀时》中写道："一个人生命中的最大幸运，莫过于在他的人生途中，即在他年富力强时发现了自己的人生使命。"1994年，太平洋两岸，一群三十岁上下的年轻人选择一个猛子，跳进浪潮。

贝佐斯：任何事物都不可能增长那么快

2月，美国得克萨斯的一份时事月刊《矩阵新闻》①发布了一连串有关互联网的数据："1993年1月至1994年1月期间，网络传输速度提升了2057个单位。互联网使用人数正在以2300%的年增长率野蛮扩张"。

刚刚年满三十岁的杰夫·贝佐斯注意到了这个数据。"任何事物都不可能增长那么快，简直超乎寻常，这让我思索良久。究竟是什么产业才能在网络的高增长率下分一杯羹？"

贝佐斯此刻正在纽约的一家基金公司担任资深副总裁。他向老板透露了离职创业的计划，贝佐斯希望能够建立起一个拥有数百万种书籍的在线书店。两人相约在风景秀丽的纽约中央公园一边散步，一边探讨此事。

"你知道吗，杰夫，我认为这是个好主意，但是对于一个还没有一份好工作的人来说，这将是一个更好的主意。"老板建议贝佐斯考虑两天再做最后的决定。贝佐斯没有犹豫，他很快在自家车库里创建了公司，每天工作12小时，希望尽快把消费者购买的图书装进箱子里。

贝佐斯后来回忆："当你处于危急时刻，小事也会成为你的绊脚石。我知道当步入80岁高龄时，我不会考虑为何在1994年的人生低谷时放弃了华尔街的优厚待遇。因为当到了80岁高龄时，你不会再担心

---

① Matrix News。

这些事情。与此同时，我会为没有亲历互联网浪潮而感到后悔，因为那是一件具有革命意义的事情。当我这样思考问题时，就不难作出决定了。"①

贝佐斯开了 50 多次会议才从投资者那里筹集了 100 万美元，在所有会议中，最常见的问题是"什么是互联网"。贝索斯最初的启动资金，来自他的父母。贝佐斯回忆："亚马逊最初的启动资金主要来自我的父母，他们把大部分积蓄投资在这个他们弄不懂的东西上。他们相信的不是亚马逊或网上书店，而是他们的儿子。我告诉他们，我认为他们有 70% 的可能会失去这笔投资，但他们还是这么做了。"②

贝佐斯每天晚上都会开着自己的雪佛兰汽车，把包裹运送到邮局。他此刻的梦想非常简单：希望有朝一日能有一辆叉车。③ 好在，这段事业的开端还算顺利。亚马逊上线仅一周，就收到了 1.2 万美元的订单。一天，贝佐斯收到了一封电子邮件，来信者是一位名叫杨致远的年轻人。杨致远邀请贝佐斯在一个名为雅虎的网站上开设专栏。

在互联网这片正在急剧扩张的海域中，漂荡其中的渔民们在四处寻找新的灯塔来指引航向。而雅虎和网景（netscape communications corporation）浏览器，可以说是 1994 年互联网世界最重要的灯塔。

杨致远：这简直是神谕（oracle）！

在美国西海岸的斯坦福大学，26 岁的杨致远与好友大卫·费罗一直在思考如何才能完成博士论文。杨致远是一位标准的天才，他刚刚用 4 年时间从斯坦福大学拿到学士和硕士学位。

这个二人组几乎每天都泡在网上寻找着可能有用的资料。1 月份，

---

① 布拉德·斯通：《一网打尽》，李晶、李静译，中信出版社，2014 年。
② 《父母故事、创业艰辛、社会责任……贝佐斯在听证会求生欲有多强？》，2020 年，https://www.toutiao.com/article/6856638385960780291/?channel=&source=search_tab。
③ 贝佐斯 2013 年致股东信。

为了方便查找形形色色的网站，他们将收集到的如科研项目、网球比赛等有趣的站点加入书签。他们将这些书签按不同类目，整理得井井有条。每当某一个目录放不下更多书签时，杨致远会再将已有目录细分出子目录。

很明显，很多人都需要他们的劳动成果。两个年轻人将所有目录编制成软件放到网络上，供所有人免费使用。这个网站的名字也极具个人特色："Jerry and David's Guide to the World Wide Web"（杰瑞和大卫的万维网指南）。

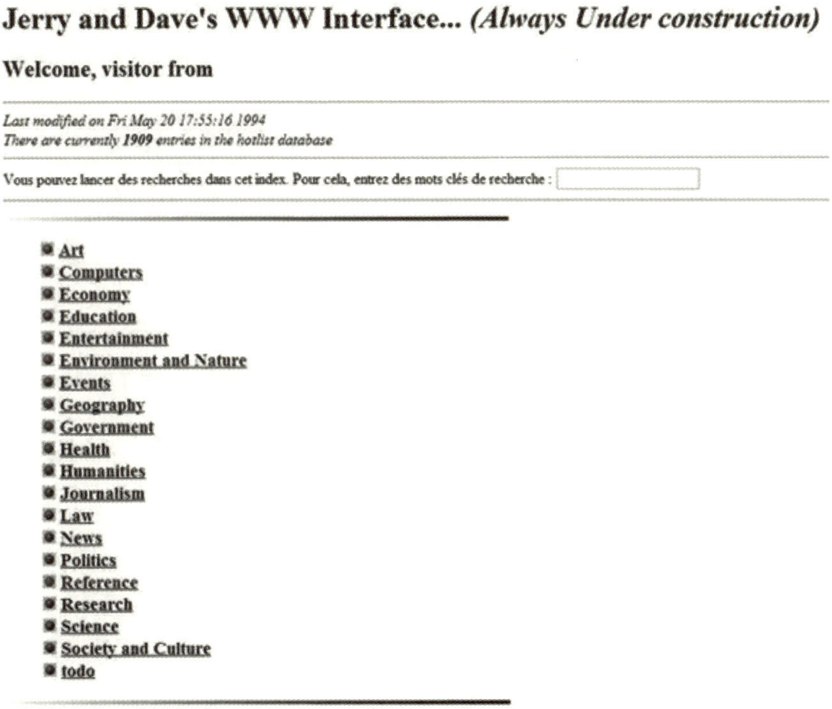

Jerry and Dave's WWW Interface... *(Always Under construction)*

Welcome, visitor from

Last modified on Fri May 20 17:55:16 1994
*There are currently **1909** entries in the hotlist database*

Vous pouvez lancer des recherches dans cet index. Pour cela, entrez des mots clés de recherche :

- Art
- Computers
- Economy
- Education
- Entertainment
- Environment and Nature
- Events
- Geography
- Government
- Health
- Humanities
- Journalism
- Law
- News
- Politics
- Reference
- Research
- Science
- Society and Culture
- todo

图 1-9 杨致远的 Jerry and David's Guide to the World Wide Web

两个月后，杨致远和费罗想为他们的杰作寻找一个更有趣的名字。他们考虑用杨致远姓中的"Ya"开头，被考虑过的名字包括：Yauld，Yammer，Yardage，Yang，Yapok，Yardbird，Yataghan，Yawn，Yaxis ...

在一个瞬间，他们想到了 Yahoo 这个字母组合，然后迅速翻开手边的韦氏英语词典。

在奇幻小说《格利佛游记》中，主人公云游到一个神奇的国度，这里马是主人，表现野蛮粗俗的人类则是马所圈养的动物。这类粗俗、低级的"人形动物"被作者命名为"Yahoo"，它具有人的种种恶习。

这个词显然不太文雅，但二人细心琢磨，"反其义而用之"或许也是一个好主意。在强调平权的因特网上，大家都是乡巴佬。为了增加褒义色彩，他们决定在后面加上一个感叹号，于是就有了"Yahoo！"（雅虎）。"没错，太好了，就是它了，这简直是神谕（oracle）！"

Yahoo！这个神奇的网址一传十、十传百，从互联网访问到斯坦福大学工作站，访问 Yahoo！的用户呈指数规模增长，实际上已经影响到学校整体网络的正常运作。雅虎成为一个类似电话号码簿的搜索引擎，它将全球网址分成新闻、娱乐、科学、教育等 14 个门类，然后下面再细分，犹如一张地图。互联网用户终于拥有了一个可导航至各个主要网址的"门户"。

杨致远和伙伴原本把雅虎的站点设在了斯坦福大学电机系工作站的空间里，但由于访问人数太多，已经影响到了学校电脑的正常运转。于是他们选择进驻当时最为流行的网景浏览器之中，并获得了一个按钮位置。

当网景浏览器的用户按下"网上索引链接"的按钮时，都被自动带到了杨致远他们的网站上。到 1994 年底，雅虎网站已经被点击了 100 万次。

进入 1995 年 4 月，雅虎的用户量激增，两位年轻的创业者决定抛弃学业进行一场商业探索[①]。

雅虎所进驻的网景浏览器，此时同样炙手可热。10 月 13 日，一家

---

① 面对疯狂的商业机会放弃学业，逐渐也成为了美国创业者的一个有趣的传统。

名为 Mosaic 的公司开发的浏览器 Mosaic Netscape 0.9[①] 一经发布就迅速
获得成功，成为最热门的浏览器。它的最大特色就是具有方便易用的图
形界面。浏览器犹如一本电子书，这本书可以通过无数的互相粘连的电
子链接，将全世界的信息连接成网。这家公司的核心人物是马克·安德
森和吉姆·克拉克。

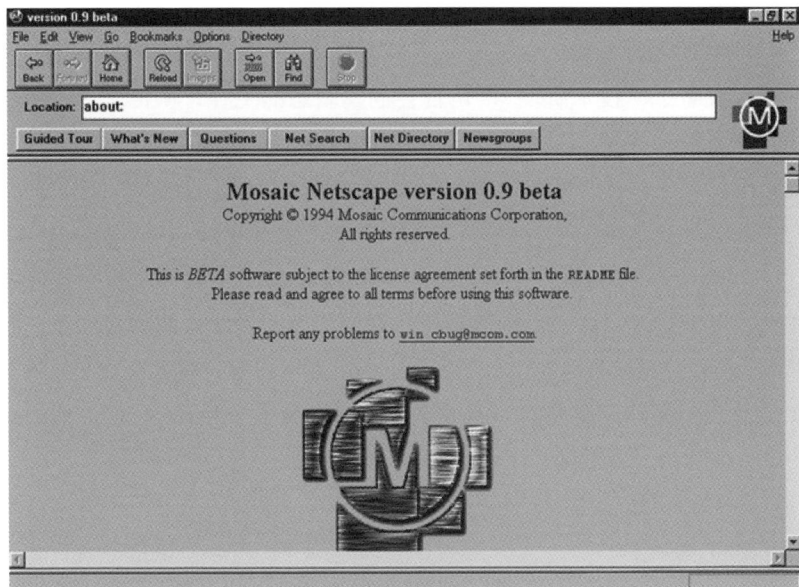

图 1-10　Mosaic Netscape 0.9

　　11 月 14 日，因为商标拥有权问题，Mosaic 正式更名为网景通信公
司。一个月后的 12 月 15 日，网景浏览器 1.0 正式版发布，软件更名为
网景导航者（Netscape Navigator）。网景很快占领美国浏览器市场。
　　雅虎的门户模式、网景的浏览器模式，几乎代表着 1994 年互联网
初期的主要产品模式。

---

① 1993 年 3 月，第一个面向普通用户的 Mosaic 预览版发布，不过仅针对当时少数的
Unix 操作系统。

倪柳之争：我永远和你没完

这两年的冬天，联想研发中心的问题一直萦绕在柳传志脑中。这个以技术研发为中心的部门花掉了联想超过 40% 的利润，研发成果却一直表现平平。

刚刚年过五十的柳传志对此感到十分忧虑。市场变化一日千里，一直如此执着于"技术研发"，是否会危及联想的生存？柳传志将希望的目光更多投向今年 3 月刚刚成立的微机事业部，这个事业部由 30 岁的杨元庆领军。柳传志希望这位年轻人能够带领联想，在电脑组装生产线上"杀出一条血路"。

联想的总工程师倪光南有着不同的观点。倪光南曾负责主持开发联想式汉字系统、联想系列微型机，联想集团正是以联想式汉字系统起家 ①。看着曾攻城略地的汉卡产品在市场上江河日下，倪光南试图寻求芯片技术上的突破。倪光南为此成立了"联海微电子设计中心"，他的这一设想被称为"中国芯"工程。

联想在市场突围方向上出现了两种声音。遗憾的是，两个方向近乎不可调和。

柳传志在给倪光南的一封信中明确表示："我本人不同意仓促上马！"

倪光南则直言："我永远和你没完！"

倪柳这对曾经的黄金搭档的关系迅速恶化。联想的员工们慢慢发现，几乎每一次工作会议最终都会演变为两人的争吵会。事实上，这场几乎让所有人都感到难堪和痛苦的"战争"将会贯穿 1994 年的整个下半年，而孰是孰非的相关讨论更将绵延至未来更久的岁月中。②

1994 年 6 月 30 日上午，200 名联想干部被召至联想六层会议室，

---

① 依靠这两项突破性产品，倪光南先后在 1988 年和 1992 年获得国家科技进步一等奖。
② 1994 年，联想顺利完成香港上市。

时任中国科学院高新技术企业局局长、联想董事的李致洁主持会议。据说，会议室主席台仅摆了一张桌子，两把椅子，柳传志和倪光南分别坐在第一排的两边。时任中国科学院计算所所长、联想董事长的曾茂朝宣布了艰难的决定。

会议之前就得知自己获得"胜利"的柳传志在讲话中途当众掩面而泣，看到老板一改往日的"硬汉"形象，掏出手绢来擦眼泪，所有在场的人目瞪口呆。倪光南则不为所动，后来他称"那只是表演"，并在此后多年里一直奔走上告申诉。

7月3日，联想公司内部刊物《联想报》刊登了《公司董事会召开干部会议，宣布公司领导层进行人事调整》一文。文中有这样一句话："同意免去倪光南同志总工程师职务的决定。"倪光南退出后，联想逐渐缩减过去包括程控交换机、打印机等方向繁多的技术研发，转向了个人电脑制造。

对于普通人来说，联想公司的微机或者说电脑还是极为稀罕的高级设备。

小霸王快速占领市场

互联网的火种已经点燃，但在计算机硬件领域，中国IT界的标杆联想公司碰到了一个问题。

1994年3月31日，由西方16个国家组成的巴黎统筹委员会解散，西方国家向中国出口计算机的禁令被解除。以康柏、IBM、惠普等为代表的国际电脑公司大举进入中国市场。数据显示，国产电脑的市场占有率在1989年前后大约为67%，到了1993年则快速降至22%。

正在盖巨人大厦的史玉柱对即将到来的竞争感到担忧。他在一次内部会议上正式提出了"二次创业"的目标：跳出电脑产业，走多元化的扩张之路，以发展寻求解决矛盾的出路。

观察者们发现，一家名为小霸王的厂商推出的小霸王学习机凭借独特定位迅速打开了市场。这款设备将游戏机、学习机合二为一，全称为"小霸王中英文电脑学习机 SB-486D"。有趣的是，价格与型号保持一致，也是 486 元。

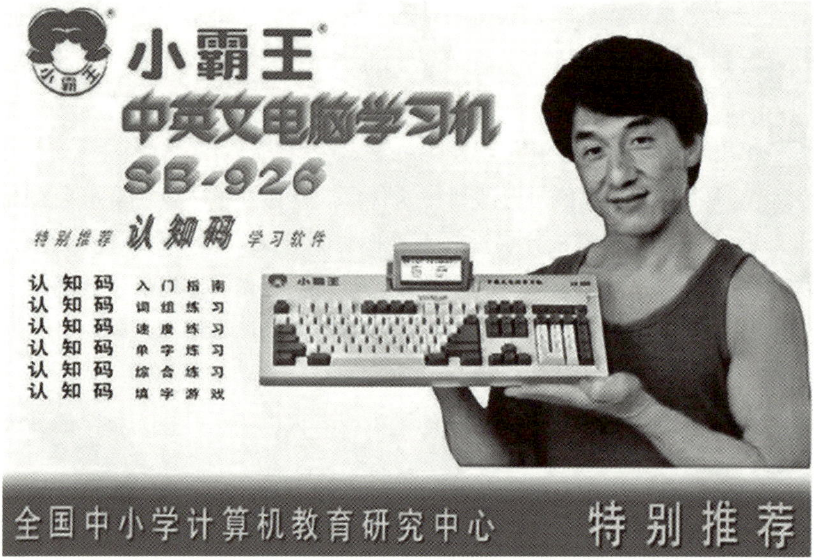

图 1-11 "小霸王中英文电脑学习机"广告

小霸王的创始人名叫段永平，当年 33 岁的他是一位营销大师。为了快速占领市场，他重金邀请了当红明星成龙代言。"同是天下父母心，望子成龙小霸王"的广告词一时红遍神州。依靠这款机器，小霸王当年产值达到惊人的 8 亿元。

小霸王这款产品还被共青团中央、全国少工委和王码电脑公司共同推荐为"全国少儿计算机知识及五笔字型输入大赛"唯一指定训练用机。从一个普通少年的变化，可以看到这款产品的价值。

有为数不少的开发者便是从小霸王开始了自己的代码生涯。后来快手创始人宿华曾回忆："小时候我特别渴望有一台家用游戏主机，电视上打了一个广告叫小霸王，我爸相信了这个广告，那个小霸王它既可以打游戏，也可以写程序。我的第一行代码，就是在小霸王学习机上敲下的。"①

微软挺进中国市场

在联想电脑和小霸王学习机开始逐步渗透进入市场的同时，在软件领域，美国微软公司正在挺进中国市场。

如日中天的微软开始加速在全球范围内开疆拓土。比尔·盖茨在1994年留下了一张让人印象深刻的照片，盖茨坐在33万张纸上，手中拿着一张光盘告诉全世界："我手里的这张光盘能记录的内容，比下面所有纸能记录下的都多。"

这年，微软重磅产品 Word 4.0 正式进入中国市场。为了加速推动微软打入中国市场，39 岁的比尔·盖茨带着一名同事来到中国。12 月8 日，比尔·盖茨与电子工业部②签署合作备忘录，双方达成共同开发Windows 95 中文版的意向。比尔·盖茨希望改进 Windows 95 的中文字形和输入方法，借此抢占中国电脑市场的制高点。

盖茨的到来，既让中国软件行业的领军人物们感到兴奋，同时也让他们感受到了前所未有的压迫感。这里面就包括求伯君。1964 年出生的求伯君是一位顶级技术高手，他曾在 1989 年 9 月，在深圳蔡屋围酒店 501 房间，单枪匹马开发完成 WPS 1.0，实现了中国在文字处理软件方面零的突破。拥有 122 000 行代码的 WPS 在第二年狂卖 3 万套，收入6600 万元。求伯君也因此被誉为"中国第一程序员"。名扬天下的求伯君随后参与创办了金山公司。

---

① 《"霸蛮"创业者宿华：快手七年一剑背后的初心》，腾讯大学 CEO 来了，2018 年 5 月，http://www.geekpark.net/news/229531。
② 1998 年 3 月，第九届全国人民代表大会第一次会议决定，在邮电部和电子工业部的基础上组建信息产业部。

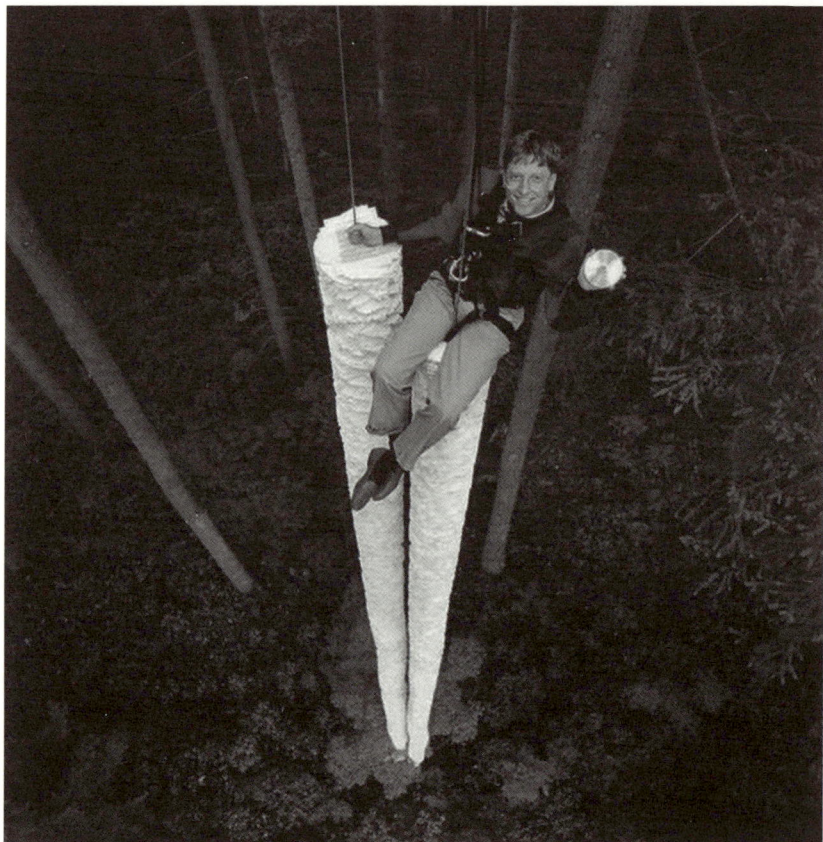

图 1-12　坐在 33 万张纸上的比尔·盖茨，手握一张光盘

　　在求伯君手下，还有一位让他极为看重的得力干将，名叫雷军。刚刚年满 25 岁的雷军，就已经出任了北京金山软件有限公司总经理。18 岁在武汉大学读大一时，雷军曾读过一本名为《硅谷之火》的书。

　　《硅谷之火》这本书讲述的正是比尔·盖茨和乔布斯等人通过创业改变世界的故事。这本书让这个湖北人内心燃起了熊熊火焰，激动得好几个晚上没能睡好觉。雷军在武汉大学的操场走了一圈又一圈，思考着自己如何才能创办一家世界一流的科技公司。

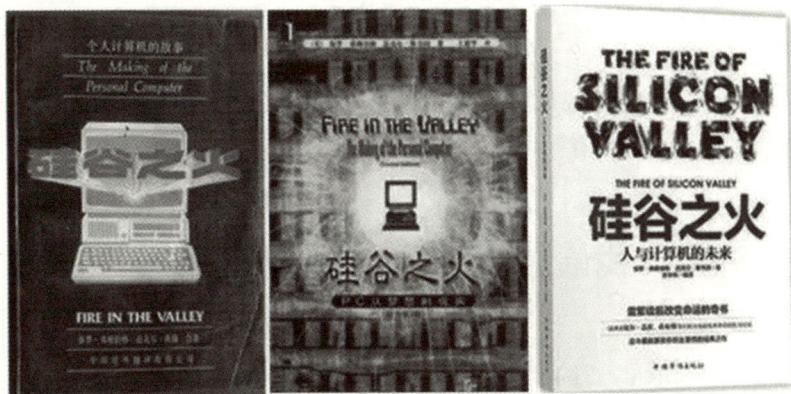

图 1-13　不同版本的《硅谷之火》

任正非：世界通信行业三分天下华为占一分

一位与雷军同样生于 1969 年的年轻人，开始在职场闯荡。在去年加入华为公司后，余承东拿到了 456 这个很容易记住的工号。此刻的华为实际总计有 200 多人，包括 20 多位研发人员。

1994 年的华为公司日子并不好过，甚至一度发不出工资来，时年50 岁的创始人任正非甚至给年轻的员工们打过白条。但现实的窘迫，也不能掩饰这位贵州老师的锋芒。任正非向 200 位下属们承诺，华为有一天会成为中国最大的通信企业："10 年之后，世界通信行业三分天下，华为将占一分。"

年轻人们暗自笑话："怎么可能呢？我们连能不能活下来都是未知。"[1] 任正非与柳传志一样，同样生于 1944 年。1978 年中国改革开放这一年，34 岁的任正非曾作为代表出席了全国科学大会。在 9 年后的 1987年，任正非集资 2.1 万元人民币，创建了华为技术有限公司。

当年，华为第一次参加在北京召开的中国国际信息通信展，华为的

① 余承东：《回顾华为 27 年创业历程》，2014 年。

展台上赫然写着："从来就没有什么救世主，也不靠神仙皇帝；要创造新的生活，全靠我们自己。"这年 10 月，华为第一台 C&C08 万门程控交换机在江苏邳州开局成功，这标志着华为真正终结了"无产品""无技术"的贸易时代，有条件进入新的发展阶段。[①]

沈南鹏：我最终下决心一定要回来

让我们最后转身，来看看中国投资家们的早期岁月。

1994 年，在美国花旗银行工作两年多的沈南鹏决定回到中国工作。两年前，这位思维敏捷、胸怀大志的中国人刚刚从耶鲁大学商学院硕士毕业。沈南鹏加入雷曼兄弟亚洲公司，负责公司在中国的投资银行项目。沈南鹏 1989 年从上海交通大学毕业后前往哥伦比亚大学数学系求学，随后报考了耶鲁大学的商学院。

1994 年 7 月 29 日，《人民日报》发表了国务院发展资本市场的措施，包括允许成立中外合资基金。

1994 年，中国股市开始兴起。中国有很多证券公司来美国取经。沈南鹏碰到了很多像深圳证券交易所、上海证券交易所这样的访问团。大量跨国公司涌入中国。美国各大投资银行开始追逐华尔街上的中国人。此刻，在华尔街工作的中国人不到 30 个。

本来是华尔街市场边缘人的沈南鹏发现自己开始接到越来越多猎头公司的电话，问他是否愿意回到遍地是黄金的香港金融市场。这时，雷曼兄弟向沈南鹏抛出了橄榄枝。很快，沈南鹏跳槽至德意志银行。

1994 年的春天，沈南鹏在美国返回香港的飞机上读到《时代》（Time）杂志，那一期的封面文章是："The Making of An Economic Giant"，文章描写的是改革开放大幕拉开、正在崛起的中国。这让沈南

---

① 田涛、吴春波：《下一个倒下的会不会是华为：终极版》，中信出版社，2017 年 9 月。

鹏心潮澎湃，坚定了回国发展的决心。[①]沈南鹏回忆：

"1994 年，从美国坐飞机回香港的路上，那个时候我已经在开始面试香港的投资银行了。但那篇文章让我最终下决心一定要回来。那是 1994 年，应该是 5 月份的《时代》杂志的封面文章。那篇文章的封面叫 The Making of Economic Giant. 这句话今天我们大家都知道已经实现了，它当然写的是中国。但在 1994 年的时候，大家对这句话恐怕还是有疑问。但是《时代》在封面就提出了这样一句话。这句话我看到以后心潮澎湃。有一件事情让你感觉非常值得去做。你不知道将来回香港会发生什么：是在投资银行里面工作？还是做什么别的事情？但你知道这是一个感召。你认为回到自己的祖国，你在中国内地和香港能够有很多可以做出一片天地的地方。我想这可能就是一种担当吧。你感觉我自己应该把我未来的二十年、三十年跟我的国家能够连在一起。"

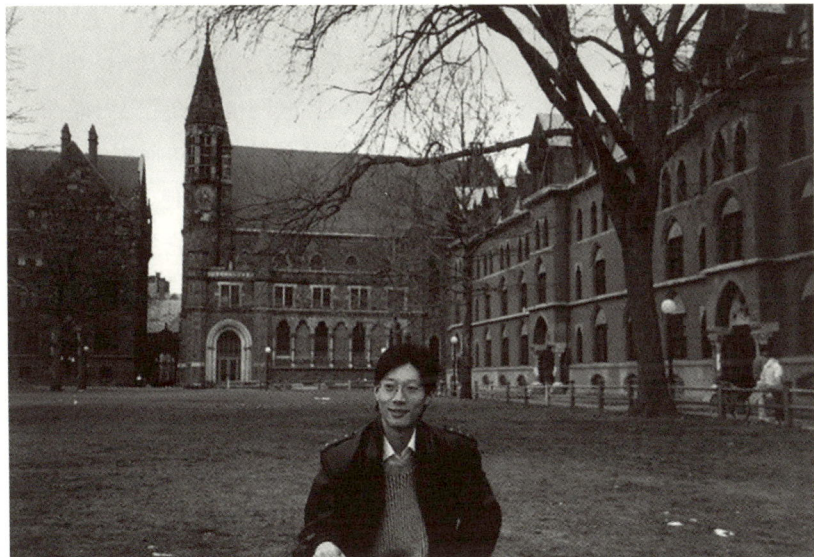

图 1-14　身处耶鲁的沈南鹏

就如沈南鹏所感受到的，中国，这个拥有 11.92 亿人口的庞大国家，

---

① 沈南鹏：《伟大时代的企业家精神》，2018 年。

这个代表世界人口 21.2% 的东方国家正在发生着一些举世瞩目的巨变。

这一年夏天，从中国人民大学国际金融专业刚刚毕业的张磊拉着行李箱走出了人民大学西门，他将奔赴五矿集团开启自己的职业生涯。

1993 年，在熊晓鸽主持下，IDG 投资 2000 万美元，创立"太平洋技术风险投资（中国）基金"，熊晓鸽成为最早将西方技术风险投资实践引入中国的人。中国的风险投资行业，开始有了雏形。

1994 年，互联网创世纪

从全球范围来看，1994 年，可以被称作是互联网创世纪的一年。

在这一年里，以浏览器、门户网站为代表的信息平台，以及以亚马逊为代表的电商平台均已初现雏形。网景浏览器为网民提供了上网的基础设施。雅虎的门户模式则像极了信息高速公路上的指引地图。贝佐斯的亚马逊也跌跌撞撞地运转起来，开始探索互联网电商的无限可能性。

《人民日报》的老社长钱李仁[①]通过在美国的短期访问中发现美国"信息高速公路"引人注目之处有两点：一是它试图做到使人们能不受时间、空间限制，同时进行声音、图像和数据交流；二是它将使现有信息传播工具如电话、电视、电子计算机等功能逐步融合为一体以至产生新的传播工具。如果做到这两点，人们将能在更广泛的层次上迅速、充分地传播和利用信息。这将对经济、社会、教育、科技等各个方面产生十分深远的影响。

让人激动的是，在这一年里，中国这个拥有 10 多亿人口的东方大国，正式接入了国际互联网。中国官方也开始加速建设互联网基础设施，一大批身处美国的留学生人群，最先意识到了互联网的价值。

在互联网浪潮到来前，全球数字化已经历过集成电路、大型机、PC机、企业软件和数字通信等多次技术浪潮，中国要么完全没有参与，要

---

① 钱李仁在 1985 年 12 月—1989 年 6 月任人民日报社社长。

么是作为后入局者苦苦追赶。

1994 年，当全世界仍然处在互联网发展的"第一天"时，中国已几乎与全世界同频，处在同一个时区，同时起跑。到 1994 年底，美国网民数量约为 1280 万，全球网民数量约为 2023 万。此时的中国则有 4000名左右的网民，互联网普及率大约仅为 0.001%。[1]

大多数人对互联网，既感到兴奋，又有些迷茫。即便是在美国，1994 年也只有 10% 的用户会拖动浏览器右边的滚动条，而有 90% 的用户在打开一个网站后，只浏览第一屏看到的内容，就以为看到了全部，而不会向下滚动。[2]

当中国互联网真正联通世界的那一刻，一场横跨 30 年的科技竞赛的发令枪正式打响。人们无法预计，这场竞争将会多么扣人心弦。

在浪潮到来的那一刻，一份勇往直前的行动力，抵得上 100 个充满灵感的想法。行动力要比想法更值钱。一些普通人将从乱军中杀出，成为这个时代的盖世英雄。

1994 年 12 月 17 日晚，香港红磡体育馆举办了一场名为"摇滚中国乐势力"的演唱会。香港繁华的城市生活和完善的音乐工业给来自内地的演出者们留下了深刻的印象。

一位歌者听说"香港媒体和观众看不起内地摇滚"，因此从排练到上场前都憋着劲儿，"连厕所都没上，就等着冲上台去"，最后在台上留下了一个"极度气愤并且年轻、亢奋的我"。时至今日，很多人仍然怀念 30 年前那个炙热、干净、回不去的时刻，怀念那些年轻、才华横溢、毫无畏惧的脸庞和声音。

一切远未尘埃落定，甚至尘埃也在焦急地等待被扬起。对于中国互联网创业者来说，也都在憋着劲儿，等着"冲上台"去。

---

[1] 方兴东、王奔：《从网民群体视角考察中国互联网 30 年》，传媒观察，2023 年 2 月 16日，http://jsnews.jschina.com.cn/kjwt/202302/t20230216_3164244.shtml。
[2] 1995 年 Jakob Neilson 互联网用户调查。

【战略金句】

◇ 凯文·凯利：要成长为新的物种，就要经历所有你不会再扮演的角色。

◇ 贝佐斯：当你处于危急时刻，小事也会成为你的绊脚石。我知道当步入 80 岁高龄时，我不会考虑为何在 1994 年的人生低谷时放弃了华尔街的优厚待遇。因为当到了 80 岁高龄时，你不会再担心这些事情。与此同时，我会为没有亲历互联网浪潮而感到后悔，因为那是一件具有革命意义的事情。当我这样思考问题时，就不难作出决定了。

◇ 胡启恒：互联网进入中国，不是八抬大轿抬进来的，而是从羊肠小道走进来的。

◇ 沈南鹏：我自己应该把我未来的二十年、三十年跟我的国家能够连在一起。

◇ 张朝阳：当今时代有两大趋势，一是信息高速公路时代的到来，另一个是中国作为全球大国的崛起。One is the coming of age of the information super highway, another is the emergence of China as a global power.

扫码阅读本章更多资源

1995

小站练兵

如果我是错的，那你最好证明你是对的。

——迈克尔·杰克逊歌曲"Scream"，1995

　　划过手指的时光不断流动，时钟快速拨到了1995年。

　　这一年年初，一起离奇的中毒事件，让一部分中国人，意外地见识到了"信息高速公路"的"魔力"。

　　清华大学1992级化学系女生朱令突患重病，起初腹痛、脱发、关节肌肉酸痛，后来又出现了心慌、憋气、视物模糊旋转、中枢性呼吸障碍的症状。

　　虽经专家会诊，但病因一直没有被查明。一筹莫展之际，朱令的一位中学同学在北京大学通过 Usenet News[①] 向国际医疗界发出信息求救。出人意料，仅三个小时之后，就开始收到来自互联网上的反馈，最终竟收到了来自全球各地的 3000 多封回信。

　　大部分热心的回信者判断，朱令的病情是重金属铊

---

① 当时流行的一种网络新闻组、"专题讨论组"，可实现众人参与、互动交流。

中毒所致。有海外网友甚至直接提供了治疗方案。医院按照这一诊断对朱令进行了针对性治疗，病情果然得到控制。

朱令幸运地脱离了生命危险，中毒的症状很快消失。不幸的是，严重的后遗症将伴随朱令终生[①]。随着时光流逝，"朱令铊中毒事件"也成为了一桩历史悬案。

朱令中毒事件被广泛传播，成为很多中国人了解"信息高速公路"的第一个案例。此刻，对于绝大多数中国人来说，互联网还非常遥远，看起来"很高端，很神秘"。但关于"信息高速公路"的争论，也刚刚开始走进主流舆论场。

关于信息高速公路的公开论战

1995 年 1 月 7 日，《人民日报》发表文章《信息高速公路通向何方》。文中直言：

从对'信息高速公路'的最高要求，也就是建立真正的信息高速公路来看，有两种可能的前途，其一是由于体制和观念的限制，做不到全民共享，该计划流于形式，实质失败；其二是尽管未必与制定者的本愿一致，但大大促进了信息和知识财富的社会化和实际共享，从而产生社会变革。

就如这篇文章所言，中国的"信息高速公路"应该何去何从，并没有人能够给出明确的答案。不过是建设"低速公路"，还是建设"中速公路"这个话题，有两位学者曾隔空进行过一场有趣的论战。

1995 年 1 月 18 日，何祚庥教授[②]在《人民日报》发表文章《宣传信息高速公路应该降温》。他在文中举例：

---

① 朱令于 2023 年 12 月 22 日在北京去世，享年 50 岁。
② 何祚庥，粒子物理、理论物理学家，马列理论专家，中国科学院院士，中国科学院理论物理研究所研究员、博士研究生导师。

美国的电话普及率已高达 93%，我国还不到 3%！美国的家用电脑普及率已高达 31%，我国根本谈不上家用电脑普及率，能使用和掌握家用电脑技术的恐怕还不到 1000 万人！何来使用电子通信的"巨大的需求"？我国如果能在 15 至 20 年内建设一个以普及电话为中心的低速的光纤通信网络，达到 70% 至 80% 的

图 2-1　1995 年 1 月 18 日人民日报版面

电话普及率，那就是极大的成就了。即使我国"有资金、有技术"能在"15—20 年"基本建成一个大体覆盖全国的国家高速信息网络，我国是否有足够的信息"仓库"和"货流"，有足够的"驾驶员"开着"小汽车"在这样的"高速公路"上"奔驰"？

何教授的结论也很明确：此时的中国对电子通信的需求并不强烈，用 15 年到 20 年，建设一个以普及电话为中心的低速光纤通信网络，显得更为现实和理性。

同一天，《人民日报》发表老社长钱李仁与何院士的商榷文章，文中提出：

建设我国的信息基础设施，在循序渐进的一开始和进行中的每个阶段，都应对世界上现已达到的最先进水平、发展趋向、存在的矛盾和困难等有充分的了解，使我国的建设工作从一开始就同长远目标紧密结合，避免发达国家在其历史发展过程中难免走过的弯路，从而较快地缩小与发达国家的差距。

我国信息基础设施的起点低，惟其如此，如能在建设起步时就能既脚踏实地，又瞄准世界先进水平，稳步向高标准前进，是有可能接近那种"在一张白纸上画出最新最美的图画"的要求的。例如铺设光缆，从

一开始就不光考虑声音的传输，同时考虑图像和数据的传输；不光把干线铺设好，同时把通向用户的支线也按未来信息高速公路的要求配套或留下配套的余地。

1995 年 6 月 9 日，《南方周末》在头版文章《神奇的网上救助》中呼吁：

国家应该提出系统的规划，让有关部门充分利用 Internet 上的资源。节省的资金以及获得的效益将不是几十万元，而是几百万元甚至更多。高科技社会里各部门都注意保守机密，但许多极其有价值的信息却是公开的，它们就放在那里，通过一定的技巧把它们取出来、收集起来、利用起来，就能创造财富。

实践是检验真理的唯一标准，时间会给出最好的答案。

中国的"信息高速公路"开始加速建设。1995 年 1 月份，中国人有了一条"新路"。北京、上海开通了两个接入 Internet 的节点，随之通过电话网、DDN 专线以及 X.25 网等方式开始向社会提供接入服务。

5 月 17 日世界电信日这一天，邮电部宣布向社会开放互联网接入服务，并在 5 月 16 日到 21 日在北京举行"中国公用数据通信演示周"活动，向全社会介绍和推广互联网的接入使用。

7 月，中国教育和科研计算机网[1]第一条连接美国的 128K 国际专线开通。此外，连接北京、上海、广州、南京、沈阳、西安、武汉、成都八个城市的 CERNET 主干网 DDN 信道同时开通，速率达到 64 Kbit/s，并实现与 NCFC 互联。

到了 8 月，金桥工程初步建成，在 24 省市开通联网[2]，并与国际网络实现互联。

到了 10 月份，邮电部开始大规模建设连接全国各省、区、市的互联网骨干网 ChinaNet，截至 1995 年底，邮电部互联网用户数目有近 4000 个。[3]

---

① CERNET。

② 卫星网。

③ 1996 年 1 月，中国公用计算机互联网（ChinaNet）正式建成并开通。

此时的世界与中国

这年的 1 月 1 日，世界贸易组织正式成立。中国从官方到民间，都在为尽快"入世"努力着。

时任总理李鹏在 1996 年初的政府工作报告中强调："从世界范围看，和平的国际环境和良好的周边关系可望继续保持，我国仍有可能集中力量进行经济建设。世界科技进步和产业结构的调整，亚太地区经济的迅速增长，给我国经济发展提供了有利的条件。在我国中长期发展中，也有不少制约因素。突出的是：人口和就业负担较重，人均资源相对不足，国民经济整体素质低；在日趋激烈的国际竞争中，面临着发达国家在经济与科技上占优势的压力，在国际关系中面临着霸权主义和强权政治的压力。"

5 月，美国太阳微系统公司为国际互联网开发出计算机编程语言 Java。运用 Java 语言开发的应用程序，可以在任何操作环境运行，从而有可能克服不同操作平台之间难以对话的困难。

11 月 20 日，英国戴安娜王妃在英国广播公司 BBC 的一个电视节目中，坦承与查尔斯王子的婚姻已濒临破碎，王室婚姻一时间牵动着全球媒体和大众的神经。

2 天后的 11 月 22 日，全世界第一部电脑动画长片《玩具总动员》于美国上映，由皮克斯动画工作室制作。而皮克斯动画此时的老板，正是苹果公司的创始人乔布斯。

1995 年，中影公司第一次以分账形式引进的 10 部影片陆续在中国上映。《真实的谎言》《生死时速》《阿甘正传》《廊桥遗梦》等电影，让中国观众直呼过瘾。

"这一年总的说来高兴的事挺多，身体不错，工作不错，心情也不错……"青年歌手孙悦的歌曲《心情不错》在这一年传唱于大江南北、大街小巷。正如这首歌里所唱："不清楚是生活正在改变我们，还是我们改变着生活。"

8 月 21 日，电影《阳光灿烂的日子》在上海举办了首映礼。这部电影是姜文导演的处女作，由王朔的小说《动物凶猛》改编，也是中国大陆 20 世纪 90 年代罕见的反映"文革"题材的影片。

1995 年，一本老杂志焕发了新生。邹韬奋曾于 1926 年 10 月接办《生活》周刊，彼时办刊的出发点是"力求轻松生动简练雅洁而饶有趣味"，让"大家在谈笑风生的空气中欣欣然愉快一番"。1995 年，时逢邹韬奋 100 周年诞辰，《三联生活周刊》在继承《生活》周刊传统的基础上于北京正式创刊。①

图 2-2 《阳光灿烂的日子》电影海报

截至 1995 年 10 月 1 日 0 时，全中国 30 个省、自治区、直辖市（未含台湾省和港澳地区）和现役军人的人口总数为 120778 万人②。同 1990 年第四次全国人口普查③相比，中国五年零三个月间增加了 7410 万人。

这一年，中国的公路铁路航路建设，热火朝天。高速公路从五年前的百公里，一跃达到 2141 公里。纵贯南北的钢铁动脉京九铁路④，也在

---

① 1994 年 12 月，《三联生活周刊》推出试刊号。

② 数据来源于《中华人民共和国国家统计局关于 1995 年全国 1% 人口抽样调查主要数据的公报》。

③ 1990 年 7 月 1 日 0 时 113 368 万人。

④ 京九铁路北起北京西站，跨越京、津、冀、鲁、豫、皖、鄂、赣、粤九个省市，南至深圳，连接香港九龙。

11 月全线铺通，不少人开始选择利用周末沿着铁路线进行短途旅游。以公交拥挤著称于世的上海，今年有了第一条地铁。

11 月，中央拨出专项资金开始推出"211 工程"，即面向 21 世纪重点建设 100 所左右的高等学校和一批重点学科的建设工程。资金则由中央、主管部委、地方政府与高校共同筹集。截至 2011 年，共有 112 所高校进入"211 工程"，此后，"211 工程"不再新增学校加入。"211 工程大学"也成为高中学生报考大学的参考指南之一。

自网景上市以来，世界就不再相同

世界的微妙平衡正在被互联网的商业价值快速打破。

美国《商业周刊》统计数据显示，到 1995 年初，互联网已连接全世界 4 万多个网络和 380 万台计算机，有超过 150 个国家和地区可通过互联网互发电子邮件。

从 1995 年开始，美国高德纳（Gartner）咨询公司开始按年度发布技术成熟曲线（Hype Cycle）。这是一条横向 S 曲线，高德纳认为，任何一项技术或产品都将经历五个阶段：技术萌芽期、期望膨胀期、泡沫破灭低谷期、爬升恢复期、生产成熟期。在 1995 年的 Hype Cycle 中，信息高速公路（Information Superhighway）正处在期望膨胀期。

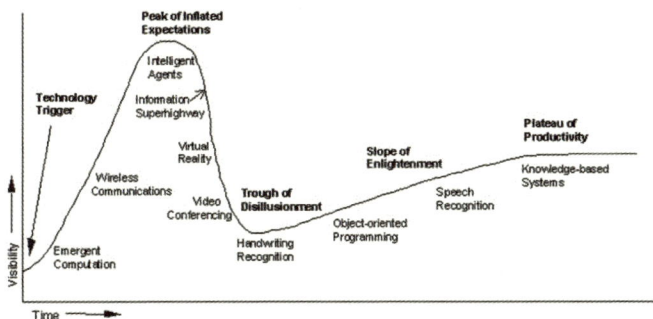

图 2-3　Gartner Hype Cycle for emerging technologies，1995. Source: Gartner Inc.

在大洋彼岸，1995 年的互联网行业正在穿越萌芽期，快速跳跃进入膨胀期。

"自网景上市以来，世界就不再相同。"《纽约时报》专栏作家托马斯·弗里德曼这样写道。

1995 年 8 月 9 日，网景公司上市，这一天被很多人认为是互联网商业化热潮的起点。成立不到 16 个月的网景公司股票开盘价 28 美元，开盘仅一分钟，股价就冲到了 70 美元，当天最高股价达到 75 美元，收盘价为 56 美元。

仅仅两个小时，500 万股网景股票被抢购一空。这样的疯狂景象，让网景收获了"互联网领域微软"的称号。年仅 24 岁的网景创始人马克·安德里森（Marc Lowell Andreessen），则被人们称为"下一个比尔·盖茨"。

《华尔街日报》评论："通用公司花了 43 年才使市值达到 27 亿美元，而网景只花了 1 分钟。"

互联网创业和投资的大热潮由此开启。一夜暴富的故事，最能激起人们的无限好奇心。没有人知道互联网会发展成什么样，但每个人又对其充满了想象。

杨致远：许多人都认为孙正义疯了

在 1995 年，除了网景，雅虎公司也在突飞猛进地发展。

1995 年 4 月前后，杨致远和费罗正式注册成立了雅虎公司。

雅虎网站的访问量在快速成倍地增长，风险投资机构红杉资本（Sequoia Capital）向雅虎投资 200 万美元。

到了 11 月，杨致远和孙正义进行了合晤。在 30 分钟的会面后，孙正义决定向雅虎投资 200 万美元。在 1996 年，软银再次向雅虎注资 1 亿美元，拿下 33% 的股权，成为雅虎最大股东。

孙正义回忆当时的情景:"杨致远是二十七八岁的样子,非常年轻的一个团队。年轻人有一些疯狂的想法,这些人有很大的激情,他们为此废寝忘食,我喜欢这种态度。所以我说:'好,我现在投一亿美元,占有公司30%的股份,如果我能帮助你们在全世界取得成功,不管花多少钱。你们肯定会一下子增长三五倍的。'我对自己的预测非常有信心。"

杨致远回忆:"那时雅虎的许多人都认为孙正义疯了!在1996年花1亿美元是要有很大闯劲才行的。但我却认为他的成功不是靠运气,因为他是个具有前瞻性的人物,他能看到未来15年至20年。"

孙正义在科技互联网的历史上占据着一个特殊的位置。他祖籍韩国,出生在日本,在美国读高中和大学。孙正义逐渐思考形成了"时间机器理论"。他认为,IT行业在不同国家发展有一定时差,技术产品突破往往先发于美国,随后传输至欧洲和日本,最后在全世界普遍落地。

1981年,在日本腾飞的时间节点上,孙正义创立软银。这家名为"软件银行"的公司,起初只是一个电脑软件分销商。在孙正义的经营之下,软银逐渐成为了日本最大的软件分销商。

到了1994年,37岁的孙正义带领软银上市,斩获10亿美元身价。这次上市,让软银的账上多了1.4亿美元。孙正义希望通过投资,带领软银进一步成长。

很快,孙正义为杨致远开出了200万美元的支票。就在1996年再次注资雅虎两个月后,雅虎完成上市。孙正义仅仅出售了手中2%的股份,就套现了4亿美元。

此时的日本经济如日中天。1995年8月7日,《财富》杂志第一次发布同时涵盖工业企业和服务型企业的《财富》"世界500强排行榜"。中国只有3家公司上榜,日本上榜企业达到了历史性的149家,仅比美国的151家企业少了两家。而且,日本上榜企业的营业收入占500强总收入的比例达到了37%,超过了美国的29%,名列全球第一。

1995年成为日本企业的高光时刻,日本的几大商社霸占了榜单的前几名。

管理学家彼得·德鲁克在《创新与企业家精神》一书中提到：经过 20 世纪 70—80 年代，美国经济已从"管理型经济"彻底转变为"企业家经济"。以马克·安德里森和杨致远为代表的新一代网络英雄，则正在打造成功企业家的新范式。

但网景和雅虎的成功，并不能说明互联网已经在美国市场得到普及。世界上敏感的头脑们现在在思考的是：互联网到底是什么？

所以，互联网到底是什么？

"What is Internet？"什么是互联网？

每个人都想知道。1995 年 2 月，欧洲联盟民意调查机构的调查显示：有一半欧洲人从未听说过信息高速公路或信息社会；将近六成的人认为信息技术将威胁人们的私生活，但几乎同样多的人认为互联网将带来更多的个人自由。

作为 IT 行业的领军人物，比尔·盖茨在一档节目中这样解释："它会变成一个人们在上面发布信息的地方，每个人都会拥有一个主页，各种公司组织也在上面。还有一些最新消息，各种信息都会在上面野蛮生长。你可以给别人发送电子邮件，它是一个全新的东西。"[1]

图 2-4　比尔·盖茨向主持人介绍"What is Internet"

---

[1]　比尔·盖茨参加美国脱口秀节目"艾伦秀"，1995 年。

从 1992 年开始，比尔·盖茨每年都要前往自己在西雅图西南四季长青的胡德运河（Hood Canal）岸边的住宅，单独抽出一到两周时间，作为"思考周"。利用这段时间，他可以不受干扰地思考一些"大问题"。比尔·盖茨曾这样介绍："我确实想一个人独处，只是阅读。我不吃早饭，所以厨师只给我送午饭和晚饭。他们是很好的厨师，所以我一点不缺好吃的。"①

思考周，为盖茨提供了一个机会，去重新定位微软这艘超级巨轮。在 1995 年的思考周期间，比尔·盖茨深度思考了互联网对微软的机会和挑战。利用此年的思考周，比尔·盖茨构思了一本名为《未来之路》②的著作。

这本书，是盖茨对"信息高速公路"的一本预言书。在书中，他描绘了一个通过计算机控制家庭里主要家电，帮助家庭主人完成家务事的愿景。盖茨预言：最落后的国家或者老少边贫地区，也可以越过工业社会进入令人心驰神往的信息社会。

有趣的是，比尔·盖茨在《未来之路》一书的结尾写道："有点可怕的是，随着计算机技术的进步，从来没有一个时代的领导者同时也是下一个时代的领导者。"39 岁的盖茨有些无奈地写道："因此，从历史的角度来看，我认为微软没有资格在信息时代的高速公路时代领先。"

此外，比尔·盖茨还在思考周写就了一篇题为"互联网浪潮"（The Internet Tidal Wave）③的备忘录。在备忘录中，盖

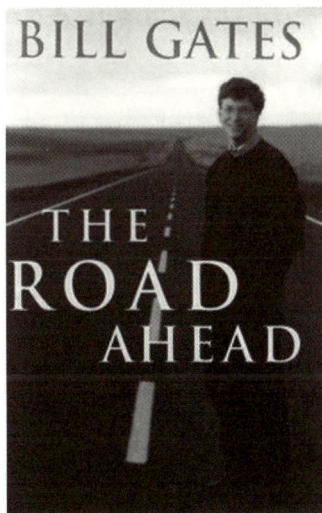

图 2-5 比尔·盖茨《未来之路》（The Road Ahead）

① David A. Kaplan：《比尔·盖茨决定花一周时间思考》，财富中文网，2013 年 6 月 6 日。
② 《未来之路》于 1995 年 10 月在美国出版，接着连续 7 周名列《纽约时报》畅销书排行榜榜首。
③ 这篇论文直接推动了微软 IE 浏览器的诞生。

茨称互联网为"即将成为自 IBM 公司在 1981 年推出个人计算机以来最重要的单项发展"。他将互联网列为微软公司的"重要性级别最高的工作"。他给出了直接的战术指引，明确微软需要"抗衡甚至打败网景（Netscape）所提供的浏览器服务"。此时，网景占有浏览器市场 70% 的份额。

1995 年 8 月，微软将网络浏览器 Internet Explorer 1.0 版本整体打包到 Windows 中。同年 12 月，微软又突然提出 IE 免费，微软的 IE 份额开始提升，IE 很快就成为数千万台电脑的默认浏览器[①]。

不只比尔·盖茨，科技媒体们也在绞尽脑汁地思考，应该如何向大众介绍正在兴起中的互联网浪潮。

马斯克：我还是自己创立公司吧

大洋彼岸的另一边，只在斯坦福大学待了 2 天的埃隆·马斯克决定退学创业。

马斯克在大学时期一直在研究电动汽车的储能技术。他本来想去斯坦福大学攻读博士学位，继续研究先进的电容和电池，期待在未来某一天，真正提高电动汽车的能量密度。

但突然，互联网行业在美国爆发了。马斯克不确定自己在博士阶段的研究是否会有用。它可能在学术上有用，但在实践上无用。马斯克回忆：

"我可能会获得博士学位，让我们的知识树上多一些枝叶。但我后来发现，这些其实并不重要。最终的研究结果是否够好，能够真正用于电动汽车行业？我不确定。然后我想，如果我在做这个的时候，看到互联网被建设起来，那会让我很沮丧。我想，我还是会回到研究电动汽车的领域，我最后也确实这样做了。但我当时确实认为互联网行业正在起

---

① 微软用四年时间超越了占主导地位的 Netscape 浏览器。

飞，虽然大多数人在 1995 年还没有意识到。所以我想到了电动汽车技术、能源技术会继续自然地发展，我可以在稍晚再回到这个领域。但在互联网领域，那个节点是真正需要做点什么事情的时候。"[1]

就这样，在进入斯坦福大学两天后，马斯克决定辍学创业。在加州的帕洛阿托（Palo Alto），马斯克与弟弟一起创办了一家名为 Zip2 的公司。消费者可以在 Zip2 平台上通过搜索商家名称，迅速查询到商家的简介和地理位置。换言之，马斯克在某种程度上是在做"美国黄页"。

马斯克本想先加入一家像网景这样的互联网公司，但他并没有找到这样的机会。马斯克回忆：

"我当时想从事科技行业，我在 1995 年创建公司的原因是那时候互联网公司很少，我一份工作都找不到。我给网景公司发了简历，并在网景的大厅里来回踱步，但我太害羞不敢跟人讲话。我想了想，好吧，我还是自己创立公司吧。"[2]

图 2-6　创建 Zip2 时期的埃隆·马斯克

马斯克跟他弟弟租了一间办公室，两人每周工作七天，只要是醒着

---

① 埃隆·马斯克：《与史蒂夫·尤尔维松对话》，斯坦福 Future Fest，2015 年。
② Lucas Manfredi: "Elon Musk talks about first job hunt," *FOXBusiness*, April 21, 2021.

的时候，都在工作。他们晚上直接睡在沙发上，每天跑到基督教青年会（YMCA）洗澡。由于两兄弟只有一台电脑，网站只能在白天上线，而马斯克会在晚上写程序。Zip2 主要提供美国全国各地城市的在线信息，从在哪里吃饭，到如何出行。马斯克介绍："在这里有你能想象的各种可能性。"[1]

马斯克回忆：

"我们发现，在硅谷，一间办公室实际上比一套公寓便宜。所以我们找到了一间屋顶漏水的小办公室，那可能是你能想象到的最肮脏的地方。我住在里面，在基督教青年会洗澡。这种情况持续了三四个月。这也是我们选择这间办公室的原因，它真的很便宜。楼下则有一家互联网服务提供商。所以我们能够获得非常便宜的互联网服务。我们通过在地板上钻个洞，直接连接到他们的服务器。"

当拉里·佩奇遇到谢尔盖·布林

与第一天就退学的马斯克不同，同样于 1995 年入学斯坦福大学读博士的拉里·佩奇决定在大学待更长时间。拉里·佩奇于 1973 年 3 月 26 日，出生在美国密歇根州东兰辛市的一个犹太家庭。佩奇的父亲曾获密歇根大学的电脑科学博士学位，当时正在建立新的科学领域。

1995 年春天，在斯坦福大学一场迎新活动中，谢尔盖带着包括拉里·佩奇在内的一众研究生新生，一同参观沐浴在阳光下的加州校园及其周边。谢尔盖·布林 1973 年 8 月 21 日出生于苏联，大约在 6 岁时与父母移居至美国，之后于马里兰大学学院市分校上学，并沿着其祖父与父亲的脚步学习数学，同时双修了电脑科学。

拉里·佩奇和谢尔盖·布林两人有非常多的相似之处，他们都是从小就开始使用计算机，同时各自的家庭成员也都具备计算机和数学背景。

---

[1] 埃隆·马斯克：《接受 "CBS 周日早晨" 记者 Rita Braver 采访》，1998 年。

谢尔盖·布林是一名数学天才，他在 19 岁时就取得了本科学位，并轻松通过了斯坦福大学的博士生入学考核。拉里·佩奇虽然考取了斯坦福大学竞争激烈的博士生项目，但他很怀疑自己能否顺利获得博士学位。

这样的背景，让两人之间迅速产生了化学反应，一见如故。

两人会从早到晚一直打趣和辩论，虽然两人都觉得对方傲慢自大，但他们彼此都很难再找到一位能够在同一水平上与自己讨论涉及计算机、数学等方面问题的对手。

eBay 的诞生

这一年，美国青年皮埃尔·奥米迪亚（Pierre Omidyar）的女朋友遇到了一个小难题。她酷爱 Pez 糖果盒，却无法通过任何渠道找到同道人交流。

受此启发，28 岁的皮埃尔·奥米迪亚考虑自己是否可以建一个拍卖网站，帮助女友和全美的 Pez 糖果盒爱好者交流。

说干就干，奥米迪亚很快写下了 eBay 的源代码，他本计划用自己正在工作的咨询公司 Echo Bay 为名，建立这个网络拍卖系统。但奥米迪亚并没有申请下来 echobay 的域名，阴差阳错之间，他索性直接将其命名为 eBay。

就这样，1995 年 9 月 4 日，这家名为 eBay 的公司悄悄在美国加

图 2-7　1995 年的 eBay 页面

利福尼亚州圣荷塞成立。eBay 首创了 C2C 线上交易模式，并很快成为互联网世界中最重要的交易平台之一。

更多"生活空间"，更多老百姓自己的故事

不论是最高学府里的离奇中毒案，还是《人民日报》上有关"信息高速公路"的路线论战，都不能提起普通中国人的兴趣。绝大多数中国城市居民对 1995 年最深的印象，或许是"生活空间"的突然增加。

5 月 6 日这天，是一个普通的星期六。长沙电器厂职工张海燕跟往常一样做好早饭叫老公起床。"我叫他起来时，他眼睛都没睁开就对我说'今天休息，不用去上班'，我以为轮到他休假了，吃过早饭后我就匆匆赶去厂里了。"

当张海燕走到工厂大门口时就觉得不对劲，她发现只有几个清洁工在打扫卫生。"平时厂里早已机器轰鸣，我以为是我早到了，也没有太在意，看到车间门紧锁，我就开始纳闷了，后来我才恍然大悟，这是实行双休日的第一个星期！"张海燕说，"犯这种'小儿科错误'的人不止我一个呢！当我还'云里雾里'时，就听到后面有脚步声，回头一看，我们车间主任李哥也来了，两个人哈哈大笑起来。"①

这一天"忘记休息"的不止张海燕和车间主任李哥。在中国的大江南北，出现了很多类似的场景。大连水泥厂职工刘红梅的表述最有代表性："因为在我们的大脑里，星期六就是应该上班的，不上班就不知道干啥去了。"刘红梅还很清楚地记得，那一天在单位待了半天之后才回的家，但回家之后总觉得这种休息有点不"坦然"。

中国一直以来都在实行 48 小时工作制，即每周工作六天，休息一天。普通职工要打扫、买日用品，还要走亲访友，从早忙到晚。也因

---

① 《双休日放飞心情，让快乐飞扬》，《星辰在线 - 长沙晚报》2008 年 11 月 26 日，http://news.sina.com.cn/o/2008-11-26/081614787626s.shtml。

此，星期天被戏称为"战斗的星期天"。1995 年 3 月 25 日，国务院下发决定，宣布自当年 5 月 1 日起实行双休日①。这让一直忙碌不堪的中国人，终于获得了难得的喘息之机。

更多的闲暇时间，让城市居民们的生活开始变得多彩起来。此年，中央电视台《东方时空》节目旗下的一档名为《生活空间》的小栏目突然火了起来。这档节目有一个很接地气的口号："讲述老百姓自己的故事"。《生活空间》曾播出过一部名为《老两口骑车走天下》的片子，片子讲述了一对老夫妻退休以后，把自行车改造成一种新的交通工具，既能骑，又能当床睡，还能够翻开里面装着的煤气罐做饭，老两口骑着它旅游的生活故事。

老百姓对这一类既奇特又没有距离感的故事看得津津有味。《生活空间》的制片人陈虹在业务总结中这样写道：

刚到《生活空间》时，要熟悉每一个人，要保证已经开播的《东方时空》每一天的正常播出，同时要考虑并实施栏目的改造。当时的感觉就像一家饭店，一面营业，一面装修，两边都不能停下来。在最初的那几个月，我每天工作 14 到 16 个小时，白天处理日常工作，晚上和大家一起编片子。最多的时候一天晚上同时进行四个节目的构思、编辑、修改、指导拍摄。也是在那几个月里，我养成了不吃中午饭的习惯，一天只吃一顿晚饭。在无法明确节目定位的压力下，急得我回到家把脑袋往地上撞。

领导对《生活空间》的改造非常关心，我们认真听取各级领导和每位记者、观众的意见，进行了反复的探索、尝试，最终在领导的支持和帮助下，在观众的鼓励下，通过每位记者的努力，我们开始了"讲述老百姓自己的故事"。很多人问我"讲述老百姓自己的故事"这句话是怎么想出来的，我实实在在地回答"勤奋加压力"。②

---

① 实际操作中，几乎所有民营企业都实行单休制度。很少有企业会按劳动法规定把周六上班计为加班，发给加班工资。单休制度实际上仍存在了很长时间。

② 徐泓：《陈虹："生活空间"——讲述老百姓自己的故事》，财新博客，https://xuhong.blog.caixin.com/archives/54695。

从 1993 年到 2000 年，《生活空间》用七年时间拍摄了 2000 多个普通人的故事。《生活空间》只是这一时代媒体人的一个缩影。在热火朝天的 20 世纪 90 年代，充满理想主义的媒体人斗志昂扬，电视台中的年轻人意气风发，大开脑洞的电视节目层出不穷。

图 2-8　正在审片的陈虻

许多年轻人回国，更多年轻人南下

琐碎生命偶尔露出的勇气，逐渐累积让命运不凡。

1993 年底，田溯宁和丁健推出了网站产品《亚信日报》（AsiaInfo Daily News），这张"日报"包含和中国有关的政治、娱乐和金融新闻，不过在推出后，订阅者寥寥。《亚信日报》的失败让两人隐约意识到，中国人似乎不愿意为互联网上的内容付费。但这次尝试也并不是毫无用处，他们很快交到了好运。

根据 1994 年 9 月中国邮电部与美国商务部签订的协议，中国电信总局将通过美国 Sprint 公司开通两条 64K 专线 [①]，这个互联网节点建设工

[①] 一条在北京，另一条在上海。

程需要有人为当时的中国电信做中文培训，因为《亚信日报》的线索，Sprint 找到了亚信。

实际上，总计只有 7 个需要培训的学员。不过处于创业期的田溯宁和丁健不敢怠慢，两人用整整两周的时间，准备出了三本翔实厚重的资料。这样的认真态度，让 Sprint 对亚信逐渐建立起了信任。Sprint 对 1995 年的中国互联网市场还提不起兴趣，索性将这个价值 20 万美元的项目直接转包给了亚信。而正是这个项目，奠定了亚信日后的商业模式：做互联网系统集成解决方案商。

此时美国万通的总经理刘亚东，十分看好亚信。刘亚东带着田丁二人去见了王功权。此时，王正在美国学习投资。田溯宁和丁健对互联网行业的热情，迅速感染了本就是性情中人的王功权。王功权大笔一挥，用 25 万美元，换取了亚信 8% 的股份。

"既然这么看好，为什么不一起加入呢？"王功权反过来问这次投资的介绍人刘亚东。就这样，刘亚东顺势加入亚信。

此时的中国互联网，是一片又深又宽的蓝海，等待着亚信这艘新船扬帆启航。此时，北京、上海试验网所使用的路由器只有 16 个拨号端口。北京、上海加在一起，总计是 32 个拨号端口，而一个端口大约能支持 10～29 个用户，因此，现在的网络最多也只能够支持不到 1000 个用户。

丁磊决定不上班，张朝阳选择回国创业

每个人的生命中都会经历这样一段时光，在迷茫中踏上无畏之路。但时过境迁、事过境迁，蓦然回首，那正是命运列车开始转向的关键时刻。

4 月，丁磊下定决心，从宁波电信局辞职，南下广州。1993 年 9 月从电子科技大学本科毕业后，丁磊就一直在这里工作。在提出辞职后，电信局的领导对丁磊说："我们这里从来没有大学生主动提出辞职的，你是国家培养的大学生，要在电信局里施展自己的才华，你怎么能够辞职呢？"[①]

在纠缠许久之后，领导最终同意，如果丁磊向单位交 1 万元的"培养费"，会网开一面同意他的辞职。刚毕业没多久的丁磊哪里有钱？这个年轻人直接甩了一句："我明天不来上班了。"次日，丁磊拎着箱子直接去了广州。[②] 多年后的丁磊后感慨："这是我第一次开除自己。但有没有勇气迈出这一步，将是人生成败的一个分水岭。"

很快，丁磊在广州的美国数据库软件公司赛贝斯（Sybase）找了一份售后支持工程师的职位。丁磊很快意识到来对了，因为在这里，他每月可以拿到 4000 多元的工资，这是他在宁波邮电局薪水的整整 40 倍。

10 月 31 日这天是张朝阳 31 岁的生日，他特别选择了在这个日子登上飞机，回到中国。这个年轻人期待回到祖国，迎来一次"新生"[③]。离别当晚，朋友们为张朝阳搞了一场 MIT 朋友聚会。已先于张朝阳回国的熊晓鸽为张朝阳唱了一曲《送战友》。

就这样，在 1995 年底，陕西人张朝阳提着个破箱子，放弃了每个月一千美元的工资从美国波士顿回到了中国北京。此时的张朝阳并不是自己创业，他主要是支持一家简称为 ISI 的公司做网上金融服务。这家公司的商业模式是将搜索到的金融信息给到华尔街。不过，张朝阳也对这家公司的朋友坦言："我帮你一年，但之后我还是要创业的。"[④]

张树新：中国人离信息高速公路还有多远？

一个想法从胡思乱想变成远大前程，在初期最需要的，往往是被热情所激发出的决绝执行力。1995 年的张树新下定决心，要大干一场。

① 林军：《沸腾十五年——中国互联网：1995—2009》，电子工业出版社，2021 年。
② 宁波电信局在十余天后下文，以丁磊旷工两周为由，将其除名。
③ 杨阳：《开放编年史 | 1996：互联网的张朝阳年份》，《经济观察报》2018 年 6 月。
④ 张朝阳，出席"江湖"沙龙活动，2013 年 1 月 31 日。

1995 年 10 月的北京秋意十足。在北京中关村南大街零公里处、白颐路南的街角，矗立起了一块红白黑配色，视觉反差极强的广告牌，上面赫然写着："中国人离信息高速公路还有多远？""向北一千五百米"。

图 2-9　瀛海威著名的广告

市民们看到这个硕大的广告牌，有些摸不到头脑。警察们则更是心生抱怨：天大地大的皇城根，哪来的信息高速公路？

花费 18 万元人民币打造这则广告的公司，名叫瀛海威。从这块广告牌向北走 1500 米，正是瀛海威的"1 + NET"科教馆。在这里，人们可以通过使用"瀛海威时空"，来体验网上冲浪的乐趣，并借机向来访者推销"瀛海威时空"这一软件。在瀛海威科教馆里，员工们每天都在不断地告诉来访者因特网是什么，电信平台是什么，什么是 ISP，耐心教导别人"Internet"和"英特纳雄耐尔"有什么区别。

年初，从美国回到中国的张树新夫妇，把家当抵押给银行，换取了800 万元的贷款。拿着 700 万元现金和 800 万元的银行贷款，张树新夫妇凑出了 1500 万元巨款，注册了北京瀛海威科技有限责任公司。"瀛海威"正是信息高速公路英文（information highway）的音译。张树新是中国第一个申请做互联网服务的人。当她拿着申请单，径直走进中国邮电部时，办公人员既不知道该把它归为哪一类，更不知道该如何收费。最后工作人员按照寻呼台租用线路的价格确定了费用，一条线一个月向张树新收取 6000 元。

图 2-10　瀛海威免费科教馆

具体做什么业务呢？当时，绝大多数中关村的科研人员并没有电子邮件，但有购买电脑硬件的需求。张树新灵机一动，把这两个需求结合起来，通过一个电子邮件商务中心开展电子邮件业务，同时将电脑销售搭配起来。

瀛海威随后的商业模式全盘照抄美国在线：用户注册后，缴纳一笔费用兑换上网所需要的信用点，即可享受 BBS、电子邮箱等服务，也可以浏览国外网站。但在创立之初，瀛海威的商业模式就存在着一个硬伤：瀛海威收取用户通过主干网浏览国外站点所交的费用，还没有交给中国电信主干网的使用费多。

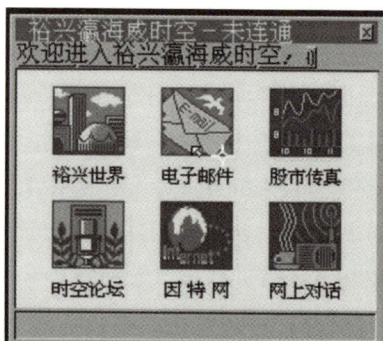

图 2-11　瀛海威的客户端页面

这意味着，用户访问国外站点的时间越长，瀛海威就越赔钱。

但无论如何，在迈出第一步的那一刻，张树新就已经把自己的脚印深深烙进了中国互联网的史册。在第一届"最受用户欢迎的中文信息网站"评选中，瀛海威毫无争议地获得第一。不过，在瀛海威内部流传最广的一句话却是："我们知道2000年以后我们会挣钱，可我们不知道现在应该做什么。"

马云：杭州人在西雅图

这年上半年，杭州连续发生了几起因为窨井盖被盗而引发的人身伤亡事件。杭州的一家地方电视台决定针对这一问题做一个路人公益测试节目。电视台团队在文二路靠近教工路路口找到了一个窨井盖，让五六个大汉假装在撬窨井盖，又在50米开外的一幢单元楼里架上摄像机，测试是否有杭州市民制止。令人颇为尴尬的是，那天晚上经过的行人们都视若无睹，直到一名叫马云的杭州市民出现。

马云恰好骑单车去上班路过，看见几个人在抬窨井盖，似乎是要偷去卖。想要去制止吧，考虑到自己小胳膊小腿的打不过人家，于是前后跑了四圈，结果没找到路人或者警察帮忙。最后，他就一脚踩在地上，一脚踩在单车脚踏板上，做好逃跑准备之后，一手指着大汉们喊道："你们给我抬回去！"

马云在回忆这段经历时也说，当时他想找人帮忙抓贼，"这个时候突然来个人问我：'你说什么？'我说他们在偷窨井盖，必须给它拿回来。我后来才发现边上有摄像机，他们（电视台）在做测试。那天晚上据说我是杭州唯一一个通过这个测试的人"。

此时骑着自行车的马云，正在开启自己的事业。

在与外资合作过程中，语言不通常常成为杭州地方企业的掣肘之痛。身处杭州的马云，为此创办了一家名为海博的翻译社。这个小小的商业机构坐落在距离西湖不远的杭州青年路 27 号的两间门面房里。翻译社的 5 名员工都是学校的退休教师。翻译社并不赚钱，为了维持正常运营，马云还需要经常前往广州、义乌等地进货，转手倒卖一些小商品以获得些流水资金。

除了日常英语教学外，英语好、爱社交的马云还兼任起了学校的外事办主任。这份外事办主任的身份让马云有机会做些接待外宾、安置外教的工作，偶尔还有机会出国考察。身兼大学外事办主任，同时还开了一间翻译社的马云逐渐在杭州城里小有名气。

一家美国公司同意为杭州至桐庐建设一条高速公路，但经过一年多的时间这家美国公司承诺的资金始终没有到位。为解决高速公路建设问题，桐庐县政府找到"可能是杭州英语最好的一个人"，正在开翻译社的马云，请他去美国搞清楚这个项目目前的进展以及一些可能的解决方案。

马云经香港飞到了洛杉矶，并且见到了那个"大块头"的加州老板。事实上这个美国人所吹嘘的公司并不存在，这群人还邀请马云加入他们的"事业"。被挟持至拉斯维加斯的马云最终逃脱出这一困局，他买了一张前往西雅图的机票。

马云的一位同事的女婿 Sam 正在西雅图运营一家互联网公司。马云辗转到达西雅图，找到了 Sam 的 VBN 公司。

这次的美国之行也并非全是坏运气，在西雅图，马云第一次见到了互联网。

在西雅图，马云联系到了一位国内外教同事的朋友接待他。马云参观了其在"美国银行"大厦中的办公室。友人将马云带到一间极小的办公室，办公桌上静静地安放着一台配备 Mosaic 系统的电脑。在朋友的鼓励和催促下，马云在键盘上敲出了"Beer"（啤酒）这个词进行搜索，马上他看到了来自德国、日本等国啤酒的介绍网页，唯独没有中国。随即他输入"China"进行搜索，没有在互联网上找到任何数据。

马云请求朋友很快制作了一个介绍他的翻译社信息的简陋网页挂到

网上，网页早上 9 点 40 上线，到了当天中午 12 点，马云收到了朋友打来的电话。"Jack，目前已有五封联系你的电子邮件了！"写信人在邮件中表示，这是他们在网上第一次看到来自中国的网站，甚至邀请马云一起做点"有意思的事情"。

这个来自中国杭州的年轻人意识到，互联网是一个巨大的机会。马云开始严肃思考，自己也许可以尝试做一做这个名为 Internet 的生意。说来奇怪，英文专业毕业的马云却对技术趋势看得格外精准。马云的西雅图之行初步展现了对新技术应用潮流的敏感，这一能力还将在未来的故事中被多次验证。

在美国之行结束后，马云登上了回国的飞机。在他的行李中，多了一台 486 电脑。此刻马云的头脑中只有一个想法：要做一个网站，把中国的企业资料收集起来放到网上向全世界发布。

就在回到杭州当晚，马云邀请了 24 位关系密切的朋友到家里聊互联网的机会。马云向朋友们说了很多，核心观点是自己现在开始准备做一个关于 Internet 的企业。由于政府还没有任何这方面的布局，朋友们心中没底。24 人中绝大部分人都被马云忽悠得有点蒙，只有一个人觉得马云的想法或许可以试一试。

4 月，马云在杭州文二路的金地大厦租了几间房，开始筹建"中国黄页"。成立公司需要 5 万元，马云夫妇东拼西凑，从亲友处借了 2 万元，注册了自己的公司：杭州海博电脑服务有限公司。马云还将家里可用的家具全部搬到了办公室。在租下办公室后，马云的账户上还剩下2000 多元。这个名为"中国黄页"网站的核心功能是帮助企业将信息放到网上，供用户查看，同时向企业收取一定费用。公司实际上只有三个人：马云、马云的爱人张英和马云在学校的同事何一兵。[①]

就这样，"中国黄页"在 5 月 9 日正式诞生。马云回忆："其实最大的决心并不是我对互联网有很大的信心，而是我觉得得做一件事，经历就是一种成功，你去闯一闯，不行你还可以掉头。但是如果你不做，总

---

① 陈伟：《这就是马云》，浙江人民出版社，2018 年。

是走老路子，就永远不可能有新的发展。"①

1995 年 6 月 1 日，马云正式辞去了体制内的工作，彻底下海。

1995 年 8 月，马云把几位记者请到家中，当着他们的面在电脑键盘上敲敲打打，接通了互联网。这时的互联网速度很慢，马云用了长达三个半小时，才终于下载完了一个完整页面。尽管耗时漫长，但这个杭州人希望向人们证明，互联网真的存在，自己并不是骗子。

到了年底，马云公司的营业额突破了 100 万元人民币，很接近收支平衡。经过实践，黄页的确被证明是一个好生意。可就在这时，在马云面前突然出现了一个不可战胜的对手：杭州电信局。

此时，杭州电信局推出 Chinesepage.com，这个网站与马云的中国黄页（Chinapage.com）看起来几乎一样。但杭州电信局所代表的品牌力量，会天然获取消费者的更多信任。

图 2-12 中国黄页时期的马云（左一）

马云没有任何讨价还价的资本。到了 1996 年 3 月，"电信黄页"与"中国黄页"合并。马云的公司资产折合 60 万元占新公司 30% 的股份，杭州电信局则投入 140 万元占股 70%。就这样，马云关于中国黄页的尝试草草结束。马云将希望的目光，从杭州投向北京。

① 杨得志：《马云：从顽皮少年到商界大侠》，《中国青年报》2004 年 7 月 26 日。

雷军：兵败盘古，销售一塌糊涂

7月17日，比尔·盖茨荣登《福布斯》全球亿万富翁排行榜榜首，个人财富为129亿美元，盖茨时年39岁。微软当年销售收入为59亿美元，拥有17 801个员工。

8月24日，伴随着滚石乐队震耳欲聋的歌曲"Start Me Up"，微软公司在美国雷蒙德大学校园内的一个12英亩的运动场正式推出Windows 95操作系统。全球共有7万多人通过卫星转播观看了此次发布会，据称微软为这款产品花费了3亿美元的广告费。这一操作系统很快成为有史以来最成功的操作系统之一。

Windows 95的发布，结束了Windows需要依赖DOS启动的历史。微软还发行了自己的浏览器Internet Explorer。《纽约时报》称其为"业界历史上最引人注目、最疯狂、最昂贵的电脑产品"。

拥有着海量潜在用户的中国市场，对于任何一家跨国企业来说，都有着独特的吸引力。很快，微软Windows 95系统提供了针对中国市场的汉化版本。

DOS时代金山公司的WPS非常流行，几乎装在中国每台电脑上。面对微软的进攻，金山需要尽快研发出新的办公软件，才有机会正面和微软Office抗衡。

初生牛犊不怕虎，此时担任北京金山总经理的雷军没有细想，直接开干，还给项目取了一个气势磅礴的名字："盘古"。他们希望盘古在Windows平台上开天辟地，能把WPS的辉煌推到一个新的高度。

图 2-13　金山盘古办公系统

为了抗衡微软，金山这次几乎押上了全部家底。他们抽调了几乎所有的程序员，没日没夜，干了整整三年。到了 1995 年 4 月，盘古终于发布。闭关 3 年，只等大成的这一天，金山人们连庆功宴都提前精心准备好了。但谁也没有想到，销量极为惨淡，甚至不及预期的十分之一。

雷军的心态直接崩了，同事们的心情也从云端直接跌落到了谷底。没有办法，雷军拼命给大家打鸡血，鼓励大家继续奋斗，就这样，金山坚持到 1996 年初，盘古依然没有任何起色。雷军回忆："1995 年，我们历时三年研发的'盘古组件'发布，这是我寄予厚望的产品。结果呢，发布会开了，广告也做了，销售却一塌糊涂。"

更大的麻烦是，WPS 也卖不动了，金山收入锐减。公司到了生死存亡的关头。人生第一次面对这样的困局，26 岁的雷军显得有些束手无策。

每到发工资的那天，都是雷军最难熬的时候。最惨的时候，金山账上只有十几万，眼看着下个月就发不出工资。同事们也都很绝望，不少人离开了，办公室开始有点空空荡荡的。雷军经常彻夜睡不着，好多个晚上，他独自坐在沙发上，静静地看着窗外，眼睁睁地看着对面楼里的灯一盏一盏熄灭，再看着天色一点一点亮起来。这种痛苦，只有经历过的人，才真的明白。①

这次打击几乎让雷军失去了理想。那段时间，基本上每天早上醒来，雷军都会发现自己是在沙发上睡了一宿，因为在床上实在睡不着。

---

① 雷军：《"穿越人生低谷的感悟"》，2022 年。

1995 年，互联网商业化元年

如果说 1994 年是互联网创世纪的一年，那么 1995 年则是互联网行业真正开始商业化的元年。在这一年中，互联网更加广泛地走进人们的生活。

在一档名为《计算机记事》（Computer Chronicles）的节目中，主持人斯图尔特·切伊费特（Stewart Cheifet）端坐在一家网吧中，向观众们介绍网络（The Net）这项新兴技术。他说："在这里你能够与两个世界接触：真实人物和虚拟人物。"

图 2-14 《计算机记事》（Computer Chronicles）节目画面

节目还特别邀请了《纽约时报》科技记者约翰·马科夫（John Markoff）。马科夫称，自己最喜爱的互联网活动就是使用电子邮件。在他收到的邮件信息中，其中一则发件人正是苹果公司的创始人史蒂夫·乔布斯（Steve Jobs）。

在 1995 年，全球范围内总计有 1.5 亿电脑用户，其中有 1000 万人是活跃用户。不过互联网用户仍然是凤毛麟角，即便在最为成熟的美国市场，也只有不到 8% 的家庭实现了联网。[①]

即便在此刻的美国，绝大多数用户也只是在"笨拙地"使用着互联网。Jakob Neilson 在这年的一次互联网用户调查数据显示，只有 10% 左

---

① 1993 年推出的 Mosaic 浏览器很大程度上推动了互联网的进一步发展。

右的美国用户会拖动浏览器右边的滚动条。90% 的用户如果打开了一个网站，一般会以为第一屏所看到的内容，就是全部内容，并不会选择向下滚动。①

1995 年全中国卖出了 110 万台个人电脑。1995 年，也被称为中国互联网商业元年。

在打开新世界魔法的片刻，刚刚进入这个世界的人会有些束手束脚，重新在这个新世界里学习如何观察、如何交流、如何前进。一切都在等待被重建，遍地都是机会。机会在等待着年轻人们真正走上舞台，演出属于自己的剧本。

虽然此时的中国，所有能够上网的人数加起来，大约只有一万人。与已经高歌猛进的美国相比，不仅仅是中国的科技互联网企业家们在进行着小站练兵，整个中国互联网行业同样在探索着自己最初的边界。

这一年走上创业之路的互联网创业者，有因找不到工作而创业的马斯克，有自己辞退自己的丁磊，也有坚定了互联网创业目标的马云，以及下决心回国的张朝阳。

此时，刚刚启程的创业英雄们，还没有意识到，要想在互联网领域创业成功，主要的三种成功范式。第一，利用技术优势获取相较竞争对手碾压式的优势；第二，利用模式创新，在同质竞争中获取相对优势；第三，从用户视角出发，显著提升产品体验，获取用户侧的体验优势。

当然，对于每一家公司，其竞争力都是"技术＋模式＋产品"三者叠加的结果。但总有一些公司，会在市场竞争的某一个阶段，抓住这三种成功范式的其中一种，实现快速突破、弯道超车，踏上自己所属赛道的浪潮之巅。正是从 1995 年开始，不论是全球市场，还是中国市场，科技群星们开始围绕技术、模式、产品这三大方向进行竞赛。

距离新世纪，还有 4 年时光。一家媒体通过街头拦访，用镜头记录了中国人对 21 世纪的向往。记者漫步街头，随机向路人提问："您认为 21 世纪的中国会是什么样子的？"

---

① 王建硕：《中国的互联网现状究竟相当于美国的哪一年？》，《三联生活周刊》2005 年 6 月。

一位红色鸭舌帽的女孩用粤式普通话表示："我想21世纪的中国，吃的、玩的、穿的、交通都会改善很多。就这样子。"

"我想，由于我们的开放政策，我们国家商品走向世界、人走向世界，跟上世界潮流的发展。一定会成为世界一流的强大的国家。"一位头前有些白发的老者用京腔这般回答。

另一位国字脸的短发女性微笑着回答："我想应该和美国、日本差不多吧。应该是很有发展前途的，不过人活得应该是很累的，应该干得苦、干得累。"

最后，一位一脸自信的广东青年用粤语答道："改革开放好啊，中国现在改革开放，三十年后，追上香港不止，还会追上日本！"

【战略金句】

◇ 埃隆·马斯克：我可能会获得博士学位，让我们的知识树上多一些枝叶。但我后来发现，这些其实并不重要。最终的研究结果是否够好，能够真正用于电动汽车行业？我不确定。然后我想，如果我在做这个的时候，看到互联网被建设起来，那会让我很沮丧。

◇ 丁磊：这是我第一次开除自己。但有没有勇气迈出这一步，将是人生成败的一个分水岭。

◇ 马云：其实最大的决心并不是我对互联网有很大的信心，而是我觉得得做一件事，经历就是一种成功，你去闯一闯，不行你还可以掉头。但是如果你不做，总是走老路子，就永远不可能有新的发展。

扫码阅读本章更多资源

1996

潜龙在渊

选择你的未来，选择生活。

——电影《猜火车》，1996

在 1 月 30 日出版的《三联生活周刊》上，学者胡泳发表了 7000 字长文《Internet 离我们有多远》。在开篇，胡泳讲了一个有关比尔·盖茨的故事：

美国华盛顿州西雅图，微软公司总部所在地。当公司老板比尔·盖茨走出一家餐馆时，一位无家可归者拦住他要钱。这并不奇怪：盖茨是世界上最富有的人，坐拥 180 亿美元资产。但接下来的事令见多识广的盖茨也目瞪口呆：流浪汉主动提供了自己的网络地址（西雅图一家社会庇护所在网上建立了地址以帮助无家可归者）。"简直难以置信，"盖茨事后说，"Internet 是很大，但我没想到无家可归者也能找到那里。"

在详细介绍了互联网的发展脉络和社会影响后，胡泳预测，互联网将改写未来的政治、商业、社会和新闻。

与此同时，胡泳还在文中提出了一个疑问：对于此时只有 70 万台家用电脑的中国来说，是否能一转身就跨入信息时代、并与发达国家站在同一起跑线上？

与胡泳在年初发表的这篇文章相比，他在这一年所翻译的一本国外图书，在很大程度上，对 20 世纪 90 年代的中国人，起着互联网"启蒙运动"的作用。

1996 年春天，在北京北四环一家台湾版权代理公司的几大排书架前，学者胡泳读一本书读得有些入迷。这本名为 *Being Digital* 的书，对互联网的未来进行了大胆预测。作者尼葛洛庞帝在书中写道：

下一个 1000 年的初期，你的左右袖扣或耳环将能通过低轨卫星互相通信，

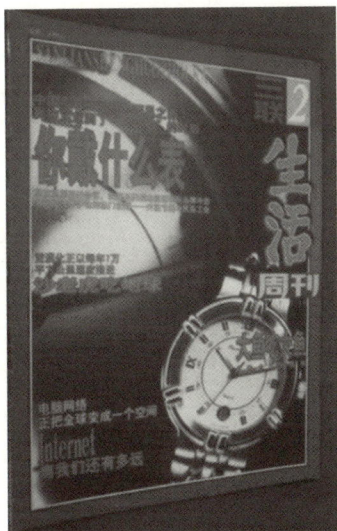

图 3-1 《三联生活周刊》1996 年第 2 期专题报道《Internet 离我们还有多远》

并比你现在的个人电脑拥有更强的计算能力。你的电话将不会再不分青红皂白地胡乱响铃，它会像一位训练有素的英国管家，接收、分拣，甚至回答打来的电话。大众传媒将被重新定义为发送和接收个人信息和娱乐的系统。学校将会改头换面，变得更像博物馆和游乐场，孩子们在其中集思广益，并与世界各地的同龄人相互交流。地球这个数字化的行星在人们的感觉中，会变得仿佛只有针尖般大小。

胡泳本是应海南出版社邀请，来挑选可能后续出版的畅销书的。他直觉地意识到这本非常重要。这种直觉强烈到他放下了正在写作中的《网络为王》一书，与其夫人范海燕加班加点，仅用三周时间，就翻译完了这本书。

到了 12 月，由胡泳夫妇翻译的《数字化生存》正式出版上市。书的封面上写着："计算不再只和计算机有关，它决定我们的生存"。

《数字化生存》这本书迅速风靡市场，成为时代性的启蒙读物。时

任国家主席江泽民甚至在百忙中，也阅读了《数字化生存》，并将它推荐给各大部委的官员阅读。也曾有读者向胡泳感慨："20 年前读《数字化生存》，觉得是科幻书；现在读，觉得是历史书。"

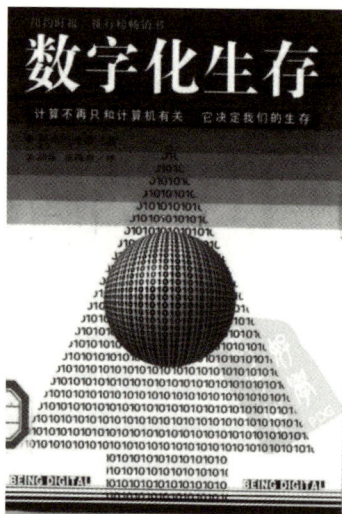

图 3-2 《数字化生存》封面

"就整个互联网的发展来看，我觉得是在一个合适的时间、合适的地方做了一件合适的事情。"[1] 多年之后，胡泳[2]仍为自己将《数字化生存》一书引入中国而感到自豪。

出生于 20 世纪 60 年代的胡泳第一次接触互联网是在 1995 年 10 月，他在清华大学上网，在 BBS 上面与网友们讨论了台湾问题。互联网这个媒体形态让这时正在做《三联生活周刊》的胡泳大感震惊。胡泳回忆："我感到醍醐灌顶、灵魂出窍，如果我的生命中曾经有过'天启'般的时分的话，那一刻就应该算是了。"[3] 这次上网的经历，让胡泳看到了未来。胡泳开始下意识地搜集任何与互联网相关的资料和信息。

对于 1996 年的中国互联网行业来说，一切看起来，都才刚刚启程。

---

① 李礼、李悦：《中国数字化第一人胡泳：我害怕商业文化统治一切》，《国际航空报》2007 年 10 月 29 日，https://www.douban.com/group/topic/5135880/?_i=3791528QkEsAtE。

② 胡泳早年一直在做媒体，在最开始时做报纸记者，后来开始主笔《三联生活周刊》的经济板块。2001 年左右，他进入电视台工作。2007 年，胡泳进入北京大学任教，开始潜心研究"数字媒介与数字社会"。胡泳，一直在中国互联网历史上扮演着观察者的角色，而他所写就的文章、翻译的书籍，也在潜移默化地影响着中国互联网行业的微观走向。

③ 胡泳：《如何掀起数字化狂潮》，《三联生活周刊》2010 年第 42 期。

此时的世界与中国

6月10日这天，美国国家航空航天局（NASA）宣布火星探测器"勇气号"成功登陆火星。

但对于美国人来说，相比遥不可及的火星，互联网才是正在变得触手可及的新玩意儿。

这年1月，克林顿总统在年度国情咨文中表示，要使信息高速公路通向所有的中小学，在2000年以前所有中小学都与Internet联通。1996年10月，克林顿表示将在未来5年内拨款5亿美元，用于资助100所大学和国家实验室及有关联邦政府机构改善使用网络的条件，提高使用效率。

2月1日，美国国会颁布1996年电信法案，该法案的主要目的是刺激电信服务的竞争。该法案的第五章《通信规范法》的第230条款是对互联网公司的免责保护。很多人把这项条款看作是保护互联网上言论自由的最重要法令。

根据这项条款，互联网平台不是内容发布／发行者，因此，与传统媒体不同，互联网公司不需要对用户在平台上上传的内容承担刑事责任。法律规定："任何网络服务的提供者或使用者都不应当被看作是其他方提供的信息的发行人。"这项规定使得网络平台不必对用户在其网络平台上的违规行为负责，但法令鼓励网络平台删除剽窃内容或与卖淫活动相关内容或宣扬种族歧视等内容。

在这一年，人类在生命科学领域也迎来了两个重要的里程碑时刻。3月份，英国罗斯林研究所的科学家用电流使细胞和未受精的卵子融合，培育出克隆绵羊。两只克隆绵羊的出生和存活证明，生命可以不需要精子而产生，因而使大批量繁殖动物十分容易。同样在3月，多国科学家小组宣布绘制出一个迄今最完整的人类基因图谱。该图谱有助于开发多种疾病诊断试剂和治疗方法。

1996 年，斯坦福大学商学院教授葛洛夫出了新书：《只有偏执狂才能生存》，这是他一生理念的总结，其中核心就是战略转折点问题。作者认为："穿越战略转折点为我们设下的死亡之谷，是一个企业必须历经的最大磨难。""我常笃信'只有偏执狂才能生存'这一格言，我不惜冒偏执之名，整天疑虑事情会出岔。"

这年夏天，篮球巨星迈克尔·乔丹在复出后终于再次登顶 NBA。这年 7 月，奥运会在美国城市亚特兰大迎来百年诞辰，有来自 197 个国家和地区的 10318 名选手参加。

中国运动员王军霞首次参加奥运会，就斩获了女子 5000 米金牌。她也就此成为中国第一位获奥运会长跑金牌的运动员。在冲过终点后，一位中国青年把鲜艳的五星红旗交到了王军霞手中。王军霞身披国旗、面带笑容，绕场飞奔的画面，从此成为人们记忆当中的经典。

在传统的汽车行业，通用汽车在 1996 年，推出了一款电动汽车 EV-1。它是史上由大型汽车制造商生产出的第一款现代量产和专门设计的电动汽车 ①。在当时技术条件下，EV-1 通过其强劲的动力电池，豪华的配置，精致的中控设计，成为 90 年代电动车的经典之作。

图 3-3　通用汽车 EV-1

---

① 　通用汽车决定批量生产电动汽车是在通用汽车公司于 1990 年推出 GM Impace 概念（电动）车之后，该电动汽车的设计受到了广泛欢迎。

中央电视台新闻评论部在春天推出了一档新栏目《实话实说》，这档栏目主要通过主持人、嘉宾、观众的共同参与和直接对话，在生动活泼的气氛中，展开社会生活或人生体验的某一话题。经过叙述、讨论或辩论，达到各抒己见、增进参与者之间交流和理解的目的。

同样在这年春天，好莱坞励志影片《阿甘正传》在中国的各大影院火爆上映，中国人记住了那个永远在奔跑的美国人，也都记住了男主角的那句名言："生活就像一盒巧克力，你永远不知道你拿到的下一颗是什么。"

在 1996 年中国票房榜排名前十的电影中，只有第八名《孔繁森》是中国大陆的电影，能进前十估计还是各单位大规模组织观影的缘故。《青藏高原》也许是 1996 年最火的一首歌，它在青年人心头点了把火——人总不能只为自己活着。

深圳地王大厦在 1996 年 3 月竣工，这座大厦总计 69 层，总高度 383.95 米，实高 324.8 米。这是深圳 20 世纪 90 年代中期耸立起来的一座重要标志性建筑，也是此刻中国最高的建筑物。"地王"之名，来源于其得天独厚的地理位置：该地段处于深圳深南东路、宝安南路与解放中路交会的黄金三角地带，被地产界誉为投资的地中之王①。在这里，近可俯览深圳市容，远可眺望香港市容。

与高耸的地王大厦相比，年底的股市却是一泻千里。上海的股市从年初的 537 点上涨到了 11 月的 1200 点。但到年底，中国股市暴跌。12 月 16 日，《人民日报》发表特约评论员文章《正确认识当前股票市场》。这篇文章实际上是新中国成立以来首次针对股票市场所发表的"准社论"。这篇文章原本旨在为股民提个醒，却最终直接引发了一场"股票地震"，股市全线下跌。

甚至有愤怒的股民撕《人民日报》泄愤，有股民挖苦说："中国的股市，无牛市，也无熊市，是'猪（朱）市'。"时任总理朱镕基很坦然地

① 1992 年，深圳市政府向国内外企业公开拍卖，香港地区一家公司以 1.42 亿美元的高价一举中标，这个价格是当时深圳的地价之王，地王商业大厦由此而得名。

回应："骂人不要带脏字嘛！"

这一年，中国 GDP 最终增长了 9.6%，中国钢产量突破一亿吨，跃居世界首位。国民经济成功实现"软着陆"，即既抑制了通货膨胀，又保持了经济的快速增长。

互联网开始走进寻常百姓家

春江水暖鸭先知，从 1996 年开始，中央媒体和政府机关开始加速上网。

1 月 1 日，人民日报网络版正式发布，成为中国第一家网络报纸。到了 12 月，中央电视台也实现了上网，中国广播电视媒体在网络传播领域开始迈步。

2 月 27 日，中国国际电子商务中心正式成立。在当年的 11 月 23 日，北京市政府信息中心正式开通北京市政府网站[①]，成为了中国第一个地方政府网站。

更让人兴奋的是，普通老百姓终于有了申请上网业务的正式渠道。

在 5 月 17 日"世界电信日"这天，中国正式向全社会开放了上网业务。当时的邮电部在北京西单电贸大楼设立了业务受理点，任何人只要缴纳一定费用，填写一张用户资料表格，就可以成为互联网用户。当天，邮电部还在原北京图书馆[②]特别设立了一个拥有 30 多台电脑的展厅，向公众现场演示互联网的使用方法和效果。

就在距离原北京图书馆这个展厅的不远处，一家名为"实华开"的网络咖啡屋在 11 月正式开业。虽然关于谁是中国第一家网吧的讨论一直颇有争议，但实华开的确是第一批开业的网吧中，影响最大的一家。

这家名为"实华开"的网络咖啡屋，坐落在北京市首都体育馆西门

---

① www.beijing.gov.cn。

② 现国家图书馆。

外的一排低矮平房中。经营者将电脑、互联网和咖啡餐饮文化相结合。因为毗邻着图书馆和一些京城高校，这个咖啡屋很快被当时的年轻"文化人群"所接受。

图 3-4 "实华开"网络咖啡屋

"实华开"的老板名叫曾强，而曾强的创业灵感源自国外。伦敦在此前两年诞生了世界上第一家"网络咖啡屋"。为什么把网吧叫网络咖啡屋呢？根据学者闵大洪的记忆，那里"电脑不多，只有十几台，主要是喝咖啡"，且由于费用昂贵，"和打的差不多"，"上网的人也不多，估计（老板）不是为了赚钱，只是尝试"。① 逐渐，"网咖""网吧"这个新业态开始被中国的老百姓们所知晓和熟悉。

① 薛小林、周志春：《1996 年，中国老百姓开始上网》，红网 - 潇湘晨报，2008 年 11 月 28 日，http://news.sina.com.cn/c/2008-11-28/173716746013.shtml。

青年学者：中国可以说不

1996 年，一本名为《中国可以说不——冷战后时代的政治与情感抉择》的书籍悄然上市。这本政治论述结集，由宋强、张藏藏、乔边、古清生等 5 位青年学者分头撰写，仅用 20 天就完成了写作。

在这本书的封面上直白地写着这样一句话："中国说不，不是寻求对抗，而是为了更平等的对话。"

作者更是在"前言"中辛辣地写道："美国谁也领导不了，它只能领导它自己；日本谁也领导不了，它有时连自己都无法领导；中国谁也不想领导，中国只想领导自己。"

图 3-5 《中国可以说不》封面

一本书的销量在很大程度上，能够模糊地代表着大众的所思所想。这本颇受争议的《中国可以说不》，最终正版加盗版合计，竟卖出了超过 1000 万册，成为了 20 世纪 90 年代中国的现象级出版物。有研究者将这本书称为当代中国民族主义萌芽的阶段性标志。

这种情绪的出现，也有着世界对中国依旧"心存敌意"的客观现实原因。

这一年出台的《瓦森纳协定》①，淋漓尽致地展现了发达国家的"科技霸权主义"。1996 年 7 月，美国牵头联合 33 个国家签署了《瓦森纳协定》。这个协议背后，是一个经过精密设计的高科技出口管制组织。《瓦森纳协定》基本覆盖了当时全球高端技术产业链的主要参与者。协议规定，如果成员国面向非成员国出口被管制项目时，必须向其他成员国通报详细信息。同时，协议管控也覆盖公司并购与人才聘用相关领域。

虽然瓦森纳体系既非为中国量身打造，也非指向半导体，但未来的中国人意外发现，中国半导体成为了这一冷战产物的最大受害者。

但"民族觉醒"并没有阻止中国进一步地扩大开放，实际上中国对外开放的脚步还在继续加速。这一年，中国政府将进口关税直接降低 30%，涉及 6000 种进口产品中的 4000 余种，还取消了 174 种产品的配额销售制度。

乔布斯：网络发展的核心是电商

伴随着雅虎的崛起，上一代的科技领袖也对互联网有了更为深刻的观察和思考。

1996 年初，史蒂夫·乔布斯在接受《连线》杂志采访时，除了例行

---

① 1949 年，为从技术维度实现集团抗衡苏联，美国与另外 16 个西方国家在巴黎成立了巴黎统筹委员会，这一"科技铁幕"全面管控向社会主义国家出口高科技与战略物资。这一组织一直延续至 1994 年。冷战结束后，"巴统体系"大量成员国不再能够接受严苛的进出口规则，1994 年 3 月，这一组织宣布解散。1996 年 7 月所成立的瓦森纳体系实质上是"新时期的巴黎统筹委员会"，包括俄罗斯与东欧国家在内共 33 个国家在荷兰瓦森纳签署协议，名为《瓦森纳协定》。

贬损微软之外，还描述了自己心中的"下一个极好"的东西：互联网 ①。

乔布斯坦言：

"在台式计算机领域，创新停滞不前，行业失去生机；微软创新不多，却称雄计算机行业。全都到头了，苹果也成了输家。台式机市场已经进入了黑暗时代，下一个十年将仍然是黑暗的十年，至少这个十年的后续年份将依然如此。"

在此次采访中，乔布斯谈到了正在兴起的"网络"将走向何处。

眼下最激动人心的事情就是网络。之所以说网络激动人心，是因为两方面的原因。首先，网络无处不在，我们在哪里都能听到网络拨号音。任何无处不在的事物都会引发人们的兴趣。其次，我认为微软不会想出掌控网络的办法。网络需要更多的创新，这些创新所形成的空间将不会有乌云蔽日般的行业称霸现象。

到目前为止，网络扩展的重要原因之一就在于它的简单性。很多人想让网络变得复杂化，希望把种种处理过程放在客户端上。而我则希望这样的事情少一些，进展的速度慢一些。这很像旧式的大型机计算环境，其中网络浏览器是很笨的终端，网络服务器则类似进行所有处理工作的主机。这个简单的模型逐渐变得无处不在，因而将产生深远的影响。

在乔布斯看来，"网络发展的核心是电商"。当然在此时，乔布斯肯定还没有意识到，苹果公司未来的商业模式，也将建立在此时正在崛起的互联网电商的基础之上。

谁会是互联网的主要受益者？谁又会是最大的赢家？

是有东西去卖的人！不仅仅只有出版业，整个商业都可以，人们以后不会再去商店买东西，他们将从网上购物！如果你看看我此生所做的事，你就会发现一个大众化的元素。网站就是一个令人难以置信的大众化引擎。在网上，小公司可以表现出大公司一般的规模，也像大公司一样便于访问。大公司动辄花费数亿美元建设分销渠道，而网络则会

① Steve Jobs. "The Next Insanely Great Thing," *WIRED*, February 1, 1999。

完全冲散这样建立的优势。网络不会改变世界，在未来的 10 年肯定不会。它会让世界变大。只要置身网络的延伸空间，就会看到大众化的身影。

在这次访谈中，乔布斯还从自己的视角，解释了互联网所带来的价值。

这有点像电话。你有两个电话，并不是很有趣的事情，有三个、四个等等也不见得有趣。也许有一百个的话，会稍微有趣一些。有一千个，就更加有趣一些。可能直到你有了大约一万个电话的时候，才会真的有趣起来。

很多人都无法预见、无法想象有几十万或一百万个网站会是什么样。如果只有一百、两百个，或者全都是大学的网站，那就不会有什么意思。当数量最终超越了这个临界值，就会变得非常有趣、非常快。这一点，你可以看得到。人们也会说："哇！这简直不可思议。"

网络让我想起了 PC 行业初期的情形。当时人们真是什么都不知道，也没有专家。所有的专家都错了，所有的事情都存在巨大的可能性。同时，人们对 PC 行业也没有做多少限制，下多少定义。那样的状况真是非常好。

佛教中有个说法叫"初心"；拥有初心是件很好的事情。它抹平了层级之间的差异。个人如果投入足够的精力，也可以把网站建设得像世界上最大型公司的网站一样具有冲击力。

我喜欢能够抹平层级差别的事物，它把个人提升到与组织齐平的高度，或把小型的组织提升到与拥有许多资源的大型组织齐平的高度。网络、互联网就能做到这一点。这是一个非常深刻、非常好的事情。

对于乔布斯来说，这一年最重大的变化是，苹果决定收购他此时正在运营的 NEXT 公司。

1996 年，苹果公司的经营陷入困局，其个人电脑市场占有率已由鼎盛时期的 16% 跌至 4%。业务的衰退、市场占有率的丢失，让各界开始倒逼苹果变革。而苹果公司，逐渐将目光锁定到了"被驱逐的王子"乔布斯身上。

　　乔布斯正在运营的 NeXT 公司，其所拥有的 OPENSTEP 操作系统，"恰巧"成为了苹果此时的救命稻草。

　　1996 年 12 月 17 日，全球各大计算机报刊几乎都在头版刊出了"苹果收购 NEXT，乔布斯重回苹果"的标题。时任苹果公司 CEO 阿梅利奥在欢迎词中说道："我们以最隆重的仪式，欢迎我们最伟大的天才归来，我们相信，他会让世人相信，苹果电脑是信息业中永远的创新者。"

图 3-6　乔布斯回归苹果，1996 年 12 月 20 日

　　此时，还没有人能够预料到，在乔布斯的带领之下，这家已走向衰落的电脑公司，将在未来的 15 年中为世界带来一连串的惊喜，并在2007 年，为时代按下那个"加速键"。

詹姆斯·吉本斯：18 个月后，这里会发生一些事

比尔·盖茨则在 1996 年 9 月 16 日出版的《时代》杂志上介绍：

互联网是通信领域的革命，它将深刻地改变这个世界。互联网打开了一扇崭新的门，使人们可以与朋友们以新的方式沟通，共同寻找和分享各种形式的信息。微软敢说互联网会继续成长壮大，直到它变成时代主流，就像我们今天的电话。

1996 年 1 月，拉里和谢尔盖与斯坦福大学计算机科学系师生一起搬进了新家：一栋漂亮的四层米黄色石质大楼，上面刻有"威廉·盖茨计算机科学"字样。

比尔·盖茨向斯坦福大学捐赠了 600 万美元，来建造"威廉·盖茨计算机科学"。虽然比尔·盖茨本人毕业于哈佛大学，但为了拉拢足够多来自美国加州的计算机天才，盖茨愿意在斯坦福广结善缘。

在这一年入驻盖茨所捐赠的这座斯坦福大楼的学生中，有两位年轻的博士候选人，在未来的几年中迅速崛起，并在很多领域，将与他的微软公司展开竞争。

在捐赠仪式上，工程学院院长詹姆斯·吉本斯大胆预言："18 个月后，这里会发生一些事，有人会指着这里某个地方、某间办公室或某处角落说，'是的，这就是我们在 1996 年到 1997 年白手起家的地方。知道吗？这是一笔大买卖'。"

拉里·佩奇和谢尔盖·布林总是待在一起。在斯坦福，他们被称为"拉里和谢尔盖"。这两个技术怪咖此时已经习惯于从互相的挑战和辩论中获取快乐，一旦找到话题，他们就要辩论到底。

拉里·佩奇尤其关注自动交通系统，他认为在未来理想的系统中，汽车能够实现在各处自动行驶，如果要用车，用户只需要跳上车并告诉

它去哪里。它就像一辆出租车，但价格更便宜，并且可以在高速公路上保持更近的车距。或许这正是 Google 在多年后，执着于自动驾驶技术研发的文化基因。

从 1996 年开始，拉里·佩奇和谢尔盖·布林开始合作，他们尝试下载并分析网络链接。根据估算，他们每发送一个"爬虫"程序去搜索整个网络，计算机科学系都要花费 2 万美元。但拉里·佩奇非常渴望完成这项工作。他想要发现这些自动交叉引用的重要性。拉里有一个重要的理论：通过计算指向某一网站的链接数量，可以对其受欢迎程度进行排名。当然，受欢迎程度并不总与价值相关。

就像科学家们会习惯性地引用与自己研究相关的已发表文献来进行论证，这些引用可以帮助学者们确定一项成果的价值和影响力。"引用很重要，"拉里·佩奇说，"事实证明，获得诺贝尔奖的科学家引用过 1 万篇不同文献。"他还说："在相关科学文献中被大量引用说明你的工作很重要，因为其他人认为它值得被反复提及。"[①]

拉里·佩奇得出结论，同样的道理也适用于网站。他更进一步，取得了概念上的突破：并非所有的链接都平等，其中一些比另一些更重要。比如，他会对来自重要网站的链接给予更多权重。而当指向一个网站的链接越多，它就越重要。比如当受欢迎的雅虎主页上有指向某个网站的链接，那么该网站的重要性就会立刻增加。拉里将自己的姓和处理的文件巧妙结合在一起，他把自己的链接评级体系命名为"佩奇等级"[②]。

1997 年初，佩奇已经开发了一个原始搜索引擎，并把它命名为 BackRub，它可以通过链接向前或向后处理各种网页。一向节俭的拉里把左手放在扫描仪上，把图像转为黑白图片，做出了 BackRub 网站的徽标。

---

① 戴维·怀斯、马克·摩西德：《谷歌的故事》，中信出版社，2020 年。

② 英文名：Page Rank。

贝佐斯：使用门板改的桌子是一种象征

1996 年的第一周，亚马逊的月收入就增长了 30% ～ 40%。亚马逊的办公用品非常简陋，每间屋子都摆着 4 张由门板改装的桌子。贝佐斯狭小的办公室中的桌子也是用门板改的，地毯看起来也脏兮兮的。

公司招聘谈话一般在外面的楼梯间进行。曾有人笑着问："难道你买不起一个桌子吗？"

贝索斯回答："这是一种象征，要把钱花在对客户重要的事情上，而不是花在不重要的事情上。"①

5 月 16 日，《华尔街日报》在一篇文章②中写道："尽管是一家规模相对较小的公司，但亚马逊却提供了一个独特的案例。在该案例中，互联网对消费者生活的改变从热议变成了现实。它还显示了在线零售如何改变出版商推销书籍的方式。"

3 月，就在雅虎刚刚搬出蜗居不久，孙正义的软银公司又向雅虎注资 1 亿美元，从而拥有了雅虎 33% 的股份。

4 月 12 日这一天，雅虎公司完成上市，股价从 13 美元直冲至 43 美元，雅虎一跃成为了市值高达 8.5 亿美元的巨头公司。遍布在全球各个角落的梦想家们，开始拿着放大镜，将目光投向这家门户公司。

到了 12 月，雅虎公司正式推出雅虎新闻服务，为用户提供了来自全球各大新闻机构和媒体的即时新闻报道和评论。雅虎新闻很快成为全球最具影响力的新闻网站之一。

---

① 宁向东、刘小华：《亚马逊编年史》，中信出版社，2021 年。
② "Wall Street Whiz Finds Niche Selling Books on the Internet"，华尔街奇才发现了网上售书的独特市场。

马云：再过几年，北京就不会这么对我

　　这年早春，马云带着一台电脑，找到了一位正在央视任职的杭州老乡樊馨蔓。樊馨蔓此时正在东方时空《生活空间》担任编导。马云向樊馨蔓大讲特讲了一番"因特网是中国的未来"的判断，期待对方能够通过央视的节目，扩大自己创业项目的影响力。

　　樊馨蔓并没有听懂马云在讲什么，但有些被他的热情打动。樊馨蔓对马云说：

　　马云，你的结果你自负，跟我无关。只要是合法的，我可以来记录你的这个事情。但是结局你要自己收场的。你这个牛吹出去了，万一说你是胡闹，或者最后证明你这是一个典型的胡思乱想，我们也无非是记录了一个善于幻想的人的一段经历。

　　就像前文所介绍的，《生活空间》这档栏目的口号正是"讲述老百姓自己的故事"。就这样，一期名为《书生马云》的节目诞生了。这期内容中出现了大量马云现场推销的画面。在节目中，马云滔滔不绝，表情有点羞怯和鬼祟地说："我可以建立一个中国最大的国际信息库、信息源。"

　　在其中一天结束拍摄后，马云在公共汽车上显得情绪有些低落，他注视着窗外北京街道斑斓的灯光，喃喃说道："再过几年，北京就不会这么对我，再过几年，你们都得知道我是干什么的。我在北京也不会这么落魄。"

　　让马云落寞的一个重要原因是，从个人电脑硬件和网民数量来看，此时中国互联网的"家底"依旧很薄。

　　相比 1995 年的 110 万台，1996 年全年，中国人总计购买了 201 万台电脑，这要比此前十几年购买的全部电脑加起来还要多。

　　到 1995 年底，中国的互联网上网人数大约只有 6.2 万人。此时全球的互联网人数大约有 4000 万人，仅美国一个国家，就占据了其中的

2500 万人。①

和此刻的全球网民数量相比，中国的网民数还显得有些微不足道。一篇名为《瀛海威启动世纪之门》②的文章描述：

有关部门的一次调查表明，目前中国家庭拥有的电脑，绝大多数时间都在充当一台高档游戏机和中文打字机，作为信息交换工具的电脑所占比例仅为 5%，而家庭办公仅仅只是少数特殊职业者的"专利"。之所以出现这种情况，在很大程度上是由于电脑拥有者的网络意识尚未形成。

不过，有一个信号非常明确：更多中国人愿意开怀拥抱互联网。这年春天，北京中关村零公里处依旧竖立着那块硕大的广告牌：中国人离信息高速公路还有多远？向北 1500 米。

这年的 2 月 1 日，国务院第 195 号令发布《中华人民共和国计算机信息网络国际联网管理暂行规定》，这也是在中国接入国际互联网后，国家首次较全面地从法律层面出台规范性文件，为互联网产业良性发展打下了基础。

张树新：星星之火，可以燎原

1996 年的张树新和瀛海威，恰好站在了中国互联网舞台的正中央。

1996 年 2 月 1 日颁发的国务院令规定，所有个人接入网络必须去公安局备案。80 年代末担任北大校长的丁石孙当时是瀛海威的客户，已经快 70 岁的他对此项规定十分不满。但在接受《华盛顿邮报》的采访时，张树新却直呼："太好了，有法规，说明它可以做，没有法规，中国可能永远也没有互联网。"张树新觉得，在和政府与政策打交道时，她的态

---

① 1995 年网民数量最多的前五个国家：美国（2500 万）、日本（200 万）、德国（150 万）、加拿大（120 万）、英国（110 万），https://news.mydrivers.com/1/194/194835.htm。

② 《科技潮》，1996 年第 3 期。

度始终是积极的，是建设性的。

张树新发现，即便是在北京，很多中关村的科技人员都还没有电子邮箱，更谈不上连接到全球的互联网。针对这个市场缺口，瀛海威开设了一个以电子邮件为中心的商务中心。为了增加利润，瀛海威还将电子邮件、电脑和其他一些配件一起售卖。

但这样的小打小闹，并不能满足张树新那已经熊熊燃起的创业烈火。她逐渐有了一个更大的目标：建设一个能够与中国电信并行的物理网。从后续的历史发展来看，这个与中国电信直接竞争的定位，虽然在一段时间内成就了瀛海威，但也为其埋下了一颗"重磅地雷"。

说干就干，张树新先是到中国电信申请租用了适合企业和大客户使用的 DDN 数据专线，然后很快配齐了其他如电话中继线、路由器等设备。到了 1996 年 5 月，瀛海威时空正式成立。就这样，瀛海威成为中国第一家互联网服务提供商（ISP）。

单靠此时张树新夫妇的个人资产，瀛海威很难将建设全国性主干网这件事情真正做成。这时，命运之神似乎也垂青了敢闯敢干的张树新，一笔巨额投资从天而降。当时一家具有国资背景名叫中国兴发集团的公司，也盯上了这个业务方向。兴发集团决定向瀛海威投资 5000 万元人民币。在这次投资完成后，瀛海威的股权结构变为：兴发集团与北京信托投资公司占股 60%、张树新夫妇持股 26%、中国通信建设总公司持股 14%。

1995 年 5 月成立瀛海威时，张树新夫妇的启动资金是自己拿出的 700 万元本金，加上 800 万元银行贷款。而在 1996 年 9 月这次注资完成后，在 16 个月的时间里，张树新夫妇所持有的公司产值已经达到了 2120 万元。

1996 年 12 月，瀛海威全国大网开设[①]，8 个中心城市的网络节点也

---

① 1996 年，"瀛海威时空"的注册用户约为 6000 人。

在 3 个月内建成开通。

1996 年，以建立百姓网为目标的"瀛海威时空"开办仅一年，就吸引了 4000 多名北京电脑发烧友上网，230 万人次登录进网交流。很多企业、单位、部门也是在这一年动手建立"局域网"。

1997 年春节后，张树新发挥她策划出身的优势，在报纸上买了 12 块专版广告，上面印着一句极富煽动性的口号：星星之火，可以燎原。瀛海威还宣布，将在未来 3 年内投资 5 亿元，在全国建设超过 60 个节点。

图 3-7 瀛海威"星星之火，可以燎原"

就在她自认为在与政府进行着一场良性互动时，只提建设性意见的张树新却败给了既当裁判又当运动员的中国电信。1996 年，获得中兴发集团 5000 万元人民币注资后，张树新试图以自建物理网的方式叫板中国电信。但面对强大的中国电信，张树新自建封闭物理网络的尝试就如同是"堂吉诃德大战风车"。

王志东：我想上市，像乔布斯一样

1996 年 4 月 29 日，北京四通利方公司开始了它的第一个正式站点中文网站"利方在线"的建设。6 月，中国最早的商业中文网站之一利方在线开通。

此时，年仅 29 岁的王志东，是四通利方业务层面的灵魂人物。

王志东拥有一份几乎完美的成长履历。这个技术天才 1967 年出生于广东虎门，在 1984 年考入了北京大学，就读于无线电电子学系。还在大学时，王志东就经常穿梭在中关村的各个电脑城里面，通过给一些小店家写工具软件，赚取一些收入，并凭借着自己的一身技术本领，逐渐在中关村有了名气。

上大学时王志东曾经熟读《硅谷热》，他对书中所描述的创业和风险投资着迷。王志东在 24 岁时参与创办了新天地公司，担任副总经理和总工程师。在新天地时期，他发明了中文之星，一举奠定了其国内顶级程序员的身份。1993 年，四通集团邀请王志东加入创建四通利方，并请其担任总经理。

到了 1994 年，四通利方正式成立，四通集团投入 500 万港元，拿到了公司 70% 的股份。王志东和他的创业团队则通过技术入股，占据公司 30% 的股份。王志东就此从新天地时期所居住的四居室，搬到了四通集团为其提供的亚运村高标准公寓。[①] 到了 1995 年，500 万花得差不多了，王志东开始四处找钱。

王志东很快发现，来自美国的竞争对手，正在加速进军中国市场的脚步。最直接的信号是，王志东先后被微软、惠普、IBM 这三家巨头邀请前往美国考察访问。"各怀鬼胎"的美国科技巨头们，希望通过结识王志东这位中国青年软件领袖，找到进入中国这个诱人大市场的通关

---

① 胡舒立、王烁：《王志东沉没》，《财经》，2001 年 7 月，http://tech.sina.com.cn/i/c/74790.shtml?from = wap。

密码。

1995 年 1 月，王志东开始了自己的首次硅谷之旅，邀请他的是如日中天的微软公司。微软即将发布 Windows 95 系统，微软公司在未来的推广过程中，尝试和中国企业合作。王志东是微软正在观察的潜在合伙人之一。就这样，王志东应邀访问微软。不管对手的初衷是怎样的，王志东对前往美国考察很是兴奋。

1995 年 7 月，王志东应惠普邀请，再次赴美访问。经朋友介绍，王志松与正在给网景做上市的摩根士丹利银行建立了联系。王志东在硅谷听到了网景的传奇故事。一位摩根士丹利的高级合伙人还特别邀请王志东进行了一个小时的会议。谈完之后王志东才意识到，摩根士丹利并不是对自己感兴趣，而是对自己背后这个叫作中国的市场感兴趣。

王志东直接对摩根的人说："我想上市，像苹果的乔布斯一样。"

对方同样直率回答道："你现在没法上市，要先经过几个步骤：融资、战略调整等等。"

王志东问："那你们能帮我吗？"

摩根的人说："你的公司请不起我们。"

而当王志东在当年的 10 月份再次到达硅谷时，网景已经成功上市，硅谷的每个人都在谈论互联网。王志东从内心深处，彻底被互联网这个新生事物所俘获。通过"三顾硅谷"，王志东也明白了一个道理：公司要做大，需要引入国际风险投资。这三次硅谷之行也让王志东知道了什么是风险投资，怎么在中国做市场，怎么到美国上市，让他真正意义上蜕变成了一个具有国际视野的本土创业者。

张朝阳：当今时代有两大趋势

"Riding the waves of our times, one is the coming of age of the information superhighway, another is the emergence of China as a global power（顺应我们这个时代最伟大的两个潮流，一是信息高速公路时代的到来，另一个是中国作为全球大国的崛起）"。

这两句让人血脉偾张的英文，被张朝阳写在了他的第一份商业计划书"中国在线"的封面上。

1996 年 7 月，张朝阳决定开始自己的创业旅程，他前往美国进行融资。

张朝阳回忆："他们把我耍得团团转。"那两三个月里，张朝阳经常往返于中国、纽约和波士顿之间。为给投资人打电话，张朝阳在美国大街上的公用电话亭排队，他也尝到过被投资人赶出办公室的狼狈滋味。幸运的是，张朝阳最终找到了愿意投资自己的美国投资人。

首先被张朝阳打动的是来自斯隆管理学院的教授爱德华·罗伯茨。这位教授还有一位学生，是一个亿万富翁的儿子，名叫邦德，也愿意跟随老师爱德华·罗伯茨投一部分钱。但这两个人对张朝阳多少还有些不放心，他们提出了一个附加条件：张朝阳必须再找一个人投资，他们才愿意把自己的钱提供给张朝阳创业。

张朝阳开始搜索谁有可能成为另一位投资人。最终，张朝阳将目光锁定到了麻省理工学院媒体实验室主任、《数字化生存》的作者尼葛洛庞帝①身上。

张朝阳找到尼葛洛庞帝，说明来意。尼葛洛庞帝的策略则是不直接回应，而是邀请张朝阳前往英国，并在一场活动上做一次有关中国和互联网的演讲。张朝阳不敢怠慢，他向听众们热情洋溢地介绍了互联网在中国的机会。不幸的是，尼葛洛庞帝因为一个临时事件提前离开，他并没有真正聆听到张朝阳的演讲内容。幸运的是，身处现场的还有尼葛洛庞帝的儿子。在张朝阳完成演讲后，尼葛洛庞帝接到了儿子的电话："Charles（张朝阳的英文名）把大家都讲醒了，他值得投资。"

虽然过程曲折，但结果非常圆满。张朝阳顺利拿到了来自爱德

---

① 这位互联网的鼓吹者，此前曾经投资过著名的"热连线"网站。

华·罗伯茨、邦德和尼葛洛庞帝的 22.5 万美元投资款[①]。张朝阳回忆："最终经过很长时间的接触才确定了三个比较有兴趣的投资人。而我已经被折磨得很厉害了。可能是因为当时我很年轻，气势很强，做事情也很专注，他们三个可能就是被我眼中流露出的对成功的欲望所吸引，才给我机会。事实上，也是在麻省理工学院教授的引荐下，我才得到了第一笔天使投资。"

拿到融资款的张朝阳面临的新问题是：到底做什么业务呢？在张朝阳心中，只对两件事深信不疑，一是中国将崛起，二是互联网将起飞。无论如何，先回到中国，动起来再说！

1996 年 8 月，张朝阳正式注册了"爱特信电子技术公司（北京）有限公司"。10 月 13 日，张朝阳终于在自己的账户上看到了 15 万美元。万泉庄园是张朝阳创业的始发地。几乎整个 1996 年，这位雄心勃勃的年轻人吃住在那里，在那里招兵买马，在那里加班熬夜。

虽然对自己的商业模式还不清晰，但张朝阳并不认可瀛海威的模式。"瀛海威做的不是互联网，他们建了很多服务器放在房间里，让人们通过拨号上网来访问这些服务器，"张朝阳说，"他们当时使用的都不是互联网上通用的通信规程，所以应该说是一个个信息孤岛。"

张朝阳用了两个月的时间对此进行探索：做技术提供者，还是做信息提供者？防火墙软件是他第一个想到的项目，他还与以色列的公司进行过接触。他也考虑过为本地企业做一些网页设计，但最终，他决定还是先做一个网站。

"当时网站的概念并不是特别清晰。"在张朝阳的印象中，1996 年最重要的事情，就是在这一年的年底花了 2 万元人民币"攒"了一台服务器，并把这台服务器放到了北京电信刚刚建成的主干网上。这是中国的第一台商业服务器托管，也是中国的第一个商业网站。至于这个网站开通后在上面放些什么内容，用张朝阳的话说，是"用了之后一年的时间

---

① 最后到账 17 万美元，一方面尼葛洛庞帝有 2.5 万美元没有最终支付，另一方面这次融资还需支付给中介相关费用。

来探索"①。

丁磊曾经感慨："大家开始都是做门户，因为我们开始的时候都在学习美国的商业模式，比如雅虎，它做分类导航，这也是很多人上网的第一需要。互联网影响最大的在中国是张朝阳，他的故事感很强。清华留学到麻省，拿着李政道奖学金，然后又放弃美国的优越生活，拿了风投的钱，创办了互联网公司。"②

雷军：要做用户真正需要的产品

1996 年 10 月 4 日，北京金山软件公司总经理雷军在《电脑报》发布了一篇文章，名为《程序员随想》。雷军在文中坦言：

图 3-8 雷军发表的《程序员随想》

① 杨阳：《1996：互联网的张朝阳年份》，《经济观察报》，2018 年 6 月，https://www.sohu.com/a/236722077_118622?_f = index_chan30news_82。

② 丁磊：《互联网在中国出现是一个必然》，央广网，2018 年 5 月，http://china.cnr.cn/yaowen/20180529/t20180529_524250168.shtml。

"刚开始目标是成为高级程序员，后来发现无论成为多么高级的程序员都没用，关键是是否能够出想法、出产品，你的劳动是否能被社会承认，是否能为社会创造财富"。

他也进一步明确了自己的职业方向："我的未来是明确的，开发出高质量的适用社会的产品，为社会创造财富。"

但此时金山的业务发展，让雷军很难高兴起来。

这一年，微软与金山达成一项协议。这项协议可让双方通过自家软件的中间层 RTF 格式来读取对方的文件。但金山人逐渐发现这是一记昏招。伴随 Windows 95 的快速普及，越来越多 WPS 用户开始大批量转移到微软 Word 阵营。

而"兵败盘古"，更是让此时金山的领军人雷军遭遇到了工作以来的第一次重创。为了与微软 Office 抗衡，雷军带领金山团队花费了 3 年时间所研发的办公软件"盘古"在发布后销量惨不忍睹。同时 WPS 也卖不动，公司陷入困境，差点发不出工资。

金山多少有点生不逢时，可谓"前有盗版，后有微软"。一方面，1996 年的中国的知识产权保护不够完善，另一方面，金山和微软竞争天然处于劣势，生存环境很艰难。

雷军想不通，他甚至自己直接跑到了一家门店去卖了一周货。雷军早上 9 点去，店面晚上 9 点关门，雷军 9 点走。就这样，雷军每天站 12 个小时，站了 7 天。通过"站店"，雷军明白了一个看似浅显的道理："要做用户真正需要的产品，而不是只看起来高大上的产品。其实盘古的问题就是闭门造车。"金山随后正是因为紧扣用户需求，开发出了《电脑入门》等一系列畅销软件，才找到了活下去的路。

少年得志的雷军，有着一份让同龄人艳羡的简历。1987 年时，18 岁的雷军进入武大学习计算机。雷军回忆：

"我会选择学计算机，是因为我的一个高中好友选了这个专业，我为了跟小伙伴有共同语言，也选了这个专业，选择武汉大学还因为离家近。计算机最吸引我的是那种徜徉在技术世界中的可操作感。它是一个全新的世界，在这个世界里你可以用代码做很多想做的事。"

图 3-9　武汉大学时期的雷军

　　雷军很快就迷上了计算机，但那时候学校设备简陋，数量也不足，雷军一周下来只能上机两个小时，完全不解渴，就想了很多招。雷军直接把键盘拓在纸上，上其他课的时候就在下面练习盲打。上机时间不够，雷军尝试"蹭机房"，也就是趁别人还没到机房，雷军先上机，等别人来了再灰溜溜被赶走。当然，被赶的次数多了并不愉快，雷军很快发现大学后面是武汉的电子一条街，他就去很多公司帮忙和做兼职。雷军不图钱，就是图能用他们的样机和展示机。

　　大学时期的雷军一门心思想做出很牛的软件，让同行觉得自己很厉害。雷军做过很多软件，有加密软件、杀毒软件，也有清内存的小工具。年轻的程序员们非常享受这种"炫技时刻"。当雷军开发了一款加密软件，马上就有人来破解，然后雷军又升级，双方你来我往，雷军甚至曾夸张地给加密程序做了 20 多种算法。雷军对自己的代码有一个要求：像诗一样优雅。

　　雷军称：为什么我会要求自己的代码像"诗一样优雅"呢？也是因为炫技，以及程序员的技术自尊心。我们会把自己写的代码放出来，也就是现在讲的开源。如果你的代码很糟糕，怎么好意思拿到大庭广众展示呢？一定是非常简洁，非常优美，逻辑无懈可击，每一行代码都很清晰。

我觉得程序员工作的魅力是，只要程序写得好，可以指挥电脑干你想干的事。你坐在电脑面前，你就是在你的王国里巡行。这样的日子简直就是天堂般的日子。早年间，我真的觉得编程这工作我能干一辈子。[①]

雷军仅用两年就修完了四年课程，他游走在"武汉电子一条街"兼职以获得更多使用电脑的机会。

1989 年，雷军接触到了 WPS。这款界面华丽、功能强大的软件，让雷军对其作者求伯君一直有一种敬仰之情。后来求伯君邀请雷军加盟金山创业，雷军很痛快就答应了。23 岁时，雷军进入金山公司。

在"兵败盘古"之后的半年时间内，雷军沉浸在论坛里，逐渐恢复了战斗状态。到了 1996 年 11 月，雷军结束了半年假期，正式回归了金山。[②] 1996 年的生死磨炼，补了站店卖货的关键一课。不仅仅帮金山活下去，也让雷军对零售有了一定的理解，终身受益。

就在雷军刚刚从失意的情绪中走出的时候，外面的世界正在发生重大变化，互联网正在加速到来。

任正非：华为也要有自己的"基本法"

临近 1997 年，《中华人民共和国香港特别行政区基本法》成为热点，在一次公司内部会议上，任正非提出："华为也要有自己的'基本法'。"

任正非提出搞"基本法"不是突发奇想，也不是基于一时的冲动，其实在此之前任正非就已经在思考企业文化建设问题了。1995 年 9 月起，华为公司发起了"华为兴亡，我的责任"的企业文化大讨论，同时还制定了 14 条的"华为人行为准则（暂行稿）"。

---

① 欧阳诗蕾：《雷军的小米十年：真心话、笑话，Are you OK?》，QG 报道，2020 年 8 月。
② 雷军：《2022 年雷军年度演讲》，2022 年 8 月 11 日，https://www.eet-china.com/kj/16602 29062.html。

公司内部写出的"华为公司基本法"被任正非否决了，任正非把文稿直接扔在了地上。在公司内部起草部门一筹莫展的情况下，任正非提出：让人大教授试试。于是，人大教授们成立了"'基本法'专家组"。人大教授们自此与"华为公司基本法"相联系了。

图 3-10　任正非带着人大教授参观华为

1996 年 6 月 30 日，任正非在《再论反骄破满，在思想上艰苦奋斗》的讲话中提出：

"我们正在进行'基本法'的起草工作，'基本法'是华为公司在宏观上引导企业中长期发展的纲领性文件，是华为公司全体员工的心理契约。要提升每一个华为人的胸怀和境界，提升对大事业和目标的追求。每个员工都要投入到'基本法'的起草与研讨中来，群策群力，达成共识，为华为的成长做出共同的承诺，达成公约，以指导未来的行动，使每一个有智慧、有热情的员工，能朝着共同的宏伟目标努力奋斗，使'基本法'融于每一个华为人的行为与习惯中。"[1]

12 月 26 日，"基本法"第四讨论稿刊登在了当日出版的第 45 期

---

[1]　吴春波：《华为没有秘密 2》，中信出版社，2018 年。

"华为人"报上，任正非要求所有干部职工带回去读给家人听，回到公司后提出自己的意见和建议。1997年春节，任正非为每一个华为人布置了寒假作业：认真学习"基本法"的同时过好春节，"如果说企业文化是公司的精髓，那么'基本法'是企业文化的精髓"。

华为的"基本法"的制定从1996年初开始，到1998年3月27日完成，历经三年，改了八稿，其中小的改动就没法统计了。"基本法"的起草过程比结果更重要。"重要的事情不着急"，这是任正非时间管理的基本原则。三年起草，是一个灌输、认同和信仰的过程。经过这三年的不断折腾，每条大家都已经烂熟于心了，如果三个月拿出来，恐怕就是另外一个结果。

从某种意义上讲，华为"基本法"甚至可以与1787年长达160多天的美国宪法的起草过程相媲美。按照学者吴春波的说法，这是一次伟大的妥协。其实，直到审定的当天，"基本法"的第一条还在争论和妥协之中。[1]

在业务层面，从1996年开始，华为正式成立了无线产品线，开始做移动通信。余承东回忆：我们组建了GSM团队，后来成为中国真正移动通信产业的开始。GSM电话卖到1.8万元每部，从当时的收入水平来看，这是非常昂贵的。华为进入这个领域也非常艰难，我们做出的产品连实验局域都找不到，任老板甚至通过全公司悬赏的方式在内部找了一个实验局域。华为在数字程控交换机取得一定成功之后，进入新的移动领域一样很难立足，但我们从不被认可到得到认可，这是一个逐渐进步的过程。

关于互联网将走向何方的讨论

每当一项革命性的技术走向成熟，与之相伴的必然是喋喋不休的预测与担忧。伴随着互联网的兴起，对这一新兴技术对人类社会将产生怎样影响的讨论，此起彼伏。

---

[1] 吴春波：《华为没有秘密2》，中信出版社，2018年。

2 月，网景公司的创始人马克·安德里森①认为："网络上的免费内容太多了，这将很难让人们为了它而进行支付。"②

5 月，Sally Chew 声称："有时候，在互联网上浏览时，你都不清楚自己阅读的是内容还是广告。"③

7 月，加拿大作家保罗·罗伯茨（Paul Roberts）在《时尚》写道：

"我可以想象在不远的未来，一些专业领域的作者不会再去将作品印成铅字，而是直接从学校走上数字出版的道路。也许他们最初会被仍然习惯于印刷品或者才开始向电子产品转换的老读者所限制。但是随着时间的推进，情况会有所改变，当印刷铅字相比起来成本越来越高，工序越来越复杂；而电脑则功能越来越强大，连接越来越方便；当电脑开始出现在每一个教室和办公室，每一个客厅和书房的时候，这个趋势便无法再逆转。"

《时代》杂志的评论家理查德·佐格林（Richard Zoglin）预言："互联网已经成为了终极个人传播媒介；从 UFO 爱好者到纽约扬基棒球队粉丝的每个人都可以有一个网页（或者很多网页）来定义自己——每个人 .COM。技术只会加快新闻从全社会到每个人的传播的速度。"④

行业观察者伊丽莎白·科克兰（Elizabeth Corcoran）不无担忧地写道："网络是一个疯狂的温床，同时为乌托邦派和奥威尔派提供可能。他们的拥护者用广阔的视角预测世界和平和民主进程，但是隐私权主义者表示这会毁坏我们对家庭私密性的认知。"⑤

早期网络杂志 Suck 的合作创始人卡尔·斯泰德曼表示："我认为在线媒体的互动性的重要程度怎么强调都不为过。当我可以开心地将最新的网络专家的成果展示在讨论区，让像我和其他的专家可以讨论观点的时候，我会觉得我终于自由了。"⑥

---

① Marc Andreessen。

② Marc Andreessen 在 Mike Snider 文章中的评论（《今日美国》1996 年 2 月 29 日）。

③ Sally Chew（《纽约杂志》1996 年 5 月 6 日）。

④ Richard Zoglin，《时代》1996 年 10 月 21 日。

⑤ 伊丽莎白·科克兰即 Elizabeth Corcoran，《华盛顿邮报》，1996 年 6 月 30 日。

⑥ 卡尔·斯泰德曼即 Carl Steadman，《时代》把这个杂志称为"一个无礼的在线日报"，《时代》，1996 年 10 月 21 日。

行业专家威廉·凯西（William Casey）表示："光盘存储器已经变得非常流行，以至于事实上所有新的笔记本电脑都搭载有使用它的功能。但是在世纪交替之际，光盘存储器就会变成无用的遗物，如同那些 5 英寸软盘一样。但是为什么呢？没错，你可能预料到了，就是因为这个巨大的互联网。"[1]

华盛顿高特兄弟公司空间通信分析师 Timothy Logue 认为："我们现在知道，互联网将变得古怪而有趣。市民们的无线电广播波段已经过时了，互联网好像是另一种无线电广播形式。它会通过各种形式发展成熟。未来将变成一个全球的电子城市，里面有贫民窟和红灯区，但是它也有一个中心商务区。"[2]

科技作者雪莉·特克 Sherry Turkles 在 1996 年 1 月出版的《连线》上警示地写道：

"人们会在虚拟世界中迷失。一些人试图将虚拟世界的生活当作不重要的事，当作一种逃避或者是一种无意义的消遣。但是它并不是如此。我们在虚拟世界里的体验经历扮演着重要的角色。我们在风险中轻视了它们。我们必须明白，那些来自虚拟世界的经历既可以预知谁会遭遇危险，还可以令这些经历得到最好的利用。没有对我们在虚拟世界里表达的自我的深刻理解，我们将无法用这些经验来丰富我们的真实世界。如果可以培养我们对屏幕角色背后意义的理解，我们就更可能成功地利用虚拟经验进行个人转变。"

微软技术总监内森·梅尔沃德 Nathan Myhrvold 的预测更是直白："只要等，甚至是你的烧水壶都会变成智能的，并且可以连接网络。任何可以被联网的东西都将被网络化。"[3]

时任网景通信公司首席执行官 Jim Barksdale 比喻："互联网是技术时代的印刷机。"[4]

---

①《华盛顿邮报》1996 年 7 月 22 日。

②《卫星通讯》1996 年 9 月。

③ Kevin Maney（《今日美国》1996 年 11 月 18 日）。

④《时代》周刊 1996 年 9 月 16 日。

1996 年，互联网走向大众

如果说，1994 年的中国互联网刚刚踏出第一步，那 1995 年的中国互联网只算是开始热身。而 1996 年的中国互联网，开始真正走向民间化、走上商业化、走向市场化。

1996 年，"上网"这个词汇排在所有流行词汇的第 3 名，仅次于"炒股"和"九七"。

这一年，全球将更多的目光投向中国。《新闻周刊》在 1996 年的一篇报道中写道：

"中国正在每一个领域制造令人惊奇的巨大影响，从台湾海峡到美国商店的地板，这都是 1979 年邓小平实行改革开放的时候所没有被预见到的。一个强大的中国开始出现。作为一股经济力量，中国正进入和改变着全球市场，有些时候甚至制定了他们自己的游戏规则。"

在互联网领域，中国在加速跟进，追赶着美国市场的脚步。

首先看基础设施层面。1996 年 1 月，即便是雪原城市拉萨也拥有了 32 个端口，而北京的端口已经扩张到 120 个，可以同时支持 2000 个用户上网①。1996 年底的一次统计表明，中国全国的网民数量，从年初的 6.2 万人，增长到了 10 万人。

再来看创业者群体。此时的张树新，自是中国互联网产业中最炙手可热的人物。而王志东和张朝阳这两位年轻人，也开始走进人们的视野，并将在未来的数年内，逐渐成长为中国互联网界的"绝代双骄"。关于两人谁将最终赢得未来的争论将此起彼伏，屡见报端。而马云、雷军等中国第一批互联网创业者，正在积蓄力量，深蹲呼气，等待着属于自己的时刻。

在 1996 年底，胡泳在《三联生活周刊》开设了"数字化生存"专栏。这个专栏的第一篇文章是《风云突变，人机重开战》，胡泳评论了

---

① 但当时全北京也凑不够这么多个用户，因此上网很少占线。

卡斯帕罗夫与"深蓝"的国际象棋大战。

IBM 的超级计算机深蓝（Deep Blue）与国际象棋世界冠军卡斯帕罗夫（Garry Kasparov）进行了 6 盘人机大战，深蓝赢了一盘。最终以 4：2 败给大师。

参赛的人类代表卡斯帕罗夫 6 岁开始下棋，13 岁获得全苏青年赛冠军，15 岁成为国际大师，16 岁获世界青年赛第一名，17 岁晋升国际特级大师，在 22 岁时成为世界上最年轻的国际象棋冠军，是第十三位国际象棋世界冠军，此后又数次卫冕成功。

深蓝（Deep Blue）是由 IBM 开发，专门用来分析国际象棋的超级计算机。深蓝的名字源自其雏型计算机"沉思"（Deep Thought）及 IBM 的昵称"巨蓝"（Big Blue），由两个名字合并而成。

技术大师与人类大师双方约定，将在 1997 年，再次进行对决。

【战略金句】

◇ 尼葛洛庞帝：计算不再只和计算机有关，它决定我们的生存。

◇ 乔布斯：我喜欢能够抹平层级差别的事物，它把个人提升到与组织齐平的高度，或把小型的组织提升到与拥有许多资源的大型组织齐平的高度。网络、互联网就能做到这一点。这是一个非常深刻、非常好的事情。

◇ 詹姆斯·吉本斯：18 个月后，这里会发生一些事，有人会指着这里某个地方、某间办公室或某处角落说，"是的，这就是他们在 1996 年到 1997 年白手起家的地方。知道吗？这是一笔大买卖"。

◇ 雷军：要做用户真正需要的产品，而不是只是看起来高大上的产品。

扫码阅读本章更多资源

1997

从长计议

"It's all about the long term."

——贝佐斯第一封致股东信，1997

元旦当天，由《人民日报》所主办的"人民网"正式上线，这是中国开通的第一家中央重点新闻宣传网站。

到了 1997 年春节，北京、上海等城市的年轻人，已经开始学习如何通过电子邮件来拜年。网络咖啡屋，逐渐成为年轻人们所热衷的社交娱乐场所。

1 月份，有位记者实地探访了位于首都体育馆西门外的实华开网络咖啡屋。在咖啡屋里面，11 台奔腾电脑一字排开，另外一半空间则放了五六张桌子，吧台上供应着各色饮料。消费者们可以在这一边享受着美味的咖啡，一边在互联网上漫游。典型用户，有来这里收发电子邮件的大学生，有查找资料的公司职员，也有纯粹来网上找人聊天的年轻人，还有一些喜欢玩网上游戏的外国人。

实际上到 1997 年初，北京市已经陆续开业了近 10

家网吧，主要都集中在海淀区中关村地带。"我觉得北京人挺'潮'的，什么时髦都能赶上。去年网络那么热，我们就尝试着开了这么一个网吧。"① 一位网吧老板当时这样向媒体介绍。

而跳出网吧这个"容器"，互联网也在加速走进普通人的家庭生活。

伴随着网费的下降，被俗称为"猫"的调制解调器（modem）逐渐畅销，嘶哑的电话拨号声在越来越多中国家庭中响起。

10 月 15 日，《北京日报》刊登了《电子函件悄然"热"起来》，北京拥有 E-mail 的网民已达 10 万之众。

图 4-1　1997 年有关电子邮件的报道

据统计，到 1997 年底，北京地区的因特网用户已经超过 10 万户，网民数位列全国第一，并且申请开户上网的市民仍然在快速增加。

而从后续的历史眼光来看，1997 年，人类的确在加速数字化的进程。

卡斯帕罗夫：深蓝一度变得像神一样高明

1997 年 5 月 11 日凌晨 4 时 50 分，在美国纽约曼哈顿中城公平保险公司的大楼里，一场好戏正在上演。国际象棋世界冠军卡斯帕罗夫与 IBM 超级计算机"深蓝"的比赛已经进入第六局。

在前五局 2.5 对 2.5 打平的情况下，第六局决胜局中，卡斯帕罗夫仅仅走了 19 步，就以 2.5：3.5 的分数败给了"深蓝"。而卡斯帕罗夫一直被称为是人类中最聪明的国际象棋大师。"深蓝"也就此成为了首个

---

① 候莎莎：《温故 | 1996 年，北京人开始与互联网结缘》，2019 年 10 月 17 日，https://ie.bjd.com.cn/5b165687a010550e5ddc0e6a/contentApp/5b16573ae4b02a9fe2d558f9/AP5da7a6cce4b037702ff14b36?isshare=1&app=a58d8c87f6e4c31c。

在标准比赛时限内击败人类国际象棋世界冠军的电脑系统。

实际上，人类这个种族，还没有预料到机器战胜人类这一出戏剧这么快到来。就在这场对决之前，美国有线电视网和《今日美国》曾联合做过一次民意调查，数据显示：82% 的人希望卡斯帕罗夫获胜，仅 10% 的人期待"深蓝"取胜。

上百万棋迷在互联网上见证了人类大师向计算机俯首称臣。"突然之间，深蓝一度变得像神一样高明。"卡斯帕罗夫在几天后喃喃说道。

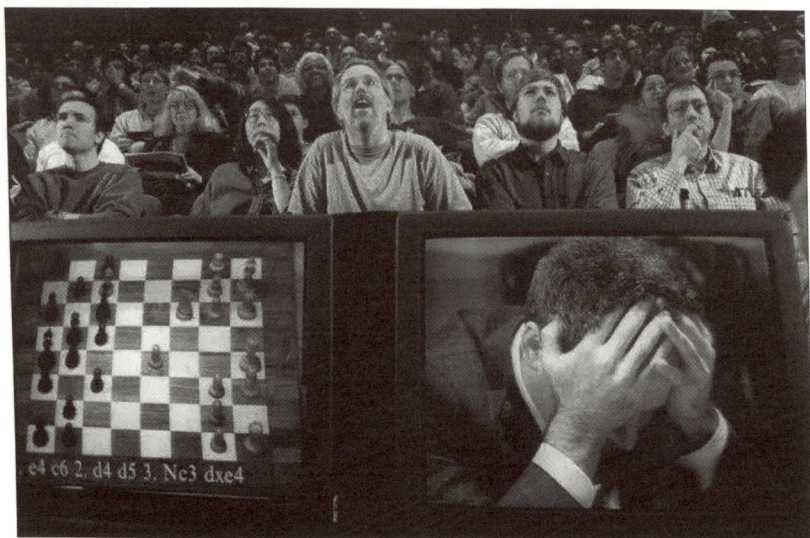

图 4-2　深蓝击败人类世界冠军

IBM 公司的股价在这场比赛之后大幅上涨。"深蓝"，实际上是一台 IBM RS/6000 SP 32 节点的计算机，运行着当时最优秀的商业 UNIX 操作系统——"大 I"的 AIX。它的设计思想，着重于如何发挥大规模的并行计算技术。因此，它拥有着超人的计算能力，每秒可检查超过 2 亿个棋步。

卡斯帕罗夫曾希望 IBM 同意重赛，而 IBM 则在比赛后直接宣布深蓝退役。这场 1997 年的"人脑背水一战"一度引发了世人的焦虑，担心机器人在未来随时会统治人类。

但此时，虽然人们意识到技术洪流已经开始泛滥，但还没有人担心，自己的生活真的受到影响。

此时的世界与中国

在绝大多数人的回忆中，1997 年是让人喜悦与留恋的一个年份。

1 月 20 日，57 岁的比尔·克林顿宣誓就职，开启了其第二个美国总统任期。7 月 4 日，"火星探路者"号及其"火星车"号成功登上火星。

在世界范围内，如何应对网络社会，已经成为了一个重要议题。

这年 1 月，在瑞士东部的小城达沃斯，"建立网络社会"成为本年度世界经济论坛的主题。这一年，美国作家丹·布朗（Dan Brown）发表了自己的处女作《数字城堡》（Digital Fortress），这本书以美国国家安全局、数码网络高科技为背景，探讨公民隐私与国家安全之间的矛盾。

1997 年情景剧《老友记》正式上映，并在未来的许多年中经久不衰。好莱坞电影《泰坦尼克号》火遍中国，主角杰克那句"You jump, I jump"更是深深植入影迷的心中。

这一年，作家 J. K. 罗琳完成了"哈利·波特系列"的第一本书《哈利·波特与魔法石》，在被不同的出版社拒绝了 12 次之后，这本书终于首次在英国面市。实际上在《哈利波特》面世前，这位作者还在依靠着政府的救助金，独自照顾出世不久的女儿。

1990 年，一班误点 4 小时的火车点亮了这位女作家的未来。当时罗琳搭乘一班从曼彻斯特开往伦敦的火车，在火车误点的某一刻，她突然脑中灵光一闪，浮现出一名"不知道自己是巫师的男孩到巫师学校上学"的景象。罗琳回忆："我从未因某个想法而如此兴奋，直到那时。"

1997 年 10 月 8 日，专注于提供先进的芯片制造服务的台积电，赴美国纽约证券交易所（NYSE）发行美国存托凭证（ADR），并以 TSM

为代号开始挂牌交易。

中美关系在这一年，继续磕磕绊绊。1997 年 10 月，美国众议院通过将台湾纳入"战区导弹防御系统"，英语简称 TMD，中国人叫它"他妈的"。在入关谈判中，美国也成为中国的"拦路虎"。中美关系恰如这一年风行的一首歌所唱："相爱总是简单，相处太难。"[1]

对于绝大多数中国人来说，香港回归是这一年中最重要的回忆之一。但在人们心中，也一直有一个遗憾。2 月 19 日，3 年未公开亮相的邓小平在北京 301 医院平静地去世。临终前，老人嘱托：不搞遗体告别仪式；不设灵堂；留下角膜，供医学研究用；骨灰撒入大海。

历史的瞬间，在很多时候，就是如此让人无奈。一直致力于推动解决"香港问题"的邓小平，并没有等到香港回归的这一天。路透社在伟人谢世的次日发表评论称，邓小平敢于撇开僵硬的计划体制而赞成自由市场力量，并让中国的大门向世界开放，他真正改变了中国。

图 4-3　香港回归仪式

激动人心的一刻，最终到来。

---

[1] 任贤齐：《心太软》，收录于任贤齐 1996 年 12 月 24 日由滚石唱片发行的同名音乐专辑《心太软》。

1997年6月30日23时42分，中英两国政府香港政权交接仪式在香港会展中心举行。7月1日0时整，中华人民共和国国旗在香港升起。阔别一个半世纪之后，香港重新回到祖国。

从1841年1月26日"米字旗"第一次插到港岛起，香港与祖国已分离了156年5个月零4天。最后一任港督彭定康追忆："我的内心略带忧伤，那晚是一个历史时期的结束，是英国在世界殖民主义的结束。"

和彭定康的无限伤感不同，在作家金庸看来，这一切却发生的很平静。金庸回忆："正因为在'一国两制'的条件之下，我觉得回归之后并没有什么变化，1997年6月30日我睡好觉，7月1日起床，发现香港什么都没有变化。"

香港回归，无疑是中国国力提升的一个象征性事件。这一年，中国开始加速向前。

这一年，重庆成为中国第四个直辖市。

这一年，三峡和黄河小浪底相继截流成功。明星柯受良在亿万人注目下飞越黄河壶口瀑布。

这一年，世界自然保护联盟宣布华南虎野外灭绝。

作家王小波在这年的4月11日病逝于北京，年仅45岁。他用自己短暂的一生和作品诠释了自由的精神。

湖南卫视在这一年推出了一档名为《快乐大本营》的综艺节目。

这一年，香港TVB推出电视剧《天龙八部》，虽然在香港反响一般，但该剧引进内地后，迅速掀起了收视热潮。

1997年前后，由周星驰主演的《大话西游》系列开始在内地各个高校和网络上迅速走红。①

12月24日，内地第一部贺岁片《甲方乙方》上映。影片讲述了四个年轻的自由职业者突发奇想，开办了一个"好梦一日游"业务，承诺帮人们过上梦想成真的一天的故事。

---

① 《大话西游》由《月光宝盒》和《大圣娶亲》两部电影组成，讲述了一个跨越时空的悲喜交加的爱情故事。

贝佐斯：一切都要从长计议

这一年，贝佐斯在亚马逊第一封致股东信中写道：“一切都要从长计议。”

在这封致股东信中，贝佐斯系统阐述了亚马逊的经营之道：“亚马逊所有的工作都将围绕长期价值展开”。在此后几乎每一年的致股东信中，贝佐斯都会另附上“第一封信”，以体现其经营准则和价值观的一致性。

在这封信中，贝佐斯向世界分享了亚马逊的基本管理和决策方法：

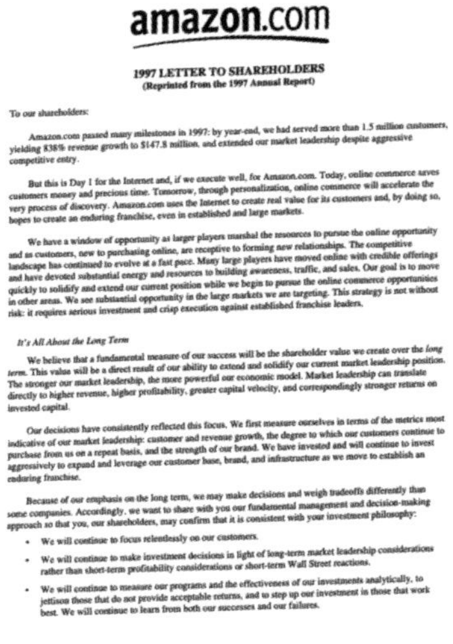

amazon.com

1997 LETTER TO SHAREHOLDERS
(Reprinted from the 1997 Annual Report)

To our shareholders:

Amazon.com passed many milestones in 1997: by year-end, we had served more than 1.5 million customers, yielding 838% revenue growth to $147.8 million, and extended our market leadership despite aggressive competitive entry.

But this is Day 1 for the Internet and, if we execute well, for Amazon.com. Today, online commerce saves customers money and precious time. Tomorrow, through personalization, online commerce will accelerate the very process of discovery. Amazon.com uses the Internet to create real value for its customers and, by doing so, hopes to create an enduring franchise, even in established and large markets.

We have a window of opportunity as larger players marshal the resources to pursue the online opportunity and as customers, new to purchasing online, are receptive to forming new relationships. The competitive landscape has continued to evolve at a fast pace. Many large players have moved online with credible offerings and have devoted substantial energy and resources to building awareness, traffic, and sales. Our goal is to move quickly to solidify and extend our current position while we begin to pursue the online commerce opportunities in other areas. We see substantial opportunity in the large markets we are targeting. This strategy is not without risk: it requires serious investment and crisp execution against established franchise leaders.

It's All About the Long Term

We believe that a fundamental measure of our success will be the shareholder value we create over the *long term*. This value will be a direct result of our ability to extend and solidify our current market leadership position. The stronger our market leadership, the more powerful our economic model. Market leadership can translate directly to higher revenue, higher profitability, greater capital velocity, and correspondingly stronger returns on invested capital.

Our decisions have consistently reflected this focus. We first measure ourselves in terms of the metrics most indicative of our market leadership: customer and revenue growth, the degree to which our customers continue to purchase from us on a repeat basis, and the strength of our brand. We have invested and will continue to invest aggressively to expand and leverage our customer base, brand, and infrastructure as we move to establish an enduring franchise.

Because of our emphasis on the long term, we may make decisions and weigh tradeoffs differently than some companies. Accordingly, we want to share with you our fundamental management and decision-making approach so that you, our shareholders, may confirm that it is consistent with your investment philosophy:

- We will continue to focus relentlessly on our customers.
- We will continue to make investment decisions in light of long-term market leadership considerations rather than short-term profitability considerations or short-term Wall Street reactions.
- We will continue to measure our programs and the effectiveness of our investments analytically, to jettison those that do not provide acceptable returns, and to step up our investment in those that work best. We will continue to learn from both our successes and our failures.

图 4-4　亚马逊 1997 年致股东信

我们将继续毫无保留地专注于用户至上的理念。

我们的投资决策，将继续基于“长期市场领导地位”这一目标，而非关注短期的盈利以及华尔街的短期反应。

我们将继续批判地评估我们的项目以及投资决策的有效性，以果断抛弃那些不能提供相应回报的项目，而追加投资那些运作良好的项目。同时，我们将继续从我们的成功及失败中汲取经验教训。

我们将毫不犹豫地投资那些有助于提升我们市场领导力的机会。这些投资有的可能会得益，有的或许不会，但我们至少能从每一个案例中汲取有价值的经验教训。

如果一定要在最优化 GAAP（通用会计准则）报表和最大化未来现金流二者之间做出选择，我们会选择后者。

我们在做大胆的投资决策（竞争压力可行性范围内）时，会与您分享我们的战略决策流程，以让您评估这样的长远投资决策是否理性。

我们会努力优化精简开支，保持我们精益生产的企业文化。我们明白持续建立合理管控成本这种企业文化的重要性，特别是对于那些正在亏损的项目。

我们会平衡长期盈利与资本管理二者之间的关系。在这个阶段，我们会把市场增长放在第一位，因为我们相信，一定的企业规模是实现我们这种商业模式的潜能最为核心的基础。

我们会继续专注于雇用并留住那些全方位发展、极具天赋的人才，继续向他们提供更多的股权激励，而非现金。我们深知，我们能否取得成功，就在于我们能否吸引并留住那些积极进取的员工，这样的员工一定是能从公司的主人翁地位出发进行思考的人。

在这封股东信里，贝佐斯还打趣写道："我们知道，当前的万维网还只是 World Wide Wait，慢得要死……同时，这也是互联网的首日（Day 1），如果我们干得不错，这也将是亚马逊的首日。"

在这一年，许多公司和创业者，的确迎来了属于自己的"Day 1"。

拉里·佩奇：我们就用 Google（谷歌）怎么样?

在美国西海岸，斯坦福大学两位博士生的创业，很快迎来了一个里程碑时刻。

谢尔盖和拉里在设计层面，努力提升着自己搜索产品 BackRub 的竞争力。

由于没钱雇用设计师设计漂亮的页面，谢尔盖·布林想到了一个反向操作：让产品的主页保持简洁。而事实证明，这个干净、质朴的外观，很容易就吸引住了那些搜寻信息用户的注意力。

図 4-5　早期 BackRub 页面

  在杂乱无序的网络世界，这个产品红黄蓝三原色和白色背景相互依托，展现出的纯洁深受大众喜爱，与越来越多的充斥着浮华广告、堆满各种图形和文字的网页形成鲜明对比。

  1997 年秋天，谢尔盖和拉里决定给 BackRub 搜索引擎起一个新名字。

  拉里绞尽脑汁也想不出一个没人用过又容易引起人们注意的名字，于是，他请室友肖恩·安德森帮忙。"我走到白板前，开始头脑风暴，写下一个又一个名字，而他不停地说，'不好，不好'。"安德森回忆说。

  这种情况持续了几天。"他快要绝望了，我们又来了一次。我坐在白板前，一个接一个，直到最后我问他，'Googolplex 怎么样？你们想建立一家搜索和索引公司，让人们能组织、使用大数据。Googolplex 是一个庞大的数字'。他喜欢这个名字，说，'我们就用 Googol 怎么样？'他喜欢短一点儿。我在工作站输入 G-o-o-g-l-e，实际上这个词拼错了，恰好可以注册。

"拉里认为这个名字可以接受。他当晚就注册好，并在白板上写上：Google.com。这个名字听起来很像互联网公司，如同雅虎或亚马逊一样。第二天早上，我走进办公室，发现塔玛拉留了一张纸条，'你们拼错了，应该是 G-o-o-g-o-l。可它已经被注册了'。"

就这样，阴差阳错之间，Google 诞生了。

里德·哈斯廷斯：要是没有滞纳金这种东西会怎么样呢？

一家名为网飞（Netflix）的小公司在 1997 年悄然成立了。创始人分别是里德·哈斯廷斯（Reed Hastings）和马克·兰道夫（Marc Randolph）。

里德·哈斯廷斯（Reed Hastings）1960 年出生于美国的波士顿，父亲是有名的律师，曾外祖父是上个世纪有名的数学天才。他曾经在美国海军陆战队当过兵。也曾因为口袋里只剩十块钱，只靠搭便车横跨了整个非洲。

1988 年，哈斯廷斯从斯坦福大学计算机专业硕士毕业。1991 年，30 岁之后的哈斯廷斯开始创业，创办了 Pure Software。1996 年，该公司和 Atria 合并，次年被 Rational Software 收购。此时的哈斯廷斯已经通过打造 Pure Software[①] 这家公司，实现了财富自由。

里德·哈斯廷斯（Reed Hastings）在百视达（Blockbuster）公司租了一部电影《阿波罗 13 号》，他在归还录像带时因为逾期，不得不支付了 40 美元的滞纳金，而后他就萌生了创办一家公司的想法。他当时想：要是没有滞纳金这种东西会怎么样呢？网飞的创意呼之欲出。

据网飞另一位创始人马克·兰道夫（Marc Randolph）回忆：

① 1997 年，里德·哈斯廷斯以 7.5 亿美元出售了公司。

1995 年，你可以在市面上买到一本书，上面罗列了当时现存的网站，大约 25 000 个，这本书不到 100 页。到 1997 年 3 月，当我和里德驾车翻过圣克鲁斯山，在上班路上进行头脑风暴时，世界上已经有了大约 30 万个网站。到 1997 年底，网站的数量已经达到了 100 万个，用户的数量也已经增至一亿。事实上，并不只有我们在探索利用互联网赚钱的新方法，有成千上万像我们这样的人也在寻找正确的角度、正确的产品、正确的方式来利用这种全新的媒介。①

就这样，1997 年 8 月 29 日，里德·哈斯廷斯（Reed Hastings）和马克·兰道夫（Marc Randolph）共同成立了 Netflix，和亚马逊销售图书的模式类似，这家公司试图通过邮寄 DVD 的方式向用户进行销售。

1997 年，还没有人有耐心关注这家小小的公司，更不会想到它能够在 20 年后成为全球在线视频的第一巨头。②

乔布斯：我是在乎苹果的

1997 年初。史蒂夫·乔布斯，一直对自己是否应该选择回归苹果有些犹豫。此时的他，已经通过皮克斯影业的成功，再次证明了自己。但苹果公司的未来，一直是他在心底持续思考的一个主题。而此时苹果公司向乔布斯抛来的橄榄枝，多少让他有些坐立不安。

在一个周六的早晨，他拨通了安迪·格鲁夫的电话。乔布斯将回到苹果的好处与坏处进行着描述，但还没等他说完，失去耐心的安迪·格鲁夫就打断了他说："史蒂夫，我才不在乎苹果会怎么样。"

乔布斯瞬间愣住了，但也有了自己的答案。"我愣住了。就是在那个时刻，我认识到我是在乎苹果的。我创建了它，它的存在对世界是件

---

① 马克·伦道夫：《复盘网飞》，尚书译，中信出版社，2020 年。

② 2011 年，Netflix 网络电影销量占据美国用户在线电影总销量的 45%。2018 年 5 月 25 日，Netflix 的市值达到 1526 亿美元，超过了 95 岁的迪士尼的 1518 亿美元，登顶全球市值最高的媒体公司。

好事。就是在那个时候，我决定暂时回去帮他们招聘 CEO。"

就这样，1997 年 2 月，苹果完成收购 NeXT 公司，而执掌 NeXT 的乔布斯重回苹果，并出任临时 CEO。乔布斯本希望用 90 天的时间，协助苹果找到一名正式的 CEO。为了实现这一目标，乔布斯甚至决定，在找到正式 CEO 之前，绝不剃掉自己的胡须。

此时的苹果公司可谓岌岌可危。不但产品的市场份额在持续下跌，整个公司也处在破产的边缘。大部分人，并不看好苹果的未来。

"如果由你掌管苹果公司，你会怎么做？"这年 10 月 6 日，面对记者的回答，戴尔公司 CEO 迈克尔·戴尔毫不迟疑地回应："要是让我来管理苹果，我会立刻让它关门，把资金还给股东。"

在科技互联网领域，如果一家公司处在生死边缘，人们往往会期待这家公司的创始人有所作为。此时的乔布斯，在经历过被驱逐，重新证明自己后，已经成为了一位兼顾产品和管理的真正大师。

乔布斯在回归苹果后，主要做了三件事：第一，对外与微软结盟；第二，对内提振内部士气；第三，重构苹果核心产品线。

首先，乔布斯很快宣布将与微软结成联盟。1997 年 8 月，微软宣布向处于"危难"之中的苹果投资 1.5 亿美元，苹果则把 IE 浏览器集成到 macOS 操作系统中。这 1.5 亿美元的资金援助，让苹果获得了难得的"喘息"机会。微软的慷慨解囊并不难理解，此时的微软正深陷美国政府的反垄断调查，微软并不希望苹果这个重要的 PC 端竞争对手消失。①

其次，乔布斯开始发挥创始人独有的魅力振奋士气。在回归之后的一场全员会上，有员工直接询问乔布斯如何看待戴尔为苹果提供的"药方"。乔布斯无疑非常厌恶戴尔的言论，他面向所有员工说："去他妈的戴尔。"乔布斯向全员承认目前公司股价处于低谷，但他对全员说了这样一番话："如果你希望看到苹果重振雄风，那我们一起努力；如果你不

---

① 方兴东、钟祥铭、彭筱军：《全球互联网 50 年：发展阶段与演进逻辑》，《新闻记者》，2019 年第 7 期。

愿意，那就马上从这滚出去。"这番粗鲁的话术，却打动了台下率真的工程师们。此外，乔布斯推出了"Think Different"广告帮助苹果进行品牌重塑。

这一年，乔布斯还在苹果内部分享了他对营销的理解：这是个嘈杂的世界，一个公司需要通过营销输出价值观，告诉世界自己的立场所在。耐克赞美运动与竞争、苹果则要"Think Different"。[①]

最后，也是最关键的，乔布斯决定聚焦构建苹果的产品战略。回归后的乔布斯发现，此时的苹果产品线异常分散，仅麦金塔电脑就有无数个版本。"我应该让我的朋友们买哪些产品？"在询问无果后，乔布斯大刀阔斧地砍掉了不同型号的产品。在几周后的一场产品战略会上，乔布斯走到白板前，快速画了一个"田字格"图，在两列顶端写上"消费级""专业级"，在两列横向分别写上"台式"和"便携"。乔布斯向在场的参会人表示："我们的工作就是做四个伟大的产品，每格一个。"

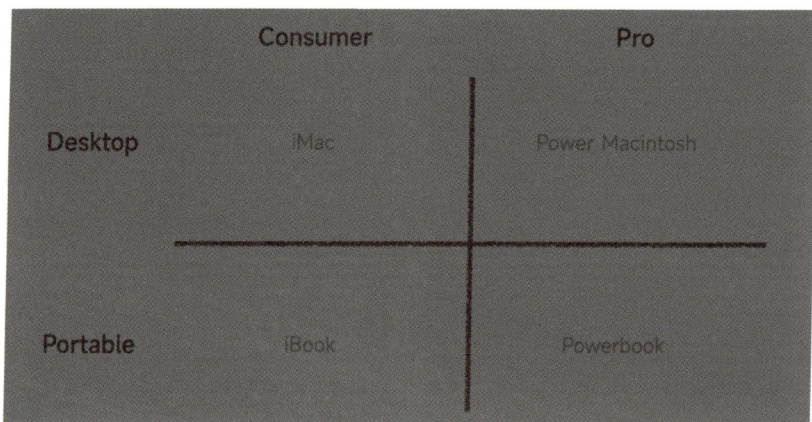

图 4-6　乔布斯为苹果所规划的产品矩阵

① 苹果 1997 年的 Think Different 广告名称，实际上参考了 IBM 曾经为其旗下笔记本电脑 ThinkPad 做的经典广告 Think IBM。

网景员工：Netscape 72，Microsoft 18

1997 年 9 月，网景公司的员工们睡眼惺忪地来到公司上班，当他们走到公司楼下时，震惊地发现公司门口竟放着一个巨大的"e"字雕塑。这个"e"正是微软在此前一天的发布会上所发布的 IE 4.0 图标。

谁会想到，微软竟连夜把这个雕塑推到自家竞品楼下。微软的操作，伤害性不大，但侮辱性极强。网景的员工迅速行动，他们推倒了这个"e"字雕塑，然后搬来自家公司的绿色恐龙吉祥物踩在"e"字之下，还在恐龙身上挂了一块牌子："Netscape 72，Microsoft 18"。72% 和 18%，正是当时网景浏览器和 IE 浏览器的市场份额占比。不过网景承受着来自微软这个巨无霸所带来的巨大压力。

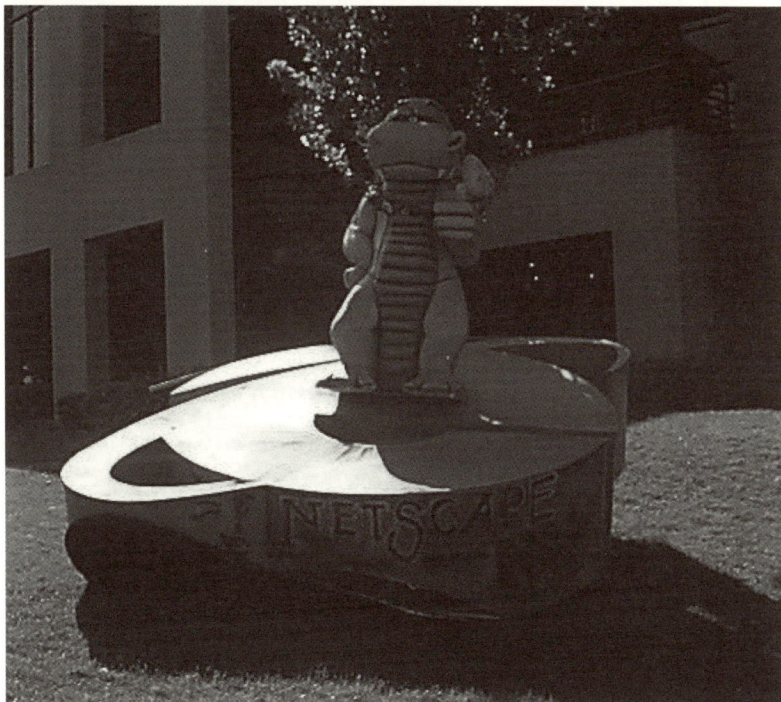

图 4-7　将 ie 踩在脚下的网景恐龙吉祥物

1997 年 4 月，微软发起"第一次浏览器大战"，微软的 IE 4.0 正式向网景公司逼宫，在劣评如潮的情况下，微软使出了必杀技："将 IE 放置在 Windows 98 中，免费附送"。

当然，这一举动引发了后来为人熟知的微软公司违反美国反垄断法一事，但不可否认的是，Windows 98 的大量用户最终奠定了 IE 的胜局。即使 Netscape 在 1998 年 11 月决定将整个浏览器软件变为免费，同时公开所有源代码，最终还是以失败告终 [①]。

张树新：延安也可以在互联网上

1997 年，张树新的瀛海威也迎来了里程碑的一年。

面对即将到来的香港回归，张树新认为爱国主义一定会成为本年度的第一主题。张树新推出了一个颇有创意的项目："网上延安"。在瀛海威的规划里，要通过这个项目，将延安的历史全部搬到网上，并通过教委组织全国的中小学生观看。而瀛海威，无疑也有机会从中赚取利润。张树新在新闻发布会上豪言：为配合爱国主义教育，瀛海威将耗时三年，投资千万，推动"网上延安"项目。

"有一天我办公室进来了当时的国家安全部部长，"张树新回忆，"我力图说服他，技术是个双刃剑。网上有白宫，网上为什么不能有中南海呢？不信我就给你们看，延安也可以留在互联网上。"这就是 1997 年，张树新在瀛海威搞的一个大手笔"网上延安"项目的初衷。张树新希望通过这个项目证明，互联网可以是个正面的力量 [②]。

但现实很残酷，当"网上延安"正式上线后，由于网速过慢，即便是浏览图片这样的简单需求也很难快速满足。更为重要的是，很快人们发现，与线下实地参观体验相比，"网上延安"很难达到实际效果。

[①]　一败涂地的 Netscape 瞬间从巅峰跌至谷底，最终卖身给了 AOL 美国在线。
[②]　这个项目后来常被用作张树新极度忽略市场需求和商业逻辑的例证。

1997 年 2 月，瀛海威全国大网开通，并在 3 个月内，开通了北京、上海、广州、福州、深圳、西安、沈阳、哈尔滨 8 个城市，成为中国最早、也是最大的民营 ISP、ICP。

1997 年，瀛海威甚至还做了一个名为"新闻夜总汇"的项目，汇集了当天各大报纸的新闻，其形式已经初步与新闻门户网站非常相似。

此外，张树新还希望瀛海威发展电子购物，并非常有预见性地发行了用作网上交易的中国最早的虚拟货币"信用点"，人们可以通过充值信用点登录上网客户端"瀛海威时空"。

1997 年夏天，当瀛海威陷入资本链危局时，张树新还专门劝说杨元庆在卖电脑时装上调制解调器，把联想"1+1"做成联想"1+NET"，结果杨元庆不理解，他反问张树新："我卖电脑就卖电脑，为什么还要装网络呢？"

即便站在近 30 年后回看，当年张树新为中国互联网世界设计的最初图景近乎想到了未来的所有互联网应用场景，但也充满着大胆且狂想的堂吉诃德色彩。

回顾自己早年的互联网创业历程，张树新坦言："我们在错误的时间，错误的地点，做了一件正确的事。不过，我从不后悔那么早就遇见互联网！"

"进入瀛海威时空，你可以阅读电子报纸，在网络咖啡屋同不见面的朋友交谈，到网络论坛中畅所欲言，还可以随时到国际互联网上走一遭。"

张树新设计的是一个五脏俱全的互联网世界，满足用户的近乎所有需求。通过登录瀛海威的上网客户端"瀛海威时空"，网民可以在这里使用"论坛""邮局""咖啡屋""游戏城"等多种服务。这种模式像极了美国在线，但不幸的是，历史证明这种模式无法在商业上取得成功。

到了 1997 年的平安夜，张树新有些伤感。她喃喃自语地拿起笔写道："深夜，我们刚刚从郊外回到家中，窗外大雾弥漫。在我们开车回家的路上，由于雾太大，所有的车子都在减速行驶。前车的尾灯灯光以微弱的穿透力映照着后车的方向。偶遇岔路，前车拐弯，我们的车走在了最前面，视野里一片迷茫，我们全神贯注、小心翼翼地摸索前行，后面是一列随行的车队。我不禁想，这种情景不正是今天的瀛海威吗？"

这一年，张树新的瀛海威既经历过高潮，也遭遇了高墙。

随着一个又一个项目失败，瀛海威对未来变得有些茫然。瀛海威所面临的问题，并不仅仅是"身后随行的车队"，还有自己面前所难以逾越的一堵高墙：当时的邮电部。

1997 年 6 月，当时的邮电部投资 70 个亿的"169 全国多媒体通信网"启动，提供互联网接入服务，当年就实现了上海、江苏、广东等 8 个省市的联网漫游，全国范围内的入网价格一下子大幅下降，瀛海威随即一蹶不振。

张树新曾这样解释瀛海威的困局：当时每条电话中继线的月租费是 6000 元人民币，它意味着你这条电话线即使 24 小时占线，用户交给你很多的钱，你也是永远赔钱的。

为了解决这个问题，张树新甚至曾直接找到了当时中国电信的副总经理们，并直言："你们这样下去是中国信息产业的'罪人'。"一位领导笑答："我佩服你，但是我们的财务不归我们管，归财政部管。"

瀛海威的 ISP 模式的本质，是希望依靠中国电信的基础设施，为用户提供更好的互联网接入服务，再反过来与中国电信进行市场竞争。但中国电信本身不但随时可以亲自下场，更是直接掌握着定价权。实际上，瀛海威收取用户通过主干网浏览国外站点所交的费用，还没有交给中国电信主干网的使用费多，用户访问国外站点的时间越长，瀛海威就越赔钱。

卧榻之侧，岂容他人鼾睡，瀛海威的结局，可想而知。

瀛海威全能型、收费式的运营模式陷入困境。1997 年 9 月，瀛海威网站月收入下跌至 30 万元，全国注册网民也仅有 6 万人。次年 6 月，持续亏损的困境下，张树新被迫辞职。张树新后来总结："1994 年底到 1995 年初，我们进入 IT 行业是一种不幸。我们是这个行业中犯错误最多的人。"

张树新后来总结失败原因："我们本来是要卖面包的，后来我们要从种麦子做起，而卖面包的利润却无法负担种麦子的成本。"

张朝阳：我帮他翻译

在某种意义上，张树新是张朝阳的贵人。

1996 年底，张树新偶然在北京街头翻到了《数字化生存》这本书，这本书让她萌生了一个想法：把这本书的作者尼葛洛庞帝请到中国来！在张树新看来，如果办成这个活动，会是一个官方认可互联网的信号。

在张树新的推动下，瀛海威光市场部就召集了 40 个人来组织这件事情。瀛海威对外希望讲的故事是：尼葛洛庞帝到中国是为了考察瀛海威。但尼葛洛庞帝还有自己的一个小心思：看是否继续给张朝阳投资。

1997 年 1 月初，张朝阳正式创办了网站爱特信（ITC）。而张朝阳的创业启动资金，有一部分正是来自《数字化生存》的作者尼葛洛庞帝。创业初期，苦于没有内容的张朝阳，甚至曾把《数字化生存》直接放到了网站上。

此时，尼葛洛庞帝已经向张朝阳投资了第一笔投资款。他希望亲眼看看这家公司的情况后，再决定是否投出第二笔钱。而张朝阳，则在考虑如何利用这次机会，让媒体宣传自己的公司。

在瀛海威的运作下，2 月 28 日下午，尼葛洛庞帝到达中国。他出席了一场专门为其组织的信息革命报告会，并做主题演讲。这场会议有八位部长级官员出席，总计出席官员超过百名。

当尼葛洛庞帝步入瀛海威的大楼，所有人都排成了一队，张树新跟尼葛洛庞帝说话，媒体一直在拍。后来演讲开始，虽然瀛海威请了外交部的翻译，但越翻译越不准确，张朝阳看到机会立刻站起来说："我帮他翻译。"张朝阳后来翻译了所有尼葛洛庞帝的讲话。就这样，张朝阳全程陪同着尼葛洛庞帝，并且不失时机地向媒体介绍自己是尼葛洛庞帝的学生。

有人提问，这次为什么到中国来？尼葛洛庞帝回答："我这次首先做了一个重要的投资，这个投资就是由张朝阳创办的爱特信公司，我想看看这个公司怎么样。"第二天《中国经济时报》《北京青年报》等媒体都对这一细节进行了报道。正是从这个时间点开始，舆论真正关注到了这个名叫"张朝阳"的创业者。

这是一个典型的"草船借箭"的故事，只有几个人的爱特信，调动了瀛海威公司 40 个人的市场部的力量。而两家公司的命运也就此翻转。在 1997 年 2 月份尼葛洛庞帝访华之后，因为商业模式存在问题，当年下半年瀛海威开始走下坡路。而爱特信的张朝阳在研究了雅虎模式后，开始将业务逐步转向门户。

张朝阳回忆：

"当时雅虎在美国刚刚开始出名，我去研究雅虎，结论是导航用关键词搜索这件事人们还不习惯，需要先进行引导分类。1997 年是整个商业模式形成的一年，我写了一年的商业计划。产品刚开始命名为指南针，后来命名考虑过搜乎，但想模仿雅虎把乎改成狐，1998 年 2 月 25 号正式推出搜狐。"[1]

在中国第一批互联网创业者中，张朝阳是最擅长营销的之一。

1997 年，《南方周末》刊发了一组张朝阳头戴鸭舌帽在天安门前玩滑板的照片，这也被看作是他"作秀"的起点。越来越多中国人，开始意识到这个名叫张朝阳的年轻人，正在变成一个大人物。

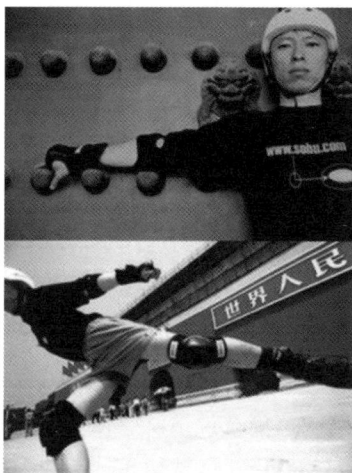

图 4-8　张朝阳在天安门前玩滑板

---

[1] 《张朝阳回忆创业：搜狐新浪曾考虑过合并》，2013 年 1 月 31 日，http://people. techweb.com.cn/2013-02-01/1274508_1.shtml

马云：选择永不放弃

正在做"中国黄页"（Chinapage.com）的马云发现，中国电信进入市场开始做黄页产品 Chinesepage.com。马云只能选择与中国电信合作。

马云的创业历程中第一次想到自己是否应该中途放弃。恰好身在美国的马云在一个星期天走进教堂寻找内心的平静。牧师在做完祷告后，开始讲起二战中的丘吉尔，并开始朗诵丘吉尔著名的演讲：

"你们问，我们的目的是什么？我可以用一个词回答：胜利！不惜一切代价去争取胜利，无论多么恐怖也要争取胜利，无论道路多么遥远艰难也要争取胜利，因为没有胜利就无法生存……"

马云感觉牧师在朗诵的过程中一次又一次盯着自己："当时我觉得冥冥之中就好像是上帝派牧师来鼓励我，我觉得牧师就是在讲给我一个人听的。"在后来的很长一段时间内，马云给别人签名时会习惯性地写上一句："永不放弃！"①

1997 年，杭州人马云离开中国黄页，带着团队第二次北上，加入外经贸部。

马云带着加入的，是此时外经贸部一个由联合国发起的项目——EDI 中心，马云团队参与开发外经贸部官方站点等项目。

在租来的 20 平方米的房间苦干一年后，他们不仅让外经贸部成为中国第一个上网的部级单位，而且将净利润做到了 287 万元人民币。"在这之前，我只是一个杭州的小商人。在外经贸部的工作经历，让我知道了国家未来的发展方向，学会了从宏观上思考问题，我不再是井底之蛙。"马云和他的团队在北京相继开发了网上中国商品交易市场、网上中国技术出口交易会、中国招商、网上广交会等一系列国家级站点。

正是由于在外经贸部的工作，让马云在 1997 年见到了杨致远。这是杨致远第一次访问中国大陆。而马云被接待部门派来给他当导游。多

---

① 陈伟：《这就是马云》，浙江人民出版社，2018 年。

年后，杨致远感叹："现在回想起来，我不禁感到好奇，让马云给我当导游的概率有多大呢？"

杨致远：最大的竞争对手是 ChinaByte

1997 年的第一季度，雅虎实现了 950 万美元的收入，是 1996 年同期 170 万美元的 5.6 倍。更为重要的是，雅虎还实现了 21 万美元的利润。在科技领域，对于任何一家有一定规模的公司来说，21 万美元的利润都是一个微不足道的数字。

但雅虎的这 21 万美元利润，却点燃了整个硅谷对互联网行业的熊熊信心之火。投资人们奔走相告："有人赚钱了！雅虎已经赚钱了！"

1997 年底，杨致远受邀，出席了一场在中国举办的互联网研讨会。

"雅虎在中国的竞争对手是谁？"一位记者问道。

"最大竞争对手是 ChinaByte." 杨致远没有犹豫。

中国第一家商业网站 ChinaByte.com 网站，在 1997 年 1 月 15 日正式上线，这个网站的背后同时站着《人民日报》和默多克的新闻集团。在这个网站上，既有电脑和互联网相关的 IT 知识，也提供软件下载服务，设有"新闻总线""软件仓库""网络学院""游戏天堂""科技股讯"等 9 个频道。上线次日，访问量就达到了 8 万人次。

ChinaByte 的负责人名叫宫玉国，他为网站提出了一个很有气势的口号："在中国，用中文，为中国人"。宫玉国 1988 年从北大中文系毕业后，曾在中国轻工报社当了 7 年记者。在厌倦了单调的体制内工作后，他决定下海。机缘巧合之下，宫玉国加入了人民日报社和新闻集团共同创办的"北京笔电新人信息技术有限公司"。

因为有人民日报社的背景，ChinaByte 本想直接使用这份党报上的内容，但又忌惮政经内容的敏感性。最终，他们将大方向定在 IT 互联网这个更为中性的领域。

ChinaByte 的员工一直在像嘉里中心这样的北京豪华写字楼中工作，并可以拿到在中国业内最高标准的薪水。而为 ChinaByte 供稿的作者，也能够拿到不菲的稿费：每千字 80 ～ 120 元。这样的大手笔，让 ChinaByte 每个月仅稿费就需花掉十几万元。

除了办公条件和薪酬外，ChinaBybe 在内容方面，也保持着同样的高水准。这是一个新媒体，但驱动内容生产的机制，依旧是传统媒体。这个初创的商业网站，在信息独特性和权威性之间寻找着平衡。每一篇稿件，都需要对标点符号校对把关，并必须得到宫玉国的点头后，方能上网。

在宫玉国看来："互联网是个国际化的产业，互联网企业面临的是国际化的竞争，所以从一开始就应当是一种规范经营，而不应当'暗箱'操作，我们要做的是一家'透明'的网站。"①

1997 年 3 月，IBM 为推广 AS400 商业计算机系统，向 ChinaByte 投放了 3000 美元的广告费。这或许是中国互联网历史上第一笔广告收入。

ChinaByte，是中央媒体在 1997 年"加速上网"的一个缩影。1997 年 1 月 1 日，《人民日报》正式推出网络版。到了这年 6 月，新华社的一家全资子公司在开曼群岛注册了中华网公司（China.com）。11 月 7 日，新华社在成立 66 周年纪念日这一天，也开通了自家网站。中央电视台也在 1997 年注册了自己的顶级域名：www.cctv.com。

张小龙：Foxmail 没有模拟谁

1 月份，30 岁的"程序员＋产品经理"张小龙以一己之力写出了 Foxmail 邮箱产品。这款体验简洁流畅的产品很快引起了从业者们的关注。据张小龙回忆："有一次，我突然收到一位用户的邮件，对 Foxmail 的设计提出了一个疑问，这是一个非常细微的错误，外部人很难观察

---

① 郭万盛：《奔腾年代：互联网与中国：1995—2018》，中信出版社，2018 年。

到。我有些吃惊，他说他叫 Pony，在经营一个站点。"[1] 这位 Pony 正是马化腾。

"Foxmail 没有模拟谁，是比 Outlook 更早的一款邮件客户端。"

从 1997 年 FoxMail1.0 版在 Winsite 上线，在短短两年时间内就在国内外得到了迅速传播。据不完全统计，FoxMail 的用户覆盖了包括美国、英国、德国、意大利、俄罗斯、新加坡、日本等 20 多个国家和地区，全球用户估计有 400 万。

1997 年 8 月 FoxMail 的一个专用版本在国家税务总局的电子邮件系统中得到应用，作为税务总局与全国 88 个计划单列市税局收发电子邮件和传送报表的专用电子邮件软件。

1998 年，FoxMail 被《互联网周刊》列为 "1998 年十大网络工具软件"，被《新潮电子》列为 "国产十佳明星共享软件"，被著名浏览器 Opera 推荐为客户端电子邮件软件，ZDnet 评 5 星级。

1997 年的雷军意气风发，他在金山 Office 的墙上挂着这样的标语："让我们的软件运行在每一台电脑上。"雷军从《毛泽东选集》中找到了灵感。井冈山时期的红军和金山有些类似。"金山的战略是什么呢？第一，我们是持久仗，WPS 不要想一天就搞定；第二，我们要开展敌后游击战，我们得做微软不做的。还得以战养战。"

在金山人的名片上甚至印着这样一句话："继续过小公司过的苦日子，接着做大公司未必能做的大事业。"金山推出了金山毒霸、金山影霸、金山词霸等一系列软件，还推出了《剑侠情缘》等游戏。这些产品让金山渡过难关。

1997 年，金山推出 WPS97。这也是首款可运行在 Windows 系统上的国产软件。两个月中，这套软件售出 1 万 3 千套。"真的是红遍大江南北，金山的产品到处都是。自己的成果被这么多人使用，甚至看到有人用自己的盗版，都挺激动的。"雷军这样回忆。

9 月，雷军意识到了 FoxMail 的潜力。他写了一封有关 FoxMail 密

---

① 吴晓波：《腾讯传：1998—2016：中国互联网公司进化论》，浙江大学出版社，2017 年。

码的交流邮件。张小龙很快回复，并在邮件中给了雷军自己的电话。在通话中，雷军指出了 FoxMail 密码老是出错的 Bug："我邮箱密码 14 位，老出错，我将密码改成 9 位就好了，改成 10 位就又有问题，我估计这个 Bug 出在密码长度上。"

张小龙很惊喜："一大堆人反映密码有问题，我也没搞清问题出在哪里。谢谢你。"雷军直接在电话中表达了收购 FoxMail 的想法，张小龙回应："15 万元，怎么样？"忙于联想注资金山的雷军无暇直接去谈，他派一位研发人员与张小龙谈。这位研发人员在对这款产品有了初步了解后，略带讥讽地说："这样的软件，我一两个月就能做出来。"这次交易到此为止。

2 年后，博大以 1200 万元的价格收购了 FoxMail，张小龙一并进入博大。

中国互联网后来的发展证明，这条"小龙"是互联网领域的一条"金龙"。在不久的将来，张小龙将加入 Pony 的腾讯公司，并将在十余年后的移动互联网时代，戏剧性地击败雷军旗下的社交产品。

任正非：拿来主义是个好东西

3 月 27 日，华为正式通过了其内部治理战略规划"华为基本法"。从 1995 年开始，任正非请人民大学教授吴春波等人为华为起草一份企业战略指南。任正非希望这一指南能够帮助华为解决三个问题，"华为是谁？华为从哪来？华为要到哪里去？"在八易其稿后，103 条的"华为基本法"正式通过。这一名称很明显借鉴了当时《香港基本法》的叫法。

这部华为管理大纲的第一条是这样写的："华为的追求是在电子信息领域成为世界级领先企业。"

同时"华为基本法"中还明确了员工持股制度以及每年坚持将 10%

的收入比例用于科研开发。

年底，任正非率领华为的高管们横跨美国大陆，从东到西，日夜兼程地访问了 IBM、贝尔实验室、惠普公司……美国信息产业的兴亡史，令华为的高管们震撼不已："一批一批的大企业陷于困境，以致消亡；一批一批的小企业，成长为参天大树，大树又被雷劈。不断地生，不断地死……"

华为的高管们深刻体会到美国的开放文化和创新体制的伟大力量：英雄层出不穷，各领风骚几十年，哪怕三五年，但他们那种风起云涌、叱咤风云的创业精神，却构成了美国的宏观力量和综合国力。

圣诞节，美国处处万家灯火，任正非却和他的同僚们关在硅谷的一家小旅馆里，三天没有出门，开了一个工作会议，形成了 100 多页的讨论简报。IBM 的管理变革对华为影响至深：企业规模小就会失去竞争力；扩大规模，不能有效管理，又会面临死亡。"拼命奋斗是美国科技界的普遍现象，特别是成功者与高层管理者"，"数百万奋斗者"推动的技术进步和管理进步，才造就了美国一大批伟大公司的诞生——华为人从中找到了强烈共鸣：华为不正是依靠持续不断的奋斗精神才走到今天的吗？

赴美考察归来，任正非写了一篇文章，题为《我们向美国人民学习什么》[①]。在文中，任正非写道：

"我们在 IBM 整整听了一天管理介绍，对他的管理模型十分欣赏，对项目从预研到寿命终结的投资评审、综合管理、结构性项目开发、决策模型、筛选管道、异步开发、部门交叉职能分组、经理角色、资源流程管理、评分模型……，从早上一直听到傍晚，我身体不好，但不觉累，听得津津有味。

"圣诞节美国处处万家灯火，我们却关在硅谷的一家小旅馆里，点燃壁炉，三天没有出门，开了一个工作会议，消化了我们访问的笔记，整理出一厚叠简报准备带回国内传达。我们只有认真向这些大公司学

---

① https://www.sohu.com/a/122051084_479829。

习，才会使自己少走弯路，少交学费。IBM 是付出数十亿美元直接代价总结出来的，他们经历的痛苦是人类的宝贵财富。"

1997 年末的美国之行是华为发展史上的一个重要转折点，自那以后，华为正式引入了 IBM 的流程管理，在战略思考上也融入了更多美国公司的经验。任正非说："拿来主义是好东西，西方已经成功了的管理思想、技术，我们为什么要拒绝呢？先僵化，后优化，再固化，这是华为必须要走的过程。"

丁磊：让中国人上网更容易

1996 年 7 月份，美国人杰克·史密斯推出了免费电子邮件系统 Hotmail。年底，微软以 4 亿美元巨资收购了成立尚不足两年，仅有 26 名员工的 Hotmail。借助 Hotmail 的人气，微软一跃成为全球注册用户最多和访问量最大的三大网站之一。已经在广州闯荡 2 年的丁磊意识到，电子邮箱是一个巨大的机会。

1997 年 6 月，26 岁的丁磊拿出自己全部身家，在广州正式创办网易，网址为：www.netease.com。丁磊为公司所起的"网易"这个名字很好理解：让中国人上网更容易。

此时的网易共有三名员工，还有一间 7 平米的办公室。丁磊在初期尝试了 BBS、个人主页等不同的互联网业务，虽然人气很旺，但商业化一直是一个问题。更多时候，丁磊和团队不得不通过开发软件、销售软件来维持公司的运转。

到了这年 7 月份，Hotmail 的成功让丁磊眼前一亮。丁磊本想直接通过购买一套 Hotmail 系统，来加速建设中国的免费邮箱站点。但 Hotmail 所开出的高价让丁磊悻悻而归。没有办法，丁磊只能自己研发。他找到了华南理工大学的陈磊华支持研发。大约 7 个月之后，网易打造出了自己的中文个人账户服务系统和免费邮箱系统。

很快，丁磊将这个邮箱系统以 119 万元的价格，卖给了广州电信旗下的飞华网。随后，丁磊又以每套 10 万美元的售价，将邮箱系统卖给了各地电信公司的"信息港"网站。凭借邮箱生意，丁磊初步实现了个人层面的财富自由。

同龄人马化腾看得眼红："我在润迅的时候也曾想到要开发邮箱系统，但是晚了，也没有人支持我，就我一个人在做。丁磊搞出来了，也成立了公司。应该说我受他的影响，就觉得互联网好像也是有机会创业的，所以也想做些什么事情。"①

网友"老榕"：大连金州不相信眼泪

每一代中国球迷对足球的感情都有些复杂，绝大多数球迷都无数次心生过希望，也无数次体验过希望的最终破灭。在这一年，号称历史最强的中国国家足球队第六次冲击"世界杯"。中国队特别将主场选在了大连金州体育场，这座球场的主队大连万达队创造了几十轮不败的神奇记录。

10 月 31 日，中国队在大连金州体育场迎来卡塔尔队。但即便中国队占尽了天时地利人和，还是以 2∶3 败给了卡塔尔队，再次无缘"世界杯"。就这样，中国男足第六次倒在了冲击世界杯的路上。

1997 年 11 月 2 日凌晨 2 点，网友"老榕"把自己和儿子看球的经历写成一篇题为《大连金州不相信眼泪》的文章，发表在四通利方的体育沙龙 BBS 中，不到两天时间获得了数万点击量：

我 9 岁的儿子是这样地痴迷足球，从不错过"十强赛"的每一场电视直播，对积分表倒背如流。他不知多少次要求去球场看一次"真的"足球。可怜他在福州，几年来只在福州看过一次香港歌星和福州企业家的"球赛"，去年夏天在厦门看了一场"银城"。就连这样的球赛，他都

---

① 　吴晓波：《腾讯传 1998—2016：中国互联网公司进化论》，浙江大学出版社，2017 年。

记得每一个细节，念叨到今天。想想孩子实在可怜，一咬牙，10 月 29 日，我们一家三口登上了去大连的飞机。孩子都乐傻了。为了去大连。我们一家还专门备齐了御寒的大衣。儿子还专门要求在衣服上缝了一面小国旗。

……

现在，我们回到了福州。在金州买的一切，包括球票、国旗，儿子都细心地包好放在他的箱子里。睡觉前懂事地对我说，12 号就不去大连了吧，早点放学回来看电视。还保证以后好好做作业，乖乖吃饭，2001 年时，再去大连。都睡下了，又说了句："谢谢爸爸！"

打开离别了几天的电脑，我突然心如刀绞！儿子，我不该带你去看这场球的。

两周后《南方周末》全文转载该文，并在"编者按"中说明，过去一周报社邮箱里收到了六十多封要求转载该文的读者来信。时任新浪网总编辑陈彤在《新浪之道》一书中曾回忆，这件事让人们第一次感到网络论坛的力量和影响。

王峻涛一度被公认为中国电子商务的领军人物。在中国互联网的历史上，王峻涛有两个身份。第一个身份是球迷"老榕"，第二个身份则是电商平台 8848 的创始人。

王峻涛的爱好广泛，同时十分喜爱通过网络和网友交流，其网名和笔名"老榕"广为人知，连续三年被评为"中国十大网民"。他十分喜好足球，是中国最著名的球迷之一。1997 年 11 月 2 日，他在新浪（原四通利方在线）体育沙龙发表的看球感想《大连金州不相信眼泪》被认为是"全球最有影响的中文帖子"。王峻涛也意识到，互联网浪潮正在快速席卷世界，最终一定会渗透到生产生活的各个方面。

王峻涛 1962 年出生于福建福州。1978 年，王峻涛越级考入了哈尔滨工业大学计算机科学系计算机软件专业学习。1982 年大学毕业后，他开始在原航天工业部的研究部门，从事计算机与网络相关技术的研究与系统方案的实施。

从 1987 年开始，王峻涛在美国硅谷从事计算机控制与网络技术的研究。到了 1989 年，他回国后在中外合资企业担任技术主管，并于 1992 年开始自筹资金在流通领域创业，并很快成为了福建省最大的 IT 产品渠道。

自 1995 年连邦软件全国销售连锁组织成立以来，王峻涛的公司每年都是全国连邦外地专卖店的销售冠军。1998 年开始进行网络销售的前期试验，1999 年负责建立北京连邦软件公司电子商务事业部，任北京连邦软件有限公司副总裁兼 CIO、电子商务事业部总经理。同年创建 8848 网站，7 月开始担任珠穆朗玛电子商务网络服务有限公司董事、总裁，11 月起任该公司主席。

1997 年，互联网主要赛道初步成型

年底，伴随英特尔的如日中天，《时代》杂志将年度人物授予安迪·格鲁夫。

1985 年，格鲁夫果断放弃了主营业务存储芯片，将英特尔业务重心转向属于未来的微处理器。正是这一壮士断腕的果敢决策，成就了英特尔全球微处理器霸主的地位。如果说摩尔在理论上提出了"摩尔定律"，那么是格鲁夫让这一定律变成了现实。

微软与英特尔的合作被称为"Wintel"联盟，自 20 世纪 80 年代以来，"Wintel"联盟就主导着全球 PC 市场。"Wintel"联盟造就了一个时代，让全球个人电脑产业形成了所谓

图 4-9 《时代》将年度人物授予安迪·格鲁夫

的"双寡头垄断"格局。

1992 年，英特尔已经成为全球最大的半导体公司。但英特尔的发展也并非一路顺风顺水。1994 年时，英特尔奔腾芯片出现严重缺陷，一度遭到 IBM 的全线弃用。在公司陷入恐惧中时，格鲁夫果断耗费了近 5 亿美元，召回所有芯片进行重新设计，挽回了这次灾难性的危机事件。

在英特尔顺利渡过难关之后，格鲁夫却遭遇到了个人的又一大打击。1995 年，58 岁的他被诊断出前列腺癌，不得不进行化疗。但幸运的是，格鲁夫早早发现病症，又及时进行治疗，最终得以康复重新回到工作岗位。

在获得《时代》年度人物一年之后，已过花甲之年的格鲁夫选择了激流勇退，结束了自己在英特尔长达三十年的辉煌经历。

1997 年，哈佛大学教授克里斯坦森写了一本叫作《创新者的窘境》的书。在书中，作者认为，即将爆发的互联网革命，会对传统产业，无论是制造产业还是消费产业，进行破坏式的创新。当破坏式创新时刻到来的时候，越是管理卓越的大型公司越难以摆脱困境。

图 4-10 《创新者的窘境》封面

虽然此时"Wintel"如日中天，但每个人都看到了互联网的机会。原有的赛道地位格局已经基本稳固，大公司们如同在铁轨上飞驰的火车，只要大家还在铁轨上竞争，新秀就很难打败巨头。

但此时，行业进入平台颠覆期，当新的战场出现，不论是巨头还是新秀，都被拉到了泥泞、乱糟糟、坑坑洼洼的一片新土地上进行竞争。这个时候，有铁轨的巨头看起来反而是最笨重的，在这里，铁轨的价值

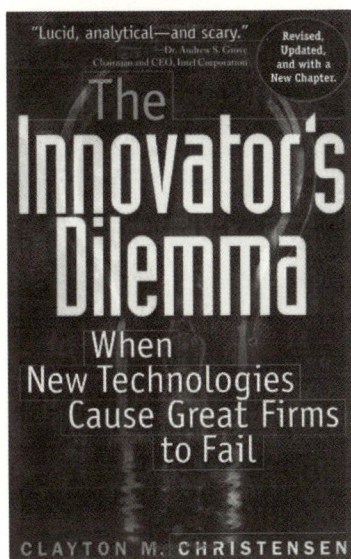

甚至还不如驴车。

旧时代的王者退去，新时期的弄潮儿开始登上舞台。从 1997 年开始，从巨头到新秀，都开始汇聚到互联网这片新大陆上来，期盼"好梦"。

【战略金句】

◇ **贝佐斯**：我们将继续毫无保留地专注于用户至上的理念。我们的投资决策，将继续基于"长期市场领导地位"这一目标，而非关注短期的盈利以及华尔街的短期反应。

◇ **乔布斯**：如果你希望看到苹果重振雄风，那我们一起努力；如果你不愿意，那就马上从这滚出去。

◇ **任正非**：我们只有认真向这些大公司学习，才会使自己少走弯路，少交学费。IBM 是付出数十亿美元直接代价总结出来的，他们经历的痛苦是人类的宝贵财富。

◇ **克里斯坦森**：当破坏式创新时刻到来的时候，越是管理卓越的大型公司越难以摆脱困境。

扫码阅读本章更多资源

1998

门户当立

"You jump, I jump."

——《泰坦尼克号》，1998

  3 月 15 日深夜，台湾台南市，伴随着窗外淅淅沥沥的春雨，蔡智恒写下了《第一次的亲密接触》[①]的第一行。

  蔡智恒此时正在台湾成功大学水利系攻读博士。从成大水利系本科一路读到博士的他，一直觉得自己的思维模式过于理工化，他希望尝试让自己身上多一些人文色彩。坐在电脑前的蔡智恒，开始将自己的一些构思写成帖子，发到成功大学的网站上。

  就这样，蔡智恒用 2 个多月时间，在校园 BBS 上连载了小说《第一次的亲密接触》。这部小说讲述了主角"痞子蔡"在网络上邂逅了女孩"轻舞飞扬"，进而发展成为知心好友的故事。小说中所描述的"一杯大可乐两份薯条""泰坦尼克号""香水雨"等场景，一时间成为网友们的谈资，让很多读者动容。

---

① 一直到当年 5 月 29 日，作者总计发布了 34 集。

但最后，小说的女主角还是因疾病离开了人世。读者们从这部小说中，感受到了网络交友的乐趣，也感叹于命运的捉弄。《第一次的亲密接触》被很多人认为是"网络小说的开山之作"，也是中国互联网历史上的第一部畅销小说。

除了感人的爱情故事，人们好奇，1998 年的科技互联网世界，又将会发生哪些或浪漫，或激越，或让人伤感的故事？

在这年初的中央电视台春节联欢晚会上，歌手王菲和那英共同演唱了《相约 98》，歌中唱道：

来吧来吧相约九八，

来吧来吧相约九八，

相约在银色的月光下，

相约在温暖的情意中，

来吧来吧相约九八，

来吧来吧相约一九九八，

相约在甜美的春风里，

相约那永远的青春年华，

心相约，心相约，

相约一年又一年，

无论咫尺天涯。

1998 年，就这样到来了。在很多中国人的记忆里，和互联网的"第一次亲密接触"，正是从 1998 年开始的。

此时海外最大的华人网站是华渊资讯。华渊资讯的掌门人姜丰年在这一年，发表了一篇名为《门户大战》的文章，文中详细介绍了在美国逐渐兴起的产品"网络门户"。在姜丰年看来，所有互联网公司真正在争夺的是"心灵市场占有率"，即网络读者的忠诚度。

具体来说，就是当网民打开电脑、打开浏览器时，所看到的第一个屏幕产品。因为谁成为网民的第一上网通道，就意味着谁能在迅速成长的网络广告市场中谋得先机。而对于绝大多数 1998 年的中国网民来说，互联网就是门户网站，门户网站就是互联网。

比尔·盖茨：微软并没有被邀请参加这个新的宴会

1998 年的比尔·盖茨正春风得意，伴随 Windows 98 的推出，微软进一步巩固了科技行业霸主的位置。此外比尔·盖茨已经连续两年问鼎世界首富。不过，在这一年参加比利时布鲁塞尔的一场演讲时，盖茨却遭遇"突袭"：一个蛋糕精准地砸到了比尔·盖茨的脸上，惊慌的保镖连忙护送比尔盖茨回酒店换衣服。

人们原以为，袭击者可能是为了表达对微软捆绑销售 IE 浏览器的不满。因为此时，美国司法部正在起诉微软不公平地利用 Windows 的市场力量"扼杀竞争"。但几天后媒体证实，袭击者只是一个"网红"，希望通过袭击富豪来出名。

比尔·盖茨事后自我解嘲称："蛋糕并不好吃。以及，保镖并不好用。"他更换了保镖团队，来解决安全问题。这样的小小袭击，无法阻挡微软这条大船，在科技行业继续横冲直撞。

Windows 95 系统自动绑定了 IE 浏览器，这一策略，使微软最终击败了网景公司，拿到了浏览器市场"最大的蛋糕"。而"失败者"网景则最终被迫出售。[①]

可以说，IE 浏览器，让微软在很大程度上，掌控了门户网站的"上游"。

不过面对互联网浪潮，比尔·盖茨却依旧显得忧心忡忡：

---

① 1998 年 11 月 24 日，美国最大的互联网服务商美国在线（AOL）宣布以 42 亿美元并购网景。与此同时，升阳（Sun）公司则买下了网景的服务器软件和商务软件部门，并与美国在线结成联盟。但这也为微软化解政府对自己反垄断的指控找到了托词。

互联网已经引起了公众的注意，人们还感到微软并没有被邀请参加这个新的宴会。现在新闻界传言我们当时"没能抓住它"，互联网预示着我们的末日，那些小的、灵活的竞争对手将把我们赶出业界。

此时的世界与中国

时代正处于巨变之中，人们在寻找一些或实际、或理念的财富，来保持自己内心的平衡。

4 月 3 日，好莱坞大片《泰坦尼克号》在中国正式上线。就在差不多一个月前，这部电影刚刚斩获 11 项奥斯卡金像奖。最终，《泰坦尼克号》在中国狂卷 1.04 亿票房。电影让人们短暂地忘记了现实中的烦恼。

这年夏天，法国世界杯吸引了全球的目光。最终，东道主法国队以 3∶0 击败了卫冕冠军巴西队，在本土勇夺第十六届世界杯冠军。人们为一颗小小的足球陷入疯狂，为巴西球星罗纳尔多惋惜，也为法国球星齐达内鼓掌。

30 岁的青年作家吴晓波，斥资 50 万元，在浙江千岛湖购买了一座 120 亩的岛屿。

在国家层面，一些重要的变化，正在发生。

3 月 17 日，朱镕基出任国务院总理。在第二天的记者招待会上，他饱含悲情地说："不管前面是地雷阵还是万丈深渊，我将勇往无前，义无反顾，鞠躬尽瘁，死而后已。"改革的气氛迅速被拉满。

国务院首先对自身进行了"瘦身"，将原来的 40 个部委精简为 29 个。原有的 15 个专业经济部门成为被裁撤的主要目标。这些部门一些转型为总公司，还有一些则转型为了行业委员会。

这年 1 月，房地产商王石曾被中南海密召前往讨论房地产问题。半年之后，中国福利分房时代结束，住房贷款制度启动，房地产就此成为了此后多年拉动内需的核心动力。

香港在这一年的夏天，上演了让人惊心动魄的金融阻击战。8 月 5 日这天，香港金融阻击战打响。此后 6 天，炒家疯狂出货，多空激战空前惨烈，恒生指数一路狂泄到 6600 点，总市值直接蒸发 2 万亿港元。8 月 13 日，香港特区政府在中央政府的支持下，携巨额外汇基金进入股票市场和期货市场，与炒家直接对抗。炒家疯狂抛盘，香港特区政府则照单全收，港市动荡结束。

这年夏天，特大洪水侵袭了中国。江淮松嫩，还有珠江流域的西江和闽江等江河，相继发生了百年一遇的特大洪水。这次水患后，中国政府投入巨资，退耕还湖，平垸行洪、退田还湖、移民建镇。

在国家叙事之外，在很多中国人个体的记忆中，1998 年还有难以忘记的事情。

10 月 28 日，《还珠格格》在湖南卫视开播，该剧迅速风靡全国，收视率最高时突破 65%，创造了中国电视剧有史以来最高纪录。在很长一段时间里，人们在街头巷尾讨论的，都是疯疯癫癫的"小燕子"。

而小品演员赵本山在 1999 年初的春晚上这样回顾 1998 年：

"九八九八不得了，粮食大丰收，洪水被赶跑。百姓安居乐业，齐夸党的领导。尤其人民军队，更是天下难找。国外比较乱套，成天勾心斗角。今天内阁下台，明天首相被炒。闹完金融危机，又要弹劾领导。纵观世界风云，风景这边更好！"

杨致远：错失 Google 创始人们抛出的橄榄枝

杨致远在 1998 年登上了《时代》和《商业周刊》的封面，并且在《福布斯》杂志的"高科技百名富翁"榜单中，以 10 亿美元的身家跃居第 16 位。

此时，雅虎作为全球最成功的门户网站，已经成为全球互联网行业的绝对明星产品，在很大程度上垄断着互联网上用户们的注意力。

　　雄心勃勃的杨致远在考虑，如何让雅虎更上一层楼。他开始将目光投向中国市场，思考着如何进入这个拥有十余亿人口的大市场。

　　1998 年，在一个中国朋友的建议下，杨致远开始收藏中国书法。他的第一件收藏，是董其昌的行书"临古帖"[①]。

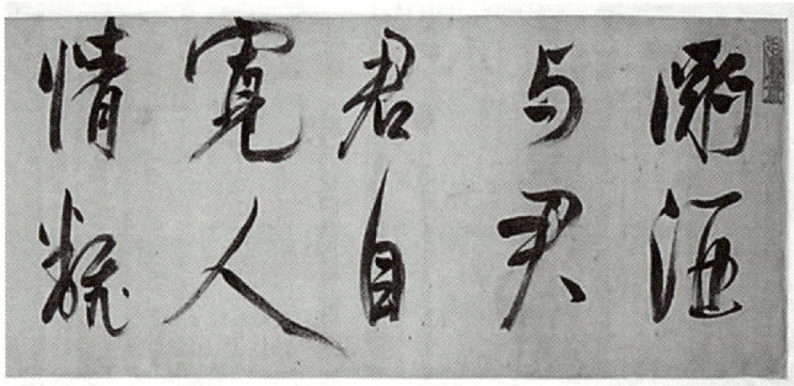

图 5-1　明·董其昌《仿米芾书王维诗》（局部）

杨致远回忆：

　　回到 70 年代的台北，那时我只是个背着书法工具包的小孩，无论晴雨，乘巴士去上书法课。我问自己为什么要学习这门枯燥乏味的传统艺术：无穷无尽地重复笔法，临摹"晦涩难懂"的古籍典范，以及不断研磨砚台墨汁，体会毛笔在宣纸上的触感。[②]

　　但 1998 年的一天，他的一位中国朋友建议他收藏中国古代书画，以培养中国传统文化观念，"这是和你日常生活截然不同的世界，很有意思"。

　　杨致远回忆，当时他展开手卷，瞬间被作品绵延的笔法所感动，童年练习书法的记忆——浮现，"那不再是一件苦差事，而是对这种艺术形式的认可，对古代文人墨客气节的欣赏。因为这个机缘和这件作品，书法艺术对我的人生重新有了意义。"

---

① 　这幅名作经专家考证，应作于 1599 年或 1600 年。

② 　Michael Knight and Joseph Z. Chang, *Out of Character: Decoding Chinese Calligraphy* (San Francisco: Asian Art Museum, 20112).

不过，刚刚进入收藏行业的杨致远，却在这一年，错过了一次千载难逢的投资机会。

1998 年的一天，有两位同样出生于 1973 年的斯坦福校友登门拜访杨致远，想要把他们的一个搜索技术以 100 万美元的价格卖给雅虎。但由于还不能直接看清这个技术的商业价值，杨致远拒绝了他们的请求[①]。这两位年轻人一位叫拉里·佩奇，另一位叫谢尔盖·布林。

坚信搜索引擎技术前景的两位年轻人，决定自己下场。就这样，1998 年 9 月 7 日，在加州郊区的一个车库里，Google 公司正式创立。

网飞：以 2 美分的售价发售完整版克林顿证词的 DVD

这年 1 月份，网飞创始人马克·伦道夫和家人一起观看了超级碗比赛，他一边看一边做记录：在比赛期间，至少有 16 家名字里包含 .com 的公司打了广告，每个广告位的费用都超过 200 万美元。要知道，单是一个广告位的开支就比网飞这家公司第一年一整年的开支还多。对于"先花钱，后担心"，互联网公司已经习以为常。互联网公司在各种聚会、促销和设施上铺张浪费业已成为惯例。[②]

1998 年，在美国最具轰动效应的事件是总统克林顿与莱温斯基的性丑闻。

到了 8 月中旬，克林顿总统成为了美国历史上首位被迫在大陪审团面前作证的在任总统。尽管作证全程是保密的，但整个开庭过程被录了像。在开庭一个月后的 9 月 18 日，由共和党控制的众议院司法委员会

① 2000 年，雅虎选择跟 Google 合作，付出 720 万美元，让 Google 为其提供搜索服务，这一大手笔使得 Google 第一次开始盈利。雅虎收购了很多公司，却没有成功收购 Google，原因是 2002 年 Google 开价 60 亿美元，价格没有谈妥。

② 马克·伦道夫：《复盘网飞》，尚书译，中信出版社，2020 年。

宣布，为了提高公众透明度，该委员会将把这段视频向所有主要的广播网络公布。

全球第一家在线 DVD 租赁公司网飞宣布，为推动"有关此类历史性事件的公众教育"，《克林顿总统的大陪审团证词》的 DVD 版本，将会以 2 美分 [①] 的价格发售，并由该公司的互联网商店 www.netflix.com 独家供应。而通常网飞对这类产品的定价，是 9.95 美元的购买价或者 4 美元的租金价格。

"国会公布这一材料的目的就是为了让尽可能多的人看到。"网飞总裁兼首席执行官马克·伦道夫表示：

我们相信，以区区 2 美分的售价提供完整的克林顿证词的 DVD，能让几乎每一个拥有 DVD 播放机的人都能轻松地检视这些材料，并形成他们自己的观点。此外，我们认为，DVD 能够让用户轻松地从一个主题跳转到另一个主题，这使得 DVD 格式特别适合于人们检视这类材料。

最终，网飞以不到 5000 美元的成本获得了近 5000 名新客户。[②]

到了 9 月 9 日，独立检察官斯塔尔将完成的调查报告移交国会，全球各大网站纷纷转载刊登，由于访问量过大导致各大网站频频阻塞、崩溃，人们在各种论坛对这件事展开讨论。这几乎是互联网第一次从传统新闻媒体手中，抢过来重大事件的报道权。

丁磊：网络门户是互联网络中最昂贵的地段

与"纸醉金迷"的美国市场相比，中国互联网行业依旧处在孕育期。

网易运营的 BBS 以及个人主页服务虽然热闹无比，却缺乏有效的

---

① 外加运费和手续费。

② 这些客户都拥有 DVD 播放器。

盈利模式。一个偶然的机会，整天为盈利问题冥思苦想的丁磊发现了 Hotmail。这家创建于 1995 年的企业为全世界的用户提供免费的电子邮件收发服务。随后，网易准备借 10 万美元买一套 Hotmail 系统，在中国建立免费的邮箱站点。但此时的 Hotmail 并没有看上网易，对方首先表示系统不卖，随后又说可以按照 280 万美元一套的价格出售，但还要加收 2000 美元 / 小时的安装费。

显然，创业初期的网易负担不起这样的成本。于是，丁磊找来了伙伴陈磊华研究 Hotmail 的结构，两个人最后决定自己做。一个月下来，他们逐渐掌握了主要知识，经常会为一个技术上的突破而兴奋得手舞足蹈。

到了 3 月，国内第一个全中文界面的电子邮件系统 163.net 正式运行。但网易在推销这款软件之初犯了难，因为没人知道，一款免费软件要如何实现盈利。

此时，微软斥巨资收购 Hotmail 的消息传入国内，这让广州电信相信免费电子邮件服务是有利可图的。对方找到丁磊，提出以 20 万元的价格购买该邮件系统。

以此为突破口，网易成功地把这套免费邮件系统卖给了 188.net、990.net、371.net 等用户。1998 年底，只有 8 个人的网易已获得了高达 500 万元的利润。

在挖掘到了"第一桶金"之后，这时丁磊开始思考除了邮件系统，网易还能做什么。一天，一个国外知名站点的老板告诉丁磊，他们一个月的广告收入高达 25 万美元。丁磊这才意识到，网络广告将成为门户网站最有前景的收入来源。

此后，网易就将首页转向门户定位，改版不到一个月，访问量激增。其每天 10 万人次的访问量让它在 1998 年的短短 4 个月时间内，获得了 10 多万美元的广告收入。在 7 月，CNNIC 通过投票评选出的十佳中文网站中，网易荣登榜首。

丁磊后来曾这样解读门户的价值："如果以房地产作比拟，那么，网络门户是互联网络中最昂贵的地段。"

张朝阳：您能不能试着投一个网络广告？

在多年后的一场活动中，张朝阳仍不无骄傲地追忆，称李彦宏和马化腾的创业都和他有关：

1998 年我去美国硅谷找人，问李彦宏想不想回国做互联网，他在硅谷说中国搜狐做起来了，于是硅谷一些投资人给了他投资。1999 年的我特别火，到深圳受到摇滚歌星式的接待，听众 700 人中就有马化腾，他听了我的故事激动不已，回去做了 OICQ。①

回顾 1998 年，张朝阳确实是中国互联网行业里那个最亮眼的名字。

2 月份，借鉴雅虎的路径，张朝阳决定做一个中文网页目录搜索软件，还起了一个明显对标雅虎的名字："搜狐"。到了 4 月，搜狐公司获得第二笔风险投资，投资者包括英特尔公司、道琼斯、晨兴公司、IDG等，共 220 多万美元。

在获得第二轮投资后，张朝阳明显感觉到了股东对收入要求的压力，他的工作重点开始转移到跑客户上。其中就包括北京牛栏山酒厂的厂长，这是最早请张朝阳设计制作网页的人。

"那个时候网页制作的收入大约有 10 万美元。"张朝阳回忆。但在整个中国几乎没有人知道什么是网络广告，他只能在做网页的客户中试探着发展他的广告主。"您能不能试着投一个网络广告？"是他经常对这些网页客户说的一句话，接下来他就必须向这个客户解释什么叫网络广告。

1998 年，搜狐全年的广告收入已经达到 60 万美元。搜狐网站和它所开发的诸多运营模式，开始成为后来者的样本。张朝阳回忆：

---

① 张朝阳，中国国际金融博物馆和搜狐财经联合举办的"江湖"沙龙活动，2013 年 1 月 31 日。

从 98 年之后搜狐进入以市场和品牌运营为主要战略的阶段。当时我们那个新闻发布会只花了八万块钱，而瀛海威那块广告牌"中国互联网有多远？向北 1500 米"依然矗立，但是这个公司已经不在了，最耀眼公司就是搜狐。

在即将到来的互联网大潮中，当张朝阳成为新一代青年偶像的时候，人们开始相信，互联网将改变中国。

在这一年，张朝阳被美国《时代》周刊评为"全球 50 位数字英雄"之一。

与谁合并：四通利方最终选择 SINA.NET

四通利方全程报道了这一年的法国世界杯赛事，并邀请央视著名主持人黄健翔网上评球，反响强烈，这也让四通利方从一个软件专业网站开始向门户网站转身。在世界杯期间，四通利方的体育论坛日点击量创造了 310 万次的访问纪录，并赚到了 18 万元的广告利润。

第 16 届世界杯期间，四通利方的文字编辑陈彤在拜访处于北京国贸中心的惠普公司时，偶然在惠普的办公桌上翻到了一份惠普的内部刊物，其中描述在美国，互联网访问量最高的内容是新闻。回到四通利方后，陈彤很快向王志东请命创办了新闻频道。

在这一年，高盛在新加坡召开了一个技术会议，受邀者都来自中国高科技企业。参会者除了搜狐的张朝阳，还有联想的马雪征、亚信的田溯宁、中华网的叶克勇、华渊资讯 SINA.NET 的姜丰年。此时的姜丰年非常想进入中国市场，但还没有找到合适的方法。

在高盛的会开完后，张朝阳与叶克勇、姜丰年在咖啡厅喝咖啡。叶克勇、姜丰年两个人比较热情，张朝阳的话则比较少。趁着姜丰年去洗手间的工夫，叶克勇对张朝阳说："咱们合并吧，你不跟我合并我就和姜丰年合并。"

随后，趁着叶克勇去洗手间的空当，姜丰年又对张朝阳说："咱们合并吧，很多人给我投资我都拒绝了，咱们合并做一个华人最大的。"正说着，叶克勇从洗手间出来，到底搜狐和谁合并的话题就此打住。

虽然当时叶克勇不知道怎么在中国做网站，但他给了张朝阳非常优厚的条件，于是张朝阳跟姜丰年说搜狐董事会的老外很难搞定，他下次回美国的时候可以跟张朝阳一起去见搜狐的董事。

张朝阳有点打马虎眼，没有完全拒绝，但姜丰年非常积极。大概一两周之后张朝阳回到北京，姜丰年也马上到北京，又到张朝阳办公室聊合并。中午去吃饭，张朝阳还是无动于衷，不置可否。姜丰年有些着急，当天下午三四点就跟四通利方的王志东在中关村约了见面。姜丰年与王志东相差 11 岁，但并不影响两人一见如故，"在半小时内就奠定了友谊"。

王志东对姜丰年的提议很感兴趣。姜丰年运作网站的经验，与王志东、汪延在本土运作的能力结合，看起来非常契合。就这样，四通利方与华渊资讯在年底完成合并，并正式更名为新浪网，发布了以下通知。

亲爱的四通利方（利方在线）网友，你们好：

四通利方（利方在线）网站，自 96 年 5 月问世以来，受到了网友的热情支持和参与。两年多以来，得到迅猛的发展，已经成为最受欢迎的中文网站之一，在此，我们对长期以来给予我们大力帮助和鼓励的网友及各界人士表示深深的谢意。

12 月 1 日，四通利方公司正式与海外最大的华人互联网站公司——华渊资讯合并，并推出了新的网站——"新浪网"。就此，我们向关心四通利方（利方在线）网站发展的网友作出一些说明：

在互联网作用不断扩大的今天。占全球人口五分之一的华人拥有了一个如此跨国度跨地区、用户众多的网站，这一事件对全球华人来讲是具有重大意义的。

四通利方是中国境内流通量最大的网站，而华渊则在北美及中国台湾拥有广大的使用群；两公司合并可结双方之长，补对方之短，结合祖国大陆、台湾地区及北美的华人力量，创造全球最大的华文网站。所以合并无论对四通利方还是对华渊来说，都是只有好处，没有坏处。

合并之后，新浪网将一如既往地提供软件、新闻资讯等各种服务，大力发展中文 Internet 软件技术，组建中文 Internet 门户和虚拟社区，力争成为全球最大的华人网站。希望广大网友能够像支持四通利方（利方在线）网站一样支持新浪网，新浪网也将更加努力、勤奋、一丝不苟地为网友提供最优质的网络服务。

谢谢

四通利方信息技术有限公司

1998 年 12 月 3 日

四通利方与华渊资讯 SINA.NET 的合并带来很大能量。高盛的投资很快进入，新浪融资了 6000 万美元。

华为：一面"人才垄断"，一面"削足适履"

这年 3 月，任正非在华为内部，明确了公司的"进击路径"。53 岁的任正非将"华为基本法"核心价值观的第三条明确为："华为要广泛吸收世界电子信息领域的最新研究成果，虚心向国内外优秀企业学习，开放合作地发展领先的核心技术体系，用我们卓越的产品自立于世界通信列强之林。"

华为的竞争对手们在这一年发现，这家公司似乎正在对通信行业的技术人才进行"疯狂招募"。

华为拥有一整套成体系的打法，不分场合、不分时机地对优秀人才进行"巧取豪夺"。这种"巧取豪夺"，既包括对社会人才的广泛搜罗，也包括对应届优秀毕业生的追逐获取。

举例来说，任正非曾派遣一支招聘特遣队参加邮电部举办的一个程控交换机学习班，特遣队白天学习，晚上则以交友名义与各地的技术骨干进行"业务交流"。就在这样的"持续交流"之下，很多技术骨干逐渐便出现在了华为的办公楼中。而 1998 年的时任教育部部长发现，这一年华为所录用的毕业生，竟占据了全国前 20 所重点高校计算机与通信专业毕业生的五分之一，甚至有竞争对手称华为正在进行"人才垄断"。[1]

除了广聚天下英才，华为还在从系统流程上进行一场真正的自我革命。1998 年，是华为开始推进"削足适履"式变革的第一年。

这年 8 月，任正非召集了上百位华为的中高层干部开会，宣布华为与 IBM 合作的 IT 策略与规划项目正式启动。华为聘请 IBM 为华为梳理流程和建立系统，内容包括 IPD（集成产品开发）、ISC（集成供应链）、IT 系统重整、财务四统一等总计 8 个管理变革项目。仅项目的第一期，就有 70 位 IBM 顾问入驻华为开展工作，而这次为期 5 年的合作的总费用，则达到了 20 亿元人民币。

这次变革的过程，华为表现得异常低调。任正非和华为的高层们明白：这样一场"全盘西化"式的流程变革，一定会引起企业内外巨大的思想震荡，甚至大规模抵制。

因为这是一场让流程取代人、让自动化取代个人意志的组织大变革，一旦搞不好，没人知道会发生什么。因此，为最大限度地减少外部如媒体等因素干扰，保持低调就显得尤为重要。

后来担任华为副董事长的徐直军曾对"低调"这样阐述：

一件事关全局、事关企业生死的大事，最好还是少一些干扰条件，在本来就够复杂的内外环境之下，成败皆无定数，如果再搅进来媒体的沸沸扬扬、全程播报、说三道四，有七成把握恐怕也变成四成了。华为好在能耐住寂寞，甚至僵硬地排斥媒体 10 年之久，不然，也许早就垮掉了。这也因为华为不是上市公司，没有义务向媒体发布各类信息。当然，今天不同了，华为的根本变革完成了，与 10 年前相比，抗风浪的

能力也强了。

从后来发生的历史来回顾，此时的华为正在经历真正的"脱胎换骨"。

马化腾：我们一起办一家企业吧

这年春节后的一天，马化腾约大学同学张志东见面聊天。就在马化腾所就职的润迅公司所在的金威大厦附近，两人端坐在一间咖啡店里，马化腾突然对张志东说："我们一起办一家企业吧。"

除了此时正在黎明网络公司工作的张志东，马化腾还找到了在深圳出入境检验检疫局工作的陈一丹、在深圳电信数据通信局工作的许晨晔和曾李青。

马化腾的父母和当年资助他购买天文望远镜一样无条件地支持他创业。"腾讯"这一名称甚至都是马父马陈术亲自注册下来的。据马化腾回忆：

最早想出的名字叫网讯，就是网络通讯的意思，最直接，最简单，第二备选的是捷讯，第三个是飞讯，第四个名字才是腾讯。工商登记是我父亲替我跑的，他回来说，前面几个都登记不下来，就"腾讯"可以。我想，有我的名字太个人色彩了，不太好。但父亲说，就是这个了吧，要不然就注册不下来。于是就叫腾讯了。①

创业初期的腾讯，一切都看起来"不太靠谱"。由于马化腾和张志东都还没从原公司辞职，马化腾的妈妈黄惠卿担任了很长时间的腾讯公司法人代表。②

马化腾通过熟人关系，找到了一间免费的办公室，为公司省下了一笔不小的开销。当时，一位做寻呼机业务的名叫陶法的香港商人一直想拉马化腾"入伙"。在马化腾决定自己创业后，陶法顺水推舟，将一间

---

① 吴晓波：《腾讯传 1998—2016：中国互联网公司进化论》，浙江大学出版社，2017 年。
② 根据当时的规则，创办公司的法人代表必须是待业或退休人员。

30 平方米的办公室免费借给马化腾用了几个月。这间办公室位于华强北赛格科技创业园的一栋坐北朝南的老楼中。

几张办公桌迅速将这间办公室挤满，空气中散发着亮闪闪的奋斗灰尘，腾讯的征途从此开始。坐在这小小空间中的马化腾与张志东开始做腾讯的"三年规划"。他们意气风发，畅想着在三年后，腾讯的员工能够达到 18 人，坐满一间 100 平方米的办公室。

早期的马化腾非常钟情于寻呼机业务。以寻呼机业务为中心，马化腾设计了多个业务方案，具体有：

*网页寻呼业务：*用户可通过在互联网上直接访问寻呼台主页，将信息通过寻呼系统发送至寻呼机上。

*邮件寻呼服务：*用户能够在寻呼机上看到发送到电子邮箱中的主题以及部分内容。

*网络秘书服务：*用户可提前在互联网上输入每天日程，网络秘书会在设定的时间将内容发送至寻呼机上，以提醒用户。

*虚拟寻呼服务：*用户不需要拥有实体寻呼机，只通过一个虚拟寻呼号，就可以通过拨打电话到寻呼台，发信息到任何电子邮箱中。

马化腾唯一遗漏的一件事是：人们是否会一直使用寻呼机？此刻，全球范围内的寻呼机市场正在走向没落。1998 年底，摩托罗拉公司甚至整体裁撤了寻呼机部门。

为了让这个新生的公司维持下去，马化腾四处寻找商机。在当年 8 月份前后，马化腾偶然看到广州电信的一条招标信息。此时，广州电信正在公开招标，希望有技术团队能够支持打造一个类似 ICQ 的中文即时通信工具。广州电信看到了 ICQ 类产品在通信行业的潜力。

1996 年，三个刚刚服完兵役的以色列青年维斯格、瓦迪和高德芬格开发出一款在互联网上能够快速直接交流的软件，叫 ICQ，谐音 I seek you。它可以发送消息、网上聊天、传文件。1998 年底，美国在线以 4.07 亿美元的价格收购了以色列 Mirabilis 公司的 ICQ。此时，ICQ 的用户数量刚刚突破 1000 万。1996 年诞生的 ICQ 软件 [①]，能够让用户在互联网上高效直接地进行即时通信交流。受到 ICQ 在全球风靡的影响，此时，一批效仿的产品正在快速进入市场。在中文互联网

图 5-2　早年的 ICQ 网站

界，来自台湾地区的资讯人公司率先推出繁体中文版 ICQ "CICQ"。到了 1998 年 8 月，资讯人公司顺势推出简体中文版。而在祖国大陆，也有一些创业团队陆续在推出类似的产品。

马化腾没有犹豫，他迅速组织团队做出了一份技术方案去参与竞标。他们甚至还为这个尚不存在的产品起了两个名字：英文名为 OICQ [②]，中文名为"中文网络寻呼机"。是的，马化腾认为 OICQ 在本质上，是网络版的寻呼机。

不幸的是，广州电信的这次招标，早已内定了中标的技术团队。"陪跑"的腾讯最终收获的，只有手中的这份产品技术方案。

虽然团队搞不清楚这个产品到底如何才能赚钱，马化腾虽然内心也犯嘀咕，但还是喃喃说道："要不我们先把它养起来吧。"

就这样，腾讯的团队被一分为二，一半人继续做规划中的网络寻呼系统，另一半人开始开发 OICQ。

马云：不知道路在哪儿，不知道该怎么弄

整个 1998 年，马云以希望开始，以失望结束。

由于中国黄页的创业经历，马云的名字已经在互联网行业中传开。1997 年 12 月，当时的外经贸部邀请马云带领团队加入其旗下的中国国际电子商务中心（EDI）。外经贸部所开出的条件可谓丰厚：马云担任该

---

① ICQ，即 "I SEEK YOU"（我找你）。

② O 取意 "Open"，开放。

中心信息部总经理，同时外经贸部提供 200 万元的启动资金，并给予马云团队 30% 的股票。就这样，马云带领自己的 8 人创业班底，加入了外经贸部，协助官方推动中国企业电子商务发展。

在 1998 年这一年中，马云团队完成了网上广交会、网上中国商品交易市场、网上中国技术出口交易会等一系列当时经济运行所急需的网站。但马云也逐渐发现，自己作为一个编外人员，很难真正主导核心业务的发展方向。

当时外经贸部领导，更多从面向服务大型国有企业出发制定战略。而马云则一直认为，电子商务更多应该是支持中小企业、民营经济。逐渐萌生退意的马云，开始告知团队，自己准备从外经贸部辞职，回到杭州重新创业。

从后来所发生的故事回看，马云和团队在北京的这一年历练，恰好为其接下来的创业进行了最好的练兵。如果说，"中国黄页"的尝试还是主要面向江浙地区市场的小打小闹，那么经历过在外经贸部一年多的历练后，在中国，除了马云团队，几乎没有任何其他团队曾经主导过国际级别电子商务网站的搭建与运营。

不过此时的马云和团队，的确是沮丧到了极点。马云回忆："在北京 14 个月我们没有去过长城，走之前的一个礼拜我带他们去长城上面。在长城上面大家特别沮丧。从 1995 年闯到 1998 年底，觉得该收获了，但我们还是这个样子。不知道路在哪儿，不知道该怎么弄。"在长城上面，马云尝试给团队打气。早晚有一天，他们要创建让中国感到骄傲，让世界感到骄傲的公司。

在长城上，除了沮丧，马云和团队也发现了一个好玩的事情。马云回忆：

我们在长城上发现一件很有意思的事情，每块砖头上都写着"张三王五到此一游，李四到此留念"，这是中国最早的 BBS。中国人很喜欢 BBS，我们不懂技术的人，用起来最方便、最能接受的方式就是 BBS，所以从 BBS 开始入手。阿里巴巴实际上最早就是一个 BBS，把每个人想买想卖的东西放在上面。做 BBS 又要创新。我当时跟我们的技术人员讲每一条贴上去之前都要检查、分类，他们认为这个好像违背了互联网精神。互联网精神就是彻底的自由，爱贴什么贴什么。我觉得不应该爱贴什么贴什么，你必须创新，每一条贴上去之前都要检查，分列上去。①

图 5-3　在长城上的马云团队

在长城上，马云认为，电子商务这个生意可以继续做下去。

在离开的前一天，马云团队与北京的朋友聚餐告别，地点在外经贸部边上一个游泳馆下面的一个饭馆。马云团队留下谢世煌，并叮嘱他："你把账目全部搞清楚再回来。"谢世煌那天喝了整整一瓶白酒，在马路上号啕大哭。马云带着团队成员已经走了，谢世煌还在路边哭。一个路过的北京老太太看得不忍心，过去宽慰他："小伙子，好姑娘有的是。你就放心吧。"

雷军：刘光明推自己走上了"绝路"

雷军一直觉得，自己会写一辈子程序，直到 1998 年发生的这场意外。

此时，100 人左右的金山遇到了不少管理上的挑战，求伯君和雷军都不想直接做管理工作。于是他们开始从外部寻找 CEO，结果找了几个人谈，要不就是他们看不上人家，要不就是人家看不上他们。

怎么办呢？最后求伯君还是将目光投向了 28 岁的雷军，希望雷军能够出任公司总经理。勤勉的雷军表态："我先干着，我先当总经理，如果找到比我好的我们再换人就可以。"

当这个消息出来之后，雷军的父亲还特地给雷军打了个电话，说："看到你当了总经理，我很担心。总经理啊，看起来很光鲜，其实啥也不会，啥也不懂，就跟万金油一样，还是搞点技术靠谱。"

但事已至此，便很难再推脱。雷军白天当总经理，晚上加班干程序员，就这样搞了好几个月。雷军心里还在嘀咕：也许有可能在当总经理的同时还能把程序员干好？

这时，一件意外"小事"，彻底改变了雷军的职业生涯。出了什么事呢？金山一位名叫刘光明的同事在帮雷军修理电脑时，一不小心把雷军的电脑给格式化了，甚至连备份硬盘也格式化了。就这样，雷军多年存下来的代码都没了……雷军无奈，但也只能苦笑。

刘光明就这样，推了雷军一把。这彻底断了雷军的后路，从此雷军走上了当 CEO 这条"不归路"。[1] 从未来所发生的历史回看，这位金山员工，在不经意间以一己之力，将雷军推向了"光明之路"。从此，程序员雷军走上了完全不同的人生道路。"刘光明"这个名字，也以一种奇特的方式，被雷军一直放在心中的一个角落。

---

[1] 雷军：《金山为什么能活 30 年》，金山集团创立 30 周年庆典晚会主题讲话，2018 年 12 月。

张小龙：为什么非要这样？

这年秋天，周鸿祎经人引荐，第一次在广州见到了张小龙。此时正在方正软件研发中心做副主任的周鸿祎发现，这位已小有名气的程序员正和十几个人挤在一间小破办公室内，周遭烟雾缭绕。而张小龙所开发的 Foxmail 在这时已经拥有了 200 万用户，是国内用户量最大的共享软件。之后每当周鸿祎到广州出差，如果有时间，就会和张小龙一起买盗版碟。

周鸿祎回忆，他们通常会被小贩引导着走过七拐八拐的街巷，最后到达一个小黑屋里，屋内全是港台电影影碟。当时已经在广州生活了五年的张小龙，不会讲粤语也不会砍价，一直被当"水鱼"宰。周鸿祎喜欢看动作片，张小龙什么都看，但他总是会忘记他看过什么买过什么，下一次再买碟时你会发现他买的还和上次一样。

而针对 Foxmail 的困境，周鸿祎也曾为张小龙"出谋划策"。周鸿祎说，他经常批驳张小龙，Foxmail 没有商业模式，说要加广告，要盈利。而张小龙却想不明白为什么非要这样？每一次争论，都是张小龙以长时间的沉默来结束。

1998 年的一天，刚出任金山软件总经理的雷军给张小龙发了一封邮件，谈论的是 Foxmail 的漏洞。张小龙很快回复，两人通上电话，雷军直接问张小龙，愿不愿意把 Foxmail 卖给金山，张小龙出价：15 万。

此时，Foxmail 的维护已经让张小龙有些不堪重负，内心焦虑之下，想一卖了之，然后去美国。据《第一财经日报》披露，雷军当时忙于联想注资的事不得分身，而被雷军派来的金山谈判人员却认为 Foxmail 金山自己也能做。

历史就是这样让人感慨万千。就这样，金风玉露未相逢。金山错过了 Foxmail，雷军错过了张小龙。他们将在 12 年后的下个轮回，在一场遭遇战中狭路相逢。

1998 年，门户时代到来

1998 年，一方面中国的网民人数在快速增长，另一方面中国的互联网创业者们也在快速涌现。

此时中国 100 多万的网民在庞大的国民基数面前，还显得不太起眼。但在随后的岁月里，中国网民的规模将以一种令人咂舌的指数级增长速度，快速裂变，最终覆盖绝大多数中国人。

伴随技术浪潮的到来，科技产业往往会集中诞生一批能够影响产业的企业，比如在 20 世纪 70 年代，1975 年微软创立、1976 年苹果创立。

在 1998 年前后，中国互联网的"黄金一代"出现了。中国的三大门户网站在这一年先后建立。新浪、搜狐、网易很快成为中国互联网历史上第一个"三巨头"组合。就像丁磊所言，门户网站，正是这一时期互联网上最昂贵的地段。几乎所有中国网民上网的第一站，都是门户网站。

除了门户产品，中国互联网的社交和游戏赛道，也开始孕育。马化腾在年底成立了腾讯公司，开始孕育自己的王牌产品 QQ。在游戏赛道，1998 年 6 月、8 月、11 月，鲍岳桥、朱骏和陈天桥分别推出联众、九城和网络归谷。

这一年，草长莺飞，万物勃发，年轻的创业者们轻舞飞扬，奔向远方。

【战略金句】

◇ **丁磊：** 如果以房地产作比拟，那么，网络门户是互联网络中最昂贵的地段。

◇ **黄峥**：世界上不同的人种、不同的文化是如此的不同。他们的出发点，思考问题的方式和做事情的方式，是我之前完全不知道、也很难想象的。

◇ **马云**：互联网精神就是彻底的自由，爱贴什么贴什么。我觉得不应该爱贴什么贴什么，你必须创新，每一条贴上去之前都要检查，分列上去。

扫码阅读本章更多资源

1999

电商元年

你有过这种感觉没有，就是你吃不准自己是醒着还是在做梦。

——电影《黑客帝国》，1999

1998 年前后，演员李亚鹏在旧金山拍戏结识了一帮 IT 精英，灵感很快出现，他连夜写了商业计划书，随即创办了一家名为"喜宴"的互联网公司，这家公司采取线下线上结合的方式做婚庆服务，还拿到了 50 万美金的融资。

在网站经营 6 个月后，有人曾想出资 450 万元，收购他的网站，李亚鹏没有接受。根据李亚鹏的透露，"喜宴"所做过最贵的一场婚礼的费用，曾高达 100 万元。

多年后在一档名为《鲁豫有约》的节目中，李亚鹏回忆这次创业：

当时我们有线下收入，但是比不过我们支出的速度，所以到 1999 年赶上全球第一次的信息技术投资泡沫，没有人投互联网，9 个月后，现金花没了，没有人投资了，就关门了。[1]

李亚鹏的这次创业经历，只是互联网创业大潮中的一个缩影。一代野心勃勃的年轻人开始登上舞台，去追逐那命中注定的成功与失败。

在 1999 年，电子商务在全球范围内快速发展，在线杂货商 Webvan 在 1999 年 11 月上市。虽然这家成立仅三年多的公司尚未实现盈利。但为了快速扩张，Webvan 募资了近 4 亿美元，并在其首次公开募股时，预计在未来一年将亏损 6500 万美元。尽管如此，Webvan 的股价在交易的第一天还是上涨了 65%，市值达到了 79 亿美元。

1999 年，中国网民上网费用的下降，大大加速了中国互联网行业的发展节奏。

1998 年 12 月 29 日至 30 日，中国第一次邮政、电信资费听证会在北京南粤苑宾馆举行。对于这次没有面向社会公开的会议，《人民邮电》报这样记录：

"会议由国家计委和信息产业部主持召开，就调整和改革邮政、电信资费结构，广泛听取社会各方面意见。邮政和电信运营者、用户代表，国务院有关部门、社会团体及省级物价、邮电管理部门代表，部分经济和邮电专家、学者及消费者协会、社会团体代表近五十人参加了听证会。"

图6-1　有关上网自费

---

[1] 《李亚鹏：人生无须看透，只需度过》，鲁豫有约一日行，2018 年。

两个多月后的 1999 年 3 月 1 日，中国电信对资费进行了结构性调整，拨号上网用户的网络使用费从最初的 20 元下降至每小时 4 元。

这年 11 月，联想公司发布了号称"因特网电脑"的天禧电脑。香港股民开始踊跃入市，联想的股价自此从 7 港元一路上涨至 17 ～ 18 港元，2000 年春节后更是节节攀升至 30 港元以上。

1 月 13 日，《中华工商时报》正式对外发布了中国十大商业网站名单，分别是：新浪、163 电子邮局、搜狐、网易、国中网、人民日报网站、上海热线、ChinaByte、首都在线和雅虎中国。《中华工商时报》这次评选的标准是"访问量是最重要的，其次是内容，然后是美观"。

从这份十大商业网站的名单，也可以看出，此时网民们的核心需求依旧是资讯类门户网站。

CNNIC 的数据还显示，用户排名前三的网络服务为：电子邮箱（90.9%）、搜索引擎（65.5%）和软件上传或下载服务（59.6%）。用户认为将来"最有希望的网上事业"前三则分别是：网上有偿信息服务（20%）、网络通信（20%）、网上购物（16%）。

此时还没有人会预料到，网上购物，将会在这一年迎来爆发。

网上漂流，一场"荒岛求生式"生存实验

在 CNNIC 于 1999 年 1 月所做的调查中，问及了用户对网上购物的态度。有 87% 的用户表示，"在条件成熟的情况下，希望网上购物"。但也有 65% 的用户认为，"网上购物需要法律及技术上对安全的保证，而目前还很不完善"。此外还有一半的用户认为"网上购物没有如信用卡等可靠的付款方式。"[1]

从这一年中国互联网进行的一场"荒岛求生式"的网上购物实验

---

[1] 人们对于网上购物，主要存在三大顾虑：安全性需要法律保障（62%）、没有可靠保证的付款方式（44.5%）、售货方的产品质量（46.1%）。

中，可以看出此时中国电子商务的发展情况。

这年 7 月 6 日，网站"梦想家中文网"登陆上海，定位为门户网站。一位公司的管理者偶然在上海杂志《新民周刊》中看到一篇报道：微软的英国分公司在英国进行了一场网络生存测试，受试者在封闭环境下生存 100 小时，仅通过互联网与外界沟通。最终受试者们"各有所得"，有些还因此出了书。

"梦想家"的高层们讨论后"感到很兴奋"，产生了在中国举办网络生存测试的想法。主办者对外声称："希望通过网络生存这样一种亲身体验的极端方式，来求证中国网络发展的现状和未来。"[①] 测试主办方在赛前找到商务网站"My8848"的市场总监毛一丁，要求赞助，后者当即同意为每位参赛者赞助现金 1500 元人民币和价值 1500 元人民币的电子货币。毛一丁还暗示值班人员，在活动期间若有人要求购物，无论多远都要送到。活动期间，曾有一位网友想买巧克力，"My8848"的工作人员直接冲进公司边的商场，买到后赶忙送了过去。

活动很快引发了报名热潮，截至当年 8 月 31 日，共有 5068 人在网上报名参加这一活动。此时的中国网民数量正在快速增长。1997 年上半年中国还只有 60 万网民，到 1998 年底就已达到 210 万，截至 1999 年上半年已增至 400 万。

就这样，首届"72 小时网络生存测试"活动，于 9 月 3 日至 6 日在京、沪、穗三地同时举行。背景各异的 12 名志愿者，将在完全封闭、没有水和食物的环境中，靠主办机构发给的 1500 元人民币现金，并依靠网络提供的一切，进行一次 72 小时的生存测试。

主办方向每一个活动参与者提供的房间中，只有这些物品：一张床板、一台电脑、拨号网络、一卷手纸，1500 元现金和 1500 电子货币。

活动规则要求测试者在 72 小时内不离开房间，同时每个房间还装

---

① 王笑：《关你 72 小时——饿与孤独谁更恐》，人民日报网络版，1999 年 9 月 3 日，https://web.archive.org/web/20150924135142/http://www.people.com.cn/item/wlcs/newfiles/A105.html。

有监控器，供网友们在线观看参与者们的一言一行。北京、上海、广州
各有 4 名网友参加这次社会实验。网友们 9 月 3 日下午 2 点进入酒店测
试客房，记者通过监视器和互联网密切注视他们的一举一动。

9 月 4 日早上 5 点，在广州参加"72 小时网络生存"测试的选手
"雨声"早早起床，继续在"孤岛"上找寻食物。从昨天下午 2 点测试
开始，他已经整整 15 个小时粒米未进。主办者已做好在当天中午破门
而入给予帮助的准备。

9 月 6 日下午 2 时，"72 小时网络生存"活动结束，在北京的四位
测试者走出各自房间。在 72 小时中，四位测试者利用 Internet 买到了一
些自己生存所需的食物和生活用品，但网络的不稳定和电子商务建设、
开展的不完善，成为他们最头疼的事情。

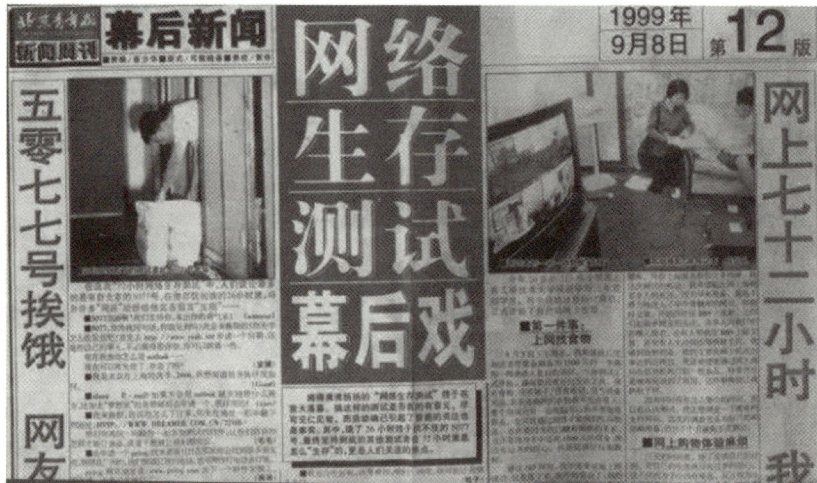

图 6-2 媒体对"网络生存实验"的报道

这或许是中国互联网行业最早的"直播真人秀"。虽然过程充满不
可预知性，但中国人从这次活动中，初步感受到了通过互联网购物的可
能性。

此时的世界与中国

1999 年 10 月 12 日，全球人口达到 60 亿。60 亿地球人对 21 世纪充满了新奇和憧憬。

中国也在加速追赶上世界的脚步。

这一年，是中华人民共和国成立的第五十个年头，中国的全年 GDP 达到了 9 万亿人民币。时任广东省常务副省长王岐山在这一年，要求副处级以上干部都要学习《数字化生存》一书。

美国《财富》杂志宣布，将把一年一度的《财富》年会放在中国上海举办。举办时间也定在国庆前的 9 月底。《财富》为这次年会所起的主题也让人印象深刻："让世界认识中国，让中国认识世界"。

北京继续在追逐着自己的奥运梦想。4 月 6 日，经中国奥委会批准，时任北京市市长刘淇赴瑞士洛桑国际奥委会总部，递交了北京承办 2008 年奥运会的申请书。这一次，北京奥申委提出了北京申奥的三个新重点：绿色奥运、人文奥运、科技奥运。北京代表着中国，又一次站在了申奥起跑线上。

7 月，中美两国女足进入世界杯决赛，美国点球获胜。克林顿向"铿锵玫瑰"当面致敬。11 月 15 日，中美双方签订中国加入世界贸易组织（WTO）的正式协议。中国距离 WTO 近了一大步，这是真正走向世界的入场券。

中国加入 WTO，将为中国商品进入世界市场打开贸易门户。1997 年亚洲金融危机发生后，从 1998 年下半年开始，中国外贸出口下降的被动局面持续了近一年时间，累计出口增长速度跌至 15 年以来的最低点。1999 年 7 月，中国外贸出口终于走出低谷，中国外贸出口增长速度由 1998 年的 1.5% 增长到 1999 年的 6.1%。

从这年 10 月开始，10 万三峡移民陆续踏上离乡之途，他们将在富裕的异乡扎根，开始新的生活。

10 月 1 日，天安门举办国庆 50 周年庆典。12 月 20 日，中国恢复对澳门行使主权。北京城为庆祝澳门回归狂欢。几天后，为迎接新千年，在中华世纪坛又举行了盛大的仪式。

不但国家在追逐着大国梦想，每个普通的中国人，也在追寻着属于自己的梦想。

1 月，在首届“新概念作文大赛”中，来自上海的高一学生韩寒，以一篇《杯中窥人》获得新概念作文一等奖。

这一年，中国进行了“高校扩招”。政府决定，在年初扩招 23 万人的基础上，再扩大招生 33.7 万人。就这样，这年的招生总人数达到 153 万。更多原本无人关注的年轻人们，进入了大学进行学习。

9 月 22 日，由英皇娱乐发行了歌手谢霆锋的专辑《谢谢你的爱 1999》，这首歌迅速传遍大街小巷，成为了当年最流行的歌曲之一。

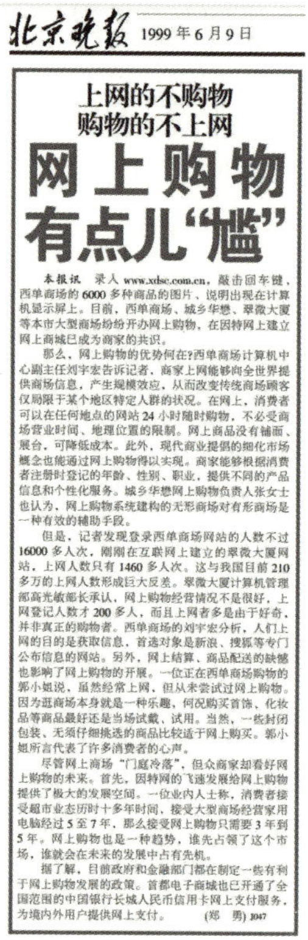
北京晚报 1999年6月9日

上网的不购物
购物的不上网
网上购物有点儿“尴”

本报讯 录入 www.xdsc.com.cn，敲击回车键，西单商场的 6000 多种商品的图片、说明出现在计算机显示屏上。目前，西单商场、城乡华懋、翠微大厦等本市大型商场纷纷开办网上购物，在因特网上建立网上商城已成为商家的共识。

那么，网上购物的优势何在?西单商场计算机中心副主任刘宇宏告诉记者，商家上网能够向全世界提供商场信息，产生规模效应，从而改变传统商场顾客仅局限于某个地区特定人群的状况。在网上，消费者可以在任何地点的网站 24 小时随时购物，不必受商场营业时间、地理位置的限制。网上商品没有铺面、展台，可降低成本。此外，现代商业提倡的细化市场概念也能通过网上购物得以实现。商家能够根据消费者注册时登记的年龄、性别、职业，提供不同的产品信息和个性化服务。城乡华懋网上购物负责人张女士也认为，网上购物系统建构的无形商场对有形商场是一种有效的辅助手段。

但是，记者发现登录西单商场网站的人数不过 16000 多人次，刚刚在互联网上建立的翠微大厦网站，上网人数只有 1460 多人次。这与我国目前 210 多万的上网人数形成巨大反差。翠微大厦计算机管理部高光敏部长承认，网上购物经营情况不是很好，上网登记人数才 200 多人，而且上网者多是由于好奇，并非真正的购物者。西单商场的刘宇宏分析，人们上网的目的是获取信息，首选对象是新浪、搜狐等专门公布信息的网站。另外，网上结算、商品配送的缺憾也影响了网上购物的开展。一位正在西单商场购物的郭小姐说，虽然经常上网，但从未尝试过网上购物。因为逛商场本身就是一种乐趣，何况购买首饰、化妆品等商品最好还是当场试戴、试用。当然，一些封闭包装、无须仔细挑选的商品比较适于网上购买。郭小姐所言代表了许多消费者的心声。

尽管网上商场“门庭冷落”，但众商家却看好网上购物的未来。首先，因特网的飞速发展给网上购物提供了极大的发展空间。一位业内人士称，消费者接受超市业态历时十多年时间，接受大型商场经营家用电脑经过 5 至 7 年，那么接受网上购物只需要 3 年到 5 年。网上购物也是一种趋势，谁先占领了这个市场，谁就会在未来的发展中占有先机。

据了解，目前政府和金融部门都在制定一些有利于网上购物发展的政策。首都电子商城也已开通了全国范围的中国银行长城人民币信用卡网上支付服务，为境内外用户提供网上支付。 （郑 勇）J047

图 6-3 有关上网购物难题的报道

贝佐斯：1999 年将会成为电商行业史上重要的一年

“我们相信，未来整个电商行业将会有巨大无比的发展机会，而 1999 年将会成为电商行业史上重要的一年。”贝佐斯在 1998 年的致股东信中这样写道。

“我们预期，在未来几年时间里，互联网将覆盖数百万新用户，而我们将在电商模式席卷全球的浪潮中不断受益。随着网购体验不断改善，消费者对网购模式的信任度会不断提高，这将使电商被更广泛地接受。"贝佐斯在 1999 年的致股东信中这样写道。

到了 1999 年，亚马逊网站可以为全球消费者提供多种多样的商品。两年前，公司全部营收来自亚马逊书店业务。现在，在亚马逊书店业务仍保持强劲增长势头的同时，其他业务合计贡献超过 50% 营收。1999 年的主要业务，包括亚马逊拍卖、ZShops、玩具、电子消费品、家居装饰、软件、视频游戏、支付、无线业务①

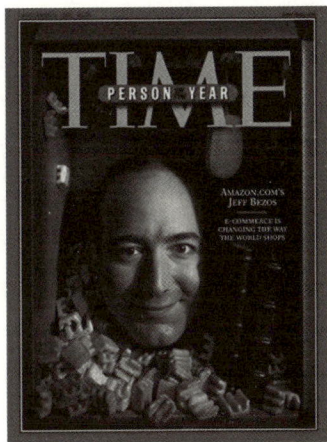

图 6-4　贝佐斯被《时代》杂志评为 1999 年度风云人物

1999 年 12 月 20 日，贝佐斯被《时代》杂志评为 1999 年度风云人物。在那一天，亚马逊股价收于 97 美元。这是《时代》发布年度风云人物以来，首次上榜科技领袖。就在 1999 年，电商在全世界范围蓬勃发展的这一年，贝佐斯被《时代》周刊评为 20 世纪最后一位年度风云人物。

同样在 1999 年，《商业周刊》为贝佐斯加冕，称其为"电子商务之王"；贝佐斯还被英国《金融时报》评选为"全球最受尊重的工商领导人。"

从贝佐斯 1994 年开始创业生涯，到成为世界上最有影响力的人物，他用了 6 年。

马斯克：这是我生命中的时刻

1999 年 1 月，在创业的第四个年头，马斯克和兄弟金博尔因为出售 Zip2 而实现了财富自由。康柏电脑公司为了提升其搜索引擎能力，决

① Amazon Anywhere。

定以 3.07 亿美元的价格，收购 Zip2。马斯克凭借 7% 的股份最终获得了 2200 万美元，而他的弟弟金博尔则拿到了 1500 万美元。马斯克为自己购买了一辆价值 100 万美元的银色迈凯伦 F1 跑车，这是 1999 年全球速度最快的汽车。在电视镜头面前，马斯克接收了这辆超级跑车。

"就在三年前，我还在基督教青年会蹭人家的淋浴间，睡在办公室的地板上，而现在我有了一辆百万美元级别的豪车。""全世界只有 62 辆这样的迈凯伦，而我拥有其中一辆。这是我生命中的时刻。"身穿黄色西装，有些谢顶的马斯克对着镜头说。这天早上，美国有线新闻电视网的记者应邀来到马斯克的新公寓门口，跟拍他刚刚花 100 万美元购买的迈凯伦 F1 跑车的交付现场。

这辆诞生于 1992 年的超跑使用了当时诸多 F1 赛车技术，甚至它也被视为"公路 F1"。动力系统来自一台宝马提供的 V12 自然吸气发动机，排量 6.1 升，最大功率 627 马力，峰值扭矩 794 牛顿·米。1998 年 3 月 31 日，带有改良转速限制器的迈凯伦 F1 XP5 原型车以 386.4 千米／小时的速度，创下了吉尼斯世界纪录，成为世界上速度最快的量产汽车。迈凯伦 F1 从 1992 年开始生产至 1998 年结束，总产量为 106 辆。迈凯伦 F1 1997 年进入美国市场，配额为 7 辆，马斯克购买的车型正是其中之一，编号为 067。

这一幕让人看到了马斯克最初的成功和骄傲，也让人看到了马斯克在早年就对个人品牌高度重视。马斯克主动将自己的生活和想法公开给媒体和公众，让自己变成一个备受关注和讨论的人物。

马斯克很快开始把希望寄托在下一家公司。马斯克成立了 X.com，这正是 PayPal 的前身。

马克·伦道夫：为啥要 DVD 都存在仓库？

到 1999 年夏，无数张 DVD 所产生的库存成本压力，让网飞看起来有些岌岌可危。每个工作日的午餐休息时间，网飞 CEO 马克·伦道夫都会在办公室旁边的公园里慢跑，希望借助挥汗如雨的某个时刻，能灵机一动想出一个解决方案，让用户愿意一直从网飞租看DVD。

在马克·伦道夫前往公司位于圣何塞市的仓库的时候，他注意到网飞此时有成千上万张DVD被闲置在仓库的货架上。马克找到另外一位创始人里德说："我们为什么要把所有DVD都储存在仓库里呢？也许我们能想出一个办法，让用户来储存DVD——储存在他们的房子里，在他们的书架上，让他们想放多久就放多久。如果我们取消滞纳金，会产生什么效果呢？"

网飞此时的租赁计划，最大的问题之一是它依赖于有组织、有准备的用户，提前几天就已经想好了自己要看什么电影的人。但大多数人只有在把车停到百视达门店前的停车场之后，才想好自己要看什么电影。大多数人都是在摆放最新电影的货架上看到电影名字的10秒后，才决定自己要租什么。

但如果他们可以把光盘想保存多久就保存多久呢？一切就都不一样了。那他们就可以把那张租来的DVD放在电视机上面，想放多久都可以。当人们突然觉得想看部电影了，那只是转瞬即逝的冲动。有时甚至在你开车去一家百视达门店的路上，这种看电影的欲望就已经消失了。要是你囤了一堆DVD放在家里，你就可以根据自己的心情选择看什么电影。

就这样，网飞把每个用户的家变成了自己的仓库。

沈南鹏：硅谷的每一个小镇都这么有钱吗？

7月4日美国国庆日这一天，银行家沈南鹏受邀去了一个朋友在Los Altos的新家，Los Altos在一座小山上面，从这里可以俯瞰硅谷的很多小镇。沈南鹏意外地看到硅谷的每个小镇都在放烟花。

"为什么会这样？难道硅谷的每一个小镇都这么有钱吗？"沈南鹏问朋友。友人回答："互联网把硅谷提升到了一个新的发展境界。以前有软件行业、有硬件芯片行业，今天电子商务、搜索等新的互联网行业又把硅谷带到了一个新的阶段。"

好奇心驱使沈南鹏去了解，美国互联网到底做了什么，会让硅谷变得如此繁荣？

"我开始去了解比如美国有没有做旅游服务的公司，我们看到美国这样的公司已经很成功了。有一家公司叫 Expedia。我们在想既然美国能做成功，为什么中国不能成功呢？当时 Expedia 还没有进中国。当时我们创业的一个非常朴素的想法，可以说是按照我们大陆的一种说法叫一根筋，我就是感觉既然美国能这样做，那我们哪怕算是抄袭，我们哪怕学习你们，我们也应该做一个中国的 Expedia。我为这样的一个创业做了多少的准备？其实没有太多。"

沈南鹏在多年后感慨："我当时周围太多的东西，给了我一个重要的方向性的指引，就是互联网太伟大了，它会改变人的生活方式。而且这个改变不是几年，可能是几十年。很多东西是身心的一种感受。"

不久后，在上海鹭鹭餐厅，德意志银行亚太区总裁沈南鹏正与三个好友激烈地争吵。另外三位分别是时任甲骨文中国区资讯总监的梁建章、上海协成科技公司创始人季琦、上海旅行社总经理和新亚酒店管理公司副总经理范敏。四人纠结于三个创业方向，分别是网上书店、建材超市、网上机票酒店服务。

都热爱旅游的四人最终选定旅游行业。6 月，四人共同创办携程。互联网的历史无数次验证，30 岁上下是创业的黄金岁月。这一年，范敏 34 岁、季琦 33 岁、梁建章 30 岁、沈南鹏 28 岁。

这四人中，只有范敏是旅游行业的资深从业者。但，金风玉露一相逢，便胜却人间无数。随后发生的历史证明，这是一组黄金阵容：激情的开拓者季琦、老练的金融家沈南鹏、永远用数字说话的梁建章、善于经营的范敏。范敏回忆：

"我们一起去做一件事情，就好像造一个百丈高楼，我们要平地起来做这件事。我们四个人各有分工。有人早一点去跑马圈地，去拿批文，去将草地整整平，这个工作季琦最合适。楼要做一些设计框架，做总的条线，一个框架的打造，从管理结构上梁建章比较合适；做任何事情还是要找钱做，无米不成炊，沈南鹏是很合适的，他是这方面的专家，在华尔街在香港都有很好的人脉；还要有人来搅搅水泥，搅搅黄沙，砌几块砖，这个由我来做。"

1999 年 10 月，模仿全球最大在线旅游公司 Expedia 商业模式的携程旅游网上线。沈南鹏发现：

"竞争对手们的网站还停留在内容上，没有真正的电子商务，而且对于电子商务的切入完全没有找到方向。我们认为最终来讲能够提供价值的不是内容，更重要的是在网上进行交易。通过互联网能够把房定下来、把票给买下来。要预订，很多的需求来自电话，光有互联网不行，还得要有呼叫中心，这样才能满足绝大多数的需求。我们其实刚刚创业 6 个月，2000 年 1 月，呼叫中心就建立了。"

沈南鹏回忆："我们跟酒店去谈，你给我留一些保留房，这些保留房我愿意卖多少就卖多少，但你每天得给我五到十间保留房。如果我卖不了，会在 6 点钟以前通知酒店。这是一个很小的改造，却是很大的一步。从客户的体验来讲，你的电话只需要打一个，一次完成预订确认；当别的公司不能够提供这种服务的时候，我们能提供这种服务，这种差别有多大。"[1]

马云：我们所有的竞争对手不在中国，而在硅谷

马云回杭州的决定惊呆了团队里的所有人。

马云对团队说，"你们要是跟我回家二次创业，工资只有 500 元，

---

[1] 秦朔：《时代追光者：沈南鹏》，第一财经。

不许打的，办公就在我家那 150 平方米里，做什么还不清楚，我只知道我要做一个全世界最大的商务网站。如何抉择，我给你们三天时间考虑。"①

没有人犹豫，马云带着原班人马，回到了杭州。

不同于美国硅谷的车库创业文化，中国互联网公司的创业更多起步于民宅小区。湖畔花园南区凤荷院 16 幢 1 单元 202 室，四室两厅，面积 150 多平方米，是马云给自己买的房子，本打算做自住的新家。但他很快将这里改造成了自己下一段创业历程的大本营。

"我们所有的竞争对手不在中国，而在美国的硅谷。"在 202 室，马云对着 17 个一起做创业梦的人说道。那是 1999 年 2 月 20 日，大年初五，挤坐在客厅里的 17 个人，听着马云打的鸡血，眼神透着同样的迷茫。

这次，马云计划创建一个纯粹为中小企业服务的电子商务网站。

在历时 3 个多小时的第一次员工大会上，马云向团队表示："从中国黄页的时候我就提过，黄页所要瞄准的对象不是国内站点而是国际网站。我们所有的竞争对手不在于中国，而在于美国的硅谷。如果说第一，我们给阿里巴巴定位时就把它作为国际站点，我们不要把它定位成为国内站点。我自己从经济的角度来讲，我希望阿里巴巴在 2002 年成为上市公司。"

与会人员中大多既听不太懂马云在说什么，更感觉马云所说的愿景不可能实现。在场负责拍摄记录这场会议的阿里联合创始人之一余建杭曾用这样一个词形容与会者的整体状态："迷茫"。

马云对全体员工发表的开业演讲描述了三个目标。

"我们要办的是一家 B2B 的电子商务公司，我们的目标有三个。第一，我们要建立一家生存 80 年的公司；第二，我们要建设一家为中国中小企业服务的电子商务公司；第三，我们要建成世界上最大的电子商务公司。"包括马云及其夫人在内的共 18 人开始了新一段的创业历程，

---

① 方兴东、刘伟：《阿里巴巴正传》，江苏凤凰文艺出版社，2015 年。

这 18 人也即后来著名的"十八罗汉"，其中绝大部分是马云的朋友、学生、发小。"他们也没选择，离开了我去哪儿呢？我离开了他们也没地方去。"

"就是往前冲，一直往前冲，团队精神非常非常重要。一旦成为上市公司，所有人未来三五年，你所付出的所有的代价，这时候我们所得到的不是这一套房子，而是五十套这样的房子。"马云向团队成员们描述未来。

到了 3 月份，马云用 50 万元成立了专门服务中小外贸企业的 B2B 网站阿里巴巴。在创业之初马云就意识到互联网本身是全球性的，因此必须创建一家全球性的公司，一个名字在他脑中环绕：阿里巴巴。在旧金山的一家餐厅，马云问服务员，你知道阿里巴巴吗？"芝麻开门。"随后马云又问了很多人这个名字，每个人都知道这个故事。同时，阿里巴巴还是以"A"开头的单词。

马云说，当年之所以给公司起这个名字，是因为不论美国旧金山小餐馆的服务员，还是他的外婆、孩子，都知道"阿里巴巴"就是那个"芝麻开门"的故事。而最先跟着马云创业的 18 人之一的蒋芳笑说，其实当年大家都觉得这名字"够诡异的"。为了得到 alibaba.com 的域名，马云和加拿大的持有者周旋了很长时间。对方最终出价 3000 美元，马云咬牙买了下来。出于预防的考虑，马云还同时注册了 alimama.com、alibaby.com 两个域名。按马云的话说："阿里巴巴、阿里妈妈、阿里贝贝本来就应该是一家。"[1]

马云向团队施压："阿里巴巴 1999 年必须破土而出，你们要订一个时间表。因为如果 1999 年我们再不破土而出，那么 2000 年我们戏就不大了。"[2]

事实上，阿里巴巴创业团队从春节后在湖畔花园开始了长达半年多的闭关修炼建设。虽然每个人每月仅领取 500 元工资，但大家一起凑的

---

①　方兴东、刘伟：《阿里巴巴正传》，江苏凤凰文艺出版社，2015 年。

②　阿里巴巴官方纪录片，《造梦者》（Dream Maker），2016 年。

资金只能熬到夏天。这段时间马云陆续见了 37 家 VC，每一家都拒绝了对阿里巴巴的投资。

一天 24 小时里面，除掉 5 到 6 个小时的睡眠时间、半小时的吃饭时间，剩下的所有时间全部是工作。阿里元老彭蕾回忆："有一次有一个送盒饭的小伙子，进来把盒饭放在那儿以后，头探进来看一眼，嘴里嘟嘟囔囔地说'没想到这个地方还有一个黑网吧'。"屋子里挤满了天罗地网的网线和明显休息不佳的一群年轻人。

20 世纪 90 年代末，"中国制造"概念已开始走红。身处民营企业集聚的浙江省，沿海沿江的数以十万计的以外贸为生的中小型制造工厂正苦于找不到营销渠道。阿里巴巴无形中提供了最佳解决方案。

蔡崇信：我给你们讲讲股权设计吧

这年 7 月，马云终于等来了属于自己的运气。一个名叫蔡崇信的台湾同胞加入团队，以 500 元月薪开始担任阿里巴巴 CFO。蔡崇信工号 19，在加入前蔡崇信是瑞典银瑞达集团（Investor AB）亚洲总裁，负责公司三个亚洲投资业务。一次蔡崇信来到阿里巴巴与马云洽谈投资项目。谈判未成，但蔡崇信却被眼前这个小个子深深吸引住，并下定决心加入阿里。

蔡崇信回忆：

1999 年，一位来自台湾的朋友建议我去杭州见马云。他说马云很特别，有点疯狂，但值得一见。所以我去了杭州。当时香港和杭州之间每周只有两次航班。我去了马云的公寓，看到了很多鞋子，里面有很多工程师和客服人员在工作。

马云创建了一个吸引中国中小型公司的平台，帮助他们全球销售。第一个网站是英文的，面向西方客户。我记得他们有一个笔记本记录了每个注册用户，当时有 28 000 个注册用户。

蔡崇信第一次出现在湖畔花园恰巧小区停电。蔡崇信望着不能使用电脑的员工们突然说："我给你们讲讲股权设计吧。"由于天气炎热，讲解过程中蔡崇信的后背很快被汗水打湿。十八罗汉中的蒋芳不禁心想："可千万别害了人家。"

蔡崇信则这样回忆自己当初的选择：

组建团队是很大的艺术。当时我在瑞典公司做投资，做得不错，没想到要创业，为什么要来（阿里巴巴）？

阿里巴巴特别吸引我的第一是马云的个人魅力；第二是阿里巴巴有一个很强的团队。1995年5月第一次见面在湖畔花园，当时他们有十几个人。第一感觉马云的领导能力很强，团队相当有凝聚力。开始做公司，一个人不容易做起来，有了团队成功的概率会更高。把（阿里巴巴）这个团队和其他团队作比较，这个团队简直是个梦之队，我们团队高层的背景不一样，各有短长，可以互补。

马云能认识到别人的长处，了解自己的不足和需要帮助的地方。互相弥补的心态很重要，否则会有怨气和冲突，这是组建团队的关键。这里有一些做事情的人，他们在做一件让我感觉很有意思的事情。做这个人生重大抉择时，没有非常理智的依据，更多地来源于内心的强烈冲动，我喜欢和有激情的人一起合作，也喜欢冒险！所以我就决定来了，如此而已。①

9月，阿里巴巴正式成立。马云和蔡崇信曾前往旧金山融资。两人在7天时间里见了40多位投资人，全部遭到拒绝。此刻的阿里巴巴中英文网站注册会员均突破了10 000人，但投资人看不清阿里巴巴的盈利模式。

最终，在蔡崇信的努力下，10月，高盛联合富达投资等首轮投资阿里巴巴500万美元。同样在10月的一天，马云收到了一封摩根士丹利亚洲公司分析师古塔的邮件。古塔称有一个人想在北京见一见马云。刚刚拿到高盛500万美元的马云忽略了这封邮件。古塔打电话给马云，强

---

① 王利芬、李翔：《穿布鞋的马云》，北京联合出版公司，2014年。

调这个人对阿里巴巴的未来非常重要，马云一定要重视。

到达北京后，马云被告知想见他的人就是孙正义。3 个月后，阿里获得软银 2000 万美元投资。

克里斯·安德森正在担任《经济学人》杂志亚洲商务主编，驻任香港。马云是他在那儿认识的第一批活力四射的人中的一位。克里斯·安德森回忆："我见到马云时有三件事情让我印象深刻。首先，他是我见过的最瘦小的成年男人。马云个子不矮，但非常瘦弱。我怀疑他根本不到 40 公斤，而且大部分重量还在头部。他的头大小正常，不过跟他瘦弱的体形比起来，显得相当大。其次，他的英语无可挑剔，他所有的重量都集中在大脑里。他智慧过人，非常健谈，对互联网的潜能异常热情，这些特质在当时的中国人身上并不多见。"①

邵亦波回国创业

26 岁的邵亦波决定回国创业。临回国前，邵亦波把自己所有的东西都拿到 eBay 上拍卖，令他印象最深的是一台电视机，买来的时候用了 500 美元，用过两年之后，竟在 eBay 上卖出了 550 美元。

"这件事情留给我的印象太深了，我从中感觉到个人与个人交易的魅力。它能给人的生活带来很大的变化，最起码，给我的生活带来方便。如果我通过别的方式卖，价钱肯定要少 30% 至 40%。"②

选定了商业模式之后，凭借着在波士顿和高盛公司的工作背书，邵亦波很快拿到了 40 万美元风险投资。6 月，他带着这 40 万美元回到上海。在上海郊区的一栋一室一厅的公寓中，邵亦波正式开启了自己的创业旅程。

---

① 吴琪：《阿里巴巴的中国基因》，《三联生活周刊》2014 年第 37 期，http://old.lifeweek. com.cn//2014/0912/45007.shtml。

② 《邵亦波与谭海音上演易趣网"双人舞"》，《中国经营报》，2002 年 5 月。

两个月后，易趣网正式推出，邵亦波任董事长兼首席执行官。

8月18日，易趣网上线。"易趣"这个名字简洁明确：交易的乐趣。邵亦波在易趣的公司简介上这样写道："易趣网是中国第一个综合性网上个人物品竞标站。广大网友可以借助它来出售或购入任何物品。大到计算机、彩电、电冰箱，小至邮票和电话卡。你也可以通过它来结交新的朋友，比如有着相同兴趣的收藏爱好者。"

此时易趣只有五六个正式员工，网上只有二三十个用户名，其中还包括邵亦波和合伙人谭海音分别注册的两个。网上拍卖的物品主要是员工自己捐的几件东西，大约有三四十件，易趣拍卖网站就是这样开始的。

9月8日，易趣选择在上海《申江服务导报》上刊登了半个彩版广告，邵亦波发现到了当天上午10点，网站就因登录人数过多而崩溃掉了。这个"坏消息"让他意识到，市场开始关注到这个小小的拍卖网站了。

11月，易趣再次获得650万美元风险投资。

王峻涛和李国庆同样开始上路

1999年1月4日，即元旦长假后的第一个工作日，"老榕"王峻涛来到北京。当天下午就召开会议，成立连邦电子商务事业部，并筹建事业部网站，网站取名8848。

王峻涛回忆8848这个名字："当时我所想到的是，你办一个为所有消费者服务的网站，域名不能太生僻。绝大多数中国人对字母有距离感，而全世界的人对数字都感到很亲切。8848是当时珠穆朗玛峰的高度，容易记忆。于是网站就注册为8848.net。"① 到了2000年，王峻涛终于用

---

① 王峻涛《老榕回忆创业史：资本游戏下8848无奈收场》，新浪博客，2007年7月，http://people.techweb.com.cn/2007-07-16/223091.shtml。

几万美金把 8848.com 从北欧一个做户外登山用品的厂商手中购买回来。

1999 年 11 月，一家名为"当当"的网上书店正式上线。毕业于北京大学的李国庆深耕出版业多年，对中国市场的图书出版发行驾轻就熟。1996 年，李国庆邂逅了纽约大学金融 MBA 毕业的俞渝。志趣相投的两人很快在纽约结婚。这对夫妇经常讨论的话题是此时已经风生水起的亚马逊与传统贸易到底有什么不同。当当网复制亚马逊模式至中国，还建成了中国唯一可实时更新的书目数据库。

雷军：未来每个公司都会变成互联网公司

1999 年，雷军问一位面试者："你写程序有写诗一样的感觉吗？"

面试者说没有。雷军说："这不就完了嘛。"

雷军在逐渐锻造着属于自己的精英部队。那时，金山有一个干部训练班，冯鑫、邢山虎、裘新、陈睿、黎万强这些人都在里面。雷军自己写课件，如"以史为镜谈战略"是讲金山的战略和金山的成长史，讲微软为什么能打败 WPS；也有更加直接的题目如"做好管理并不难"。

雷军亲自写 PPT、做培训，课件题目堵都是类似的"七字真言"。

除了授课，雷军甚至还会教陈睿他们如何打领带。以前程序员都穿着 T 恤衫、大短裤、拖鞋去见客户，雷军告诉他们说见客户一定要穿衬衫。

在锻造自己的核心班底之外，这一年，雷军前往美国考察时，发现了一家名为"Google"的公司正在冉冉升起。

1999 年，雷军在金山内部单独成立了一个部门，计划通过做软件下载站进军互联网。这个网站将在第二年从金山分拆为一个纯粹的电子商务网站，这个网站有一个不错的名字：卓越网。雷军回忆：

"1995 年美国掀起了互联网热潮，这股热潮在 1998 年的时候传到了中国。那个时候我在北京工作，我觉得在这样的潮流面前不能做时代的看客。1999 年初，我就在金山内部开始试验。我招了十多个人建立了专门的事业部，做了一个软件下载站，叫卓越网。很快我们做到了第一名。但是出现了一些问题，比如说做下载需要很多服务器和带宽，但当时服务器和带宽都非常贵，用户又不愿意付钱。没有任何收入，同时需要消耗大量的费用，这个业务如何支撑下去呢？

"这些问题想了半年多我才恍然大悟，互联网只是个工具，未来每个公司都会变成互联网公司。如果做互联网公司的话，电子商务是最有前途的，因为它是传统公司应用互联网最快的方式。而且我觉得我们当时做的软件下载不值得下功夫，投入太高，想象空间有限。我就转型做电子商务，做图书音像的网上零售。后来为了把事情做大，我说服了金山董事会把卓越拆分出来，单独运作。再后来，亚马逊收购了卓越网。对于创业者来说，卖掉亲手创办的企业是件非常痛苦的事情。于是我花了很长时间总结卓越网四五年的经验，琢磨未来的发展机会。

"当时我也进一步思考互联网的本质和未来发展趋势。互联网公司想成功必须要做到开放和合作，它的营销核心是口碑营销和网盟。对于互联网公司来说，关键要快，'天下武功唯快不破'，必须快速开发、快速推广、业务快速成长，反应速度一定要比传统业务反应快十倍，才能有更大的发展机会。在互联网模式中，研发人员和用户将一起开发产品，倾听用户的反馈，然后修改。那时我坚信，未来十年的热点是移动互联网，手机上网会是一种趋势。"[1]

争夺中国第一门户的战争打响

9 月 24 日，雅虎中国成立，成为雅虎在全球的第 20 个国际站点。雅虎也是第一个进入中国市场的国际互联网企业。刚刚进入中国的雅虎还没有 ICP（互联网内容服务商）牌照，同时出于政治考虑，很多中国

---

[1] 欧阳诗蕾：《十年，万米长跑的前 100 米》，GQ，2020 年 8 月。

的传统媒体对与一家美国互联网公司深度合作非常谨慎。雅虎的服务器远在美国，中国则对带宽有着限制，但初期的雅虎中国凭借着雅虎在全球的资金技术优势，业界普遍还是认为雅虎中国的前途非常光明。

网易从 1999 年开始赚钱。丁磊回忆："1999 年，那时候（赚钱）通过一个是卖邮箱软件，一个是卖广告。我的状态有点意气风发，因为那时候很多人给我们投了好多钱，有 4000 多万美元，那时候人民币跟美元是 1∶8。"①

更多公司开始意识到门户网站的价值。5 月，门户网站中华网成立。10 月，联想推出 FM365。联想希望能够打造一个门户网站。FM365 拥有新闻、邮箱、搜索、游戏、软件等诸多频道。

1979 年出生于广东兴宁的李兴平，此时正在当地网吧做管理员。李兴平的父母均为当地农民，初中毕业后，他就返家谋生。1999 年，网络在中国逐渐普及，广东兴宁也开始有了网吧。网吧管理员的身份让李兴平天天泡在网上，泡在玩游戏、聊天、上网中。

很快，他发现来网吧的很多人都不知道如何上网，上网后也不知道去哪里找到所需要的内容。一方面是上网费很贵的现实，另一方面是很多中国人在刚刚上网时会显得茫然不知所措，让时间和上网费用都快速流失。李兴平开始有意识地做网站地址搜集分类工作。爱琢磨的他想到要做一个"网址大全"式的东西：把他认为好的网站搜集在一起，并和它们建立链接。当下次上网时，网民就能很方便地直接进入这些常用的网站。

"hao123"很好地契合了中国互联网用户的现实需求。hao123 在无意间，找到了自己的准确定位：被大公司所忽略的初级网民市场，即那些去网吧中初次上网的年轻人、千万家刚购买了电脑的家庭，以及几乎不会用键盘只能操作鼠标的老年人。

但从 1999 年下半年的时间节点来看，新浪才是门户之战中最大

---

① 丁磊接受央广网采访，2018 年 5 月，https://tech.sina.com.cn/i/2018-05-29/doc-ihcffhsv0300577.shtml。

的赢家。和搜狐这样的竞争对手相比，新浪拥有着十倍的资金以及海峡两岸的结合，可谓势不可当。但新浪突然的崛起也暗藏内在的问题：它过早进行股权合并，导致股权迅速被稀释。这成为后续新浪频繁更换 CEO 的导火索，也是新浪一直没有统一的战略和文化的底层原因。

马化腾：我自己要陪聊

2 月 10 日，在腾讯正式创建 3 个月后，OICQ 的第一个版本正式上线。马化腾特意预留了前 200 个号。"前 200 个号留给我们自己，当时想，200 个预留号足以满足未来十年八年工作人员数量增长的需求了。"

马化腾创业前就接触到了 ICQ，1999 年 2 月，因为觉得原版 ICQ 不好用，他与创业伙伴张志东一起开发出了 OICQ，意为"开放的 ICQ"[①]。

为了增加用户量，马化腾还曾装作年轻女性和用户"聊天"。马化腾回忆："后来回来真的开发系统，找到老东家瑞讯，tom.com，那时候要做到 3 万用户，于是去学校一个个拉用户。凑到 3 万人可能要两年后，公司就死掉了，又砸在手上了。那时候我们就想着做完卖掉，做完卖掉，大量开发。自己又去网上推广，最后用户上来了，最开始没人聊天，我自己要陪聊，有时候还要换个头像，假扮女孩子，得显得社区很热闹嘛。"[②]

据马化腾的同学、腾讯创始团队成员之一的张志东描述，自马化腾往下，公司每个人都是网虫和电脑狂。"整天挂在网上，所以我们才能清楚感受到用户不满意在什么地方。"

1999 年 12 月 31 日晚上，腾讯寥寥数人的团队出去吃晚饭。深圳满街都是迎接新千年的人，人潮将几乎整个腾讯团队堵在了马路上——除

---

① Opening I Seek You。
② 马化腾，出席香港大学"追梦者"论坛（Dream Catchers），2015 年 6 月 1 日。

了在家的马化腾。碰巧"千年虫"导致一些用户出现问题，结果马化腾一人在线，作为唯一的客服竟然成功安抚了所有用户。[①]

到了 4 月，OICQ 正式更名为腾讯 QQ，用户数也终于突破 10 万。5 位数 QQ 靓号开始变得稀有珍贵。

这一年伴随即时通讯用户激增，腾讯公司却只有不到 10 个人，资金非常有限。如何解决在有限的服务器上 10 万人同时在线成了一件追求极致的难题。马化腾和同事们根本没有工作时间的概念，睡觉的时候满脑子都是技术上的事，非常痛恨节假日。那一段时间就是黎明前的黑暗。但是不断地在技术上突破，进入其他同行没有进入的领域，还是很有成就感的。[②]

就在当年 1 月，MSN 推出中文版本，正式进入中国市场。这时的 QQ 很难被 MSN 看在眼里。同样在这一年，联众的一个决策，使其再也难以与腾讯竞争。这年 5 月，海虹控股子公司中公网斥资 500 万元收购了联众 79% 的股份。"被一个 A 股上市公司控股 79% 的公司，VC 已经很难进入了，如果我们结构合理的话，老早就会有外国的 VC 投进来，公司的很多发展、策略都会不一样。"鲍岳桥感慨联众错失了很多机会和可能性。[③]

1999 年，网络能够在多大程度上渗透至生活？

这一年，中国人通过一场近乎行为艺术般的"网上荒岛求生"，开始探索"网络能够在多大程度上渗透至生活？"这个正在发生中的命

---

① 《商业价值》杂志社：《公司的演变：一部基于互联网的企业发展史》，电子工业出版社，2016 年。

② 《马化腾：好 K 歌的企鹅帝国掌门人》，《经济观察报》2006 年 4 月，http://www.eeo.com.cn/2006/0403/35024.shtml。

③ 2004 年 4 月，联众经过艰难的抉择，最终以 1 亿美金卖给了韩国 NHN 集团，NHN 占股 50%，其中包含海虹控股的 29%，以及三位创始人的全部股份。2007 年，鲍岳桥正式离开了联众一线岗位。

题。这场活动极具象征意义，毕竟，如果希望在网上荒岛生存下来，必须要解决网上购物问题。

面对大洋彼岸已经被称为"电子商务之王"的贝佐斯，中国的电子商务创业者们还有些迷茫。虽然此时的互联网速度还太慢、收费还太贵，但中国电子商务行业却在这一年拔地而起，并迅速成长为中国互联网行业的"主动脉"和"承重墙"。

在这一年，马云带领团队终于找到了属于自己的事业方向：电子商务。他还碰到了命中贵人蔡崇信。这一年，王峻涛开启了自己的 8848 攀登之路；李国庆的当当网上书店也正式上线了；雷军也开始在金山内部打造卓越网。

可以说，1999 年是中国的电商元年。中国互联网最早一批电子商务网站在这一年集体亮相：5 月，中国首个电子商务网站 8848.com 成立，8 月，易趣网在上海成立，9 月，马云在杭州创立了阿里巴巴，10 月，携程网开通，11 月，当当网投入运营。据统计，这一年中国总计诞生了超过 300 家从事 B2C[①] 电商的平台。

在这一年的秋天，金庸把《笑傲江湖》的版权以 1 元人民币价格卖给中央电视台，并在杭州举办了签约仪式。中国的电子商务江湖的竞争，也从这一年开始，正式打响。

【战略金句】

◇ 马云：我们的目标有三个。第一，我们要建立一家生存 80 年的公司；第二，我们要建设一家为中国中小企业服务的电子商务公司；第三，我们要建成世界上最大的电子商务公司。

◇ 蔡崇信：做这个人生重大抉择时，没有非常理智的依据，更多地来源于内心的强烈冲动，我喜欢和有激情的人一起合作，也喜欢冒险！所以

---

① 企业对个人消费者销售产品或服务。

我就决定来了，如此而已。

◇ **沈南鹏**：我们创业的一个非常朴素的想法，可以说是按照我们大陆的一种说法叫一根筋，我就是感觉既然美国能这样做，那我们哪怕算是抄袭，我们哪怕学习你们，我们也应该做一个中国的 Expedia。我为这样的一个创业做了多少的准备？其实没有太多。

◇ **王峻涛**：你办一个为所有消费者服务的网站，域名不能太生僻。绝大多数中国人对字母有距离感，而全世界的人对数字都感到很亲切。8848 是当时珠穆朗玛峰的高度，容易记忆。于是网站就注册为 8848.net。

◇ **雷军**：天下武功唯快不破，必须快速开发、快速推广、业务快速成长，反应速度一定要比传统业务反应快十倍，才能有更大的发展机会；互联网只是个工具，未来每个公司都会变成互联网公司。

扫码阅读本章更多资源

2000

跨越长城

"把手握紧，里面什么也没有；把手松开，你拥有的是一切。"

——电影《卧虎藏龙》，2000

    新世纪的第一缕阳光到达地球。老故事告一段落，新故事继续上演。

    站在新世纪门槛上，人们心中同时掺杂着希望与焦虑。

    在多年后参加一档综艺节目时，音乐人张亚东回忆："当年大家都是小孩，对 2000 年都有很多期待，觉得一切都会变得很好。"

    2000 年的张小龙却很无奈："我不知道下一步该怎么办，也许再过半年，找不到合适的发展机会，干脆去美国算了。"[1] 让张小龙无奈的，是光有口碑，没有收入的 Foxmail。

    大洋彼岸，互联网行业的发展，可以用"烈火烹

---

[1]   魏然：《免费软件饿着肚子挥洒冲动》，《人民日报》，2000 年 3 月 26 日。

油"来形容。

1 月 10 日，美国在线公司和时代华纳公司宣布合并，正式组建为新的"美国在线—时代华纳公司"，合并交易额达到让人瞠目结舌的 1660 亿美元，而合并后新公司的价值更是达到了 3500 亿美元。这个庞然大物的目标，是要同时占领下一代互联网的宽带基础设施、互联网接入服务和内容市场。[①]

这年 1 月 17 日，第三十四届美国超级杯总计吸引了 17 家互联网公司的广告赞助，每家公司都需要为仅仅 30 秒钟广告，支付 200 多万美元。

此时，微软的 Windows 系统占据了全球操作系统大约 90% 的市场份额。美国广播公司的著名新闻主播彼得·詹宁斯发出疑问："当今世界是比尔·克林顿重要，还是比尔·盖茨重要？我不清楚。但这是个好问题。"

互联网行业的"烈火烹油"，在股市上体现得更为直接。从 1998 年到 2000 年，纳斯达克指数从 1000 点快速上涨到了 5000 点。

大洋彼岸的中国人也在思考，互联网到底将在哪些方面改变这个国家？

这年的年初，方兴东在哈佛大学做了一个名为《互联网与中国的未来》的报告。他认为，互联网对于中国的变革意义会比美国大得多。

2000 年，携程网的创始人梁建章，也出版了一本名为《网络社会的崛起》的书籍，其所探讨的核心问题之一就是"网络将如何影响人类社会的精神生活"。

新世纪的第一场大戏：纳斯达克崩盘

海啸到来前，海水在一段时间内会迅速退潮，这段时间往往是人们

[①] 这一合并最终却成为史上最大的失败案例之一，2009 年美国在线和时代华纳拆分，公司总市值缩水 98%。

的黄金撤离期。但一直到 2000 年的年初，都还没有人意识到，潮水的方向即将发生变化。

人们能够看到的是，潮水热得发烫。但狂热的人们忘记了，一旦暴风雨到来，没有一艘船能够真正幸免。

3 月 10 日，美国纳斯达克指数达到峰值，随后开始猛烈震荡，并呈现螺旋式下跌的趋势。纳斯达克指数从 3 月份的 5048 点，快速下落，至 4 月中旬，已经跌至 3321 点。[①]

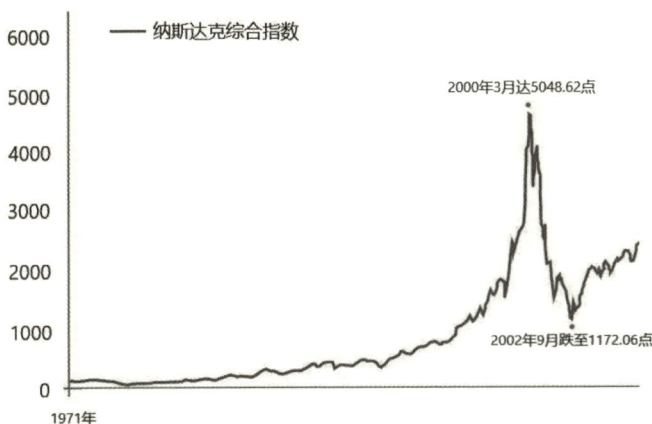

图 7-1　纳斯达克综合指数急转直下

2000 年 3 月，一家投资机构在美国《巴伦周刊》中发表了一篇名为 "Burning Up" 的文章。这家机构总计调研了 207 家互联网公司，并预估 51 家网络公司现金流面临枯竭。以当时的烧钱速度计算，几乎所有的公司都撑不过 12 个月，亚马逊也不例外。这篇文章认为，像亚马逊这样的互联网公司正在风险投资上孤注一掷，并且在以疯狂的速度自毁前程。

互联网公司的繁荣大多建立在某种信念的基础上，即相信市场会给这些不赚钱的年轻公司成长空间。《巴伦周刊》的文章加剧了人们的恐慌，大家开始害怕清算日的到来。

①　谷底出现在 2022 年 10 月：1114 点。

4 月，泡沫破灭的大崩溃到来，疯狂下跌的纳斯达克指数，惊掉了所有人的下巴。

很多人在观望微软垄断案的判决结果，市场上开始传播各种流言蜚语。4 月 3 日，美国地区法庭宣判，微软被判反垄断案败诉，可能面临巨额罚单，甚至肢解拆分的惨重后果。互联网科技巨头或将拆分的消息，击穿了市场最后的心理防线。纳斯达克指数创下 349.15 点的单日最大跌幅，微软市值一天蒸发 790 亿美元。

微软的这份判决在相当程度上，彻底终止了市场的狂热情绪。微软长期是科技股市值的第一名，直到判决前后，才被思科超过。科技股在达到历史高峰后开始了长达两年的持续下跌。

在新世纪的第一年，人们并没有看到那些想象中的美好，从纳斯达克指数看来，是非常不好。4 月 3 日至 4 日两天内，纳斯达克指数暴跌 924 点，跌幅超过 20%，创造纳斯达克历史上的跌幅之最。综合指数则从半年内最高的 5132 点下跌近四成，市值蒸发 8.5 亿美元。仅美国在线—时代华纳就损失了 1000 亿美元的账面资产。雅虎的市值从 937 亿美元下跌至 97 亿美元，亚马逊的市值从 228 亿美元下跌至 42 亿美元。

从这年 3 月 10 日开始，纳斯达克指数在长达两年的时间里狂跌 78%，7500 亿美元的资产和 60 万个工作岗位蒸发，只有不到一半的网络公司活过了 2004 年。有数据显示，2000 年互联网泡沫让全球至少 4854 家互联网公司被并购或者倒闭。

WebVan 和 Pets.com 是 2000 年初的明星公司。WebVan 是一家食物配送公司，在 1999 年宣布投入 10 亿美元，预备在两年后扩张到 26 个城市。Pets.com 则是一家宠物电商，这家公司把广告打到了美国广告史上最贵的"超级碗"上，还买了它的黄金时间段，无论是感恩节大游行中的热气球，还是宠物玩偶的群众群访，Pets.com 营销玩得很溜，在美国几乎家喻户晓。

2000 年 11 月，Pets.com 倒闭，这是第一家关门的互联网上市公司。到 2001 年中，纳斯达克很快跌到不到 2000 点。而世界上最早的一家

O2O 网上生鲜零售商 WebVan，也因为资金烧完倒闭了。

这两家代表性的明星公司死亡，直接原因都是现金流断裂。Pets. com 花了大额价格营销，但能隔着几个时区购买狗罐头、猫砂的人依然是少数。并不方便的物流，让人们更偏向走路去身边的超市。WebVan 则更加生不逢时，卡车司机们在拥挤的旧金山城堵了几个小时，花费着高昂的停车费，只是为了给用户送几瓶苏打水。为了吸引用户，他们甚至还在当时提出了"免费配送"。

在接下来的两年里，其他一些事件对互联网公司负面情绪的全面爆发起到了推波助澜的作用，如安然公司 ① 的倒闭和"9·11"恐怖袭击。但潜在的事实还是因为投资商不再对网络公司盲目乐观，认为要更加务实地看待网络公司的未来。这些公司中就包括亚马逊。②

此时的世界与中国

1月12日，以"新开端、新思路"为主题的世界经济论坛新千年首届年会在瑞士达沃斯开幕。主题包括经济全球化、生物技术革命、电子贸易和环境保护等。

这年夏天，第 27 届夏季奥林匹克运动会在澳大利亚的悉尼举行。这次奥运会从 9 月 15 日持续到 10 月 1 日，共有来自国际奥委会 199 个成员国的超过 10 000 名运动员参加了比赛。中国在这一届的奥运会中，最终斩获了 28 枚金牌。

这一年，年轻人所喜欢的流行歌曲，大部分还是港台音乐，其中包括谢霆锋的《因为爱所以爱》，孙燕姿的《开始懂了》，任贤齐的《天涯》，五月天的《温柔》等等。

这一年，由李安执导的电影《卧虎藏龙》，汇聚了包括周润发、杨

---

① Enron。

② 布拉德·斯通：《一网打尽：贝佐斯与亚马逊时代》，李静、李晶译，中信出版社，2014 年。

紫琼、章子怡等在内的一众明星参演。有人看过电影感慨："比起刀光剑影、俗世幸福，自由才是江湖真正的内涵。"

除了《卧虎藏龙》，这一年让人们回味无穷的电影，还包括王家卫导演的《花样年华》、姜文自导自演的《鬼子来了》。在国际市场，《西西里的美丽传说》《黑暗中的舞者》《角斗士》《X 战警》《碟中谍2》《荒岛余生》等影片也收获了一大批影迷的青睐。

10 月 10 日，克林顿总统签署对华永久正常贸易关系议案。中国的沿海地区迅速跟上世界的潮流，成为"世界工厂"。12 月 13 日，小布什当选第 43 任美国总统，世界开始告别克林顿时代。

图 7-2　电影《卧虎藏龙》海报

这年 11 月进行的第五次全国人口普查数据显示：此时的中国全国总人口为 129 533 万人。同第四次全国人口普查①相比，十年零四个月共增加了 13 215 万人，增长 11.66%。平均每个家庭户的人口为 3.44 人，比第四次全国人口普查的 3.96 人减少了 0.52 人。同 1990 年相比，0 ～ 14 岁人口的比重下降了 4.80 个百分点，65 岁及以上人口的比重上升了 1.39 个百分点。

在中国 31 个省、自治区、直辖市（未包含港澳台地区）和现役军人的人口中，接受大学教育的有 4571 万人；接受高中教育的有 14 109 万人；接受初中教育的有 42 989 万人；接受小学教育的有 45 191 万人。此时的中国，居住在城镇的人口有 45 594 万人，占总人口的 36.09%；居住在乡村的人口有 80 739 万人，占总人口的 63.91%。从 1990 年到 2000 年，中国城镇人口占总人口的比重上升了 9.86 个百分点。

12 月，京沪高速公路贯通，中国高速公路里程达到 1.6 万公里。西

① 1990 年 7 月 1 日 0 时的 113 368 万人。

气东输，南水北调，也在这一年开始筹划和实施。

到了 2000 年，中国城市居民人均居住面积达 10.3 平方米，比 1997 年扩大了 1.5 平方米。2002 年中国人均居住建筑面积突破 21 平方米，这宣告着中国告别住房短缺时代，已达到住房的小康标准。

中国经济继续向上攀登。2000 年，中国 GDP 超过意大利，成为全球第六大经济体。这一年，中国的人均 GDP 达到 850 美元。中央宣布，人民生活总体上达到 21 年前邓小平提出的小康目标。

2000 年中国家庭才刚刚开始买车，汽车行业也把 2000 年叫作家庭汽车的元年。这年 6 月，李斌创立了"易车服务网"。这时的李斌就觉得，将来肯定买车就在互联网上买。①

一些世界级的领袖，开始预感到中国将在国际舞台上扮演更为负责、更为重要的角色。77 岁的新加坡政治家李光耀在自己的自传《李光耀回忆录》预言：

"中国有可能实现其到 2050 年成为现代化经济大国的目标，它将以一个平等和负责任的伙伴姿态参与世界贸易和金融活动，以及成为世界重要成员中的一员。如果它不转移教育和经济两大发展中心，中国很有可能成为世界第二大贸易国。这就是中国 50 年的一个构想——现代化、自信和负责任的大国。"

贝佐斯：亚马逊的境况，比以往任何时间都更加有利

2000 年，亚马逊的致股东信开头只有一个词："天呐（Ouch）！"贝佐斯表示："这是资本市场残酷的一年。"他随即引用了华尔街金融大

---

① 《出行教父 李斌：蔚来、易车、摩拜背后的关键先生》，腾讯网 - 财约你，2009 年第 5 期。

师本杰明·格雷厄姆的一句名言："从短期看，股市是投票机器，但从长远看，股市是称重机。"

这年 6 月，亚马逊股价从 57 美分跌到了 33 美分。贝佐斯公开称"不在乎股票价格"。他在一次会议上表示："当股票上涨 30% 的时候，你并没有感觉到你比过去聪明了 30%，因此，股票下跌 30% 时，你也不应该感觉比过去愚蠢了 30%。"

2000 年的第四季度，亚马逊亏损超过 5 亿美元，公司负债高达 21 亿美元。华尔街分析师认为，亚马逊很可能撑不到年底。

但贝佐斯却认为，虽然亚马逊的股价在下跌，但公司的业绩实际上在快速增长。贝佐斯在 2000 年的亚马逊致股东信中写道：

从我们上一封致股东信到现在，公司股价在一年的时间里，已下跌超过 80%。但是不管以何种标准来衡量，亚马逊此时所处的境况，比以往任何时间都更加有利。

回顾 2000 年：

我们的用户数，由 1999 年 1400 万增至 2000 万。

我们的销售额，由 1999 年 16.4 亿美元增至 27.6 亿美元。

公司 2000 年 Q4 预计营运亏损率，由 1999 年同期的 26% 减少至 6%。

公司 2000 年 Q4 在美国市场的预计运营亏损率，由 1999 年同期的 24% 减少至 2%。

用户人均消费 134 美元，同比增长 19%。

毛利由 1999 年 2.91 亿美元增至 6.56 亿美元，同比增长 125%。

2000 年 Q4 有近 36% 的美国用户，在我们的非 BMV（图书、音乐、视频）商店消费，如电子、生活工具、厨具等。

国际市场的销售额，由 1999 年的 1.68 亿美元增至 3.81 亿美元。

2000 年 Q4 我们帮助合作伙伴 Toysrus.com，完成 1.25 亿美元玩具和电子游戏的销售额。

截至 2000 年末，由于我们在 2000 年初的欧元融资，我们的现金与有价证券，由 1999 年底 7.06 亿美元增至 11 亿美元。

更为重要的是，我们推行的用户至上服务理念，使得我们在美国消费者满意度指数中，获得 84 分的高分。据悉，这个数字是在任何行业的服务类公司中空前高的。

面对高速增长的公司业绩和急转直下的股价表现，贝佐斯表现出了难得的笃定。在 2000 年，贝佐斯还继续在自己的兴趣上进行尝试，创立了蓝色起源公司。

马斯克：你猜怎么着，这辆车没有保险

彼得·蒂尔所创办的 Confnity 公司与埃隆·马斯克所创办的 X.com 所提供的产品非常相似：通过电子邮件帮助人们快速完成网上支付。从 1999 年底开始，距离仅差 4 个街区的两家公司全面开战，许多员工的周工作时间达到 100 小时。从一个细节中，可以看出这时两家公司之间浓浓的火药味：Confnity 公司的一位工程师甚至在一场内部会议上，向同事们展示了自己为 X.com 设计的一枚炸弹图解。当然，还有一些理智的同事们及时制止了这个计划。

彼得·蒂尔和埃隆·马斯克逐渐意识到这样的苦战难以持久，他们也无法忽视正在被挤大的互联网泡沫。到了 3 月初，两个团队选择在一家距离两家公司同样近的咖啡馆进行谈判。最终，两家公司以 50∶50 的股权进行合并，成立新公司 PayPal。[①]

在合并后，新公司相当于垄断了网上支付市场。《华尔街日报》在这年 2 月 16 日的一篇报道中，曾暗示 PayPal 公司的估值已经达到 5 亿美元。投资者们将这篇报道奉为圭臬，在这篇报道发表的第二个月，PayPal 团队筹资达到 1 亿美元。最有戏剧性的是，一家韩国公司为了能够投资 PayPal，在没有签订投资合同的前提下，直接电汇 500 万美元到

---

① 彼得·蒂尔、马斯特斯：《从 0 到 1：开启商业与未来的秘密》，高玉芳译，中信出版社，2015 年。

PayPal 公司账户。为了防止 PayPal 不接受投资，这家韩国公司甚至拒绝提供收款地址。

在这年的一次出行中，马斯克驾驶自己的迈凯伦 F1 与 PayPal 联合创始人彼得·蒂尔共同出行。马斯克坦言并不知道如何很好地驾驭这辆迈凯伦，当时彼得·蒂尔还在问马斯克"这辆车有什么能耐？"马斯克让他"睁大眼睛看好了。"

随后，马斯克在 130 千米 / 小时的速度下踩下"地板油"变更车道，由于迈凯伦 F1 是一辆纯粹的超级跑车，没有牵引力控制系统的限制，车辆迅速甩尾失控，车头以 45°的角度高速撞向隔离带，随后车辆腾空并重重落在地上。车辆悬架系统全部报废，但车身主体结构和发动机部分未受严重伤害，车内的两个人也毫发无损。

马斯克转头对彼得·蒂尔说："你猜怎么着，这辆车没有保险"。

虽然马斯克没有为自己的这辆迈凯伦 F1 上保险，他却幸运地为 PayPal 上了一份"VC 保险"，这份"保险"让 PayPal 安然度过了 2000 年开始的互联网泡沫潮。马斯克回忆：

"我们在 2000 年 3 月筹集了 1 亿美元的资金。当时市场的投资欲望是如此之高，我们甚至还没有投资条款清单（Term Sheet），VC 就往我们的账户里打钱。我们是后来做的条款清单。他们找到我们的银行账户，就把钱汇了进去。我们会说，这钱是哪来的？2000 年 3 月，市场上的资金就像消防栓里的水一样猛烈。但到了 4 月，市场开始自由落体下坠。即便是很好的公司，也筹不到钱了。一个月之内，一切都改变了。PayPal 在 2000 年也接近破产边缘了。好在我们幸运地在 3 月筹集了那 1 亿美元，没有这笔钱，我们可能就完蛋了。我们实际上看到了风暴将要到来，因此在三周之内完成了合并，并融资了 1 亿美元。我们当时有意识到，市场很快会出问题。一个月之后，基本上是一个噩梦。"[1]

PayPal 的这次融资，可谓运气爆棚。因为此时，互联网泡沫正处在

---

① 埃隆·马斯克，ALL-IN 峰会访谈，2022 年 5 月，https://www.bilibili.com/video/BV1s5411R7Y1?spm_id_from=333.880.my_history.page.click。

加速破裂的前一秒。

图 7-3 埃隆·马斯克（右）和彼得·蒂尔，PAUL SAKUMA/ 美联社

对于创业阶段的公司，在金融海啸到来之前，如何通过提前融资躲进"避风港"显得尤其重要。PayPal 惊险逃过一劫。

马斯克：准备创办一家新公司

躲过金融危机的 PayPal，并没有完全如马斯克设想般前进。事实上，公司的核心团队们，越来越不适应马斯克"暴君一般"的管理方式。

到了 9 月初，PayPal 的核心团队下定决心，推翻马斯克的暴政。9 月，马斯克与妻子开始度蜜月，他们准备先去澳大利亚看奥运会，然后前往伦敦和新加坡。彼得·蒂尔同意临时出任首席执行官，大部分员工签署了一份请愿书。在澳大利亚的马斯克，很快发现，电话另一头的员工们对他的态度明显强硬起来。马斯克表示："这件事让我感到极度难过，我无法用语言来形容。"

马斯克不得不立即飞回加州处理工作上的交接。但让所有人没有想到的是，马斯克在发现自己毫无胜算之后，选择与 PayPal "和平分手"。马斯克在发给同事们的邮件中写道："我决定现在是时候引入一位经验丰富的首席执行官了，请他将 X.com 带上新的高度。"他也同时宣布了自己的下一站计划："在找到合适人选后，我的计划是休假三四个月，构思一些事情，然后创办一家新公司。"

马斯克在 2022 年回忆："我甚至都有过暗中报复的想法。但最终我意识到，我被他们搞下台其实是件好事，否则我还在 PayPal 苦苦挣扎。"但马斯克也坚持认为，如果自己一直执掌 PayPal，这家公司将会成为一家价值数万亿美元的巨头公司。

到了 2000 年 12 月，他和贾斯汀决定再次尝试去度蜜月，前往巴西和南非。这一次，马斯克不幸感染了"近乎致命"的疟疾。在经历了两家医院误诊之后，他差点就去见上帝了。还好，最后得到了及时的治疗，才挽回了一命。马斯克因此总结："这就是我度假总结出来的切身经验，长假会要了你的命。自 2002 年创立 SpaceX 以来自己只休过两次假。"

马克·伦道夫：我们只能把它打得屁滚尿流了

在科技行业，小创新依靠大公司，大创新更多时候则来自小公司。

2000 年的百视达，是最全球知名的视频租赁连锁店。百视达的蓝色和黄色标志享誉全球。

这一年，一家名为网飞的初创公司，向百视达抛出了一个橄榄枝。这家小公司的创始人里德·黑斯廷斯[1]和马克·伦道夫拜访了百视达的

---

[1] Reed Hastings。

首席执行官约翰·安蒂奥科[1]，并提议"双方合并"。更准确来说，是百视达收购网飞。

2000 年时，网飞的收入有望达到 500 万美元，而百视达的目标则是 60 亿美元。这时候的网飞有 350 个员工，而百视达则有多达 6 万人。网飞的一个办公园区里有一座两层楼高的总部，而百视达则坐拥 9000 家门店。

和看似巨无霸的百视达相比，网飞或许只有一个优势，那就是整个世界都在加速线上化。虽然没人能确切地知道这将如何发生，需要多长时间完成，但越来越多的百视达用户希望在网上进行交易，已经成为一种必然。

对于网飞来说，有利的地方在于，百视达甚至还没有意识到这一趋势的到来。而网飞团队则认为，如果百视达收购网飞，网飞能够完美地支持百视达实现线上化。

"我们将负责合并后业务的线上部分，而你们将专注于线下门店的经营。这次合并将会产生显著的协同效应，真实体现整体大于部分之和的效果。"

"整个互联网热潮完全是被炒作出来的。"安蒂奥科表示。在百视达的管理团队看来，包括网飞在内，大多数互联网公司的商业模式都是不可持续的。它们会一直烧钱。

"百视达不要我们，"马克·伦道夫说，"所以我们现在要做的事情就很明确了。"马克·伦道夫没忍住笑了出来："现在看来，我们只能把它打得屁滚尿流了。"[2]

把网飞拒之门外的百视达转型迟缓，直到 2004 年才开始拓展线上业务。[3]

---

① John Antioco。
② 马克·伦道夫：《复盘网飞》，尚书译，中信出版社，2020 年。
③ 百视达因抵挡不住互联网对线下影片租赁业务的冲击，在 2010 年宣告正式破产。

马云开始登上全球互联网舞台

7月，美国《福布斯》杂志全球版的封面人物选择了瘦小但充满活力的马云作为封面人物。身穿蓝色格子衫的马云双拳紧握，满面笑容。据说马云所穿的这件略显肥大的衬衫也是当天借来的。

马云的照片出现在了全球顶级财经杂志《福布斯》的封面上，成为 50 年来中国企业家中的第一人。阿里巴巴网站被评为全球最佳 B2B 站点。《福布斯》杂志如此描述马云："深凹的颧骨，卷曲的头发，淘气的露齿笑，一个 5 英尺高、100 磅重的顽童模样。""这个长相怪异的人有着拿破仑一样的身材，更有拿破仑一样的伟大志向。"

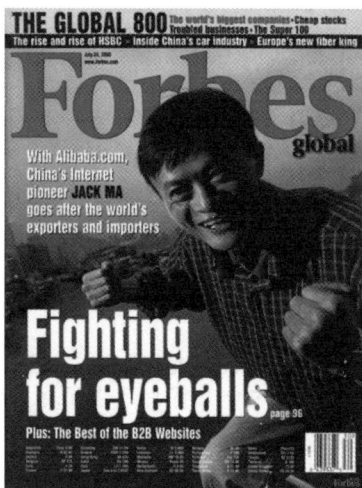

图 7-4 马云登上美国《福布斯》封面

《福布斯》在介绍文章中写道，"阿里巴巴自 1999 年 3 月 10 日成立以来，已汇聚了全球 25 万商人会员。每天新增会员数达到 1400 人，新增供求信息超过 2000 条，是全球领先的网上交易市场和商人社区。"①

马云在回应这篇报道时表示："《福布斯》报道我们是好事，但也给我们很大压力。本来我们可以悄悄发展，《福布斯》一登，成了全世界关注的焦点。我们并没有把此事当成里程碑，也并不认为阿里巴巴的目标已经达到。阿里巴巴今天没有本钱骄傲，它今天才 18 个月，还是个孩子，只不过它比别人哭得响点，翻身多了点，有点古怪。我们还有很多事情要做。阿里巴巴下一个目标是让客户在网上赚到钱，并摸索出自己赚钱，持久赚钱的模式。"②

① 《福布斯》全球版，2000 年 7 月 24 日。

② 方兴东、刘伟：《阿里巴巴正传》，江苏凤凰文艺出版社，2015 年。

但对于阿里巴巴，更为重要的是孙正义的投资。这一年，阿里巴巴获得日本软银 2000 万美元投资。孙正义回忆："马云当时没有商业计划，零收入，大概有 35 或 40 名的员工，但他的眼神非常锐利，眼中有光，我能从他说话的方式和他看问题的方式看出，他有号召力，有领导力。"① 有了软银的注资，秉承马云做国际化公司的思路，阿里巴巴迅速在美国、英国等地设立了办事处，布局全球业务。

足够的融资，让阿里巴巴在 2000 年底全球互联网泡沫破灭后，仍有足够的粮草过冬。"我们比较幸运，比别人先判断了冬天的到来。永远要在形势最好的时候改革，千万不能在形势不好的时候改革，下雨天修屋顶麻烦大了。要在阳光灿烂的时候，借雨伞修屋顶。我记得我们比别人先动了一下，互联网冬天到了，所有的投资者开始收的时候，我们突然发现我们还有几百万美金。这时你发现有竞争者，你就得和他拼谁能活着。如果我还活着，还有人站在旁边时，我们还得坚持下去。冬天长一点，他会倒下去的。冬天长一点，所有的细菌都死光了，边上的噪音都静下来，这时你说，我还站着，你就会变成投资者最喜欢的人，你也会变成整个互联网最喜欢的人。"②

在金庸的小说中"华山论剑"一直是一个经典桥段。包括马云在内的几乎所有中国第一代企业家都是"金庸迷"。

9 月 10 日这一天是阿里巴巴成立一周年的日子，在马云的运作下举办了首届"西湖论剑"，为了"诱惑"其他互联网企业创始人，马云还请到了 74 岁的金庸亲自到场。在金庸的号召力下，张朝阳、丁磊、王志东以及 8848 的董事长王峻涛悉数到场。马云在会上当众宣布阿里将会把中国区总部从上海迁回杭州。这次杭州之旅，金庸为马云题字："善用人才为大领袖之要旨，此刘邦刘备之所以创大业也，愿马云兄常勉之。"

作为东道主的马云借助"西湖论剑"，极大地提升了阿里巴巴的品牌声誉。

---

① 孙正义，参加 The David Rubenstein Show Peer-to-Peer Conversations，Bloomberg，2017 年。
② 方兴东、刘伟：《阿里巴巴正传》，江苏凤凰文艺出版社，2015 年。

雷军开启卓越网创业

2000 年 5 月，卓越网正式上线，在网上主卖图书和音像制品。

这次雷军信心爆棚，志在必得，力主金山掏钱干。就在这时，全球互联网泡沫破灭，进入了资本市场的寒冬。这种局面也没有动摇他们的决心，第一笔大约 2000 万元的投入，全部来自金山股东。

电商本质还是零售，雷军把当年站店的经验全部用上了，选品策略、定价模式、店面布置等，卓越网迅速用到电商上。

同时，雷军在管理上也下了功夫。电商的核心就是运营，需要非常认真地把每个细节做好。

每天早上一上班，雷军会先把首页所有的 banner 广告和商品链接都检查一遍。他总是能发现一些链接错误的地方。这让雷军想起了，自己从软件工程中学到的最重要的道理："可能出错的地方，一定会出错"。

每天晚上，雷军会带着伙伴们坚持做当天业务的复盘和总结，做完后才下班。

每个星期，雷军都会在卓越网上买上好多单，来测试他们的选品和物流。于是，在雷军的书架上，堆满了各种图书、电影电视剧、音乐 CD，很多连包装都没拆。那段时间，同事们特别喜欢到雷军办公室开会，离开的时候，到书架上顺手带走几本。

卓越网还做了很多敢为人先的创新，比如开创了最早的多地仓储、最早的自建物流，以及北上广深 4 小时送达服务。雷军在多年后依旧感慨："很难想象，这些在 20 年前就已经实现了。"[1]

雷军在电子商务中苦战，对团队提出按像素点击计算销售额，计算每一个像素点的销售效率。屏幕上的几个广告位平均销量如果不能符合预期，就需要马上下架。[2]

---

[1] 雷军，2022 年个人年度演讲，2022 年 8 月 11 日。

[2] 范海涛：《一往无前》，中信出版社，2020 年。

中国互联网公司上市模式打通

丁磊、张朝阳和王志东三人面临着一个同样的难题：如何去美国上市？

这看起来是一个不可能同时满足的"三角问题"。根据政策，中国不允许外资进入互联网行业，而前往美国上市本身就意味着实际引入了外资。而如果不凭借互联网概念，又难以登陆美国资本市场，获得来自全球资本的支持。

"全公司的人都认为没戏了。"王志东的夫人刘冰回忆。每天晚上，王志东都要拿支笔和北京一家律师事务所的律师趴在桌子上画个不停：怎么把这三句话统一在一个公司架构下面？从年初开始，王志东频繁地出入于当时的信息产业部会议室，站在小黑板前画上市结构图，哪儿是资金流，哪儿是法人结构，哪儿是业务流程。①

最终，王志东找到了这道题目的解法。同时成立三家公司，国内的公司主要用于做网络业务，海外公司则用于上市。最终，信息产业部认可了王志东的解决方案的大方向。四通利方一分为三：北京新浪公司这家全内资公司经营新浪网；新浪互动公司这家合资企业，负责代理新浪网的广告业务。而原本的四通利方则作为软件公司，为北京新浪公司提供技术服务，收取"服务费"。

这意味着，北京新浪公司所挣来的广告收入会最终转至新浪互动的账下，而其他各种收入则以技术支持费用的名义转至四通利方。三家公司通过签订复杂的协议内容，实现"全面绑定"。

新浪互动和四通利方则以"外资"身份前往美国上市。这既绕开了政策限制，又能让美国人清晰地意识到，这三家公司本质上是一家公司。王志东事后骄傲不已："你想想，我们居然能想到这样一个前无古人的方法。"虽然，王志东的方案前前后后被当时的信息产业部打回来十

① 林军：《沸腾十五年：中国互联网 1995—2009（修订版）》，中信出版社，2009 年。

几次，但到 2000 年 3 月中旬，王志东终于拿到了正式批文。

就这样，新浪网顺利拿到了信息产业部的批文，随即又获取了中国证监会的出境绿卡。在新浪上市前后这段时间，王志东个人的声望也达到了顶峰。有媒体直接称呼他为"中国网络之王"。而王志东则颇为得意地自嘲："我本姓王，自然是中国网络之王。"

王志东选择摩根士丹利作为支持新浪上市的合作伙伴。后来成为凤凰卫视主持人的曾子墨当时正就职于摩根士丹利。据她回忆，在跟新浪接触之前，大部分摩根的高层对互联网公司都一知半解，甚至连浏览过新浪网站的都是极少数。

但为了表现出"足够专业"，这家机构的高层们在会前 10 分钟找来该项目的负责人，快速记住了像"点击率"和"ICP"（网络内容服务商）这样拗口的专业词汇。

当新浪团队提到自己的"门户网站"方向时，摩根士丹利的一位高层低下头，掩住嘴，悄悄地问坐在身边的项目负责人："我一直认为新浪是家网络公司，他们要个门干吗？"

无论如何，自此，中国互联网公司出海登陆全球资本市场的路径，被彻底打通。

三大门户走向舞台中央

2000 年前后，一些世界五百强企业，如宝洁、宝马，开始尝试在新浪这样的门户网站做推广，放展示广告，按展示付费。虽然只有很少一部分企业参与，但互联网行业终于看到了属于自己的盈利曙光。

4 月 13 日，中国最大的门户网站新浪在纳斯达克上市，融资 6000 万美元。7 月 5 日，网易上市。6 天后的 7 月 12 日，搜狐上市。

中国三大门户都在这一年"跨越长城"，成功完成上市，自此"浪易狐"三大门户成型，当时的三大门户被后来的创业者称为"三座大山"，他们是第一代互联网流量入口。新浪、网易、搜狐正式登上了中国互联网的中心舞台，成为中国第一代互联网公司的权力中心。

中国的三大门户网站恰好在这一时间节点上市，无可避免遭遇雪崩。新浪股价跌至每股 1.06 美元；搜狐则跌至每股 60 美分；网易更是每股仅有 53 美分的价值。

2000 年 6 月，网易在资本最热的时候借力纳斯达克上市。选择同样的时间节点赴美上市的还有亚信、新浪和搜狐。网易上市首日破发，紧接着就赶上了大盘下跌再下跌。丁磊回忆："那时候很多人把能 IPO 都已经当作成功了，紧接着年底就出现了美国纳斯达克崩盘，从 5000 点跌到 1300 点。"

丁磊："我觉得做企业跟股市没有关系，跟创新能力有关系。我们没有随着外界的股市感到悲伤，而是沉下心来拓展新的业务，所以我们在那个时候就做了游戏和短信两个业务。"

写在新浪招股说明书风险提示部分并在历次季报中重复的警示看来已是现实："在大中华地区，互联网还未被证明是重要的广告收入来源。"

2000 年 12 月底，一些商业性门户网站如新浪网、搜狐网、263 首都在线等取得了登载新闻业务的许可证。

自 2000 年新浪、搜狐、网易等综合门户网站相继崛起并获得"网上从事登载新闻业务资格"，网络传播成为大众传播的重要补充，网络媒体被称为继报纸、广播、电视之后的"第四媒体"。

联想的 FM365 尝试

在这一年，联想为了推广门户产品 FM365，请唱了《谢谢你的爱1999》的谢霆锋，和演了《大明宫词》的周迅代言，街边很容易看到印有这两位当年最火明星的路牌广告。FM365 曾豪言："用最红的人，做最红的广告，1 年烧 1 亿钞票，3 年做成中国最红的互联网站。"

FM365 还只是联想互联网板块的一小块版图。这一年 5 月，柳传志将联想一分为二：杨元庆继续执掌联想集团，郭为则带领联想科技转身为神州数码，主攻以电子商务推动代理产品。但此时，在很多人看来，联想集团和神州数码并没有什么本质上的区别。时任《南方周末》记者的李勇评论：一个是电子商务，另一个也是电子商务。

图 7-5　FM365 海报

在交班大会上，杨元庆表示，FM365 项目是联想 2000 年的工作重点之一。FM365 希望在年底实现 100 万名以上的接入客户，1000 万人次以上的 PV[①]，进入中国门户网站的第一集团军。

联想所设想的蓝图非常宏大，一个门户网站还满足不了 FM365 的胃口，它要做更大的互联网产品。在做大的过程中，它遇到了 AOL（美国在线），而正是与 AOL 合作中的种种问题，才导致联想互联网业务的彻底失败。

2000 年初，FM365 还没有隆重推出的时候，联想就在考虑一件事情：怎么才能够做一个最领先的互联网业务。当时，全球的互联网领袖不多，其中一个是微软的 MSN，另外一个是 AOL。而 Yahoo 由于和方正结盟，所以不在考虑之列。

和两家开始谈判的过程中，AOL 显示了真正老大的地位：吞并了时代华纳。AOL- 时代华纳模式当时被认为是最好的模式，因此，也就坚定了联想和 AOL 结盟的决心。

联想和 AOL 的谈判是艰苦的，这种艰苦来自双方做事的方式、思维方式等的区别。而在谈判的同时，FM365 隆重推出（2000 年 4 月 18

---

① 即页面浏览量。

日），并在 2001 年初进入中国门户网站前五名。

与 FM365 同时启动的还有一项业务，就是联想的 ISP 业务[①]，联想在这方面的投入不亚于 FM365 网站。联想的 ISP 业务是和中国电信全面合作，在全国实现 163 账号的接入和漫游。连中国电信自己也没有做到这一点，而联想做到了。在联想电脑中预置一年的免费上网服务，上网后，进入 FM365 网站。一年免费的上网到期后，由联想提供续费，从而开始了 ISP 的业务。与此同时，FM365 作为水平的门户，所有频道再做成垂直门户，这样，就构成了联想互联网业务的蓝图：三点一线（上网服务 + 水平门户 + 垂直门户）。所以，大家看赢时通、看新东方、看北大附中网校等等，都是这些垂直门户的组成部分。[②]

2000 年 8 月 23 日，联想宣布以 3 亿元巨资收购财经网站"赢时通"40% 的股份。12 月 13 日，杨元庆与新东方创始人俞敏洪坐在一起。联想宣布将出资 5000 万元人民币与新东方共同建立新东方教育在线。联想占股 50%，投入教师、教材、品牌的新东方占服另外 50%。

在 2000 年这个漫长的冬天，联想显得格外大方。不过，这些收购仅仅过了一年，就成了让联想痛苦不已的鸡肋。2001 年联想从天使变成魔鬼，它陆续撤出了已经贬值得惨不忍睹的投资。3 亿元买来的赢时通的股份，想 2000 万元卖掉，却发现很难出手。

2001 年 6 月 11 日，联想和 AOL 时代华纳在京联合宣布，以 FM365 为基础，成立合资公司，联想持股 51%。按照双方约定，联想与 AOL 将分别向合资公司分阶段投资约 1 亿美元，初期各投 2500 万美元。杨元庆说："FM365 原有管理团队及客户基础都是合资公司非常宝贵的资源。"不过 4 个多月后，FM365 就开始了大裁员，一直裁到连域名缴费联系人都没有了。

---

① ISP 业务，即互联网接入服务。
② 《方礼勇，亲历 FM365 网站的陨落》，https://www.admin5.com/article/20090311/135219.shtml。

任正非：美国和我们在山顶相遇的时候怎么样

任正非一直在仔细地观察着大洋彼岸的硅谷公司们，在战略上推演着华为未来十年乃至二十年的战略。2000 年，任正非向华为人推荐了一篇名为《不眠的硅谷》的报道。任正非文中写道：

"这些编程人员、软件开发人员、企业家及项目经理坚守'睡着了，你就会失败'的信条，凭着远大的理想，借助大杯大杯的咖啡，他们会坐在发出荧荧光线的显示屏前一直工作到凌晨四五点，有时甚至到 6 点，而不是舒舒服服地躺在床上。这就是参与超越时区的国际市场的代价：每天都有新的起点，不断狂热地开发着'互联网'技术……""工作到深夜几乎是今日硅谷中大约 20 万高科技大军统一的生活方式，那些按照传统日程工作的人每天有两个交替的时段，而在高科技工业园的停车场里，可能在凌晨 3 点还依然拥挤不堪。而许多把黑夜当作白天的人会在夜里把家中的计算机联到办公室的网络上……""正如体育运动一样，高科技领域主要是年轻人的天下，这取决于衰老过程的极限。据统计，在这个行业中，35 岁以下的单身男子占绝大多数——有些人趁他们还未变老之前，拼命地、尽可能地从自己身上多榨出些产品（同时从公司领到报酬）……"

任正非向华为的同事们强调：

"我们牺牲了个人，牺牲了家庭，牺牲了父母，其实就是为了一个理想。这个理想就是要站在世界的最高点。为了这个理想，迟早和美国是有冲突的，我们感受到这个冲突的时候，在 2000 年左右，从那时候我们就开始准备，美国和我们在山顶相遇的时候怎么样，我们是最没有钱的公司，可怜得不能再可怜了。我们交税将近是两百亿美金，我们的科技经费将近是两百亿美金。我们人工工资加起来也快三百亿美金。在这种情况下我们还拿出大量的钱来做暂时用不上的事情，是很艰难的，咬着牙坚持了这么多年，慢慢也挺过来了。因此我们从来没有排斥和抵制，我们家人现在也还在用苹果手机。

"苹果的生态要比华为好，不能狭隘地爱华为就是爱华为手机，他们出国的时候我送他们苹果电脑、iPad、手机，因为他们学习不方便。不能说用华为产品就是爱国，不用就不爱国。华为只是个商品。如果你喜欢就用，不喜欢那就不要用。不要和政治挂上钩。我马上就要出文件，制止员工瞎喊口号。我们公司不能使用民粹主义，这是害国的。因为中国国家未来的前途在开放。国家发展工业，过去的方针就是砸钱，芯片砸钱不行，得砸数学家、物理学家、化学家。我们这又有几个在认真读书啊。其实华为没有哲学，因为我个人没学过哲学，我认为华为公司所有哲学就一条，就是以客户为中心，为客户创造价值，因为我们的钱在客户口袋里面。你就得有好的商品、提供好的服务。秘密就这么一条。不要作假，要好好地认真做。其实我们的治理结构全在网上公布过，反正就是不让资本进来，除此之外，什么方向都可以讨论。我们不需要资本进来，因为资本贪婪的本性会破坏我们理想的实现。Google 是一个好公司，而且是一个高度负责任的公司。Google 也在说服美国政府解决这个问题。我们也讨论了救济方案。变通的救济方案怎么做。专家们还在做这个事情。"[1]

华为的日子，并不好过。2000 年的冬天，也是电信业的冬天。任正非召开了第一次海外出征大会，派遣员工出去拓展海外市场。华为在深圳五洲宾馆举办了出征将士送行大会，并打出了颇为悲壮的口号："青山处处埋忠骨，何须马革裹尸还。"[2]

李彦宏：众里寻他千百度

2000 年 1 月 1 日，李彦宏创建百度公司。百度公司的名字来自南宋词人辛弃疾在《青玉案·元夕》中的那句："众里寻他千百度，蓦然回

① 《任正非：美国政客目前的做法低估了我们的力量》，中国新闻网，2019 年 5 月 21 日，https://www.chinanews.com.cn/m/gn/2019/05-21/8842613.shtml.

② 希文：《任正非内部讲话》，哈尔滨出版社，2017 年。

首，那人却在灯火阑珊处。"多年后，百度最高层所使用的会议室，正是以"青玉案"来命名。

李彦宏回忆："21 年前，当我从美国硅谷回到北京创立百度时，我曾希望像在硅谷一样，招有 5 年左右工作经验的工程师加入我们的初始团队，因为小公司没有时间和金钱从头培养人。但最终我们招的几乎是清一色的应届毕业生，因为那时候还没有公司在中国培养出能为互联网所用的技术人才。"

李彦宏曾在多年后[1]回忆第一次见媒体时的感受，他直言："我觉得比较尴尬。"2000 年，李彦宏从硅谷回国创立百度不久，在当时的办公地点北大资源宾馆做了一次媒体沟通。他和团队给媒体分享纯技术的内容，大多数媒体人听不懂这群人在讲什么。这时百度的商业模式，是向其他门户网站提供技术，而不是面向终端消费者，因此解释和理解起来，都有些难度。

这时的门户网站，都已标配了搜索功能，人们有些不太理解这家名为"百度"的公司价值到底有多大。这时，像搜狐这样的门户，牢牢地把持着用户上网的入口。搜狐有一句脍炙人口的广告语："出门看地图，上网找搜狐。"

百度在初期的商业模式是向门户网站提供搜索引擎服务。

2000 年 5 月，百度以每年 8 万美元的价格，向硅谷动力卖出第一套搜索服务。这是一场关联交易，因为百度的投资人也投资了硅谷动力。1999 年底，硅谷动力一下子拿出了 1000 万美元的投资，急于扩张。因为和百度拥有共同的投资人，硅谷动力顺水推舟，购买了百度的服务。

2000 年 9 月，因为按约 6 个月内写出了搜索引擎，百度得到第一个投资商明德投资[2]的认可，明德投资推荐德丰杰联合 IDG 向百度投资 1000 万美元，这让百度拥有了充足的"过冬粮草"。

在大洋彼岸，2000 年 5 月，Google 每天进行 1800 万次查询，成为

---

[1] 极客公园 2018 年创新大会现场。

[2] Integrity Capital Partners。

互联网上最大的搜索引擎。到了 6 月，雅虎宣布放弃搜索引擎服务商 Inktomi，选择 Google 为自己提供搜索引擎服务。

而到了 2001 年夏天，包括 ChinaRen、搜狐、新浪在内，中国的主流门户网站几乎清一色采用了百度搜索引擎服务。Google 与百度，开始在太平洋两岸分别开启自己的商业传奇。

张一鸣在多年后，也曾这样致敬[①]2000 年的百度：

我觉得在 2000 年左右做搜索的公司其实是挺有魄力的，互联网早期有这么多看起来已经有模式的大生意，耐得住诱惑做技术工程量这么大的事情！要知道，当时的人才数量、硬件价格、开源普及的程度都比现在差很多。谁想到搜索会成为真正最大的业务。

2000 年，这是盛宴高潮，还是序曲？

1995 年时，全球互联网网民不到 4000 人；到了 2000 年，全球网民数量达到了 3.61 亿。即便互联网泡沫最终走向破灭，但是互联网热潮再也不会停止。互联网无疑是整个人类 20 世纪 90 年代最重要的"兴奋剂"，也一跃成为变革时代的最大力量。

根据 CNNIC 的数据[②]，截至 2000 年 12 月 31 日，中国上网用户数为 2250 万，上网计算机数为 892 万台。用户最常用的网络服务前五名分别为：电子邮箱（95.07%）、搜索引擎（66.76%）、软件上传或下载服务（50.56%）、各类信息查询（44.65%）、网上聊天室（37.53%）。

这一年，比尔·盖茨在电视上警告世人："人们大大高估了互联网 5 年后的样子，但又大大低估了其 10 年后的样子。"的确，回到 2000 年的节点，没有人能够预料，科技互联网行业到底将会如何演变。

---

① 张一鸣微博，2012 年 8 月。
② 问卷调查的用户中，男性占 69.56%，女性占 30.44%，年龄在 18 ～ 30 岁的青年人占 60.02%，未婚占 62.93%，已婚占 37.07%。

从 1994 年到 2000 年，中国互联网走过了属于自己的"青铜时代"。
在这 7 年中，互联网行业在全球范围内实现了从无到有，也遭遇了第一
次行业危机。以新浪、搜狐、网易为代表的三大门户成为中国市场的领
军公司。到了 2000 年，中国互联网的信息、泛娱乐、社交、电商、计
算平台这五大赛道初步成型。

这一年，中国互联网行业的第一个三巨头"三大门户"集体赴美上
市。4 月 13 日，新浪成功在纳斯达克上市；6 月 30 日，网易在纳斯达克
股票交易所正式挂牌交易；7 月 12 日，搜狐正式在纳斯达克挂牌上市。
新浪在纳斯达克上市，打开了中国互联网行业走向世界的大门，由新浪
首创的 VIE 模式成为中国互联网公司赴美上市普遍采用的模式

但所有中国互联网创业者所面临的，却是美股的一泻千里。2000 年的
互联网犹如万束烟花同时绽放，在最辉煌的顶点突然幻灭，瞬时天昏地暗。

所有人都在猜，这是盛宴的高潮，还是盛宴序幕？

【战略金句】

◇ 马克·伦道夫：我们只能把它打得屁滚尿流了。

◇ 比尔·盖茨：人们大大高估了互联网 5 年后的样子，但又大大低估了
其 10 年后的样子。

◇ 贝佐斯：当股票上涨 30% 的时候，你并没有感觉到你比过去聪明了
30%，因此，股票下跌 30% 时，你也不应该感觉比过去愚蠢了 30%。

扫码阅读本章更多资源

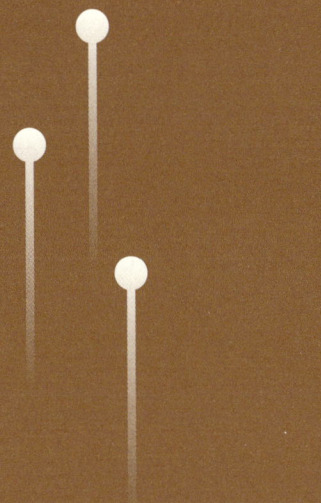

白银时代

2001
—
2009 年

2001

西湖论剑

"我始终相信，在这个世界上，一定有另一个自己，在做着我不敢做的事，在过着我想过的生活。"

——电影《千与千寻》，2001

　　3月，搜狐股票从 12 美元发行价跌破至 1 美元，张朝阳自掏腰包购买了一些股票。张朝阳"就是觉得便宜，挺划算的"。而这一年的很长一段时间里，一直盘旋在丁磊头脑中的问题是：怎么将网易卖掉？

　　苦恼于股票下跌这个问题的，不止张朝阳和丁磊，实际上全球的互联网弄潮儿们都在这一年陷入了苦闷之中。仅通过看一下美国"超级碗"上互联网公司的广告投入变化，就能够意识到这个"冬天"有多冷。在 2001年 1 月第 35 届"超级碗"举办期间，仅有 3 家网络公司购买广告。而在上一年"超级碗"上，则有 17 家网络公司进行赞助[1]。

　　市场变化是如此之快，人们发现原本繁忙的硅谷，

---

[1]　每家愿意为 30 秒的广告，支付 200 多万美元。

路上不再堵车了，连吃饭也不排队了。那些曾经拥挤的办公楼，正在开始变得空空荡荡。

杰夫·贝佐斯在这一年接受媒体采访时感慨："这些 .com 的公司大量花着风险投资人的钱，这些钱来得容易，花出去也容易，他们网上每笔买卖不惜亏损 5～10 美元。如果亚马逊要生存下去，就必须陪着他们疯下去。"

败局的情绪，在很长一段时间里，一直萦绕在全球的创业者头脑之中。这年 1 月，财经作家吴晓波出版了《大败局》一书。这本书另辟蹊径，抽丝剥茧般解剖了多个中国著名的企业的失败故事。可以说，这本书真正抓住了时代情绪，迅速畅销市场。

不论环境如何变化，科技互联网的弄潮儿们，继续做着普通人想都不敢想的事情。

图 8-1　吴晓波《大败局》

乔布斯：如果你没有热情的话，你肯定会放弃

在这年 1 月所举办的苹果 Macworld 大会上，乔布斯正式对外发布了 iTunes，所有苹果电脑用户都可以免费使用这款音乐管理软件。"和 iTunes 一起加入音乐革命吧，它可以让你的音乐设备的价值增加十倍！"

回归后的乔布斯，已经将苹果公司拽回了正轨，这位创始人希望能够带领苹果重回浪潮之巅。这一年，乔布斯在接受一家日本媒体采访时坦言：

有时候还是挺绝望的，但现在我就不这样想了，最早几年还是蛮痛苦的。我觉得最重要的事情是，如果你要创立一项新事物，你必须充满热情，因为这真的很难，创立一家新公司是件很难的事情，你必须很努力，如果你没有热情的话，你肯定会放弃，成功的人和不成功的人最大区别就是，那些成功的人不放弃，失败的人放弃得都很快，你必须保持热情，因为这真的很难。[①]

如果想要苹果发生一些实质性的变化，苹果必须推出一款革命性的产品。乔布斯意识到，苹果可以设计一个和 iTunes 配套的设备，让听音乐变得更简单。从 2000 年秋天开始，乔布斯就在加速督促以鲁宾斯坦为核心的设计团队，去设计一款便携式音乐播放器。但这个项目最大的挑战在于，要找到一个尺寸足够小但存储空间大的硬盘。

这年 2 月，机会意外降临。当鲁宾斯坦在日本东芝公司开完一个会议后，东芝的工程师们表示，他们即将在 6 月推出一款新产品：一个只有 1 美元硬币大小，却拥有 5G 容量的硬盘。东芝的工程师们还没有想明白怎么使用这款新产品。

当东芝的工程师把这个小硬盘展示给鲁宾斯坦时，他意识到用它能够实现的事情：把 1000 首歌装进口袋！ iPod 的研发所面临的最大问题也因此迎刃而解。

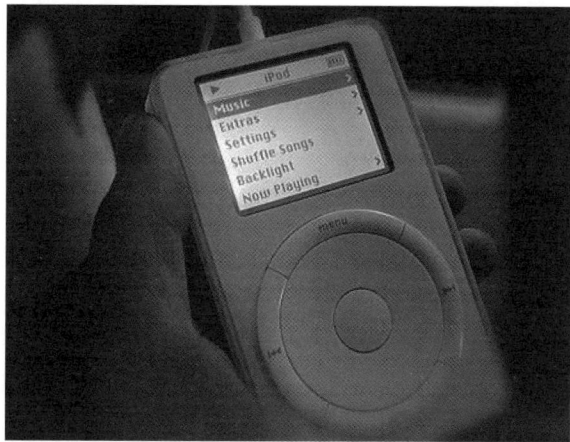

图 8-2　第一代 iPod

---

① 沃尔塔·艾萨克森：《史蒂夫·乔布斯传》，魏群译，中信出版社，2014 年。

在乔布斯看来，所有影响到用户体验的环节，苹果都必须牢牢把控。

在销售渠道方面，乔布斯也开始尝试为用户打造独属于苹果的销售体验。实际上，乔布斯早就开始秘密地面试一些能够支持打造苹果零售门店的专家。

2001 年 1 月，苹果的零售样板店终于初步设计完成，乔布斯邀请苹果董事会成员们参观。他先是在白板上向大家讲述了他的设计理念，然后带大家乘面包车前往两英里外的样板店。苹果董事会认为，苹果零售店将把零售和品牌之间的关系提升到一个新的高度，也能确保消费者不会把苹果电脑看成戴尔或康柏那样的大众化商品。

但外界并不这样认为。《商业周刊》发表了一篇题为《抱歉，史蒂夫，这就是苹果零售店无法成功的原因》的文章，其中写道："也许这次乔布斯不再'非同凡想'了。"文章还引用了苹果前首席财务官约瑟夫·格拉齐亚诺[1]的判断："苹果公司的问题就在于，他们仍然认为成长的秘诀是——当这个世界已经格外满足于奶酪和脆饼时，他们应该去卖鱼子酱。"零售顾问戴维·格斯丁[2]则断言："不出两年他们就会闭门歇业，并为这个错误付出痛苦而沉重的代价。"

此时的世界与中国

这年 6 月 29 日，电影《人工智能》上映。在电影中，21 世纪中期，由于温室效应，南北极冰川融化，地球上很多城市被淹没。此时，人类科技已经高度发达，人工智能机器人就是人类发明出来，用以应对恶劣自然环境的科技手段之一。电影中的机器人制造技术，让机器人不但拥有可以乱真的人类外表，还能感知自身的存在。

---

[1] Joseph Graziano。

[2] David Goldstein。

主人公莫妮卡的儿子马丁重病住院，生命危在旦夕，为了缓解伤痛的心情，她领养了机器人小孩大卫[1]。但当马丁苏醒恢复健康回到家里后，一系列的事情使大卫"失宠"，最后被莫妮卡抛弃。在躲过机器屠宰场的残酷追杀后，大卫在机器情人乔[2]的帮助下，开始寻找自己的生存价值：渴望变成真正的小孩，重新回到莫妮卡妈妈的身边……

与看起来还有些遥远的人工智能危机相比，9 月的一起恐怖袭击震惊了所有人。

9 月 11 日这天，四架美国民航航班几乎被同时劫持，其中两架撞击了位于纽约曼哈顿的世界贸易中心双子塔，一架袭击了首都华盛顿美国国防部所在地五角大楼，第四架飞机在宾夕法尼亚州尚克斯维尔坠毁。纽约世界贸易中心的两幢 110 层摩天大楼在遭到攻击后相继倒塌；五角大楼则遭到严重破坏，部分结构坍塌。此次事件共造成包括 19 名劫机者在内的 2977 人当场遇难（总死亡人数含后

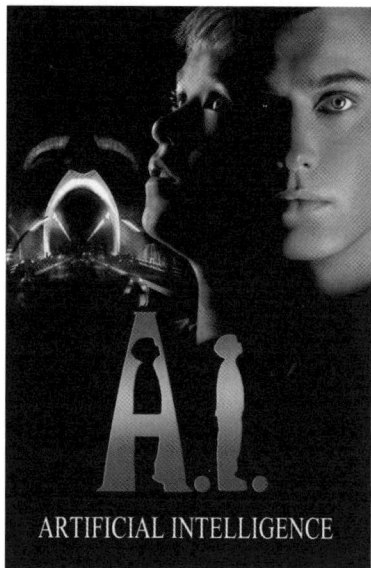

图 8-3　电影《人工智能》海报

续伤亡者达 2996 人），事发现场的清理工作一直持续到了 2002 年 5 月。

2001 年的"9·11"事件改变了美国，也改变了世界。"9·11"事件之后，纳斯达克指数连续跌至 825.8 的历史最低点[3]。"9·11"事件、互联网泡沫破灭等多重负面因素叠加，将美国经济拖入了衰退，而美国经济的转弱则引发了全球范围的经济衰退。

更令人伤感的是，原本纯粹以技术和商业驱动的互联网行业，不得

---

① 　海利·乔·奥斯蒙特饰。

② 　裘德·洛饰。

③ 　一直到 15 年之后的 2015 年 4 月，纳斯达克指数才重回当年的最高点。

不开始面对政治的强力入侵。10 月 26 日，美国总统乔治·布什签署颁布《美国爱国者法案》，极大地增强了美国联邦政府搜集和分析美国民众私人信息的权力[①]。

这一年，全球电影票房的前十名分别是：《哈利·波特与魔法石》《指环王 1：护戒使者》《怪兽电力公司》《怪物史莱克》《十一罗汉》《珍珠港》《木乃伊归来》《千与千寻》《侏罗纪公园 3》《决战猩球》。周星驰所主演的电影《少林足球》和韩国电影《我的野蛮女友》也让很多中国影迷印象深刻。12 月 21 日，冯小刚执导电影《大腕》上映，里面有句经典台词："他们搜狐，我们搜狗，不沾边各搜各的。"人们此时不会想到，电影中的"搜狗"，后来真的在现实世界中出现了。

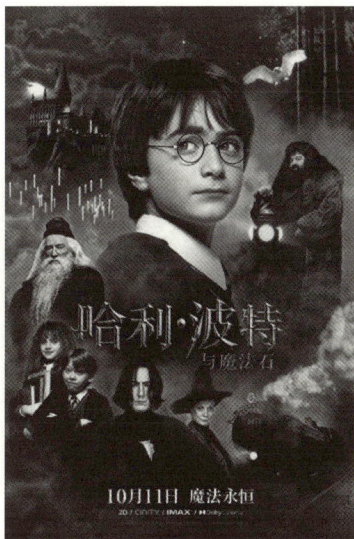

图 8-4 哈利波特与魔法石

中国电影人，也更多出现在了国际舞台之上。电影《卧虎藏龙》荣获第 73 届奥斯卡最佳外语片、最佳艺术指导、最佳原创配乐、最佳摄影四项大奖。由成龙参与主演的《尖峰时刻 2》，在北美年度榜单上杀进前五，最终排在第四位。

这一年，留在人们记忆中的流行歌曲有周杰伦的《双截棍》《爱在西元前》，王力宏的《唯一》，张学友的《如果这都不算爱》等等。而由雪村所演唱的《东北人都是活雷锋》也在网络上走红，成为了当年的热门歌曲之一。

2001 年的中国人，对国运感到无比的自信。

2 月 27 日，博鳌亚洲论坛成立。6 月 15 日，上海合作组织成立。中国依托它们作为与周边国家政治军事外交和经济合作的平台。6 月 29 日，

---

① 这也为 12 年之后爆发的"棱镜门事件"铺设了危险的法律之路。

连通西宁和拉萨的青藏铁路格拉段开工。

　　7 月 13 日，北京终于赢了。这一天北京时间 22 点整，在莫斯科，确定 2008 年奥运会举办城市的国际奥委会第 112 次全会，终于进入了高潮时刻。5 个申办城市进行了最后的陈述，依次是日本的大阪、法国的巴黎、加拿大的多伦多、中国的北京和土耳其的伊斯坦布尔。最终北京在这些世界城市的竞争中，脱颖而出，获得了 2008 年夏季奥运会的主办权。

图 8-5　大众祝贺北京申奥成功

　　那一天，全中国有 3000 个新生儿起名叫"奥运"；另外有 4000 个新生儿，用了奥运会吉祥物五个福娃的名字。中国社科院则预测，在后续几年内，奥运经济将使中国的国内生产总值增加 0.5 个百分点。

　　10 月 7 日，中国男子足球队在沈阳五里河足球场，以 1∶0 击败阿曼队，正式获得 2002 年韩日世界杯决赛圈的出线权。这是中国队历史上首次出线，无数中国球迷对即将到来的世界杯充满期待。

　　这年 11 月 10 日下午，在卡塔尔首都多哈，世界贸易组织第四届部长级会议，审议通过了中国加入世贸组织的决定。12 月 11 日，经过 15 年漫长的谈判，中国终于正式成为 WTO 的第 143 位成员。在全球化的世界中，中国不再是一个旁观者，而是一个积极参与者。

加入 WTO 有机会让中国的经济增长率每年提升 2%～4%，而这则意味着，中国每年的出口将实现千亿美元以上的级数增长[1]。"中国制造"这台已经等待太久的发动机，急不可待地转动了起来。有专家认为，加入 WTO，就像开通了新时代的"丝绸之路"，让中国有机会再现"汉唐荣景"。

贝佐斯：找到了亚马逊的增长飞轮

这一年，全美最畅销的商业图书是管理学吉姆·柯林斯[2]的《从优秀到卓越》。这本书描绘了优秀公司实现向卓越公司跨越的经典路径。吉姆·柯林斯认为，与其从公司之外请来被奉若神明的名人做领导，内部成长出来的公司领袖往往更可能带领公司实现从优秀到卓越的跨越。

在 2001 年为期两天的管理会议以及后来线下的董事会上，亚马逊邀请了吉姆·柯林斯对亚马逊的高管说："你必须了解公司在哪一方面应该做到更胜一筹。"

图 8-6　书籍《从优秀到卓越》

通过借用柯林斯对飞轮效应（flywheel）和自我强化（self-reinforcemcmt）

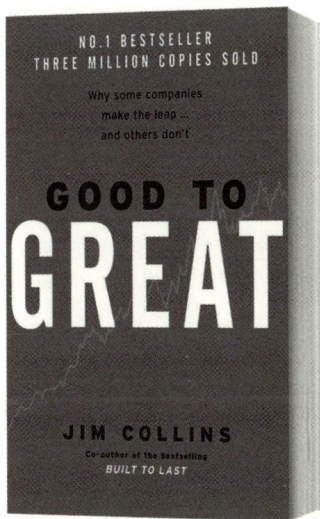

---

[1]　事实上在此后多年中，中国经济对世界经济增长的贡献，一直维持在 13% 以上。

[2]　Jim Collins。

所下的定义，贝佐斯与其助理团队描绘了公司步入良性循环的前景，他们相信这会成为公司发展的强大动力。公司的未来增长飞轮是这样的：以更低的价格来吸引更多的顾客。更多的顾客意味着更高的销量，而且也会把付给亚马逊佣金的第三方销售商更多地吸引到网站来。这也会使亚马逊从固定成本中赚取更多的利润，如物流中心和运行网站的服务器。更高的效率会使价格进一步降低。

亚马逊的管理者们推断，任何一个飞轮只要运行顺畅，就会加速整个循环过程。亚马逊的高管为此感到兴奋不已。[①]多年后的贝佐斯，这样回忆亚马逊的这段旅程：

从成立到 2001 年底，亚马逊的业务累计亏损近 30 亿美元。到今年第四季度，亚马逊终于迎来了第一个盈利季度。聪明的分析师预测 Barnes&Noble 会给我们带来蒸汽，并给我们贴上"Amazon.Toast"的标签。1999 年，在我们做了近五年的生意之后，巴伦的头条新闻是我们即将灭亡的"亚马逊炸弹"。

我在 2000 年的年度股东来信以一句话开头："哎哟。"在互联网泡沫的巅峰时期，我们的股价达到了 116 美元的峰值，泡沫破裂后，我们的股价跌到了 6 美元。专家们认为我们要破产了。很多聪明的人愿意和我一起冒险，也愿意坚持我们的信念，亚马逊才能生存下来，最终取得成功。[②]

马斯克：我觉得我们可以自己造火箭

马斯克的航天梦还在继续。

从 2001 年底到 2002 年初，马斯克曾两次前往俄罗斯，他希望从俄

罗斯人手中购买弹道导弹，用来发射火箭到火星。但面对俄罗斯人开出的"天价"，马斯克很是无语。俄罗斯人所展现出的蛮横无理，更是让马斯克感到愤怒。

在谈判的过程中，马斯克竟被俄方的总工程师"意外"一口痰吐在了鞋上。曾陪同马斯克前往俄罗斯的前 NASA 副总长洛丽·加弗[①]回忆："俄方人员的举动把埃隆气得，在回程的航班上下定决心要自己开火箭公司跟他们打对台；如果海伦的美貌让千艘战船扬帆驶向特洛伊，那俄罗斯人的这口痰就是让千艘星舰发射向火星的原动力。"[②]

是的，马斯克愤怒地登上了回美国的飞机。与马斯克同行的两位友人在飞机上开始喝酒庆祝，他们觉得俄罗斯人虽然粗鲁，但也终于让马斯克清醒了一下，放弃了太空梦。马斯克则坐在他们前面一排，皱着眉头，在电脑前敲打着什么。两人心想："这个傻子，他现在还能干吗？"

马斯克突然转过身来，向他们展示了他制作的电子表格，并直截了当地说："兄弟们，我觉得我们可以自己造火箭。"在马斯克的电脑屏幕上，清楚地列出了建造、装配和发射一枚火箭所需的所有成本。

马斯克意识到，限制人类太空事业的主要瓶颈是成本。他果断地将 SpaceX 初期的愿景定位为：成为太空领域的西南航空，将发射成本降低到十分之一。

丁磊：不是说我不卖，而是财务审计出了问题

出于成本的考虑，2001 年，丁磊把网易的总部从北京迁回了广州。

这年 9 月 5 日，可以说是丁磊生命中黑暗的一天。网易接到纳斯达克通知，已经被停牌了。问题出在网易的财务报表上。按规定，网易应

---

① Lori Garver。

② Lori Garver：《脱离重力：我从改变 NASA 到推动新太空时代的征程》，https://new.qq.com/omn/20220702/20220702A03UIX00.html。

在 7 月 15 日之前递交年报，但是由于 CFO 换人、收购谈判等众多事情纷扰，网易没有及时完成，需要拖后两个星期。

7 月 19 日这天，网易突然收到纳斯达克证券市场的通知，告知纳斯达克打算在 7 月 27 日开市时，对其存托股交易予以停牌，而原因正是没有收到网易的财报。纳斯达克还改变了网易的股票代码，在后面加了一个 E，变成了 NTESE，这是对未及时呈送年报公司的"专属待遇"。

网易股价随即狂跌，从 1.24 美元跌至 0.82 美元，跌破纳斯达克摘牌警戒线。到 7 月 26 日，网易的股价跌到了 0.6 美元。丁磊意识到事情的严重性，一方面立即委派律师与纳斯达克交涉，另一方面敦促第三方审计尽快递交审计报告。

7 月 27 日，财报终于到达了纳斯达克，而纳斯达克也同意审核该份财报。但雪上加霜的是，这份财报的结果显示，2000 年网易的财政年度净收入为 370 万美元，而不是原本报出的 790 万美元。

8 月 31 日，网易对外宣布对去年的财务报表进行修正。网易净亏损额从 1730 万美元上升至 2040 万美元。这直接导致了纳斯达克以财务报表存在疑点为由叫停了网易股票交易。丁磊随即辞去董事长和 CEO 职务，转任首席架构设计师。

"其实那段时间很迷茫，连卖掉网易的心都有过。不卖的原因也不是说我不卖，而是我们的财务审计出了问题，人家不肯买了。"丁磊一时间找不到路。丁磊曾向步步高的段永平请教如何才能卖掉手中的"山芋"，再重新开一家公司。段永平回复丁磊："你现在不就在做一家公司，为什么不做好呢？"

重新振作起来的丁磊为网易找到了一根"救命稻草"——短信增值业务。2001 年 1 月，网易与移动梦网合作，成为第一家推出短信业务的门户网站。2002 年第二季度，网易短信增值业务为网易带来 1500 万元收入，助其成功扭亏为盈。

但丁磊知道，短信业务缺乏技术门槛，随着玩家增多，市场份额只会越来越小。丁磊将增长目标放到了自研游戏这个方向上。但这个决定让丁磊背负了极大压力，因为自研付费在线游戏能否成功充满了变数。网易开始投资开发网络游戏《大话西游》[①]。

多年后，丁磊在一所大学演讲时说道："在 30 岁之前，我最大的收获并不是赚到了两三个亿，而是有过一段亏掉了两三个亿的经历。"

变迁之中的中国网络广告行业

为了增加营收，中国主要的门户网站积极尝试拓展新业务，在短信服务、收费邮箱、个人主页、搜索引擎注册、在线游戏等多方面进行尝试。

如果从 1997 年的搜狐广告算起，中国互联网广告已经发展了五年时间。主要的互联网公司们，大多还非常依赖广告收入生存。但网站上相对有限的空间，对广告排布有着较大的限制。

2 月初，美国的 CNet 在网站上率先开始大规模使用大尺寸网络广告，广告幅面可以达到 300×300 像素。这样的广告尺寸，是传统网幅广告的三四倍。

国内的网易、新浪、搜狐快速跟进，设计推出了适合各自平台形式的大型尺寸网络广告。到这年的年底，大部分商业网站都推出特殊形式的大尺寸广告，其中强制性的弹跳窗口、悬浮图片等形式的广告层出不穷。

这年 6 月，新浪还在中国网络门户中率先推出分类广告。分类广告也是分类信息，主要为中小企业客户提供分类信息宣传，单条的广告价格十分便宜。新浪采用代理制来进行业务推广，减少了人力和推广的投入。虽然分类广告只能算作文字信息，分类广告的业务量也并不大，但却加深了很多人对互联网是第四媒体的理解。

腾讯在 2001 年因域名纷争，将自己的王牌产品的名称从 OICQ 正

---

① 最终，网易的自研游戏《大话西游》《梦幻西游》大获成功。

式更改为 QQ。根据当年的统计数字，QQ 的注册用户已经达到 9000 万，最高同时在线人数更是接近 200 万。

腾讯也在尝试拓展广告收入。使用新版本的用户发现，QQ 的聊天面板已经做了"变脸"手术，增加了一条小广告条，而且还有鼠标触发功能，可以弹出更大的广告。另外，QQ 还根据系统开发了启动弹出式广告、消息式广告等多种网络广告形式。

凭借庞大的用户群，QQ 每天的用户面板上的小广告条显示量可以达到 10 亿次，在某种意义上，成为了中国最大网络广告媒体之一。对于要求低成本宣传的广告主来说，如果方案设计恰当，这种 CPC[①] 形式的广告可以达成很好的效果。

这一年，中国网民数量已经上升到 3000 万量级，而网络媒体的互动性、可统计性、表现性等独有的特征，让越来越多传统广告主开始采用网络媒体作为广告宣传的重要渠道。这一年，乐百氏在新浪网上所尝试的整合营销方案获得了不错的效果。肯德基也在搜狐上进行了成功的广告营销。中国网民们通过网络广告，对 Intel、IBM、摩托罗拉、索尼等国际公司的品牌和产品有了更多认知。

李彦宏：搜索第三定律叫作自信心定律

2001 年夏天，刚刚做完一次不小的手术，李彦宏有了一段难得的"休息"时间。

虽然平静地躺在深圳的病床上，但李彦宏的脑子一刻都没有离开公司：怎么才能赚到钱让公司活下去？

彼时，百度成立刚刚一年多，主要的商业模式是"做出最好的中文搜索引擎，卖给门户网站"。搜狐、新浪、ChinaRen 等中国当时主流的门户网站，使用的大多是百度的搜索服务，而百度的盈利主要就是从门

---

① 每次广告点击成本。

户网站那里获得的"服务费"。

可是，2001 年对于全球的互联网产业来说，都是一场难熬的寒冬。2000 年底，美国纳斯达克股市突然崩盘，股指跌去大半，一直虚火中烧的网络泡沫也在一夜之间破灭。冲击波很快就到了中国。随着投资人的断粮，前一夜还风光无限的互联网新贵们开始大量倒闭。

日子越来越难过，曾经出手阔绰的门户网站也开始大幅压缩成本，其中当然也包括付给百度的"搜索服务费"，很多网站要求的折扣越来越低，而且还常常拖欠。

"商业化、赚钱、活下去。"李彦宏反复思量着这些问题，他决定让百度从幕后转向台前，要做独立的搜索引擎网站，然后通过搜索结果排名的"竞价"实现广告盈利，这就是后来广为人知、在一段时间内为百度带来巨大收益的"竞价排名"模式。

于是，李彦宏开始拖着带病的身体与散布在美国、新加坡、北京的董事们"沟通"自己的新想法，更准确地说是"争吵"，因为几乎没有董事支持他的想法。

一向温和、谨慎的李彦宏表现出异常的坚定和强硬，百度深圳分公司总经理刘计平后来回忆：从来没有见过李彦宏如此激动，温文尔雅的他甚至说了脏话，连电话都摔了。最后投资人因为李彦宏的"态度"而不是"论据"，勉强同意他去"试一试"。[1]

百度在决定做搜索引擎的一刻，门户网站们都还没有意识到，这是新时代的"真正门户"，甚至将会变成中文互联网"唯一的入口"。

2001 年 8 月，baidu.com Beta 版上线，百度使用了和 Google 首页同样的清爽设计：白底搜索盒，加上一个看上去像狗爪子的印记。极富特色的中文名字和可爱的爪印获得了网友们认可。

在 baidu.com 上线搜索服务时，李彦宏写了一篇名为《搜索引擎第三定律》的文章。李彦宏认为：第一定律就是词型统计，第一代的搜索

---

[1] 孙冰《最年轻的传奇：互联网 10 年纪事》，《中国经济周刊》2012 年第 33 期，http://paper.people.com.cn/zgjjzk/html/2012-08/23/content_1102286.htm。

引擎全部是基于词型统计的；第二定律是超链分析，这是李彦宏在美国的时候发明的；第三定律叫作自信心定律，即当用户搜索一个词的时候，谁愿意充的钱多，就说明他更加自信，表明他的内容对这个用户是更相关的，所以就把它排在前面，就叫竞价排名。但这个词很容易误导人，事实上不是谁出钱最多就排在前面，还有其他考虑的因素。对于一个用户来说，是不是商业推广不重要，重要的是这个结果有没有满足他的需求。所以出于这种理念，我们一直没有把推广放得那么清楚。后来确实有很多人在抱怨，正好这次契机，如果更清楚标明，大家接受程度会更高的话，我是没问题的。[①]

图 8-7　早期的百度首页

9 月 22 日，百度竞价排名系统上线。因为搜索引擎特殊的用户体验，让这个系统成为了一个性价比极高的推广平台，因此备受中小企业的欢迎[②]。成千上万的中小企业只要愿意付出广告费，就可让自己的网页更容易被普通用户搜索到。百度几乎一夜之间在互联网上建造了一条"高速公路"，由百度独家收取"过路费"。

① 宋玮：《对话李彦宏：百度的危与机》，《财经》，2016 年 6 月 27 日。
② 到 2002 年底，百度的竞价排名销售达到了 580 万元，基本实现预定目标。

王志东：我认为是出卖

这一年最让人唏嘘的创业者，是新浪的王志东。

6月4日，新浪网主页显著位置刊登了一条令人震惊的新闻：《新浪网执行长王志东辞职》。新闻中写道："首席执行官王志东已经因个人原因辞职，同时他还辞去了新浪网总裁与董事会董事的职务。"

6月25日一早，王志东身穿新浪标志性蓝色衬衫出现在了新浪万泉庄小学办公室。王志东举行新闻发布会表示，自己没主动辞职，也没有签过有关的文件，他在法律意义上依然是新浪的法人代表，对新浪负法律责任。"我很负责地说，我绝不会以所谓的个人兴趣为名，逃离一线的战友。"

王志东表示："我从来没有提出过辞去新浪网的CEO、总裁以及董事会董事的职务，也从来没有签署过任何与此相关的文件。在这个事件之前，我事先并没有得到他们要采取这一行动的任何的通知。我认为是出卖，我并不是说一定强调说是某个人对我进行出卖，我觉得是某种力量，产生了一个出卖的行为。"

舆论几乎一边倒地支持王志东。这位新浪网的缔造者曾经亲自开门迎接每一位董事进门。在媒体的眼睛里，创造新浪的人是王志东；把新浪做成中国门户第一品牌的人也是王志东；把新浪带到纳斯达克的人，还是王志东。

这样一个人，有什么理由被解职呢？问题出在新浪的股价上。

新浪自2000年4月上市后，股价从每股55美元下跌至每股1.60美元。新浪股东们先后投入的1.6亿美元的每股均价则为4美元。股东们无法再忍耐一直处于预势的新浪股价，因此王志东被迫出走。

这个悲伤的故事，几乎是1985年乔布斯离开苹果事件的中国翻版。略显尴尬的是，纳斯达克在6月1日知道了这个消息后，新浪股价当天就上涨了。但这一事件，也让无数后来的创业者意识到，一旦创始人没有绝对控股或者拿到超级投票权，早晚会失去对公司的掌控权。

王峻涛：辞去 My8848 董事长职务

　　与闹得"满城风雨"的王志东相比，王峻涛卸任 8848 董事长则显得十分低调。8 月 8 日下午 4 点 8 分，中国第一家 B2C 公司 8848 的创始人，《大连金州不相信眼泪》的作者"老榕"王峻涛辞去了董事长职务。他对媒体说："辞职就是一种业务重启，需要换一种方式做事业。王志东就重启了，现在我也需要重新启动一下。"①

　　人们在猜测王峻涛离开的原因，按照王峻涛自己的说法："自 2001 年 4 月份以来，各方股东在有关协议的具体执行和权益分配方面发生重大分歧，极为严重地影响了公司的日常经营与后续发展。本人身为公司董事长，一直奔走南北居中斡旋，几个月来，终不能完成调和股东分歧、使公司董事会原定经营目标顺利进行的愿望，故此决定辞职。"

　　1999 年底，8848 拿到了第一笔风险投资，当时一个号称"国际化"的管理团队进驻了 8848。王峻涛后来曾有一段"精彩"的说法见诸大小媒体："我居然在一年前就错误地认为 8848 的事业已经上了正轨，整部车可以交给职业司机来开了，本人可以坐在汽车的后座舒舒服服地躺着，开到地方我下来就完了，开着开着我觉得不对劲，车子现在开到戈壁滩了，根本没有路，职业司机也傻了，不知道该怎么开了。"

　　王峻涛在辞职信里写道："今天，中国的 B2C 电子商务事业和整个电子商务事业处在最好的产业发展时期，对此，我的信心没有丝毫的怀疑或动摇。B2C 电子商务事业在中国的土壤中成长壮大的环境日臻完善，已远远超过了两年前本人创办珠穆朗玛电子商务公司（8848.net）时对现在最乐观的估计。分拆后的 My8848.net 公司在最初几个月发挥出来的纯熟干练的电子商务运作手段与技巧，已使亏损额从一年前的每月最高 600 余万元下降至 100 余万元；My8848 网站的用户浏览量比去年同期增

长了大约 11 倍；市场份额在中国 B2C 领域遥遥领先。本来，如果公司的经营不受干扰，按照当时的自然成长，公司也可在本月 2001 年 8 月份实现盈利。"

马云：让天下没有难做的生意

不同于"老榕"的悄悄下场，马云此时带领着阿里巴巴继续加速前进。

在先后拿到高盛、软银投资的 2500 万美元后，阿里巴巴把总部迁至上海，还在美国、英国、日本以及中国香港设立了子公司。马云计划将公司变为全球架构，"将红旗插遍全世界"。但很快互联网泡沫破裂，此前激进的全球计划显得非常不合时宜。

这年 1 月，阿里巴巴账上只剩下了 700 万美元。如果继续之前全球布局思路，这些钱最多能坚持半年。更危险的是，前期投资者明确表示短期内将不会追加投资。为了解决问题，马云一直在寻找一位管理大师。

1 月份，经过漫长的面试，关明生成为了阿里巴巴新的 COO。关明生出生在香港，曾在英国求学。在加入阿里前，关明生在通用电气（GE）已工作了 15 年，主要负责通用电器医疗器械部门在中国的业务，有着丰富的管理经验。

关明生带着 17 年 GE 的工作经验进入阿里巴巴。关明生开始大刀阔斧地裁减中国香港、美国硅谷等地的海外团队，最终将阿里的 300 多员工"砍"到只剩 100 多人。这样的员工规模，能够让阿里巴巴每个月"只烧"50 万美元，为阿里争取了宝贵的 18 个月生存时间。[1]

里德·霍夫曼曾在《闪电式扩张》一书中强调，只有那些满足于每年增长 15% 的公司才会不慌不忙地招募理想员工并沉迷于企业文化。

---

[1] 程璐：《对话阿里首任 COO 关明生：不要浪费任何一场危机，有谋有断打天下》，界面新闻，2023 年 8 月。

阿里自成立起就一直在大谈特谈愿景使命，但一直没有一套成体系且明确的框架内容。关明生进一步帮助阿里厘清了公司的愿景、使命和价值观。

阿里巴巴的使命是"让天下没有难做的生意"；愿景是"只要是商人就要用阿里巴巴"；九个价值观是"激情、创新、教学相长、开放、简易、群策群力、专注、质量、客户第一"。在关明生的坚持下，阿里巴巴每个员工的季度评估中绩效和是否坚持阿里核心价值观各占了 50% 的权重。

关明生曾在一场内部会议中强调："我们的使命是什么？我们的价值观是什么？这是非常非常重要的。不然的话我们跟别的公司一点分别都没有。"很多员工对这类虚头巴脑的企业文化不以为然。"我当时觉得还不如让我接两个电话，对客户还有点帮助。说不定让这家公司还能多坚持开门一分钟。听这些形而上的对公司有什么帮助？"后来成为阿里巴巴首席人才官的蒋芳回忆。

这段时间，阿里巴巴还投资了 100 万元对员工和管理团队进行了大量培训。阿里的内部培训体系"百年大计"也逐渐成型。这套培训制度被称为"百年阿里"。

在组织建设和文化建设的同时，没人清楚，如何才能最终活下来。阿里巴巴尝试了非常多的业务，注册域名、帮助商旅客户订酒店和机票。阿里联合创始人之一的余建杭曾回忆："当年面临两种选择，一种是找大客户做一个解决方案，收费会很高；另外一派就要坚持回到我们自己的初心，提供一个通过互联网平台化的这种服务。"

马云认为阿里巴巴的立足之本是中小企业，阿里的使命是"让天下没有难做的生意"。马云决心关掉全线业务，所有人回到中小企业服务的大方向上来。

阿里巴巴推出了自己的第一个付费产品"中国供应商"，做收费会员，为中小企业提供服务。阿里巴巴在全国范围内成立了直销团队。在长三角、珠三角甚至逐渐形成了这一俗语：防火防盗防阿里。

大量中小型企业分散在城郊的产业带中，许多企业有付费获取有价值信息的意愿。而面对面推销的效率无疑是最高的。这一批冲在第一线的直销团队逐渐有了一个响亮的名字："中供铁军"。"深夜回到出租屋，两毛钱打一壶热水，一半泡脚、一半泡面。"这是很多销售人员的日常工作状态。由于在进入企业厂区时常常首先看到的是条狗，大部分销售人员使用黑色硬壳的公文包防身。经过一年努力，阿里巴巴注册会员突破了100万家。

2001年12月，阿里巴巴冲破收支平衡线，盈利达几万美元，同时网站注册商人会员突破100万家。中国互联网公司终于开始走出了烧钱岁月。

任正非：现在是春天吧，但冬天已经不远了

任正非看起来，永远忧心忡忡。年初，任正非在《华为报》上发表《华为的冬天》，在这篇文章一开始，任正非就指出：

公司所有员工是否考虑过，如果有一天，公司销售额下滑、利润下滑甚至会破产，我们怎么办？

我们公司的太平时间太长了，在和平时期升的官太多了，这也许就是我们的灾难。泰坦尼克号也是在一片欢呼声中出的海。而且我相信，这一天一定会到来。

面对这样的未来，我们怎样来处理，我们是不是思考过？我们好多员工盲目自豪，盲目乐观，如果想过的人太少，也许就快来临了。居安思危，不是危言耸听。

就在前一年，华为刚刚完成了220亿元的销售额，同时以29亿元的利润夺取中国电子行业百强之冠。但任正非呼吁他的同事们思考"活下去"的问题：我们大家要一起来想，怎样才能活下去，也许才能存活得久一些。失败这一天是一定会到来的，大家要准备迎接，这是我从不动摇的看法，这是历史规律。

任正非判断互联网经济泡沫会冲击到电信市场。华为开始做各种调整，为公司的高质量生存"织一件棉衣"。任正非忧心忡忡地写道：

现在是春天吧，但冬天已经不远了，我们在春天与夏天要念着冬天的问题。IT 业的冬天对别的公司来说不一定是冬天，而对华为可能是冬天。华为的冬天可能来得更冷一些。我们还太嫩，我们公司经过十年的顺利发展没有经历过挫折，不经历挫折，就不知道如何走向正确道路。磨难是一笔财富，而我们没有经过磨难，这是我们最大的弱点。我们完全没有适应不发展的心理准备和技能准备。

最终，2001 年的华为还是迎来了丰收的结果。2001 年华为共完成 255 亿元销售额，实现利润 27 亿元。而华为的老对手思科股票大跌，裁员 8500 人。按照华为副总裁徐直军的话说："俄罗斯、亚洲、非洲等新兴市场遍地开花，欧洲、美国市场也终于开花结果。"①

杨元庆：我们想娶一个贤惠的妻子

北京的三环路上，在一夜之间树立起无数块"4 月 18 日，谁让我心动"的大广告牌，站在春天的阳光下闪闪发光。在这时，还没有人意识到，联想即将进军互联网。在新浪、搜狐、网易这三大门户上市后，广告牌又在一夜之间换成了"真情互动，FM365.COM"。

4 月 18 日，联想正式推出 FM365，并宣称 FM365.COM 是联想向互联网领域迈出的关键性的一步。时任 FM365 产品经理的杨洁表示："现在门户站点主要做搜索和链接，这像个盘子——面广但薄，一穿就过；而专业站点像个管子——很深，用户虽不太容易出去，但粘住的只是一类用户；我们要做个桶——要满足 80% 的人的 80% 的需求。"

柳传志从战略层面，对 FM365 做了详细的说明。柳传志表示，联想集团将通过 FM365 网站为联想的电脑、手机、掌上电脑等终端设备用户

① 郭海峰：《华为 VS 思科》，《中国企业家》，2015 年。

提供财经、教育、娱乐、旅游等信息服务。

但随着全球互联网大潮遭遇寒流，FM365 并未招来资本的青睐。最终，联想选择通过与 AOL 联姻的方式，将 FM365 的故事，继续讲下去。

6 月，美国在线与联想在京宣布，斥资 2 亿美元在原 FM365 的基础上组建合资公司，携手在中国市场发展消费者互动服务业务。

联想集团总裁杨元庆在发布会上说："联想欠缺在互联网服务方面的专长，欠缺先进的技术及运营经验，因此联想一直在寻找在这方面有专长的合作伙伴，我们想娶一个贤惠的妻子。"

杨元庆认为，联想欠缺在互动服务方面的先进技术和经验，而 AOL 的会员制业务模式最适合联想的互联网发展方向，AOL 是全球最大的互动服务企业，具有 15 年的运营经验，在互联网技术、在线功能和安全技术方面全球领先，因此联想选中 AOL 成立合资公司。

实际上，号称联想出资 1 亿美元，占有 51% 股份的合资公司中，联想并没有真的掏出 1 亿美元，而是以品牌、人力、设备、资源等折合了 1 亿美元，真正拿出 1 亿美元的是 AOL，它在新公司中占有 49% 的股份。观察家们在暗自思量：未来的中国互联网市场，还有 FM365 这个名字吗？

2001 年，是冲上浪潮之巅，还是被拍至深海？

7 月份，美国《连线》杂志发布了一组数据："在 1984 年的全美十大个人计算机软件公司中，微软排名第二，到 2001 年，微软跃升第一，而当年的其他 9 家公司在排名中都消失了。"这一年，科技股已不再是华尔街的宠儿。市值最高的十只股票中，已经变成石油、天然气等能源公司，而微软，是唯一的一只科技股票。

中国的一组数据也令人唏嘘，北京中关村科技园从 1995 年到 2001 年的 6 年时间中，规模最大的前 20% 的企业中只有三分之一生存下来，而这三分之一里面只有五分之一还位居规模前 20% 之列。[1]

在 2000 年纳斯达克崩盘之后，每一家互联网公司，都在寻找着自己的出路。从业者们第一次意识到了互联网这个行业的残酷性。但在科技行业，历来是"江湖代有才人出，各领风骚三五年。"

不过对于互联网的创业者来说，越来越多的中国人开始上网，让未来依旧可期。CNNIC 的数据显示，截至 2001 年 12 月 31 日，中国上网用户数为 3370 万，上网计算机数为 1254 万台。[2] 用户最常使用的网络服务前五名分别是：电子邮箱（92.2%）、搜索引擎（62.7%）、软件上传或下载服务（55.3%）、各类信息查询（46.7%）、网上寻呼机（OICQ、ICQ 等，37.6%）。从调研数据来看，此时人们在网上购物的占比还非常小，网上购物或商务活动占比 7.8%、网上游戏占比 17.1%。

就像阿根廷诗人博尔赫斯所说，任何命运，无论如何漫长复杂，实际上只反映于一个瞬间：那就是他大彻大悟自己究竟是谁的瞬间。人是如此，公司亦然。在 2001 年，每一家科技互联网公司，都在努力地寻找着真正属于自己的经营秘密和最终愿景。

科技行业的浪潮此起彼伏，没有人能够预测，下一波浪潮，自己是冲上浪潮之巅，还是被直接拍至深海。

【战略金句】

◇ **贝佐斯**：以更低的价格来吸引更多的顾客。更多的顾客意味着更高的销量，而且也会把付给亚马逊佣金的第三方销售商更多地吸引到网站来。这也会使亚马逊从固定成本中赚取更多的利润，如物流中心和运行网站的服务器。更高的效率会使价格进一步降低。

◇ **乔布斯**：最重要的事情是，如果你要创立一项新事物，你必须充满

---

[1] 吴晓波：《激荡三十年：中国企业 1978—2008》，中信出版社，2008 年。
[2] 在 CNNIC 的问卷调查中，男性占 60%，女性占 40%，年龄在 18 ～ 30 岁的青年人占 52.5%。

热情，因为这真的很难，创立一家新公司是件很难的事情，你必须很努力，如果你没有热情的话，你肯定会放弃，成功的人和不成功的人最大区别就是，那些成功的不放弃，失败的人放弃得都很快，你必须保持热情，因为这真的很难。

◇ **任正非**：现在是春天吧，但冬天已经不远了，我们在春天与夏天要念着冬天的问题。

◇ **丁磊**：在 30 岁之前，我最大的收获并不是赚到了两三个亿，而是有过一段亏掉了两三个亿的经历。

扫码阅读本章更多资源

2002

东方巨人

你需要去相信，生命中有些特别的东西，是可能存在的。

——电影《美丽心灵》，2002

人若无名，便可专心练剑。

——电影《英雄》，2002

6月16日，北京一家名为"蓝极速"的网吧发生大火，致使25人死亡，多人受伤。根据公安机关的调查，4名纵火者均为未成年人，因与网吧服务员起纠纷而进行报复。受此事件影响，全国各地随后开始对网吧业全面治理整顿。[①]

网络治理，也从这一年开始，进入了全球政治视野。2001年12月21日，联合国大会通过决议，欢迎国际电联的倡议，决定举办信息社会世界峰会。峰会首次以两阶段举行的方式，计划2003年12月在瑞士日内瓦举行第一阶段峰会，2005年11月在突尼斯举行

[①] 国务院颁布了《互联网上网服务营业场所管理条例》，于11月15日起正式实施。

第二阶段峰会。[①]

人们在享受互联网便利的同时，也开始思考如何去更好地驾驭它、防御它。对于中国人来说，这一年最为新鲜的互联网产品，是博客。

这年 8 月，"博客中国"网站的开通，标志着博客[②]这类新产品形态进入中国。博客中国网站[③]上线运营，为中国开启了 Web 2.0 时代。自此之后，网民不仅是信息的接受者，还成为信息的生产者。

但此时的"博客"影响力，还仅限于少数精英分子的小圈子。但从全球范围来看，博客正在成为一种重要的新型媒介。博客甚至成为了"9·11"事件灾难亲历者发布亲身体验的重要渠道，其最大的革命性在于，广大网民开始真正成为内容的生产者。

进入 2002 年，互联网泡沫所带来的压力似乎终于过去，每一家互联网公司都希望在新的一年里，好好喘一口气。网飞在 2002 年重新登陆纳斯达克，值得玩味的是，在新的招股书上，网飞划去了先前".COM"的后缀。

面对刚刚结束的行业冰封期，互联网创业者们还显得有些后怕。大家如履薄冰地开启了新的征程。

亚马逊：要成为全世界商品最多、最以客户为中心的公司

杰夫·贝佐斯所打造的电子商务帝国的数据飞轮，在 2002 年前后，开始真正转动起来。

---

① 方兴东、钟祥铭、彭筱军：《全球互联网 50 年：发展阶段与演进逻辑》，《新闻记者》，2019 年第 7 期。

② blog。

③ blogchina. com。

这年 1 月 22 日，亚马逊发布了 2001 年第四季度的业绩情况，亚马逊首次实现了季度盈利。其第四季度的净销售额达到创纪录的 11.2 亿美元，这与 2000 年同期的 9.72 亿美元相比，增长了 15%。这也是亚马逊网站有史以来第一个销售额达 10 亿美元的季度。

在发布报告的当天，亚马逊还宣布了"超级省钱免费送货"[①] 服务，订单金额满 99 美元即可享受免运费服务。

4 月 18 日，亚马逊发布 2001 年的年报。在这份年报中，亚马逊首次提到要把自己建设成"全世界商品最多"和"最以客户为中心"的公司。

5 月 23 日这一天，《哈利·波特与魔法石》DVD 的预售量超过 10 万张，这也创造了亚马逊网站历史上 DVD 预售的纪录。

6 月 18 日，亚马逊宣布将其颇受好评的"超级省钱免费送货"服务门槛从 99 美元降至 49 美元。公司预计将对此测试 3 ~ 6 个月，测试结束后，再决定是否可以永久地把免费送货的订单金额门槛定在 49 美元。

针对将免费送货门槛降低到 49 美元，贝佐斯解释："亚马逊一直在努力为用户降低价格，我们急迫地想看到用户面对 49 美元起免费运送服务时，选购行为会发生什么变化。""我们希望我们能够使这项服务永久化。"

8 月 26 日，亚马逊再次将"超级省钱免费送货"的门槛降低至 25 美元，称这是此前满 49 美元"超级省钱免费送货"项目的积极结果。两个多月前，亚马逊才刚刚将"超级省钱免费送货"的门槛从 99 美元降低到 49 美元，此次再度降至 25 美元，同样也会测试 3 ~ 6 个月，以确定这个门槛是否合适。"超级省钱免费送货"会比正常标准运输慢 3 到 5 天。

[①] Free Super Saver Shipping。

此时的世界与中国

这一年《哈利·波特与魔法石》在中国大陆上映，开启了中国商业大片时代。张艺谋导演电影《英雄》上映，以 2.5 亿元人民币的票房成绩，拿到 2002 年华语电影票房冠军。这年，在由冯小刚导演的电影《大腕》中，由演员李成儒所饰演的神经病，在疯人院里的一段台词火了："什么叫成功人士你知道吗？成功人士就是买什么东西，都买最贵的，不买最好的，所以，我们做房地产的口号就是：不求最好，但求最贵。"

这一年，最流行的歌曲有周杰伦的《半岛铁盒》、杨坤的《无所谓》、李圣杰的《痴心绝对》、许巍的《蓝莲花》等等。这一年，诸如"东东""菜鸟""美眉"等网络词汇在人们嘴边滚动。处在年轻人流行文化中心的，是几米的绘本，是周杰伦，是 F4 组合，是来自韩国的影视和音乐。

中国足球和篮球，在这一年同时实现了重大突破。

在 5 月所举办的韩日世界杯上，中国男子足球队首次闯入世界杯决赛圈，虽然"颗粒无收"，但仍让所有中国球迷喜出望外。[①]

到了 6 月，来自中国上海的姚明，以 NBA 历史上第一位外籍状元秀的身份，加盟休斯敦火箭队。姚明身高 2 米 26，司职中锋，技术全面、头脑灵活，同时有着中国运动员少见的幽默感。业内人士们开始测算起姚明的商业价值。有专家预测，在之后的职业生涯中，姚明有机会获得近 3 亿美元的工资收入，而且这还没有包含海量的广告代言收入。姚明，即"YAO"也被称作是"中国输美的单价最高的商品"。这位来自上海的中国中锋，将会在随后的数年中，在大洋两岸同时掀起篮球风暴。

不仅在体育领域，中国很多方面，都已经与世界交融一体。

---

① 最终，拥有罗纳尔多的巴西队击败德国队，捧得这一年的世界杯。

这一年，"made in China"[①] 开始席卷全球。同样在韩日世界杯上，仅江苏扬州的玩具工厂，就制造了 30 万只世界杯吉祥物，而福建的工厂则为全球球迷供给了上百万件球迷服饰。《中国经营报》在一篇文章中评论：

"中国制造是 2002 年的某一夜冒出来的新名词，或者说它是一个老词，但在 2002 年被一下子激活，并赋予了新意：在世界经济发展萎靡不振的前提下，中国经济欣欣向荣，由于全球经济一体化和比较优势等多种原因，使世界越来越感到了中国的存在和力量。"

该报继而用十分自豪的口吻说：

"正如大国的兴衰印证的是制造业的兴衰一样，从曾经的日不落帝国大不列颠到当今全球唯一的超级大国美利坚，从挑起两次世界大战的德国到创造东亚奇迹的日本，无一例外。即使是后来的东亚'四小龙'，也莫不以制造业为发展的开路先锋。如今，世界经济一体化的浪潮，把制造业这个机会涌到了中国的门前。"

这一年，中国外贸总值达 6000 亿美元，GDP 达到 10 万亿元。中国成为了很多外资的避风港。根据世界银行的数据，2002 年，中国的人均国内生产总值已达 960 美元，即将突破 1000 美元。人们期盼多年的小康生活，就在眼前。

上海在这一年，也在发生着重要的变化。上海在郊区两处以万亩以上规模圈占农地，建 F1 赛车场和网球大师赛场馆。12 月 3 日，在摩纳哥蒙特卡罗举行的国际展览局第 132 次代表大会上，上海最终以 54 票的显著优势票数，赢得了 2010 年世博会的主办权。

日本管理学家大前研一在这年出版的《中国冲击》[②] 一书中写道："在飞临中国第 50 次以后，我现在成了中国经济繁荣论的最积极的鼓吹者。未来 10 年，世界最重要的课题就是如何与一个强大的中国相处。"

---

① 中国制造。
② *China Impact*。

诺贝尔经济学奖得主斯蒂格利茨则说：“中国可以被称为整个世界经济发展的一个模式或者范例。”《华尔街日报》的评论是：“中国正在成为亚洲最重要的政治力量。”《经济学人》杂志则用数据说话：“在 1995—2002 年的全球增长中，美国只贡献了 20%，而中国的比例是 25%。”

马斯克：为什么 NASA 一点计划和安排都没有？

马斯克从出生的第一天起，就获得了“埃隆”这个名字。这个名字来自于《火星计划》这本科幻小说，这个小说里的火星殖民地执政官名字就叫埃隆。他生来就被他的名字潜移默化植入了“火星”这个概念。

在这一年，马斯克终于创办了属于自己的航空航天公司 SpaceX，并意识到自己在电动汽车这个赛道，同样大有可为。

2001 年 6 月，彼得·蒂尔将 X.COM 正式更名为 PayPal。同样在这个月，马斯克年满三十岁，他半开玩笑地向当时的妻子调侃：“我不再是一个神童了。”到了 2002 年 7 月，当 eBay 以 15 亿美元的价格收购 PayPal 后，马斯克从这笔交易中净赚 2.5 亿美元，即便是交完税后，躺在他银行账户里还有 1.8 亿美元。

对于普通人来说，这样一笔巨款无疑可以让自己和家人过上穷奢极欲的生活。但对于马斯克来说，这笔钱，只能算是他真正开启梦想之旅的“启动资金”。

2002 年的一天，马斯克登录了 NASA 的网站，他原本期待能够看到 NASA 有关探索火星的计划，但他没有找到任何相关的内容。“一开始我想，天哪，我大概找错地方了”，“为什么一点计划和安排都没有？什么都没有。”马斯克发现，NASA 此刻显然对探索火星没有任何兴趣。

最终，马斯克选择在这年 4 月，对招募来的团队说：“我想开一家太空公司，如果你们想加入，那我们就开始干吧！"

　　马斯克所创办的这家公司，全称为太空探索技术公司①。在绝大多数对外的场合中，马斯克简称这家公司为 SpaceX。SpaceX 这个词更简洁、更纯粹。它将这家航空航天探索公司的本质清晰地表达出来。SpaceX 要做的事业是空间探索，不论是火星还是更远的宇宙空间，都充满了未知的可能性，X 就代表了数学中的未知变量②。

图 9-1　SpaceX 的 logo

　　作为航空航天运输服务的设计和制造商，SpaceX 致力于通过"降低太空运输成本，以实现人类殖民火星"的愿景。该公司通过生产可重复使用的航天交通运输设备，赋能太空行业使用可循环利用的航天交通运输工具，将人类运输至火星以及太阳系的其他目的地。

　　这一年通用汽车正式终结 EV 1，让马斯克意识到，自己有机会在电动汽车领域掀起一些真正的浪潮。1999 年，通用正式关闭了 EV 1 的生产线。2002 年 2 月，通用正式告知所有承租人将在租期结束后回收并销毁他们手中的 EV 1。从开始到结束，通用 EV 1 走完了为期 6 年的生命历程，正式谢幕。这一事件激发了马斯克做智能电动汽车的热情。

　　在马斯克看来："就电动汽车公司而言，一开始我认为没有必要创办电动汽车公司，因为加州的法规基本上会迫使通用汽车生产 Volt，或者应该被叫作 EV 1，所以当通用汽车推出 EV 1 时，我想，嘿这太棒了，世界上最大的汽车公司正在生产电动汽车，它被叫作 EV 1，这意味着还会有 EV 2、EV 3、EV 4 …但他们最后取消了这个项目，这是非常不明智的，一种目光短浅的行为。当时他们不仅取消了这个项目，他们还强

---

①　Space Exploration Technologies Cor。
②　有趣的是，马斯克似乎对"X"一直情有独钟，他的第一家创业公司就叫 X.com，他甚至给自己的一个儿子起名为："X Æ A-12 Musk"。

行找回了已经交付的 EV 1，因为车子当时只是被租了出去。他们违背了顾客的意愿，把车从顾客手中拿回，把车压碎。

"而那些车被拿走的顾客，试图通过采取法律诉讼来保留他们的汽车，他们甚至还在汽车销毁现场举办了烛光守夜活动。上一次为产品举办烛光守夜活动是什么时候？你不需要通过做客户调查来弄清楚这一点，至少有一部分人想要这些车。消费者们几乎把这件事看作'某个人'被判了死刑。我当时在想，天哪，这不应该发生，需要一家新的汽车公司来证明这是可以做到的。"

在 SpaceX 公司忙碌之余，马斯克开始认真思考起智能电动汽车的未来。

全面盈利的三大门户

2001 年时，搜狐公司首席执行官张朝阳曾被媒体调侃为"骑狐难下"，而新浪公司原首席营运官茅道临在 2001 年 6 月被任命为首席执行官，该举动立刻被媒体称为"资本被迫走上前台"。三大门户网站的腰板儿，在 2002 年的下半年，终于开始硬了起来。

2002 年底，"骑狐难下"的张朝阳向记者这样描述他轻松的心态："终于可以睡个好觉了。"茅道临更是直言："已经看到春天绽放的第一朵小花。"这朵"小花"指的是今年新浪的收成。①

7 月 17 日，搜狐率先公布第二季度财务报告，称已经成功实现营运现金流量盈利②。8 月 5 日，网易公司公布财报，首次宣布实现盈利，金额为 3.8 万元。三天后，新浪的财报也显示，已实现正运营现金流 40 万美元。

虽然开始盈利，但观察家们还是觉得三大门户的盈利金额看起来

---

① 2002 中国互联网全面复苏，https://m.hqew.com/news/127681。

② 提前两个季度实现 EBITDA 盈利。

"很可怜"，比如网易宣布盈利 3.8 万元后，就有人讽刺说："拖欠几位员工的工资终于到账了。"

但三个月后，所有说闲话的人都闭上了嘴。

10 月 22 日，又是搜狐先宣布"全面盈利"，总收入为 750 万美元，并挣到了 11 万美元的净利润。

新浪 11 月 5 日的财报则显示，其净营收额达 1030 万美元，毛利率创下 61% 的历史新高，尽管还没真正盈利，但外界评价惊人地一致："新浪离盈利仅一步之遥"。

随后是网易，由于有一大笔赔款，网易是战战兢兢公布财报的，但业内的反应是善意的，因为大家更多关注的是网易第三季度收入比去年同期增长了 10 倍，若不计赔偿金，其净盈利本来应该是 310 万美元。

互联网公司开始建立起明确的盈利模式，盈利手段也趋于多元化。商业门户网站尤其是在美国纳斯达克上市的商业门户网站实现盈利是业界复苏的重要标志。

搜狐、网易、新浪三大门户网站先后宣布实现正运营现金流或盈利，新闻媒体对这一变化形容为"互联网迎来熹微曙光"或"挥别网灾阴霾"。

对于这一年的互联网公司来说，一个重要的变化是，网站非广告收入已超过广告收入，新的业务领域尤其是手机短信等快速增长的移动增值服务，已在网站营收中占有重要地位。从三大门户网站 2002 年第三季度财务报表来看，网易的非广告收入已占总收入的 86%，搜狐占 51%，而新浪则占 38%。

经过近两年"挤水分"式的严酷调整，这些实力派的网络领头羊们通过推出新形态网络广告、实施信息内容及网络服务收费、提供手机短信服务、开拓在线娱乐市场等，已大大提高了自己的生存能力，中国网络公司逐步走出"烧钱"黑洞。

此时，互联网行业的三种主要盈利模式已经逐渐清晰，分别是：在线广告、交易佣金和付费服务。以门户网站、搜索引擎为代表的信息赛道主要依靠在线广告盈利；以电子商务为代表的电商赛道，则主要依靠交易佣金赚钱；而以电子游戏和社交应用为代表的赛道则更多凭借形式多样的付费服务获取现金流。

张朝阳自信地指出："今天对搜狐公司的定义是'提供互联网新媒体、电子商务、通信、移动增值服务的公司'"。

李彦宏：让百度引擎在技术上全面与 Google 抗衡

根据 CNNIC 的数据，截至 2002 年 12 月 31 日，中国上网用户数为 5910 万，上网计算机数为 2083 万台[①]。而人们最经常使用的网络服务则是：搜索引擎（68.3%）和网上聊天（45.4%）。用户最经常使用的网络服务，分别是：电子邮箱（92.6%）、搜索引擎（68.3%）、网上聊天（聊天室、QQ、ICQ 等，45.4%）。

很明显，在 2002 年的时间点上，搜索引擎是真正的 Killer 级应用。而百度，则是中国在搜索引擎赛道的核心公司。

这年初，百度公司从略显狭窄的北大资源宾馆，搬到了宽敞一些的海泰大厦。春天，李彦宏在公司内部发起了一个"闪电计划"。百度计划用 9 个月时间，全面提升百度的页面速度和内容更新频率等硬指标。"让百度引擎在技术上全面与 Google 抗衡，部分指标还要领先Google……"

按照李彦宏的要求，该计划要让百度的日访问页面数量增长 10 倍，日下载数据库内容超出 Google 30%，页面反应速度和 Google 一样快，内容更新频率全面超过 Google。

---

① 问卷调查的用户中，男性占 59.3%，女性占 40.7%，年龄在 18 ～ 30 岁的青年人占 54.3%，未婚占 57.8%，已婚占 42.2%。

在李彦宏看来，百度服务器在中国，可以抓到四倍于 Google 的中文信息，百度索引量每年涨 200%，Google 每年仅涨 50%。建立在这种基准上，百度只要加强对中文搜索的优化，就不可能不在体验上超过 Google。

12 月"闪电计划"结束后，百度中文搜索量一路飙升，技术领域完全处于中文市场领先水平，在一些指标上的确超过了 Google。实际上，从 2003 年开始，Google 在中国市场的占有率首次低于百度，且此后从未在此指标上翻盘。

马云：我特别担心 eBay 的实力卖家会发展起来

2001 年秋天的惠特曼与邵亦波的密会终于有了结果。

3 月，eBay 宣布以 3000 万美元的价格购买易趣 33% 的股份。收购的原因也非常容易理解。此时的易趣已坐拥 300 万注册用户。eBay 的 CEO 惠特曼表示："基于中国庞大的人口基数和正在发生的令人吃惊的经济变革，它或许会成为世界上最大的一个电子商务市场。"

除了收购易趣，eBay 在今年还完成了一笔意义深远的收购。

7 月初，eBay 宣布以 15 亿美元的价格收购 PayPal。eBay 公司的首席执行官梅格·惠特曼表示，这起收购符合公司的发展战略："eBay 的业务与 PayPal 存在着很大的互补关系，两家公司合并在一起有助于进一步提高经营效率，使 eBay 公司的网上支付服务更加可靠。"

易趣被 eBay 收购后，公司发生了一些变化。一位曾经的易趣员工回忆，在公司年会上，eBay 高管曾给每位员工准备了一顶绿帽子和一把雨伞（谐音"散"），来自美国的高管们，对中国文化的无知可见一斑。

虽然易趣主要聚焦在个人消费者，但马云意识到，一旦商户们开始在易趣上尝到甜头，就会直接威胁到阿里。"我特别担心 eBay 的实力卖家会发展起来，最后在 B2B 业务范围内和阿里巴巴竞争。"马云决定在不久后，主动出击 B2C 业务。

eBay 和阿里巴巴的本质区别在于：eBay 是想买中国市场，而阿里巴巴是希望创造一个中国的互联网交易市场。出发点的不同，最终导致了两者在战略制定和战术打法上的迥然不同。

2 月，阿里巴巴在市场一片冷清之时完成第三轮融资，日本亚洲投资公司向阿里投资了 500 万美元。马云与关明生趁着好心情一口气爬到了玉泉山顶去喝茶，更重要的是明确 2002 年的全年目标。在玉泉山上，马云说出了那个他长期隐藏于心的目标：2002 年阿里巴巴要赚一块钱！

从 2002 年开始，中国加入世界贸易组织的"WTO 效应"逐渐显现，国际贸易进入了爆发性的发展期。在这场外贸出口大潮中，定位于为中小企业出口贸易服务的阿里巴巴成为最大的受益者。

2002 年，阿里巴巴真的实现了盈利。在这年的年会上，马云向全员表示："从 99 年 3 月成立阿里巴巴，这三年多来所有的人都在说阿里巴巴不懂得如何挣钱，阿里巴巴是一个只会烧钱的公司。昨天晚上在六点整，我们拿到的数据是，阿里巴巴已经全面盈利。到昨天为止，我们公司不仅赚了一块钱，昨天我们赚了 50 万元人民币。"

台下掌声雷动。

周鸿祎：快速建立和发展 3721 网站

2000 年下半年，美国一家叫作 RealNames 的美国公司找到了周鸿祎。

这家公司所做的业务，与周鸿祎的 3721 极其相似。RealNames 的主营业务是"实名域名搜索"，这家公司是想将这一服务推广到所有部署了微软 IE 浏览器的国家。

2000 年 3 月，微软与 RealNames 签订合作协议，双方共同开拓全球市场，微软允许 RealNames 把系统捆绑在 IE 浏览器中作为附属功能。作为交换条件，微软拥有 RealNames 20% 的股份，并得到 RealNames 收入的 15%。

2001 年春天，周鸿祎专程前往美国，与 RealNames 沟通，尝试以中国代理的方式进行合作。合作并没有谈成，但这家公司的一个市场打法，却让周鸿祎印象极其深刻：RealNames 公司在韩国推广业务时，用户无须下载插件，而是通过劫持地址栏方式来做域名解析，即在 IE 里输入一个中文名字，这个名字会被当作域名一样被解析，如果域名解析不通，就会转到 MSN 搜索。这个操作给了周鸿祎极大的启发。

为了最快速地拓展市场，周鸿祎从三方面入手，快速建立了 3721 的优势。

首先，周鸿祎开始游说各地的电信部门。当时每个城市都有信息港，用 163 拨号上网的时候，信息港还是当地非常大的信息门户。3721 专攻二级城市，他们跟信息港一个一个地谈判，帮助电信局做了一套智能修复系统。这套系统专门针对这样的情况：互联网上每天都有大量输入错误域名的用户，IE 就会提示网页错误，这些网页后来直接由电信局收集在一起，并直接将域名解析到 3721 的网页上，如此一来，用户不会觉得电信局出了什么问题。周鸿祎判断，自己正在做的"网络实名"业务，前景无限。

其次，3721 给予了代理商极大的优惠。网络实名产品定价 500 元，周鸿祎和代理商三七分成，周鸿祎三，代理商七，虽然 3721 本身的物理成本不高，但还是给代理商带来了很大的震撼。因为当时通行的惯例是代理商拿小头，而周鸿祎却反过来做，这一下子就打动了代理商，辅以一套周鸿祎自己摸索出来的渠道策略，3721 迅速火遍中国。

最后，2002 年的中国互联网用户们，大多数人都是在几家门户网站上直接搜索。3721 借这个机会与网易、搜狐和新浪三大门户网站合作，在它们页面的搜索框前面放一个文字链，上面写"你是不是要查找网络实名"。就这样，3721每年仅仅通过支付给各家门户百万余元的费用，就把门户网站搜索框前面最好的位置给买了下来。这就相当于即便用户没有安装网络实名，但是通过这个方式3721就能告诉用户，在搜索引擎也能找到网络实名。

这一套组合拳下来，仅2002年一年，3721的销售额就有2亿元，毛利也有6000万元，这里一多半是利润。

西湖论剑：周鸿祎称马化腾最不成熟

在这年秋天所举办的第三届"西湖论剑"上，或者是由于尚未从互联网寒冬中走出，或是不想参与以马云为东道主的活动，三大门户的掌门人都没有接受邀请前往杭州。

最终，马云请来了五位"江湖新人"，分别是：搜索网站3721的周鸿祎、腾讯公司的马化腾、携程网的梁建章、联众的鲍岳桥、求职网站前程无忧的甄荣辉。

这是马化腾首次出现在全国性的行业领袖峰会上，马化腾略显紧张。周鸿祎调侃道："我们5个人中，只有马化腾最不成熟了；因为我们4人都结婚了，他没有。"首次见面的两人不会意识到，在未来的某一天，两家公司将会走向剑拔弩张。

当地媒体《钱江晚报》在一篇稿件中记录了此时的马化腾：

"马化腾，作为QQ的创造者，被冠以'QQ先生'的称号。和QQ给人的先锋、前卫的感觉很不一样，马化腾一点儿也不新潮，虽然一身休闲西装的他看上去还挺年轻的，那副金丝眼镜也给他增添了几分文绉绉的气息，但怎么看怎么不像那个造出那可爱的小家伙的网络大侠。即使他在脖子上挂条红围巾，也没有半点QQ的样儿。"

马化腾这位"QQ先生"在这一年，为这款产品上线了2个非常重要的功能：Q币、群聊。

Q 币的诞生，起源于腾讯对 QQ 赚钱的期待。2002 年 9 月，腾讯推出了"QQ 行靓号地带"业务。用户只要每月支付 2 元，就可以获得 5 位、6 位、8 位的靓号以及生日号的使用权，并可使用 QQ 会员功能。但这一动作很快被证明是一记昏招，中国网民显然此时还不太能够接受这样的"付费会员制。"，一家名为"朗玛"的初创公司凭借这一时间窗口，快速推出自家应用，并在 3 个月内收获了 800 万注册用户，在线用户超过 3 万。

更让马化腾倒吸一口凉气的是，门户网站们开始推出自己的通信工具。腾讯后知后觉，在 2003 年 6 月宣布重回免费之路。但在推动"QQ 行靓号地带"业务的过程中，腾讯深感支付过程的复杂，"有了自己的虚拟货币，也许情况会好一些。"腾讯开始向用户推出 Q 币：一元人民币可以购买一 Q 币。而 Q 币则可以用来购买 QQ 的增值服务。

群聊功能起源于腾讯公司内部的"午餐文化"。同事们经常用邮件讨论中午一起出去吃什么。但杂乱无章的邮件信息难免让人头疼。作为一家社交媒体平台，他们自然想到了在 QQ 上面做一个能够解决这个痛点的功能。"能不能在 QQ 上面建立一个固定的人员列表，列表中人员可以同时参与即时讨论呢？"

就这样，在当年 8 月的新版本中，QQ 群聊功能上线。腾讯的员工们可以通过建群，随时讨论各种话题。而广大用户们很快就喜欢上了这个功能，他们在群内可以传递图片、音乐和文件，同时也能够通过群名片、群备注、群聊精华等随时跟进朋友们的最新动态。

QQ 也就此从以往的"一对一"沟通工具，新增了"多对多"的沟通网络，可玩性大增，同时拓展性极强。

"移动梦网"：助力互联网公司走出寒冬

在纳斯达克崩溃后的日子里，为了生存下去，新浪、搜狐、网易三大门户，都在竭尽全力地寻找能够变现的业务。恰在此时，中国移动推出的"移动梦网"，忽如一夜春风来，成了中国互联网早期发展的"救命稻草"。

中国移动早在 2000 年 11 月，就正式推出了"移动梦网"。这个计划先是在广东试点，而后在四川、浙江等省推开。中国移动在其《移动梦网创业计划》中写道：

"纵观互联网的起步、发展，将这种巨大的商机转化成市场的繁荣还需更进一步的探索。我国现已拥有 1690 万（CNNIC 2000 年 7 月统计数据）互联网用户，然而网络社会所带来的商机还基本上停留在实验、预期甚至猜疑阶段……其中一个主要原因是：互联网市场缺少一种有效的赢利机制，服务提供商难以寻求真正的赢利点，从而限制了其潜力的充分发挥。只有当市场参与者都能从中受益，整个市场才能进入良性循环，获取繁荣的基础。这就是中国移动通信集团本次'加入移动梦网计划，携手共建移动网络新家园'的出发点和根本目标。"

腾讯早在 2000 年 8 月就与广东移动开启合作，将移动 QQ 与短信互联互通。到 2001 年 7 月，移动 QQ 的用户数达到 160 万，在移动梦网排名第一。当时的马化腾对公司全体员工说，"移动梦网"业务开展顺利，腾讯的财务报表第一次实现了单月盈亏平衡。

"移动梦网"的成功得益于利益分配规则的清晰，以及供需双方的完美匹配。

为了吸引足够多的互联网服务商加入，中国移动制定了颇为大方的分成政策："移动梦网"收入的 85% 归服务提供商，剩下的 15% 归中国移动。

这个计划也是各取所需的一个典型案例。拥有庞大用户量的中国移动，缺乏有效的信息和服务，而此时拥有海量信息的互联网公司，最缺少的，是能为网民所习惯和操作简便的收费模式。移动梦网完美地解决了双方的问题，在电信运营商、信息内容提供商、用户之间建起了一个完整的价值链。

2001 年 1 月，网易入选移动梦网的第一批合作伙伴，并且将所有频道和业务与短信挂钩，押上重注。2000 年网易的总营收是 240 万元；2001

年为 1410 万元，增长近 490%。2002 年网易的移动增值业务收入暴增至 1.61 亿元，并首次实现年度盈利 4300 万元；2003 年总营收达到 2.8 亿元。顶峰的时候，移动增值业务收入占网易总营收的比例超过七成。①

2001 年 1 月，网易成为移动梦网第一家大力推广短信业务的门户网站。毫不起眼的短信，却打开了网易过于依赖广告的瓶颈，帮助网易走过了最艰难的一段时光。2002 年第二季度，短信为网易带来了 1500 万元的收入，这是网易遭遇互联网泡沫破裂以后的首次盈利。网易首先走出寒冬，2002 年网易全年实现了盈利，赚了 30 万美元。

搜狐也紧随其后，宣布推出手机短信业务，用户可通过短信订阅搜狐网所提供的新闻、天气等内容服务。同年 5 月，新浪也推出了自己的短信内容服务。

2002 年，中国移动和中国联通的手机实现短信互通，进一步加速了移动梦网的发展。到了 2002 年下半年，搜狐、新浪、网易三大门户逐渐扭亏为盈，重新上阵。不过"移动梦网"增值服务带来的盈利占比超半，为后期矛盾的出现埋下伏笔。

移动梦网变成了一个商场，在这里人们可以选择一个又一个的商品。这些商品包括新闻定制、邮件提醒、短信点歌、短信传情、铃声与图片下载、笑话与游戏等。用户也觉得手机除了打电话还可以有这么多好玩的商品，即使都是付费的服务，也想尝试一下。

就这样，数千家服务提供商与中国移动联手合作，为移动梦网提供了包括新闻报道、天气信息、电视节目、打折信息、文化快讯、租房信息、实时股票等在内的上万种信息服务。可以说，移动梦网就是移动互联网的初级阶段。后来有媒体统计，在移动梦网最火爆的时期，月收入超过 1000 万元的内容服务商有 5 家，超过 500 万元的有 15 家，超过 200 万元的有 30 家。移动梦网为当时的中国互联网公司提供了一条可以快速实现盈利的途径。

---

① 武聪：《谁"输血"拯救了互联网》，《人民邮电报》，2024 年 4 月，https://mp.weixin. qq.com/s/4odwp-bG63lpspIfVXkYNw。

陈天桥：孤注一掷《热血传奇》

这一年，韩国游戏公司 Actoz 到上海来寻找合作伙伴，准备推广自己参与开发并全权代理的网络游戏《热血传奇》。Actoz 找到上海动漫协会，动漫协会向他们推荐了盛大。

陈天桥在拿到《热血传奇》之后，连轴玩了几天这款游戏，他发现和其他网络游戏不同的是，《热血传奇》的操作异常简单。此时，大多数的中国玩家实际上还并不习惯过于复杂的游戏操作，他们更希望在游戏中和其他人交流和互动。

陈天桥非常看好《热血传奇》的潜力，正式向投资方中华网提出，盛大要运营韩国游戏《热血传奇》。为了实现这一目标，陈天桥还特意飞往深圳与中华网会谈。陈天桥核心的目的，是将盛大的"网络归谷"社区转型为网络游戏运营商。

但中华网这侧只给了陈天桥两个选择：方案一，将"网络归谷"办一个"窄门户"，接受中华网 300 万美元的投资；方案二，和中华网和平分手，拿到 30 万美元的股本费。

到底如何决策，陈天桥也有些拿不定主意。他在那段日子里，总拉着太太在家附近的一座小桥上散步，讨论到底选哪种方案。最终，陈天桥选择了方案二，他决定用剩下的 30 万美元来做《热血传奇》的运营。在支付了《热血传奇》的代理费后，陈天桥账户中的钱，只够给员工开两个月的工资。陈天桥决定破釜沉舟，押宝《热血传奇》。

为了《热血传奇》的成功，陈天桥核心做了两件事。

第一是压缩公司运营成本。陈天桥将员工数量从 50 人裁减至 20 人，重点保留能够为网络游戏运营提供技术支撑和服务支撑的部门。

第二是获取硬件设施保障。陈天桥先是拿着与韩国公司签订的合约，找到浪潮、戴尔这些厂商，申请两个月试用服务器。另一方面，他又拿着服务器的合约找到中国电信，申请两个月免费的带宽试用期。在韩方游戏＋服务器＋宽带的"证明"下，陈天桥最终取得此时国内顶级单机游戏分销商上海育碧的信任，拿到其 33% 的分成比例。

《传奇》同时在线的人数迅速突破 40 万，盛大的投资全部收回。2002 年，盛大收入和净利润达到 3.26 亿元和 1.39 亿元；2003 年收入和净利润均较上年翻了近 1 倍，分别达 6.33 亿元和 2.73 亿元。此时盛大的员工只有 100 人左右，但《传奇》每天带来的收入已经突破 100 万元，陈天桥兴奋到有时会从梦中惊醒。

盛大布局游戏所获得的超高回报，也引起了网易和腾讯的注意。2002 年，网易推出的《大话西游 Online II》，成为国内率先成功运营的国产网络游戏。网易股价从 2002 年初的 0.95 美元，蹿升到 2003 年的 70 美元高位，成为"纳斯达克第一股"。

2002 年，创造价值，收获价值

进入 2002 年，三大门户的盈利，极大地提振了整个行业的发展信心。这场开始于 2000 年的行业冰川期终于结束，创业的气候重新变得温暖湿润起来。

在门户之外，这一年的中国互联网行业，在信息、电商、游戏等赛道均实现了重要突破。

李彦宏通过"闪电计划"成功在体验上让百度的搜索体验超越 Google。阿里巴巴实现了 1 元盈利，更重要的是，马云下定决心，通过打造 B2C 平台来对抗 eBay。陈天桥则通过押注《热血传奇》这款游戏，让自己和盛大，都成为了真正的传奇。

只要创造价值，最后一定能够收获价值。在寒冬之后，站在 2002 年的互联网的创业英雄们，开始慢慢重新相信，互联网不仅能够赚钱，而且是能够赚大钱的。

【战略金句】

◇ 贝佐斯：亚马逊一直在努力为用户降低价格，我们急迫地想看到用户面对 49 美元起免费运送服务时，选购行为会发生什么变化。

◇ 马斯克：我想开一家太空公司，如果你们想加入，那我们就开始干吧！

扫码阅读本章更多资源

2003

非典战役

请不要闭眼，机会就在下一秒出现。残酷的现实面前你
应勇往直前。

——电影《风雨哈佛路》，2003

　　总有一些意外，会突然打破这个世界原有的运行
节奏。

　　2003 年的整个上半年，人们都处在对"非典"疫情
的恐惧之中。2 月 11 日，广东官方承认当时已发现 305
例病人并有 5 例死亡。他们名之以"非典型肺炎"，这是
一种相对常见的呼吸道传染病。

　　2 月 21 日，染病的中山大学教授刘剑伦去香港参加
婚礼。他把病传染给同住一个酒店的旅客。SARS 开始
悄无声息地在香港快速裂变，并迅速在世界蔓延。2 月
26 日，一名美国商人到达越南河内后确认染病。之后当
地多名医疗人员也受感染。一位常驻河内的世界卫生组
织的医生通报了当地医疗人员的病情，并将该病命名为

SARS。

3 月 12 日，世界卫生组织 WHO 发布了 SARS 全球警报。3 月 6 日，北京市接到第一例输入性非典病例。4 月 11 日，北京被世界卫生组织重新定为疫区。

一直到 7 月，这场疫情才最终在全球范围内得到控制。这场 SARS 疫情在 29 个国家和地区暴发，有 8422 人感染并造成 900 多人死亡，全球经济因此损失了 590 亿美元，中国损失 179 亿美元，这相当于中国 GDP 的 1.3%，让中国的 GDP 增速直接降低了 0.7%。

可以说，这场突如其来的疫情，打乱了所有人原本对 2003 年的计划。但对于中国电商行业来说，这场长达半年的疫情却意外为整个行业按下了"加速键"。

贝佐斯：太空，最后的疆域

3 月 6 日，一架直升机刚从美国得克萨斯州阿尔派恩南部的马尔法机场起飞，便遭遇强风，直升机尾部吊杆直接撞上了一棵树，导致飞机侧翻，坠入了附近一条小溪。除了飞行员，这架飞机上还有三名乘客，其中之一便是亚马逊的老板杰夫·贝佐斯。贝佐斯正在为自己旗下的太空探索公司蓝色起源搜寻测试设施的地点。

从 1994 年创业开始，贝佐斯一直冲在第一线。到了 2003 年，已经走上正轨的亚马逊，让贝佐斯终于有了更多时间，来探索自己儿时的梦想：探索太空。贝佐斯在小时候通过电视直播亲眼见证了阿波罗登月，而贝佐斯的外祖父曾经在美国原子能委员会和五角大楼的研发部门国防高级研究计划局工作。

贝佐斯作为高中优秀毕业生代表，曾面向全校做过一次毕业演讲，那次演讲的主题正是：人类向其他星球扩张的必要性。贝佐斯认为，人类有必要在轨道空间站上建立太空栖息地。他的最后一句演讲词是："太空，最后的疆域，我在那里等你们。"

除了太空疆域外，亚马逊也在策马扬鞭，开拓出了一个极具想象力的新方向：AWS。这年 6 月 10 日，亚马逊成立了一个子公司：亚马逊服务公司（Amazon Services Inc.）。由于电商行业的独特性，亚马逊所储备的算力和算法有着足够的"冗余"来应对各种突发情况。另一方面，在全年的大部分时间，这些"冗余"的力量只是安静地被放在那里，并未被充分利用。

贝佐斯希望通过 AWS 这家子公司，进一步挖掘这些"冗余力量"，让亚马逊网站的技术和服务能够赋能第三方零售商。亚马逊为零售商提供了一套"交钥匙外包"的电子商务解决方案。该方案结合了亚马逊网站的购物功能和技术，同时仍允许零售商完全自主决定自己网站的外观和风格。亚马逊服务还能够帮助零售商通过亚马逊网站向数以百万计的亚马逊用户提供商品。

马斯克关注着航天与电动汽车行业的发展

在这年 10 月的一场公开演讲中，埃隆·马斯克在分享他对航天事业的雄心壮志时，重点提到了中国：

"中国正在做着可能是太空中最有意思的事情，就在这个月，中国将会把他们的第一个航天员送入太空。这将让中国成为第三个将人类送入轨道的国家。他们在这个项目上投入了大量的资金和精力。如果有什么能激励人类探索太空，可能就是中国在太空的雄心壮志。希望美国在某种程度上，至少要赶上中国。除了近地轨道，中国还有更大的野心，他们计划建立一个空间站，未来在火星上建立一个基地，最终将人类送上火星。"

SpaceX 在此时大约有 30 个人，这些员工负责火箭的所有设计和分析、硬件整合，测试以及此后的发射工作。像焊接主要结构这样需要更多人力的工作，SpaceX 更多外包出去。

艾伯哈德[1]和塔彭宁[2]是两位热衷于做环保型超级跑车的爱好者。他们认真地在尝试制作一款电动超级跑车。为了更快实现这个理想，他们在 2003 年，成立了一家名为特斯拉的公司。

2003 年，马斯克遇到了一位名叫施特劳贝尔的加利福尼亚州工程师，他邀请马斯克参观了 AC propulsion 的电池技术，马斯克对此大吃一惊，开始对投资新能源汽车充满兴趣。2004 年，特斯拉通过 A 轮融资筹集了 750 万美元，其中马斯克出资 630 万美元，并出任董事长。之后马斯克又领投特斯拉 B 轮融资，追加了 900 万美元投资。马斯克成为了特斯拉的大股东和董事长。

2003 年，马斯克在斯坦福大学分享了 Zip2 和 PayPal 的创业经历。在谈到营销打法时，马斯克表示：

"我们非常专注于尽可能地打造最好的产品，Zip2 和 PayPal 都是非常注重产品的公司，我们非常痴迷于如何唤起顾客真正可能获得的最佳体验。这是一种比拥有庞大的销售队伍或思考营销花招或十二步流程等更有效的销售工具；病毒式营销的本质是客户间的口口相传，而你不需要做任何事情。"

只有产品数倍好于竞品时，才会激起客户主动进行口碑传播。面对技术爆炸，需要推出数倍好于传统的产品，才有机会真正抢占品牌的高地。

马斯克曾经的战友，彼得·蒂尔曾在《从 0 到 1》中提出过类似的观点："如果你能做到 10 倍好，你就可以避开竞争。"而马斯克知道，如果不能够让自己的火箭比传统火箭好十倍，这家公司很难真正完成自己的使命。

---

[1] Martin Eberhard。

[2] Marc Tarpenning。

此时的世界与中国

这一年，电影《指环王》三部曲最终章《指环王 3：王者归来》上映，最终成为了 2003 年全球票房冠军。皮克斯动画工作室推出了动画喜剧冒险电影《海底总动员》，电影中极为逼真的水和光影效果，让影迷流连忘返。

《黑客帝国》系列电影的第二部作品《黑客帝国 2：重装上阵》①延续了第一部的故事主线，继续发掘人类自由意志与机器命运之间的对抗。而在电影《加勒比海盗》中，主演约翰尼·德普的精湛表演以独特的魅力和幽默感塑造了一个充满了反叛精神的杰克船长。

香港电影，在这一年可谓喜忧参半。4 月 1 日，香港影星张国荣坠楼去世，令无数乐迷崩溃、影迷心碎。搜狐上线了万人签名活动，网民通过网络为偶像送别。"哥哥，散落在人间的天使"网络纪念馆，在不到 3 天的时间中，访问人数就超过了 15 万，每分钟最高点击量达到了 4000 次。港片《无间道 3：终极无间》年底上映，在很多人看来，《无间道》三部曲，代表着香港电影最后的辉煌。

普通人最为关注的，除了新闻不断的流量明星，还有让人唏嘘的社会事件。3 月 20 日，湖北青年孙志刚在广州被强制收容并遭殴打致死。该事件被传统媒体曝光后，网络媒体积极介入，发挥出了强大的舆论监督作用，促使有关部门侦破此案。

在这一事件中，新浪、搜狐等门户网站，各大新闻网站纷纷转载《南方都市报》的《被收容者孙志刚之死》。互联网签名、孙志刚纪念网站的推出，排山倒海般的网络舆论声势，推动了城市流浪人员收容遣送制度的废止。孙志刚案成为中国公民开始通过网络表达关切的标志性事件。

---

① The Matrix Reloaded。

图 10-1 《南方都市报》的《被收容者孙志刚之死》

对于绝大多数中国人而言，2003 年下半年印象最为深刻的"国家记忆"，或许是中国神舟五号载人飞船的成功发射。

10 月 15 日 9 点整，火箭尾部发出巨大的轰鸣声，数百吨高能燃料开始燃烧，八台发动机同时喷出炽热的火焰，高温高速的气体，几秒钟就把发射台下的上千吨水化为蒸汽。航天员杨利伟乘坐由长征二号 F 火箭运载的神舟五号载人飞船进入太空。中国航天事业正式进入载人航天阶段。

在进入预定轨道、按规定完成了手边工作后，杨利伟第一时间解开束缚带，冲到了舷窗旁。杨利伟回忆：

从载人飞船上看到的地球，并非呈现球状，而只是一段弧。因为地球的半径有 6000 多公里，而飞船飞行的轨道距离地面的高度是 343 公里左右。我们平常在地理书上看到的球形地球照片，是由飞行轨道更高的同步卫星拍摄而来。

在太空中，我可以准确判断各大洲和各个国家的方位。因为飞船有预定的飞行轨道，可以实时标示飞船走到哪个位置，投影到地球上是哪一点，有图可依，一目了然。

即使不借助仪器和地图，以我们航天课程中学到的知识，从山脉的轮廓，海岸线的走向以及河流的形状，我也基本可以判断出飞船正经过哪个洲的上空，正在经过哪个国家。

经过亚洲，特别是到中国上空时，我就仔细辨别大概到哪个省了，正从哪个地区的上空飞过。

飞船飞行的速度比较快，经过某省、某地乃至中国上空的时间都很短，每一次飞过后，我的内心都期待着下一次。

我曾俯瞰我们的首都北京，白天它是燕山山脉边的一片灰白色，分辨不清，夜晚则呈现一片红晕，那里有我的战友和亲人。

飞船绕地飞行 14 圈，前 13 圈飞的是不同的轨迹，是不重复的，只有第 14 圈又回到第一圈的位置上，准备返回。在距离地面 300 多公里的高度上，俯瞰时有着很广阔的视野，祖国的各个省份我大都看到了。

就此，杨利伟成为中国公民中第一个"太空人"，中国人就这样，迈出太空旅行的第一步。

图 10-2　神舟五号与杨利伟

人们也期盼着，中国经济能够像中国航天一样，稳定地发射、向上、翱翔。

在人们的记忆中，世界对中国的依存度，似乎从未如此高过。有经济学家测算，如果没有廉价的中国商品，欧美日的福利水平要降低 2%

以上。

古典自由经济学派把"中国奇迹"归功于经济自由化或市场化的成功，而左派经济学或凯恩斯经济学一派则归功于政府干预、管控的成功。

这一年，中国的国内生产总值达到了 11 万亿元的大关，人均国内生产总值更是超过了 1000 美元。英国《金融时报》的首席经济评论员马丁·沃尔夫在年终的专栏中引用了拿破仑那句 200 年前的名言：

"中国是一只沉睡的雄狮，一旦它醒来，整个世界都会为之颤抖。"紧接着他写道："不久前，世界还是轻轻松松，不在意拿破仑的上述警告。但现在，中国正在震撼世界。"[①]

乔布斯：对用户体验负全部责任

每年，乔布斯都会带着他眼中最有价值的 100 名员工外出，进行一次"百杰思考会"。乔布斯选择这 100 名员工有着一个粗暴但高效的原则：如果只能带上 100 人跳上救生船，去开创下一家公司，都带上谁？

在每一次"百杰思考会"的结尾，乔布斯会习惯性地站在一块白板前，问团队："我们下一步应该做的 10 件事情是什么？"百余人会七嘴八舌地争论起来。乔布斯则会把真正有价值的一些建议留在白板上，最终通常会确定出前十大"最应该做的事"。乔布斯会大笔一挥，将优先级靠后的七件直接划掉，然后向"百杰"宣布："我们只做前三件。"

对于 2001 年的苹果公司来说，最重要的一件事是：iTunes 音乐商店。在 2001 年 1 月的 Macworld 大会上，乔布斯正式发布了 iTunes。所有苹果电脑用户都可以免费使用 iTunes。iTunes 的广告语是："扒歌，混

---

① 马丁·沃尔夫：《世界应心平气和地对待醒来的中国》，江洁译，英国《金融时报》，2003 年 11 月 13 日。

制，刻录"①。

iTunes + iPod（苹果播放器），让苹果公司完美掌控了音乐行业软件和硬件的两端。乔布斯曾在接受《时代》杂志采访时说："我们是唯一一家掌握硬件、软件、操作系统全部设备的公司。我们能够为用户体验负全部的责任，我们能做到其他公司做不到的事情。"

2003 年 4 月 28 日，iTunes 音乐商店正式发布。在此后的一年里，随着 iPod（苹果播放器）的热卖，苹果占据了音乐的销售市场。这给了贝佐斯很大压力，贝佐斯意识到亚马逊必须要在音乐这个核心业务上守住阵地。同时，贝佐斯也开始思考，是否有一天，乔布斯和苹果会来抢夺图书这个亚马逊最大的主战场。

借助游戏，丁磊成为中国最年轻的"首富"

在丁磊之前，没有人会意识到，来自互联网行业的"中国首富"会这么快出现。

从 2002 年第二季度开始，网易实现盈利，股票就迅速开始上涨。到了 2003 年 10 月，网易股价升至每股 70.27 美元，相比年初增长了600% 之多。

网易的利润主要来自短信业务和游戏业务。

短信业务方面，网易已经成为运营商们最重要的短信内容提供商之一。用户通过网易发送一条收费为 1 元的短信，运营商分走 0.2 元，剩下的 0.8 元则归网易所有。在 2002 年，中国移动发送的短信约为 750 亿条，网易短信曾经一度占到整个移动梦网业务量的两成。

在游戏方面，网易尝试布局几年后，终于迎来了收获的时刻。早在2001 年底，网易推出的大型角色扮演类网络游戏《大话西游》，就取得

---

① Rip, Mix, Burn。

了空前的成功。网易也就此开始，越来越重视游戏赛道。①

这两项业务使得网易低迷的股价一飞冲天，甚至一度三个月内一路从不到 10 美元飙升至近 36 美元，网易也从一个烧钱公司成为一家暴利企业。

这一年，32 岁的丁磊以 50 亿元人民币的身价，意外地坐上了"中国首富"的宝座。从 50 万到 50 亿，丁磊只用了 6 年。丁磊不仅仅是中国互联网行业第一个成为"首富"的人，也是中国最年轻的"首富"。

多年后在接受作家吴晓波《十年二十人》的采访时，丁磊回忆了自己成为"首富"这段经历：

"很多人时刻在影响我，我看杂志的时候就觉得这些人很了不起。所以，那时候觉得给我这么个 title，肯定是什么地方弄错了。"

当然，网易只是中国互联网公司的典型代表之一。这一年，吃到"短信红利"和"游戏红利"的公司不止网易一家。

2003 年春天，软银旗下的软银亚洲基础设施基金在盛大最困难的时候投资 4000 万美元，得到了盛大 21% 的股份。2004 年 6 月，盛大在纳斯达克上市。上市 8 个月后，软银亚洲基础设施基金在高价位出售盛大股份，成功套现 5.6 亿美元。

7 月份，盛大公司发布《传奇世界》游戏，引发了中国网络游戏热。随后，九城、完美时空、巨人等公司跟进，造就了中国很多赚得盆满钵满的网络游戏公司。

这一年，金山正式开启网游战略。雷军上紧发条，每天早上都会在办公室召开由 20 多人参加的会议。早上布置任务，晚上检查，这在未来几年将成为常态。

---

① 游戏业务在网易营收中的占比，也从 2003 年的 37% 一路蹿升，此后多年一直保持在八成左右的水平。

华为与思科的专利之战

1 月 22 日，距离中国春节只有 9 天，思科公司向位于美国得州东部的马歇尔镇联邦法院起诉华为侵犯其知识产权，起诉书长达 77 页，指控涉及专利、版权、不正当竞争、商业秘密等 21 项罪名。其中包括指控华为多款路由器和交换机盗用源代码，使产品连瑕疵都存在雷同；路由器和交换机命令接口等软件侵犯思科拥有的至少 5 项专利。思科诉讼华为侵权的焦点，一是源代码侵权；二是技术文件及命令接口的相似性。

思科突然发难的原因在于，华为对其已经形成严重的威胁。2002 年底，华为的美国市场销售比上年度增长将近 70%。思科在全球网络设备市场的霸主地位虽然依旧稳固，但销售额和市场占有率却出现首次下滑。

大年三十晚上，华为的核心管理团队开会。最后确定的方针是："敢打才能和，小输就是赢。"

为应对诉讼，华为与 3Com 在杭州成立了华为 3Com 公司，这个新公司主要承接中低端交换机的研发。合资公司成立第四天，3Com 公司 CEO 专程出席法庭答辩，作证华为没有侵犯思科的知识产权。CEO 还告诉美国媒体："华为的工程师都具有相当高的天赋，他们在宽大的办公室里操纵着最新的设备和软件，他们拥有我所见到过的最先进的机器人设备。"

2003 年 6 月法庭公布对华为有限禁令时，思科副总裁兼法律总顾问 Mark Chandler 就宣告："这对思科来说是一个重大的胜利。"美国几大媒体也以《思科在对华为的知识产权诉讼中获胜》等标题，庆祝思科的胜利。

美国一位了解思科的人士表示，思科在公司内部承认，华为的确在这场官司中获得了比思科更多的商业利益和市场机会。来自美国媒体的消息称，其实在之前是否起诉华为的问题上，思科内部就有很大分歧。

马云：保佑淘宝网一路顺风

年初，一名刚从广交会回来的阿里员工疑似患上非典。马云在内部会议强调："在非典出现以后，中国经济逐渐往下滑，一定会使用电子商务。我们想了很多办法，但没想到非典第一枪竟然打在我们自己公司上面。"500 多名员工开启居家办公模式。此时，整个杭州也只有 4 例"非典"病例，阿里巴巴这位员工，不幸成为四分之一。

图 10-3 非典期间的阿里巴巴

这场病毒来得很不是时候，此时马云正在隐秘地推进着阿里巴巴的一个新业务：C2C 平台。

在决定做 C2C 平台的前夜，马云与当时的阿里巴巴 CTO 吴炯有过一次讨论，吴炯在晚上 12 点钟再次找到马云，"你这样是害了公司，千万不能这么干。"吴炯向马云介绍自己在雅虎时曾与 eBay 竞争，最终输得服服帖帖。

马云则认为，中国电子商务一定会起来，今天整个互联网用户有一亿人，但是真正在网上购物的才五百多万，还有九千五百万人没有购物。购物一定是个未来趋势。eBay 是想买中国市场，而阿里巴巴是想创造一个中国的互联网交易市场。双方的出发点不一样。

第二天，马云挑了六七个年轻人到办公室，马云、COO 以及 CFO、HR 副总裁均在场。"公司准备派你去做个项目，这个项目要你离开杭州，离开家，去一个城市，你不能告诉你爸爸妈妈，不能告诉男朋友女朋友，你同意还是不同意？"

所有人都在一分钟之内同意。每个人都签了一份厚重的英文合同。当天这队人马进驻湖畔花园。进去两个礼拜后，公司层面进行了隔离。这个小分队所建设的网站，名叫淘宝网。马云后来介绍："我们当时想的是完全秘密地把淘宝制作出来，因此他们应该在制作过程中被完全隔离。"

5 月 10 日，淘宝网在湖畔花园上线。由于非典尚未结束。当天晚上 8 点，因非典疫情隔离在家的马云通过电话与核心研发团队在空中共同举杯，"保佑淘宝网一路顺风"，他们低调庆祝了产品上线。淘宝网上线那一天网站上写了一句话："纪念在非典时期辛勤工作的人们。"①

直到此刻，绝大部分阿里内部员工都还不知道淘宝属于阿里。

5 月前后，阿里内网关于提醒高层"小心淘宝"的帖子日渐增多。"请公司高层注意，有一个网站，将来会成为我们的对手。它的思想跟我们是一样的。"

一直到淘宝上线整整两个月后的 7 月 10 日，阿里正式昭告天下，淘宝是公司的最新业务。阿里内部一阵欢腾，似乎所有人都隐隐预感到了这将很大程度为阿里创造一个大机会。马云就造势时的说法特别叮嘱公司的国际公关负责人："我不希望这是淘宝和易趣网之战，应该是淘宝和 eBay 之战，阿里巴巴将迎战巨人。"

---

① 为了纪念非典中阿里员工同舟共济的精神，每年的 5 月 10 日，被定为阿里日。

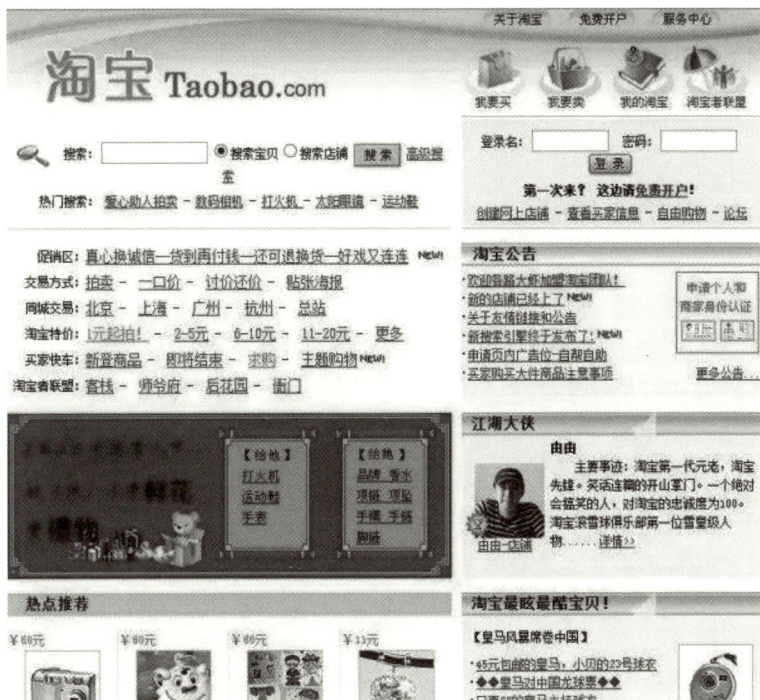

图 10-4　早期的淘宝界面

马云回忆淘宝诞生的细节：到 6 月底，公司有人给我写了一封信：马总，你注意到了吗？有一个网站叫淘宝网，虽然很小，但是很可怕。我看了也不说。过两天又有人写信来，说有一个网站出来你要小心，我还是没有说什么。到了 6 月底公司内网有文章出来，说大家注意，我们现在出现一个竞争者，他的构思、想法都跟我们一样。大家就在想这个人肯定是阿里巴巴出去的。最后有人说，大家注意到没有，我们公司少了七八个人，突然失踪了。还有人说我知道，但我不说。我们知道这就像一个对手，如果你发现这个对手他的思想、想法、出发点跟你一样的时候，真的是让人觉得很可怕。到 7 月 10 日我宣布，阿里巴巴投资一个亿做淘宝，那时所有的员工都说，原来是我们自己人。[①]

[①]　方兴东、刘伟：《阿里巴巴正传》，江苏凤凰文艺出版社，2015 年。

7 月份，阿里召开发布会，正式对外宣布淘宝网成立。这一年，eBay 已经在全球超过 150 个国家和地区拥有 1.47 亿用户。"蚂蚁战大象"的说法出现在很多媒体报道的标题中。最初的淘宝页面只有商品交易区和社区。在 eBay 上开店的商家逐渐发现，淘宝的论坛似乎不太一样，很多商家因为这一点开始尝试淘宝这个平台。与 eBay 论坛上繁多的官方规章制度不同，淘宝的论坛更显温情。如小二会在商家没有生意时向商家逗趣："生意就是慢慢来的。开张一次吃三年。"

淘宝上线后，仅用了 6 个月就在全球网站流量排名中位列前 100，在上线 9 个月后排名进入前 50，在上线后 12 个月后排名进入前 20。[①]

马云在 2011 年 1 月 21 日的阿里巴巴国际事业部的年会上表示：

"不是每个人都要转型的，但是每一个行业，每一个人都需要升级。升级一定是痛的，但是不苦。为了防止 eBay 往 B2B 过来，我们做了一个升级，自己彻底进入 C 市场。假如今天淘宝不是我们拥有的，eBay 会停止向 B2B 过来？我看不会，它一定会过来。为了防止这一切，我们在不断创新。"

淘宝的第一笔订单

2003 年 10 月，在日本横滨留学的崔卫平将一台九成新的富士数码相机，以 750 RMB 的价格放到了当时的淘宝网上出售。当时此款相机在国内的售价是 2000 元左右，因为性价比极高，信息发到淘宝网上不久就有用户欲购买。

但当时的网络付款方式很尴尬，没有现在如此便捷的使用环境。因此，针对付款方式的问题，崔卫平和买家在网上聊了很久，一直没有谈拢。最后还是经过淘宝介入协调，极力争取才让双方达成了满意的

---

① 2005 年初，做了不到两年的淘宝的会员数突破 600 万，此时做了 5 年的 eBay 易趣的会员数是 1000 万。

结果。

两个小时之后，淘宝网的第一笔担保交易诞生了。

这是淘宝历史上第一笔交易，崔卫平成了淘宝的第一个用户。更有趣的是，十几年前的这笔交易竟然还是一笔跨境支付。这笔在淘宝网编号为"200310126550336"的交易清单，至今还挂在黄龙时代广场 B 座支付宝大楼一层大厅的墙壁上。

淘宝的客服人员"店小二"都需要取一个花名，这一传统也逐渐扩散至整个阿里公司。马云为自己取了一个颇为独特的花名："风清扬"①。

为了让平台尽量"看起来活跃"，马云要求团队每个人都要从家里找出 4 件产品放到平台上销售。马云回家翻箱倒柜找出了大概 30 件"商品"，包括手表。这群阿里人在平台上互相买卖，期待星星之火点燃平台。

阿里从一开始，就希望将淘宝做成一个大平台，而非一个垂直电商。这样的定位，也让其有机会在随后的数年里，逐渐一统"电商江湖"。王兴曾这样评论早期的淘宝：

比如早几年，淘宝做得非常厉害，资本也雄厚，它做对了很多事情，其实也做错了很多，但最重要的事情是它选择了一个做大平台的方式。回头看，2003 年左右开始起来的那些公司，如果专注做一个垂直电商基本上是没有胜出希望的，这在策略上一开始就输了。②

电商变局：邵亦波卖掉易趣，"京东多媒体"转身成为"京东商城"

6 月 12 日，全球最大的 C2C 公司 eBay 宣布以 1.5 亿美元的价格收

---

① 在后来，不论是阿里内部，还是外部媒体报道，人们往往更习惯使用每个人的花名，而非本名。
② 王兴，出席源码资本第一届码会发表演讲，2014 年 12 月。

购易趣 66.6% 的股份。而在此之前，eBay 已经用 3000 万美元获取了易趣的其他股份。这意味着，此时的易趣网，已经成为 eBay 在中国市场的全资子公司。

易趣创始人邵亦波拿着数千万美元的现金，正式退出了易趣的这段创业旅程。邵亦波在接受记者采访时曾表示："人生来不是为了工作。没有谁在临终的时候，会后悔没挣更多的钱。我喜欢自己天真一点。"

就这样，这位天赋异禀的创业者，以一种非常潇洒的姿态，暂时走出了中国互联网的舞台中央。

但 eBay 很快意识到，阿里巴巴是一个非常难对付的对手。一项政策让 eBay 叫苦不迭：淘宝将免费三年。马云料定，受制于华尔街投资者的 eBay "跟不起"。免费的策略，让初期的淘宝更专注于向买卖双方提供最佳的服务，即便交易最终没有真正发生在淘宝平台上。

阿里鼓励交易双方增加交流，互打电话，甚至线下见面。阿里为增加买卖双方沟通，还提供了一个名为"阿里旺旺"的聊天软件。收取佣金的 eBay 显然不会允许这种情况发生。

虽然此时 eBay 宣称，其已占据中国 95% 的在线零售市场。但此时的马云，内心逐渐笃定起来。在他看来，由于淘宝更符合中国国情的免费策略，以及更"通情达理"的服务体验，阿里最终将会战胜 eBay 这个巨人。

刘强东的连锁店一直开到 2003 年"非典"，生意瞬间没有了。疫情发展超出想象，刘强东不得不关闭了所有门店。刘强东独自坐在办公室，深深的恐惧感包围着他。

无奈之下，刘强东开始在互联网上的各种论坛里发广告帖，但是应者寥寥。直到有天，版主说："我知道京东，我在中关村买了三年的光盘，只有他家从来没有卖过假光盘。"一下子，有好几个人回应。当天，他们就接到 7 个订单，一周内获得了 36 名用户。

刘强东顺势和 CDbest 达成了一份协议，CDbest 通过帮助刘强东推广来获得提成。合作效果再次超出了刘强东的预期，不仅原有的光磁产品销量大增，用户还开始向京东订购 CPU、硬盘等其他电子产品。

图 10-5 早期的"京东多媒体"

这时的"电商模式"还非常原始，刘强东的员工们需要用纸和笔记下已经汇款的客户。在产品寄出之后，他们会再发短信告知客户快递号。当然，为了最大程度节省成本，同时提升用户体验，如果客户距离中关村不远，刘强东会直接安排员工自己开着小货车上门送货。刘强东和几名经理没日没夜地泡在论坛和 QQ 上，凌晨还在发帖、回帖，一大早就四处发货。

"非典"的意外闯入，把刘强东逼到了一条死胡同，而线上电子商务，却犹如一架突然从天而降的梯子，立在了刘强东和京东面前。经过 2003 年，刘强东决定，紧紧抱住电子商务这架"天梯"。

后来，有人干脆鼓动他开个网上商城，也方便大家随时购买。这是一个偶然的机会，"京东多媒体"变成了"京东商城"，从线下转到线上。

2004 年元旦，"京东多媒体网站"正式上线，可以售卖一百多种产品。

2003 年，非典意外加速电商发展

2003 年，验证了中国的一句古语：祸兮，福之所倚，福兮，祸之所伏。

"非典疫情对中国互联网行业产生了令人惊讶的有益影响，"在 2016 年出版的《阿里巴巴：马云和他的 102 年梦想》中，作者邓肯·克拉克这样写道："非典证实了数字移动技术和互联网的有效性，因此成为使互联网在中国崛起为真正的大众平台的转折点。"

没有人怀念那场疫情，但对于中国互联网行业来说，SARS 却意外加速了电子商务行业的发展。正是由于线下交易被疫情意外切断，包括阿里、京东在内的公司发现，电子商务的流量在飞速增长。因为网络是很多疫情中的中国人几乎唯一的选择。

几年来发展一波三折的中国电子商务网站，突然遇到了一个加速行业发展的机遇。"阿里巴巴"开始布局自己的"电子商务帝国"：建立 C2C 网站淘宝。而京东，也正是在这一年，正式开始从线下转向线上，开始以电商平台重新定位自己。

从数据层面看，中国经济的飞速发展并没有被 SARS 影响太多。这一年，中国 GDP 增长 9.1%，人均 GDP 更是第一次突破 1000 美元。而中国互联网的整体增长，同样让人感到惊喜。

CNNIC 的数据显示，截至 2003 年 12 月 31 日，中国上网用户数为 7950 万，上网计算机数为 3089 万台[①]。网民们上网的最主要目的，分别是获取信息（46.2%）、休闲娱乐（32.2%）。

用户最经常使用的网络服务前五名分别是：电子邮箱（88.4%）、搜索引擎（61.6%）、看新闻（59.2%）、浏览网站 / 网页（47.2%）、网上聊天（聊天室、QQ、ICQ 等，39.1%）。而网络游戏则为 14.7%，网络购物

---

① 问卷调查的用户中，男性占 60.4%，女性占 39.6%，年龄在 18 ～ 30 岁的青年人占 51.3%，其中未婚占 56.8%，已婚占 43.2%。

为 7.3%。

　　就如同电子商务在 2003 年的爆发，信息服务、社交通信、泛娱乐等多条赛道也日臻成熟。中国互联网行业已经初现"春林初盛"的繁茂景象。

【战略金句】

◇ 史蒂夫·乔布斯：我们是唯一一家掌握硬件、软件、操作系统全部设备的公司。我们能够为用户体验负全部的责任，我们能做到其他公司做不到的事情。

◇ 黄仁勋：我并不需要一夜之间改变世界，我会用接下来的 50 年一点一点改变世界。我不需要一夜之间打造出杀手级的产品，我只需要每次都争取打造一个成功的产品，一个可以赢的产品。

扫码阅读本章更多资源

2004

社交网络

在我地盘这，你就得听我的。

——周杰伦，《我的地盘》，2004

当，我和世界不一样，那就让我不一样。

——五月天，《倔强》，2004

　　这一年，一位名为"芙蓉姐姐"的女孩，坚持在北大和清华的 BBS 上张贴自己的生活照和抒情文字。她以一种令人费解的激情，在网上发表了大量和自己"玉照"交相辉映的抒情文字。

　　一个北大学生回忆："最开始是在北大未名的 BBS 上，之后是清华的鹊桥征友，由征考研友到征男友。后来交友网封杀 BBS，水木移到公众网上。由于公众网的人群复杂，芙蓉姐姐的照片和文字开始出现在天涯社区，并被到处转帖。"①

　　关于"芙蓉姐姐"这个 ID 的种种逸事开始在跳出

---

① 李翊：《芙蓉姐姐　农村姑娘的成功想象》，《三联生活周刊》，2005 年 6 月。

清北两所高校的影响范围，在互联网上扩散开来。"芙蓉姐姐"只是一个典型案例，中国老百姓所讨论的热点事件，有越来越多的线索来自网上。

2 月 3 日至 18 日，新浪、搜狐和网易先后公布了 2003 年度的业绩报告，三家在上一年度分别实现了 1.14 亿美元、8900 万美元和 8000 万美元的全年度营业收入，以及 3100 万美元、3900 万美元和 2600 万美元的全年度净利润，首次迎来全年度盈利。

一方面是越来越热闹的互联网，另一方面则是以三大门户为代表的头部公司开始盈利。这两者叠加，显著增强了所有互联网从业者的信心。

从这一年开始，有更多年轻人开始考虑在互联网领域进行创业。其中就包括王兴。年初，25 岁的王兴决定正式中断博士学业[1]。王兴回忆："当时除了想法和勇气外，一无所有，我读完本科就去了美国，除了同学没什么社会关系，回来后找到了一个大学同学，一个高中同学，三个人在黑暗中摸索着开干了。"

王兴团队在清华北边的一个小区三居室中，懵懂地继续推进着自己的创业旅程。从大方向来看，王兴的创业一直围绕着"促进信息的流动"这个主题。在王兴看来，IT 也可以被看作"Information Technology"。王兴认为，中国四大发明中有三项是信息技术，即造纸术、印刷术、指南针。

而中国飞速增长的互联网用户，让无数像王兴这样的创业团队看到了时代机遇。这年 1 月 15 日，中国互联网络信息中心的报告[2]数据显示：截止到 2003 年 12 月 31 日，中国共有上网计算机约 3089 万台，上网用户数约 7950 万人，CN 下注册的域名 340 040 个，WWW 站点约 595 550 个。

所有创业者都知道，与十亿级的国民数量相比，互联网明显还有着

---

[1] 王兴本在美国特拉华大学电子与计算机工程系攻读博士学位。

[2] CNNIC：《第 13 次中国互联网络发展状况统计报告》。

可观的增长潜力。一切看起来，都那么欣欣向荣。创业者们继续着自己的冒险之旅。

扎克伯格：有一天，相信会有人把全世界的人都连接起来

　　这一年，19 岁的扎克伯格正在哈佛大学攻读心理学和计算机专业。

　　在校园的日子里，扎克伯格逐渐意识到，心理学主要与大脑有关，主要归结为几个问题：理解人，理解语言，人与人是如何沟通的，理解面部表情、情绪，处理这些信息。

　　扎克伯格发现，用户们几乎可以在互联网上找到绝大多数想要的东西。比如，用户可以看新闻，看电影，听音乐，查找参考资料。但是2004 年的互联网上，还缺少一项重要的体验，并且它与每个人息息相关，那就是：了解其他人，知道他们正在经历什么。

　　这个年轻人认为，之所以会出现这样的现象，主要是因为其他内容已经存在，搜索引擎和各种服务可以直接索引，但如果要知道人们正在做什么，就需要开发一个工具，让用户尽情表达。

　　实际上，扎克伯格在哈佛大学，一直进行着这样的尝试。

　　有一段时间，扎克伯格很想知道大家在学习什么课程，于是他开发了一个名叫 Course Match 的小网站：学生们可以将自己学的课程输入进去，点击然后查看还有什么人在学习，一切都和统计有关。但用户往往只花几小时浏览，就离开了。

　　扎克伯格原本认为，既然网上列出了课程，大家也谈论这些课程，同学们也对这些课程感兴趣，这难道不是最有趣的地方吗？但事实证明，网站上并没有"超级有趣"的东西让用户留下。

　　很多人并不知道，在哈佛读书期间，扎克伯格还开发了大约 10 个

其他的产品，就和 Course Match 差不多。

2 月 4 日深夜，19 岁的扎克伯格在哈佛大学的一间宿舍里，凭借一己之力创建了服务哈佛社区的 Facebook。他最终将这 10 个产品的精髓，在 Facebook 上融为一体。扎克伯格是自己社交网络的第一位用户，ID 号码为 4[①]。首位加入 Facebook 的非创始人用户则是扎克伯格的室友 Arie Hasit。

当晚他对身边的朋友直言："我对建立起哈佛社区的社交网络很激动，但有一天，相信会有人把全世界的人都连接起来。"[②]

直到这一刻，扎克伯格都没有意识到，这个把全世界的人都连接起来的事业，可以由他自己完成。但扎克伯格知道，所有人都希望通过网络被连接，也因此，扎克伯格带领团队一路向前。

扎克伯格之所以开发第一个版本的 Facebook，主要是因为他的朋友和他自己在哈佛读书时有这种需求。Facebook 这个产品本身是一种方法，可以帮助学生们与周围的人联系，但扎克伯克此时，还完全没有思考过它也许会发展成一家公司。

产品的发展大大超出了这个哈佛小子的预期。仅在头两周，就有超过 4300 名哈佛学生注册进来。到了 2004 年 2 月底，已经有超过一半的哈佛学生注册了 Facebook。随后，这款产品的热潮迅速席卷麻省理工学院等其他所有常春藤学府。

到了夏天，扎克伯格带着几个人规模的小团队搬到了加州，继续建设这个网站。在夏天结束的时候，Facebook 的用户数还在急剧增长。扎克伯格终于开始意识到，自己可以和比尔·盖茨一样：选择从哈佛休学创业。

是呀，为什么自己不能离开哈佛一个学期，用这些时间把这个名叫 Facebook 的网站建好呢？扎克伯格希望能够争取在一个学期后回到哈佛。但事情进展得超乎想象地迅猛。到了这年 9 月，Facebook 获

---

① 注：前三个账号皆用作测试。
② 扎克伯格，哈佛大学演讲，2017 年 5 月 25 日。

得了 PayPal 创始人彼得·蒂尔 [1] 提供的 50 万美元天使投资。到 12 月，Facebook 的用户数超过 100 万人。

世界上有许多的问题，创始人要解决问题，这是创业起点。很明显，扎克伯格找到了属于自己的起点。

此时的世界与中国

这年 1 月，美国全国广播公司 [2] 播出了一档名为《学徒》[3] 的节目。在这档节目中，十六个雄心勃勃的年轻人通过竞争，去争夺一份年薪二十五万美元的工作。节目中老板的扮演者是有着一头金发的美国知名地产商唐纳德·特朗普 [4]。此时还没有人能够预料到，这个看起来有些疯狂的商人，将会在美国历史上扮演重要角色。

7 月 6 日，一部讲述未来人与机器人如何共存的电影《我，机器人》上映。这部电影讲述了这样一个故事：2035 年，地球已经变成一个人和机器人和谐相处的社会。智能机器人作为最好的生产工具和人类伙伴，逐渐深入人类生活的各个领域。"机器人三原则"让人与机器人之间实现和谐相处。

"机器人三原则"是 1940 年由科幻作家阿西莫夫所提出的为保护人类而对机器人们做出的规定。具体三原则分别是：

第一条：机器人不得伤害人类，或看到人类受到伤害而袖手旁观。

第二条：机器人必须服从人类的命令，除非这条命令与第一条相矛盾。

第三条：机器人必须保护自己，除非这种保护与以上两条相矛盾。

由于机器人"三大法则"的限制，人类对机器人充满信任，很多机

---

① Peter Thiel。

② NBC。

③ *The Apprentice*。

④ Donald Trump。

器人甚至已经成为家庭成员。在电影中，总部位于芝加哥的 USR 公司开发出了更先进的 NS-5 型超能机器人，然而就在新产品上市前夕，机器人的创造者却在公司内离奇自杀。伴随着案件的侦查，真相一步一步被揭露出来⋯

图 11-1　电影《我，机器人》镜头

当然，大部分观众不会对这部讲述人与机器人如何共存的电影感兴趣。2004 年，全球十大最卖座影片分别是：《怪物史莱克 2》《哈利·波特与阿兹卡班的囚徒》《蜘蛛侠 2》《超人总动员》《耶稣受难记》《后天》《拜见岳父大人 2》《特洛伊》《鲨鱼黑帮》《十二罗汉》。

在中国市场，最赚钱的影片则是《十面埋伏》《功夫》《天下无贼》。特别是由周星驰主演的电影《功夫》在这一年大获成功，在全球榜单上排名第 36 位。

7 月份，台湾歌手周杰伦发行个人第 5 张专辑《七里香》，并凭借该专辑首次获得世界音乐大奖"大中华区最畅销艺人"奖。这个看起来有些不善言辞的歌星，开始展现出天王巨星的潜力。

图 11-2　周杰伦专辑《七里香》海报

　　在上一张专辑《看我七十二变》之后，歌手蔡依林在 2004 年推出专辑《城堡》。这首专辑的主打歌曲《倒带》，也迅速成为了 KTV 的热门歌曲。除了来自中国台湾的周杰伦和蔡依林，新加坡歌手林俊杰的《江南》，也被年轻人单曲循环，一遍一遍地听着。

　　除了主流歌坛的明星们，来自网络上的歌曲也开始被年轻人们所接受。这一年，人人都在唱一首名为《老鼠爱大米》的网络歌曲。

8月28日这天的凌晨，中国田径选手刘翔在雅典奥运会田径男子110米栏项目中以12.91秒的成绩夺得金牌，并打破了奥运会纪录。从8月28日凌晨2点至中午12点，即在刘翔获得奥运冠军[①]后，新浪奥运频道的网友留言数量达到32 000多条，创下全球互联网网民留言的最高纪录。

这一年，上海一市开动的起重机比整个欧洲还多。如果放眼全国的主要城市，到处都是起重机。同样在这一年，磁悬浮终于在上海开始全天外试运行运营。而承办顶级赛事的上海F1赛道也已告完工。

年底，中国台湾摇滚乐队五月天凭借《倔强》和《知足》迅速走红，成功打开大陆的音乐市场。在《倔强》中，五月天唱道："当，我和世界不一样，那就让我不一样。"此时的中国，从多个层面，展现出了更多自信。这样的自信，和世界熟悉的那个中国，有些不一样。

Google 上市：1000 名员工成为百万富翁

作家兼记者戴维·怀斯在《撬动地球的 Google》里写道："他们没有钱雇用设计师和艺术人才来设计精致的页面，所以 Google 的主页很简单。不过，Google 清新、干净的外表一开始就得到了找寻信息的互联网用户的青睐，Google 主页以白色为背景，只使用最基本的色彩，它的纯净在这个杂乱无章的世界上具有最广泛的吸引力。"

凭借着这个充满魔力的搜索框，Google 此时已经风靡全球。Google 公司凭借搜索引擎，正在大把大把地赚钱。2002 年的时候 Google 广告整体收入 3 亿美元，2003 年是 10 亿美元，2004 年则是 20 亿美元。

这年 4 月 18 日上午 10 点，拉里·佩奇、谢尔盖·布林以及 CEO 埃里克·施密特，将上千名员工召集至 Google 公司的主饭厅——查理饭厅。布林正式向全员宣布，Google 刚刚向美国证监会提交了上市申请书，

---

① 在夏天的雅典奥运会中，中国运动员共计斩获 32 枚金牌。

Google 将开始冲刺上市，上千名员工瞬间爆发出欢呼和掌声。

到了 8 月，Google 正式完成了 IPO，总计融资 17 亿美元，估值达到 270 亿美元。凭借这次 IPO，大约有 1000 名 Google 员工瞬间成为了百万富翁。在 Google 工作的女按摩师伯尼·布朗[①]也是一夜暴富的员工之一，她在 Google 为员工提供搓背按摩服务，当时的周薪为 450 美元，而她持有的期权在 Google 上市时已经价值数百万美元。

为了长久地控制公司的航向，Google 的创始人佩奇和布林决定创造一种具有超级投票权的 B 类股，只有他们两人、施密特以及少数高管能够获得。B 类股的投票权是 A 类股的 10 倍，这样的设计使得佩奇和布林能够掌控 50% 以上的投票权，从而永远控制公司[②]。

在上市的同时，Google 公司还在网罗着全世界最聪明的头脑们。

Google 曾经在加州的 101 高速公路上用大广告牌登了这样的广告：

{（自然常数）e 中第一个十位连续的素数 }.com

你如果知道这个答案，就可以通过上述网址进入 Google 的招聘网站。

图 11-3　Google 竖立在高速公路边上的广告

① Bonnie Brown。

② 即便两人日后退出了管理层，这家公司在法律层面上，仍然是属于创始人们的。

而能够计算出这道题，需要非常非常聪明。Google 通过这样创新的方式，向全世界的天才们发出加入邀请。

上市后的 Google 进一步展现出科技互联网行业的"王者姿态"，Google 的产品风靡全球。除了所有人都为之着迷的搜索之外，Google 在这一年所推出的邮箱服务，表现得尤其亮眼。

在最开始，Google 只提供了几千个 Gmail 的试用账户，想要试用的人，必须有人邀请才行①。这些数量有限的"邀请码"迅速成为全球互联网界的走俏商品。甚至有人拿 Gmail 的邀请换到了到迪拜度假两夜。Google 的 Gmail 邮箱总共支持 50 种语言，其中包括威尔士语、巴斯克语、他加禄语、马拉雅拉姆语、泰卢固语和切罗基语这些冷门的语言。

Gmail 推出时，设计了一个撒手锏功能，其存储容量是大多数其他免费网络邮件服务的 100 倍以上。这也"逼迫"其他竞争对手跟进。雅虎中国在这一年的 7 月 27 日，宣布正式推出容量为 1GB 的免费邮箱。在此之后，新浪宣布免费邮箱容量扩至 1GB，任你邮收费邮箱容量扩大至 2GB；网易公司宣布其免费邮箱 @163.com 和 @126.com 为所有用户提供 1.5GB 免费邮箱空间。这一系列举动，让中国电子邮箱正式进入了"G 时代"。

盛大完成上市，史玉柱入局游戏市场

自 2002 年起，盛大每个月都有上千万元人民币的纯利润。陈天桥决定推动盛大上市，以进一步提升自身的品牌声誉和资金储备。

5 月 13 日，盛大网络在纳斯达克上市，一次融资超过 1.5 亿美元，市值一度达到 35 亿美元。创业 5 年的陈天桥以 90 亿元身价成为中国首富。而这距离陈天桥用 50 万元启动创业，刚刚过去五年时间。这也是中国网络游戏公司在纳斯达克证券市场的首次亮相。

盛大的业务，也和其股票一样表现得如日中天。9 月 23 日，盛大互

---

① 这一设计，在后来被小米公司所借鉴，即购买限量手机时可用的"F 码"。

动娱乐公司宣布"盛大"的休闲游戏"泡泡堂"最高同时在线人数突破
70 万，成为全球活跃用户数量最多的在线游戏。

10 月 8 日，盛大收购起点中文网，继续扩张着自己的业务版图。
2000 年时，吴文辉从北京大学计算机系毕业。人如其名，吴文辉最大
的爱好就是阅读小说。他还有一个颇为有趣的网名：黑暗之心。吴文辉
2002 年参与创立起点中文网。起点中文网创建了中国网络文学界第一套
完整的电子出版支付系统和内容管理系统，网络文学商业逻辑得以确立
并成为行业标准。而最终，这一切都属于盛大了。

这一年，史玉柱迷上了盛大的《热血传奇》。在多次被人 PK 掉之
后，史玉柱找到了自己所在区级别最高的账户，对方是位温州某网吧老
板。史玉柱直接从其手中，用 3000 元买到了一个顶级账户。但拿到这
个账户的史玉柱意外地发现，自己依然无法在《热血传奇》的世界中体
会"无敌"。

史玉柱带着疑问，直接找到了陈天桥。陈天桥对自称是"《传奇》
老玩家"的史玉柱介绍了盛大的秘诀。陈天桥告诉他："装备更重要。"
史玉柱立即又花了 1 万元买了一套顶级装备。拥有了顶级账户和装备的
史玉柱，开始通宵达旦玩起来。另一方面，史玉柱也在仔细研究着这个
行业，他得出结论：在未来的数年中，网络游戏的增长速度会保持在
30% 以上。

2004 年是史玉柱的巨人公司 15 周年庆典。在这个里程碑的年份，
史玉柱决心进军网络游戏行业。他将所有能联系到的老员工统统找了回
来，一共有 600 多人参加。一位负责研发的总监，在台上激动地对史玉
柱说出了大家的心里话："史总，我们还是希望您能回归到 IT 中来！"

"做玩家想玩的网络游戏！"史玉柱向自己当时黄金搭档的 7 人决
策团队表露了通过进军网络游戏行业来回归 IT 圈的强烈想法和极大信
心。事实上，那时候的 7 人决策团队，并没有几个人明白网络游戏是个
什么事物，只是公司有了一定的资金储备，正考虑投资新的项目。

最后，大家通过一些整体的行业分析报告得出一个结论：网络游戏

是一个朝阳的产业，而且第一笔投资金额仅 2000 万元人民币，有可能获得丰厚的回报，即使失败，对公司来说也不算什么。于是，史玉柱进军网络游戏行业的这一想法得到了 7 人决策团队的一致认可。

史玉柱开始建设属于自己的游戏研发和销售团队。2004 年，征途网络①成立之后，史玉柱从原来做脑白金的团队中抽调一部分人手过来负责销售。而研发团队方面，这时盛大旗下的王牌程序员林海啸和他的《英雄年代》研发团队走进了史玉柱的视野。史玉柱直接将林海啸所在的项目组请了过来，许林海啸以征途网络副总经理兼技术总监的职务，同时许以股份。股份比例，整个团队占 25%，其中林海啸占大部分。

除了陈天桥的盛大和史玉柱的征途网络，第九城市也在 2004 年终于实现了突破：取得《魔兽世界》独家代理运营权。

1994 年，暴雪娱乐推出了第一款《魔兽争霸》。这款游戏针对的是当时的热门游戏《沙丘 II》，与其飞机大炮的战争场面不同的是，《魔兽争霸》的游戏背景设定在一个奇幻世界中，充满了刀剑和魔法，以及葱郁的森林。

游戏中实践的联网对战模式、随机地图生成器、快捷键设定，被认为引领了电脑游戏的发展方向。《魔兽世界》属于大型多人在线角色扮演游戏，是以《魔兽争霸》的剧情为历史背景开发出来的。玩家把自己视作"艾泽拉斯世界"中的一员，在广阔的虚拟世界里体验探索、冒险的乐趣。

2003 年《魔兽争霸 III：冰封王座》推出之后，暴雪娱乐正式宣布了《魔兽世界》的开发计划。《魔兽世界》于 2004 年年中在北美地区进行公测，当年 11 月在美国发行，发行的第一天服务器几乎不堪重负。随后，该游戏在韩国和欧洲地区相继进行公测并发行，同样获得追捧。《魔兽世界》自然也吸引了众多中国网络游戏公司的关注。当时甚至有"得《魔兽世界》者得天下"的说法。

---

① 2017 年更名为"巨人网络"。

2004 年 4 月，第九城市与暴雪娱乐签署中国战略合作协议，第九城市取得《魔兽世界》中国独家代理运营权。除了 300 万美元代理费，第九城市还要投入 1300 万美元的市场宣传费用以推广，在商业运营后 4 年内，每个季度支付 160 万美元到 370 万美元的版税。这样算下来，第九城市为此至少要付出 3000 万美元，甚至更多。

作为海归的朱骏，在与美方沟通上没有语言方面的障碍，并且熟悉美国公司的运营方式，这为他争取这一机会加分不少。2005 年，第九城市第一季度财报显示公司净亏 1050 万元人民币，第二季度财报显示公司净亏 2300 万元人民币。不过 2005 年 6 月 9 日，《魔兽世界》在中国正式运营。第九城市 2005 年第三季度的财报显示公司扭亏为盈，利润为 470 万美元。

2004 年 12 月 15 日，第九城市也在纳斯达克挂牌交易，开盘价 19 美元，收于每股 21 美元，较开盘价高出 2 美元，比其 17 美元的发行价高 4 美元，涨幅达 23.53%

马化腾：希望投资者和我们在一个时区

4 月，腾讯公司的董事会成员们赠送了马化腾一架做工精致的望远镜模型。这台望远镜模型，似乎也隐含着大家对马化腾的远见卓识的认可，对未来更进一步的期待。

6 月 7 日，腾讯正式向海外投资者发售 4.2 亿股股票，腾讯公布的招股价在每股港币 2.77 元至 3.70 元之间，这一消息在中国互联网界引起了巨大震动。

6 月 16 日，腾讯在香港证券交易所上市，融资 2 亿美元。根据腾讯每股 3.70 港元的发行价计算，腾讯此时市值达到 62.2 亿港元。马化腾持有腾讯 14.43% 的股份，个人身价达到 8.98 亿港元；张志东则凭借6.43% 的股份，身价达到 4 亿港元。

关于最终为何单独选择香港上市，马化腾这样解释：

当时的公司全部都在纳斯达克上市，要么两地上市，最终香港上市，当时香港市场死气沉沉的，市盈率只有十几倍、几倍，想追求高市盈率很难，但我们为了长远的考虑，而不是追求一两年的发展，我们希望我们的用户明白我们做的事情，和我们的投资者在一个时区，所以选择了香港上市。①

上市后的腾讯，不论从业务层面，还是从马化腾的影响力层面，均实现了突飞猛进的发展。

这年 12 月 4 日，腾讯 QQ 最高同时在线人数突破 900 万。虽然此时国内即时通信市场竞争激烈，但腾讯 QQ 无疑依旧是那个所有人所追赶的目标。②

2004 年，腾讯高调宣布进入互联网休闲游戏市场。QQ 游戏第一个公开测试版本从平台到游戏设计都是联众游戏的翻版，甚至连游戏图标都没有改。尽管如此，腾讯仍然依靠 QQ 的庞大人气，在一年之后就超越了联众，坐上了中国第一休闲游戏门户的宝座。

在这一年 CCTV 的经济年度人物评选中，马化腾获得"新锐奖"。当央视主持人陈伟鸿邀请马化腾向海尔集团 CEO 张瑞敏推销 QQ 时，上演了一段非常有趣的对话。

陈伟鸿：祝贺您马先生，我想问您的第一个问题是您自己有没有注意过 QQ 是哪个年龄层的最爱？

马化腾：主要是青少年特别喜欢。在我们用户人群之中，90% 的用户是 30 岁以下的用户。

---

① 马化腾：2018 中国（深圳）IT 领袖峰会，2018 年 3 月 25 日，https://pe.pedaily. cn/201803/429171.shtml。

② 除腾讯 QQ 外，微软的 MSN messenger、AOL ICQ、雅虎通、UC 朗玛、网易的网易泡泡、搜狐的"搜 Q"、新浪的 668"了了吧"、阿里巴巴的"贸易通"也纷纷争夺国内 IM 市场份额。

图 11-4 当选中国经济年度人物的马化腾

陈伟鸿：30 岁以下，基本把我们豪华阵容的评委都在排除在外了。那么让评委举一次手，使用过 QQ 或者对 QQ 比较了解的请举手。看来大多数先生都没有使用，这样好了，今天是一个特别好的机会，我请张瑞敏先生接一招，30 岁以上的人没有使用 QQ 的话，一定是一大损失，那么请马化腾发动你的功力，说服他使用。

马化腾：QQ 是即时通讯产品，即时通讯是在互联网的环境下，人们用于沟通和联络非常方便的形式，而且有很多变化，大家可以用通讯工具来进行私人之间、朋友之间的沟通，即时通讯也可以利用在工作中、同事之间、公司内进行交流。另外，其实我们不只是提供 QQ，我们还有针对商务人群、企业内部的应用，可以在管理层之间、同事之间进行快速的交流，公司的管理也能实现短平快、人性化的管理，同时我们还根据不同的客户定制了不同的需求，这个东西可以满足你在未来互联网的需求。

陈伟鸿：面对马先生的项目，您决定用还是不用？

张瑞敏：现在还没有说服我。非常感谢马化腾刚才非常动人的说服词，但是至少我现在还没有这个兴趣要用。

像张瑞敏这样的 30 岁以上的用户，确实大部分不会选择使用 QQ。而真正让马化腾感到有些压力的事情是，微软已经携 MSN 进入中国市场。这年 8 月，微软的 MSN 中国研发中心奠基上海，并在北京成立了MSN 中国市场中心。

为阻击 MSN，腾讯收购张小龙的 Foxmail

2004 年 8 月，在微软公司总部已经工作了 9 年的熊明华受命回到中国，组建 MSN 中国研发中心，他决定把基地建在上海。几乎同时，微软在北京组建 MSN 中国市场中心，负责人为中国区员工、已有 10 年服务经历的罗川。微软一直没有专门的 MSN 中国运营团队，可是它的用户数却是网易的 3 倍。

来自调查机构易观国际的数据表明，2005 年，在没有任何宣传和本地化支持的情况下，MSN 在中国即时通信的市场份额为 10.58%，虽然离 QQ 77.8% 的份额相距甚远，但已是当时中国第二大即时通信软件。更重要的是，在约 2000 万商务人士用户中，腾讯用户约 950 万人，占 47%，MSN 用户约 1075 万人，占 53%，其中在过去的两年里，MSN 新增的用户有 95% 来自腾讯 QQ 流失的用户。当这些数据被报告到微软总部时，美国人大吃一惊，在罗川等中国区员工的一力主导下，微软做出了将 MSN 业务独立出来、实施本土化运营的决策。[①]

这一年，腾讯的 QQ 与微软的 MSN 在中国社交平台市场的竞争有所加剧。

MSN 没做任何本地化的情况下，轻易拿下了 10% 的份额。而腾讯的应对更多是用产品说话。比如 QQ 在 2004 年版中增加了"截图"功能，是当时第一个这么做的 IM 软件。这个看起来有些不起眼的改动，却受到

---

① 吴晓波：《腾讯传：1998—2016 中国互联网公司进化论》，浙江大学出版社，2017 年。

了网民的广泛欢迎。很多用户在电脑上需要截图时，会随手打开 QQ。[①]

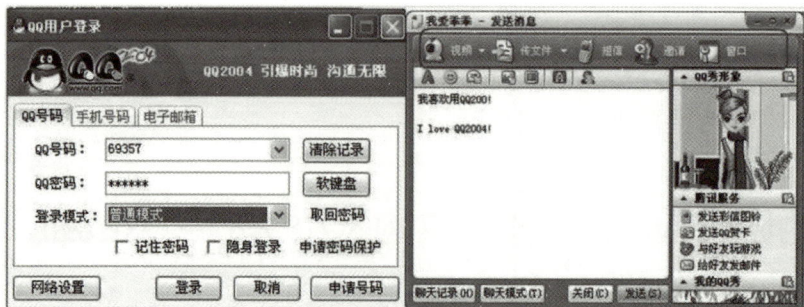

图 11-5　2004 年左右的 QQ 界面

微软曾派市场调研员在北京的写字楼里做用户调查，一位用户在问卷的"月收入"一项上填写了 5000 元，调研员一把将问卷抽了回去："对不起，您不是我们的目标用户。"

2004 年 9 月 9 日，腾讯推出 2004 年 QQ 正式版，这是腾讯上市之后 QQ 的第一次大型改版。该版本也是继 2002 年 8 月版之后的又一经典版本，它在技术上有三大特色：第一，强化了网络传输功能，大力提升了传输文件的速度，并支持断点续传；第二，推出 QQ 网络硬盘和互动空间；第三，改进了 QQ 群的组织结构，在群聊的基础上设计了"群中群"。这些改进，对于即时通信的使用者而言都可谓"刚性需求"，因此受到热烈地追捧。

"我们没有能力短时间解决这个尴尬的问题，不过，如果能够找到一款阻击性的产品，也许情况会好一些。"沿着这条思路往前走，大家讨论到了一个平台级的产品——电子邮箱。

最终，张小龙的 Foxmail 进入了腾讯的视野。在 1996 年前后，张小龙独立写出了 Foxmail。"Foxmail 没有模拟谁，是比 Outlook 更早的一款邮件客户端。我记得我写 Foxmail 的时候，丁磊正在写 Webmail。所不同的是，丁磊的邮箱是基于网页开发的，而我的是基于客户端。当时中国的联网速度很慢，反而客户端比较快。"

① 腾讯后来更是陆续把动态截图、编辑、长截图、录屏、马赛克等功能添加了上去。

Foxmail 出来后，中文版使用人数在一年内就超过 400 万，英文版的用户遍布 20 多个国家，名列"十大国产软件"。

2005 年 2 月，刘炽平代表腾讯前往收购 Foxmail，双方很快发现，彼此的气质十分相符。3 月 16 日，腾讯宣布正式收购 Foxmail 软件及有关知识产权的协议。有趣的是，这是腾讯历史上的第一例收购案。

淘宝：免费，农村包围城市

此时中国电商市场，主要的叙事是 eBay 对阵淘宝。

为了打击迅速崛起的淘宝，eBay 斥巨资与几家主要门户网站签订了独家广告协议。

为把新生的挑战者"扼杀"在摇篮中，eBay 不惜花费 2000 万美元巨资，与新浪、搜狐和网易签署排他性协议，阻止淘宝等拍卖网站在上述三大门户网站做广告。淘宝刚一出生就消失在公众的视野中，而 eBay 易趣则将一个巨幅广告牌挂到了马云办公室正对面的大楼墙上。凭借巨额广告投入，eBay 易趣也成为 2004 年国内仅次于中国移动的广告主。

马云则想出来中国军事历史上的经典策略："农村包围城市"。淘宝与数百家小网站达成小额广告协议。这些小网站往往更愿意提供优惠的折扣。淘宝以更低的价格实际上取得了更好的广告效果。

免费策略让淘宝上的商品数量以及用户点击量迅速超过 eBay。慢慢很多 eBay 上的大卖家开始在淘宝开店。虽然直到 2004 年底，淘宝的商品交易总量和销售总额仍落后于 eBay，但淘宝无疑正在快速吞食这一市场。

这年 2 月 29 日，马云在内网发帖表示，他坚信一个真正，伟大，杰出的电子商务网站的最大受益者应该是用户，最大的建设者也应该是用户。马云还预判，未来 2 ～ 3 年内网上开店、网上购物、网上销售将会成为生活中很重要的一部分，电商将成为未来的新兴产业。署名"风清扬"，当时淘宝刚创立 9 个月。

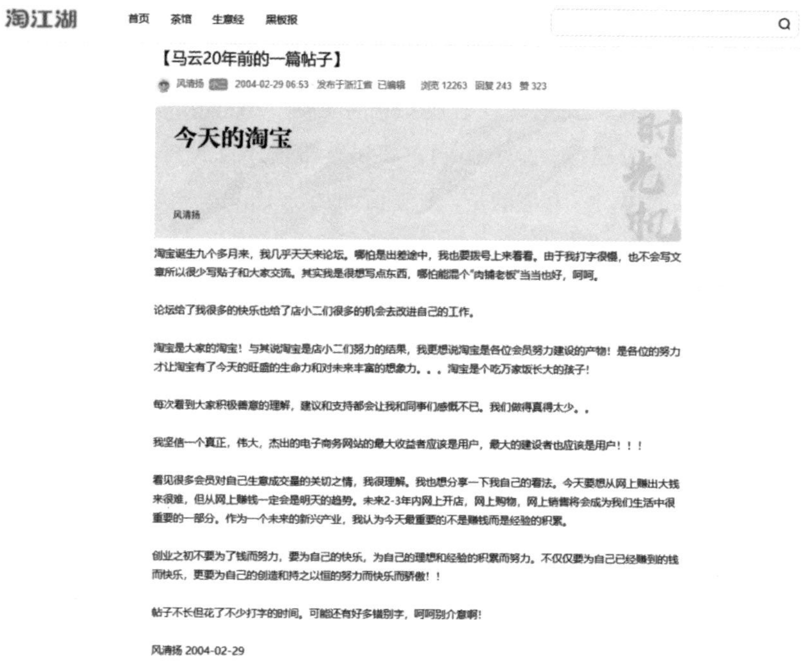

淘江湖　首页　茶馆　生意经　黑板报

【马云20年前的一篇帖子】

风清扬 2004-02-29 06:53 · 发布于浙江省 已编辑　浏览 12263 回复 243 赞 323

今天的淘宝

风清扬

淘宝诞生九个多月来，我几乎天天来论坛。哪怕是出差途中，我也要拨号上来看看。由于我打字很慢，也不会写文章所以很少写贴子和大家交流。其实我是很想写点东西，哪怕能混个"肉铺老板"当当也好，呵呵。

论坛给了我很多的快乐也给了店小二们很多的机会去改进自己的工作。

淘宝是大家的淘宝！与其说淘宝是店小二们努力的结果，我更想说淘宝是各位会员努力建设的产物！是各位的努力才让淘宝有了今天的旺盛的生命力和对未来丰富的想象力。。。淘宝是个吃万家饭长大的孩子！

每次看到大家积极善意的理解，建议和支持都会让我和同事们感慨不已。我们做得真得太少。。

我坚信一个真正，伟大，杰出的电子商务网站的最大收益者应该是用户，最大的建设者也应该是用户！！！

看见很多会员对自己生意成交量的关切之情，我很理解。我也想分享一下我自己的看法。今天要想从网上赚出大钱来很难，但从网上赚钱一定会是明天的趋势。未来2-3年内网上开店，网上购物，网上销售将会成为我们生活中很重要的一部分。作为一个未来的新兴产业，我认为今天最重要的不是赚钱而是经验的积累。

创业之初不要为了钱而努力，要为自己的快乐，为自己的理想和经验的积累而努力。不仅仅要为自己已经赚到的钱而快乐，更要为自己的创造和持之以恒的努力而快乐而骄傲！！

帖子不长但花了不少打字的时间。可能还有好多错别字，呵呵别介意啊!

风清扬 2004-02-29

图 11-6　马云在 2004 年的内部帖

9 月 10 日这一天，是阿里巴巴成立五周年纪念日。马云决定让阿里巴巴从生存 80 年改为生存 102 年。马云在阿里巴巴五周年庆典上表示："我建议大家从明天开始，把我们的 80 年改为 102 年，成为中国最伟大，最独特，成为横跨三个世纪的公司。"①

在 CNNIC 的统计中，网民们认为中国网上交易最大的问题有两个，第一，产品质量、售后服务及厂商信用得不到保障（42.4%）；第二，安全性得不到保障（34.3%）。②

第三方担保交易对淘宝至关重要。阿里巴巴与多家国内金融机构洽谈，但淘宝每笔交易几块钱的金额让所有银行望而却步，这样的一笔交易金额甚至不能打平银行内部支付的成本。

① 马云：《在阿里巴巴五周年庆典上的讲话》，2004 年 9 月 10 日。

② 中国互联网络信息中心（CNNIC）：《中国互联网发展状况统计报告（2005/1）》。

12 月，阿里巴巴在淘宝基础上推出第三方支付平台支付宝。一个淘宝用户在论坛中发帖："冰天雪地，360 度裸身跪求支付宝上线。"早期支付宝员工们手工对账。相比 B2B 一天 1000 多笔收入，淘宝每天动辄 10 万级的交易次数，很多员工咬着牙一直坚持到系统上线。

马云在 2018 年的冬季达沃斯论坛上曾经这样回忆创办支付宝：

"企业家要有担当精神。其实在 2004 年我们准备做支付宝、做阿里金融的时候，我就知道有一天我们会碰到麻烦，我也纠结过。那时候我在达沃斯论坛听了一个国家领导人关于领导力的讲话。他说，领导力是责任，有些事情，你相信，但是其他人不信，但如果你觉得这个事情非常重要，是对社会发展有利的事情，就要付出一切代价做到它。这改变了我的想法。我立刻给团队打了电话，'立刻、现在、马上去做，如果出问题，我去解决'。一个月后推出了。"

周鸿祎：一个至少 10 亿美元的教训

自 1999 年进入中国以来，雅虎发现单靠将其国际版内容翻译至中国并不能真正满足中国用户的需求，面对三大门户的压力，雅虎也在一直寻找突破口。

在日本市场，雅虎通过与软银合作，软银运作雅虎日本取得了良好效果，雅虎日本一直是领先者。在中国市场，雅虎收购了一家名叫 3721 的搜索引擎，3721 的创始人名叫周鸿祎。周鸿祎通过用户下载其杀毒软件时，会自动安装一个搜索工具栏，将 3721 设置为默认搜索引擎，普通用户很难卸载。

专栏作家连岳曾回忆："我有个朋友装了某地中国电信的 ADSL，奇妙的事情就发生了，每当他往浏览器的地址栏输入 Google（谷歌）的地址时，就会跳出个网页，上有两点'温馨提示'，一是声称此网站不存在，二是断定'你可能是要找 3721'"。3721 是一家网络搜索引擎公司，创办人周鸿祎研制出一种插件软件，它随时可能在电脑上弹出，让电脑用户无比烦恼。连岳写道："在网络时代声称 Google 不存在，就像说太阳只是虚构的，需要多么大的撒谎勇气。"

3 月 22 日，周鸿祎正式出任雅虎中国总裁。实际上从 2003 年下半年开始，周鸿祎就一直在思考如何将 3721 卖出。一方面，周鸿祎对有国家背景的 CNNIC 多少仍旧心存畏惧；另一方面，百度在搜索领域的长期积累和投入，让 3721 看不到长期能够取胜的希望。

那到底和谁合并呢？基于两点，让周鸿祎最终选择了雅虎。第一，海外公司出价往往更高；第二，如与国内公司合并，大家很难真正合得来。最终，仍然对搜索赛道心有不甘的周鸿祎，选择了雅虎。在周鸿祎看来，雅虎有着优秀的搜索技术和全球化的品牌，在雅虎的加持下，他有机会再次披挂上阵，与百度再战。

而雅虎则主要是看上了 3721 的销售收入，希望借 3721 来提振雅虎北亚区的销售业绩。就这样，心思不一的两家最终联姻。2003 年 10 月，周鸿祎以 1.2 亿美元的价格将 3721 卖给雅虎。雅虎先支付收购金额的 50%，余下部分则根据周鸿祎带领雅虎中国取得的利润情况，在此后的两年内分期给付。

收购协议在 2003 年 11 月 21 日正式签署，周鸿祎出任雅虎中国的总裁。雅虎中国的 50 个左右的员工从华润大厦搬到了 3721 所在的和乔大厦办公。兵合一处之后，雅虎中国拥有了大约 250 位员工。为了最快速完成团队融合，周鸿祎带领着 250 人直接飞往海南三亚进行了为期一周的团建。在这一类团建中，喝酒是重要环节，为了表现诚意，最终周鸿祎醉倒掉进了游泳池。

投入工作之后，周鸿祎将雅虎中国的战略，聚焦到电子商务、即时通信、搜索和邮箱领域。他并不理会雅虎总部坚持做门户的想法，只将有限的资源聚焦在邮箱和搜索上，这种强硬的态度让他赢得了"雅虎野蛮人"的外号。2004 年，雅虎中国扭亏为盈，营业收入为 4000 万美元，利润为 1000 万美元。但周鸿祎很快发现，因为 3721 只是雅虎在全球庞大的市场中的一个小小分支，他在诸多事情上，并没有本土决策权。

曾在微软最高层就职的陆奇曾做过分析，跨国公司在中国失败的主要原因是中国团队不能独立运营。

为什么跨国公司在中国可以讲几乎是全军覆没，很少很少真正能落地呢？本地化有几个核心，第一，它在中国的团队，必须是完全能够独立运营的，中国的市场有个很大的特点，它跟美国市场本质上有很多不同的地方。但是很重要的一点是，它速度特别快，你必须要快速运营、快速做决策，很多跨国公司的一个通病是，为了全球化的管理，必须要有一致性和协同性，它在中国的团队的决策，几乎都要跟总部去沟通，这样几乎是不可能在中国有足够多的快速的运营和在产品上和业务上做充分的本地化的。[1]

【战略金句】

◇ **扎克伯格**：我对建立起哈佛社区的社交网络很激动，但有一天，相信会有人把全世界的人都连接起来。

◇ **马化腾**：我们为了长远的考虑，而不是追求一两年的发展，我们希望我们的用户明白我们做的事情，和我们的投资者在一个时区，所以选择了香港上市。

◇ **马云**：领导力是责任，有些事情，你相信，但是其他人不信，但如果你觉得这个事情非常重要，是对社会发展有利的事情，就要付出一切代价做到它。

扫码阅读本章更多资源

---

[1] 头条科技：《YC 中国陆奇：iPhone 之后再没看到改变时代的产品》，2019 年 5 月，https://www.ixigua.com/6691513630099243532?wid_try=1。

2005

猛龙过江

你必须相信，那些点点滴滴，会在你未来的生命里，以某种方式串联起来。

——2005，乔布斯斯坦福大学演讲

8月26日，21岁的四川音乐学院大三学生李宇春夺得《超级女声》音乐比赛节目全国总冠军。全民用短信投票选出偶像的方式令人耳目一新。在这档节目中，李宇春从一个普通女孩成长为一个超级明星，赢得了全国的粉丝支持。

同年，李宇春还登上了美国《时代》杂志亚洲版封面。

李宇春这种"成长型偶像"，对粉丝们有着独特的吸引力，因为粉丝们陪伴他或她，经历了几乎所有的失败和成功。这样的过程，让粉丝对这位偶像产生更多的情感寄托。粉丝们聚集在百度贴吧，创建了当时最大的贴吧"李宇春吧"，相关发帖数达到了1000万条，百度贴吧也借此事件，在 2005 年超越了新浪成为了世界最大的中文网站。

不论是互联网用户量，还是像贴吧这样的中国互联网产品的创新性，都让互联网的分量在持续提升。

这一年，越来越多美国的科技巨头和华尔街的分析师们，开始将目光更多转向中国市场。不论是 Google 还是 eBay，都如同恺撒一般，带着"我来，我见，我征服"的规划图来到中国。

在国际科技公司"重兵压境"

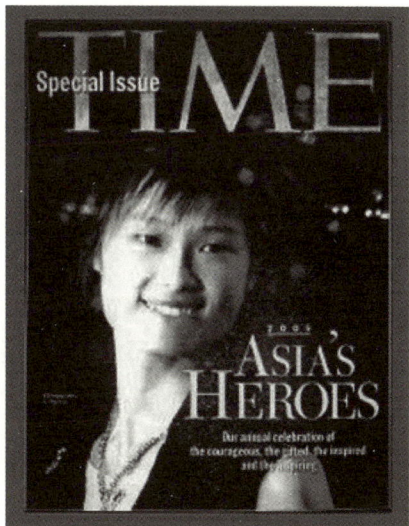

图 12-1 《时代》亚洲版封面

的同时，世界对中国的互联网公司并没给予足够的重视。9 月，有"互联网女皇"之称的美国分析师玛丽·米克尔[①]发布了一份专门针对中国市场的研究报告。玛丽·米克尔认为，中国互联网公司的估值明显低于全球同类公司。以中美排名前五位的互联网公司数据比较来看：

中国公司的平均收益增长率为 25%～40%，美国公司则为 25%～30%；中国公司的平均营业利润率为 30%～40%，美国公司则为 15%～20%。

吊诡的是中国公司的平均市盈率仅为 15～25 倍，美国公司却高达 40～50 倍。

此外，中国公司的交易价格要比全球同类公司低 40%～60%。

在这份报告发布后，中国概念互联网公司股价均有所上涨。在电影《无极》中有一句意味深长的话："如果你跑得足够快，就能超越时间。"每一家公司，都希望自己能够跑得足够快，快到能够超越所有竞品。

但即便是到了 2005 年，中国传统商业界仍有很多人对互联网的概

①　Mary Meeker。

念理解得很模糊。这里有两个真实的案例：

"一个企业老总认真地向网站设计人员讲述，他希望看到的网页正面是什么样子的，反面是什么样子的。另一个老总听说要给他们公司分配三个邮箱很是疑惑：我只有两个办公室，一间放一个邮箱，第三个放到哪里去呢？"①

就在这样的混沌之中，属于 2005 年的互联网故事揭开帷幕。

扎克伯格：这段经历会值得怀念

2005 年，年满 30 周岁的扎克伯格逐渐发现 Facebook 已从自己的业余消遣，变成了一家需要为之付出全部精力的企业。因为不论对他个人还是 Facebook，未来正在开始变得不可限量。

扎克伯格默默地在自己的办公室涂写了一个巨大的拉丁文词语 "Forsan"，这个词来自诗人维吉尔的《埃涅阿德》中的一句："Forsan et haec olim meminisse iuvabit。"中文意义是："也许有一天，这段经历会值得怀念。"②

扎克伯格不仅自己在办公室涂涂画画，还邀请来了涂鸦画家大卫·崔③为 Facebook 的办公室绘制壁画。有趣的是，这位画家在当年并没有接受几千美元的酬劳，而是选择了 Facebook 的股票，这些股票在 Facebook 2012 年上市后，价值达到 2 亿美元。就像 Google 上市时，成为百万富翁的按摩师一样，这位画家也因为明智地选择了接受股票，一跃实现了财富自由。

---

① 王建硕：《中国的互联网现状究竟相当于美国的哪一年？》，《三联生活周刊》，2005 年 6 月。

② 尚进：《链接社交共同体 Facebook 交易场》，《三联生活周刊》，2011 年第 9 期。

③ David Choe。

图 12-2　左起：马克·扎克伯格、达斯汀·莫斯科维茨、肖恩·帕克

　　此时的 Facebook，已经展现出广阔未来，这也让扎克伯格的言谈举止越发受到内外部的关注。扎克伯格在走路时，习惯像拿破仑一样挺着胸膛。扎克伯格经常穿着凉鞋和短裤，想事情时经常用手托着下巴，样子像个小国王。一名当时 Facebook 的员工，这样描述在一次周五下午全员会上的扎克伯格：

　　"他的站姿有点儿异常挺拔。所有员工都会聚在他周围，或者坐在桌子上耷拉着人字拖，或者盘腿坐在地上。大家都看着马克，听他讲述这周 Facebook 的业务：谈成的生意、发布的新产品、遇到和解决了的技术问题。偶尔，有风险投资背景、来自耶鲁大学的马特·考勒（Matt Cohler）会插进来说说财务状况，或者达斯汀会评论网站的发展、健康与否，以及那周出现的主要故障。"①

---

① 凯瑟琳·罗斯：《孩子王》，中信出版社，2012 年。

此时的世界与中国

1840 年的鸦片战争，英国以坚船利炮强行打开中国大门这个古老国度，自此被强行拖入近代。一个半世纪之后，中国在经济层面终于与英国并肩。

根据中英双方统计，2005 年，英国的 GDP 为 2.03 万亿美元；而同年中国的 GDP 增长 10.4%，GDP 总值达 2.24 万亿美元，成为美国，日本和德国之后的世界第四大经济体。如加上台港澳地区，中国的 GDP 已经超过德国。韬光养晦仍旧是主政者当时的战略选择，这一"超英时刻"并未被官方进行大肆宣传。

美国经济学家托马斯·弗里德曼在这一年完成著作《世界是平的》。在这本书中，弗里德曼认为："世界正被抹平。"

2005 年 4 月 20 日，电影《银河系漫游指南》上映。懒床睡过了点，起床弄伤了脚趾，下楼磕了头，早餐烤焦了面包，主人公阿瑟·登特[1]有些霉运当头。更不幸的是，政府已经决定拆掉他的房子，而好友福特·普里弗克特[2]则承认自己是个外星人，正在地球上寻找新版《银河系漫游指南》。

图 12-3　电影《银河系漫游指南》海报

此时，外星人正在建造银河系高速公路，而地球是阻挡工程进展的障碍物，外星人即将摧毁地球。最终，主人公在朋友的帮助下，在地球被毁灭前的最后一刻搭上了一艘路过地球的外星人的太空船，开始了一段充满惊奇的星河探险。而他需要知道

---

① 马丁·弗里曼饰。

② 摩斯·德夫饰。

的一切居然都写在一本名叫《银河系漫游指南》的电子图书里……

2005 年，科技学者库兹韦尔出版了《奇点临近》一书，作者大胆预测，到 2027 年电脑将在意识上超过人脑。而到了 2045 年左右，"严格定义上的生物学上"的人类将不存在。他激情地预告："我们的未来不是再经历进化，而是要经历爆炸。"作者还强调："技术的力量正以指数级的速度迅速向外扩充。人类正处于加速变化的浪尖上，这超过了我们历史的任何时刻。"

电影《百万美元宝贝》斩获了这一年的奥斯卡最佳影片、最佳导演、最佳女主角三项大奖。在这一年的中国电影行业，票房前三名分别是：《无极》《金刚》《神话》。

这一年最流行的音乐，有周杰伦的《发如雪》、蔡依林的《野蛮游戏》、飞儿乐团的《千年之恋》、林俊杰的《一千年以后》，以及王力宏的《大城小爱》……

这年年底，相声演员郭德纲以及他背后的德云社开始在网络上走红。人们开始习惯在网络上寻找由郭德纲和他的搭档于谦所表演的相声节目。

12 月，31 岁的胡戈对《无极》重新剪辑并配音，做成短片《一个馒头引发的血案》。这个短片在网络上的下载量远远超过《无极》本身。在很多人看来，这个短片是中国网络恶搞文化的发端。

乔布斯：能抢我们饭碗的设备是手机

2005 年，苹果公司的 iPod 销量暴涨，在这一年总计卖出了 2000 万台，这是 iPod 2004 年销量的 4 倍，占据苹果公司当年收入的 45%。此外，iPod 还直接带动了 Mac 系列产品的销售，此时的苹果公司已经彻底恢复元气。

但一个潜在的快速增长市场，却让乔布斯对苹果的未来忧心忡忡。

2005 年的一天，乔布斯向董事会直言："能抢我们饭碗的设备是手机。"他向董事会介绍，此时的手机都已经配备了摄像头，而数码相机市场正急剧萎缩。而一旦手机制造商们开始在手机中内置音乐播放器，"每个人都随身带着手机，就没必要买 iPod 了"。

乔布斯开始商议与摩托罗拉的畅销手机刀锋（RAZR）系列合作。该系列手机配有摄像头，双方准备合作，在其中内置 iPod。摩托罗拉 ROKR 手机就此诞生。但是，该系列手机既没有 iPod 迷人的极简风格，也没有刀锋系列便捷的超薄造型。它外观丑陋，下载困难，只能容纳近百首歌曲。RAZR 系列手机的硬件、软件和内容并非由同一家公司控制，而是由摩托罗拉公司、苹果公司及无线运营商辛格勒（Cingular）共同拼凑而成。《连线》杂志在其 2005 年 11 月号的封面上嘲讽道："你们管这叫未来的手机？"

乔布斯无法忍受这样的合作，他对团队直言：

"我受够了跟摩托罗拉这些愚蠢的公司打交道。我们自己来。"他注意到市场上手机的奇怪之处：它们都很烂，就像以前的便携式音乐播放器一样。"我们会坐在一起谈论有多么讨厌自己的手机，"他回忆说，"它们太复杂，有些功能没人能搞明白，包括通讯簿。简直就跟拜占庭一样混乱不堪。"乔布斯及其团队十分兴奋，因为他们看到了打造一款自己想用的手机的前景。"这是最好的动力"，乔布斯后来说道。[①]

另一个动力是潜在的市场。2005 年，全球手机销量超过 8.25 亿部，消费者从小学生直至上了年纪的祖母。由于大多数手机都很烂，因此一款优质时髦的手机会有市场空间，就像之前在便携式音乐播放器市场一样。

在这一年的斯坦福大学毕业典礼上，乔布斯作为演讲嘉宾，对着年轻的学子们说道：你无法预先把点点滴滴串联起来；只有在未来回顾时，你才会明白那些点点滴滴是如何串联在一起的。所以你得相信，眼前你

---

① 沃尔特·艾萨克森：《斯蒂夫·乔布斯传》，中信出版社，2014 年。

经历的种种，将来多少会联结在一起。你得信任某个东西，直觉也好，命运也好，生命也好，或者运力。这种做法从来没让我失望，我的人生因此变得完全不同。

李开复：Google 在中国将大有作为！

Google 的 CEO 施密特非常重视广阔的中国市场。一个中日韩产品小组在为 Google 正式进入中国市场做着准备。Google 一直在寻找一位可以领导 Google 中国市场的领军人物，李开复逐渐进入 Google 高层视野。

2005 年 5 月的一天，一个新浪网的标题在不经意间，紧紧抓住了李开复的目光。"Google 在中国将大有作为！"此时，Google 已经在中国买下了 google.cn 的域名，并将在上海开设办公室。

李开复主动在网上找到了 Google 总裁艾瑞克·施密特的电子邮箱地址，发出自己希望加盟 Google 的意愿。李开复愿意去中国。当天晚上，Google 就向李开复伸出了橄榄枝。一位高管拨通了他的电话："开复，我很惊讶，你居然对我们有兴趣。我们接到你的邮件非常高兴。其实，我们一直在研究你的背景，觉得你曾经在中国工作过，创建的微软亚洲研究院是个奇迹，你在多个公司从事过研究和开发的工作，所以我们的内部也讨论过，大家一致认为能得到李开复是最好的！"[1]

2005 年 7 月 19 日，李开复加入 Google 中国的消息在美国和中国同时发布。

"Google 今天宣布聘请计算机科学领域的专家李开复先生，成为 Google 中国的总裁以及 Google 中国研发中心业务的负责人。"

李开复以副总裁级别被聘任为工程主管。李开复从域名收集者蔡文胜手中购买到了 google.cn 的域名，一段新旅程开始了。

---

[1] 李开复、范海涛：《世界因你不同：李开复自传》，中信出版社，2009 年。

Google 中国的对手，正是百度。百度的核心功能和极简主义的设计风格借鉴了 Google，但除此之外，李彦宏也在坚持不懈地优化网站，以迎合中国用户的搜索习惯。

举例来说，美国用户的活动热度图里，绿色与黄色集中出现在左上角，即排名靠前的搜索结果，而排序第一及第二的结果上有部分代表鼠标点击过的红色点。美国用户平均在搜索结果页面上停留约 10 秒钟后离开。而中国用户的活动热度图非常混乱，快速浏览与鼠标点击集中在左上角，但其他部分也布满绿色点及红色点。中国用户平均在搜索结果页面上停留 30 至 60 秒，视线几乎穿梭在所有搜索结果上，任意点选他们看到的内容。视线轨迹的活动热度图显示了两国人民在使用搜索引擎习惯上的不同以及背后的深层次原因：美国人把搜索引擎当作黄页，用来找寻特定的信息；而中国人把搜索引擎当作购物商城，用来查看、试用各种商品，并最终选择购买一些商品。

用户在态度上和使用习惯上的这些根本性差异，理应促使公司针对中国用户的特定需求调整产品。在 Google 的全球搜索平台上，用户点击一个搜索结果，就会离开搜索结果页面，这意味着 Google 让来自中国的"顾客"点击购买，然后把他们踢出商场；而百度则是在用户点击搜索结果时，开启一个新窗口，而搜索结果页面还在，用户可以返回页面尝试各种搜索结果，不必"离开商场"。

但是总部一直拒绝过多代码"分支"，李开复逐渐发现，自己带领团队每想开拓一项新功能，都要与总部打一场硬仗，这让 Google 中国动作迟缓，也让李开复精疲力竭。客观来说，Google 主要输在了自身的策略与管理上。此外，在李开复看来，外国公司往往只能招募到更顺从的员工，或是选择从其他国家空降的销售人员，但这些员工更关心自己的薪资和期权，而不是在中国市场奋战。[①]

---

① 李开复：《AI·未来》，浙江人民出版社，2018 年。

Web 2.0 概念开始流行

4 月 23 日，YouTube 的第一部视频由网站联合创始人 Jawed Karim 上传，内容是他在圣地亚哥动物园介绍背后的大象。这年 2 月，YouTube 的创始团队在出生于 1978 年的台湾青年陈士骏的车库中，创办了这个日后风靡全球的视频网站。

图 12-4　YouTube 的第一个视频内容

寻找和下载视频，在全球成为年轻人所热衷的新风尚。2005 年，迅雷公司正式成立。2005 年，VeryCD（电驴下载）公司正式成立。

这年 3 月，点评网站豆瓣成立，并成为了所有文艺爱好者的聚集地。主打网络小说的起点中文网流量猛增。同样在这一年，分类信息网站 58 同城和赶集网诞生，两家平台打得不可开交，58 同城创始人姚劲波曾表示，在并购赶集网的前十年里，他每天想得最多的便是将对方收购。

新浪博客也在这一年上线。余秋雨、余华、张靓颖、郭敬明等社会知名人士陆续在新浪博客落户，博客作为灵光一现的思想片段记录，满足了网民便利地宣讲自己观点的需要，从"少数人写给少数人看"的小众走向"多数人写给多数人看"的大众，当年被业内人士称作中国的"博客元年"。2005 年前 9 个月，中国博客累计注册账户数达到 3336 万，比 2004 年底翻了一番。

2004 年，克里斯·夏普利[1]首先创造"社交媒体"术语，同一年，开源软件理念的缔造者、O'Reilly 媒体公司 CEO 提姆·奥莱理提出了"Web 2.0"，最终给这场由博客、播客、SNS[2]、Wiki 等互联网的新浪潮命了名，并迅速在全球成为公认的主流概念。伴随着 Web 2.0 这一概念的诞生，一大批用户自生产内容的互联网平台诞生。

阿里巴巴：长江里的扬子鳄

进入 2005 年，eBay 除了注册用户数仍然领先淘宝，在客户服务、用户满意率、商品更新率等指标上均落后于淘宝。[3] 面对淘宝的步步紧逼，eBay CEO 梅格·惠特曼很快宣布将向中国市场追加一亿美元的投资。一方面 eBay 继续烧钱，另一方面市场份额却不断被淘宝蚕食。

马云对此回应："eBay 用一亿美元开始砸这个市场的时候，我就认为没有技术含量。用钱去解决问题，这世界还要企业家干什么？企业家是懂得用最小的资源去把市场价值最大化的人。"

马云更进一步直言："心中无敌、无敌于天下，是指战略和战术。在战略上，你得高度重视，任何一个对手出来的时候，你都要研究一下他有没有可能成为你的对手。他成为你的对手以后你该怎么样。他的什么东西比你强，你该学习他，不要恨他。你太把他当对手，一心想灭了他的时候，你的套路全暴露了……仇恨只会让你鼠目寸光。"马云的表态

[1] Chris Sharpley。

[2] Social Networking Service。

[3] 波特·埃里斯曼：《阿里传》，中信出版社，2015 年。

可谓杀人诛心，此时慌张的 eBay 频出丑态，更是在被马云用语言艺术进一步放大后，被全世界一览无余。

9 月，eBay 时任总裁梅格·惠特曼拒绝了马云第五届"西湖论剑"的参会邀请。拒绝的理由也很容易理解，此时的 eBay，在淘宝的冲击下，显得有些狼狈。

很快，eBay 做了一个愚蠢的决定。eBay 认为建立全球统一运行的数据和技术平台将会极大提高其运营效率，降低成本。eBay 开始将中国的数据和技术迁转至公司的全球统一运行平台。但很快，三个几乎让用户不能容忍的问题出现了。

首先，eBay 中国的用户发现，所有本土化特征和功能都在新的网页上消失了。迁转后，中国用户使用的 eBay 网页设计与美国用户没有任何区别。

其次，很多中国用户原有的用户名因为与国际用户重合竟然被宣布无效，中国用户为了忍受"国际用户优先"原则不得不重新注册新账户。卖家则遇到了更大的难题，多年运营得到的所有评级数据信息变为了"0"。更多不能忍的卖家和用户开始涌向淘宝。

最后，由于防火墙的存在，从中国访问外国网站要比直接访问本土网站慢得多。

eBay 美国和中国团队的沟通也面临着挑战。①

由中国社会科学院互联网发展研究中心公布的《2005 年中国电子商务市场调研报告》称："阿里巴巴和淘宝网分别夺得 B2B 和 C2C 市场份额的第一名。"该报告还显示："排名前三位之中的淘宝网、一拍网由于'雅虎阿里巴巴并购'事件成为一家，占领行业超过 60% 的份额。eBay 易趣受到中国本土公司冲击，目前虽仍保持良性态势发展，但市场占有率缩水近六成，逐步被甩在第二位，最终只占据约 30% 的份额。"

同样在 9 月，马云当着雅虎"酋长"杨致远的面向记者表示："淘宝

---

① 这正是当初马云执意关闭位于硅谷的阿里研发中心的原因。

网如果继续免费下去，相信杨致远不会反对，如果这点'小钱'他也心疼，阿里巴巴也不会跟雅虎在中国携手了。"当时，杨致远面露苦笑。[①]

在全球市场，eBay 依旧是王者。有趣的是，针对淘宝网的价格挑战，eBay 在美国同步发表了公开声明，这是 eBay 三年来首次对中国的"麻烦"厂商作出快速反击。

eBay 在声明中讥讽："'免费'不是一种商业模式，淘宝网宣布在未来三年内不对其产品收费，充分说明了 eBay 在中国业务发展的强劲态势。令我们骄傲的是，eBay 在中国正在创造一个能持续发展的业务模式，为中国消费者和企业主提供最安全、最专业和唯一的最令人兴奋的国际贸易环境。"

淘宝网总经理孙彤宇反驳："过早收费根本不符合中国国情，中国电子商务市场虽高速发展，但远未成熟。"

eBay 则在 2004 年的财报中声称已经拿下 65% 的中国市场。对此，孙彤宇直接驳斥称该数字是在"误导投资者"，"以成交额衡量，淘宝市场份额今年已经超过 60%"。

2013 年，马云在参加斯坦福大学"对话硅谷精英"的研讨会时曾有一段发言，非常适合复盘这场战役："只要找到好的方法，蚂蚁是可以把大象搞翻的。搞死大企业的往往都是小企业；搞死你的企业的，一定是你今天看不见、看不起、看不懂的人，你看得见的都不是对手。"

《福布斯》在《迎战巨人》一文中引用了马云对这场撼人心魄的商战的总结。"eBay 或许是大海里的一条鲨鱼，但我是一只长江里的扬子鳄。如果我们与 eBay 在海洋里开战，我们会输。但如果在江里斗，我们一定会赢。"

---

① 张旭光：《淘宝将再免费 3 年 eBay 首次发表声明讥讽淘宝》，《北京晨报》2005 年 10 月 21 日，https://tech.sina.com.cn/i/2005-10-21/0618744665.shtml?from=wap。

马云：收购雅虎是一个仓促的行动

雅虎向阿里注资 10 亿美元，让淘宝与 eBay 之争没了悬念。

8 月 11 日，阿里团队与雅虎亚洲的高管在北京的一家酒店共同宣布了这一重要消息[1]。双方正式宣布，雅虎注资 10 亿美元给阿里巴巴，并由后者收购雅虎中国。

事实上，在阿里和雅虎谈判的最后一刻，eBay 的梅格·惠特曼还曾试图接通孙正义的电话，希望阻止此事。当然，孙正义"恰巧"漏掉了这通来电。马云在舞台上揶揄道，"梅格·惠特曼，谢谢你让这一切成为可能。"

关于 eBay 的失势，马云总结："他们在中国太重视竞争，但是不重视为中国市场和中国消费者创造价值。"蔡崇信在多年后的一场分享中回忆这个瞬间：

我直到 2005 年前后才意识到这个规模，那时，你知道，我们已经成立六七年了，当时雅虎提议想要投资。同时，eBay 也在考虑投资。我们甚至考虑出售淘宝——今天中国最大的电商平台。最终，我们与雅虎进行了谈判。

他们不仅投资了 12.5 亿美元，还在二级交易中收购了多家风投公司的股份，交易价值 12.5 亿美元，对阿里巴巴的估值超过 40 亿美元。

我仍然记得那是夏天。当年夏天我见到了我父母，当我对我爸爸说"我想我已经做成了一些事情"的时候，我感到非常自豪。[2]

雅虎选择与阿里巴巴合作的很大一个原因是与盛大合作流产。为了打破僵局，杨致远邀请马云喝了一大杯清酒，说服马云相信雅虎业务能力，以及这一交易将为阿里带来的诸多利好帮助。马云曾调侃："这是我喝过的有史以来最贵的清酒"——作为 10 亿美元的代价，马云让出了

---

[1] 雅虎一方的高管团队中有雅虎全球搜索技术总监陆奇。

[2] 蔡崇信接受挪威主权财富基金首席投资官 Nicolai Tangen 专访，2024 年 4 月 3 日。

40% 的股份。

这年 8 月 11 日，阿里巴巴、雅虎在北京宣布签署合作协议。雅虎以雅虎中国全部资产和 10 亿美元入股阿里巴巴。"我们这次宣布阿里巴巴全面收购了雅虎中国的所有资产，包括雅虎的门户、雅虎的一搜、雅虎的雅虎通、3721，以及雅虎在一拍网上的所有资产。同时，雅虎给阿里巴巴公司投入 10 亿美元，成为阿里巴巴重要的战略投资者之一。"

在中国大饭店的新闻发布会上，时任雅虎首席运营官的丹尼尔·罗森格侧身在马云耳边低语。罗森格回忆说："杨致远曾提醒我，无论我做什么，都不要让马云说他收购了雅虎。"

在 10 亿美元注入后，马云步步为营，淘宝很快打败了 eBay。到 2005 年末，淘宝网在中国市场份额接近 60%，eBay 的市场份额只剩下不到 1/3。第二年，eBay 股票遭遇狂跌，从 46 美元的高位跌落至 8 月时的 24 美元，而淘宝网给自己套上了"亚洲最大购物网站"的光环，宣布每天有超过 900 万人在淘宝"逛街"。

在阿里巴巴前副总裁波特·埃利斯曼[1]操刀拍摄的《扬子江大鳄》中，这样评价阿里巴巴与 eBay 的这场商业战争："阿里巴巴是扬子江里的鳄鱼，而 eBay 是海里的鲨鱼。在海洋里，鲨鱼会赢，但在江里，赢的就是鳄鱼。"

11 月，阿里巴巴在北京向中国媒体介绍雅虎中国。这次马云希望将发布会定位为"雅虎中国和百度的战役"。马云期待通过这一话题为雅虎中国的搜索引擎带来流量。此时的中国搜索市场份额方面，百度占据 37%、雅虎中国占据 32%，Google 则占据 19%。

关于合作动机，杨致远说："我们选择的都是优秀团队。我们知道雅虎是日本最大的拍卖、搜索网站，虽然雅虎中国只有八九年的历史，但很多方面有大量新的开发。能够真正把握这个市场上的潜力、这个市场上的机会，还需要有当地优秀的团队跟我们做跨国公司的资源，还需要品牌互相帮助、互相依靠。我想我们是互相补助、互相需要的，这种方

---

[1]　Porter Erisman。

式能够帮助我们在中国成功，就像在日本成功一样，这也是吸引我们做这个事情的初衷。"

而马云表示，不想将 40% 的钱花在搜索引擎上，在想这个的时候认识了雅虎，很自然地走到一起。"对这个机会我已经等了 7 年了，所以这次合作对双方来讲会实现长期的计划。阿里巴巴会不会上市是大家关心的问题，最近很多人说阿里巴巴这次做就是为了上市，我们一定会上市，但是不是为了钱，我们是为了创建一个伟大的公司，要做 102 年的公司，如果现在上市还早一点，我们想把阿里巴巴做好，把淘宝做好。我今天的承诺是：一定要把阿里巴巴做好。这个是我的承诺，这个承诺比上市更重要。"

在发布会上，马云甚至喊出"从现在开始，在中国，雅虎就是搜索，搜索就是雅虎！"全新版本的雅虎首页在纯白的页面中只留下了雅虎的 logo 和搜索框，和 Google 与百度的首页设计完全一致。一系列的营销活动紧锣密鼓，阿里为雅虎中国赞助了中国音乐盛典，甚至还向三位中国知名导演各提供 100 万美元供他们为雅虎中国拍摄广告。

"收购雅虎是一个仓促的行动，阿里巴巴本来已经规划好了三年、五年计划，两桌人我准备了三桌菜，已经准备好了，突然出来一个雅虎中国，一下子变成三桌菜来了四桌人了。突然街上找了 400 人，就这么一个感觉。"[①] 马云这样评价。

已熟悉雅虎中国各类动态图片和新闻的用户却对这一变化有诸多排异反应，雅虎中国的流量呈断崖式下滑趋势。措手不及的马云赶忙命令雅虎中国的首页恢复原来的设计，但流量却并没有出现明显反弹。

陈天桥打造"网络迪士尼"

2 月 18 日晚，盛大公司总裁唐骏走进陈天桥办公室，面色凝重地说："我们今晚动手吧。"次日，盛大公司宣布，从纳斯达克公开市场购得新浪

---

① 尹生：《马云．YAHOO.CN》，《中国企业家》，2006 年第 18 期。

网 19.5% 的股份，一举成为最大股东。消息宣布时，陈天桥身在巴黎，他拨通了新浪 CEO 汪延的电话，后者当时也在巴黎，但对此仍一无所知。

这场收购最后以新浪的"毒丸计划"①反击获胜而告终。但挫败并没有损伤陈天桥的锐气。2005 年他正春风得意。2004 年，盛大公司赴美上市，31 岁的陈天桥一举成为中国首富。

陈天桥的愿景是打造"网络迪士尼"。2004 年，他力排众议启动烧钱无数的盛大盒子项目，想以此为中心，打造家庭娱乐闭环。2005 年收购新浪股份，正是为了给这一宏大梦想注入内容。

在 2005 年盛大与新浪的这场收购战役中，唐骏把雅虎也拉了进来，具体合作方式是：雅虎将 10 亿美元注入盛大，由盛大收购雅虎中国。盛大再拿这笔钱完成对新浪的收购。双方条款在 2005 年 3 月全部准备好，只差陈天桥签字。但关键时刻陈天桥拒绝了。陈天桥无法接受雅虎方面开出的条件：未来三到五年对盛大有控股权。

2005 年，张勇加盟盛大，担任副总裁和 CFO，帮助盛大攻城略地。此前，张勇加入当时"五大"会计事务所之一的安达信。到了 2002 年，安达信丑闻曝光后并入普华永道，张勇和王湛生成了同事。2004 年，王湛生加入百度担任 CFO，并帮助百度上市。

2005 年下半年的一天，陈天桥突然把包括张勇在内的团队叫过去开会。陈天桥说：张勇，你去算一算，如果《传奇》免费，我们的收入会下降多少？

这是个让人吃惊的问题。2001 年 11 月 28 日开始运营的《热血传奇》是盛大最受欢迎的游戏之一。正是这款游戏的成功，将盛大推向了当时中国互联网公司中在线娱乐之王的地位。它让盛大在 2004 年登陆纳斯达克，也让陈天桥在 31 岁时成为中国首富。即使是在它运行的第 4 年，这款游戏已经老化，进入衰退期，但宣布免费前，2005 年的第三季度，《热血传奇》仍然贡献了盛大 35% 的收入，达到 1.55 亿元人民币。

---

① 毒丸计划，又称"股权摊薄反收购措施"或"股东权益计划"，是目标公司抵御恶意收购的一种防御措施。

"当时所有人都反对，这还得了！免费不就没了吗？！"张勇回忆："这就是创业者的本能，置之死地而后生。眼看着游戏收入每个月都在下降，还不如换一种模式，也许能够求生。"[①]

陈天桥力排众议。2005年11月28日，盛大宣布，包括《热血传奇》在内的三款游戏免费运营，不再依靠出售游戏点卡按时长收费，而是通过为玩家提供增值服务获取收入。这一举动将中国网游带入了免费时代，网络游戏公司的商业模式被免费战略重塑，转而靠为玩家提供增值服务来获利。

"结果赌对了，盛大游戏又焕发了第二春。从那以后到我离开，盛大连续6个季度超预期地增长，"张勇说，"当时我是团队的一员，我钦佩他的胆识。这就是最鲜活的经历，发生在身边，自己又是一部分。你能感觉到这种创业者需要的勇气和坚持。"

他对这件事印象深刻。2015年出任阿里巴巴CEO之后，他在当年7月1日同阿里巴巴一些年轻的总监交流，被问到"做业务时最重要的品质是什么"时，他又想起了盛大的这个故事，以及他开始做淘宝商城之后的经历。他回答说："孤独地坚持。"

2005年，盛大还开始实践自己的"网络迪士尼"之梦：以盛大盒子"EZ Station"为核心，目标是把中国数亿家庭都变成盛大的用户。但在此时，大部分的中国家庭还没有接入宽带，政策也还不允许由企业来主导IP网络和电视网络的整合，盛大的盒子战略宣告失败。

百度更懂中文

2005年，很多制造企业、外贸企业，都有了更多推广需求。因为这些企业并不像500强企业有足够的投放资金在门户网站上投广告，而且即便投放了也会因为不够精准，回报不高。

① 李翔：《阿里张勇这11年：做CEO是一个苦活，马云把我推下地狱》，2018年9月。https://xwzx.qqzyw.com/show-204596.html

但到了 2005 年，这些企业发现，搜索引擎这种新的商业模式可以帮助它们。搜索引擎，在很大程度上取代了 www 域名和门户网站，成为了用户进入网络世界的"第一门户"。这些企业开始尝试在百度、Google 上投广告，按照点击量付费，并获得了很好的效果。而百度这样的搜索引擎公司，快速吸收了广大中小企业的投放预算，成为中国互联网行业中真正的商业赢家。

快速成长的百度，开始筹备在纳斯达克的上市计划。

在百度纳斯达克招股说明书封面上有这样一句话："在中国，仅仅英文中'I'的翻译词，就有超过 38 种。"这句话的上面堆砌了 38 个诸如"我、俺、孤、愚、洒家……"字眼。百度用这种方式向西方投资者们传递这样一个信息：由于中文的复杂性，Google 在中文搜索领域很难与本土的百度进行竞争。

There are at least 38 ways of saying "I" in Chinese

Chinese language search is a complicated matter.

图 12-5　百度 2005 年赴美 IPO 时的招股书封面

百度推出的百度更懂中文唐伯虎篇、刀客篇、孟姜女篇、名捕篇四条电视广告及网络小电影同样让人印象深刻。广告中有这样的台词："我知道你不知道我知道你不知道我知道你不知道。"

8 月 5 日，全球最大中文搜索引擎百度在纳斯达克上市。首日收盘价报收 120 美元，以高达 354% 的涨幅创造了美国股市 213 年以来的外国公司首日涨幅最高纪录。百度也成为了第一只股价突破 100 美元的中国概念股、美国历史中上市当天收益最多的十大股票之一。36 岁的李彦宏在接受《华尔街日报》采访时坦言，"当今纳斯达克最热的两个名词，一是'中国'，二是'搜索'，百度凑巧都搭上了边儿。"

有趣的是，就在几年前李彦宏作为一位"美漂"，还在美国为《华尔街日报》网络版设计实时金融信息系统。一夜之间，李彦宏成为了拥有9亿美元的富翁。百度员工中身家超过1亿美元的有7个，超过1000万美元的则超过100个。

李彦宏也成为了中国互联网创业者所崇拜的新一代偶像。这一年，耶鲁大学经济学教授陈志武在接受《南风窗》记者采访时分析：

"这几年，很多中国IT公司到纳斯达克上市，就是利用全球化的机会，把许多年轻人的创造力在短期内变成了财富。百度上市，李彦宏一夜之间成了拥有9亿美元的富翁。不仅如此，百度员工中身家达到1亿美元的有7个，1000万美元的有100多个，而这些人中，很多都是三四年前才大学毕业的年轻人。媒体对这些事情的广泛报道，会激发很多年轻人对科技的兴趣，让他们每个人都意识到通过创新自己也可以是下一个李彦宏，创建下一个百度。互联网和资本市场对实现财富速度的加快，其能力真是令人激动。"

在科技互联网领域，本质上只有两种公司，一种公司是超级平台公司，另一种公司是垂直平台公司。超级平台公司的产生往往要经过一场"海洋战争"，打起来非常惨烈。但是打完以后只有一个赢家，这个赢家会在这一领海统治一个时代，一直到下一次技术爆发，有新的挑战者出现。

百度凭借搜索引擎产品，对外击退了国际巨头Google，对内压制了原来的门户霸主，成为了新一代真正的超级平台公司。

在百度之前，新浪、网易、搜狐"三大门户"一直是中国最主流的信息分发渠道，但是自从百度横空出世，门户模式很快被搜索引擎架空，沦为无足轻重的平台。它们就此陷入了垂直平台公司之间的"陆地战争"。

王兴：校内往事

　　这年夏天，王兴还是认为 SNS 有机会。他带着团队想到了两个方向：一个是小区网络，一个是大学生网络。

　　到了秋天，已归国创业一年有余的王兴开始主攻大学校园 SNS 市场。王兴和他的团队全面分析了 Facebook 在 SNS 领域的经验和教训，根据中国特点开发出校内网。校内网发布三个月就吸引了 3 万用户，增长迅速。

图 12-6　校内网 Logo

　　王兴无疑会注意到同时期的 Facebook，2006 年 3 月在接受网站访谈时他回忆说："2004 年我看到 Facebook，但没有什么感觉，2005 年上半年我又去看了，也没看出什么感觉。后来看到一些报道，2005 年下半年我又上去仔细地看，有一种体会，感觉它是 SNS 的代表。"

　　11 月底，王兴将他开发的网站命名为"校内网"。12 月，王兴的团队正式推出了校内网。最初的用户来自清华、北大、人大。"他们网络条件最好，而且便于推广。"在 98 年参加创业大赛后，王兴再一次开始带着团队在全国各地校园贴海报。校内网初期拥有了 4000 名左右的实名用户，需要一个小的突破点。由于缺少美工，王兴团队直接把 Facebook 的页面扒下来。由于产生自中国最好的高校，产品相对有较强的影响力。

　　互联网让普通人能够跨越时空，和千里之外的人进行即时沟通，并且有着最轻的社交压力。在互联网早期，对于普通网民来说，最具吸引力的特征是无边界，即能够实现跨越距离障碍进行沟通。此外，在互联网上，人们彼此都对对方多少有所隐藏，网民往往会在网上，表现出与现实生活中迥异的行为。

也正是基于这两点，从 2005 年这个节点看，大多数人习惯性地认为，互联网就是用来和远方的陌生人聊天的。

王兴和王慧文，看到了一个"真实互联网"的价值。他们所观察到的用户行为，其实是因为好友而在这里，即便网站没有功能，也每两周都会来一次。他们认为，应该做一个基于真实社会关系和真实身份的社交网站。

但这个决定，跟当时的主流互联网网民的心智恰恰相反。网民注册时，往往很容易填一个假信息，上传一个假头像，这是用户平时上网的自然行为。校内网发展过程中，大部分产品设计和运营工作都是围绕扭转用户这个行为和习惯设计的。

王兴带领团队做了 2 个营销活动。分别是学生节营销和春运营销。

每年 12 月份，清华有学生节，但清华电子系学生过多，一个礼堂坐不下，一个宿舍六个人只能分到两张票。王兴团队跟清华电子系合作，赞助了电子系三千块钱，共买了一百张票。他们获取了两个权益，一是在各类宣传材料上介绍校内网，二是电子系抽票的活动在校内网上进行。为了防止作弊，也防止其他人混进来，校内网要求参与的同学必须上传真实信息，包括名字、班级、头像，才能拿到这张票。由于抽签领票需要实名制，校内网上的姓名也是实名。

通过这种方式，校内网收获了最初的一千人左右的初始用户。但清华电子系有 BBS，学生们此时还并不需要使用另外一个社交工具。

校内网的第二个营销活动马上到来。2005 年冬天，北京交通还不太方便，很多清华同学寒假回家要坐火车，有的火车是凌晨两点钟，但那个时候公交已经停运了。

王兴团队主动找来了大巴车，帮助这些同学前往火车站。校内网邀请清华、北大、人大的同学报名，凑够 50 个人就能发一趟车。在这个过程中，为了确保发车的时候没有别的人混上去，同学们的注册信息都得是真的。这次活动之后，虽然大巴花了一万四千块钱成本，但校内网马上就有了一万名用户。校内网终于突破了只有清华电子系用户的障碍，让清华跟北大、人大的同学建立起来一个小小的社交网络。

王兴和团队花费了大量时间分析行业，分析用户行为，分析社会变化。他们并不关注主流看法，而是坚定把自己发现的规律在企业管理、产品技术之中应用，把这个能量最大化。这也成为了王兴核心班底文化中非常重要的一部分。

但校内网所面临的竞争，才刚刚开始。同期，全国有数十个高校团队在做类似的高校社交网络。

2005 年，本土互联网公司全面取胜

1933 年，中共临时中央从上海迁往中央苏区，共产国际派驻的军事顾问李德来到瑞金。在第五次反"围剿"斗争中，受左倾教条主义影响的军事指挥者采取堡垒对堡垒的正规战策略，导致红军造成了重大损失，最终红军主力被迫进行战略轻移。

斯诺在《西行漫记》中写道："李德是个心灰意冷、饱经沧桑的前普鲁士军官，在他骑上马同红军一起出发长征时，也是个变得聪明了一些的布尔什维克。他在保安向我承认，西方的作战方法在中国不一定总是行得通的。他说：'必须由中国人的心理和传统，由中国军事经验的特点来决定在一定的情况下采取什么主要战术。中国同志比我们更了解在他们本国打革命战争的正确战术。'"

历史不会重复，但会押韵。同样的故事，发生在了 2005 年的中国互联网行业。

2005 年，中国网民用户数量超过一亿，成为除美国之外全球网民数量最多的国家。从 2005 年开始，Web 2.0 时代全面到来，Web 1.0 时代占据主导地位的门户模式开始走下坡路。

CNNIC 的追踪数据显示，到这年 4 月底，中国上网用户已经突破 1亿，达到 1.002 亿人。中国网民数仅次于美国，居世界第二位。中国 30

岁以下上网人数居全球之首。中国上市的互联网公司总市值约为150亿美元。

到2005年12月31日，中国上网用户数达到了1.11亿，上网计算机为4950万台。此时的中国网民男性占58.7%，女性占41.3%，而年龄在18～30岁的青年人占54.4%。

中国平均每周使用互联网至少1小时的网民有9400万，占总人口的10%以下。美国的互联网用户，经过了15年发展，已经稳定在了总人口的70%左右。很明显，从未来增速角度来看，中国的互联网行业还有非常大的潜力。

2005年是中国投资领域的创世纪年份。在这一年成立的投资机构有：红杉中国、高瓴资本、今日资本、华兴资本、纪源资本……这些日后在中国互联网行业响当当的投资巨头们，均在2005年破土而出。

让人振奋的是，从2004年到2005年两年多的时间里，中国本土互联网公司在国内的门户网站、搜索引擎、电子商务、邮箱服务、网络游戏以及即时通信等几乎所有领域里"完胜"全部国际公司。一个独立于国际互联网的"平行宇宙"初现轮廓。

在信息赛道，2005年上市的百度，已经显露巨头模样，其上市首日的疯狂表现，让无数中国互联网公司对未来有了无限憧憬。上市后的百度，更加无惧Google。实际上2005年百度的国内市场份额已经高达60.7%，而Google只有20.3%。

在电商赛道，这一年，成立仅仅2年的淘宝，迅速获取了电商市场的大多数份额，以"免费模式"成功击退eBay。而雅虎为了甩掉雅虎中国这个烂摊子，作价10亿美元，外加雅虎中国资产，换取了阿里巴巴40%的股权。这个决定，意外让雅虎在十余年后，获得了飞来横财。当当则在图书领域战胜亚马逊。

在社交赛道，腾讯的QQ在商务社交软件领域，成功阻击了来自MSN的进攻。

虽然跨国公司的技术可以跨越国界，模式也能够实现全球通用，但产品体验却难以完全符合本地人群的习惯。它们通常要优先满足全球用户，产品研发团队又远离中国本土，难以响应甚至不愿响应当地需求。相同的产品形态，只要能做出更好的体验，就能赢。

从 2005 年开始，来自中国本土的互联网公司，不再惧怕任何国际互联网公司。

【战略金句】

◇ 乔布斯：你无法预先把点点滴滴串联起来；只有在未来回顾时，你才会明白那些点点滴滴是如何串联在一起的。所以你得相信，眼前你经历的种种，将来多少会联结在一起。你得信任某个东西，直觉也好，命运也好，生命也好，或者运力。

◇ 马云：心中无敌、无敌于天下，是指战略和战术。在战略上，你得高度重视，任何一个对手出来的时候，你都要研究一下他有没有可能成为你的对手。他成为你的对手以后你该怎么样。他的什么东西比你强，你该学习他，不要恨他。你太把他当对手，一心想灭了他的时候，你的套路全暴露了……仇恨只会让你鼠目寸光。

扫码阅读本章更多资源

2006

免费模式

上帝不要移开那座高山，请赐予我征服它的勇气。

——电影《当幸福来敲门》，2006

你不是我，你不会懂。

——电影《无间道》，2006

1月29日中国春节这一天，财经作家吴晓波从华盛顿飞回上海，在38 000英尺高空的飞机上，他从空姐那里要到了一支铅笔，在手边报纸的空隙处，一笔一笔地写道：

当这个时代到来的时候，锐不可当。万物肆意生长，尘埃与曙光升腾，江河汇聚成川，无名山丘崛起为峰，天地一时，无比开阔。

对于全球的科技行业投资者来说，此时的中国互联网行业，看起来就如同这位作家笔下所描绘的那般"无比开阔"。

"据我所知，今年下半年至少会有30亿美元投入中

国互联网。"3721 创始人、天使投资人周鸿祎在这年 4 月 8 日中国 Web
2.0 年会上透露。周鸿祎介绍：

"光我所知道的现在就有 30 个基金进入中国，还不算像美国 KP[①] 这
样大的投资基金在中国建立办公室。每家基金都会有 1 亿至 2 亿美元的
份额，在今年下半年至少会有 30 亿美元投入中国。"

就如同周鸿祎所言，越来越多来自全球资本市场的航班，开始降落
在北京、深圳、杭州和上海。对于全球顶级的投资人来说，中国市场正
在成为一个"必须之地"。

这年 9 月，美国红杉资本合伙人迈克尔·莫瑞茨造访中国，这位迈
克尔曾经参与投资了雅虎、Google 及 PayPal 等硅谷重量级的科技公司。
此时，全球最顶级的投资机构相信，下一个重量级的科技互联网公司，
或许来自中国。

据摩根士丹利全球副总裁季卫东介绍，2005 年投入中国的风险资金是
2004 年的两倍以上。Mayfield 最重要的合伙人 Kevin Fong 表示，Mayfield
管理资金 21 亿美元，2005 年投资的 14 家企业，有 4 家和中国有关。

觊觎中国市场的，不仅有全球的投资者们，还有全球的科技巨头。

中国的创业者们，需要继续用实践证明，这个庞大而复杂的市场，
是属于中国互联网创业者的"应许之地"。

博客，一个"人人心动"的生意

科技互联网行业正在微妙地调整着整个世界的平衡。

5 月份，影星徐静蕾在新浪上开设的个人博客，成为了首个登上博

---

① KP 指 Kleiner Perkins，一家知名的风险投资公司，全称 Kleiner Perkins Caufield &
Byers，缩写为 KPCB。KP 成立于 1972 年，由尤金·克莱纳（Eugene Kleiner）和汤姆·帕
金斯（Tom Perkins）共同创建，最初名称为 Kleiner & Perkins。公司在风险投资界有着悠
久的历史和卓越的业绩，曾经与红杉资本并称为硅谷的"双子星座"，并且曾经投资过许
多知名的科技公司，如 Google、亚马逊等。

客搜索引擎 Technorati 排行榜榜首的中文博客。此前，这一位置一直被美国著名博客 Boing Boing 所占据 [①]。

实际上这年 2 月，徐静蕾的"老徐博客"，点击率就突破了千万，到 5 月上旬更是逼近 3000 万 [②]。

Popular Blogs

The biggest blogs in the blogosphere, as measured by unique links in the last six months.

Sort by:　**Unique Links**　|　**Most Favorited**

1　**老徐 徐静蕾 新浪BLOG**
Last updated 2 hours ago.
45,840 links from 28,368 sites

2　**Boing Boing: A Directory of Wonderful Things**
By xenijardin. Last updated 1 hour ago.
66,219 links from 20,223 sites

3　**Engadget**
Last updated 1 hour ago.
72,135 links from 15,374 sites

4　**PostSecret**
PostSecret is an ongoing community art project where people mail in

图 13-1　徐静蕾登顶 Technorati 排行榜

数据显示，截至当时该网站可索引全球 3850 万个网站和 24 亿个链接。在其最新排行榜页面的第一行上，用中文显示着"老徐 徐静蕾 新浪 BLOG"。在某种程度上，徐静蕾的博客代表中文博客第一次获得了国际博客界的主流地位的认可。

和其他在新浪开设博客的明星相比，徐静蕾有三大优势。第一，她的名气足够大，天然能够吸引大量粉丝主动关注；第二，徐静蕾的文笔

---

① Technorati 是著名的博客搜索引擎，其推出的 Technorati 100 排名更是成为了全球博客的风向标。

② 超过此前的美国著名博客 Boing Boing。

很好，文字干净，读者读起来很亲切；第三，徐静蕾对网友非常"负责任"，经常更新。

到了 7 月 13 日，徐静蕾在新浪博客上宣布，自己的博客新网站"鲜花村"将开始试运行。在宣布这条消息之前，她已经将此前在新浪博客上的所发布的各类内容，全部搬运复制到了"鲜花村"上。

"鲜花村"在本质上，和新浪博客一样，都是为博客作者提供创作的网络平台。很快，在新浪博客排行榜上仅次于徐静蕾，位列第二位的韩寒也正式进驻"鲜花村"。虽然鲜花村域名的注册时间是在 2006 年 5 月 25 日，可在网站在仅仅上线不到半个月后，在全球 Alexa 网站的排名就已经跃升至第 5853 名。

徐静蕾在自己新浪博客的公告栏头条，用红色大字醒目地标出："鲜花村终于正式开始试营业，并不断完善中，欢迎光临。"徐静蕾还在首页设定了新网站的链接地址，方便用户点击进入。

"鲜花村"网站设置首页、博客和论坛三大板块，而徐静蕾在鲜花村网站上的博客不仅包括新浪博客的所有内容，还有很多照片是独家发布。

观察家们不难理解这位明星的野心。对于徐静蕾来说，她不愿意让 3000 万的点击量浪费在还没有找到商业模式的新浪博客手中，于是自己直接跳进了 IT 行业。

中国互联网协会的数据[①]显示：截至 2006 年 8 月底，中国博客用户数量已达到 1750 万，博客读者数量则达 7500 万。博客市场正在肆意开放。

盯上博客生意的，不止是徐静蕾。

6 月份从新东方辞职后，罗永浩在这年 7 月 31 日，正式创办了牛博网。

与普通博客产品不同的是，用户申请开通牛博网博客需以自我推荐的方式向管理员申请，通过审查后方能开通。尽管那个时代各门户网站早已在博客领域占据了一席之地，但凭着韩寒、梁文道等一批知名作

---

① 《2006 年中国博客调查报告》。

家、学者、媒体人等提供的风格独特的文章，牛博网脱颖而出，日访问量过百万。

但不论是鲜花村，还是牛博网，都无法真正与新浪博客抗衡。新浪的撒手锏，是有足够多的名人落户新浪博客。新浪博客走的是"先拉名人作秀后卖房子"的模式，即通过把一帮名人捧成博客明星，新浪把眼球效应转化成不少用户。许多草根用户选择新浪博客，会有一种与名人为邻的感觉。新浪把主要的页面资源留给名人。

此外，新浪公司在这一年，还迎来了管理层的重要变化。曹国伟正式成为了新浪的第五任 CEO。[①]

此时的世界与中国

1月16日，第63届金球奖公布获奖名单，由李安所执导的电影《断背山》获得剧情类最佳影片以及最佳导演奖。3月5日，在第78届奥斯卡金像奖颁奖典礼上，李安凭借这部电影荣获最佳导演奖。

在这一年上映的英文电影，还包括《加勒比海盗2：聚魂棺》《达·芬奇密码》《冰河世纪2：消融》《007：大战皇家赌场》《博物馆奇妙夜》《赛车总动员》等。

人类继续在宇宙中加速探索。3月10日，美国国家航空航天局发射的火星侦察轨道器抵达火星，进入环火星轨道。

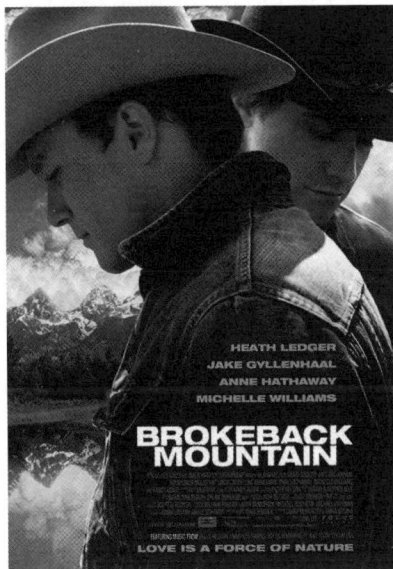

图 13-2　电影《断背山》海报

---

① 曹国伟曾任职于普华永道公司，后来加入新浪担任首席财务官。

在 2006 年的德国世界杯决赛中，法国队球星齐达内在加时赛中用头撞击意大利队队员马尔科·马特拉齐，被红牌罚下。这一举动成为了决赛中的转折点。最终，意大利在点球大战中以 5∶3 战胜法国队赢得了大力神杯。

2006 年的中国，继续高歌猛进。根据 2006 年芝加哥国际事务委员会和亚洲社会组织所做的一项调查显示，87% 的中国人认为中国应该在全世界发挥更大的作用。

这年元旦，中国宣布废除《中华人民共和国农业税条例》。有着 2600 年历史的"皇粮制度"正式终结。

3 月底，中国的外汇储备 8751 亿美元，超越日本，位居世界第一。

5 月 20 日，三峡大坝全线建成。这个超级工程的建成，让全世界进一步认识到了中国的基建能力。

7 月 12 日，在美国《财富》杂志公布的 2006 年度"世界 500 强"公司名单中，共有 22 家中国企业入选，且很多公司的位置在快速上升。中石化由 31 位升至 23 位，位居中国企业之首；国家电网公司，从 40 位升至 32 位；中石油从 46 位升至 39 位。

《参考消息》援引外电报道称，中国每天新建的房屋面积占到全球总量的 50% 左右，一年新建的房屋总面积相当于俄罗斯全国现有的房屋面积。重庆 10 天的建筑成果，相当于 15 个纽约曼哈顿的克莱斯勒大厦。

在经济数据之外，这一年，中国人的精神生活，也有了更多的选择。

3 月，一本名为《明朝那些事儿》的网络历史小说开始在天涯社区连载，作者是当年明月，本名石悦，此时是广东顺德海关的一名公务员。《明朝那些事儿》主要讲述的是从 1344 年到 1644 年这三百年间关于明朝的一些故事。作者以史料为基础，以年代和具体人物为主线，并加入了小说的笔法，语言幽默风趣。这本书以一种网络语言向读者娓娓道出明朝三百多年的历史故事、人物，原本在历史中陌生、模糊的人物一个个变得鲜活起来。①

5 月，一部名为《三体》的科幻小说开始在《科幻世界》杂志连载。作者刘慈欣是娘子关发电厂的国企职工，这座发电厂距离山西阳泉约 40 公里，位于太行山脚下。

9 月，在《夜宴》上映仅仅两周后，网民就可以通过百度影视免费下载正版 90 分钟网络版《夜宴》，"免费＋网络广告"的模式，将内容提供商和互联网服务提供商拉在了一起。

同样在 9 月，歌星周杰伦发行个人第 7 张音乐专辑《依然范特西》。在这张专辑中，有一首颇具中国风的歌曲《千里之外》，周杰伦请来老牌歌手费玉清一起合唱。这个新老组合在 MV 中唱道：

我送你离开，千里之外，

你无声黑白，

沉默年代，或许不该，

太遥远的相爱。

除了大红大紫的周杰伦，张韶涵的《隐形的翅膀》、蔡依林的《马德里不可思议》等歌曲的旋律，一直回荡在年轻人的耳机中。

这一年的中国电影市场，由张艺谋所导演的《满城尽带黄金甲》斩获票房冠军。排名第二的则是冯小刚导演的作品《夜宴》。

马斯克发布特斯拉的"战略宏图"

在科技世界里，未来总是充满不确定性。有明确目标的企业往往会更容易出类拔萃。

埃隆·马斯克，这个创业狂人，继续着自己的疯狂旅程。

这一年，马斯克投资 1000 万美元，与合伙人联合创办了光伏发电企业太阳城公司。同样在这一年，SpaceX 的第一枚火箭"猎鹰 1 号"首

---

① 这本书一直到 2009 年 3 月 21 日连载完毕，边写作边集结成书出版发行，一共 7 本。

飞，在升空 25 秒后失控旋转，最终坠入海中。

对于马斯克来说，或许最重要的公司，是特斯拉。这一年，马斯克在特斯拉官网上发表了一篇名为《特斯拉汽车公司秘密总体规划（你知我知别告诉别人）》的博客文章。他详细地介绍了公司未来至少 10 年的战略路径。

马斯克的核心思路是，特斯拉将逐步实现从高端品牌到低端产品的降维打击。在产业发展初期，由于新技术昂贵，只有少数高端人士会买得起跑车这类电动汽车奢侈品；随着时间推移，单位成本逐步下降，公司将有机会面向大众人群推广性价比高的大众电动汽车。

第一步：打造一款产量很小的车型，该车型价格肯定是昂贵的；

第二步：用赚到的钱，开发一款产量适中的、价格相对低一些的车型；

第三步：再用赚到的钱，创造一款量产的、价格亲民的车型，而且……

第四步：提供太阳能电力。

这年 7 月，特斯拉举办特别发布活动，正式对外公布了电动车计划，这次活动吸引了著名影星施瓦辛格、前迪士尼 CEO 迈克尔·艾斯纳以及拉里·佩奇、谢尔盖·布林等社会名流和硅谷精英。虽然售价高达 9 万美元，虽然为避免车体过热一次只能试驾 5 分钟，但仍有 30 人当场承诺购买特斯拉的概念车 Roadster。

在活动上，马斯克在展示酷炫的产品设计之余，还特别强调了 Roadster 从起步加速到每小时 60 英里只需要 4 秒，远超当时所有的电动车的性能。

马斯克向众人强调，特斯拉不是一家简单的制造、销售汽车的车企，而是一家运用各种技术梦想改变出行方式的科技公司。马斯克意识到，相比一台昂贵的汽车，用技术改变世界的伟大梦想更能触动这群希望改变世界的硅谷精英们。

马斯克在利用超级用户打造品牌时，有两个关键点。

第一，选择合适的超级用户。马斯克选择了与特斯拉汽车相匹配的超级用户，即那些热衷技术、热爱冒险、希望改变世界的社会名流和硅谷精英。这些超级用户不仅有着强大的社会影响力和媒体关注度，也有着与特斯拉汽车相符合的价值观和生活方式。他们是特斯拉汽车的最佳代表和最佳目标客户。

第二，展示超级用户的选择。马斯克展示了超级用户对特斯拉汽车的选择和支持，不仅在活动现场介绍了他们，也在社交媒体上分享了他们。这样做不仅增加了特斯拉汽车的知名度和信任度，也增加了特斯拉汽车的吸引力和期待感。正是因为获取了这些超级 IP 的认同，特斯拉巧妙地获取了他们自身的背书以及媒体的曝光，助力特斯拉快速建立了初期的品牌势能。

扎克伯格：我们显然不会把 Facebook 卖掉

根据 Google 的统计，在 2006 年中，社交网站位列搜索引擎列表首位。年轻人们已经习惯在社交网站上登记个人资料，展示照片，分享视频，撰写博客。爱好相同的人会组成兴趣小组，由网站向这些不同的小组提供网络广告和娱乐产品推荐。

作为数码战略的一部分，新闻集团 2005 年以 5.8 亿美元的价格收购了著名的社交网站 My Space，My Space 还宣布将于 2007 年初推出日文版，并有可能在 2007 年夏天推出中文版服务。但在社交网络领域，真正的主角，无疑还是扎克伯格。

这一年，22 岁的马克·扎克伯格拒绝了雅虎开出的 10 亿美元收购邀请，尽管最开始扎克伯格还有些难以抉择。这件事也成为了一个转折点，在此之前，这个年轻的团队一旦认定自己接下来应该做什么就会去做。Facebook 向更多的学校开放，向高校以及学校之外的用户开放，增加了更多的图片，因为他们认为图片会是下一个重点，他们需要帮助用户，让他们更好地表达自己，了解周围的世界。

这时的 Facebook，已经有 1000 万用户，看起来应该可以获得更大的成功。高速增长的数据，让扎克伯格对自己的公司越来越有信心。雅虎的邀约，让扎克伯格开始思考："我们正在开创一项事业，这项事业看起来更重大，是不是这样？"当时公司内部有过许多有趣的争论，还与投资者有过交流，最终，扎克伯格作出决定："不，我们可以连接的用户不止 1000 万学生，我们可以超出这一范围，将它变成一项极为成功的事业。"最终，马克·扎克伯格在内部会议上宣布："好了，伙计们，这个会议只是走个程序，10 分钟也不用。我们显然不会把 Facebook 卖掉。"

扎克伯格相信自己所做的事终会成功。他回忆：

拒绝收购之后过了几个月，我就知道拒绝是正确的选择。我同时还知道，以后做决定会更加困难，有时你必须在某些事情上下赌注，比如确定公司的方向，或者向某一业务投入几十亿美元，因为要等 5 年或者 10 年时间才能知道你的决定是否正确。我认为，以后做决定会越来越难，比拒绝雅虎收购还要难。

这位年仅 22 岁的科技大佬在他的 Facebook 主页上表达了他的极简主义审美观："消灭对所有不必要事物的欲望。"

2006 年夏天，Facebook 还推出了 News Feed 功能。Feed 即信息流，这一概念最早由扎克伯格提出，指借助算法改变原有的信息排列方式，"千人千面""信息找人"。

9 月 5 日，在测试了一个夏天之后，Facebook 终于发布了信息流功能。Facebook 所推出的这个新产品名为 News Feed。虽然刚开始用户担心隐私泄露，并不喜欢这个产品，但很快便适应了。

最开始推出 News Feed 时，Facebook 只在个人主页上显示哪个朋友更新了动态，这样至少可以告诉用户应该点击哪个主页。第一个版本的 News Feed 实际上相当简单，用户发表了什么内容，News Feed 就会摘取内容，然后排好顺序，放在主页上。

产品效果很好，扎克伯格带领团队利用数据，利用定性反馈意见来解决问题。他们更多利用直觉来确定可以解决问题的有效方案，推出各种功能，测试假设，获得更多的数据和反馈意见，产品的前进方向也变得逐渐清晰起来。

和搜索行为不一样的是，在 Web 2.0 时代，用户主动创作的内容本身就是一座永不枯竭的金矿。新的信息结构终于出现了：用户不动，新的信息流就会源源不断地展现在用户面前。①

亚马逊：卓越网已经是世界上最大的中文书店

贝佐斯在这一年的致股东信中，详细描述了亚马逊在决定发展一条新的业务线时，主要的三个判断的依据：

第一，这项业务能否带来满足亚马逊股东们所期待的高投资回报？

第二，这项业务今后能达到的规模，对整个亚马逊公司是否举足轻重？

第三，这项业务目前尚不完善，而亚马逊是否有能力为市场提供具有显著差异化的产品或服务？

亚马逊在这个判断依据之下，继续快速拓展着自己的商业版图。

1 月 10 日，亚马逊官网表示，卓越网已经是世界上最大的中文书店，上面提供的书籍、音乐、视频和 DVD 产品多达 30 万种，其中图书超过 10 万种，有 34 个大类。卓越网还将让满 99 元免运费这个服务常态化。

到了 1 月 13 日，Alexa Internet 在 AWS 推出了 Alexa 顶级网站② 服务。软件和网络开发人员使用该项服务，可以访问"Alexa 流量排行"③ 的网站排名列表，进而将这些数据用于产品和服务，如广告投放决

---

① 凯瑟琳·罗斯：《孩子王：我眼中的马克·扎克伯格及其 Facebook 王国》，中信出版社，2012 年。

② Alexa Top Sites。

③ Alexa Traffic Rank。

策等。①

11 月 3 日，亚马逊卓越网宣布，其第二大运营中心已经在中国的苏州工业园区开业。未来几年，新中心将创造 500 个就业机会。

2006 年，网民们已经可以方便地买到从手机充值卡到婴儿奶粉的一系列商品。

这一年的卓越网和当当网，都在尽力从单一的图书、音像产品为主的网上书店向综合性的网上百货商场转变。当当网非图书、音像产品的销售额已占到整体营业额的 60%。

时任卓越网总裁王汉华表示，线上零售模式的竞争优势在于可以省去店面租金和更多的管理成本，而对于以微利生存的零售业来说，在这一点上在线零售模式要比传统零售业态更胜一筹。

而以 C2C② 起家的淘宝，也开始踏足 B2C③ 领域，在马云看来："传统 B2C 的盈利模式在于压低生产商的价格，进而在采购价与销售价之间赚取差价。而新的 B2C 模式将帮助商家直接充当卖方角色，把商家推到与消费者面对面的前台，让生产商获得更多的利润。"

腾讯，"全行业敌人"？

5 月 24 日这天，腾讯发布了 2006 年的第一季度财报。财报显示，调整中的腾讯正在走出"梦网困境"。在这一季度，腾讯总收入达到 6.453 亿元人民币，环比上一季度增长 50.3%，同比去年同期增长 114.8%；毛利则达到了人民币 4.696 亿元，环比上一季度增长 62.4%，同比去年同期增长高达 136.5%。此时，腾讯的即时通信注册账户总数达到 5.315 亿，比上一季度增长 7.9%。

---

① 徐静蕾的"鲜花村"，正是在这个排行榜上，快速飙升。
② 个人对个人网上交易。
③ 企业对个人网上交易。

但喜人的财报，并没有让腾讯高兴太久。因为腾讯发现，自己在互联网舆论场上，已经成为了被众人唾弃的一个中心靶。

5月25日，《21世纪商业评论》主笔吴伯凡对马化腾进行了采访，发出《企鹅帝国的半径》一文。吴伯凡用"帝国"这个有些扎眼的词来形容扩张中的腾讯，吴伯凡还提出了一个"管理半径"的问题。他写道：

腾讯的"事业"被界定为"在线生活"，这显然是一个无远弗届的事业，也意味着腾讯将会"全线开战"。一个僻居深圳、以单一的IM业务起家的小公司正在开疆辟土，建立虚拟世界里的中央帝国。最善意的评论者也会为它担心。

正如我们从历史上一个个帝国的兴衰中看到的，开辟疆土是相对容易的，但如果统治能力的半径达不到疆域的半径的话，这样的帝国难以持久。腾讯有没有核心能力？如果有的话，它的核心能力的"发射功率"能够覆盖到它所有"从核心出发"的业务吗？从业务的"空间结构"而言，所有这些业务能相互关联且形成"众星参北斗"之势吗？

从业务组合的"时间结构"而言，由"种子产业、苗圃产业、果木产业、枯木产业"形成的业务组合能相互接替、左右逢源吗？果木产业在成为枯木产业之前，能承受如此多的种子和苗圃产业之重吗？

吴伯凡的结论是，"腾讯现在看上去没有劲敌，但其实有一个劲敌与它形影相随。这个劲敌就是腾讯自己，如果它把握不好它的业务半径和管理半径的话"。

随后，2006年6月，记者程苓峰在《中国企业家》杂志上，发表了一篇名为《"全民公敌"马化腾》的文章。这篇文章认为，腾讯已经成为了"全行业敌人"这期杂志很快在互联网业界被广为传阅。

在这篇报道中，程苓峰总结腾讯多元化战略中的一个显著特征：紧盯市场动态，以最快的方式复制成功者模式，利用QQ用户优势进行后发超越。他引述马化腾的话说："因为互联网市场太新太快，往哪里走都有很多可能。如果由自己来主导可能没有办法证明所选择的就是对的，几个月内都有很多新东西冒出来，凭什么判断哪个是热点？有竞争对手了，人就开始有了斗志；看看别人哪些做得好，哪些做得不好，如果别人杀过来，应该怎么办？是硬顶，还是去别的地方迂回作战？”

腾讯的这种后发策略，让腾讯看起来更像是一个"模仿者"，而非"创新者"。程苓峰写道："马化腾不以为然。他说，我不盲目创新，微软、Google 做的都是别人做过的东西。最聪明的方法肯定是学习最佳案例，然后再超越。我不争第一，没意义。新产品一出来就要保证稳定，不能想怎么改就怎么改，要慎重。"

"无论马化腾愿不愿意，几乎所有互联网公司都在立稳脚跟、完成原始用户积累之后自动向腾讯宣战。IM 对用户有着邮箱、游戏等其他任何服务都无法比拟的巨大黏性，谁不眼馋？"

谁能成为中国的 YouTube？

Web 2.0 的价值，逐渐被市场所认可。这一年，Google 以 16.5 亿美元的巨款正式收购了视频网站 YouTube。Google 创始人谢尔盖·布林在宣布收购 YouTube 的同时，称赞 YouTube "让我回想到了几年前的Google"。

2005 年 2 月，两名原来的"PayPal 黑帮"成员：陈士骏、查德·赫利在加州共同创立了 YouTube。

赫利毕业于印第安那大学设计专业，毕业后在网络支付网站 PayPal工作了几年，他的主要工作就是设计 PayPal 的主要功能、用户界面及公司标识，这个标识一直沿用至今。不久后，PayPal 被 eBay 收购，赫利随即辞去了工作转而为多家 IT 公司提供咨询服务，与此同时，他还在好莱坞充当制片人，推出的作品包括喜剧《感谢你抽烟》[①]。

---

① 马斯克曾在这部电影中，饰演过一个在私人飞机停机坪关车门的服务生，但镜头只有一秒钟。

2005 年，赫利在一次聚会上偶然接触到了数码相机，他发现，与朋友在网上分享视频文件或者图片极为不便，由于文件太大，E-mail 经常发送失败，而上传到图片共享网站也较费时，于是他萌生了自己创业的想法。

2005 年 2 月，赫利通过首笔 1150 万美元的融资开始创业，在不足 2 年的时间里，YouTube 很快拥有了庞大的用户群体，用户每天通过 YouTube 网站观看的视频数量已经超过 1 亿个。

陈士骏 1978 年在中国台湾出生，8 岁移居芝加哥，后来搬到加州加入 PayPal。在 Google 收购 YouTube 的过程中，苏珊·沃西基[1]发挥了关键作用。苏珊·沃西基是 Google 的 16 号员工，她的车库正是 Google 的创办地。这意味着她常常会赢得佩奇和布林的信任，但是在斥资 16.5 亿美元收购视频网站 YouTube 上，她费了一番周折才说服佩奇和布林。

Forrester 分析师沙琳·李[2]在自己的博客中认为，Google 与 YouTube 之所以能达成收购协议，是因为双方各有所需，而且收购价格也在合理范围之内。

第一，YouTube 美国市场用户量达 3500 万，每日视频观看量高达 1 亿次。但吸引 Google 的注意力并不仅仅因为这些数据。实际上，YouTube 拥有 Google、雅虎、微软 MSN 及其他视频服务商所不具备的优势，这种优势并不是视频本身，而是因视频服务而聚集起来的社区。YouTube 视频内容本身提供了很多选择，如评级、加入收藏、评论、与他人分享、观看相关视频、查看用户播放列表等功能。正是由于视频搜索本身无法满足需求，才使 YouTube 赢得了众多用户的青睐[3]。

第二，为何 YouTube 愿意被 Google 收购？Forrester 的分析师曾表示，YouTube 未来可能面临被唱片公司及其他视频版权持有人起诉的法律风险，要解决这种潜在问题，就必须开发出能识别版权作品的新型技

---

[1] Susan Wojcicki。

[2] Charlene Li。

[3] 换句话说，用户在当前情况下，只好借助其他用户看法、评级、用户列表等功能来查找令人满意的视频作品。

术。在此前提下，YouTube 投靠资金和研发实力都非常雄厚的 Google 显然是明智之举。一些分析师认为，不排除版权持有人要求 YouTube 停止并解散业务的可能性，这样一来，YouTube 的业务将受到严重打击[①]。

第三，YouTube 是否值得 Google 开出 16.5 亿美元的价格？这相当于每个视频价值 4 美分[②]，而 YouTube 的视频观看量仍呈增长之势。另外，如果从全球范围看，YouTube 用户约为 5000 万[③]，则这次收购价格相当于每位用户 32 美元。尽管这个价位不低，但在合理范围之内。

除了收购 YouTube，Google 也在加速拓展包括中国市场在内的国际市场。1 月 25 日，Google 在中国正式推出 .cn 新网址。YouTube 被 Google 收购，在极大程度上激励了全球范围内的视频领域的创业者。

在这一年，一大批视频网站在中国诞生。2006 年 7 月，中国互联网宽带用户数已达到 7700 万，宽带用户数的增长势头，为网络视频[④]产业的发展打下了坚实的用户基础。

2006 年 5 月 15 日，六间房视频网成立，与 YouTube 定位一样，本身不提供视频内容，只提供一个视频发布平台，上传的内容以用户原创为主，比如家庭录像、个人的 DV 短片等等。6 月，李善友的酷 6 网在北京西山脚下一座小白楼里正式成立。11 月 21 日，优酷网正式上线。

2005 年，迅雷、VeryCD（电驴下载）这样的支持视频存储与下载的公司也相继成立，这都是和视频电影的崛起有关联的。

优酷创始人古永锵曾这样分析："第一，2006 年宽带的普及率正好达到临界点，视频可以流畅地播放；第二，我做平媒出身，接着做门户网站，有过投资、运营经验；第三，这真的是兴趣，如果从养家糊口的角度来讲，搜狐已经帮我解决这个问题了。未来十几年想干什么，用一句简单的话来说，就是和喜欢的人做喜欢的事。我喜欢媒体，媒体在我血

---

① 但从实际情况来看，版权持有人可能更愿意与 Google 就版权事宜展开商谈和结盟。
② 16.5 亿美元除以一年每天 1 亿次的观看量。
③ 美国 3500 万，其他国家 1500 万。
④ 2004 年底时，中国第一个播客网站土豆网已经诞生。

液里。"①

从商业模式上看，过去用户只能看文字图片内容网站，做图片相关广告。从 2006 年开始，因为有了更直观的视频网站，从理论上看，几乎每个视频都可以贴片做广告了。

《赢在中国》让马云走上全国舞台

2006 年，马云成为中央电视台二套频道《赢在中国》节目嘉宾。借助在这档栏目中对选手妙语连珠的评论，马云开始受到全国关注。雅虎中国和阿里巴巴为《赢在中国》官方网站提供了平台。

11 月 7 日，马云出席了在旧金山举办的 Web 2.0 大会并发表演讲。"我是百分之百'中国制造'，自学英语，并对技术一窍不通。""我就像是一个骑在盲虎身上的盲人。"马云在国际舞台上，依旧妙语连珠。此时在会场后侧有一个人正在认真地记录着马云的发言内容。这个人正是亚马逊创始人杰夫·贝佐斯。会后他们还在会议中心的大厅有过简短的沟通。②

此时的马云，面对来自全球的任何电子商务领袖，都有着相当的自信。这一年，淘宝交易总量市场占比达到 70%，拥有绝对优势的淘宝在这一年推出了竞价排名机制。

这一年的年底，eBay 关闭中国网站，将中国业务转让给新的合作伙伴 Tom 在线。Tom 在线背后的李嘉诚仅用 2000 万美元就获得了新成立的合资公司 51% 的股权。eBay 从此退出中国互联网的舞台。

为了进一步强化管理能力，这一年，阿里巴巴还挖来了百安居中国区总裁卫哲出任 B2B 业务的总裁。房地产公司万科的创始人王石曾对阿里此举表示过惊叹："卫哲在百安居时一直和我们有业务合作。后来我纳

① 《理性赌徒古永锵：人生充满豪赌，借款支付学费》，《东方企业家》，2011 年 1 月。
② 波特·埃里斯曼：《阿里传》，张光磊、吕靖纬、崔玉开译，中信出版社，2019 年。

闷，IT 公司怎么从传统行业挖人呢？对马云，最起码我知道了他在用人上别具一格，这给我们的震动非常大。"

马云这一年在杭师大发表演讲，解读了将阿里巴巴做 102 年的原因：

"做 102 年。任何一个目标必须明确，团队才能够围绕这个目标走。我们诞生在 1999 年，上个世纪活了 1 年，加上本世纪，下个世纪再活 1 年就够了。你设定一个这样长远目标的时候，更难的是怎么把这个目标实施起来。我们就需要为 102 年这样的目标建立起体系、制度、文化。我们考虑问题会不一样。设 1 年目标和设 102 年目标你做的基础建设都不一样。我们每年都会算，现在我们活到了第 7 年，我们还有 95 年。我们会规划未来五年的计划、未来三年的计划，你这样做的时候会发现你对产业的眼光都会不一样。"

周鸿祎把"免费"的武器发给用户

这年 12 月，一种名为"熊猫烧香"的计算机蠕虫病毒感染数百万台计算机，被感染者系统中所有的".exe"可执行文件全部被改成熊猫举着香火的模样。此后这一病毒的变种数量累计超过 30 种，互联网用户系统的安全性受到极大威胁，防火墙与杀毒软件升级显得迫在眉睫。

周鸿祎一直有些苦恼，早年为了推广自己的 3721 产品所推出的"插件战术"此时已经在行业中泛滥。当时，周鸿祎借鉴 Flash 插件方法，把下载、安装、运行整合为一键式操作，用户只需在电脑提示是否安装的时候点击"yes"就行了。但这种方式对用户有个非常头疼的问题，就是难以卸载。

这一时期几乎所有的互联网公司的软件都会在用户不知情的情况下强制地向电脑中安装可劫持流量、乱弹广告的插件。这类"流氓软件"的发明者正是周鸿祎。很多插件公司甚至公然号称是周鸿祎的学徒。很多人甚至直言周鸿祎是"流氓软件之父"。

为了尽快摘掉头上的"大帽子"，周鸿祎参加过很多由政府部门组织的以"制定流氓软件标准"为主题的会议。这些会议让他印象最深的一句话是："大家在查杀流氓软件的时候，一定要慎重。"

周鸿祎不认可通过缓慢的法律流程或苦劝"大家要善良"的会议能够真正解决问题。他决定通过"免费"向用户派发"武器"，以暴制暴解决掉这一问题。"我主张第三条道路，以暴制暴派，就是把武器发给用户，让用户来解决问题。"

2006年，周鸿祎正式推出360安全卫士。免费杀毒几乎摧毁了这个行业，但也让周鸿祎的360无意中走上了成功之路。3个月时间，360免费杀毒用户超过1亿。周鸿祎曾引用《笑傲江湖》中"葵花宝典"的两句话对这一战术进行总结："欲练此功，必先自宫"。[1]

周鸿祎的这一决定无疑会致命打击金山、瑞星这些杀毒同行的商业模式。因为往往卖一套杀毒软件，这些公司就能够赚好几百元。

王兴：校内网融资失败，责任在我们自己

2005年12月8日，校内网正式上线。这一次，他们终于挖到了矿。与此同时，许多创业者跟风而动，名目繁多的校园SNS层出不穷。

2006年4月，陈一舟的千橡推出5Q校园网；同样在这年4月，一名从哈佛大学工作归来的留学生张帆创办了占座网。

竞争加剧，校园代理、推广都需要大规模地"烧钱"。王兴开始寻找融资，红杉找上门来和王兴聊了聊。但最终，红杉将钱投给了号称占据了几百家学校邮件系统的占座网。

王兴团队跟美国一家投资机构接触，签了框架协议，金额大约是100万美元。投资者7月份来到中国，四处走了一圈，拜访了腾讯、千

---

[1] 周鸿祎：《周鸿祎自述，我的互联网方法论》，中信出版社，2014年。

橡等公司。之后，投资人问王兴："你们是不是对这个竞争形势估计得不对？这么多巨头要做这个业务，你们就融这一点钱？"他提出多找几家机构合投，多一些钱。王兴团队认为没必要。这名投资者回到美国就撤回了框架协议。

陈一舟也在和王兴接触，他不断地开出收购价码，一次比一次高。2006 年 10 月的某个深夜，王兴和王慧文赶到人寿大厦签下了收购合同，千橡互动集团正式收购校内网，后改名为人人网[①]。2011 年 5 月 4 日，人人网在美纽交所上市，融资 8.5 亿美元，上市首日市值曾超过 70 亿美元。

王兴在后来复盘："校内网融资失败，我不能将责任归于外界环境，主要责任还是在我们自己，当时也有对手融资成功。可能和投资人沟通有问题，无法让对方对我们有信心。"

2006 年，推特[②]诞生，最初的名字是 twttr。埃文·威廉姆斯和杰克·多西共同创办了这个产品：一个只能发送 140 个英文字母的微型博客。

3 月 22 日，杰克·多西发布了历史上的第一条推文："只是设置下我的推特账号。"

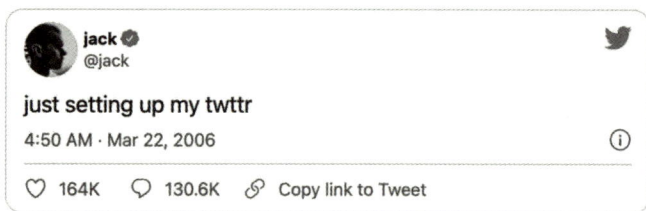

图 13-3 历史上的第一条推文

王兴团队意识到，如果重新做社交网络，应该以 News Feed 为主干，

---

① 2008 年，陈一舟向软银孙正义融资 4.3 亿美元。随后校内网改名为人人网，开始面向全年龄段网民提供服务。

② Twitter。

再加其他群组等东西。而 Twitter 就是这样的一类"主干"产品。

2006 年，免费是一种商业模式

CNNIC 的数据显示，截至 2006 年 12 月 31 日，中国上网用户数为 13 700 万，手机上网网民数 1700 万人，上网计算机台数为 5940 万台。[①] 在 9 年的时间内，中国的网民数量翻了近 220 倍。中国网民人数占到了全国人口的大约十分之一。

这一年，中国互联网行业也紧跟国际互联网发展的脉搏，在视频网站、社交网站、电子商务等多条赛道继续实现了突飞猛进的发展。

在科技互联网领域，只要创造了价值，最终就一定能够收获价值。这一年最火热的产品，是博客、是杀毒软件、是视频网站，人们逐渐意识到，只要能够聚合足够多的人气，就一定能够最终找到合适的商业模式。甚至免费，看起来才是那个最高级的商业模式。

纵观整个 2006 年，最引人注目的并不是哪一场冲突或是某一个人，而是网络社区和虚拟世界中人与人之间的协作。典型的产品有维基百科网站[②]、视频共享网站 YouTube、个人博客网站"我的空间"[③] 等等。

伴随着博客、视频网站、社交网站的兴起，网民自己所创作的内容，成为了互联网上的"主菜"。和门户时代门户网站选择性提供信息、搜索引擎时代用户主动搜索信息都不同，在 Web 2.0 时代，用户所看到的，正是所有网民所共创的内容。

一种新的信息交互方式逐渐走向成熟。

---

① 问卷调查的用户中，男性占 58.3%，女性占 41.7%，年龄在 18～30 岁的青年人占 54.9%。

② Wikipedia。

③ MySpace。

【战略金句】

◇ 埃里克·施密特：如果你被告知要登火箭，不要去问应该坐哪个位置，先登上去就好。

◇ 扎克伯格：有时你必须在某些事情上下赌注，比如确定公司的方向，或者向某一业务投入几十亿美元，因为要等 5 年或者 10 年时间才能知道你的决定是否正确。

◇ 马云：我们会规划未来五年的计划、未来三年的规划，你这样做的时候会发现你对产业的眼光都会不一样。

◇ 巴菲特：好和不好有时候你用平常心去看是显而易见的。如果它不显而易见，说明它还不够好。就好像说你在一个餐厅里坐着，有一个很高的人走进来，如果他是姚明，你肯定一眼看到了。但是如果一个人走进来，看不出是姚明，说明他不够高。当你用平常心，用常识去看待东西的时候，显著的差别是明显的。另外一方面来讲，一些细枝末节的小的差异，其实很多时候是可以忽略的。你应该关注在大的面上。

扫码阅读本章更多资源

2007

无线战争

多年以后，你是否会因为当初没上这辆车而后悔？

——电影《变形金刚》，2007

　　陕西省安康市镇坪县农民周正龙，宣称在 2007 年
10 月 3 日这一天，拍到了野生华南虎照片。陕西省林业
厅公布了部分虎照，并向周正龙颁发奖金 2 万元。

　　但在新闻发布会上所公布的华南虎照片，却引起了
公众和媒体的广泛质疑。有人认为，这些照片中的"老
虎"只是一个平面图片。

　　中国科学院植物研究所研究员傅德志在自己的网络
日志中发表文章认为：通过分析老虎习性、摄影条件及
植物特征可以判断照片虎是假的。质疑来自植物学、野
生动物学、摄影、数学等不同领域。但也有人认为照片
虎是真华南虎。

　　2007 年 11 月，四川省攀枝花市有人发现自己家里
的一张年画中的老虎同照片虎一样。

图 14-1 周正龙所拍摄的"华南虎"

　　对此，周正龙没有解释。最终陕西省公安厅新闻发言人、副厅长白少康在会上通报说周正龙是用老虎画拍摄假虎照，目的是骗取钱财。其行为已经涉嫌诈骗罪，周正龙已被公安机关以涉嫌诈骗罪提请检察机关批捕。

　　周老虎事件涉及的 13 名相关人员受处分：林业厅副厅长朱巨龙、孙承骞被免职，野生动植物保护处处长王万云、信息宣传中心主任关克被撤职。这个日后看起来让人有些摸不到头脑的无厘头新闻事件，就这样在 2007 年切实地发生了。

　　对于科技互联网行业来说，2007 年看起来就像"画中老虎"一样，让人感觉扑朔迷离。人们唯一确信的是中国市场正在变得更加重要。人们不确定的是，科技互联网行业的下一浪，将会击向何方？

　　"在从旧金山飞往北京的飞机上，头等舱都被要进军网络的 VC 风云人物霸占了。"业内人士这样形容 VC 对中国互联网行业的巨大热情。这一年，人们在猜测着，搜狐是否即将成为中国互联网世界的霸主。

在《华尔街日报》举办的 All Things Digital 会议上，乔布斯和盖茨进行了一次历史性的公开对话。

这年 5 月 30 日，比尔·盖茨和史蒂夫·乔布斯在第五届 All Things Digital 同时登台接受采访，两人进行了一次历史性的公开对话。主持人问乔布斯的最后一个问题就是如何形容他们两人的关系。乔布斯引用了披头士乐队歌曲 Two of Us 中的两句歌词。

You and I have memories，

Longer than the road that stretches out ahead。

这句歌词让现场很多人非常动容，主持人当场落下了眼泪。

比尔·盖茨和史蒂夫·乔布斯都生于 1955 年，都中途辍学。比尔·盖茨在 1975 年成立了微软公司，乔布斯则在 1976 年成立了苹果公司。微软与苹果，这两家公司，逐渐开始构造属于个人电脑领域的"双星系统"。

但从商业结果层面，从 20 世纪 90 年代一直到 21 世纪初期，微软公司一直是科技行业最耀眼的那颗明星。虽然乔布斯在很长一段时间内，一直看不上微软的这份"没有品位"的成功。

苹果公司历史上经典的"麦金塔项目"[①] 最重要的程序设计师之一安迪·赫茨菲尔德[②] 回忆：

> 比尔·盖茨与乔布斯两人同年出生，而且都对个人计算机远景抱持着类似的展望，他们都觉得自己比对方聪明。乔布斯总是认为自己比比尔略高一筹，尤其是在品位及风格方面；而比尔则看不起乔布斯自己不会写程序。

2007 年初的一场发布会，让乔布斯超越盖茨，成为了此后 10 年科技互联网行业的"真神"。

---

① Macintosh。

② Andy Hertzfeld。

乔布斯改变一切

1 月 9 日，在旧金山莫斯克尼会议中心，在激动得一夜失眠后，一身黑色套头衫搭配牛仔裤的乔布斯安静地走上舞台，宛若一名巫师。

"为了今天的发布，我已经足足准备了 2 年零 6 个月。每隔一段时间，就会有一款改变世界的革命性产品出现。"乔布斯表示苹果将会发布三款"改变世界的产品"。它们分别是：新款的 iPod、一款移动手机、一款革命性的上网设备。

图 14-2　乔布斯正式发布 iPhone

当代表三款产品的图片加速在 Keynote 上循环出现时，观众们逐渐意识到，乔布斯不是真的打算要发布三款产品，而是要发布一款集合了三款产品特性的新设备。这是一场精彩绝伦的产品发布会，乔布斯的每次手机功能演示，几乎都可以赢得一片掌声。

乔布斯向全世界宣告："苹果今天重新发明了手机"。通过 iPod，乔布斯将音乐装进了所有人的口袋。通过 iPhone，乔布斯将整个互联网，都装进了每个人的口袋。

6 月 29 日，iPhone 正式发售，迅速引发销售狂潮。有媒体将这部手机誉为"上帝手机"。

在这场发布会的最后，乔布斯宣布将公司名称由 Apple Computer Inc. 更新为 Apple Inc.。确实，苹果已经不能再以电脑公司定义。乔布斯以加拿大冰球明星韦恩·格雷茨基的名言作为这场发布会的结语："我总是溜向冰球将达到的点，而不是追逐它曾在的地方。"

2007 年舞台上的乔布斯，宛如造物主。乔布斯也凭借 iPhone 的发布，走进了属于人类群星的"万神殿"。随后的历史证明，正是这场发布会，引发了随后科技互联网行业的"技术爆炸"，加速开启了移动互联网时代。

可以说，在 iPhone 发布之后的很长一段时间里，在全球科技领域，乔布斯是一档，所有其他科技互联网领袖是另外的一档。

苹果凭借发布 iPhone，不但牢牢占住了移动互联网的入口，还亲自开启了每十年左右一次的科技"世界大战"。而苹果公司，也凭借这一次的数字平台革命，将在随后的十余年中，一直处在浪潮之巅。

富士康的创始人郭台铭曾回忆："那个时候，他才刚要转战做 iPhone，他说觉得我这个富士康做得不错，那我有些新的工作给你做，这个工作高度机密请你保密，是比较高科技的，我们要做品质高、水准高，价钱要便宜。你能不能这样做？我就有这个机会跟他碰面。"

此时的世界与中国

这年 1 月 22 日出版的美国《时代》的封面标题是《中国：一个新王朝的开端》，文内标题用的则是《中国世纪》。通过《时代》驻北京、曼谷、巴黎甚至包括非洲多个城市共 12 名记者的联合采访报道，为读者勾勒出了"中国世纪来临"的画面。

这篇文章认为，伴随美国的相对力量下滑，21 世纪是中国的世纪。

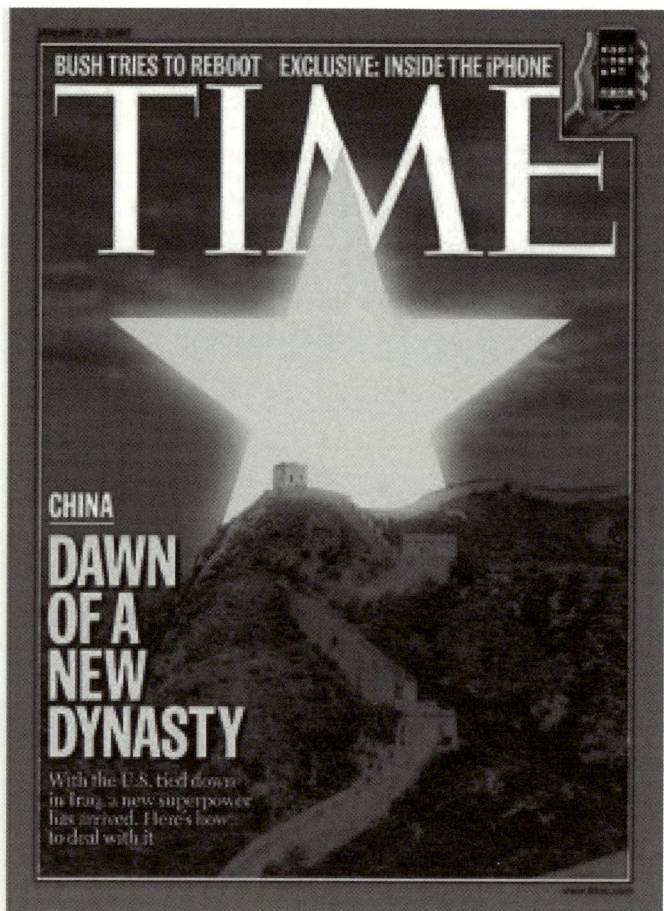

图 14-3 《时代》杂志封面：《中国：一个新王朝的开端》

哈佛大学经济史教授尼尔·弗格森与柏林自由大学石里克教授创造了一个新名词："中美国"，即英文 Chimerica。这个词核心强调中国与美国之间日益紧密的共生经济关系。这一概念与经济学家弗雷德·伯格斯滕提出的中美 G2 模式类似。弗雷德·伯格斯滕希望通过 G2 这样的双边模式，规范中国的经济行为。在弗雷德·伯格斯滕看来，中国是一个"逃避经济责任的超级经济强国"。

《新闻周刊》国际版总编辑法瑞克·扎卡利亚在《未来属于中国

吗？》中直言："中国的崛起不再是一个预言，它已经是一个事实。"在很多人眼中，这一年的中国，越发呈现出神武景象。如果把2007年计算在内，中国经济已经保持了四年两位数的增长率。

这一年，中国的"嫦娥计划"开始实施，"可上九天揽月"的飞天梦想，让无数国人兴奋。中国股市同样在这一年开始腾飞，10月份上证指数突破6000点。

经济自信的背后，是中国人对文化自信的追求。

这一年，央视一档以中国传统文化为主题的节目《百家讲坛》成为最受欢迎的文化节目。主讲"三国"的易中天和主讲《论语》的于丹，成为社会上最受追捧的文化学者。

9月，国家大剧院竣工。国家大剧院位于人民大会堂西侧，由主体建筑及南北两侧的水下长廊、地下停车场、人工湖、绿地组成。大剧院由法国建筑师保罗·安德鲁主持设计，设有歌剧院、音乐厅、戏剧场以及艺术展厅、餐厅、音像商店等配套设施。大剧院外观呈半椭球形，总造价30.67亿元。

这年10月，《哈利·波特》第七部，也是最后一部《哈利·波特与死亡圣器》出版。书中的主角哈利即将迎来自己十七岁的生日，成为一名真正的魔法师。

这一年，一本名为《激荡三十年》的图书横空出世，作者吴晓波通过这本书描绘了中国自1978年至2008年三十年的企业发展史，其中民营企业、外资企业、国有企业三者之间的竞争关系令人读罢不

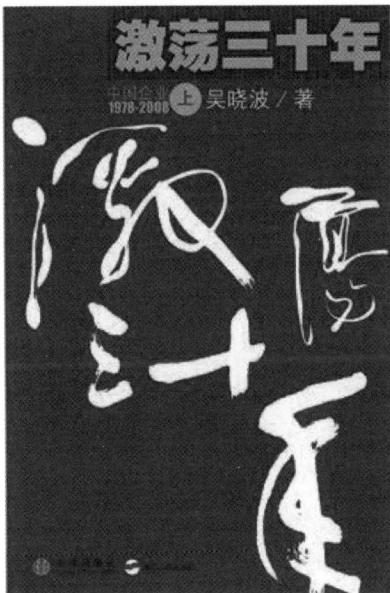

图 14-4 《激荡三十年》

禁感慨万千。

中国台湾少女组合 S.H.E，这一年在歌曲《中国话》中唱道："全世界都在学中国话，孔夫子的话，越来越国际化，全世界都在讲中国话，我们说的话，让世界都认真听话。"

这一年，军旅题材的电视剧《士兵突击》火遍全国。人们都在思考，这部电视剧的主人公许三多所说的那句话到底是什么意思。"好好活，做有意义的事；做有意义的事，就是好好活。"

这一年，普通人拥有了更多权利、更多保障。

3 月 16 日，中华人民共和国第十届全国人民代表大会第五次会议闭幕，会上通过了《中华人民共和国物权法》。《物权法》的通过，让公民财产和国家集体财产获得了同等的法律地位。

在这一年中，参加新型农村合作医疗的人口 7.2 亿，占全国农业人口的 82.83%。城镇居民基本医疗保险试点启动。这一年，全国基本医疗保险新增参保人数将超过 5000 万，全国享有基本医疗保险的人数突破了 2 亿人。

从 2007 年起，1.5 亿名农村中小学生免除学杂费。全国平均每个小学生家庭减少教育负担 140 元，初中生减少 180 元，贫困寄宿生减少 500 元。与此同时，中央财政教育支出在这一年达到了 1068 亿元，同比增长 76.3%。

2007 年歌手周杰伦火得一塌糊涂，专辑《牛仔很忙》销量依然很好，自导自演的《不能说的秘密》在全国各地都很卖座，巡回演唱会的票房同样出色，另外他还是百度明星搜索量年度 NO.1。

2007 年最火的国产剧是《奋斗》。这部电视剧讲述了一群 80 后年轻人，在北京的情感和奋斗历程的故事，将年轻人的愤世嫉俗、叛逆迷茫、情感混沌融入其中。

2007 年，是中国快捷酒店大战的一年。如家、汉庭、锦江之星、7天、莫泰、格林豪泰、布丁、桔子酒店纷纷成立。

Facebook，一种创造世界的力量

"今天，我们一起发起了一场运动。"

2007 年 5 月 24 日下午 3 点，在 Facebook 第一次开发者大会上，年轻的扎克伯格向台下上千名开发者发出一则"革命宣言"。这是扎克伯格第一次在公众场合上台演讲，他在台下把这句开场白练习了无数遍。

Facebook 在这一年，效仿苹果等其他科技巨头，在旧金山市中心策划并组织了它的第一次 F8 大会，会上 Facebook 公开宣布了其技术定位。

Facebook 将其开发者大会命名为 F8，指代 Facebook 经常举办的"通宵黑客马拉松活动"——将工程师们聚在一起，用 8 个小时完成一个不切实际的想法。同时，F8 的英文发音和英文单词"命运"，即 fate 相似，这似乎也暗藏了扎克伯格认为 Facebook 命中注定将成为时代霸主的野心。

2007 年 2 月，Facebook 迎来了成立 3 周年的里程碑时刻，此时，Facebook 网站已经拥有 1500 万用户，而公司的员工也达到了 150 名。这家公司已经超越了"邓巴上限"——人类学家罗宾·邓巴[1]1992 年在一篇文章中提出，一个人在某一阶段认识并保持联系的人最多大概只有 150 人。扎克伯格经常提到这个古老的、现实的社会限制，Facebook 在创新的过程中必须战胜它。

扎克伯克希望打造一个生态繁荣的科技帝国，成千上万的应用开发者注册了 Facebook 的开放平台，持续开发出比如虚拟农场或在线游戏等不同样式的应用。截至 2007 年 11 月，Facebook 开放平台上已经有超出 7000 个应用，而且每天都有上百个应用得到发布。

很多员工有一种感觉，在 Facebook 工作时，似乎总会让人感到一种强烈的力量：一种创造世界的力量。

---

[1] Robin Dunbar。

卓越网正式改名为"卓越亚马逊"

2007 年，当淘宝网全年成交额已突破 400 亿的时候，卓越网才正式更名为"卓越亚马逊"。

6 月 5 日，卓越网正式改名为"卓越亚马逊"①。这一消息是卓越网总裁王汉华和贝索斯在北京举行的新闻发布会上宣布的。

卓越网的标志底下加上了"Amazon.cn"的标志，卓越网将同步启动并且面向用户推出零元免费送货活动，以及"我的卓越网"等服务。2006 年卓越网营收仅为 1.8 亿元，而亏损高达 9000 万元。

有人认为，这次贝佐斯充当的是"救火员"，访华的主要目的是针对目前卓越网所表现出来的不景作做出新的战略调整。但随后这一数据被王汉华否认，并称卓越网的业绩一直以超过 100% 的速度增长。发布会上，贝佐斯回避了这一问题，并表示对卓越网是长期投资，中国 B2C 市场巨大，他对中国团队感到满意，以后还会追加投资。当时在中国 B2C 市场，当当网正逐渐发展壮大，和卓越网保持激烈竞争。面对各种评论，贝佐斯说："让他们去说吧，给我们钱的不是我们的对手，而是我们的客户。"

6 月 25 日，国家发布《电子商务发展"十一五"规划》，这一中国首部电子商务发展规划是《国民经济和社会发展信息化"十一五"规划》的重要组成部分，它将电子商务服务业确定为国家重要的新兴产业。

在 11 月 19 日的产品发布会上，贝佐斯手拿 Kindle，向在场观众发表了长达 40 分钟的演讲。正如克莱顿·克里斯坦森在《创新者的窘境》里所预测的那样，技术创新会引发公司及整个行业的阵痛，而出版商对此最有体会。

此刻，出版商对于 9.99 美元的定价方案实施多久仍迷惑不解，但亚

---

① Joyo Amazon。

马逊无可奉告，等他们不久后得知这将是一项长期计划时，为时已晚。Kindle 已经开启了图书数字化的序幕。

百度成为互联网广告之王

6 月 21 日，百度贴吧的李 × 吧管理员被撤，这被很多人怀疑为是唯一势均力敌的李宇 × 吧所为。于是李 × 吧粉丝集体去李宇 × 吧发水帖"屠版"。这也是百度贴吧有史以来最大规模的"爆吧"活动。"帝吧出征，寸草不生"这句戏言，也成为了很多人调侃打趣的谈资。

到了第三季度，百度在最重要的网页搜索领域的市场份额从 2006 年同期的 69.3%，上升到 73.6%。此外，图片搜索、音乐搜索请求量市场占有率分别高达 71.7%、92.8%，百度贴吧、知道、空间和百科等社区服务市场份额都在八成以上，进一步巩固了其在中文搜索领域的王者地位。

2007 年百度广告收入超过新浪，成为中国互联网公司中头号广告营收选手。据艾瑞市场研究公司发布的年度广告业报告称，从收入角度来说，百度在 2007 年已经超越新浪成为中国最大的在线广告平台。中国在线广告市场 2007 年的总收入达到了 106 亿元人民币，与前一年相比增长 75.3%。其中百度以 16.5% 的市场份额位居第一，新浪滑至第二位，市场份额为 11.7%。[①]

12 月 4 日，美国纳斯达克股市宣布，由于近一年股价表现较好而且交易量极其活跃，中国搜索引擎提供商百度公司已成为纳斯达克 100 指数和纳斯达克 100 平均加权指数的一部分，从此百度的股价变动将影响

---

① 排在第三位的是搜狐，其市场份额为 8.5%。

全球股市交易市场①。

有评论称："中国的企业在美国纽约上市的有 30 多家，纳斯达克有 50 多家，包括中国的最有名的超级大国企都在里面，这 80 多家企业的交易量刚刚到百度一半多，百度塑造了中国高科技企业的新形象，这个巨大的交易量的核心支持是中国的经济发展和中国互联网经济的蓬勃发展。"

年底，百度遭遇了一次真正的重创。12 月 29 日，百度宣布，公司首席财务官王湛生在新年休假期间，不幸遭遇意外逝世。这年 12 月 27 日，王湛生在三亚遭遇意外逝世，年仅 40 岁。多年后，在很多人看来，如果王湛生没有意外离世，百度会是一家很不同的公司。

"奥运报道联盟"反击搜狐

2005 年 11 月 7 日，搜狐不惜以"数千万美元级别以上"的投入，击败新浪等门户网站，成为 2008 年北京奥运会唯一互联网内容服务赞助商。根据协议，搜狐要为北京 2008 年奥运会和残奥会，为北京奥组委、中国奥委会以及为参加都灵 2006 年冬奥会和北京 2008 年奥运会的中国体育代表团提供正式互联网内容服务。作为回报，搜狐享有使用北京奥运会相关徽记和称谓、2006 年冬奥会和 2008 年奥运会的中国体育代表团徽记和称谓，进行广告和市场营销活动的权利，同时享有奥运会的接待权益等。

但搜狐之外的其他互联网公司，怎会甘于放弃奥运这块巨大的蛋糕？

2007 年 7 月 19 日，新浪与网易、腾讯共同宣布三方结为战略合作

---

① 纳斯达克于 1985 年 1 月份推出纳斯达克 100 指数，包含了在纳斯达克上市的 100 家最大的非金融企业，该指数是世界上最著名的市场表现衡量标准之一，被认为是纳斯达克整体表现的"风向标"。

伙伴关系，组建"奥运报道联盟"，三方还同时发表了《奥运报道联盟联合宣言》。新浪 CEO 曹国伟、网易 CEO 丁磊和腾讯 CEO 马化腾均现场出席了这一"联合宣言"的签约仪式。

8月9日，这一联盟得以进一步扩大。由新浪、腾讯和网易发起，40 家网站加盟的奥运报道联盟在北京召开了第一届座谈会，会议决定联合奥运采访报道团队自 2007 年 8 月启动，将对北京奥运会进行联合报道。

面对这个联盟，张朝阳依旧非常自信地表示："搜狐坚持'慢火烤全羊'，同竞争对手展开马拉松比赛，事实上，我们已经进入全面超越竞争对手的冲刺阶段，以这样的态势发展下去，搜狐成为中国互联网的霸主只是早晚的问题。"

很多观察家预测，伴随 2008 年奥运会的临近，搜狐或许真的有机会成为中国互联网的"老大"。但旧游戏，似乎正在被赋予新规则，中国互联网世界格局，将在不久后的未来，被来自年初美国西海岸的一场发布会所彻底改变。

阿里巴巴在香港上市

马云曾这样解释创业者和职业经理人的差别："一个人上山打野猪，一枪打出去没打中，反而激怒了野猪。把枪一扔，撒腿就跑的，是职业经理人；从腰间拔出柴刀，冲上去拼命的，则是创业者。"

在熬过了 2000 年的互联网泡沫，击退了 eBay 的攻击之后，"腰间插着柴刀"的马云终于迎来了收获的季节。这年 11 月 6 日，阿里巴巴 B2B 业务完成 IPO，募资 17 亿美元。阿里巴巴的股票非常抢手。

不过在上市之前，阿里巴巴的领导团队，也在认真地思考着公司未来应该往何处走。在 9 月 28 日至 30 日的集团战略会上，阿里巴巴明确提出未来十年集团的战略是"推动建设一个开放、协同、繁荣的电子商务生态系统。"阿里的参谋长曾鸣回忆 2007 年 9 月 28 日到 30 日的宁波战略会："阿里巴巴每年会有 2 ～ 3 次的战略会。集团当时的状况并不好，公司市值最多就 100 亿美金左右。"

这年 11 月 6 日，阿里巴巴正式在香港交易所挂牌上市，开盘 31 港元，市场价值突破 200 亿美元，超越腾讯和百度，刷新了中国互联网市值最高纪录，这是一个全新的开局。一个全新的互联网时代开始了。收盘更是报收 39.5 港元，涨幅 192%，将近 200%。市场价值突破 250 亿美元，逼近 2000 亿港元。

阿里巴巴一跃成为中国互联网首家市值突破 200 亿美元的公司，成为全球第五大互联网公司，仅次于 Google、eBay、雅虎和亚马逊，也随之成为中国互联网新的领军者。中国台湾最大的企业鸿海的郭台铭、美国思科的钱伯斯都是第一批投资者。阿里巴巴 B2B 业务在香港成功上市后，阿里市场公关体系负责人王帅即兴写下豪迈诗句："自是钱塘潮头蟹，应喜江湖有风波。"

2007 年 11 月 29 日，马云成为中国互联网界第一个入选《财富》杂志封面人物的首席执行官，同时，也是极少数登上《财富》封面的中国企业家之一。

对于这次成功的 IPO，马云表现得十分低调谦和。在一次媒体采访中，马云将成绩归功于几千人坚持奋斗 8 年的结果，归功于时机和运气。

实际上，阿里巴巴是这一波上市公司中的一个典型代表。这一年，中国互联网企业掀起第三波上市热潮：

7 月 27 日，完美时空登陆纳斯达克；

10 月 9 日，软件企业金山在香港联交所挂牌；

11 月 1 日，巨人网络在纽约证券交易所挂牌；

11 月 2 日，网龙在香港上市；

11 月 6 日，阿里巴巴在香港联交所挂牌。

但马云对未来，也有着自己的雄心壮志。马云表示："中国还没有一个真正强大的互联网公司。中国的互联网人口基数达到两亿以后，在技术创新的情况下，中国会诞生世界级的互联网公司。我们内部提出了一个目标：十年以内，希望世界上三大互联网公司中有一家是我们的。我们希望凭借自己的努力打进世界五百强，还要成为世界最佳雇主。"

中国互联网公司的股价总市值膨胀到近 700 亿美元。而腾讯、百度、阿里巴巴市值先后超过 100 亿美元。中国互联网企业跻身全球最大互联网企业之列。

刘强东下定决心自建物流

晚清名臣曾国藩，曾靠着"结硬寨，打呆仗"的六字方针，指挥着湘军击溃了太平天国的军事力量，推迟了大清王朝的最终灭亡时间。在中国电商历史上，京东重金打造物流，与曾国藩的"结硬寨，打呆仗"有着异曲同工之妙。

到 2007 年 8 月，京东已经在中关村经营了快 10 年，拥有 11 家线下店铺，但从这一年起，京东开始关闭自己的线下店，专注高速发展线上电商自营零售。

京东用户里，有 75% 的投诉都是对外包配送员不满意，大量顾客投诉送货慢、货物损坏。快递公司往往是加盟制，物流公司对加盟商的控制力很弱。刘强东发现，如果只依靠社会化物流无法从根本上解决这些痛点问题。

刘强东下定决心自建物流，还有一个有趣的细节，负责配送的快递公司发现，由于京东的包裹多为价值较高的 3C 产品，被偷得最多。甚至有些快递公司因不想承担赔偿费用，放弃了京东的快递订单。6 月，京东多媒体更名为京东商城。

但自建物流，需要钱，需要很多钱。2007 年，刘强东和他的京东严重缺钱。通过一名京东用户的介绍，刘强东和今日资本的徐新见了面。刘强东没有犹豫，直言要"借"250 万美元，称自己想做"中国第一、世界前五"的零售商。徐新回忆起见刘强东时的情形："当时刘强东的电脑上写着'只有第一没有第二'，他说他大学就开始创业，我们觉得大学创业的人比较容易出人头地，因为这种人第一要有点胆，第二他得管几个人，有点管理能力。我当时觉得这是一匹千里马。"

徐新给了刘强东一个让他感到意外的回答："两百万哪够，给你一千万美金。"[1]

第二天，徐新便"抓着"刘强东坐早班飞机飞到上海跟徐新的合伙人见面，当场签署了框架协议。

"我当时就感觉到这是一个好苗子，不能让他到处见别人，第二天就把他拉到上海。"投资人徐新在多年后回忆。在得知"这哥们"天天趴在网上给用户回帖子，徐新认为自己发现了互联网行业里的宗庆后[2]。

徐新回忆："我问他，你要融多少钱？他说200万美元。我说200万不够，我给你1000万。我说，你还没有尝到品牌威力，200万肯定不够花。1000万可以买多少股份也是他说的，我都没有还价，就答应了。"

能让徐新如此动心，原因有二："第一，我们看了他的成长，他一分钱广告不花每个月增长10%，这个我觉得肯定是打动消费者的某一个要害了；第二，我觉得还是老刘这个人，他挺可信的，挺诚信。"[3]

就这样，在2007年3月和8月，今日资本分两次向京东注资共1000万美元。

根据刘强东计算，中国每件商品从走出工厂大门到送至消费者手中，这中间要经过5至7次搬运，京东物流则从最大程度上追求减少搬运次数。终极目标是只搬运两次。

普通快递公司的快递员对所负责网格区域负全责，既需要送货也需要收货，快递员随时会被突然收到的客户电话所打扰。京东的快递员则只送货不接单，公司会在每天夜里将每位快递员第二天所需配送的包裹、地区以及送货路线通过信息系统计算好。京东在北京的快递员一天

① 闫启、杨继云：《徐新，京东和兴盛优选背后的铁娘子》，投资界 PEdaily，2020 年 12 月。

② 宗庆后以天天在一线跑著称。

③ 波特·埃里斯曼：《阿里传》，张光磊、吕靖纬、崔玉开译，中信出版社，2019 年。

可以送 150 个包裹, 京东的快递员永远在送货的过程中。

互联网公司投资物流这样的重资产, 很多人都认为刘强东疯了。刘强东认为烧钱可以分为两类, 一类是把钱扔到水里, 他所做的则是烧钱建大量的物流中心和信息系统, 这些实实在在将最终转化成为京东的核心竞争力, 为京东建立起竞争壁垒。

投资人徐新和刘强东协商, 先在不超过 10 个城市试一试, 有了数据再决定是否在全国范围布局。不到一年时间, 京东第一轮所融的 1000 万美元烧光了。

从这一年起, 京东开始加速进行品类扩张, IT、3C、小家电、大家电、日用百货、图书音像。

2007 年, 一个新时代到来了

从后来所发生的历史来看, 2007 年是互联网从 PC 互联网走向移动互联网的大转折之年。

这一年, iPhone 正式发布, 一个新时代的计算平台就此诞生。这个新的交互界面, 让随后 10 余年科技互联网的江湖故事, 充满了想象力。

这一年, 中国上网用户数量快速增长。CNNIC 的数据显示, 截至 2007 年 12 月 31 日, 中国上网用户数为 2.1 亿[①], 而 2006 年底这一数字是 1.37 亿。在这 2.1 亿网民中, 通过手机上网的网民数有 5040 万人。全国上网计算机数为 7800 万台。这一年, 网民平均每周会上网 16.2 小时。

2007 年, 可以被称作是 "移动互联网" 元年。所有科技巨头和新的创业者, 重新站在了同一个起跑线。乔布斯拿着 iPhone 一声令下, 一场延续十余年的超级马拉松竞赛开始了。

---

① 在上网用户中, 男性占 57.2%, 女性占 42.8%, 年龄在 18 ~ 30 岁的青年人占 49.9%, 未婚占 55.1%, 已婚占 44.9%。

网络应用使用率

网络应用		使用率	用户规模（万人）
互联网基础应用	搜索引擎	72.4%	15,204
	电子邮件	56.5%	11,865
	即时通信	81.4%	17,094
电子政务		25.4%	5,334
网络媒体	网络新闻	73.6%	15,456
	更新博客/个人空间	23.5%	4,935
数字娱乐	网络游戏	59.3%	12,453
	网络音乐	86.6%	18,186
	网络影视	76.9%	16,149
电子商务	网络购物	22.1%	4,641
	网上支付	15.8%	3,318
	网上银行	19.2%	4,032
其他	网络求职	10.4%	2,184
	网络教育	16.6%	3,486
	网上炒股票基金	18.2%	3,822

图 14-5　CNNIC 调研截图

【战略金句】

◇ **乔布斯**：每隔一段时间，就会有一款改变世界的革命性产品出现。

◇ **马云**：一个人上山打野猪，一枪打出去没打中，反而激怒了野猪。把枪一扔，撒腿就跑的，是职业经理人；从腰间拔出柴刀，冲上去拼命的，则是创业者。

扫码阅读本章更多资源

2008

暴雪将至

"我们都是阴沟里的虫子，但总还是得有人仰望星空。"

——《三体》，2008

　　这年 1 月，《三体》单行本由重庆出版社出版。这本书是三体系列"地球往事三部曲"的第一部。该系列的第二部《三体Ⅱ：黑暗森林》在 5 月出版。作者刘慈欣在这本书中提出了一个极具隐喻性质的理论：黑暗森林法则。黑暗森林法则可简单理解为，一旦某个宇宙文明被发现，就必然遭到其他宇宙文明的打击。在很多人看来，大到国家，小到公司，实际上都在遵循着这一法则。

　　7 月 10 日，苹果正式发布应用商店。最初的苹果商店的大约 800 款应用，在上线一周后就收获了一千万次的下载量。属于移动互联网的战事，正式打响了。

　　在这一年的开端，每一个中国人，都预感到这必将是中国辉煌的一年。这一年，中国将迎来改革开放 30 周年，北京还将举办举世瞩目的奥运会。这两件大事，让2008 年变得非比寻常。

　　中国与世界的绑定关系从未如此紧密。《经济学人》在 3 月的一篇报道中写道："怎么去描述现在中国对于商品的饥渴程度都不会显得夸张。中国的人口约占世界人口的五分之一，然而这些人口却如饥似渴地消耗着世界二分之一的猪肉，二分之一的水泥，三分之一的钢材，超过四分之一的铝材。自从 2000 年以来，中国已经吞噬了世界铜材供应增加量的五分之四。"

　　但历史上的几乎每次危机，似乎都是在人们毫无线索之下，突然到来。

　　在这年 7 月的一封内部邮件中，马云以严峻的口吻写道："经济将会出现较大的问题，未来几年，经济可能进入非常困难的时期。我的看法是，整个经济形势不容乐观，接下来的冬天会比大家想象得更长！更寒冷！更复杂！我们准备过冬吧！"

　　就在马云写就这封邮件时，阿里巴巴股价已经从最高时的 40 港元，惨跌至 10 港元。到了 10 月，阿里巴巴的股价更是腰斩到了 5 港元。港媒调侃："去年不可一世的阿里巴巴，现在只能用可怜巴巴来形容了。"

　　在多年后的一次采访中，《财经》曾问了投资人沈南鹏这样一个问题：红杉中国成立以来，最难的一年是什么时候？

　　沈南鹏回答："2008 年。我们在北京开被投企业 CEO 峰会，不少 CEO 对行业前景悲观。2010 年也很难，我们在北京开 LP 大会，当时第一个和第二个基金的成绩都没有出来，而我们已经开始做阶段和产业扩张了。LP 会上我们遇到了很多的质疑，后来是红杉的品牌和投资人的信任帮助了我们。记忆中那年冬天特别冷。"

　　全球科技互联网行业的创业者、投资人们，在复杂艰难的大环境下，负重前行。

"猎鹰 1 号"火箭成功进入地球轨道

2006 年 3 月，SpaceX 第一次发射火箭"猎鹰 1 号"[1]，在点火 25 秒后，凝聚工作团队多年心血的火箭重重砸在发射场地上。

图 15-1 猎鹰 1 号

一年之后的第二次发射坚持的时间久了一些：升空大约 5 分钟后火箭发生燃烧、爆炸。

2008 年 8 月和 9 月，SpaceX 又连续进行两次猎鹰 1 号发射试验，依旧失败。

9 月 28 日，SpaceX 的猎鹰 1 号[2]火箭成功进入地球轨道，这是第一枚由私营公司研发的液态轨道火箭。

---

[1] 猎鹰 1 号后面的数字 1 表示它有一个一级发动机 1。
[2] Falcon1。

猎鹰这个名字来自《星球大战》中最著名的飞船：千年隼号[①]。马斯克是一个《星球大战》的忠实粉丝，他用这个名字向这部经典科幻电影致敬。

正是由于猎鹰 1 号这次成功发射，SpaceX 获得了来自 NASA 价值 16 亿美元的商业合同。但在这次成功发射之前，SpaceX 已经连续三次失败，公司的所有资源加在一起，只能够支撑这最后一次发射。换句话说，SpaceX 距离破产，只差这一次发射失败。马斯克也曾多次坦言，特斯拉和 SpaceX 这两家公司中的任一家成功的概率都低于 10%。

马斯克曾这样回忆这段经历：

"2008 年底第四次发射成功了，那时我们真的没有更多的钱了。实际上，最初的预算就只允许三次发射失败，我们尽最大努力才勉强凑够了第四次发射的预算。发射成功后，我们在年底获得了 NASA 的一份巨额合同，我记得是 12 月 23 日，在那之前非常糟糕。我记得在 2008 年圣诞节前的那个星期天，那应该是我最接近精神崩溃的时刻了。

"我之前从未想过我会成为一个神经衰弱的人。但当时的那种状态仿佛就在眼前，真是糟糕透了。然后，第二天早晨，NASA 打电话过来说要签订一份 16 亿美元的合同。我当时在家，我以为他们都回家过节了。我本以为在圣诞节之前应该没有这种机会，他们应该都在度假。我当时觉得很震惊。我忍不住对 NASA 打电话过来的人说了'我爱你'。

"我想他们之前从没听到过这种回应。这就是星期一早晨的事情。"

马斯克也曾对为何做火箭这么难，做过系统的解释：

"有人问我，为什么做火箭特别难？部分原因在于，每件事都必须在第一次就成功。你不能撤回，你不能修补它。在发射后 9 分钟，要么直接进入轨道，要么直接完蛋。你永远不可能在现实环境中完全测试火箭。你不可能完全重现那些在地球真空中高速运动的物体。如果模拟和现实之间有任何误差，就总是会有一些错误。打个软件的比方，就像如果你要写一大堆软件模块，但你永远不能把它们放在一起在目标电脑上

[①] Millennium Falcon。

运行，而当你测试它们的时候，你只能逐个测试，而不是把它们整体运行在目标电脑上。当你把所有模块放在一起，在一个完全不同的电脑上第一次运行它时，它必须在没有任何漏洞的情况下运行。"

创业是一场充满失败和挫折的冒险，甚至有时要与死神搏斗。但也正是这些失败和挫折，磨炼了创始人的意志和品格，让他们最终走向成功。

2014 年 5 月 16 日，马斯克在南加大毕业典礼演讲中回忆：

2002 年，为了解决太空运输问题，我成立了 SpaceX。当时跟我谈过的人，都劝我不要做，有个朋友还特别去找了火箭爆炸的影片给我看。他其实也没错，我从来没做过实体的产品，所以一开始真的很困难，火箭发射连续失败了三次，非常煎熬。但我们从每次失败中学习，终于在 2008 年的第四次发射成功，让猎鹰一号进入地球轨道，那时我已经用光了所有资金。

马斯克曾经提出一个很经典的观点：一个产品往往要经历三代后，才有机会成为真正畅销的产品。这个观点在他最重要的两家公司中都得到了验证。SpaceX 的火箭猎鹰 1 号，前三次发射都以失败告终，直到第四次才成功进入太空。

特斯拉的汽车，最初的 Roadster 跑车是富豪们的玩具，随后推出的 Model S 和 Model X 也都是可以列为奢侈品的轿车。直到第四代 Model 3 才成为大众化的革命性产品。"4" 是个有魔力的数字。回顾手机市场，苹果在 2007 年正式推出 iPhone，此后分别推出 iPhone 3G，iPhone 3GS，但一直到 iPhone 4，才成为真正成熟的一款产品，让苹果成为市场上真正的领导者。

伟大的产品往往要经历三代，才会走向成熟。第一代是探索阶段，要找到市场需求和技术方向；第二代是改进阶段，要解决产品缺陷和用户反馈；第三代是完善阶段，要提升产品性能和用户体验，第四代才是爆发阶段，要打造产品品牌和用户忠诚。

特斯拉在最后一天的最后一个小时完成融资

2008 年，让马斯克备受折磨的，除了 SpaceX，还有濒临死亡的特斯拉。他曾对外表示，这两家公司就像自己的两个孩子，他无法抉择放弃哪一个。"对我来说，这就像你有两个孩子，快没吃的了，你可以给每个孩子分一半，但这样他们可能都会饿死，或者你把所有的食物给一个孩子，增加至少一个孩子存活的概率。但由我自己来决定一生一死，这种事我干不出来，所以我决定必须付出我的全部来拯救两个孩子。"

这年 5 月，"汽车真相"网站开设了一个"特拉斯之死倒计时"的专栏，有一天甚至同时出现了 50 篇谈论特斯拉会如何灭亡的文章。

马斯克回忆："特斯拉曾多次濒临破产，一直撑到 2008 年底的那轮融资，我们在最后一天的最后一小时完成融资，第二天就是 2008 年圣诞夜了，如果那天没完成融资，圣诞节后几天我们就倒闭了，所以我们是非常惊险地生存下来的。"

这年 12 月，在金融危机最严重的时候，特斯拉"在最后一天的最后一小时"获得了一轮来自戴姆勒的 5000 万美元投资，"否则两天后会发不出工资"。

《钢铁侠》主演小罗伯特·唐尼这样评价马斯克："马斯克和钢铁侠史塔克是一类人，他们一旦抓住一闪而过的创意，就为自己的想法倾尽所有，一秒钟都不会浪费。"

除了顺利完成融资，马斯克还在这一年深度参与了电影《钢铁侠》的筹划工作。

2008 年，《钢铁侠》的导演和主演都很头疼，因为他们不知道怎么拍摄钢铁侠的感觉。他们去了当时最先进的航天公司，但还是觉得不够未来。电影的拍摄停了一周，直到他们遇到了马斯克。

主演唐尼觉得，特斯拉跑车就是钢铁侠的最佳搭档。在马斯克的公司里，他看到了能飞能回收的飞行器，还看到了用太阳能和电池建成的未来交通，以及一辆超酷的纯电动跑车 Roadster。

在拍摄《钢铁侠 1》的时候，主演唐尼一直想着马斯克的样子，并坚持在电影里放一辆特斯拉跑车，"如果能先拿到一辆 Roadster，就能证明钢铁侠有多牛"。

马斯克也很乐意参与这部电影，他知道这对他的个人品牌有好处。他不但参与了钢铁侠人物设定的讨论，把特斯拉 Roadster 植入《钢铁侠1》，还亲自客串了《钢铁侠 2》，扮演"马斯克"。[1]

在流行文化中，给创始人的个人品牌找一个标签，让个人品牌和流行文化相结合，可以让大众快速认识创始人，也可以让传播更快速。就这样，马斯克和"钢铁侠"的关系开始被热议。这更加巩固了马斯克"现实钢铁侠"的名声，也让"硅谷钢铁侠"的绰号更有说服力。

此时的世界与中国

5 月 31 日，在美国纽约举行的锐步大奖赛上，牙买加选手博尔特在百米大战中表现惊人，跑出了 9.72 秒的新世界纪录。[2]

9 月 15 日，雷曼兄弟在美联储拒绝向其提供资金援助后提出破产申请，当天道琼斯工业平均指数狂跌 504 点，这是七年来最差的情况；而在同一天，为了避免破产，美林证券宣布以 500 亿美元被美国银行收购。

这件事拉开了 2008 年 9 月全球股市大崩盘的序幕，在 9 月 15 日星期一和 9 月 17 日星期三这两天，全球股市暴跌。

11 月 4 日，美国民主党总统候选人贝拉克·奥巴马在总统大选中击败共和党对手约翰·麦凯恩，当选第五十六届和第四十四任美国总统。他的"Yes，we can"竞选口号，让无数人对其即将开始的执政生涯充满

---

① 这部电影的摄影组还租了马斯克的 SpaceX 作为拍摄场地。
② 博尔特将同胞鲍威尔的创造的前百米世界纪录（9.74 秒）提高了 0.02 秒。

期待。

在竞选过程中，互联网扮演了至关重要的角色。几乎每一个候选人都有 Facebook 或 Twitter 的账号。据统计，在 2008 年 1 月奥巴马收到的 3600 万美元捐款中，有 2800 万美元是通过互联网募集到的，有 90% 以上是小额募捐。

在中国人的记忆里，2008 年可谓"喜忧参半"。

这年开春，百年一遇的雪灾侵袭了中国南方地区。停水停电、交通受阻、大量旅客滞留车站和机场。到了 2 月底，受灾人口超过 1 亿，农作物受灾面积 2.17 亿亩，绝收 3076 万亩，近 50 万间房屋倒塌，造成直接经济损失达到 1516.5 亿元。

在外部因素和大盘股增发的压力下，一路高歌的中国股市开始急转直下，从元旦到 9 月中旬，上证指数比前一年的最高点，跌去了三分之二。两市 22 万亿财富灰飞烟灭。受欧美金融危机波及，在沿海地区，大量企业倒闭。不少著名民企，在出口萎缩，原材料、人工、土地涨价，贷款难寻，高利贷逼债的困境下，轰然倒塌。

和股市地震相比，汶川地震更是让所有中国人心碎。

2008 年 5 月 12 日下午 2 点 28 分，在地底积聚的相当于 252 颗原子弹的能量爆发，震中在成都西北 80 公里的汶川县映秀镇。三分钟内，原本富庶的川西北，一时间出现了大片大片的废墟。这场地震造成近 7 万人死亡，374 000 余人受伤，失踪人口达到 17 800 余人，造成直接经济损失达到 8451 亿元。

大地断裂之处，人性得以弥合。在持续的余震中，数百万中国人参与救援。美国《时代》杂志在报道中写道："即使是中国的批评者也对中国对地震的迅速反应表示了钦佩。这场全国性的悲情宣泄，让人们不再相信中国缺乏公民精神这种观念，整个民族突然间意识到在 30 年的经济繁荣中，他们改变了多少，以及一些改变是如何朝好的方向发展的。"

面对全球范围内的金融危机，以及汶川地震这样的天灾，经济需要刺激，人心需要振奋。在 2008 年的最后两个月，中央政府开始全面打开政策工具箱，尽最大可能刺激经济。时任工业和信息化部部长李毅中 ① 回忆："12 月 25 日，张德江副总理突然给我打电话，说 3G 牌照马上发。我以为听错了，因为原来计划第二年人代会以后发。现在要求马上发，是因为总理下决心了。当时 3G 牌照发放本身的条件已经成熟，三大运营商拿出 2000 亿元，就可以拉动 6000 亿元的投入，这对应对危机能起重大作用。"

令人振奋的是，中国的经济快车，还在继续向前行驶之中。

8 月 1 日，京津城际铁路正式开通运营。这条连接北京市与天津市的城际铁路是我国第一条高标准、设计时速为 350 公里的高速铁路。②

8 月 8 日，第 29 届奥运会在北京盛大开幕。按照国际奥委会的说法，这是一届无与伦比的奥运会。中国改革开放三十周年的成就，得以在全世界集中展现。这一来，中国代表团获得金牌 51 枚，排名第一。

这一年，是中国改革开放 30 周年。中国 GDP 超过了 30 万亿，正式超过德国，成为全球第三。由于人民币升值，中国人均 GDP 也超过了 3000 美元。

亚马逊：从 shareholders 到 shareowners

亚马逊的利润一直很微薄。直到 2008 年，它的利润也只有 6.45 亿美元 ③，而同年沃尔玛的利润为 134 亿美元 ④。

但华尔街更看重亚马逊的发展前景，给出了 60 倍的估值，对沃尔玛的估值却只有 15 倍。分析师杰弗里·林赛说："亚马逊不必承担巨大的库存持有成本，而且几乎可以无限增加产品种类。就库存管理而言，

---

① 3 月份，在原信息产业部、国防科工委的基础上，工业和信息化部正式成立。
② 京津城际铁路于 2005 年 7 月 4 日正式动工。
③ 比前一年增长了 36%。
④ 同比增长了 5%。

亚马逊拥有一种近乎神奇的商业模式。"

4 月 18 日，贝佐斯发布致股东的信。在这一年的股东信中，贝佐斯隆重介绍了亚马逊三年磨一剑的第一款硬件产品 Kindle，这是贝佐斯坚信可以改变人们消费思维模式的产品。

在这一年的信里，贝佐斯第一次将开头对股东的称谓从"shareholders"（股份的持有者）改成"shareowners"（股份的所有者）。贝佐斯强调，如果经济衰退持续两年，亚马逊将会谨慎行事。他说："我们认为在这种宏观环境下，这是明智的。"

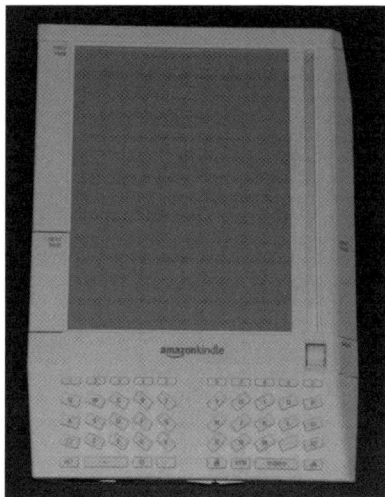

图 15-2　亚马逊于 2008 年发布的第一代 Kindle

此时，eBay 有 8450 万活跃用户，亚马逊在 6 月公布其有 8100 万活跃用户，两者已经相差无几。相比稳中前进的亚马逊，此时的 eBay 却让分析师们摇头。就在亚马逊公布业绩的前一周，eBay 预测自己将首次出现季度销售下滑，并下调了年度盈利预期。沃尔玛等大型零售商也发出预警称，在全球经济衰退不断加剧的情况下，消费者已收紧了钱袋。

要知道，就在 2005 年时，eBay 的市值是亚马逊的 3 倍。那时，eBay 的活跃用户比亚马逊要多 30%。当时华尔街喜欢 eBay 零库存的营业方式，也乐见其创造巨大利润的能力。

2008 年，eBay 的股价已经跌去了一半以上。这年 7 月，亚马逊的估值首次超过了 eBay。

9 月末，eBay 的掌门人约翰·多纳霍[1] 解雇了 eBay 公司 16 000 名员

---

[1]　John J. Donahoe。

工中的 10%，同时表示，eBay 已经感受到了经济衰退的影响。[①]

多纳霍承认，eBay 没有足够快地适应电子商务风向的转变。他说："有时候我真希望可以把公司关掉，再去开一家新店，但我们不能。我们需要对 eBay 的生态系统进行更大胆、更积极的改革，即使这些改革不受欢迎。"

盖茨谢幕，杨致远退场

2008 年 6 月 27 日，微软董事长比尔·盖茨正式退出公司的日常管理工作，结束了他在微软 33 年的工作生涯，由昔日好友史蒂夫·鲍尔默接掌帅印。盖茨同时宣布，将名下 580 亿美元的个人财产悉数捐给比尔和梅琳达·盖茨基金会。退休之后，盖茨将致力于慈善事业，同时兼顾微软相关项目。

不可否认的是，微软依然是 IT 界的老大，尽管盖茨已光荣退位，尽管 Google 在互联网圈所向披靡，不断向微软发起挑战。但微软不能坐视 Google 侵犯自己的领地，也看不惯 Google 稳坐互联网老大的位置。于是，微软看上了行将没落的互联网鼻祖雅虎，微软希望通过雅虎与自身品牌 Live 的整合，与 Google 抗衡，维护自己的地位。但作为雅虎的创始人和现任 CEO，杨致远不甘心将"亲生的孩子"卖人，于是交易流产。

杨致远希望与 Google 合作来摆脱雅虎当前的困境，然而 Google 不是救世主，Google 不会做赔本买卖。于是，当 Google 迫于美国政府压力放弃与雅虎的合作时，雅虎成了完完全全的弃儿。杨致远此时只有心灰意冷的份，转过头来求微软开恩收购雅虎。但微软毕竟是大公司，岂能让杨致远左右，鲍尔默只是一个劲说 No。杨致远知道都是自

① 2007 年 11 月，从 1998 年起带领 eBay 把销售额从 570 万美元冲到 80 亿美元的 CEO 梅格·惠特曼退休。

己的错，只能被迫引咎辞职，给未来的交易做好铺垫，给足微软面子和台阶。

早在 2008 年 5 月，拒绝了微软的收购之后，杨致远便遭到了以伊坎为代表的激进股东"逼宫"，此后要求其"下课"的呼声不绝于耳。历经半年的努力与尝试未果后，2008 年 11 月 18 日，杨致远同意在董事会找到合适继任者后离职，当天雅虎股票即上涨 8.65%。

这一年，微软还迎来了一个名叫陆奇的新员工。在很多年之后，科技媒体《晚点》询问陆奇："过去有没有一个打动你，让你想放弃一切去创业的机会？"

陆奇回忆："2008 年从雅虎离开，我想过回中国创业。最后是鲍尔默（微软前首席执行官）说服我加入了微软。如果我去创业，有很多从零到一的工作要做。如果我选择一个大平台，我通过它产生的影响会更大。"

搜狐登上门户第一宝座

2008 年，是搜狐的巅峰时刻。由于成为北京奥运会的互联网赞助商，搜狐在奥运会期间创造了 5 分钟访问量 300 万、1 小时破亿的流量记录，并且赢得门户网站中用户首选率和满意度的双料冠军。

奥运会结束后，搜狐业绩和股价便全面超越新浪，坐稳门户第一宝座。

2008 年 6 月 16 日，搜狐宣布，以央视网战略合作伙伴的身份，获得北京奥运会赛事活动的互联网转播权。届时，搜狐将以直播和点播两种形式，全程网络视频直播和点播本届奥运会的开闭幕式及比赛赛事。根据此次授权，搜狐将拥有 3800 小时的奥运视频内容，其中有 2500 小时的奥运比赛视频为搜狐同央视网合作制作并在其两家仅播放。北京奥运会期间，网民通过搜狐网、央视网均可以随时欣赏奥运开闭幕式和全部奥运赛事视频。

2007 年 6 月，搜狐首次同央视网签署战略合作协议，合作涉及央视 13 个频道的 100 多个项目。随着双方新合作协议的签署，搜狐也成为了当时唯一取得奥运转播合法授权的商业门户网站。

四大门户围绕奥运会的争夺战，提前 3 年就开始了。张朝阳事后回忆："本次招投标应征过程，就像当年几个城市申奥一样，竞争非常激烈。"

在国内，央视是奥运版权的唯一购买方，但其他网络媒体可以通过分销获得版权。公开资料显示，2012 年伦敦奥运会的版权按照不同权益分为三个档次，最高 5500 万元，最低 2800 万元。2016 年，奥运版权费用涨到 1 亿元，但在赛事开始前，腾讯体育就收回了包括 1 亿元版权费在内的所有投入成本。

搜狐最终拿下了"北京奥运会赞助商"的身份，也成为了奥运会历史上首家互联网赞助商，随之而来的，是北京奥运会官方网站、刘翔官网、各体育协会官网，以及 32 个奥运项目官网的运营权。除此之外，它还是"中国代表团发布官方信息唯一互联网窗口"。

2008 年 7 月 19 日，新浪与腾讯、网易宣布组成奥运报道联盟。互联网的竞争向来以残酷著称，而作为在新闻报道方面最具实力的新浪与腾讯和网易走到一起来，确实显示了新浪的大气。"我们走到一起，是为了给中国网民呈现最优质的奥运会报道。"

A.C. 尼尔森的调查显示，四大门户瓜分了北京奥运报道超过八成的网络流量。在财务表现上，四大门户网站在这年第二季度的广告全部创下历史新高。到了第三季度，四大门户总收入再次达到新高，首次突破 1 亿美元。其中，新浪广告收入同比增长 40% 以上；搜狐品牌广告的增幅更是高达 66%。

媒介投资管理机构群邑当时发布预计，在 2008 年北京夏季奥运会的带动下，当年国内整个媒体广告行业增长高达 22%。

王坚加入阿里，腾讯成为全球第一大游戏公司

9 月，来自微软亚洲研究院的王坚加入阿里巴巴，离开微软前王坚的职位是常务副院长。王坚的新头衔是首席架构师。马云在第一次见到王坚时说："我觉得我们是可以共事的。"这句话打动了王坚。

面对亿级用户在淘宝上随时浏览、购买商品，阿里巴巴的技术底层"大脑"有些跟不上节奏。据说每天早上八点到九点半之间，淘宝服务器的处理器使用率都会飙升到 98%。马云希望由王坚带队，为阿里研发出一套新的技术引擎。

面对金融危机，很多企业倒下。阿里巴巴将中国供应商的价格下调 6 成，从 50 000 元调整为 19 800 元。7 月 23 日，马云向全体阿里员工发表了一封名为《冬天的使命》的邮件。"今天我们肩负着比以往更大的责任，我们有责任保护我们的客户。全世界相信并依赖阿里巴巴服务的数千万中小企业不能倒下。"

2008 年的一次调查显示，"每 100 次网页搜索中，73 次来自百度"。此时百度搜索的市场份额已经达到了近八成。这一年，马云在 C 端选择放弃中国流量入口百度，全面屏蔽了百度对淘宝的商品页面搜索跳转。马云意识到，用户如果形成利用搜索引擎搜索商品的习惯，淘宝未来基于商品搜索的广告模式将进入"死胡同"。

到 2008 年，腾讯已经拥有了 4 个亿级入口的产品：QQ、QQ 空间、QQ 游戏和腾讯网（QQ.com）。

在这 4 个产品当中，QQ 游戏对于腾讯来说正在变得越发重要。

从 2008 年开始，腾讯放弃了与网易、盛大硬磕传统角色扮演类网游，转而开始代理竞技类游戏《地下城与勇士》和《穿越火线》，还分别通过收购与自研推出了《QQ 炫舞》与《QQ 飞车》。

这四款被称作"四大名著"的游戏，并不"逼迫"玩家充值，赢得了众多玩家的青睐，逐步走向火爆。

2008: 暴雪将至 / 373

随后腾讯投资了著名的海外游戏开发商 Riot Games，并代理了其
MOBA 游戏《英雄联盟》。最终《英雄联盟》大获成功，腾讯在游戏行
业的王者地位开始被正式确立。这五款游戏的成功，让游戏业务成为占
腾讯总营收过半的第一大现金牛。[①]

接踵而来的成功，让腾讯意识到，做大游戏业务的关键是把不确定
变成确定。

此后腾讯在游戏布局上主要做了两件事：通过代理发行海量游戏，
快速进行流量变现；同时通过投资或收购国内外行业顶级团队，获得最
头部的游戏 IP。

2008 年，站着还是倒下？

著名风险管理理论学者纳西姆·尼古拉斯·塔勒布在 2008 年，出
版了《黑天鹅：如何应对不可预知的未来》一书。作者在这本书中提出
了"黑天鹅事件"这一概念。所谓黑天鹅事件，指的是不可预测的重大
稀有事件。它在意料之外，却又改变一切，这就是"不确定"。人类总
是过度相信经验，而不知道黑天鹅事件出现一次就足以颠覆一切。

在塔勒布看来，一次典型的黑天鹅事件往往具备以下三个特性：

第一，意外但必然性，黑天鹅事件往往出现在通常的预期之外，也
就是在过去没有任何能够确定其发生的证据，但它一定会发生。

第二，冲击性，黑天鹅事件一旦发生，会给原本发展态势良好的社
会、组织或个人带来致命打击，产生极端后果。

第三，事后可预测性，虽然黑天鹅事件具有意外性，但人的本性促
使人们在事后为其发生编造理由，并且或多或少地认为它是可解释和可
预测的。

---

① 《腾讯游戏何以错过原神》，《财经》，2021 年 4 月，https://m.caijing.com.cn/api/show?
contentid=4757282。

2008 年，可谓是"黑天鹅乱飞"的一年。2008 年，全世界和中国人民共同见证了北京的绚烂烟火，也共同熬过了汶川地震。在科技领域，无数企业面临着一个问题：是生存下去，还是瞬间倒下。

数据显示[1]，2008 年硅谷风险投资信心指数到达 20 个季度的最低点，只有 2.77，是连续下滑的第五个季度。根据调查数据显示，2008 年，美国由风险投资支持的企业 IPO 数量为 6 家，是 1977 年以来 30 年之内的最低数量，而 2008 年第四季度更是颗粒无收。2008 年有 40 家准备 IPO 的企业最终不得不撤销了申请。

但无论如何，生活还要继续。

2008 年，中国网民数量首次超过美国，而奥运的全民热情又进一步推动了互联网的发展。CNNIC 的数据显示，截至 2008 年 12 月 31 日，中国上网用户数为 2.98 亿，手机上网网民数 11 760 万人。上网设备中，网民使用台式电脑上网的比例达 89.4%，手机达 39.5%，笔记本电脑达 27.8%。[2]

2008 年，手机这个终端正在快速渗透进生产和生活。韩国和日本的手机上网用户比例在全球名列前茅。美国以及众多欧洲国家也保持着 10% 左右的增长纪录。澳大利亚通信和媒体部 2008 年的调查显示，澳大利亚 2129 万人口中移动用户已经高达 2126 万，其中 3G 用户为 450 万，近一年 3G 用户的增长率高达 192%。而在中国 2.53 亿网民中使用手机上网的网民达到了 7305 万人，占网民总数的 28.9%。

从数据层面来看，手机上网的大众化时代已经到来。而属于移动互联网的创业黄金时代，也正式到来了。

【战略金句】

◇ 马斯克：为什么做火箭特别难？部分原因在于，每件事都必须在第一

---

[1] 　根据"Silicon Valley Venture Capitalist Confidence Index"。
[2] 　在上网用户中，男性占 52.5%，女性占 47.5%，年龄在 10 ～ 19 岁的用户占 35.2%，20 ～ 29 岁的用户占 31.5%。

次就成功。你不能撤回，你不能修补它。在发射后 9 分钟，要么直接进入轨道，要么直接完蛋。你永远不可能在现实环境中完全测试火箭。

◇ 马云：今天我们肩负着比以往更大的责任，我们有责任保护我们的客户。全世界相信并依赖阿里巴巴服务的数千万中小企业不能倒下。

◇ 雷军：互联网是一种方法论，你用这种方法论就能把握住互联网的精髓了。为了让大家更容易理解互联网，我把它总结成七个字，'专注、极致、口碑、快'，号称'七字诀'。这个'七字诀'厉害在什么地方呢？只要按这个方法去做，就会事半功倍。

◇ 张一鸣：不应该是人找信息，而应该是信息根据人的兴趣和需求来找人，并且信息找人的过程中应该有很多特征。

扫码阅读本章更多资源

微博战争

十年水流东啊，十年水流西，流晚几年行得不啊？

——五条人《十年水流东，十年水流西》，2009

4月的一天晚上，在上海交大的研究生宿舍里，一个名叫张旭豪的学生正在和舍友看一部改编的电影《硅谷传奇》，这激起了这位学生创业的想法。这部《硅谷传奇》正是由曾经激励雷军创业的那本《硅谷之火》所改编的电影。

天南地北地想了一通之后，方向没找到，反倒是几个人的肚子都饿了。但平时随手可见的外卖单，却怎么也找不到了。

就这样，张旭豪和同学每人凑了几万块钱，买了8辆电瓶车，一起创办了"饿了么"网上餐厅。[①] 起初，由于招不到配送员，他们就自己送。当时还在读研的张旭豪，每天骑着电动车在校园内送餐，浑身上下也看不出985高校硕士的影子。

---

① 张旭豪出身于商业世家，他的祖父曾经是上海滩著名的纽扣大王。

张旭豪只是此时众多野心勃勃的互联网创业者之一。对于 2009 年的科技互联网世界来说，人们的聚焦点，已经转向正在汹涌而来的移动互联网浪潮。

这年春天，红杉中国在长城公社下面开了一个互联网被投企业年会。年会的主题是："Mobile Only"。

红杉资本于 1972 年诞生于硅谷，创始人瓦伦丁选择了"红杉"这个名字，取意于红杉树长久的生命力，在各种环境中都能顽强生长。他为红杉奉献了那句风投领域最有名的话："下注于赛道，而非下注于赛手。"后来，这句话代表的"下注赛道"理念被外界视为红杉整体的投资风格。①

投"赛道"的红杉很担心自己所投的一些基于 PC 端开展业务的公司将来在移动互联网时代会被淘汰，而且不是一家公司，而是一批公司在整个大潮当中遭遇挑战。

沈南鹏表示："如果 CEO 没有意识到必须站在全新角度想产品的话，这将是非常非常危险的，Mobile Only，这个主题我不知道怎么翻译合适，我们就是想给大家一个警醒，新的移动互联网时代要到来了。"②

沈南鹏的嗅觉极度敏锐，从当年做第 1 个项目到做第 150 个项目，沈南鹏一直像条饥饿的鲨鱼，闻到血腥味，他就会冲过去。周鸿祎曾评价，沈南鹏像两种动物：一是海洋里的鲨鱼，二是陆地上的杜宾犬。沈南鹏对自己的目标拥有足够的耐心和决心。杜宾犬是一种军、警两用的犬只，身体结构紧凑，具有极大的耐力和速度，相貌文雅但警惕而坚定。"每次看到沈南鹏，我都觉得他和杜宾犬太像了，总是保持斗志。"

马化腾也曾在多年后的一场活动上感叹："腾讯也投了几百亿美元的投资，几乎每一个项目，我们都发现红杉已经提前一两年就投进去了"。

1 月 7 日，工业和信息化部正式向三大运营商发布了 3G 牌照。3G

---

① 当然，瓦伦丁的原话是："投资于一家有着巨大市场需求的公司，要好过投资于需要创造市场需求的公司。"

② 《沈南鹏买下赛道》，《中国企业家》，2014 年 4 月。

可以实现高速移动宽带。伴随着 3G 网络一同到来的，还有上网资费的快速下降。年初，中国移动率先在北京、上海、河南、江苏、天津等地大幅降低手机上网资费，北京手机上网资费降幅高达 70%。随后，中国电信和中国联通均大幅降低了上网资费标准。

这年 6 月，苹果发布 iPhone 3GS，进一步加速推动移动互联网的到来。无论是网络资费降低，还是新的手机硬件到来，似乎都在提醒着从业者：Mobile Only！

雷军在自己的新浪博客中写道："大家一定要把握好 2009 年这个移动互联网创业的最佳时机。一，如果已经加入移动互联网的战场，2009 年是重排座次的机会。所有人应该放下包袱，放手一搏；二，计划创业的人，我建议 2009 年最应该干的事情，是到移动互联网产业去创业；三，已经成功的巨头，移动互联网的机会是任何人不会放弃的，2009 年是大举进军的一年。"

iPhone：闻名，不如见面

10 月 30 日晚上，北京下起了小雨，世贸天阶的大屏幕下人潮涌动，中国联通的 iPhone 3GS 首销仪式在这里举行，联通请来了水均益主持，中国联通和美国苹果公司的高层，共同宣布 iPhone 正式进入中国市场，联通成为唯一合作运营商。

2009 年的科技界，所有的巨头都在寻找登上方舟的"船票"，乔布斯在 2007 年就向所有人指明了方向，但绝大部分人还是只能远远相望，没有找到合适的到达路径。

2007 年乔布斯发布的第一代 iPhone 价格昂贵，且不能使用第三方应用程序，只能使用 AT&T 网络或较差的 2G EDGE 网络。2008 年 6 月 9 日，苹果在旧金山举办的全球软件开发者大会中正式发布 iPhone 3G，这是第一款支持第三方应用程序的 iPhone，这款 iPhone 点亮了世界各个角落的创业者。

中国联通拥有全球最成熟的 3G 制式，整个 WCDMA 产业链都非常成熟。

"闻名，不如见面"，这是 iPhone 3GS 登陆中国市场的广告文案，很有深意，首销仪式之后，进行了一轮公交、地铁站的广告轰炸，这一玩法现在仍然在手机圈盛行。

图 16-1　中国联通"闻名，不如见面"广告

在全国举行上市首销仪式之后，联通发动新一轮铺天盖地的 iPhone 品牌攻势，在这一轮攻势开始几天前，iPhone 的公交路牌广告已在全国多数大城市犹如雨后春笋般冒出，显示联通对 iPhone 销量的信心和决心。

从年初开始，中国联通就加速其 WCDMA 网络在全国的覆盖。经过 10 个月的努力，联通的 3G 网络已覆盖了中国 285 个城市，建成了世界最大的 WCDMA 网络。从 9 月 28 日开始，中国联通正式开展 3G 网络的全国商用。

中国联通宣布 10 月 30 日开始发售苹果 iPhone 手机。虽然中国联通在月底才会正式推出苹果 iPhone 手机，但在十一"黄金周" 8 天时间里，联通网上营业厅首批 iPhone 预订就突破了 1 万部。

一个足够优秀的网络信号与一台足够优质的终端设备开始结合，让人充满期待。

此时的世界与中国

2009 年，中国的汽车产量达到了 1379 万辆，那年中国的汽车产销量超过了美国，成为全球第一。此时，美国的传统三大汽车公司通用、福特、克莱斯勒均陷入困境。

"谁将拯救美国的汽车产业？"很多人开始焦虑地讨论这个问题。今年夏天，新上任的奥巴马总统决定亲自考察汽车业，有意思的是，他没有去乌云压顶的底特律，而是飞到阳光明媚的硅谷，参观了一家叫特斯拉的电动汽车公司。在这里，38 岁的埃隆·马斯克让他相信，也许他会是下一个拯救者。在离开后，奥巴马批准能源部发给特斯拉 4.65 亿美元的政府低息贷款。

这年 3 月，美国通信分析机构 TeleGeography 发布最新调查结果显示，美国作为互联网中心的地位正在逐渐丧失。在过去，美国是许多地区互联网的中心枢纽，尽管现在仍有很多数据流量经由美国传输，但美国的重要程度已经大大降低了。1999 年，来自亚洲的互联网流量中有91% 要途经美国到达终点，但 2008 年这一比例已下降到了 54%。9 年前非洲互联网流量中大约有 70% 与美国有关，但 2008 年已降至仅 6% 左右，更多数据通过欧洲和中东传输。[1]

美国《纽约时报》曾对这一年随世界潮流受到关注的新词汇以及重新受到关注的原有词汇进行了整理，并予以公布。其中，由中国

---

① 方兴东、钟祥铭、彭筱军：《全球互联网 50 年：发展阶段与演进逻辑》，《新闻记者》，2019 年第 7 期。

（China）与美国（America）合成的词 Chimerica（中美国），榜上有名。

Chimerica（中美国）指在全球金融危机中，中国成为可以与美国匹敌的强国。"中美国"的概念，由哈佛大学著名经济史教授尼尔·弗格森于 2007 年在《买下中美国》的一文中首次提出，随后他又多次撰文阐述这一观点。2008 年 12 月，他发表了一篇题为《"中美国"不是两个国家，而是一个国家》的文章，认为"中美国"这个概念是指最大消费国美国和最大储蓄国中国构成的利益共同体。

7 月 27 日，时任国务院副总理王岐山与美国国务卿希拉里·克林顿和财政部部长蒂莫西·盖特纳共同出席了首轮中美战略与经济对话。在这次战略经济对话闭幕后，美国经济学家弗雷德·伯格斯滕召开媒体电话会议，详细介绍了他所构思的"G2"概念。在弗雷德·伯格斯滕看来，中国已经成为名副其实的超级经济大国，美国应该携手中国成为国际经济秩序的合法建筑师和管理者，让中国与其作为全球经济超级权力的新角色相匹配。

《经济学人》杂志在 8 月的封面报道中写道："西方国家的经济看起来还很疲软，很多经济数据仍在下跌中，尽管今年二季度美国经济开始增长，消费者支出还是萎靡不振。然而越来越脱钩于西方消费习惯的亚洲经济增长迅猛……一些不太可能被做手脚的指标证实了中国经济是在强势反弹。截至今年 7 月，工业产出增长了 11%；去年猛跌的发电量再次增长；而且汽车销售量比一年前增加了 70%。"[①]

7 月 3 日，一位名叫章泽天的高二女生手持奶茶，青春靓丽的照片被同学上传至 QQ 空间。这位"奶茶 MM"迅速火遍全网。

7 月 16 日，一位网友在百度贴吧魔兽世界吧发表了一个名为《贾君鹏你妈妈喊你回家吃饭》的帖子，正文中只有"RT"，即"如题"两字。在几个小时之内被近 40 万网友浏览，引来 1.7 万条回复。这一事件被解读为是一次互联网行为艺术。

玛雅历法宣称地球将在 2012 年 12 月 21 日发生重大灾难，或出现

---

① "An astonishing Rebound," *the economist*, Aug13，2009。

"连续的三天黑夜"等异象。伴随着罗兰·艾默里奇导演的《2012》电影在全球的宣传，更多人开始关注到这个概念。在电影中，地球上的富豪和乞丐都渴望登上逃离的"方舟"。

2009 年全球电影票房的总冠军，正是这部叫作《2012》的科幻灾难片。这部总投资额高达 2 亿美元的好莱坞大片，原本计划在 2008 年完成上映，但受金融危机影响，这部影片最终定档在了 2009 年。

11 月 13 日，《2012》开始在中国上映。并最终以 4.66 亿元票房勇夺年度冠军。而在放映过程中，最让中国观众津津乐道的一个话题是，好莱坞导演居然把方舟的制造基地放在了东方的中国。

图 16-2　电影《2012》海报

2009 年 12 月 18 日，由詹姆斯·卡梅隆编剧并执导的电影《阿凡达》（Avatar）在美国上映。在电影的未来世界中，人类飞到遥远的星球潘多拉开采资源，受伤后以轮椅代步的前海军杰克，自愿接受实验并以他的机械身体"阿凡达"来到潘多拉。然而，在结识了当地纳美族公主涅提妮之后，杰克在一场人类与潘多拉居民的战争中陷入两难……该片于 2010 年 1 月 4 日在中国上映。

法国街头的冷风，让 Uber 诞生

7 月，加利福尼亚大学洛杉矶分校的辍学生特拉维斯·卡兰尼和朋友去巴黎参加一个会议，他们从会场出来后，在路边久久打不到出租车。这两个被冻得瑟瑟发抖的人突发灵感：能否创建一个平台，把司机和乘客用互联网的方式对接起来？

特拉维斯·卡兰尼克决定，一定要推出一款革命性的应用软件，来解决打车难的问题，而且最好是只要一按按钮就能够叫到车。

就这样，Uber 诞生了。在最开始，Uber 的创业团队只是买了几辆奔驰高端轿车，然后雇了几个专业司机，开始在纽约接送 Uber 的早期用户，以进行初期测试。

Uber 最初期的用户，都是创始人的朋友们。用户在最开始，必须要有一个"邀请码"，才能使用 Uber 服务。本来他们只是想试试这个想法好不好，结果讨要邀请码的人越来越多，特拉维斯·卡兰尼意识到自己真的发现了一片很大的市场，于是正式成立了 Uber 公司，发布了第一款产品 Uber Cab。

Uber 本质上是"双边市场"的服务提供商，一边是打车群体，一边是司机群体，规模效应是能否最终取胜的核心。但无论如何，这段创业旅程，正式被开启了。

此时的共享经济浪潮继续在全球范围内发酵。

校内网更名为人人网

扎克伯格为自己所设定的 2009 年的年度挑战是：每天打领带上班。只有 25 岁、只喜欢穿便装的扎克伯格以此向人们展示他是严肃认真地对待 Facebook 未来的发展的。[1]

扎克伯格认为，"公司超越国家。这就是说如果你想改变世界的话，现在最好的选择就是建立一家公司。这是做成一番事业，并把你的想法传达给世界的最好模式。"[2]

---

[1] 不过一年之后他就不再坚持了，又习惯地穿起了他的标志性的灰色套头衫。

[2] 凯瑟琳·罗斯：《孩子王：我眼里的马克·扎克伯格及其 Facebook 王国》，中信出版社，2012 年。

但扎克伯格也并非万事如意。一贯乐观的马克对推特迅速的用户增长和名声大振感到十分紧张。这年 6 月，埃隆·马斯克注册了推特账号[1]。越来越多人开始入驻推特。2009 年初，推特的用户为 700 万，而之后就飞速产生了曲棍球棒效应[2]，2009 年末用户就增长到大约 7000 万。

即便有推特的威胁，Facebook 的成功，也已经毫无悬念。在大洋彼岸的校内网，希望尽快将自己打造成为中国的 Facebook。

8 月 4 日这天，千橡集团召开发布会宣布重大战略调整，正式宣布校内网将启动新域名 renren.com，并更名为"人人网"。原本的校内网网址 xiaonei.com 依然会继续使用，但将成为一个跳转网址。

陈一舟在这场发布会上，还同时对外宣布校内网的注册用户已达7000 万。在当天下午向校内网用户发布的公开信中，陈一舟坦言校内网面临的困惑：

"随着大学生用户加入上班一族，校内这个名称逐渐成为限制校内网发展的瓶颈。有些上班族会问，为什么是'校内'？我们不在学校呀！年岁稍大的用户会说，'校内'是校园内的网站么？……为了给校内网带来一个更长远、广阔的发展前景，我们需要割舍对校内品牌的依恋之情。"

除了美国的 Facebook、中国的人人网，还有更多社交网站，开始渗透进普通人的生活当中。这一年，台北市的警察越来越喜欢开心农场的"偷菜"游戏。十月初，台北市警察局下达禁止在警局内玩开心农场的命令，因为有警官认为开心农场的"偷菜"游戏与警察正义形象不符。警察怎能去"偷窃"呢？甚至有警官表示"偷菜可能触犯电脑使用罪，可被判处五年以下的刑责"。

结果，这家警局遭到了网民怒斥，最后，台北市警察局被迫改口说"偷菜"游戏不违法。在"偷菜"这个小小的游戏中，每天花几分钟，溜到好友的虚拟菜地"偷"一下，既能排遣生活与工作中的无聊，又能

---

① 但直到 2010 年 6 月，才发出第一条推文。

② 在硅谷快速发展的代名词。

促进好友间的联络。风靡一时的"偷菜"热潮，导致开心网、Facebook、人人网、QQ 空间等网站流量激增。

但此时，人人网的真正创始人王兴，却处在人生的低谷之中。就在 6 月底，王兴对饭否的未来还充满着期待。当时王兴父母去美国探望女儿，王兴送他们到机场，兴奋地说："网络改变了世界。如果发生重要事情，三四个小时就能传遍世界。"

因为传播有关敏感事件的言论，7 月 7 日晚上，饭否被关停。[①] 在饭否被关停的时候，王兴的团队保持了相对完整。只走了两个：其中一位正是长着一张娃娃脸的王兴的福建龙岩老乡张一鸣。

此刻的王兴和张一鸣不免沮丧。但后来的历史证明，正是这次蝴蝶效应事件，真正将他们从狭窄的赛道释放出来。他们在此刻很难想象，留下搁浅的木船，分别等待他们的将是两艘航空母舰。

王兴团队决定以半年为界，如果饭否没有机会重新开始，他们将开启下一个方向。事实上，最终饭否这次关停一直持续了 505 天。

2009 年底，王兴带着团队开了一个小小的年会，讨论"假如这个公司明天就不存在了，大家会怎么样？"这个小小年会气氛有些伤感。似乎除了王兴外，每个人都在想"为什么我们要待在这家公司？为什么每天要这么辛苦地做事？"王兴在现场沉积多时的愤懑终于有所释放，他哭了起来。

大约在 2009 年，王兴提出了一个"四纵三横"理论。"三横"指搜索、社会化网络、移动互联网这三个主要互联网技术变革方向；"四纵"指互联网用户需求的发展方向，包括获取信息、沟通互动、娱乐和商务四部分。BAT 恰好是上一轮技术与需求交叉产生的产物，在移动互联网时代，王兴坚信，四纵三横的交叉点依旧埋藏着"金矿"。

这年 12 月底左右，王兴团队开始认真考虑团购的机会。

---

① 同时被关闭的还有嘀咕、叽歪等多家。

曹国伟成为新浪的主人

在 2009 年 5 月的成都战略会上，新浪高层在 Facebook 和推特之间发生了激烈的模式之争。当时新浪的战略更偏向做成 Facebook 式的平台，但大家很清楚，这对于新浪来说，不论是技术还是既有优势都不太靠谱，况且已有腾讯的 QQ 空间如大山一样地横亘在那里。而如果走推特模式，则很可能意味着重起炉灶。

最后，曹国伟做出了决策，往推特的方向跑起来，"就本质而言，推特带有媒体的属性，而新浪的优势正在于此，可以凭借这个产品进入社区模式"。而陈彤则提出了不同于推特或饭否网的媒体策略："我们不能首先去打草根牌，也不可能先去打技术牌，这都不是我们最擅长的。我们的优势就是高端、舆论领袖、明星、各个族群的牛人，以及高收入、高学历、在自己单位有一定地位的人，先把他们抓过来。要根据自己的优势决定打法。"①

微博这种产品，只支持 120 个字的内容，使用体验非常类似短信，但又可以带图片，用户可以关注名人还可以评论互动，也可以随手转发。

8 月 14 日，被定名为"新浪微博"的产品内测上线。8 月 28 日，新浪微博正式上线公测，吸引了社会名人、娱乐明星、企业机构和众多网民加入。当新浪的高管们看到快速上升的用户曲线后意识到，这个产品有戏。老牌门户网站在掌门人曹国伟的带领下，"All in 微博"。曹国伟定了两个目标：一是不遗余力地把规模尽快做起来；二是把内容管理做好。

事实上，新浪微博最初是从 PC 端做起的，然后匹配做移动版。不同于 PC 时代的博客，用户可以随时、随地地发送微博。

在后来的几个月里，陈彤翻开他的电话本，给每一个他认识的名人

---

① 微博搅动的世界，《南方人物周刊》，2010 年第 45 期。

打电话，恳请他们到新浪来开通自己的微博，而在新浪内部，所有的中高管都被下达了"拉人开博"的指标。

影星姚晨在 9 月 1 日开通了微博，在新浪的全力推广下，她凭借率真坦诚的个性获得大家喜爱，后来竟成为全球拥有最多粉丝数的"微博女王"。到 11 月 2 日，微博迎来了第 100 万名用户，接下来的一年里，微博用户出现了指数级的暴增，2010 年 4 月 28 日突破千万大关，由此成为中国最大的公共舆论场。新浪在社交大战中勇猛地扳回一局。

就在大约 2 个月前的 7 月 7 日，因为触及敏感性政治事件，王兴的饭否网被关闭，中国的推特追随者突然消失。在中国市场，新浪微博几乎是此时最受关注的产品。新浪微博发布后，各大内容门户网站纷纷发布类微博产品服务。可以说凭借微博，新浪重新走进了中国舆论场的中心。

很快腾讯、搜狐、网易等各家巨头猛醒，纷纷开始跟随布局微博。焦虑的马化腾清醒地意识到："击败微博的一定不是微博"。

对于新浪来说，一个月后发生的另一件事，对于公司来说同样极具里程碑式价值。

9 月 28 日，新浪公司宣布以新浪 CEO 曹国伟为首的管理层，将以约 1.8 亿美元的价格购入新浪约 9.42% 的股份，成为新浪第一大股东。

新浪 CEO 曹国伟和新浪管理层将拥有新浪投资控股公司的实际控制权。新浪将向新浪投资控股增发约 560 万股普通股，全部收购总价约 1.8 亿美元。增发结束后，新浪的总股本将从目前的约 5394 万股，扩大到约 5954 万股，新浪投资控股占据新浪增资扩股后总股本的约 9.4%，成为新浪第一大股东。

新浪董事长汪延表示："新浪公司非常高兴能与新浪管理层达成此次私募融资。这次融资将进一步增加新浪的流动资金，加强了公司的战略发展能力，同时也展示了新浪管理层对新浪战略以及新浪未来发展的信心。"

意气风发的曹国伟表示："我和新浪的管理团队很荣幸有机会主导这

次投资，这次投资体现了管理层对新浪未来前景的强烈承诺和信心，也使新浪管理层和员工的利益与股东利益更加趋于一致。"

引人关注的是，选择在 9 月 28 日发布这项 MBO 计划，对曹国伟有着特殊的意义，这天，正是他进入新浪整整 10 年的纪念日。

曹国伟毕业于复旦大学新闻系，在短暂地做过记者之后赴美国俄克拉荷马大学学习，获得新闻学硕士学位，这样的经历让他与新浪有着天然的契合感。

他随后取得得州大学奥斯丁分校商业管理学院财务专业硕士学位，让他在新浪的上市、并购等多次资本运作中如鱼得水。

毕业后的曹国伟一直在硅谷的两家会计师事务所中打拼，先是安达信，后是普华永道。他供职期间，正是硅谷最疯狂的时候。

而在普华永道担任审计师的曹国伟经历了"在其他地方可能一辈子都遇不到的各种资本运作"，有机会接触到处于各个发展阶段的大量企业，审计过雅虎、Oracle 等知名公司，亲自经手数家公司的上市，涉及的兼并收购的案例更是数不胜数。心怀梦想的曹国伟知道自己的职业生涯不会限于普华永道，在 1999 年的时候开始寻找新机会。在看中两家硅谷的企业后，他在选择上有些犹豫，于是便向自己一位社会经验丰富的老朋友请教，他就是时任新浪首席运营长的茅道临。

茅道临邀请他加盟正处于上市申请阶段的新浪，做了多年审计工作的曹国伟只考虑了两天，因为有两点让他心动：第一，这家公司在中国；第二，它和媒体有关，是自己的老本行。

对于携管理团队入股新浪成为实际控制人，并实现职业生涯的重大角色转换，曹国伟表示："这对我个人和团队来说，都是一个意义重大的事件，新浪的管理团队将承担更大的责任和挑战，为股东利益、员工利益和客户利益努力奋斗。我将带领我的团队进行新浪历史上的第二次创业。"[①]

---

① 《新浪管理层增持成第一大股东 中国互联网首例 MBO》，新浪科技，2009 年 9 月 28 日，http://tech.sina.com.cn/i/2009-09-28/16433476331.shtml。

对股权结构的改变，新浪新闻发言人刘奇也表示："新浪因为历史原因造成股权比例分散，而此前一直采用的职业经理人制度在西方被证实是成功、成熟的制度，但是随着新浪的发展，新浪是时候出现强有力的领导人，长期稳定的管理团队以及与董事会目标方面、长远利益一致的管理者。"

百度继续突飞猛进

10 月 20 日，淘宝网独立搜索引擎 search.taobao.com 正式上线公测。这是淘宝网屏蔽百度搜索后的重要举措之一。淘宝网独立搜索页面采用类似 Google、百度的简洁风格，根据搜索结果测试，目前该搜索引擎提供的搜索结果依然基于淘宝网数据。

将淘宝首页，和此独立搜索页面的某项商品搜索结果对比后发现，独立搜索结果显示页面更为简洁，淘宝首页商品搜索结果下显示的淘宝商城推荐位在独立搜索页面被拿下，而在独立搜索结果页面除了显示店铺信息、照片、所在地、价格、保障等基本信息外，还添加了销量和信用信息，并可进行从大到小排序。

淘宝网独立搜索引擎项目早在一年前就开始研发，并且招募大量人才。从 2008 年 9 月开始，淘宝网正式宣布屏蔽百度搜索，网易有道以及 Google 也分别推出购物搜索。

但竞争对手们的排兵布阵，并没有打乱百度的阵形。相反，至少从百度的财报来看，这家中国搜索引擎公司的增长，依旧在加速。

10 月 27 日，百度发布了 2009 财年第三季度财报。百度财报显示，百度第三季度总营收为人民币 12.787 亿元 [1]，同比增长 39.1%；百度第三季度净利润为人民币 4.929 亿元 [2]，同比增长 41.7%。李彦宏透露，百度

---

[1] 约合 1.873 亿美元。

[2] 约合 7220 万美元。

客户将于 2009 年 12 月 1 日全面向凤巢系统切换。

李彦宏表示，已经有 70% 的客户使用"凤巢"，即搜索营销专业版，目前已经到了合适的时机，将所有百度客户都转移到该平台上。"客户将享受统一竞价平台的便利。对百度来说，我们也能更好地统筹资源来服务老客户、发展新客户，帮助他们更好地接受和利用凤巢系统"。

百度在 4 月 20 日正式推出了凤巢系统。通过这个平台，百度为企业提供了比以往旧平台上更多可管理的推广位以及更多可推广的关键词。此外，新系统也完善了管理体系，多方位的数据统计报告、账户分析工具等功能帮助企业随时监控推广效果，调整推广策略。

"凤巢将采取'三步走'策略完成系统的更替过程。"凤巢三步走策略，即是"迁移""安居""乐业"。

在迁移阶段，主要任务是帮助企业用户开始使用凤巢系统进行搜索营销，熟悉系统功能，接受并认可凤巢系统的效果；

安居阶段，推动企业用户从尝试使用到主要使用凤巢系统。在此阶段，企业将对凤巢的可管理和可优化等功能大规模应用，提高营销回报率；

乐业阶段，百度所有推广位由凤巢系统接管，搜索营销全面进入凤巢时代。

李开复离开 Google 中国，创办创新工场

8 月 5 日李开复向其老板、Google 工程高级副总裁艾伦·尤斯塔斯正式提出离职，并婉言拒绝了 Google 天价股票及亚太区产品和工程总裁的续约邀请。

9 月 7 日上午，刚刚辞去 Google 全球副总裁、大中华区总裁职务的李开复在北京创办了帮助中国青年创业的天使投资"创新工场"。"创新工场"计划将在未来 5 年内投入 8 亿元，并获得来自郭台铭、柳传志等

多个业界精英的投资。李开复透露，自己走过了 20 年职业经理人的生涯，但过去半年经过反复思考后，决定创办创新工场[1]。李开复给创新工场的定义就是"一个全方位的创业平台，旨在培育创新人才和新一代高科技企业"。"事实上，对我来讲做老板和做职业经理人其实没有太大的不一样，只要你爱你的工作。我的两次职业经理人生涯都很幸运，都是去做一些从无到有的工作，因此没有特别大的不同。"在 2008 年的一次风险投资会议上，中国风险投资界人士断言，国内天使投资要想真正达到一定的规模，估计至少需要十年时间。

花旗集团分析师马克·马哈尼[2]说："Google 在中国的业绩并未出现大幅改观。"他估计 Google 总收入中约有 2%（约合 3 亿美元）来自中国市场。马哈尼还补充道，尽管市场规模在增加，但投资者对 Google 赢取中国市场的预期正在日趋理性。

在此前的采访中，李开复曾承认 Google 在中国犯下了一些错误。他说，由于汉语发音问题，Google 的名称从一开始就令中国用户费解。他还表示，Google 中国曾在许多方面落后于竞争对手。李开复表示，Google 中国通过一系列措施解决了上述问题，例如启用 G.cn 域名并与新浪等公司合作进行交叉推广以加快新闻更新。

部分观察人士表示，李开复在 Google 内部也面临困境。市场研究公司 BDA 中国公司董事长邓肯·克拉克[3]说："为了将李开复从微软挖过来，Google 展开了历时漫长且广受关注的官司，这表明 Google 起初对李开复的期望非常高。Google 希望成为中国第一搜索引擎，或者创建一家非常具有创意的中国科研机构，但对于李开复而言，要满足这种期望从一开始就是一个不可能完成的任务。"

---

[1] 《Google 大中华区总裁李开复离职》，新浪科技，http://tech.sina.com.cn/z/lkfcy/。

[2] Mark Mahaney。

[3] Duncan Clark。

腾讯超越盛大，成为中国游戏行业之王

在这一年的第二季度，腾讯游戏的营收首次超过盛大，成为新晋的"游戏之王"。

在业绩增长的刺激下，腾讯的股价在 2010 年 1 月突破 176.5 港元的新高，市值达到 2500 亿港元，一举超越雅虎，成为继 Google、亚马逊之后的全球第三大互联网公司。

根据腾讯 2009 年 3 月公布的年报，2008 年腾讯在网游市场上利润达到 10 亿元人民币之多，占据了 1/3 的利润规模。由于腾讯在游戏业务上的卓越表现，不禁有人发问，腾讯为什么不拆分游戏部门上市？

腾讯自 2009 年建立的工作室制度最大程度激发了团队的潜力。

腾讯游戏目前有四个工作室群，各工作室群下属若干个小型工作室，它们实行项目制，有更灵活的薪酬体系。这套制度保证研发或代理的项目在成功时，参与者所得到的收入与自主创业时获得的收益相当。

"可以理解为，在腾讯每一个工作室都相当于一个中等体量的创业公司。"一位腾讯游戏人士说，他认为腾讯游戏是真正的绩效与收益成正比。

腾讯走出了一条独特的路。"它是所有游戏公司中，唯一集发行商、渠道、研发商为一体的全产业链公司，这种模式分担了投资和纯自研带来的风险。"一位 Supercell 业务负责人曾这样介绍。[1]

---

[1] 《腾讯游戏何以错过〈原神〉》，《财经》，2021 年 4 月 16 日，https://m.caijing.com.cn/api/show?contentid=4757282。

要不就在 11 月 11 日吧

"要不就在 11 月 11 日吧，光棍节，闲着也是闲着，不如忽悠他们上网来购物。""光棍节大促销"就这样定下来了。

张勇从这年 3 月开始掌管淘宝商城。淘宝商城已诞生两年，但是很多普通消费者仍然不知道这个品牌。"我们想通过一个活动或一个事件，让消费者记住'淘宝商城'。"张勇带着团队开始想象一个从不存在的购物节日。11 月 11 日最终脱颖而出，这一天处于十一长假和圣诞节之间，是一个潜在的连接两大购物节点的爆发时间。

淘宝团队开始与商家沟通，希望它们在那一天搞一次促销，全店五折，还要包邮。绝大多数的商家拒绝了他们的建议，最后只有李宁、联想、飞利浦等 27 个商户参加，一个很大的品类——家纺企业中的著名品牌全数表示不参加，后来好不容易说动了一家小商户。

11 月 11 日当天，促销活动开始，连负责人张勇本人都不觉得有重要的情况会发生，他一大早就出差去了北京。但只到了当天上午，商户们准备的货就卖得差不多了，很多商家临时到线下补货，甚至出现董事长批条子直接从经销商地面店临时调货到网上卖的现象。张勇回忆："我们没有想到，商家也没有想到，互联网的聚合力量那么大。"①

到这一天结束的时候，超乎所有人预想，淘宝商城交易额居然突破5200 万元，是当时日常交易的 10 倍。惊喜若狂的小伙伴们决定拍照庆祝一下，有人跑去打印机打印了好几张"0"，当大家站成一排的时候，数来数去少打了一张"0"，就从墙上取下一只挂钟来凑数。

很多年后，张勇在湖畔大学授课，回望这一段历史时很感慨地说："大部分今天看来成功的所谓战略决策，常常伴随着偶然的被动选择，只不过是决策者、执行者的奋勇向前罢了。"就这样，中国电商史上的一个标志

---

① http://www.iceo.com.cn/com2013/2014/1107/298100.shtml?continueFlag=d6a96397edc534bae8399f78f8f1f56。

性事件发生了。"光棍节"十分意外地成了亿万网民的狂欢节日。

图 16-3　首次淘宝双十一活动

9 月 10 日，阿里云正式成立。阿里云的门前挂了这样一副对联："代码成就万世基，积沙镇海；梦想永在凌云意，意气风发。"但王坚所负责的云计算业务，备受阿里内外的质疑，KPI 考核年年垫底，团队核心成员只剩下 20%。

2009 年 9 月，在阿里巴巴的公司十周年庆典中，阿里宣布将"大淘宝"战略升级为"大阿里"战略，阿里将用十年时间建设电子商务基础设施，培育开放、协同的电子商务生态圈系统。在这场十周年晚会上，18 位初创人员辞去创始人身份。

"科学养猪"的丁磊，拿下《魔兽世界》

2009 年，丁磊对"科学养猪"产生了浓厚兴趣。在 2 月 14 日这天参加小组讨论时，他半个字都没提到互联网，反而聊起了科学养猪。他说："中国农业发展始终停留在满足温饱的层面，层次比较低。"丁磊举例，2008 年三聚氰胺事件被媒体曝光前，他曾经前往内蒙古海拉尔附近的牧场旅游，亲眼看见牧民用自行车拖着大桶新鲜牛奶去奶站出售，一问大吃一惊，每公斤鲜奶收购价才 2 元钱，比矿泉水还低。

"我当时还只是想，这么便宜，会不会有牧民在牛奶里掺水，后来才知道有三聚氰胺这回事，"丁磊说，"可见只求量不求质，会导致多么严重的问题。""我们公司现在就在开展一个课题，研究如何养猪。"但他也"澄清"，网易不是要离开互联网业务去养猪。丁磊的确下了功夫，通过对比先进国家和中国的农业养殖经验，他感觉到中国的农牧业必须走规模化的道路，比方学习日本某些现代农场的经验，不但要集中养猪，还专门划出地来种植猪饲料，"为了减少污染，甚至还可以训练猪一起'上厕所'"。丁磊认为，只有向这种方式发展，才能保证市民在餐桌上吃到高端而且安全的美食，才会有类似日本神户牛肉、法国红酒那么高的附加值。

6 月 7 日凌晨消息，暴雪 CEO Mike Morhaime 与网易 CEO 丁磊刚刚联合宣布，《魔兽世界》的过渡正式开启，并称将争取早日完成该游戏的相关法规审批手续。暴雪 2004 年开发完成网游《魔兽世界》，全球同时在线用户超千万，是最成功网游之一。自 2004 年 11 月 23 日亮相北美大陆以来，《魔兽世界》已经成为全世界最受欢迎的大型多人在线角色扮演游戏。2005 年和 2006 年相继被评为全球最畅销电脑游戏。九城于 2004 年获得《魔兽世界》的中国代理权，魔兽收入占九城 80% 以上营收。九城与暴雪续签网游魔兽世界的谈判遇挫，将失去魔兽在中国的代理权。网易旗下拥有《西游》系列网游，其中《梦幻西游》最高同时在线数超 200 万。

时任金山软件董事长兼 CEO 的求伯君表示："如果代理的是一个烂游戏，付很高成本，就没钱赚；如果是好游戏，培养了几年市场，失去代理权，再续签的话可能就是一个天价，这等于过去几年在为别人打工，或作嫁衣。"①

盛大网络的原总裁唐骏直言："这个风波中，当然九城是直接受伤者，但我认为其实受伤的还是中国的游戏产业。国外游戏厂商经常利用这样的强势地位寻找他们的最大商业价值，过去、现在和未来都是这样。"丁磊则信誓旦旦地表示："将狠抓魔兽的游戏体验，确保不盗号、无外挂，并100% 解决不流畅的问题。对于服务器资料交割问题，将与暴雪一起努力确保资料安全性。网易还将想方设法缩短资料片的上市日期。"

2009 年，互联网吸引更多人的目光

2009 年很不平静，由于传统 PC 互联网已经进入成熟期，而移动互联网则像青少年一样在快速成长，这过程中甚至不可避免要"咔咔作响"。

来自互联网公司的创始人们，正在吸引更多人的目光。

截至 2009 年 12 月 10 日，中国互联网概念股中已有三家企业市值超过 100 亿美元：腾讯市值 336 亿美元，百度市值 146 亿美元，阿里巴巴市值 127 亿美元。腾讯已超过 eBay，成为全球市值第三高的互联网公司。②

10 月 21 日，《2009 胡润 IT 富豪榜》在上海发布，这是胡润百位第七次发布"胡润 IT 富豪榜"。腾讯的马化腾首次位列 IT 富豪榜首位，财富 239 亿元；网易的丁磊排名第二，财富 175 亿元；盛大网络的陈天桥家族与百度的李彦宏并列第三，财富 150 亿元。

此年 IT 榜的总财富为 2394 亿元，平均财富 48 亿元，与去年相比分别大幅上涨 54% 及 52%。IT 榜此年门槛 17 亿元，去年门槛 11 亿元，

---

① 魔兽世界中国代理权风波专题，新浪科技。

② https://news.iresearch.cn/Zt/106837.shtml。

此年上榜富豪 50 位。

互联网在新世纪的第一个 10 年，先是经历惨烈的纳斯达克崩盘，又遭遇了 2008 年的金融危机。但是这些都没有阻止互联网在全球范围内快速渗透。全球网民从 2000 年初的不到 3 亿，发展到 2009 年底的 18 亿，全球普及率超过 25%。

中国互联网市场同样在飞速突进。CNNIC 的数据显示，截至 2009 年 12 月 31 日，中国上网用户数为 3.84 亿，手机上网网民数 2.33 亿。上网设备中，网民使用台式电脑上网的比例达 73.4%，手机达 60.8%，笔记本电脑达 30.7%。①

中国 3.84 亿的网民数量，超过了美国和日本网民的总和。由新浪、搜狐和网易"三巨头"所统治的新闻门户时代，向百度、阿里巴巴和腾讯的 BAT 时代转轨。腾讯超过 eBay、雅虎成为市值第三大的互联网公司，仅次于 Google、亚马逊。中国互联网公司，战争坐在了"牌桌之上"。

从 2001 年到 2009 年，中国互联网走过了自己的"白银时代"。互联网在这 9 年中进一步渗透至普通中国人的方方面面。以 BAT 为代表的三艘"航空母舰"正式形成，BAT 分别从搜索、电商、社交三大赛道击退美国公司，完成本土保卫战。信息赛道搜索替代门户、电商赛道 B2C 替代 B2B、社交赛道 IM 替代邮箱；泛娱乐赛道初步成型；手机出现，进入过渡阶段。

彼得·德鲁克曾系统阐述过"创造性模仿"这一企业战略。中国互联网公司，正是"创造性模仿"这一战略的践行者。无论是三大门户、还是 BAT，乃至是携程、京东，每家公司都深刻洞察了国际市场优秀的产品特性，并在这一基础上进行了大量中国特色创新。第一代成功的互联网创业者们，比绝大多数人更加清晰地认知到自己所模仿的商业模式的核心价值，并在成长的过程中持续创新。

---

① 上网用户中，男性占 54.2%，女性占 45.8%，年龄在 10 ~ 19 岁的用户占 31.8%，20 ~ 29 岁的用户占 28.6%。

　　而"创造性模仿"这一打法，将在移动互联网时代，进一步大放异彩，并为世界提供一些意想不到的惊喜。

【战略金句】

◇ **扎克伯格**：如果你想改变世界的话，现在最好的选择就是建立一家公司。这是做成一番事业，并把你的想法传达给世界的最好模式。

◇ **张勇**：大部分今天看来成功的所谓战略决策，常常伴随着偶然的被动选择，只不过是决策者、执行者的奋勇向前罢了。

扫码阅读本章更多资源

当我们谈论AI时

从互联网走向通用人工智能

下册

于晓强

著

清华大学出版社

北京

内 容 简 介

随着 2022 年底 ChatGPT 的横空出世，人们开始普遍意识到人工智能正成为新时期变革一切技术的"根技术"。但 AI 的发展不是一蹴而就，有观点认为：互联网最大的价值，或许就是为 AI 积累了二十多年的数据。从 1994 年中国首次接入国际互联网算起到 2024 年，中国互联网行业迎来了 30 周年，这是中国科技行业穿越周期定律，快速发展的 30 年，是不可被复制的 30 年。本书正是一本记录中国科技互联网行业 30 年历史的行业编年体传记。

本书以"五纵四横"的框架记录了当代科技史的人类群星闪耀时。"五纵"即从赛道层面，重点关注科技互联网领域信息、社交、泛娱乐、电商、计算平台这五条核心赛道。"四横"即从时间轴上将中国互联网公司发展历程整体分为四大时期：青铜时代（1994—2000年）、白银时代（2001—2009 年）、黄金时代（2010—2018 年）、铂金时代（2019—2024年）。在"五纵四横"的框架下，本书妙趣横生地讲述了中美两国科技界主流互联网公司及创始人的故事，中国科技互联网公司在该年度最重要的战略动作与成果，每年度政治、经济、社会等层面的宏观变化、热点话题和社会现象等，兼备历史人文价值与商业战略价值。

本书适合任何对这段激荡人心的中国科技成长史感兴趣的读者阅读，包括但不限于财经读者，历史读者，企业管理者，企业观察、研究者，中国企业史、经济发展史研究者等。当我们谈论 AI 时，不应忘记它来时的路，看清我们曾经走过哪些弯路，如何抓住风口，才会在 AI 时代继续走在前沿。

图书在版编目(CIP)数据

当我们谈论 AI 时：从互联网走向通用人工智能 / 于晓强著 .
北京：清华大学出版社，2025. 9. -- ISBN 978-7-302-70369-3
Ⅰ. TP18
中国国家版本馆 CIP 数据核字第 2025F8Y676 号

责任编辑： 栾大成
封面设计： 杨玉兰
责任校对： 徐俊伟
责任印制： 杨 艳

出版发行： 清华大学出版社
　　　　　网　　址：https://www.tup.com.cn，https://www.wqxuetang.com
　　　　　地　　址：北京清华大学学研大厦 A 座　　　　邮　　编：100084
　　　　　社 总 机：010-83470000　　　　　　　　　　邮　　购：010-62786544
　　　　　投稿与读者服务：010-62776969，c-service@tup.tsinghua.edu.cn
　　　　　质 量 反 馈：010-62772015，zhiliang@tup.tsinghua.edu.cn
印 装 者： 涿州汇美亿浓印刷有限公司
经　　销： 全国新华书店
开　　本： 148mm×210mm　　　**印　张：** 25.375　　　**字　数：** 707 千字
版　　次： 2025 年 10 月第 1 版　　　**印　次：** 2025 年 10 月第 1 次印刷
定　　价： 108.00（上、下册）

产品编号：100624-01

目 录

铂金时代（2019—2024 年）

黄金时代

2010
—
2018 年

2010

抢夺船票

一百万美元并不酷，十亿美元才酷！

——电影《社交网络》，2010

你等着一列火车，它会把你带到远方。你明白这列火车会带你去你想去的地方，不过你也心存犹豫。

——电影《盗梦空间》，2010

　　3月14日这一天，青年王自如购买了人生中的第一台 iMac。抱着试探和分享的心态，他在优酷发布了第一期评测视频——iMac 开箱。青涩的王自如蹲在 iMac 的包装盒旁边，细心地讲述着评测内容。但 iMac 并不是此时最性感的科技产品，所有人都知道，iPhone 才是。

　　在二战爆发之前，大英帝国已经占据了世界上最好的那些地方，他们唯一关心的是守住这些地方。移动互联网浪潮已经到来，原有的霸主不免有些慌乱：已经占据了的好地方，能够守住吗？

　　在这年4月份的百度联盟峰会上，蔡文胜拿着

iPhone 向在场的百度高管提醒："现在 App 的发展你们要关注，以后手机上都是 App 的世界了，谁还用搜索呢？"

事实上，这个提醒不但可以给百度，也可以给任何一家在 PC 互联网时代曾经取得过成功的公司。

当时间拨到 2010 年，每家公司、每个人都明白：技术演变已经走到关键时刻。在上一个时代越成功，成功的肌肉记忆就越深刻，转型就越艰难。这正是经典的"创新者的窘境"。

新时代的气息开始四溢，同样体现在了人们的穿着打扮上。2010 年，沈南鹏将自己标志性的周润发式大背头，换成了清爽的小平头。

在这个移动互联网时代，每一家公司都在标榜更短、更快、更强。每一分、每一秒，都容不得一丝怠慢。大象可以随时倒下，带着尚存的体温。

在 2010 年 Web 2.0 峰会上，所有人都在谈论移动互联网。"互联网女皇"、前摩根士丹利董事总经理玛丽·米克尔[①] 发布报告称，移动互联网当下的发展速度是 1994 年网景公司诞生时传统互联网发展速度的 8 倍。

2010 年，《连线》杂志发表了一篇名为《Web 已死 -Internet 永生》的文章，预测在移动互联网时代，新的基于 App 的网络应用将会取代传统的 Web 方式。

来自苹果公司的数据证明了这一结论。在 2009 年，仅苹果 iTunes 的移动应用下载量就达到了 30 亿次，更惊人的是，这一数据在 2010 年激增 2.7 倍，达到 82 亿次。

说到苹果，在 2010 年，几乎地球上的每一个人，都想要一台 iPhone。

中国的运营商们，更加激烈地争夺 iPhone 这块"大蛋糕"。

这年 6 月 8 日，苹果正式发布了黑色版本的 iPhone 4，同时还发布了 8G 版黑色 iPhone 3GS。继中国移动推出 iPhone 4 免费剪卡服务之后，中国联通决定，自当年的 12 月 1 日起，联通将实现 iPhone 4 机卡匹配。

---

① Mary Meeker。

联通湖南分公司甚至发给了客户一首打油诗：

iPhone 装上移动卡，无疑当今一大傻。

奔驰开上机耕道，牛粪上面缀鲜花。

宝马配上骡子鞍，貂蝉睡上老朽榻。

劝您珍惜苹果机，勿把至尊来糟蹋。

同样在这年夏天，韩寒为凡客所代言的一组广告的广告词"凡客体"开始走红：

"爱网络，爱自由，爱晚起，爱夜间大排档，爱赛车，也爱29块的T-SHIRT，我不是什么旗手，不是谁的代言，我是韩寒，我只代表我自己。我和你一样，我是凡客。"

图 17-1　韩寒凡客广告

这年 10 月，2010 年北京新春音乐会上歌曲《忐忑》的视频被网友传到网上，视频中无实际含义的咿呀演唱，和龚琳娜演唱时夸张搞笑的表情，使得该曲在网络上迅速传播，并被网友封为"神曲"。

2010 年就这样开始了，巨头们如履薄冰，新秀们野心勃勃。每个人虽然都很"忐忑"，但也都知道，哪怕看到一点新浪潮到来的痕迹，就必须开始升级自己的战舰，为自己的船员预警到位。

扎克伯格的年度挑战：学习中文

2010 年，Facebook 活跃用户达到 4 亿，超过了当时的美国人口。这年 2 月 2 日，Facebook 的市值正式超越雅虎，成为全球第三大网站。这一年，《时代》杂志年度人物是马克·扎克伯格。贝佐斯创业 6 年当选《时代》年度人物，扎克伯格同样用了 6 年。

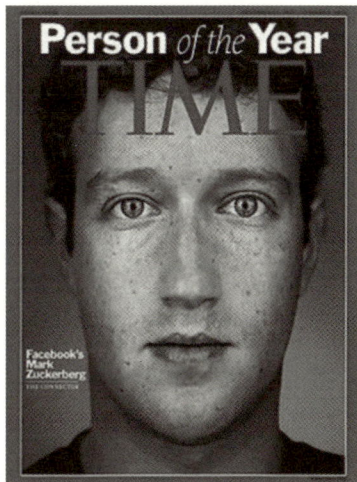

图 17-2　扎克伯格当选《时代》杂志年度人物

但扎克伯格的野心远远不止于此，他尝试着去征服更多的"互联网领土"。

扎克伯格为自己设计的 2010 年的年度任务是：挑战学中文。扎克伯格解释自己学习中文的原因有三：

第一，我太太是中国人。她在家说中文，她的奶奶只说中文。我想要跟她们说话。

第二，中国是伟大的国家，所以我想学。

第三，普通话很难，我一直说英文，但我喜欢挑战。[①]

扎克伯格唯一没有说的是，中国互联网市场这块蛋糕看起来是如此巨大，又如此美味。

扎克伯格不仅专门请了中文老师为自己上课，还请公司里会说普通话的员工到他的办公室里给他做口语"陪练"。很快，扎克伯格的中文水平就超过了他的妻子。除了注意中国市场，扎克伯格也在密切关注着美国市场出现的社交应用新秀们。

足够的网络带宽，外加便捷的移动手机终端，让随时随地分享有趣的图片，成为了一种可能。

① 马克·扎克伯格，清华大学演讲，2014 年 10 月 22 日。

这年 10 月，一款名为 Instagram 的应用诞生。Instagram 这个名字源自 Instamatic，是柯达从 1963 年便开始销售的一个低价便携傻瓜相机系列的系列名。这个系列十分受欢迎，其最后一款型号直至 1988 年仍在销售。

这款应用，可以让用户用手机拍下照片后，为其添加不同的滤镜效果，再分享至 Instagram 平台上面。Instagram 的一个显著特点是拍摄照片的画幅为正方形，类似宝丽来即时成像相机等复古相机拍摄的效果，而通常移动设备的相机画幅纵横比为 4 ∶ 3 和 16 ∶ 9。

这款应用在上线后，迅速获得了用户们的青睐，到 2010 年 12 月，Instagram 已经拥有了 100 万注册用户。可以想象，扎克伯格在紧密关注着这款应用的数据增长情况。因为智能手机的普及，互联网迎来了互联网泡沫之后最好的发展时期。[①]

此时的世界与中国

6 月 11 日，第 19 届世界杯正式开幕。这届世界杯在南非的 10 个城市举行，也是世界杯首次在非洲举行。最终，在当时时间 7 月 11 日这天的夜晚，西班牙国家男子足球队获得了冠军。

2010 年，中国 GDP 超过日本，成为全球第二。中国人在面对世界时，表现得更加自信和开放。

这两年，有两本书卖得不错。一本是 2009 年出版的论文集《中国不高兴：大时代、大目标及我们的内忧外患》，另一本则是 2010 年出版的《中国梦：后美国时代的大国思维与战略定位》。

这两本书都极具民族主义色彩，都认为西方远比想象的虚弱，"一些外国人没有醒悟过来，他们没有真正理解中西关系的力量对比正在发

---

① 方兴东、钟祥铭、彭筱军：《全球互联网 50 年：发展阶段与演进逻辑》，《新闻记者》，2019 年第 7 期。

生变化"。这种观点认为，中国应摆脱自我怀疑和被动应对，放弃渐进主义，通过"大目标"来重拾历史使命感。

2010 年开展的第六次全国人口普查显示，此时全国总人口为 1 339 724 852 人。与 2000 年第五次全国人口普查相比，十年间增加 7390 万人 [①]。

在人口结构方面，数据表明，中国人口增长已处于低生育水平阶段，而老龄化进程在加快。和 2000 年第五次全国人口普查相比：

0 ～ 14 岁人口的比重下降 6.29 个百分点；

15 ～ 59 岁人口的比重上升 3.36 个百分点；

60 岁及以上人口的比重上升 2.93 个百分点，占全国总人口的 13.26%；

65 岁及以上人口的比重上升 1.91 个百分点。

《华尔街日报》在题为《中国人口迅速老龄》的报道中写道：中国正在加速的老龄化进程会拖累活力四射的中国经济。劳动力总量的缩减可能会让未来的中国走向"制造业蓬勃发展"的反方向，并给薪酬支付带来压力，进一步导致通胀率上涨。

文中还引述了清华 - 布鲁金斯公共政策研究中心主任王丰的观点，称中国人口增长并不均衡，越来越低的人口增长率会使得中国经济发展的引擎——劳动力总量受到影响。"目前中国 14 岁以下的人口只有 16.6%，而 10 年前，这一数字是 23%。老龄化的问题使得中国未来工人的储备显出不足态势。"

同样的担忧也出现在美国媒体的报道中。在一篇题为《人口报告：中国会在变富前变老》的文章中，作者评论："在这个世界上人口最多的国家里，儿童的数量在急剧减少，但领退休金的人却在急剧增加。"

另一方面，中国城镇人口比重大幅上升。居住在城镇的人口比例达到 49.68%，和 2000 年相比，城镇人口比重上升了 13.46 个百分点。此

---

① 0.57% 的年平均增长率要比 1990 年到 2000 年的年平均增长率 1.07% 下降了 0.5 个百分点。

外，伴随着经济的活跃，中国流动人口大量增加，流动人口增加了近
11 700 万人，增长 81.03%。

在英国《卫报》看来，中国这个当时世界上人口最多的国家，正处
于成为城镇化国家的边缘。文章引用了两组反差鲜明的数据：30 年前，
中国刚刚改革开放时，居住在城市的人口只有 20%；而 2010 年这个数
字竟然已经翻了一番还多，接近 49.7%。

除了城镇化的加速，中国内部市场也在实现全面一体化。2010 年，
深圳经济特区的范围将扩大到深圳全市，撤除 30 年来的铁丝网、边防
检查站，废除边防证，人们自由畅行无阻，经济体制统一[1]。

特斯拉开始打造线下体验店

按照美国纽约证券交易所规定，企业在纳斯达克申请挂牌上市，条
件极其宽松，只要美国股民认为这是一家有潜力、有发展前途的公司，
有人愿意购买该公司的股票达到一定数量，便可上市，反之则退市。也
正因如此，尽管特斯拉一直处于亏损之中，但依然在 2010 年成功完成
IPO（首次公开募股），筹集 2 亿多美元资金，用于扩产和开发新车型，
以及开拓线下门店。

2010 年的一天，已经从苹果退休的乔治·布兰肯希普[2]收到了一封
邮件："乔治，埃隆·马斯克想和你聊聊，看到给我打电话吧。"这位乔
治，曾经帮助乔布斯设计了苹果线下门店，并把苹果门店拓展到了全世
界。但他一开始以为这是一封垃圾邮件，就删掉了。最后，马斯克直接
打电话过来，并正式邀请他加入特斯拉。

如果你曾经逛过特斯拉的线下体验店，一定会觉得和苹果门店很

---

[1] 深圳人现在还经常说的"关内关外"就是那个时候解除了分隔，从此真正做到关内关
外一个样。
[2] George Blankenship。

像。这正是马斯克所招募的这位乔治的功劳。客户在特斯拉体验中心不会被销售强推，而是可以自由地了解特斯拉汽车的细节，以及进行试驾。

因为电动汽车不靠卖配件和服务赚钱，特斯拉拒绝了传统4S代理经销模式，而是采取直销模式。直销模式的好处是：一方面，特斯拉可以管控服务质量，并能及时掌握用户数据；另一方面，消费者也能够简化购买流程，享受公平透明的消费，还能够定制生产，让自己的车辆拥有足够的个性。

特斯拉的线下体验店提供标准化、专业化的体验服务，不以成交为目的。线上购买明码标价，可以让消费者公平、透明消费。特斯拉采用接单生产制，按照用户需求生产和交付。

店内工作人员是"产品专家"的角色，不问客户预算和车型，只讲解电动汽车和特斯拉的相关知识。特斯拉通过每一位在线下门店的产品专家，直接绕过所有中间商，与客户对话。产品专家们可以面对面地告诉心存疑虑的客户：要花多少钱充电、如何充电。

特斯拉用D2C模式，打造线下体验＋线上支付的购车全流程，用更短更直接的方式接触用户，让用户沉浸式地体验特斯拉的文化背景和产品魅力。可以说，这与苹果的Apple Store异曲同工。

雷军为新公司筹建团队

所有的伟大，都源自一个勇敢的开始。

2010年1月8日，雷军、林斌、黎万强等11人聚集在北京市海淀区学院路逐鹿茶楼的玄德厅讨论未来公司的名字。雷军提议可叫"玄德科技"，手机就叫"玄德手机"，或者简称"炫手机"。还有人建议公司叫红星公司，手机可叫"红星手机"。

此时国内的手机市场主要有三种类型公司：以诺基亚、摩托罗拉和三星为代表的国际巨头，以国产手机"中华酷联"为代表的本土大公司，此外是无数生产奇形怪状手机的山寨厂商。雷军认为，如果以互联网的方式切入，将软硬件与互联网充分结合，或许是一个可实现突破的路径。

雷军本身，就是一个狂热的手机发烧友，他的背包里面永远塞满了各种型号的手机。2008 年 10 月，第一部安卓（Android）手机发布时，雷军还特意去香港买了一部。

Google 中国研究院的副院长林斌此时正在考虑从微软跳出做一家在线音乐公司。雷军约林斌出来聊一聊，两个人打开书包，每个人都拿出来了四五台手机摆成一排开始讨论。餐厅的服务员忍不住小声嘟囔："你们是卖手机的吧。"

雷军在餐巾纸上将"铁人三项"的图画给林斌看："别做了，跟我一起干点大事。"林斌没有犹豫，他成为这家新公司的第二号员工。

黎万强是雷军在金山的老部下，曾一手组建了金山的用户体验和设计团队。此时黎万强正计划离开金山做一家专门做商业摄影的机构。在听完黎万强的摄影棚计划后，雷军很干脆地说："别扯淡了，跟我干吧。"

这么容易就拿下林斌和黎万强，雷军很兴奋。他再接再厉连续找了 10 位 Google 人沟通，却均告失败。第 11 位名面试者叫洪锋。沟通过程让雷军感觉其实自己才是面试者。

洪锋："你做过手机吗？"雷军："没做过。"

洪锋："你认识中移动老总王建宙吗？"雷军："不认识。"

洪锋："你认识郭台铭吗？"雷军："郭台铭？我认识他，他不认识我。"

在连续接了"三刀"后，雷军鼓起勇气继续与这位 Google 的工程师"尬聊"，越聊越没信心。

聊到最后，洪锋总结道："这事听起来，不靠谱……不过，可以试试。"

实际上，为了拉起一支有战斗力的队伍，雷军在 2010 年将 80% 的时间用来和人喝咖啡。雷军认为找人不是"三顾茅庐"，找人要"三十次顾茅庐"。

4月的北京乍暖还寒。4月6日这一天，雷军特意穿了一件厚实的皮衣夹克。在北京保福寺桥边银谷大厦里一间很小的办公室中，雷军带着他的合伙人们一起每人喝了一碗小米粥，开始"闹革命"。这群来自金山、Google、微软的互联网企业高管们誓言在手机这个行业掀起巨浪。不懂硬件的这支队伍，尝试首先在安卓开源操作系统的基础上搭建一个适合中国用户的简易系统。

图 17-3　小米创始团队一起喝小米粥

此时安卓系统刚起步，小米团队是国内最早一批做安卓的。但操作系统毕竟是操作系统，工程量相当庞大，不是十来个人的小团队可以搞定的。小米决定，先把最常用的功能做好就够了。就是打电话、发短信、通讯录，还有桌面。这是智能手机当时最重要的四个功能。

仅仅两个月后，MIUI 系统第一版就真的做好了。小米建了一个论坛，招募志愿者来"刷机"。在最开始，有 100 位用户愿意冒着风险刷 MIUI。为了感谢这"100 位梦想的赞助商"，小米把他们的名字写在了启动界面上。

8 月 16 日，MIUI 第一版正式发布了。刚开始，用户量少得惊人，但口碑超好。小米没有做任何推广，第二周用户就翻了一番到 200 人，第三周再翻一番，400 人，第四周再翻一番，800 人。MIUI 真正火起来，是在发布一个月后。9 月 20 日，在国际著名的技术论坛 XDA 上，有位"大神"热情推荐了 MIUI："有人听说过这个 ROM（系统软件包）吗？

我这辈子从未见过这么疯狂的 ROM……它运行起来又快又流畅，界面全部重新设计了，这太不可思议了！"[①]

　　实际上最初的 100 名核心用户都是顶尖的手机玩家，是引爆市场的关键角色。雷军实际上计划将 MIUI 打造成为手机操作系统中的维基百科，实现人人皆可参与。

　　在刚开始创办小米时，已年满 40 岁的雷军由于担心失败，在前期一年多的时间一直不愿意走向台前。雷军后来回忆自己如何从幕后走向了台前：

　　"在小米发布手机之前，我们一直处在秘密创业状态，一方面是为了让自己和团队少点负担，毕竟我太清楚创业的难度了，创业本身就是九死一生，如果失败了，我们就悄悄地把公司关掉散伙；另一方面也是为了测试，不依赖任何外部资源，我们纯靠产品能做到什么程度，所以当 MIUI 发布甚至走红时，外部并不知道是雷军创办的公司做的。

　　"但这个状态只计划维持到手机发布前。由我来发布第一代小米手机，我有完全的心理准备，因为这是必然的。我们小米的初创团队有非常强的参与感，很多同事肯减薪来到小米，就是有承担创业风险的觉悟。公司成立早期，我们允许员工购买一定量公司的股票。那时我想说这个钱我全部兜底，万一不成，不让大家蒙受损失，但一位联合创始人马上就制止了我，说一旦我这么干，大家就不当真了，就没有创业的心态了。如果我不走到台前，继续隐身在幕后，怎么给大家做一个我们是在真正创业的表率呢？我是一个真正的创业者，不是投资人，不是幕后老板，当然就要走到台前。"

Google 退出中国内地市场

　　北京时间 2010 年 1 月 13 日凌晨，Google 宣布，不愿再审查中国内

[①] 雷军，小米十周年，公开演讲，2020 年 8 月 11 日。

地 Google.cn 上的搜索结果，考虑关闭 Google 中国办事处，影响深远的 Google 退出中国内地事件就此拉开帷幕。

北京时间 3 月 23 日凌晨 3 时 03 分，Google 借黑客攻击问题指责中国，宣布停止对 Google 中国搜索服务的"过滤审查"，并将搜索服务由中国内地转至中国香港，Google 正式退出中国内地。

而就在 Google 高调发出声明一周之后的 1 月 21 日，希拉里在华盛顿的新闻博物馆发表 45 分钟的"网络自由"外交政策演讲，强调"网络自由"在美国政策中的优先级，希拉里极力推行网络外交，以便把美国的声音向世界各地更多民众、企业和机构传递。

2000 年 Google 推出中文版本后，曾一度在中国市场领先，但到了 2005 年，百度的中国市场份额高达 60.7%，而 Google 只有 20.3%。2010 年 Google 份额更是下跌至 11.1%。Google 退出中国内地，让中文搜索一跃进入了百度"垄断"时代。

伴随着 Google 的退出，其他中国互联网公司对搜索引擎这块大蛋糕跃跃欲试。其中最让人印象深刻的，或许是"人民搜索"。

12 月 20 日，人民搜索新闻搜索 1.0 版正式上线。时任人民日报社社长张研农在上线仪式上表示："在世界各国纷纷将互联网上升为国家战略的今天，在 Google 等互联网巨头称雄全球的今天，在国外企业主导信息产业规则制定权的今天，在商业搜索引擎追逐利益良莠不齐的今天，我们必须抢占搜索引擎这一产业制高点，举起搜索引擎这一信息海洋中的灯塔，以拥有自主知识产权的技术利器维护国家权益，给 4.2 亿中国网民提供绿色安全的互联网环境。"[1]

"人民搜索"由前乒乓球世界冠军邓亚萍领军。从 1990 年至 1997 年，邓亚萍一直占据着国际乒联世界女子排行榜第一的位置。早期的邓亚萍打球时有一句口头禅："漂亮！"1997 年退役后的邓亚萍开启了求学之路。她先后在清华大学、英国诺丁汉大学和剑桥大学求学，一直读到 2008 年博士毕业。1973 年出生的邓亚萍可谓真正的人生赢家。

内外交困的企鹅，却催生出微信

　　这一年，腾讯 QQ 最高同时在线用户数突破 1 亿。在摩根士丹利发布的 2010 年度"互联网趋势"报告中，腾讯成为唯一一家被屡次提及的中国企业。在创新能力一项上，腾讯排在苹果、Google 和亚马逊之后，位列第四，入选的原因是"QQ 在虚拟物品销售和管理能力上的巨大成功"。但腾讯的焦虑感，却从来没有像这一年这么高过。

　　7 月，《计算机世界》刊登了一篇题为《"狗日的"腾讯》的封面头条文章。这篇文章开篇即引用了美团王兴的质疑："有什么业务是腾讯不做的吗？"就在 2009 年腾讯成为世界第三大互联网公司时，美国主流媒体形容它时用了"伟大"这个词，回到国内，却享受"狗日的"待遇。耐人寻味。①

图 17-4　计算机世界有关腾讯的封面

---

① "狗日的"腾讯专题，和讯科技，https://tech.hexun.com/2010/20100726qq。

在内部，此时，腾讯自己的 QQ 发展遇到"移动互联网时代该走向何方"的讨论。时任腾讯社交网络事业群的负责人汤道生坦言："QQ 已到了一个关键时刻，移动互联网并非 PC 端的补充，而可能是颠覆。QQ 如果不自我变革，适应'随时随地'的特征，就会被用户抛弃。"

在外部，面对新浪微博的快速增长，以及其显而易见的全民影响力，马化腾的焦虑与日俱增。

在舆论场，这篇《"狗日的"腾讯》更是火上浇油，让腾讯的几乎每个人都有些坐立不安。

10 月 19 日，在 App Store 和 Android Market 上出现了一款名为 kik 的跨平台即时通信软件。这款软件功能简单到极致，可在本地通信录与联系人建立连接，实现免费短信聊天。kik 在上线之后的 15 日之内，吸引了 100 万使用者。在注册 kik 账号过程中，用户需要输入电话号码和邮箱地址，这些个人信息会传送至 kik 服务器端。后台系统会在数据库中，自动检索用户通信录中的哪些人同样安装了 kik 并进行匹配，之后向用户推送提示，询问其是否愿意与这些联系人成为 kik 上的好友。

当 kik 出现时，张小龙隐隐意识到这里有一个机会。这个机会不是 kik 的产品本身，而是张小龙当时开始用智能手机，但很多基于 PC 的产品或者短信都不能实现很好的沟通体验。张小龙开始希望给自己或者少数人做一个基于智能手机的沟通工具。

深秋深夜的广州也能让人感受到一些寒意。在一间烟雾弥漫的办公室，张小龙正掐着烟头瘫坐在屏幕前，思考着一些漫无边际的事情。一般这个时间点，是他思维最活跃的时刻。他最近正在深度体验 kik 这款软件，甚至有些迷恋。他脑中的一个想法也越来越清晰起来："移动互联网将来会有一种新的 IM（即时通信），而这种新的 IM 很可能会对 QQ 造成很大威胁。"

将烟头掐灭，他活动了下手指，用鼠标点开邮箱，开始给马化腾写邮件。在邮件中，张小龙简明扼要地向马化腾建议腾讯做这一块业务。张小龙默默写下邮件，点击发送键的那一刻，他并未意识到自己将开启一个新时代。

几分钟过去，张小龙就收到了马化腾的回复："马上就做。""整个过程起点就是一两个小时，突然搭错了一个神经，写了这个邮件，就开始了。"张小龙这样回忆。

马化腾知道，纯粹的手机社交软件与传统的基于 PC 端手机端混搭的社交软件相比有着本质的区别。事实上，马化腾决定腾讯三组人马同时"马上就做"，产品都取名为"微信"。谁真正跑出来就算谁的，生死存亡时刻已顾不了太多。

2010 年 11 月 19 日，微信项目正式启动。团队基本来自广州研发部的 QQ 邮箱团队。开发就在一间会议室里进行。张小龙麾下刚好有一个团队在做 QQ 邮箱手机客户端，所以刚好凑了 10 个人的团队开始做微信。包括后台开发人员，3 个手机平台的前端开发人员，还有 UI 设计师，加张小龙自己带的一个产品毕业生，就 10 个人。经过两个月的时间，做出了第一个版本[①]。

高强度研发的 1 个月时间，每天凌晨 3 点到 5 点，包括马化腾、张小龙、张志东在内的腾讯高管都在微信群中讨论微信应该如何改进，沟通随后的产品战略。马化腾后来感慨这段时光是"生死时速"。最高层的深度参与，让腾讯集团的核心资源快速向微信聚拢。张小龙后来感慨：

"我很感谢自己的经历，从 PC 时代自己一个人做 Foxmail，到做 QQ 邮箱，到手机时代做微信，因为经历了太多的产品，以至于从骨子里知道什么是好的产品、什么是不好的产品，可能因此能从直觉上就遵守一些底线吧。"

"可能很多人都听过这个故事，当时我写了一封邮件给 Pony（马化腾），开启了微信这个项目。……想到那封邮件，我时不时会觉得有点后怕，如果那个晚上我没有发这封邮件，而是跑去打桌球去了，可能就没有微信这个产品了，或者是公司另一个团队做的另一个微信。我发现

---

① 另一组在成都的开发团队差了一个月。

很多想法是突如其来的，或者说是上帝编好程序，在合适的时候放到你的脑袋中的。"①

在微信上线前的一年，张小龙带领团队把 QQ 邮箱做到了中国市场第一。在邮箱这个产品上，张小龙还做过漂流瓶、阅读空间等功能尝试。包括订阅号、朋友圈在内的诸多微信功能都可以从 QQ 邮箱上找到影子。

张小龙坚持认为，如果一个新产品没有获得一个自然的增长曲线，就不应该去推广它。因此在微信推出的前 5 个月中，腾讯并没有进行规模推广。张小龙想了解微信这样一个产品对于普通用户是否构成吸引力。"从微信 2.0 开始的时候，我们看到了曲线，有了一个增长，虽然它还不是很快增长，但是它是自然往上走的。这个时候我们就知道，可以去推它了。"

"我们当时特别庆幸做了几个很正确的决定，第一我们没有批量导入某一批好友，而是通过用户手动一个一个挑选。第二在一个产品还没有被验证是能够产生自然增长的时候，我们没有去推广它，把这两个事情做对，虽然这个时间会花得长一点，但是这样使得它真正开始起飞的时候，它是很健康的。"

张小龙认为微信的原动力有二。第一是"坚持做一个好的、与时俱进的工具"；第二是"让创造价值的人体现价值"。

张小龙默默写下邮件，点击发送键的那一刻，开启了一个新时代。这封邮件也把张小龙推上了中国互联网历史的神坛。

"火星撞地球"，"3Q 大战"一触即发

当 2005 年参加"西湖论剑"，周鸿祎第一次见到马化腾时，曾笑谈马化腾看起来"不够成熟"。到了 2010 年，腾讯 QQ 和奇虎 360，已经

---

① 张小龙，2019 年微信公开课，2019 年 1 月 9 日。

成为中国最大的两个客户端软件。

两个人都不会想到，就在 5 年后，两人以及背后的两家公司，将爆发一场"终极对决"。其猛烈程度，就如同两个黑洞碰撞在一起一般，这就是"3Q 大战。"

9 月 22 日这天，正值中秋节，周鸿祎邀请李开复和创新工场的核心员工去北京郊区的一个真人 CS 游戏场馆一起玩真人 CS。

周鸿祎玩得兴起，直到一名员工发来的一条信息，打断了他的兴致：腾讯推出了一款与 360 产品构成竞品的安全软件，腾讯把这款软件自动安装在了几乎所有安装了 QQ 的计算机上。

敏感的周鸿祎马上意识到，腾讯这个举动直接事关 360 公司的生死。周鸿祎当场拨通马化腾的电话，希望腾讯能停止强制安装。

马化腾"不太成熟"地拒绝了周鸿祎。沟通无效后，周鸿祎立刻召集身边的团队赶回公司总部，制订反击策略。

王小川曾经这样评价周鸿祎："只要在和敌人打架的时候，他的战斗力就会乘以十"。活下去的欲望，激发了周鸿祎的全部战斗欲。

五天后，360 推出了一款新的隐私保护软件"360 隐私保护器"，当用户开启使用腾讯 QQ，软件就会发出严重的安全警告，这些警告虽然可能不是基于真正的数据安全威胁而发的，但能够有效影响到腾讯这家大公司。

10 月 29 日这一天是马化腾的 39 岁生日。马化腾计划从繁杂的工作中抽出一天稍作休息。他本计划在香港度过这一天。但就在这一天，周鸿祎推出了一款声称可以有效过滤 QQ 所有广告的安全软件"扣扣保镖"，这等于是扼杀了腾讯 QQ 的主要收入来源。没过好中秋节的周鸿祎，用这种方式回击了马化腾。

过了几天，周鸿祎在前往公司途中，接到了一通电话：有 30 多名警察到 360 总部搜查，正等着周鸿祎过来，准备拘留审问他。周鸿祎认为这是腾讯举报的结果，于是他直接开车前往机场，飞到香港拟定下一步的对策。

到了 11 月 3 日，腾讯投下了另一颗"核弹"：腾讯要求用户做出选择，即著名的"二选一"，任何安装 360 软件的电脑都将无法使用 QQ。两家公司彼此杀红了眼，它们的战场是全中国用户的电脑。同一天晚上，360 呼吁用户罢用 QQ 三天，抗议腾讯 QQ 对用户的不尊重与强迫行为。

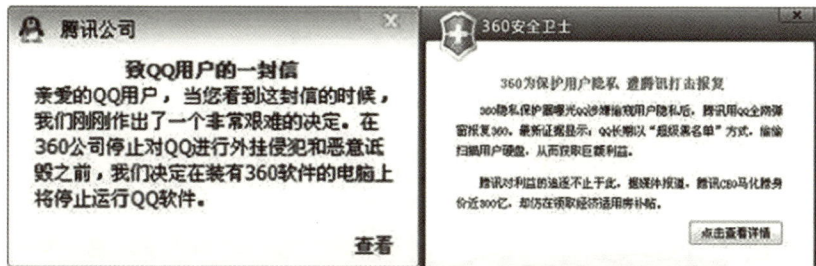

图 17-5　腾讯"一个艰难的决定"与 360"遭腾讯打击报复"

腾讯公关人员泪洒媒体发布会，表示："这是腾讯公司成立十二年，经过的最惨烈的战役。昨天晚上腾讯公司的一万多名员工，从 CEO 一直到最基层的员工彻夜不眠。"

这样明显让用户为难，使得官方很快下场介入，要求这两家杀到血流成河的公司停止纷争。[①]

周鸿祎创办了好几家公司，这些公司在早期中国互联网行业都是最成功的。他第一次创办的公司卖给了雅虎，自己同时出任了雅虎中国的总裁。但他经常与硅谷的雅虎总部高层爆发冲突。据传，他曾经在激烈争吵中，把一张椅子甩出办公室窗外。[②]

11 月 21 日，在工业和信息化部、中央网络安全和信息化委员会办公室的协调下，腾讯与 360 达成和解，不再互相封杀对方的软件。

360 和周鸿祎一战成名，周鸿祎"红衣大炮"的战斗形象传遍江湖。腾讯经此一役声誉大伤。

在这年 11 月 11 日举办的年会结束后，马化腾向腾讯全体员工发了

---

① 李开复：《AI·未来》，浙江人民出版社，2018 年 9 月。
② 李开复：《AI·未来》，浙江人民出版社，2018 年 9 月。

一封信，信中描述了自己对"3Q 大战"的想法，并重点呼吁全员放下愤怒情绪，继续对用户保持敬畏之心，并承诺未来腾讯业务将更加开放、更加注重分享、注重产业链和谐。马化腾写道：

让我们放下愤怒。

这段时间来，一种同仇敌忾的情绪在公司内部发酵，很多人都把360 公司认定为敌人。但古往今来的历史告诉我们，被愤怒烧掉的只可能是自己。如果没有 360 的发难，我们不会有这么多的痛苦，也不会有这么多的反思，因此也就没有今天这么多的感悟。或许未来有一天，当我们走上一个新的高度时，要感谢今天的对手给予我们的磨砺。

让我们保持敬畏。

过去，我们总在思考什么是对的。但是现在，我们更多地想一想什么是能被认同的。过去，我们在追求用户价值的同时，也享受奔向成功的速度和激情。但是现在，我们要在文化中更多地植入对公众、对行业、对未来的敬畏。

让我们打开未来之门。

政府部门的及时介入，使得几亿 QQ 用户免受安全困扰。现在是我们结束这场纷争，打开未来之门的时候。此刻我们站在另一个十二年的起点上。这一刻，也是我们抓住时机，完成一次蜕变的机会。

也许今天我还不能向大家断言会有哪些变化，但我们将尝试在腾讯未来的发展中注入更多开放、分享的元素。我们将会更加积极推动平台开放，关注产业链的和谐，因为腾讯的梦想不是让自己变成最强、最大的公司，而是最受人尊重的公司。让我们一起怀着谦卑之心，以更好的产品和服务回馈用户，以更开放的心态建设下一个十二年的腾讯！

多年后，周鸿祎曾被问："你觉得谁才是'3Q 大战'最后的赢家？"周鸿祎回应："双方都赢了，我们两家企业都具备超强的反脆弱能力。"

年度人物：微博

5 月 29 日，《华侨大学报》主编赵小波发了一条新浪微博，测试其能走多远，他欢迎有兴趣的网民转发并标明所在地。经过 13 小时 23 分，该条微博转发数突破 1.6 万条，除中国外，还传播到美、澳、英、韩、日等十余个国家和地区。新浪微博一时间成为信息传播最快、最广的网络平台。

事实上，2010 年上半年，几乎每一家巨头公司，都盯上微博生意。3 月，腾讯微博、网易微博上线，4 月，搜狐也上线搜狐微博。但新浪微博很快收割了市场。在 2010 年，新浪微微博注册用户数突破了 1 亿。

12 月 24 日，《南方人物》周刊按惯例公布"年度人物"，它把 2010 年的这个荣誉给了"微博客"。尽管微博的兴起与娱乐明星的参与密不可分，然而，它的大众化则有赖于各阶层的集体卷入。越来越多的年轻人开通了自己的微博，在这里表达他们对生活中的公共事务的看法；企业在微博上重建自己的品牌阵地；甚至，官办媒体和各级政府部门都把微博当成新的传播和政务公开的窗口。全民性的参与，使得微博成为中国最热烈的舆论广场。

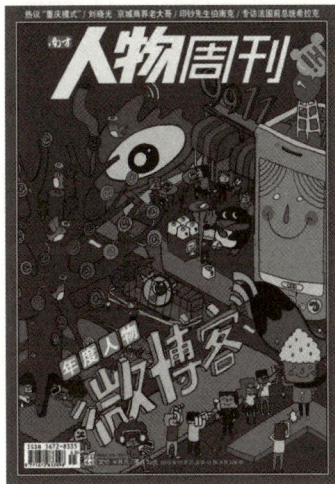

图 17-6　微博荣获"年度人物"

《南方人物》周刊认为，微博的现实，就是中国社会的写实，"在一个个喊冤求助的帖子背后，是渴求解决问题的心；在一条条带着强烈情绪发泄的微博后面，是无数压抑已久的灵魂；在名人的打情骂俏里面，透露的是名利场的百态。这分明就是一个微缩的社会图景"。

到 2010 年的 10 月底，新浪微博的注册用户突破 5000 万人，在声望上达到了巅峰时刻。"围观改变了中国,"《新周刊》在这年第 3 期的封面报道中写道,"一个人分享了一个观点,更多人看到之后继续分享给其他人。通过这样不断地分享,就可以实现群体决定。这跟水滴聚集成云的过程相似"

中国互联网协会发布的 2010 中国网民行为调研报告显示,以新浪、腾讯为代表的微博服务于 2009 年底推出,短短 1 年时间国内用户就超过 1 亿人。新浪微博的用户渗透率就高达 73.7%,排在第二的腾讯微博也达到 56.6%,呈现出强劲的增长劲头,微博"上墙""求上墙"成为网络流行语。

马云：银行没做好，我们替它做好

2010 年,马云开始在阿里巴巴内部推动合伙人制度的建设。成为阿里巴巴合伙人需要满足以下几个条件:在阿里巴巴工作五年以上,具备优秀的领导能力,高度认同公司文化,对公司发展有积极性贡献,愿意为公司文化和使命传承竭尽全力。蔡崇信曾就合伙人制度解释:"不少优秀公司在创始人离开后,迅速衰落,但同样也有不少成功创始人犯下致命的错误。我们最终设定的机制,就是用合伙人取代创始人。道理非常简单:一群志同道合的合伙人,比一两个创始人更有可能把优秀的文化持久地传承,发扬。"

2010 年,人民银行出台了《非金融机构支付服务管理办法》(2 号令),有外资背景的阿里巴巴无法持有支付牌照。马云团队分两次将支付宝的资产从阿里巴巴集团剥离出来。这次行动让马云长期备受质疑。

在 12 月份的中国企业领袖年会上,招商银行马蔚华问马云:"这几年第三方支付风起云涌,支付宝就是最火的,你是如何看待这个隐忧呢?如何看待将来这个市场划分呢?如何看待我们兄弟之间的友情呢?"

马云回答："银行没办好的事情我们替银行办好，我做支付宝绝对不是为了恨银行，我感谢银行，银行做了很多的努力，但银行没有做它该做的事情。这块业务本来应该是银行做，银行没做好。我们替它做好。即便没有马云，也会有李云、张云来做。"

和其他绝大多数中国科技互联网创始人相比，马云拥有着超越常人的长远战略眼光。马云2010年12月26日在上海市浙江商会年会曾这样解释："很多人说阿里巴巴现在做得真不错，其实我们做得一般；如果说做得不错，是因为我们10年前做的决定，这10年来没有停止过对目标的追求。今天的阿里巴巴是10年前做的，10年后的阿里巴巴是今天做的。做企业一定要去想10年后市场会变成怎么样，从现在开始坚定不移地努力。假如你现在还忙着今天、明天的事，那企业会越来越难做。"

如果说，1999年是中国电商元年，2007年是中国电商成长年，那么2010年，就是中国电商爆发年。

2010年，大量团购网站出现，尤其以2010年3月美团成立为标志。老百姓衣食住行四大刚需场景：衣，有淘宝；食，有团购；住，有如家这样的快捷酒店，也有58同城的租房二手房黄页广告聚焦房产行业大战；行，有携程、艺龙、同程、去哪儿。

2010年，淘宝第二届"双十一"引爆了市场，交易额为9.36亿元，总计有711家品牌参与。

京东、当当的图书之战

在京东准备了近一年的图书频道上线当天，当当网举办全场图书买100返20的大促销，剑指京东。随即，京东开始反击，促销力度节节攀升。图书采购账期通常是3～6个月，为了能拿到更好的资源，京东部分图书采用现金结账的方式。为此，刘强东拨给图书部门1亿元专项采购资金①，并宣称：如果图书音像部门 3 年内赚了一分钱的毛利，或者 5 年内赚了一分钱的净利，全部开除！②

面对这样一个财大气粗的对手，当当网总裁李国庆很不服气，他宣称："如果京东能拿到十倍于我的 30 亿美元融资，我就缴械投降。"3 天后，刘强东夜里用微博回应说："本想忍住不说！可是实在难受。遇到十倍于自己的对手就缴枪绝非创业者该有的精神！用 3000 万干掉 3 个亿的企业，才是创业者该有的追求和气质！终于可以洗洗睡了！"

这一年，因为一场偶遇，刘强东的京东收到了来自高瓴资本的投资邀约。

这年 3、4 月份，老虎基金邀请刘强东去参加一个会议。在刘强东演讲时，台下一位听众颇为着迷，他就是高瓴资本创始人兼总裁张磊。事后，张磊邀请刘强东去自己的公司参观。在公司，双方开门见山，直接谈定融资额。刘强东一开始只要 7500 万美元，但高磊经过计算后认为，只有投资 3 亿美元，才能够真正帮助京东走向成功。在刘强东的记忆里："一个月后，他们也投了我们，大概 1.5 亿美金，也是新股，又买了老股。"③

有趣的是，不论是徐新，还是张磊，都在投资京东时，给予了远高于刘强东要求的金额。当然，两家投资机构也因为投资京东最终赚得盆满钵满。以高瓴为例，在投完京东到上市的 4 年里，高瓴的账面回报达到了 13 倍，这笔投资也让张磊一战成名。④

---

① 其后追加到 10 亿。

② 这让人想起马云为了阻击 eBay 的进攻而创建淘宝，最初，他给淘宝团队下的命令正是"三年内不准盈利，否则全部开除"。

③ 王长胜：《京东扩张生死时速：不只是发展而是奔命》，《中国企业家》，2011 年 6 月 28 日。

④ 任倩：《高瓴张磊，再一次打破中国 VC/PE 圈历史》，投资界，2020 年 5 月 1 日，https://www.huxiu.com/article/354075.html。

王兴开启美团创业

王兴很喜欢读书，在他看来，读书就像进入另外一个世界。"我们每个人的人生都非常短暂，看书可以让你体验很多不能经历的事情。"王兴也很享受看电影。他最喜欢的电影是《美国往事》、黑泽明的《七武士》。"我会把 IMDb（互联网电影资料库）的排名前 250 的片子列出来，挨个去看。我不喜欢被电影院的上映计划所左右。"

在短暂的休整之后，王兴带着他的创业班底，开始思考新征程的方向。这年 9 月，王兴做客网易财经时分享了一个金句："清华有一个校训叫'行胜于言'。那我觉得，第一流的是做事，第二流的是评价别人做的事情，而评价别人的评价就成了末流的事情。所以我们还是少做一点末流的事情。"

王兴是一个知行合一的人，他一直是喜欢第一拨吃螃蟹的人之一。他率先推出了中国版的 Facebook 校内网，后来还做了中国版的 Twitter 饭否网。这一次他盯上了"吃喝玩乐"这个行业。

从 2004 年至 2010 年，王兴曾被媒体称为"中国最倒霉的创业者"，他创业 10 多个项目，屡战屡败。创办美团，王兴其实有意避开阿里锋芒。王兴的创业班底在办美团时研究了所有行业。信息行业因为政治风险，王兴不想干了；文化游戏他不喜欢；商务这方面实物电商已经有了阿里巴巴。而虚拟电子商务，也就是服务类电子商务，是他做美团的原因。这个市场是空白的，其所对应的第三产业价值几万亿元。

2010 年，有一段时间，王兴觉得自己有点走火入魔，他走在街道上面，走在商场里看店，这些店在他眼里只有两类：一类是互联网越发展它的生意越好，另一类是互联网越发展它的生意越差。因为有摩尔定律的存在。

王兴下意识思考：如果手机网速快 10 倍，流量便宜 10 倍，屏幕大 10 倍，屏幕色彩鲜艳 10 倍，哪些线下的店会受益，哪些生意会变差？

美团要做的是服务那些商家，跟那些商家合作，未来不管网速多快，互联网都不能代替用户吃肉、剪头发、按摩，所以要合作。①

王兴发现，这是一个非常有意义的创业方向。2013 年 2 月，王兴在公司内部讲话《O2O 是一个数万亿的超级大"蓝海"》中曾这样分析：

为什么美团这个事情是一个非常重要的事情，是一个光荣的事情，我回想大概三年前，当我们刚刚开始做美团的时候，规模还非常小的时候，曾经有媒体的朋友问我："你之前做校内网、做饭否，它是一个社交媒体、社交网络，看起来是不是更能影响信息传播，更有社会意义的事情？做电子商务、做美团也很好，但是不是有一点儿俗了。"

我毫不犹豫地，而且非常理直气壮地告诉他："不俗！虽然美团干的事情是吃喝玩乐，是大家每一天所有人几乎都需要的事情，是非常普通的事情，但是我觉得它一点儿都不俗。因为在我看来，我们干的事情有一个非常重要的意义，那就是我们给消费者提供更多更好更便宜的吃喝玩乐，它背后的含义是我们帮助消费者做更好的选择，给他们更多选择的权利。"

3 月 4 日，王兴正式创立美团。王兴此刻并没有意识到，他将面临中国互联网最惨烈的战场。从 2010 年开始到 2011 年，中国前后出现了数千家团购网站，横跨各行各业。在这一年北京的街道上，普通人很容易看到各类促销人员热情地讲解如何扫码下载 App，下载完成后作为回馈，消费者往往能够带走一箱牛奶或是豆油。

但在王兴看来，一切都可以被学会。有一天晚上美团团队开会开到非常晚，大家讨论了很多内容，最后需要整理一个会议纪要。王兴问助理："会用 visio 工具（流程图制作工具）吗？"助理说："不会，但是我可以学"。王兴对这个答案非常满意："'不会，但是我可以学'这句话有无穷大的力量，可以把各种你没有遇到的问题，不会解决的问题，通过学习来解决。"

美团正是在这种"我可以学"的状态中，持续迭代优化自己的产品

---

① 林军、马晓宁：《王兴管理日志》，浙江大学出版社，2023 年 5 月。

和服务的。

这年 9 月，王兴在做客网易财经时谈道："我们从 2010 年 3 月 4 日上线以来，虽然我觉得我们还有很多地方做得不够完美，磕磕绊绊，但是因为这个市场在那里，非常大，用户需求非常强烈，所以我们发展非常快。而如果你进入一个没有强烈需求的市场的话，你人再聪明，再努力，可能也搞不动。"

王兴的工位面积和普通员工一样，他面前的台式机保持着主人的老习惯，总是开着二十几个浏览器窗口，笔记本电脑开着一张中国地图。他核心关注自己作为 CEO 的三项职责：第一，设定公司目标和总体战略，并确保传达给相关执行者；第二，招募并留住最优秀的人才；第三，确保公司有足够现金。"其他事情都应该找最专业的、最好的人来做。"

在美团创业的第一年，王兴每周工作时长都有一百多个小时。他楼下有理发店，剪头发需要花一个小时。为了节省时间，他买来电动理发器，让妻子给自己剃了个光头，只花了 20 分钟。王兴习惯每晚工作到十二点以后。他大概有 1/3 的时间在关注、研究新事物，他多年的习惯是开上一二十个浏览器窗口查看各种信息，若有值得关注的新动态，就会发给公司里的人看。①

2010 年，中美互联网竞争的条件成熟

王兴曾在饭否表示："商业是这个社会的主体力量。前 1000 年宗教是主体力量，民族国家之后是政治力量，目前世界大潮是商业的力量；每一个用户每一次花钱都是在投票，在选择他想要一个怎样的世界。"

如果跳出时空限制回看，中国在 2010 年，确实同时具备了此前美国市场所独有的人才、技术、资本和市场。

人才方面，中国 2009 年、2010 年均有 600 万大学毕业生进入市场。

---

① 李志刚：《关于王兴，看看这篇万字长文就够了》，新经济 100 人，2015 年 10 月 8 日。

这还未计算从海外归来的留学生群体，以及部分自学成才的奇人。

技术方面，以 BAT 为代表的互联网公司的生态内外，聚合了一大批精通互联网技术的人才。

资本方面，同样成立于 2005 年的红杉中国与高瓴资本羽翼渐丰，在新时期如鲨鱼般寻觅着真正的大鱼。

市场方面，中国网民数量相当于美国的总人口数量。根据 CNNIC 数据，2009 年底，中国网民数量达到 3.84 亿人，同比增长 28.9%。

移动互联网大潮呼之欲来。随便眺望 2010 年中国互联网任何一个狭小的市场空间，里面都正在发生惨烈的巷战。"互联网女皇"、前摩根士丹利董事总经理玛丽·米克尔在 2010 年的 Web 2.0 峰会上发布报告称，移动互联网当下的发展速度是 1994 年网景公司诞生时传统互联网发展速度的 8 倍。

如果说，中国市场的每一条赛道中，都在发生惨烈的巷战。那网购和微博这两场战役，或许是打得最凶残的。根据 CNNIC 的数据，2010年网络购物用户增长率达到 48.6%，网上支付和网上银行也以 45.6% 和48.2% 的用户年增长率远远超过其他类网络应用。团购无疑是最热门的应用服务之一。从 2010 年 1 月开始，团购网站数量快速增长，呈现出"千团大战"的局面。

财经作家吴晓波在《激荡三十年：中国 1978—2008》中写道："在科学史、艺术史和商业史上，当一个流派或国家正处于鼎盛的上升期，便会在某一年份集束式地诞生一批伟大的人物或公司。这个现象很难用十分理性的逻辑来推导，它大概就是历史内在的戏剧性。"

从 2010 年开始，中国互联网公司兵分两路，一路主攻智能手机硬件，另一路则主攻移动应用软件。在这一年里，雷军创办了小米、王兴创办了美团。在巨头公司中，腾讯推出了微信，百度成立了爱奇艺。

BAT 都想抢得移动互联网的船票，也想试图开启上帝视角来剖析未来的刚需和流量入口到底是什么，这期间浏览器、操作系统、应用市场、手机设备、智能硬件、智能家居似乎都是当仁不让的移动互联网流量入口。

如果说，互联网世界，每一次重大技术变革都会带来一次行业重新"洗牌"的机会。2010 年正是这样一个"洗牌"的时间节点。从 1998 年开始的 PC Web 互联网，走到了 2008 年智能手机元年；2009 年互联网产业整合交战，最终在 2010 年"3Q 大战"的巅峰对决中收场。"3Q 大战"像一场突然降临的龙卷风，但风过后所有人才发现，重要的是移动互联网大潮已经肉眼可见地扑面而来。

【战略金句】

◇ 马云：做企业一定要去想 10 年后市场会变成怎么样，从现在开始坚定不移地努力。假如你现在还忙着今天、明天的事，那企业会越来越难做。

◇ 张小龙：我很感谢自己的经历，从 PC 时代自己一个人做 Foxmail，到做 QQ 邮箱，到手机时代做微信，因为经历了太多的产品，以至于从骨子里知道什么是好的产品、什么是不好的产品，可能因此能从直觉上就遵守一些底线吧。

◇ 王兴："不会，但是我可以学"这句话有无穷大的力量，可以把各种你没有遇到的问题，不会解决的问题，通过学习来解决。

扫码阅读本章更多资源

2011

祸不单行

"毫无疑问绝对肯定，没人能比我干这活更快，没人能。"

——电影《雷神》，2011

从1月17日开始的四周内，时长60秒的《中国国家形象宣传片·人物篇》，在纽约曼哈顿的时报广场户外大屏幕上，以每小时15次、每天共300次的频率播放，并同步在华盛顿特区克莱德画廊广场的户外大屏幕上播放。李彦宏、丁磊、马云作为中国互联网企业家代表出镜。

一个月后的2月17日，互联网实验室发布了《中国互联网行业垄断状况调查及对策研究报告》，报告认为中国互联网已出现寡头垄断现象。百度、阿里巴巴和腾讯三家公司在各自领域形成稳定的寡头垄断。此后各方为了方便代指，取这三大巨头公司名称的首字母中合而为一。从此，"BAT"这一概念正式诞生，这三家巨无霸公司开始成为中国互联网故事中的绝对主角。

图 18-1 "BAT"，李彦宏、马云、马化腾

　　如果去年互联网是"大局未定"，今年就是"闹中取静"——4 月 12 日，李彦宏在 2011 年百度联盟峰会上，不停地来回走动，试图保持开放式的演讲姿态，时不时瞄一下台下的提示板。20 天前的 3 月 23 日，百度以 460 亿美元的市值，超过腾讯，登顶中国互联网企业市值榜。[1]

　　在这年的峰会上，李彦宏说，舆论认为中国互联网有"三座大山"[2]，他不同意这个论调。"一方面在美国上市的美国互联网公司还不如在美国上市的中国互联网公司多；另一方面，中国互联网在海外上市，在美国上市、在香港上市的这些公司，所有的市值加起来不如 Google 一家市值大"。

　　这一年，中国科技互联网公司与资本市场摩擦越来越多，擦枪走火现象不断。

　　1 月 15 日，当当网 CEO 李国庆在微博上发飙，大骂曾帮助当当网上市的投行摩根士丹利，并自曝当当网曾备受资本欺负。李国庆称："你们[3] 挣得钱，升了官，就躲我远点。让我说你们好，没门。要不是有

---

①　这也是腾讯五年来首次被超越。

②　即百度、腾讯、阿里巴巴。

③　指投行。

Peggy[①] 扛着，我得被他们欺负死。"

"性情中人"李国庆甚至写了一首摇滚歌词，歌词中透露投行曾经为了拿到生意给出当当网 10～60 亿美元的估值，可是到香港写招股说明书时正值朝韩冲突，只给出了 7～8 亿美元的估值。而到了上市时，投行明知次日开盘当当网市值就会有 20 亿美元，还仅仅定价 16 亿美元。随后，来自这家投行的多位人士先后与李国庆隔空对骂，成胶着之势，大战五十回合，最终不了了之。

11 月，有着"中国概念股杀手"之称的做空机构美国浑水公司抛出一份近 80 页的报告，矛头直指刚刚发布靓丽财报的分众传媒公司，称其不但人为美化业绩数据，还存在贱卖股东资产以及内幕交易等问题，并将其比作因财务造假而濒临倒闭的日本奥林巴斯公司，建议投资者"强烈卖出"。消息一出，分众传媒的股票立即遭到大量抛售，当天股价大跌近 40%，创收盘新低，15 亿美元随之蒸发。

无独有偶。在此之前，另一家以专门"唱空中概股"闻名华尔街的研究机构香橼公司，在半个月内接连两次发布报告，称奇虎 360 的股价被高估，并质疑其盈利模式很像之前被迫退市的"中国高速频道"。在第一份唱空报告中，香橼把奇虎 360 的目标股价定为 5 美元，仅为奇虎 360 当时股价的四分之一左右，且并没有给出太多具有说服力的理由。尽管如此，当天奇虎 360 的股价应声大跌超过一成。好在奇虎之后对香橼进行了针锋相对的有力回击，并且公布了令人满意的业绩，才躲过一劫，没有遭受太大损失。

2011 年已经到来，不管是否已经准备好，变化依旧会如期而至。

此时的世界与中国

2011 年 2 月，美国总统奥巴马在硅谷帕洛奥图一家希腊餐厅举行一

---

① 指当当网董事长俞渝。

次小型晚宴。参会的美国科技领袖包括苹果的史蒂夫·乔布斯、Google 的埃里克·施密特、雅虎的卡罗尔·巴茨[①]、Facebook 的马克·扎克伯格、思科的约翰·钱伯斯[②]、甲骨文的拉里·埃利森、基因泰克的亚瑟·莱文森和网飞公司的里德·哈斯廷斯[③]。由于此时饱受癌症折磨的乔布斯很怕冷，会务人员把室温调得很高，以致扎克伯格大汗淋漓。

但即便如此虚弱，乔布斯还是向奥巴马介绍，苹果公司在中国的工厂雇用了 70 万名工人，为了支持这 70 万名工人的工作，需要搭配 3 万名工程师。"你在美国雇不到那么多工程师。"乔布斯表示，这些工厂的工程师不必是博士或天才，而只需要掌握基本的制造业工程技术。技术学校、社区大学或贸易学校都可以培养。"如果你能培养出这些工程师，"乔布斯对奥巴马说，"我们可以把更多的制造厂搬回来。"

接下来的一个月里，奥巴马和手下们提到了两三次："我们必须找到方法，把乔布斯告诉我们的那 3 万名制造工程师培养出来。"

5 月 16 日，美国白宫、国务院、司法部、商务部、国土安全部、国防部六大联邦政府核心部门，共同发布《网络空间国际战略》报告。奥巴马将该报告定义为"美国第一次针对网络空间制订的全盘计划"，标志着美国网络空间全球战略正式形成，并进入全面实施阶段。[④]

这一年，北京市开始以无偿摇号方式分配车辆指标，2011 年小客车总量额度指标为 24 万个，其中个人占 88%。

这年 11 月，电视剧《甄嬛传》陆续在中国大陆各地方台播出，并迅速成为一部现象剧。这部电视剧讲述了清朝雍正年间，后宫争宠的故事。从剧中衍生出来的"甄嬛体""贱人就是矫情"等一时间成为大众茶余饭后的谈资。《甄嬛传》的人设与剧情范式在随后的数年中，也屡屡被致敬和参考。

[①] Carol Bartz。

[②] John Chambers。

[③] Reed Hastings。

[④] 方兴东、钟祥铭、彭筱军：《全球互联网 50 年：发展阶段与演进逻辑》，《新闻记者》，2019 年第 7 期。

图 18-2　电视剧《甄嬛传》海报

　　这年 6 月，新华社面向全球推出的"中国网事"新媒体客户端上线，是国内首个集文字、摄影、视频、微博报道于一体的"融媒体"客户端新闻产品。

　　世界迎来更多告别。7 月 10 日，有百年历史的《世界新闻报》因窃听丑闻停刊。7 月 20 日，中国篮球界巨星姚明宣布退役。

　　微博继续火热。2011 年初，"微博打拐"活动发起，"随手拍照解救乞讨儿童"的微博行动引起全国关注，形成强大舆论传播力量。CNNIC 的数据显示，2011 年中国微博客用户达 2.5 亿。

乔布斯：真正改变世界的人

　　10 月 6 日这一天，虽然无雨，帕洛奥图的空中却出现了一道绚丽彩虹。史蒂夫·乔布斯在清晨因胰腺癌辞世，享年 56 岁。整个世界都在悼念这位天才。当大戏落幕，当主角退场，围观者备感苍茫。

他将被人们长久地纪念。正如苹果公司官方网站所说："苹果失去了一位富有远见和创造力的天才，世界失去了一个不可思议之人。"

乔布斯史诗般的一生，上演了现实版《狮子王》的故事。任正非说："我小女儿最崇拜乔布斯，乔布斯去世的那一天，她当时年纪还小，还主持我们家庭给乔布斯开追悼会。"

在乔布斯离世前，盖茨曾专程探望。"我曾经相信那种开放的、横向的模式会胜出。"盖茨告诉乔布斯，"但是你证明了一体化的、垂直的模式同样可以很出色。"但盖茨后来也曾向乔布斯的传记作者补充了一条说明："一体化的模式之所以成功，是因为有史蒂夫在掌舵。但那并不意味着它将在未来的多个回合中获胜。"

在谢世前，乔布斯曾经较为系统地对其传记作家介绍他的哲学：

我的激情所在是打造一家可以传世的公司，这家公司里的人动力十足地创造伟大的产品，其他一切都是第二位的。当然，能赚钱很棒，因为那样你才能够制造伟大的产品。但是动力来自产品，而不是利润。斯卡利本末倒置，把赚钱当成了目标。这种差别很微妙，但它却会影响每一件事：你聘用谁，提拔谁，会议上讨论什么事情。有些人说："消费者想要什么就给他们什么。"但那不是我的方式。我们的责任是提前一步搞清楚他们将来想要什么。我记得亨利·福特曾说过，"如果我最初问消费者他们想要什么，他们应该是会告诉我，'要一匹更快的马！'"人们不知道想要什么，直到你把它摆在他们面前。正因如此，我从不依靠市场研究。我们的任务是读懂还没落到纸面上的东西。

宝丽来的埃德温·兰德曾谈过人文与科学的交集。我喜欢那个交集。那里有种魔力，有很多人在创新，但创新并不是我事业最主要的与众不同之处。苹果之所以能与人们产生共鸣，是因为在我们的创新中深藏着一种人文精神。我认为伟大的艺术家和伟大的工程师是相似的，他们都有自我表达的欲望。事实上，在最早做Mac的最优秀的人里，有些人同时也是诗人和音乐家。在20世纪70年代，计算机成为人们表现创造力的一种方式。一些伟大的艺术家，像列奥纳多·达·芬奇和米开朗琪罗，他们同时也是精通科学的人。米开朗基罗懂很多关于采石的知识，他不是只知道如何雕塑。人们付钱让我们为他们整合东西，因为他们不能7天24小时地去想这些。如果你对生产伟大的产品有极大的激情，它会推着你去追求一体化，去把你的硬件、软件以及内容管理都整合在一起。你想开辟新的领域，那就必须自己来做。如果你想让产品对其他硬件或软件开放，你就只能放弃一些愿景。①

不是每一个人都梦想着"改变世界"，我们中的绝大部分人只能相信"改变你能改变的，接受你不能改变的"。我们改变着自己，围观着乔布斯。人们用乔布斯在1997年为苹果所打造的 *Think Different* 广告中的内容来向这位真正的大师致敬。

> 向那些疯狂的家伙致敬，
>
> 他们我行我素，
>
> 桀骜不驯，
>
> 惹是生非，
>
> 就像方孔中的圆桩。
>
> 他们用不同的角度来看待事物，
>
> 他们既不墨守成规，
>
> 也不安于现状。
>
> 你尽可以赞美他们，
>
> 否定他们，
>
> 颂扬抑或是诋毁他们，
>
> 但是唯独不能漠视他们，
>
> 因为他们改变了事物，
>
> 他们推动人类大步向前。
>
> 他们是别人眼里的疯子，
>
> 却是我们眼中的天才。

---

① 沃尔特·艾萨克森：《史蒂夫·乔布斯传》，中信出版社，2014年3月。

因为，只有疯狂到认为自己能够改变世界的人，
才能真正地改变世界。

雷军：逆向而行，飞赴日本

即便到了 2011 年，还是有非常多人在怀疑移动互联网的机会到底有多大。这时候，手机还比较贵，资费也不算便宜。但敏感的创业者们知道，根据工程推演的结果，这些问题能够得到很好的解决。

在 2011 年 1 月份的小米第一次年会上，雷军向所有人表示："今天中国市场给了我们大家这么好一个机会，群雄并起，更为重要的是，这个时间点是做移动互联网最好的时间点。如果我们错过了的话，也许我们会错过十年。"

到了 5 月，小米的手机终于能够打电话了。林斌回忆："那天晚上，在会议室，他们在喊'啊，这个能打电话了'。雷总就冲出去，就在那听。首个手机虽然能通话，但是第一它只能放在桌子上，它拿起来就会断掉；第二不能碰，一碰就有问题。所以只能耳朵贴到桌子上面去听。"[1]

8 月 16 日，小米第一次发布会在北京 798 艺术区落地。雷军提前 10 分钟达到现场，发现由于参会人数过多，自己挤进会场已经成为一个难题。实际上，发布会 500 人的场地涌进 800 多人，场外还聚集了大量用户。

小米原本计划的手机售价是 1499 元。小米规划成本 1500 元，售价 1499 元，核心团队还很大胆预测能卖 30 万台。但是，到了 8 月，团队跟雷军说了一个让雷军吓一跳的消息：成本搞"冒"了，每台手机成本大约 2000 元，超了 500 元。

成本"冒"的主要原因是，小米找的都是优质供应商，能跟小米这样的创业公司合作就不错了，价钱根本没法谈。如果继续定价 1499 元，

---

[1] 小米官方纪录片《一团火》，2018 年。

小米估计要亏 2 亿。雷军去和股东们商量，他们劝雷军说，这就是你一个外行进来玩的门票。但这个门票实在太贵了。

雷军有好几晚上没有睡着觉。能不能把定价调高到 1999 元？大家心里都没底，国产手机均价才 700 元，小米一上来就卖 1999 元，会不会翻车？

发布会前一天，雷军还在担心：会不会搞砸了？会不会卖不出去？当天，雷军到现场，完全没有想到，里三层外三层挤满了人，甚至自己根本挤不进去了。

最后雷军打电话叫了 4 个同事，把他"挤"进去了。此时距离开场只有 5 分钟了，雷军刚坐下，黎万强跑到他旁边强调："人实在太多了，再挤怕出事，我们马上开始吧？"

"经过 400 多天的煎熬，经过 400 天没日没夜的努力，今天我们小米手机终于可以拿出来见人了。"身穿黑色 T 恤加牛仔裤，雷军上台徐徐发言。由于小米采用电商直销模式，几乎最强配置的小米第一代手机的成本实现大幅缩减。当 1999 元的价格最终打出后，会场外面的工作人员感受到里面的声浪轰出来，外部也有种炸裂的感觉。掌声持续 30 多秒。

图 18-3　小米首场发布会

雷军回忆："这是小米第一场发布会，也是小米历史上唯一一次提前 5 分钟开始的发布会。在台上开始讲的时候，我心里还有点打鼓。最后，我紧张万分，公布了售价 1999 元。现场长达半分钟的欢呼和尖叫，我悬着的心终于放下了，看来成了！"

手机发布后，网友们第一次就预订了 30 万台。收到这个订单，小米团队既激动又烦恼，小米没有足够的资金，也没有足够的生产能力。小米这个小公司，此时还没有账期，需要提前打款才能生产。要一次生产 30 万台，所需款项是一个天文数字。

小米要做最好的手机，当然要用最好的供应链。比如屏幕，小米就想用夏普的，但夏普根本不理小米。这时候雷军才知道，顶级供应链不是一家创业公司花钱就可以搞得定的。为了搞定这块心心念念的屏幕，雷军动用所有关系联系夏普，绕了一个巨大的圈子，通过金山的日本分公司，找到三井商社，再请三井商社高层出面，争取到了和夏普总部沟通的机会，时间定在 3 月 26 日。

2011 年 3 月 11 日，日本地震，福岛核电站核泄漏，全世界风声鹤唳。雷军有些犹豫，去还是不去？夏普的总部在大阪，虽然受核辐射的影响不大，可那毕竟是核辐射，大家还是很恐慌。

但能见到夏普高层的机会实在难得，最终雷军还是下决心带着另外两个创始人飞大阪，他们上了飞机，才发现整个机舱只有他们三个人。到了夏普公司，整个大楼也空空荡荡的，只有雷军他们这一批访客。就这样，小米的诚意打动了夏普。

雷军和小米的微博秘密

小米从创业之初，就非常擅长使用微博这样的社交媒体进行"免费传播"。

雷军曾在《小米创业思考》中这样解释自己的"微博秘密"：

相比"企业家""天使投资人"等其他头衔，"知名数码博主"这个称谓其实更能概括我在公众领域的日常表现。我计算了一下，从 2011 年开始，我一共发了 13 000 多条微博，平均每天 3 条，十几年间几乎每天发微博打卡。很多人问过我同一个问题：谁在帮你运营你的微博？我的答案是，我自己，我所有的微博都是我自己发的。的确，有的企业家朋友也有自己的新媒体账号，但背后往往是公关团队在代劳。我始终觉得，如果不亲手发微博，很难真正达到倾听用户声音、跟用户交朋友的目的。我不光自己发，还号召同事们都参与。

2011 年 3 月，新浪微博的注册用户数超过 1 亿。那时的小米创业尚不满一年，并没有太多广告和营销预算可以挥霍。雷军敏锐地意识到了微博的独特价值。从 2011 年开始，雷军开始"话痨上身"，每天在微博上"碎碎念"。

360 集团创始人周鸿祎曾表示："我认为雷总是中国营销第一人，他是我国最牛的营销大师。"在中国，几乎没有企业家比雷军更懂使用社交媒体。甚至可以说，雷军比很多普通数码博主表现得更敬业、更专业。

雷军的微博策略主要有三：第一，全部微博均由自己发布，绝不允许公关团队代劳；第二，量变引发质变，常年保持每天 3 条微博发布数量；第三，发布内容与小米核心业务高度绑定，与"米粉"充分互动。

截至 2023 年 3 月底，雷军微博总计有 2277.1 万粉丝。雷军的微博，几乎全部围绕小米的核心业务。在微博之外，雷军同时运营着微信公众号、B 站、小红书、抖音等主流社交平台账号。

有趣的是，马斯克与雷军，几乎是在同一时间，开始对 140 字平台"上头"。可以说，中美这两位工程师企业家，在社交媒体策略上，表现出了惊人的相似。

微信与米聊上演生死时速

年初，李开复出版了书籍《微博：改变一切》。但马化腾对微博的焦虑，已经大大减弱。因为腾讯依靠微信这款产品，有机会真正改变一切。

移动互联网时代的第一场大战，社交战争正式打响了。微信在赢得一切之前，还有一个对手需要战胜，那就是小米的米聊。雷军在一次内部会上表示："如果米聊跟微信硬碰硬，能胜出的概率差不多等于中了彩票大奖。但这并不代表米聊就没有机会了。"

1月21日，微信1.0的iOS版上线。张小龙为微信选择了一个颇为独特的启动界面：一个孤独的人在地平线凝视着地球。

张小龙坚持"一个新的产品没有获得一个自然的增长曲线，就不应该去推广它"。在微信上线的最初5个月里面，腾讯基本上没有自己去推广它，张小龙想看微信这样一个产品对于用户有没有构成吸引力，用户是否愿意自发传播它。

图18-4　微信启动页

5月10日，微信2.0推出，张小龙所期待的增长曲线终于出现了，虽然还不是很快的增长，但是它是自然往上走的。腾讯开始导流给微信。微信没有为用户批量导入某一批好友，而是通过用户手动一个一个挑选。张小龙后来复盘："在一个产品还没有被验证是能够产生自然增长的时候，我们没有去推广它……虽然这个时间会花得长一点，但是这样使得它真正开始起飞的时候，它是很健康的。"

这年5月，微信与米聊几乎同时推出语音对讲功能。但由于基础设施存在不足，米聊曾出现过五次宕机。微信也曾有过这个问题，腾讯迅速抽调QQ团队人员和资源，投入这场战役。

腾讯创始人之一的张志东回忆："或许我们当初没有看清这个趋势，没有在微信起量的时候，看清这个本质，集结全部注意力推动微信增长，微信胜出的概率也只有50%。"

每一位腾讯的创始人都意识到，这是一场腾讯绝对"输不起"的战役。

战火烧到 7 月，微信推出"查看附近的人"功能，产品日新增用户达到 10 万。张小龙回忆认为"这个功能彻底扭转了战局"。[①] 由此，米聊与微信增长速度拉开差距。

10 月 1 日，微信发布 3.0 版本。该版本新增"摇一摇"和"漂流瓶"功能，并增加了对繁体中文的支持，且让港澳台以及美国日本用户也可绑定手机号。

微信 3.0 的启动界面出现了迈克尔·杰克逊的图片，并配有他的这样一句歌词："你说我是错的，那你最好证明你是对的。"

马化腾在 2011 年底表示："因为有微信，所以，微博的战争已经结束了。"

雷军后来也曾感慨："如果腾讯一年后才有所反应，米聊胜率是50%，如果腾讯两三个月就有反应，米聊应该 100% 会死掉。"

阿里"流年不利"，马云挥泪斩卫哲

如果不想让自己失望，就最好不要考验人性。

按成立年份算，2011 年，阿里巴巴迎来了自己的本命年。2011 年，也恰好是虚岁 48 岁的马云的本命年。

2 月 21 日，阿里巴巴 B2B 交易平台曝出 2326 名"中国供应商"涉嫌欺诈，并有上百名阿里巴巴的销售人员牵涉其中。当日 B2B 公司CEO 卫哲和 COO 李旭晖为此事引咎辞职。

关明生领导的"客户资质独立调查行动"小组调查结果显示，2009年、2010 年分别有 1219 家 [②] 和 1107 家 [③] "中国供应商"客户涉嫌欺诈。

---

① 吴晓波：《腾讯传：1998-2016：中国互联网公司进化论》，浙江大学出版社，2017 年 1 月。

② 占比 1.1%。

③ 占比 0.8%。

在阿里巴巴 5000 人的直销团队中，有近百名销售人员故意地协助一些不合规商家通过了公司的认证。这些不合规的商家有组织地对国外买家进行诈骗。有多名销售人员故意把这些不符合要求的店面标记为金钻供货商，有一些供货商凭借金钻身份欺诈阿里国际上的海外买家。

马云在 2 月 25 日的淘宝年会讲话中对该事件进行了回应。

第一，解释了阿里重拳处理 B2B 欺诈事件，是为了坚守阿里巴巴价值观，为了避免类似事件未来发生在淘宝。

第二，阐述自己对淘宝的巨大期待，希望淘宝做成千亿美金公司。

第三，向全员下达淘宝在新的一年需完成的 5 个"必须任务"。

第四，阐述自己对整个阿里巴巴集团未来的愿景：打通 B2B、B2C、C2C、service provider。[①]

很多人怀疑，阿里巴巴的"重拳处理"是否是在作秀。卫哲在多年后解释：

"真的是为了捍卫阿里巴巴的价值观，当今天中国很多互联网公司出现了很多问题，产品质量、服务质量，甚至影响到用户生命安全的很多问题。今天没有 CEO 再辞职，那可能社会一直不能原谅这个公司。阿里巴巴当时所面临的诚信和各方面的问题远远没有到死人的程度，从绝对影响的金额来说也是很小，但我相信，就是在阿里巴巴历史上会留有一笔的事件，不断在警醒今天的井贤栋、今天的张勇，还真的叫 Don't be evil，不作恶。真的要把诚信的底线坚守住，价值观的底线坚守住。"

2011 年这一年，有记者问马云"电子商务给中国社会带来的改变是什么？"马云认为有三个很重要的影响。

首先是让信用等于财富。有了网络，有了电子商务，这个等式才能建立起来。淘宝上面的每一个好评、每一个差评，与卖家的利益都切身相关，"信用＝财富"的等式终于逐渐建立起来。在网购出现以前，有信用的人，未必有财富。

其次是让消费者变得越来越聪明。淘宝的"淘"字就是让消费者懂

得如何去选择，让消费者用自己的钱去投票。消费者在比较和选择中变得越来越聪明，不管在哪里买到假货，都有了更强烈的维权意识和更多维权方式。

最后是让制造业不仅仅懂得制造，更懂得服务，懂得营销，懂得品牌的重要性。马云认为原来中国很多企业不是企业，也不是工厂，它们仅仅是车间，它们只会制造。通过什么渠道卖出去，贴上谁的品牌，终端消费者是谁，它们根本不知道。一旦出现金融风暴，这些制造企业就会傻在那儿：卖不出去了。在当时中国经济转型升级的背景下，企业除了会制造以外，还必须学会营销，还必须贴上自己的品牌，必须知道谁买了它们的东西，满意度如何。

马云：这不是一个完美的决定

马云在 2011 年的坏运气，还没有结束。

2010 年，中国人民银行出台了《非金融机构支付服务管理办法》（2号令），其中对于外商投资的支付机构做出了限制性规定，这意味着有外资背景的阿里无法持有支付牌照。2011 年一季度，支付宝收到了央行的函件，要求支付宝对做"协议控制"做出说明，这成为决定支付宝生死存亡的时刻。5 月 26 日，中国人民银行公布首批获得支付业务许可证的 27 家企业名单，支付宝等第三方支付民营企业榜上有名。

支付宝能够拿到"准生证"，正是由于马云此前已经将支付宝剥离出阿里巴巴。在 2009 年 6 月、2010 年 8 月，马云团队分两次成立全内资公司，将支付宝的资产从集团剥离出来。

雅虎在 2011 年 5 月 13 日发表声明称：在 3 月 31 日被告知支付宝变动。变动此举未通报阿里巴巴集团董事会或股东大会，也没有征得董事会或股东大会批准。从声明来看，如果马云和阿里巴巴集团之前曾就支付宝股权重组一事与雅虎方面有过沟通，这种沟通也是私下的，没有上升到双方的董事会层面。

6月15日，马云在杭州举办记者沟通会，解释支付宝的股权结构调整问题。马云表示："我时常提醒自己不能装……做回自己才能给自己，给别人更好更多的交代。""每一步转让，肯定都会跟阿里巴巴集团股东有事前沟通。"

此事引起轩然大波，和当时支付宝的行业地位分不开关系。2010年中国第三方支付市场交易额达到11 324亿元，支付宝以49%的份额占据半壁江山。

资深媒体人胡舒立认为，马云擅自将公司核心资产"支付宝"转入自己名下，且转让价格超低显失公允，严重违反了股东之间的契约，再次发出中国企业家当有"契约精神"的呼吁。胡舒立在《马云为什么错了》一文中直白地写道："事前恐怕没有人能够想象，马云，这个本世纪以来常操一口流利英文活跃于国际场合的中国企业风云人物，会偷天换日，把明明属于中外合资企业阿里巴巴集团的核心资产'支付宝'，悄然转入自己控制的私人企业名下。"[1]

马云在数年后回顾称："这不是一个完美的决定，但这是一个最正确的决定，在当时是最正确的决定。"

在2005年，当时雅虎选择以"10亿美元＋雅虎中国全部资产"，换取阿里巴巴集团40%的股权和35%的投票权。阿里集团的主要股东就此变更为马云、雅虎、软银三方。

在2005年签署的合作协议里，有三条触发期限在2010年10月的远期条款。

一、雅虎投票权增加至39%，将成为阿里巴巴真正的第一大股东。

二、雅虎在董事会的席位增至两席，即雅虎和阿里巴巴均可委任两位董事，软银依旧仅可委任一位。此外，马云只要持有一股，就有权在董事会指派一位董事。

三、"阿里巴巴集团首席执行官马云不会被辞退"条款到期。届时，阿

---

[1] 胡舒立：《马云为什么错了》，《新世纪》，2011年6月12日。

里巴巴集团第一大股东雅虎，将有机会按照董事会或公司章程辞退马云。

在转让发生时，阿里巴巴集团董事会四个席位，管理层、雅虎和软银是按 2：1：1 分配席位。按照双方原有协议，2010 年 10 月起，雅虎有权增补一名董事，董事席位与管理层一样多。这意味着，到 2010 年 10 月，一旦雅虎联手软银，将会获得对阿里巴巴集团的控制权，虽然雅虎尚未如此行动。

商业上的问题，终究需要商业手段来解决。

6 月 22 日，雅虎、阿里巴巴、软银共同宣布，支付宝转移事件取得"实质性的、令人鼓舞的进展"，有望很快达成协议。

7 月 29 日晚间，阿里巴巴集团、雅虎和软银宣布，就支付宝股权转让事件正式签署协议：支付宝的控股公司承诺在上市时予以阿里巴巴集团一次性的现金回报。回报额为支付宝在上市时总市值的 37.5%，回报额将不低于 20 亿美元且不超过 60 亿美元。除了现金回报，协议内容还包括：阿里巴巴集团将许可支付宝公司及其子公司使用所需要的阿里巴巴拥有的知识产权，并对其提供有关软件技术服务。支付宝公司将会支付知识产权许可费用和软件技术服务费给阿里巴巴集团。该项费用为支付宝及其子公司税前利润的 49.9%，反映了该等知识产权和软件技术的贡献。当支付宝或者其控股公司上市或发生其他变现事宜后，将不再需要支付上述费用。

从此之后，雅虎、软银已不能通过阿里巴巴集团直接获取支付宝的成长收益，它们与支付宝的关联已被彻底撇清。在很多人看来，雅虎虽然最终依旧吃了亏，但好歹消除了一些重要资产价值的不确定性。马云则最终切断了雅虎、软银与支付宝的关联。

阿里遭遇"十月围城"事件

这年 6 月，阿里巴巴将淘宝一分为三，淘宝被分拆为一站式购物搜索引擎"一淘网"、C2C业务"淘宝网"和B2C电商"淘宝商城"三家独立子公司。这三家子公司与阿里B2B上市公司、阿里云以及其他子公司地位相同。

淘宝CFO张勇开始担任淘宝商城总裁。马云希望淘宝商城能够扮演"千里跃进大别山"的刘邓大军的角色，在B2C正面战场与京东等竞争对手战斗。

一淘网将面向全网构建商品比价系统，同时对消费者购买前关注的所有相关资讯进行充分整理，力争成为消费者网购的第一入口。

淘宝网则在做C2C集市业务的同时，承担起优化交易和客服平台的任务，并兼顾新产品模式的孵化。

6月16日，马云在阿里内容会议发言中，这样解释这次一拆三：

"我们把淘宝拆成三家公司的原因，是我们知道这三家公司骨肉相连，一定会相互配合和完全协同。外面的声音还会很大，外面的风浪还会很大，但是我们坚定自己的信念，继续往前进。"

张勇在上任之后，马上通过两项举措对淘宝商城进行手术。

张勇的第一把手术刀是邀请独立电商"入淘"，淘宝商城开始邀请除了京东、卓越和当当之外的几乎所有独立电商加入淘宝。阿里希望将淘宝商城打造为开放的B2C平台。

张勇的第二把手术刀在随后却引起了轩然大波。淘宝为了提高"品质"发布新规则，将要求入驻商家缴纳的保证金提高至万元以上，每年6000元的技术服务费提高至3万元和6万元两个档次，并要求无法缴纳的卖家搬家到"淘宝集市"，也就是从原来的门市搬家到还没形成气候的地摊。

张勇希望借助每年与商家续签合约前的例行规则调整，"顺便"提高商家入驻门槛，将淘宝商城真正打造为高品质B2C商城。

10月10日新规颁布后，小商家们难以接受突然被提高的技术服务费和保证金。很多小商家开始组织起针对淘宝商城大商家的攻击行为。小商家们的担忧显而易见，因为如果搬家到淘宝集市，域名的改变会导致多年积累的顾客和流量消失。其次，如果搬家到集市，可能面临更高的推广费用。

从 10 月 11 日晚开始，淘宝"暴动"开始了。从淘宝商城的大卖家开始，到淘宝直通车热门关键字的商家，再到淘宝聚划算，无一幸免。具体手段是一万多名小商家恶意拍下商品后利用淘宝商城无条件退货规则要求商家退货。攻击持续了整整一周。众多商家甚至围堵了阿里巴巴总部。这一事件被称为"十月围城"。

最终，在淘宝做出让步，政府部门介入调查此事后，事件逐渐平息。这"艰难的一周"无疑让张勇颇为尴尬。

10 月 19 日，商务部就"淘宝事件"做出回应。商务部认为中国网络零售领域法律缺失，监管不完善，未来将牵头起草《网络零售管理条例》。

马云在"十月围城"媒体恳谈会上表示："来之前，我的手上写了四五个忍字。"他在演讲中称，今天来闹事的人也不是毫无道理的。阿里巴巴集团的淘宝商城不会在维护电子商务的诚信，打击假货炒作信用，维护知识产权的原则上退半步。但是对工作上面的不足进行全面的反思。

针对"十月围城"，马云并没有批评张勇一句。"十月围城是一个经历过的同事都会感同身受的一件事情。阿里作为一个点上的平台，它不仅是一个商业的平台，它其实已经具备了很大的一个社会公共平台的属性。我们在这个服务当中具备了很多社会公共服务的内涵在里面。"张勇回忆。

阿里最终为"十月围城"找到的解决方案是：推迟新规至次年 10 月执行，投入 18 亿元扶植淘宝商城中小卖家。

王兴亮出家底：6200 万美元

2008 年底，Groupon 在美国成立，历时 7 个月就实现盈利。到了

2010 年初，中国团购网站如雨后春笋，遍地开花。

在过去一两年中，Groupon 的安德鲁·梅森拒绝了 Google 发出的 60 亿美元的收购要约。《福布斯》杂志把 Groupon 评为"历史上增长最快的公司"，《纽约时报》预测它可能是史上最疯狂的互联网公司。

但 Groupon 在中国的发展却有些磕磕绊绊。10 月份，马化腾在一次采访中含蓄地表达了在团购领域 Groupon 的"不接地气"："美国的新创意出来之后，往往有 3 个月到半年的领先期，但中国的企业几乎是同一个晚上就统一行动起来。在中国市场上，只有超人的意志、更多的智慧、更加本土化才能生存，只有创意是远远不够的。"

2011 年，中国团购市场的玩家的竞争在加剧。艾媒咨询数据显示，截至 2011 年 6 月，中国市场的团购网站已超过 5000 家。本地生活服务这一巨大市场的争夺战由此拉开序幕，O2O 巨头平台雏形初露。"千团大战"的竞争在 2011 年进入白热化，几乎每周都有团购网站死掉的噩耗传来。

4 月，美团关闭了马鞍山等 4 个城市的分站；开心网也收缩三四线城市的战线；8 月，腾讯与 Groupon 合作的高朋网被曝将裁员 400 人，撤掉 13 个站点，实施所谓的战略紧缩计划。由于经营困难，资金周转不顺，许多中心型团购网站开始倒闭或转型。据统计，截至 2011 年 9 月，全国有 1000 多家团购网站倒闭，仅北京地区就有 100 多家倒闭。

这年 3 月，王兴与马云进行了一次精彩的对话：

王兴问马云："你最强的是什么？"

马云反问："你觉得呢？"

王兴回复："战略和忽悠。"

马云解释："其实我最强是管理。"

王兴说："我相信。"

实际上，马云也在观察着眼前的这个年轻人。2011 年 7 月 7 日，美团网宣布获得由阿里巴巴领投的 5000 万美金 B 轮融资。该轮融资由阿里巴巴领投，北极光、华登国际以及红杉资本等另外三家风险投资机构跟投。[①]

在7月7日召开的媒体沟通会上，王兴穿着蓝色T恤和牛仔裤出场，发言声音不大，却坚定有力，简短介绍完投资方背景后，王兴随即在自己的电脑上打开美团网硅谷银行的账户，账面显示余额为6192.2122万美元。

现场媒体都感到非常震惊，未料到王兴会有此举，团购业融资早不是什么大事，但敢把银行账户余额亮出的却仅有王兴一人。《商业价值》记者夏勇峰在当天的微博中称："美团今天直接在记者面前亮出银行账户余额——61 922 122美元。他们号召其他团购网站也像他们一样，把底裤亮出来给大家看看。"该微博转发量很大，很多互联网从业者转发并对美团的勇气表示赞赏。

此时，整个团购行业的头部公司，都在持续大规模的融资步伐。此前，拉手网已经宣布1.1亿美元的融资，窝窝团也宣布预计融资2亿美元。"但我们从不说'预计'融资多少，到账多少就是多少，这行业很乱，但我们不浮夸，希望大家也不要浮夸。"王兴说。

美团的压力空前，美团BD（商务拓展）部门的员工问：美团要在线下打广告吗？王兴反问："我们为什么要在线下投广告？你投的是品牌广告，现在的团购市场达到了投品牌广告的成熟度吗？没有，我们还在做最基础的事，投品牌广告的钱肯定白砸了。"

面对竞争对手们的"大撒币"，美团在品牌投放支出方面，表现出了罕见的克制，但在一些能够给予用户更好服务体验的方面，进行了大力投入。

1月，美团斥资千万元用于大型客服中心的建设。在公司规模不大的时候，美团的客服中心一直在北京总部，后来搬到了石家庄、扬州等地。在美团内部，会经常组织高管团队听取消费者的投诉，持续改善业务。美团是首家建立大型客服中心的团购网站。

2月15日，美团推出了"7天未消费无条件退款""消费不满意先

---

① 此前，美团曾获得过红杉资本1000多万美元的A轮融资，红杉资本在B轮中也参与了投资。

行赔付"的承诺。无论消费者是在 7 天内有特殊情况尚未消费美团券，还是商家未兑现服务承诺，均可致电美团网客服，经核实符合退款标准的，美团会在第一时间给消费者退款。

3 月 4 日，在美团网一周年发布会上，王兴宣布正式推出"过期包退"措施，在 3 月 31 日前，所有过期订单余额全部返还给消费者，总计 1000 多万元。这在全球尚属首例，随后引起国内团购网站纷纷跟进"过期包退"措施。

到 2011 年末，全国有 1968 家团购网站在激烈的竞争中关闭，占所有运营团购网站总数量的 33%。到了 2012 年底，国内近八成的团购网站倒闭。

多年后，王兴曾这样对媒体详细解读美团杀出重围的秘诀：

"我们如何在众多竞争对手中脱颖而出，始终保持行业第一？最好的办法，就是把每天的工作做得好一些，做到完美，做到极致。这需要敬业精神，需要对工作的热爱，发自内心深处的热爱。微软公司创始人比尔·盖茨有句名言：'每天早晨醒来，一想到所从事的工作和所开发的技术将会给人类生活带来的巨大影响和变化，我就会无比兴奋和激动。'"

他对于成就事业有着独特的见解，他认为成功者最重要的素质是对工作的态度，而不是能力。抱着这样的敬业心态，每个人的生活和工作都会有很大的突破。只要态度端正，能力是可以培养的，今天改善一些，明天再进步一些，积累下来就会变成优秀，变成卓越。[1]

到了 2011 年，根据国家统计局的统计，全国范围总计有 700 万家当地小商家。而这些企业都有推广的需求。虽然搜索引擎依旧是最有效的推广渠道，且可以实现按点击量付费，但这些本地商家大部分没有自己的网站，因此它们并不关心展示和点击，它们真正关心的，是到底有多少客人到店里消费。而美团这一类的团购网站的商业模式，恰好可以为它们带来交易，并实现按效果付费。团购这门生意，在继门户网站服务 500 强企业、搜索引擎服务广大中小型企业之后，成为了本地小商家的

---

[1] 王兴：《持续改善的力量》，《环球人物》，2011 年 6 月 7 日。

宣传渠道。团购类创业公司的前景是光明的，道路则是异常曲折的。

王兴曾在内部讲话中复盘表示：

"2011 年上半年团购是非常红火的，大家疯狂投资，各种各样的高得离谱的估值，大家不惜一切代价花钱，后来下半年如我们所料，冬天来了，可能不光是团购的冬天，不光是电子商务的冬天，甚至是整个互联网、投资的冬天。

"很多人认为市场环境不好，这一切其实都是像去南极探险时天气好坏变化，有的时候晴天，有的时候阴雨天一样，在大的范围上都是在可控范围之内，所以我们要做的是做好充足的准备。

"我们要像成功的阿蒙森团队一样，像他们每天不管天气好坏坚持前进三十公里一样，我们要每天进步一点，只要我们能做到这一点，每天进步一点，每个人、每个部门、整个公司每天进步一点，就按照我们计划执行，我相信到 2012 年底，到明年的今天我们再回顾的话，我们就会发现我们又前进了非常非常大的一步，哪怕我们每天看起来前进得很少。"

在继续稳扎稳打地前进的过程中，王兴也没有忘记组织建设。

在完成 B 轮融资后，王兴受困于 BD 团队如何管理，竞争对手的挖人让他烦不胜烦。阿里巴巴的投资人建议他去请教实战经验丰富的干嘉伟。这年 6 月份，王兴第一次见到了干嘉伟。作为阿里巴巴副总裁，干嘉伟此前在帮助阿里做投资尽职调查时对美团这家公司有所了解。"他们是在很认真地做一些外行的事情。"

在杭州阿里的办公室里，干嘉伟告诉王兴："长出来的肉才是自己的肉，在别人身上挖一块肉贴在身上也长不成自己的肉。"二人后来又见了两次面。9 月王兴南下杭州，专程请干嘉伟吃饭，正式邀请对方到美团工作。

在被王兴"六顾茅庐"后，干嘉伟在 11 月 16 日加入了美团担任COO，负责美团的供应链管理[①]。干嘉伟回忆："我自己最主要思考了三个问题：第一，这事儿大不大？第二，王兴以后能不能排到互联网前十？第三，他们是不是正好缺我？当时王兴找了我半年，我确实很犹豫。这

---

① 包括销售部、品控部、编辑部、销售支持部、客服部、商品团购部等部门。

三个问题思考完毕，我做了决定加入美团。"

在美团的墙上，也能够看到这家公司模仿、学习成功企业管理的痕迹。墙上贴着"要么牛逼，要么滚蛋"的标语。这是翻译自 Facebook 的口号"go big or go home"。美团遵循亚马逊的观点，即招进来的人，水准应该比现有团队 50% 的人高。只要按照这个标准，整个团队会越来越强。

2011 年，谁能够每天前进 30 公里？

CNNIC 的数据显示，截至 2011 年 12 月 31 日，中国上网用户数为5.13 亿，手机上网网民数 3.56 亿。在上网设备中，网民使用台式电脑上网的比例达 73.4%，手机达 69.3%，笔记本电脑达 46.8%。[①] 从后来发生的历史看，这一年也是 PC 网民最后一次超过手机网民。

在 2011 年这个节点，手机即将超过 PC，成为网民生活和工作的中枢。哪家公司能够在自己所属的赛道尽快登顶，抢占足够多的移动用户，就能够在新浪潮中拿到那张宝贵的"船票"。

100 年前的 1911 年 10 月，有两支队伍几乎同时出发，准备冲刺率先代表人类到达南极点。一个是来自挪威的阿蒙森团队，总共 5 个人；一个是来自英国的斯科特团队，30 个人。

这两支团队在 1911 年 10 月的下半月先后在南极圈外围做好了准备，开始最后的冲刺。但最终两个月后，1911 年 12 月 14 日，阿蒙森团队率先到达了南极点，在那里插上了挪威国旗。而人数更多的斯科特团队却晚到了一个多月。

阿蒙森团队作为人类史上第一个到达南极点的团队永载史册，他们获得了一切荣誉。而斯科特团队虽然经历了一样的艰难险阻，但是晚了一个多月，失去了荣誉。

---

① 在上网用户中，男性占 55.9%，女性占 44.1%，年龄在 10 ～ 19 岁之间的用户占26.7%，20 ～ 29 岁之间的用户占 29.8%，网民中 30 ～ 39 岁人群占比明显提升，较 2010年底上升了 2.3 个百分点，达到 25.7%。

更糟糕的是，斯科特冲刺南极点的 5 人小队返程路上的天气非常差，最后竟无一人生还。不但没有完成首先到达南极点的目标，而且全军覆没，这已经是生与死的区别。

事后有人总结分析了两个团队的策略。阿蒙森团队虽然人少，但是物资准备非常非常充分，他们携带三吨的物资。而斯科特团队的人多，但是准备的东西少，他们只有一吨的物资。

更为重要的是，阿蒙森团队不论天气好坏，不管容易与否，坚持每天前进大概 30 公里。相反，斯科特团队却是一个比较随心所欲的团队，天气很好就走得非常猛，可能四五十公里甚至六十公里。但天气不好的时候，他们就睡在帐篷里，吃点东西，诅咒恶劣的天气，诅咒运气不好，希望天尽快转晴，再继续前进。

王兴曾在美团内部的讲话中生动地介绍过这个案例。对于 100 年后的科技互联网世界来说，每一家公司同样希望登顶浪潮之巅。但，只有极少数公司有耐心真正"每天前进 30 公里"。

【战略金句】

◇ **乔布斯**：只有疯狂到认为自己能够改变世界的人，才能真正地改变世界。

◇ **马化腾**：美国的新创意出来之后，往往有 3 个月到半年的领先期，但中国的企业几乎是同一个晚上就统一行动起来。在中国市场上，只有超人的意志、更多的智慧、更加本土化才能生存，只有创意是远远不够的。

◇ **王兴**：不管天气好坏，坚持每天前进大概 30 公里。在一个极限环境里面，你要做到最好，但是，更重要的是，你要做到可持续的最好。

扫码阅读本章更多资源

2012

屠龙少年

上帝，感谢你给我生命，我准备好了。

——电影《少年派的奇幻漂流》，2012

这年 3 月 9 日，余承东发了一条微博："最近被那些盲从的跟风者搞火了，我在此不谦虚地说一次，我们今年底明年初左右将推出一款比 iPhone5 要强大很多的旗舰手机！"这条吹牛的微博被转发了 4000 多次，评论达到 5000 条，被网友冷嘲热讽，之后"余大嘴"的称号便不胫而走。

4 月 23 日，马化腾与凯文·凯利在北京进行了一场公开对谈，主题为"失控与控制，探索互联网的本质"。马化腾提出自身的困惑："应该如何看待关于垄断的指责？在平台上创业能不能长出一个平台型的公司？"

此时的马化腾，因为有了微信，已经不再焦虑，而是开始更多考虑如何处理未来潜在的"垄断的指责"。6 月 1 日这天，张小龙在腾讯微博上写道："连沙特阿拉伯人都在狂用微信。微信在多个地区 sns 类下载第一了。"

阿里参谋长曾鸣在这年一次阿里内部会议上直言："这半年来，危机感越来越强烈，如果说去年这个时候我们开会还在讲怎么应对移动互联网的话，今年这个时候真的只有端着刺刀往前冲的时候了。"

马云在这场会议上强调："我们的无线不是为电子商务服务的，我们的电子商务是为无线服务的。这是我们这未来十年重要的方向。"

阿里的焦虑，核心来自汹涌而来的移动互联网浪潮。2012 年有两个数据在飞速增长，一是手机出货量，二是手机应用的下载量。

2012 年，仅 Android 手机的出货量就在 1 亿台以上。与此同时，终端用户的普及使得手机应用的下载量也屡创新高，苹果 iOS 平台总下载量超过 250 亿次，Google Android 平台和微软 Windows Phone 平台则分别为 100 亿次和 2.17 亿次。

2012 年，手机应用正在以指数级的规模快速增长。7 月 25 日，苹果称其应用商店内的应用数量已经超过 65 万个，而此时 Google 官方商店里的应用则达到 40 万个。而根据国际数据公司（IDC）的报告，在过去 3 年，移动应用数量增加了 30 万个之多。

科技行业历来并不尊重传统，而是更加尊重创新。弄潮儿们尝试把自己的 PC Web 的功能翻新成 App 版本。深水区老船上的新船员们意兴阑珊，他们对新浪潮往往没有太多预感，更谈不上有任何兴趣。

但，浪潮正在从不远处排山倒海般袭来。当新浪潮到来，不论身为何人，不论身处何处，你最佳的选择是一个猛子先跳进去，呛几口咸水再说。

在这一年中，中国多个城市实现了光纤入户，中国广大网民的宽带速率显著提升。中国移动互联网的大船蓄势待发，所有的玩家都在不安地寻找着，寻找那张属于自己的船票。

大洋彼岸：脸书正式上市，贝佐斯推广 AWS

2 月，Facebook 启动上市计划。扎克伯格在公开信中表示："Facebook 的存在是为了使世界更加开放和保持连接，而不仅仅是建立一家公司。我们希望 Facebook 所有员工每天都能够在做每一件事情时专注于如何为世界带来真正的价值"

2012 年，在 Facebook 以 10 亿美元收购 Instagram 之前，扎克伯格曾向其创始人表示，Facebook 正在开发图片分享产品，"因此我们现在接触多少，将决定我们接下来是伙伴还是竞争对手"。有趣的是，10 亿美元正是 2006 年雅虎向扎克伯格提出收购 Facebook 的价格。当然，扎克伯格拒绝了，他承认那是他人生中最艰难的决定之一[①]。

5 月 18 日，Facebook 登陆纳斯达克，开盘价市值达到 1152 亿美元，成为有史以来规模最大的一次科技公司 IPO。[②]

11 月 27 日到 29 日，亚马逊网络服务（AWS）在拉斯维加斯举办了首次 "AWS re: Invent" 盛会。该活动在一个现场舞台环境下，介绍了 AWS 的产品和理念，并由被选中的初创公司首次公开介绍如何开展业务或运营应用程序。贝佐斯在现场发言中讨论了新的 AWS 服务，以及云迁移的最佳实践、为规模设计架构、高可用性运行和让云应用程序安全等话题。

安迪·贾西做了主题演讲。会议的重头戏在于亚马逊的云合作伙伴项目，11 月 27 日专为合作伙伴设计的半天活动，吸引了 6000 多名参会者。

在 2012 年的大部分时间里，佩奇一直保持沉默。次年，佩奇在 Google+ 博文中披露自己遭遇了声带瘫痪。这个麻烦影响了佩奇人生中的多个时刻，但是在他重掌 Google 后的那一年尤其严重，并因此错过了

---

① 张而驰、何书静、钱童、张琪：《审查科技巨头》，《财新周刊》，2020 年第 31 期。
② 2017 年，Facebook 市值突破了 5000 亿美元大关。

2012 年的 Google I/O 大会。

任正非送了余承东一架歼 -15 战斗机

这一年，余承东几乎所有时间，都在研究手机。在决定踏入智能手机行业之后，华为先后推出过荣耀系列、Ascen 系列等多款手机，但均在市场中铩羽而归。

一个新入场的选手，很难在短时间内就掌握一个行业的精髓。当华为的研发团队将 Ascend P1 手机的样机拿到余承东面前时，余承东看着如同一块板砖的手机，忍不住吐槽："这他妈是个什么东西？"[1]

为了让团队专心做智能手机，余承东大笔一挥，将总量 5000 万部的功能机直接砍掉 3000 万，这快速引起了华为的金主——全世界各大运营商的极大不满。15 家欧洲运营商有 14 家终止了跟华为的合作。[2]

2012 年底，华为年终奖总额 125 亿元，因为没有完成预定的绩效任务，余承东年终奖为零。

任正非把一架歼 -15 战斗机模型送给他，意喻"从零起飞"，不过这并没有缓解余承东的压力，他带着团队去广东增城白水寨瀑布团建了一次，他在微博上感慨："号称落差最大的瀑布，爬山很吃力，再到山顶的天池，则一片平静。人生、事业也是如此吧？"[3]

此时的世界与中国

6 月 22 日，2011—2012 赛季 NBA 总决赛结束，迈阿密热火队 4：1

---

[1] 芮斌、熊玥伽：《华为终端战略》，浙江大学出版社，2018 年 10 月。

[2] 蓝血研究：余承东的 996.ICU，只因领了一个奖！ https://mp.weixin.qq.com/s/jxbgCAIOBWyCsROTMxm3RA。

[3] 张假假：《华为手机往事：一个硬核直男的崛起故事》，饭统戴老板，2019 年 5 月 10 日。

击败俄克拉荷马雷霆队，夺得总冠军，这也是热火三巨头之中的勒布朗·詹姆斯与克里斯·波什职业生涯首夺总冠军。

7月28日，伦敦奥运会开幕式，创造了万维网的伯纳斯－李在一台与他当年架设万维网所用电脑型号相同的电脑上敲出一串文字，"This is for you"。在这一年，似乎全世界每个人都已真正意识到，互联网已真正改变了所有人的生活。

11月22日，由李安执导拍摄的电影《少年派的奇幻漂流》在中国上映。影片讲述了一位名叫派的印度少年遭遇一次海难，家人全部丧生，少年与船上的一只老虎建立起一种奇特的关系，并最终共同战胜困境获得重生。

这一年，一首节奏感极强名为《江南 style》的韩国歌曲迅速红遍全球，人们热衷于模仿歌曲 MV 中一段怪异的骑马舞。

11月6日，在美国第57届总统

图 19-1　电影《少年派的奇幻漂流》海报

大选中，奥巴马击败共和党候选人罗姆尼，成功连任。

中国人对这一年的记忆，苦乐参半。

4月10日，《泰坦尼克号》3D 版在中国上映。1998 年 4 月，这部影片曾风靡神州。1912 年 4 月 10 日，号称"世界工业史上的奇迹"的豪华客轮泰坦尼克号开始了自己的处女航，路线是从英国的南安普顿到美国纽约。

4月27日，人民网股份有限公司在上海证券交易所正式上市，成为第一家在国内 A 股上市的新闻网站。

这年 5 月前后，唐家三少以连续 100 个月不断更、总阅读人次达 2.6 亿的惊人数字申请了吉尼斯世界纪录。他在起点中文网连载的《斗罗大陆》拥有超 5500 万点击量，随后被改编为网页游戏、漫画和影视作品，本人也成为第一位收入过亿的网络作家。

由陈晓卿执导的美食类纪录片《舌尖上的中国》5 月 14 日在 CCTV1《魅力记录》栏目首播，迅速引爆收视率。

同样在 5 月，微博女王姚晨的新浪微博粉丝数量突破 2000 万，仅次于 Lady Gaga 和贾斯汀·比伯，成为全球粉丝量第三名，甚至将"小甜甜"布兰妮、美国总统奥巴马都甩在了身后。

这一年的夏天，北京下了一场大雨。媒体人潘乱回忆："7 月 21 日那一天，是北京发大水。我是刚好在那一天的白天从地下室搬到地上。傍晚下去看的时候，各种锅碗瓢盆、杯子都漂浮在水面上。"

这一年，经朋友介绍，内蒙古人李诞进入了脱口秀节目《今晚 80 后脱口秀》写段子，不久后这个年轻人成为常驻表演嘉宾，由此误打误撞踏入演艺圈。

10 月 11 日，莫言获得诺贝尔文学奖，这是中国本土作家首次获得诺贝尔奖。

房地产商潘石屹在这一年发现，夫人张欣总是咳嗽，而且只要天气污染一厉害她就咳嗽得厉害，天气污染得不厉害她就咳嗽得不厉害，天气不污染就不咳嗽，一出国就不咳嗽。这到底是什么原因呢？"大概十年时间过去了，这个规律没有变化。是去检查有没有过敏原，最后几个朋友跟我说，可能是 PM2.5。"①

这年 12 月 21 日，马上 40 岁的媒体人罗振宇，开始在优酷上线视频脱口秀《罗辑思维》。此外，他还会每天早晨 6 点半，在自己的"罗辑思维"公众号上分享 60 秒语音，主要讲述自己围绕各类社会新闻的所思所想。《罗辑思维》很快吸引了大量粉丝。

---

① 《潘石屹回应 PM2.5 事件：起因是妻子张欣的咳嗽》，https://business.sohu.com/20130227/n367326577.shtml。

张一鸣搬进锦秋家园

当脚踩在北京中关村大街的地砖上，在走的过程中，你可以感受到地砖之间的缝隙。

大年初七，九九房 CEO 的张一鸣约见海纳亚洲创投基金的董事总经理王琼。他们约在张一鸣办公室附近的一家咖啡厅见面。天冷人少，咖啡厅只打开了一部分电灯。在一个角落，张一鸣身穿一件黑色羽绒服，在一张咖啡馆的餐巾纸上慢条斯理地画着线框图，向王琼讲解他构想中的产品原型。餐巾纸上面大致就是今日头条日后的样子。海纳亚洲决定向张一鸣投资天使轮和 A 轮。

3 月份，张一鸣和同事搬进了知春路锦秋家园①的一间四居室里，他们为公司起了两个名字，中文名为"字节跳动"，英文名为 ByteDance。

图 19-2　锦秋家园

———————————
① 不同于美国互联网公司往往诞生于车库，中国互联网公司更多是从中国大城市的民宅小区中孕育诞生。比如阿里巴巴创业初期在杭州湖畔花园、美团初期在北京华清嘉园。

在锦秋家园，由于尚未购买白板，创业者们就挂了张大白纸。有一个人在这张白纸上写了这样一句话："身为一道彩虹，尽全力就会拥有整片天空。"

张一鸣有些意气风发，他此前近 30 年的所有经历，似乎都是在为 2012 年做准备。从大学毕业以来的 8 年里，张一鸣经历了 4 次"重新开始"：从开发协同办公系统失败到作别"酷讯"，再到关闭"饭否"、放弃"九九房"。屡战屡败，始终乐观。

从旅游搜索网站酷讯到社交网站饭否，再到刚刚结束的房产搜索引擎"九九房"，这位生于 1983 年的创业者终于在自己即将年满 30 岁时，开始打造真正属于自己的那艘船，迎风远航。

生活中没有浪费时间一说，所有经历都会让你受益。张一鸣回忆：

"2010 年左右出现了很多关注类的产品，你关注一个人一个话题，这个人发的内容都会持续地给你。……信息的分发不仅只有人和话题这种颗粒度，比方说一个人你可能喜欢看他写的科技，但你不喜欢看他写的中医。一个话题你可能喜欢看专家写的，不喜欢看新手写的，所以有更多更多的特征，包括在美国，有 Reddit 这种产品，用热度来排序内容。每个用户的投票把热门的内容排在前面。所以我在想，理论上应该存在一种方式，能够把社交的特征，把地理位置的特征，把用户热度的特征，把用户历史阅读兴趣的特征，对作者关注的特征都放在一起，来进行推荐。

这是一类理论上成立但现实中还没出现的产品，我看了 Alexa 上前 1000 名的网站，并没有做得很好的这类产品……到了 2011 年下半年，我当时注意到这个移动智能手机发货量持续地上升，2011 年相当于 2008、2009、2010 三年的总和，并且注意到人们获取信息越来越习惯用手机作为介质，而不是报纸。手机有什么特点？手机屏幕小，一个屏幕只能放 4～5 条内容，其次手机随身带，是人的唯一标识设备，第三手机有很多传感器，它知道你的位置，甚至知道你的速度，它也是一个实时联网的设备。不仅你在用手机，手机也在观察你的动作。我觉得理论上可能的事情，现实中有机会出现了。2010 年前后，机器学习、大数据、云计算这些概念也就兴起了，概念兴起的背后是技术的兴起。我有机会让理论上成立的事情在现实中出现，甚至如果是第一个做这个事情的人，有机会让它提前到来。

"所以在 2012 年初，我创立了今日头条。当时有人问我，这个事情很多人做过了，你为什么还要做？恐怕是这个事不行吧。因为这已经是第二拨、第三拨（人）做个性化推荐的事情。也有人问我，有没有不要这么复杂的技术去实现这个事情，或者有人说门户已经在做这样的事情了，而且门户已经非常强大了，你能不能超过一个门户呢？这些都是用现有的一个思维框架来限定了可能性。"①

张一鸣曾在这一年的一条微博中提到："feed 精准推送我一直认为这是商业化的最大可能渠道。"张一鸣希望能够改变信息分发的方式，从门户时代的编辑分发升级到基于大数据、机器学习的人工智能分发。机器能够专门为每个顾客量身定做信息。

曹国伟曾用新闻的"5W"概念解释过今日头条的信息分发与传统编辑信息分发的区别。他表示，今日头条是基于算法模型，搜索本身也是个算法，只不过在 PC 时代是特别占主导的一个东西，移动互联网带来的数据是 PC 互联网无法比拟的。PC 时代的搜索只能解决新闻的"What"，用户搜了什么代表对什么感兴趣。但是移动时代 5 个 W 都可以回答：用户是谁（Who）？用户和谁有社交关系（Whom）？实时发生的信息（When）？用户在哪里（Where）？ PC 和移动端数据信息不是十倍差别的概念，是几百倍差别的概念。

5 月，张一鸣推出实验性产品"内涵段子"。技术结构几乎完全一致的今日头条很快在 8 月被正式推出。字节团队热衷于使用微博大号和网络用语。前两款产品的名称都来自微博同名营销号，也就是说，当时已经有了微博大号用"搞笑囧图"和"内涵段子"作为名称，而今日头条的两款产品的命名恰似对这些微博大号的"致敬"，这种方式在产品早

---

① 张一鸣，2015（第十四届）中国企业领袖年会，2015 年 12 月 6 日。

期确实能蹭到不少流量。

就这样，字节跳动的创业旅程终于开始了。

张一鸣希望通过互联网把新闻、故事、图片聚集在一起，根据每个用户的喜好个性化推送。机器分发这一模式不需要任何编辑人员。实际上，除了张一鸣，还有很多公司在这个方向上进行布局。红杉资本曾经拜访了新浪、搜狐、小米、腾讯等公司，它们都要做这个方向，因此红杉拒绝了对字节跳动的 A 轮融资 [①]。

张一鸣回忆，2012 年，今日头条 App 发布后不久，他在锦秋家园六楼办公室叫上所有产品经理（PM）与研发人员（RD）开会，核心议题便是"要做一个信息平台，势必要把个性化推荐引擎做好"。

"在当时，做推荐引擎对创业公司来说，难度还是很高的，那时候有很多人在做类似的 App，有些人是靠不可扩展的运营，有的人尝试通过简单的定制实现个性化，真正下决心做推荐引擎的公司很少，失败的很多。"张一鸣称。

"但我们觉得，如果不解决个性化问题，字节跳动的产品只是做些微创新，也许能拿到一些移动互联网的红利，但不可能取得根本的突破，不能真正地创造价值。在任何时候都要努力从根本上解决问题。"

为了做好推荐引擎，张一鸣找到了《推荐系统实践》这本书的作者，问他要一本电子版看看。作者说书还没出版，不肯给张一鸣。张一鸣只能网上找资料，自己想象着写出了第一版的推荐引擎。[②]

这年 8 月，今日头条的第一个版本上线。用户使用微博、QQ 等社交账号登录今日头条时，它能在 5 秒钟内通过算法解读使用者的兴趣 DNA，用户每次操作后，10 秒更新用户模型，使用次数越多，应用越了解用户，从而为用户提供精准的阅读内容推荐。用张一鸣的话说，这款使用人工智能技术的应用程序，"让每一个用户，每时每刻，都能看到属于他们自己的资讯头版。"

---

① 此后很长一段时间，沈南鹏一直遗憾于这一年没有亲自参与与张一鸣的这次沟通。

② 这本书的作者后来加入了字节跳动公司。

不同于 Facebook 和 Twitter 这样需要用户手动积累朋友建立关系的应用，今日头条这款应用不关心用户认识谁，只关心用户喜欢什么。用户不需要注册，就可以直接看文章。而今日头条则会基于用户对一段内容的反应，比如是阅读了整篇文章，还是只读了几句话，在某个段落停留了较长时间，返回前面读过的内容再读一遍，发表评论等等行为，用背后的技术开始描绘一个用户是什么样的人，他想要什么。

一个运转良好的数据飞轮，就这样形成了：用户越多意味着数据越多，数据越多意味着算法更聪明；更聪明的算法意味着更多的用户。

上线 90 天，今日头条便收获 1000 万用户，2012 年底，这款应用日活跃用户数量（DAU）达 100 万。

投资人曹毅回忆："有一次去美国拜访 Google、脸书等公司，离开时和张一鸣去了金门大桥。面对波澜壮阔的场景，张一鸣有感而发，自己创立今日头条，写商业计划书时计算，5 年时间会做到 1 亿 DAU。计算逻辑是中国总新闻人群是多大，今日头条这种方式会是怎样的渗透率，今日头条则会占有怎样的位置获得怎样的市场份额。张一鸣想问题有十足把握才会做，张一鸣是很保守的人，一件事会翻来覆去想得很清楚、算得很清楚。但是对于很稀有的大的机会，他会要求自己必须拿下，付出所有精力。"

张一鸣心中的格局远远不止一个今日头条。除了"今日头条"，字节跳动旗下还有"内涵段子""搞笑囧途"等 12 款应用。"越是在移动互联网上，越是需要个性化的个人信息门户。我们就是为移动互联网而生的。"张一鸣说。

在外界看来，字节跳动似乎永不满足，永远在延迟"满足感"。但在生活上，张一鸣似乎又非常容易满足。

这年 5 月，张一鸣在豆瓣账号标注自己刚刚阅读完 *How to Read a Book: The Classic Guide to Intelligent Reading*。以"重度信息获取症患者"自居的张一鸣说他自己有三个电子阅读器，三个大书柜也塞得满满当当，图书开销一年 2000 美元，折算成人民币就是 13000 元。他的夜生活，不是在阅读，就是在夜宵。

谈起自己的生活状态，张一鸣称每月花费还不到 3000 元。"我觉得奋斗的目标不是为赚钱和享乐，当然经济回报是重要的，但是我越来越觉得不是最重要的了。"张一鸣对奢侈品、手表、汽车、烟酒都没爱好。支撑他的是自我实现，希望有更多的创造体验，更丰富的人生经历，希望遇到更多优秀的人。

张一鸣在几年后回顾自己的创业初衷时曾表示：

"很多人创业的目标是赚到第一桶金，我其实没有这个概念，我创立公司的时候从来没有想过赚第一桶金，不是以这个为目标。我自己是一个信息获取的重度用户，我在想如何更有效地获取信息，除了我自己有效获取信息，如何帮助用户更好获取信息，如何帮助用户更好交流。从这个角度上讲，我也不是一个生意人，这就是创业与做生意的对比。以前做生意是说'人傻、钱多、速来'，创业的时候我们一般说这个事情是一个新技术、新的商业模式，这是做生意跟创业的区别。"[1]

属于移动互联网时代的信息赛道战争，在悄无声息之中，正式打响了。只是这一次的战争，由于传统巨头留恋旧战场，让字节跳动这家公司一帆风顺地跃入了信息赛道的中原地带。

微信开始收割世界

2012 年 6 月 1 日，张小龙在腾讯微博上发表了他最后一条原创微博——"连沙特阿拉伯人都在狂用微信。微信在多个地区 sns 类下载第一了"。

《商业价值》杂志曾刊发过一篇标题为《微信是什么》的文章，对微信进行了比较准确的定义。微信在用户的移动设备存在的价值不再是单纯的即时通信工具，它是一个万能的节点，连接用户的需要。坐拥这

---

[1]　张一鸣，"未来中国青年领袖"大型公益演讲，2015 年 9 月 5 日。

一个万能的节点，腾讯就可以再一次上演全方位布局的戏码。

腾讯微信作为巨头布局移动互联网的成功案例，商业价值开始呈现。2012 年，微信用户达到 2.7 亿，预计 2013 年 1 月初突破 3 亿。QQ关注指数呈下降趋势，微博用户也在分流，对运营商造成冲击。随着用户量的提升，微信 4.0 版本技术平台对外开放 API（应用程序编程接口）。

7 月，张小龙在腾讯内部做了 8 小时 20 分钟的演讲，178 页的 PPT，他一直滔滔不绝地讲，根本不给人提问和打断他的机会。演讲谈到哲学和艺术，谈到性和暴力，谈到对人性的理解。他说做产品就是要让用户爽。产品经理需要了解人性和群体心理，如同上帝一样，建造系统并制定规则，让群体在系统中演化。

张小龙演讲主题是"微信背后的产品观"。腾讯为此开设 17 个分会场，同步直播讲座，参加者超过 1700 人。张小龙这次演讲的结语是："我所说的，都是错的。"

张小龙认为，Facebook、Instagram 这些产品解决了人的"存在感"问题。所谓存在感，是指人离开了社交网络就觉得自己与人群脱节、被孤立而无价值。

这些产品在中国不能普及，是因为中国人面临的问题比存在感还低一个层次，中国人面临的问题是"生存感"。中国有这样一个群体，他们既有生存感的压力，又有存在感的渴望，这群人就是"屌丝"。张小龙认为，中国互联网的主题是用户心理和需求，应从了解"屌丝"群生存和心理状态入手，搞清了"屌丝"，就把握住了用户群。

8 月，微信上线了公众平台。为了增加用户的停留时间，增加微信的公信力，让其不仅仅局限于熟人社交，微信开启了公众号业务。

雷军：小米 2 代，"碉堡"了

手机系统，无疑是一个明显的移动互联网入口。

7 月 25 日，阿里巴巴正式发布云智能手机操作系统，命名为"阿里云 OS"。这一年，中国移动互联网高速发展，各企业都纷纷把自己的 PC Web 互联网的功能翻新成 App 版本。

华为、锤子也正式宣布进入智能手机领域，甚至连 360 和海尔也联合推出超级战舰手机，就连腾讯也谨慎地做了一个手机 ROM。每一家公司都想从智能手机硬件、智能路由器和域名系统（DNS）、操作系统（OS）、应用商店、通信 IM 超级 APP 身上掘金。

但这一年，在手机硬件与系统领域，小米才是真正的赢家。

8 月，小米发布小米 2 代手机。雷军在发布会上喊出："只有三个字可以形容小米 2 代，'碉堡'了！"

小米火了，社会上出现一个有意思的现象：很多人拼命学小米。当时出现了很多互联网手机品牌。后来加入小米的原"小辣椒"创始人王晓雁，曾在一场小米内部讨论会上，讲了当初他是如何学小米的。一堆照葫芦画瓢、似是而非的模仿，尽管只是学个形似，在当时，居然也很管用。

手机品牌太多了，还有叫"小米"的卖手机。我就取了个"小辣椒"。现拿笔记本一边取名，写在黑板，一边上商标网搜有没有被注册。什么小南瓜、小土豆，我搜了一遍，"小辣椒"没被注册，马上注册。第二个说要极致性价比。我当时做了个双核的四寸屏，699（元）。我当时 BOM 成本 730（元）。

我当时总结的时候，第一要弄个官网，自己卖，要不然你亏钱。第二还有个微博，得有个大号。雷总有，我不是。我找谭文胜跟我合作，我说你天天负责发微博，他还有 200 万粉丝。这极致性价比我做到，还弄个论坛。我当时这么看小米的，小米是怎么成功的。你别说，就我们这么简单的粗糙的模仿，我们在当时也取得了我们认为的成功。我们当时也可以开售一次，一小时 2 万台。当然无法跟小米比，但是在深圳我也创造了小纪录。我当时就感觉，我跟雷总很接近了。[1]

---

[1] 小米十周年公开演讲，2020 年 8 月 11 日。

旧战场的新故事

信息搜索领域，战事从不间断。

8 月 21 日这天，360 将 360 浏览器默认搜索引擎由 Google 正式替换为 360 自主搜索引擎，奇虎 360 正式进军搜索市场，并迅速获取了 10% 的市场份额。

被媒体调侃的 "3B 大战" 一触即发。"3" 是奇虎网旗下产品 360 的简称。奇虎网拥有产品含：360 浏览器、360 安全卫士、网址导航。"B" 自然是指百度。360 新推出 360 自主搜索引擎，向搜索引擎市场一家独大的百度发起了一场网络资源战。

如果从市值角度衡量，2012 年的百度正处于巅峰时刻。李彦宏在年初刚刚蝉联了福布斯全球富豪排行榜中国首富。在 BrandZ 全球最具价值品牌榜单中，百度一举成为亚洲排名第一的科技品牌。

张一鸣后来感慨道："当初各个公司都在围绕一些旧战场或过渡战场在竞争，没有往前看。现在看来，应用商店、PC、传统的搜索引擎业务等都是过渡战场，他们还是太迷恋旧的战场或者旧的事物。现在也是一样，他们倒回来跟头条竞争，可能会影响看新事情的注意力。"①

从 PC 互联网到移动互联网，自由之风劲吹的开放大陆，被快速拆分为数个孤岛。孤岛尝试自给自足。大趋势几乎所有人都可以看到，选择入场的时机更考验眼光。

程维创办滴滴

6 月，在阿里花名为 "常遇春" 的程维终于下定决心，从支付宝离

---

① 潘乱：《腾讯没有梦想》，2018 年 5 月 5 日。

职创业，并成立了一家名为"小桔科技"的公司，主攻方向是一款目标激活存量汽车的智能出行软件"滴滴打车"。

与如果创业失败，就只能回家继承家业的王兴不同，程维是个普通人家的孩子。

当时英国的打车应用 Hailo 刚拿到融资，程维这位不会开车的"80后"，就想到用打车软件来解决打车难的问题。

程维毕业于北京化工大学。戏剧性的是，与程维一同考入北京化工大学的，还有一个叫陈伟星。但三个月后陈伟星选择了退学复读，第二年去了浙江大学，后来成了"快的打车"最初的创始人。

程维从北京的朝阳搬到了海淀中关村。为了省去中介费用，程维带着团队沿着北四环，一栋楼一栋楼地"扫楼"，寻找合适的办公室。这时候整个滴滴的初创团队只有 80 万元人民币。最终程维在海龙 E 世界 C980 房间租到了一间一百来平米的房间，这间房原本是楼下卖场的一个仓库。

在产品上线时，北京只有 16 个司机在使用滴滴，程维从后台看到的是孤单的 16 盏灯，略感失望的程维还是希望能够持续完善产品，至少不让这 16 个司机失去对滴滴的信心。竞争对手摇摇招车团队开始去机场拓展司机客户，司机往往有一个小时在机场的"蓄车池"中进行排队，摇摇团队有充分的时间去说服司机使用他们的产品。一般用一周左右的时间，他们就能把所有跑机场的司机接触一遍。

滴滴用 4000 元的价格租下西客站的一个摊位，西客站的车与机场 1 个小时蓄车池不同，出租车会快速挪动。滴滴团队需要在极短的时间内向司机宣传。主要说三件事：滴滴是什么？如何安装？如何使用？这几乎是不可能完成的任务。滴滴团队研发了一套流程，可以在 30 秒内将滴滴模式讲清楚。首先问司机手机型号：

"你是不是诺基亚手机？"不能问是不是智能手机，司机也不知道自己的手机是不是智能手机。如果不是诺基亚，那大概率是智能手机，那就把司机的手机要过来。其实滴滴团队是没有时间在司机的手机上打开应用商店去下载的，信号也不好。滴滴团队开发了一套电脑程序，把手机连接到电脑上面，一键就装上。装上的同时会给司机一张传单，教他如何使用滴滴。最后告诉他一句话，"装上滴滴一个月可以收入多几百块甚至一千块，你试一试"。

很多司机虽然下载了滴滴并尝试用滴滴接客，但发现并没有什么客人会使用这个软件。甚至有司机质疑滴滴是否是在与运营商勾结，骗大家的流量。

如果这个冬天滴滴不能突破一万司机数量，大概率会死掉。程维为了拉客，甚至将滴滴的海报贴到了自己小区的电梯里面。

要努力到无能为力，上天会给你开一扇窗，不要轻言放弃。滴滴的天时终于来了。

11月3日，北京下了一场多年未见的大雪，很多人发现打不到车，其中零星有几位由于此前曾看过有关滴滴的报道或者接触过滴滴的一些宣传，尝试性地用了下滴滴。一些下好软件的司机手机上的软件开始报单。

从那天晚上之后滴滴的口碑开始传开，司机们发现滴滴这个东西是真的，真的可以接到一些单子。下完这场雪后，滴滴第一次过一千单。后来滴滴的市场部门感慨："所有的努力都不如去看天气预报。"

不要听王坚瞎扯，他是个骗子

这年5月末，李彦宏在张家界的百度联盟峰会上说："在若干年前的IT领袖峰会上，我曾经说过，云计算是'新瓶装旧酒'，同样一个问题每两年要问自己一遍，可能结果会不同，关于云计算的问题，现在的答案确实是不一样的，云计算里已经开始有了'新酒'。"

云计算，开始被中国科技互联网公司所重视起来。但此时，王坚所带领的阿里云，还处在比较艰难的时刻。

2012 年阿里云年会，王坚在台上掩面而泣，泣不成声。70%～80% 的员工转岗或直接离开阿里。

在一次总裁会上，有参会者向马云直言："马总，你不要听王坚瞎扯，他是个骗子。"每一年，在阿里内部都有关于"王坚不行了""阿里云要散了"的传言。甚至有员工公开在公司内网挑战阿里云。有员工的帖子名直接写为《王坚，你为什么要放弃》。更有员工直言："云手机事业做得一败涂地，浪费了多少资源。王博士还高升 CTO 了？费解。""王坚博士会不会写代码呀？"

王坚回忆：

"第一次见面我印象最深的，或者最初几次见面，我决定到阿里巴巴来的最重要的一句话，马云说了一句话，'我觉得我们是可以一起共事的。'十个亿这句话，最了不起的，不是说你要做这件事情的时候你拍个板花十个亿做。马云说这句话的时候，是在阿里云最困难的时候，大家最不想干的时候，他当时说不管怎么样，我们每年花十个亿做这件事情。做了再说。我其实感动的也不是十个亿，实际上那个时候每年也没有花掉十个亿，但这是一个决心。

"所谓的创业就是说你自己要想明白的一件事情是什么，你愿不愿意为这件事情做十年。如果你自己不愿意做十年，你不要去要求别人跟你做十年。所以当时我记得，我们这里很困难的时候，我们有一次开会的时候，有一个同事站起来，当时他哭着跟我说了一句话，他说王博士，我保证是最后一个离开阿里云的同事。他当时说得很认真的，但是我这个人比较实话实说，也不太领情。我说你最后一个离开跟我有什么关系嘛，你要是最后一个还在的人还有点意思你知道吗？你都最后一个离开了。

"对于创业来说，有最后一个还在的人是重要的，我自己的心态是什么呢？我经常跟我们当时离职的员工说，我保证的一件事情是什么呢，我明年还在这儿，那明年你在不在这呢，我不会苛求你。你觉得很有道理做的事情，他不见得一定有道理做。社会就是那么丰富，社会就是那么不同，社会就是因为有人要去做别的事情，你留下来做这件事情才有意义。"

马云：叫天猫，你觉得好不好？

1月11日，淘宝商城更名为"天猫网购"，张勇在发布会上宣布："从现在这一刻开始，淘宝商城已经成为了历史，我们将迎来一个新的名称叫天猫。"这个奇特的名字让现场的观众有些摸不到头脑。不过张勇向观众们表示"相信大家叫着叫着就顺口了，听着听着就顺耳了"。

马云为淘宝商城想了一个新名字："天猫"。

马云问阿里负责市场公关的王帅："叫天猫，你觉得好不好？"

王帅回应："当然好，你是市场天才。我想一想我理解一下。"王帅接着对马云说："这个名字怎么叫成功了，如果逍遥子（张勇）一听，他眼珠子如果掉下来，这个名字肯定是成功了。"

王帅找到张勇说："明年淘宝商城要花巨额推广费进行推广，但是我们得改名，叫天猫。"张勇思考了十几分钟，接受了这个名字。但张勇坚持，新名称发布会王帅必须一起参加。[①]

事实上，早在2010年11月，淘宝商城就启用了独立域名，2011年6月，商城正式从淘宝网分拆出来独立运营。关于天猫的命名，马云曾在2018年11月的阿里巴巴校友见面会上解释："天猫，猫有九条命，我们输了再来一次，还能扛下去，当时我跟逍遥子（张勇）讲，我就是喜欢天猫，大家却觉得天猫太丑了。"

很明显，阿里有意让"天猫"这个全新的名称成为阿里B2C平台的代名词。[②]

---

① 王帅，在优米网分享。

② 王姗姗《张勇："天猫"与"淘宝"使命不同》，财新网，2012年1月31日。http://special.caixin.com/2012-01-31/100351260.html。

　　由于谁也不知道"天猫"是什么样子的，天猫的 logo 设计一时成为一个难题。恰好此时，有网友发现，在第五套人民币 100 元钞票上竟然"潜藏"着 6 只形态颇为呆萌的猫。人民币上出现的"跪拜猫"给了阿里巴巴灵感。王帅马上找到法务抢注下了天猫 logo 的黑猫形象。

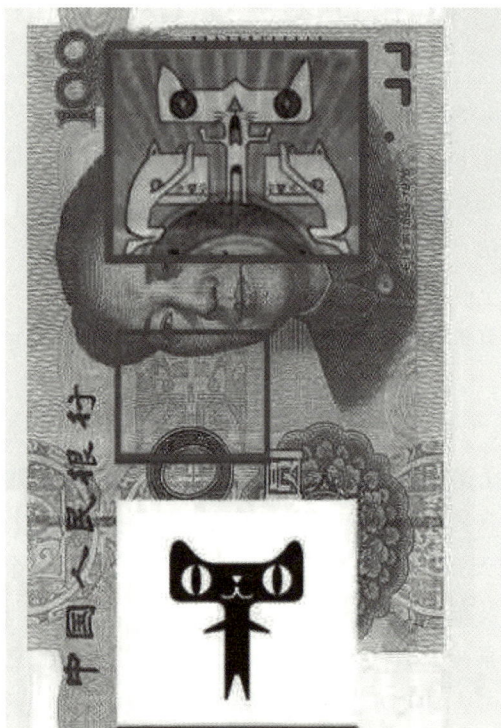

图 19-3　人民币上的"天猫"

　　在 2012 年初，马云做了 2 个重要的人事决定：第一，全年人员增长从最早版本的 8000 多人，直接砍到了 200 人；第二，推动中高层进行大轮岗。要知道，阿里巴巴从 2009 年到 2011 年，每年都要增长 5000 人左右，这几乎已经成为组织的一种肌肉记忆。马云非常清醒，刚刚人员突破 2 万人的阿里巴巴，一旦人口继续爆炸，公司的文化很容易被快速稀释掉。

　　马云曾在 2011 年 1 月 19 日的物流合作伙伴发展大会上，对控制员工数量进行过一番解读："任何一家公司短短一两年就业人数、员工人数翻两三番，非常难管理。我自己问自己：阿里巴巴这10年，我感到骄傲的是什么？不是阿里巴巴有这么多业务，骄傲的是拥有22 000名员工，这22 000名员工的管理、培训、成长非常难。"

6月20日，阿里巴巴正式退出香港联合交易所。阿里B2B公司当天报收13.42港元/股，稍低于其上市时的发行价。

2012年"双十一"的前一天晚上，马云在万塘路口华星时代广场向张勇叮嘱，要从现在的"做事用人"走向"用人做事"。前者是掌舵人把事情怎么做想得清清楚楚，但随着团队、组织的复杂，要考虑整个板织每个板块结构怎么设计。"用人做事"指事情怎么干，掌舵人也没想清楚，需要这方面的专家，而掌舵者就要去找到最有可能把这个事情想清楚和做出来的人，让他来带一个合适的组织。

截至2012年11月底，淘宝与天猫整体GMV（商品交易总额）突破1万亿元，"双十一"一天交易额达到191亿元，超过万家品牌参与。

12月12日，在CCTV的2012中国经济年度人物颁奖礼上，几乎所有人都身穿西装出席。马云则身穿浅蓝色毛衣加休闲裤，还戴了一条黑黄相间的围巾。现场参会者极容易感受到马云浑身透露着自在和自信。

马云在获奖感言环节表示："电子商务今天不是模式的创新，是生活方式的变革。很多人看成是商业模式，事实上它在影响一代一代人。电子商务今天一万亿只是刚刚开始，现在所做的只是对传统零售渠道的变革，未来三年五年，将进入生产制造的变革，直到影响生活方式的变革。"

在这场活动中，作为电商代表的马云，还与传统零售的代表人物王健林在台上进行了一场知名的亿元豪赌。

王健林在台上表示："电商是一种新模式，确实非常厉害。特别是马云做了以后。大家要记住中国电商，只有马云一家在盈利，而且占了95%以上份额。他很厉害。但是我不认为电商出来，传统零售渠道就一定会死。"

马云回应："我先告诉所有像王总这样的传统零售（从业者）一个好消息，电商不可能完全取代零售行业，同时也有一个坏消息，它会基本取代你们。"

王健林表示，他与马云早就对这个问题有过讨论。王健林称他和马云之间有一赌，"2022 年也就是十年后，如果电商在整个大的零售市场份额占了 50%，我给他一个亿；如果没到，他给我一个亿"。①

马云称："光有勇气是不够的，尽管我们都需要勇气，在机枪面前，这个形意拳、八卦掌、太极拳是一样的。"

外卖，一个属于 100 个城市的大生意

2 月 19 日，王兴在饭否上发帖，分享了一个小故事：

上周五开会时一个年轻同事的一句话至今回荡在我耳边。当时大概是晚上 12 点，讨论接近尾声，需要有人整理会议记录，涉及流程图的部分用 visio 画比较好。我问她会用 visio 吗，她毫不犹豫地说"我可以学"。这四个简单的字里有无穷的力量。

一天夜里 12 点，一位下属跟王兴诉苦讲业务中的困难。王兴听完沉默了一会儿，对着这位同事说了一句话："你知道什么是真正的企业家精神吗？知道自己的目标是什么，想着如何实现目标，不管自己现在拥有什么，哪怕手上什么都没有。"

围绕实现目标，持续学习和实践，或许就是王兴的真正竞争力。在王兴眼里，商业竞争犹如一场马拉松比赛，大众不会看有多少人已经退出比赛、最后几名现在情况怎么样，大家永远只会关注最前面几个。

"我认为团购的竞争跟马拉松比赛一样，大家只会看前面。后面发生的事情，可能即将发生，可能已经发生，没有人会知道。对未来越有

---

① 根据 2021 年的数据，电商在社会消费品零售总额中的占比仍然无法达到 50%，大约只有 25%。

信心，对现在就越有耐心。"

"千团大战"中，美团一直在熬和等。果然，2011 年底开始团购市场上就陆续有玩家死掉。到 2012 年 8 月，Groupon 市值缩到了只有 22 亿美元，资本热情彻底冷却，大部分玩家提桶跑路。[①]

2012 年，王兴在内部成立了一个名为创新产品事业部的新部门。王兴的创业伙伴王慧文与公司的销售明星沈鹏是这个部门仅有的两名员工。围绕王兴的"四纵三横"地图，两人开始研究其技术究竟在什么节点真正有机会打穿需求，提升效率。

在尝试做外卖前，美团已尝试做过 8 款产品，都失败了。王慧文和沈鹏意外发现，外卖业务数据表现惊人，高频用户一周会购买 3 次。而这时候美团的外卖测试页面设计还非常原始简陋，需要美团的人自己去饭店订餐和配送。

饿了么 4 年发展了 8 个城市。王兴认为，这样的速度过于缓慢。美团直接选出 20 个城市进行试水。前 18 个直接按城市 GDP 选出，另外 2 个城市则是全国 GDP 排位在 100 左右的威海和济宁。结果全部 20 个城市效果都很好。王兴意识到，这是一个属于 100 个城市的大生意。

为了避免直接和饿了么拼刺刀，美团优先发展饿了么尚未进入的市场。数据显示，一旦饿了么抢先进入某个城市，美团跟进的获客成本将是饿了么的 3 倍。

这个市场足够大，但更需要足够快地抢占市场。

"千团大战"中，与大部分竞争对手不一样，王兴坚持不打线下广告。美团主要在线上打广告，如在搜索引擎上购买竞争对手的关键词。王兴也给员工们算过一笔账，线上广告投入 10 元，实际上能够换来线下广告投入 30 元所取得的效果。王兴认为，团购本质上是一个低毛利的生意，一切需要精细化运营才能保证健康。

这年 3 月，王兴在内部讲话"如何度过行业寒冬"分析：

电子商务还是很泛的范围，美团网不会泛泛说我们是在开放的平

---

① https://www.woshipm.com/it/5264088.html。

台上做电子商务，我们要做的是本地电子商务。之前电子商务发展了很多年，因为有京东卖电器以后，凡客卖衣服卖得非常成功，主要是实体的电子商务，这是非常大的一块。生活中还有一大块不是实体消费，这是两种不一样的电子商务形式。后者我称其为本地电子商务，因为这个电子商务里涉及的商家主要是提供本地消费服务的商家，是餐馆、理发店、美容店、电影院，这类商家有很强的推广需求，有很强的互联网推广需求，以团购方式可以很好地把互联网用户和本地需求结合起来。

2012 年，情况跟原来不一样。市场上一度有 5000 家团购网站，多数是非常小的、没有战斗力的乌合之众，已经慢慢退出市场，剩下几家都不是等闲之辈。我们在战略上要藐视敌人，但是在战术上要重视敌人。在战略上，我们要相信我们的共同努力会让我们公司成为最好的本地电子商务公司，一个伟大的互联网公司；但是在战术上，我们要重视每一个对手，它们有许多可取之处。不说点评网，包括拉手、窝窝、糯米、58 团购，或者其他团购网，或多或少都有值得我们学习的地方，我们应该充分学习行业内所有先进经验。不光要学习团购行业的，而且要学习其他行业的，包括整个电子商务、整个互联网甚至所有企业运作的先进经验，所有适合我们的，我们都应该学。

2012 年，移动互联网时代真正到来

茨威格在《人类群星闪耀时》写道："在命运降临的伟大瞬间，命运鄙视地把畏首畏尾的人拒之门外。命运只愿意用热烈的双臂把勇敢者高高举起，送上英雄们的天堂。"

这一年，移动互联网的"天时""地利"全面具备。CNNIC 发布的报告显示，截至这年的年底，手机网民规模为 4.2 亿，使用手机上网的网民规模首次超过台式电脑。

每一波技术浪潮，都是建立在上一波技术浪潮之上的。在叠加效应之下，新一波的技术浪潮中的技术会呈现指数级的波动增长。

PC 互联网时代，最清晰的商业模式是广告，而搜索引擎则是广告模式的最强印钞机；在移动互联网时代，人们一直在思考：手机的屏幕这么小，还放得下广告吗？最终，字节跳动的 feed 流广告，成为解答这道难题的钥匙。

移动互联网浪潮，汹涌澎湃到来。过去 10 年，全球互联网市场是"美国的全球市场，中国的中国市场"，可在未来 10 年，一大批中国创业者，开始追求"美国和中国的全球市场"这一理想愿景。

《人类简史：从动物到上帝》是尤瓦尔·赫拉利创作的历史类著作，于 2012 年首次出版。这本书中，提及了一个非常有趣的问题：是人类驯服了小麦，还是小麦驯服了人类？

如果从小麦的视角，来看人类社会的农业革命，在 1 万年前，小麦只出现在中东一个很小的地区。但在 1000 年内，小麦快速传遍了全球各地。小麦成功的秘诀在于操纵智人，为其所用。智人这种猿类，原本主要依靠狩猎和采集生存，一直到大约 1 万年前，开始投入精力来培育小麦。而人类在进入农业社会后，所出现的例如椎间盘突出、关节炎等疾病，正是因为培育小麦而出现的。智人这种猿类，原本靠着狩猎和采集过着颇为舒适的生活，直到大约 1 万年前，才开始投入越来越多的精力来培育小麦。

到了 2012 年，一种"新型小麦"出现了：人工智能。

【战略金句】

◇ 马云：任何一家公司短短一两年就业人数、员工人数翻两三番，非常难管理。

◇ 张一鸣：大众的判断，有时候跟事实可以差很远很远。

◇ **王兴**：你知道什么是真正的企业家精神吗？知道自己的目标是什么，想着如何实现目标，不管自己现在拥有什么，哪怕手上什么都没有。

◇ **王坚**：所谓的创业就是说你自己要想明白的一件事情是什么，你愿不愿意为这件事情做十年。如果你自己不愿意做十年，你不要去要求别人跟你做十年。

扫码阅读本章更多资源

2013

分庭抗礼

混乱不是深渊，混乱是阶梯。

——美剧《权力的游戏》第三季，2013

功夫，两个字，一横一竖。错的，躺下喽。站着的才有资格讲话。

——电影《一代宗师》，2013

央视广告收入在 2013 年达到了 159 亿元，同比增长 11%。而百度的广告收入，则在这一年首次超过央视。

可以说，从 2013 年开始，互联网已经成为中国最大的广告媒体。中国的互联网公司，也从这一年开始，真正走到了中国舆论场的中央地带。没有人能够再忽视互联网公司的力量。

12 月 4 日，工业和信息化部正式向中国移动、中国电信和中国联通三大运营商发放 4G 牌照，中国 4G 网络正式大规模铺开。4G 网络建设推动了中国网络媒体视频化大发展。随着更多网民开始使用 4G 网络，移动互联网的故事，变得更加精彩了。

这一年，种子轮基金 Cowboy Ventures 的创始人 Aileen Lee 提出了"独角兽"的概念。"独角兽"指代那些具有发展速度快、稀少、是投资者追求的目标等属性的创业企业。标准是创业十年左右，企业估值超过 10 亿美元。其中，估值超过 100 亿美元的企业被称为超级独角兽。根据统计数据，2013 年的独角兽企业有 37 家。

"独角兽"概念提出后，迅速在全球科技界和投资界得到了认可，相继有包括 TechCrunch、CB Insights、Digi-Capital、《华尔街日报》、《财富》在内的多家研究机构公布了自己的"独角兽"榜单。

不论是国际市场，还是中国市场，越来越多的"独角兽"开始出现了。

特斯拉首家体验店落地北京

10 月 2 日，一辆特斯拉 Model S 在美国西雅图的公路上撞车起火，事故现场的图片和视频很快传遍互联网。这辆汽车前部着火，轮胎冒火，驾驶舱和汽车后部没事。

特斯拉 Model S 是一款安全性很高的电动汽车，但视频的传播让公众对电动汽车的安全性平添了很多疑问。特斯拉的股票在两天里跌了 10%。

在汽车起火的当天，特斯拉第一时间联系车主确认了其安全，并发布紧急声明，承认着火的是特斯拉 Model S，但解释说是因为撞上金属物体才起火，并不是自己着火。马斯克则通过 CEO 公开信解释了事故的经过。马斯克表示，事故的原因是汽车撞上金属物体导致一个电池组受损，但火焰只在车辆前部，并没有进入车厢。

马斯克还用数据来让公众安心。马斯克表示：美国全国的数据显示，每年有 15 万起汽车着火事件，而美国人每年要开 3 万亿英里。也就是说每 2000 万英里就有一辆车着火，而特斯拉汽车开了 1 亿英里，才有一起着火事件。这意味着开传统汽油车着火的概率要比开特斯拉汽车高 5 倍。

马斯克的及时回应让特斯拉在起火危机中得到了好评，有人说这是"教科书般的危机公关案例"。特斯拉有两点值得学习：第一，及时联系车主，向公众介绍事故情况；第二，对特斯拉汽车起火事故作出了全面分析和解释。

当然，特斯拉的起火事故，并没有减缓其全球化布局的速度。

此时的世界与中国

10 月 12 日，电影《她》上映。这部电影主要在中国上海取景，由美国导演斯派克·琼斯历时 3 年筹备拍摄。

在这部科幻爱情电影中，男主角西奥多在与妻子分居后购买了一款人工智能助手系统，并将其取名为"萨曼莎"。随着相处深入，西奥多逐渐被萨曼莎的智慧和温柔所吸引，并与其发展出深厚的感情。

人们通过这部电影，想象着未来人与人工智能之间可能的浪漫关系。但现实中的技术，正在被滥用到监听等灰色领域。

6 月 5 日，"棱镜门"事件爆发。美国中情局职员爱德华·斯诺登，将其从美国国家安全局中获得的机密文件披露给英国《卫报》等媒体。斯诺

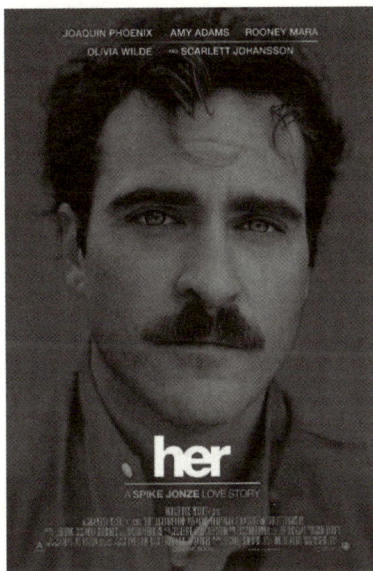

图 20-1 电影《她》海报

登向全世界曝光了美国政府的"棱镜"秘密监听项目。

8 月 6 日，王俊凯、王源、易烊千玺这三位少年以"TFBOYS"的名称作为新时代的"小虎队"组合出道。

2013 年的"双十一"后，天猫发微博称"双十一"销售内裤 200 万条，连起来长达 3000 公里。微博用户"江宁公安在线"质疑这样的内裤每条 1.5 米长。

阿里公关负责人王帅回忆如何化解这段危机：

"我们可能更擅长讲故事。'我们必须捍卫什么'这种词越来越少了。我们只有身段柔软，我们才能完成我们的理想。比方说'双十一'那天，我们一个同事把内裤算错了，说是那天卖出的内裤可以铺三千公里，绕地球多少周。那别人一算你如果绕地球多少周，你这条内裤每个得 1.5 米。直接承认错误挺没面子。马总给我打电话：'我们的内裤那么长啊？'还有人设计了一款内裤，直径达 1.5 米。我跟马总说：'这个事情就怪你，你考大学一分两分的，我们数学都不好。'他说：'那怎么处理？'我说：'那我们就把刚才打电话这几句话如实记录下来发出去就好了。阿里的数学都是马总教的。'如果你认真认错，你不知道会发生更多的其他的麻烦。"

2013 年，中国超越美国，成为全球第一大网络零售市场。

雷军两次拜访马斯克，表达出对汽车的兴趣

雷军两次专门去美国硅谷拜访马斯克，并成为特斯拉的第一批车主。

雷军对这位现实版"钢铁侠"非常崇拜，两人交谈期间雷军问马斯克："10 年前的电动车还不像现在这么火爆，你是怎么看到这个机会的？为什么要选择做特斯拉？"

图 20-2　雷军与马斯克合影

　　而马斯克的回答让雷军终生难忘，他说："我从没觉得做电动汽车是一门好生意，它的失败率比成功率大得多，我只是觉得，这是应该去做的事情，我不想苦等别人来实现。"

　　雷军说："我们干的好像都是别人能干的事，而马斯克干的，都是别人想都不敢想的事"

　　雷军在多年后回忆："十多年前我去硅谷拜访过马斯克，我也是首批特斯拉的车主。我认为特斯拉是汽车史上划时代的伟大公司，马斯克也是非常了不起的企业家。"

王兴：我们做的肯定不是小富即安的事情

　　3月，马云在参加央视《对话》栏目时这样评价生活服务类电子商务："生活服务类电子商务现在是早上五六点钟，它还没开始起来。服务类电子商务将来希望绝不低于制造业、零售行业，但是太难做。它在等待下一个机会—无线互联网，它嫁接在无线互联网上面会成为非常了不起的事情。五六点钟看到了希望，但是又是特别冷，特别艰难的时候。"

同样在这个节目上，马云表示："进入 2013 年开始考核的指标，已经不是什么竞争对手，多少交易额，我们从现在开始考核都是软指标，阿里巴巴要做'四化'建设，第一是市场化，第二是平台化，第三是数据化，第四也是最重要的，是物种多样化。"

在王兴眼中，生活服务类电子商务，或许比"早上五六点钟"更明亮一些。

12 月 9 日，王兴在中国企业领袖年会上谈道：

"美团从 2010 年开始创业，到现在接近 4 年，我们做第三产业的电子商务。现在中国第三产业或者是本地消费服务业的电子商务基本上始于 2011 年。我们一边通过手机、通过互联网对接消费者，C 端的用户；另一方面是连接分布在全国各地的各种商家，我们称之为 B 端的用户，例如餐馆、医院、酒店。从一开始在 PC 上面，到 2011 年初我们开始做手机的移动端应用，过去两三年很多用户往移动端迁移，所以我们也跟着往移动端迁移，因为我们把用户放在第一位，我们到用户所在的地方。他们转向手机，我们也转向手机。所以，现在我们基本上有 60% 的交易是发生在手机上面。"

有意思的是，2013 年，王兴还贴出了他的规划：2015 年 GMV 过千亿、2020 年突破万亿。2020 年对于美团，无疑是个里程碑之年。从 2013 年开始，中国 GDP 结构中，第三产业占比就已超过第二产业。王兴一直盯着的都是这个数十万亿的大市场。

王兴在内部讲话中也分析道：

"我相信 2012 年是第三产业产值小于第二产业产值的最后一年，而美团恰恰做的是第三产业，是服务业的电子商务。本世纪第一个十年是传统电子商务蓬勃发展的十年，到 2010 年初，随着团购的发展，O2O 才真正开端。我相信本世纪第二个十年会是一个 O2O 的十年，而团购因为非常好地契合 O2O 最重要的特征——线上交易，线下消费，所以是一个非常好的切入点。"

根据王兴的说法，此时美团已拥有 4000 万消费者和 20 万合作商户。王兴表示："到 2020 年的时候，当 O2O 的前十年结束的时候，我相信美团全年的交易额能超过一万亿。"

2013 年，美团总计完成了约 160 亿元的交易额。按照官方统计，中国餐饮业一年交易约 2 万多亿元，其中酒店 2000 多亿元、电影 200 多亿元，整个线下交易市场加起来有接近 10 万亿元规模。王兴觉得，美团在规模非常大的时候才能实现盈亏平衡。在这个阶段，追求盈利并不是一件正确的事。O2O 市场一年几百亿元的盘子，美团一方面要扩大自己的市场份额，另一方面要扩大整个 O2O 市场的规模。

2014 年 1 月 6 日，王兴在接受《21 世纪经济报道》采访时直言："我们做的肯定不是小富即安的事情。O2O 是一个至少可以繁荣 10 年的行业。服务业的电商，此前都是小打小闹，只是商务交易。从 2010 年团购兴起至今，还处在方兴未艾的状态，但市场已接近 10 万亿元规模。接下来还会发生很多事情……"

BAT 上演收购大战

这一年，电影《了不起的盖茨比》上映，里面有一句让人印象深刻的台词："世界上只有被追求者和追求者，忙碌者和疲惫者。"

在科技互联网领域，这一年，以"BAT"为代表的巨头公司在更多地扮演着"追求者"的角色，而大大小小的独角兽公司，则成为了追求者们的"猎物"。

百度在这一年，通过收购，在视频、应用商店、团购三大领域均进行了重大布局。

5 月 7 日，百度用 3.7 亿美金收购了 PPS 视频业务全部股份，并将

PPS 视频业务与爱奇艺进行合并。百度称合并后，爱奇艺全平台用户规模、时长均达到行业第一，将成为中国最大的网络视频平台。

为了获得移动流量入口，7 月 16 日，百度以令人咋舌的 19 亿美金巨款收购了网龙网络的 91 无线。这一金额也超过了 2005 年雅虎对阿里的 10 亿美元投资，成为中国互联网历史上有史以来最大的并购案。网龙称此次出售将提高网龙的盈利以及扩大资本基础。与此同时，百度收购 91 无线，将来也会进一步加强在无线互联网领域的举措。

仅仅一个月后，8 月 23 日，百度向糯米网战略投资 1.6 亿美金，获取了糯米网 59% 的股权。

腾讯很看重搜索这个市场，与其和看起来无法被击败的百度短兵相接，腾讯最终选择投资王小川的搜狗。

9 月 16 日，腾讯宣布向搜狗注资 4.48 亿美元，并将旗下的腾讯搜搜、QQ 输入法业务和其他相关资产并入搜狗。交易完成后腾讯获得了搜狗 36.5% 的股份。在新成立的搜狗公司中，张朝阳继续担任董事长，腾讯总裁刘炽平和 COO 任宇昕出任董事，王小川继续作为董事和 CEO。

和腾讯的相对低调相比，阿里巴巴在这一年的移动互联网"超级商场"，进行了"大采购"。

4 月 29 日，阿里巴巴宣布以 5.86 亿美元购入新浪微博 18% 股份，未来可增持至 30%。据称，阿里与新浪就这次合作谈判历经半年时间，其间谈判次数达 46 次。当晚曹国伟在其微博上表示："这一战略合作预计能在未来 3 年内给新浪微博带来大约 3.8 亿美元的收入。"有媒体报道马云在 2012 年底谈判初期希望全盘收购新浪微博。但很明显，新浪如失去微博这一核心产品，也将让人们失去对新浪其他业务前景的想象力。

5 月 10 日，阿里巴巴以 2.94 亿美元的投资获得高德约 28% 股份。阿里认为，地图应用将会成为移动互联网时代的一个重要基础设施。明眼人都能看出，仅仅持股 28%，绝对不是阿里巴巴最终的目标。

5 月 28 日，阿里巴巴联合银泰、复星、富春、顺丰、"三通一达"

等多家企业出资 50 亿元成立菜鸟网络科技有限公司，意图建设中国的智能物流骨干网。阿里出资 21.5 亿元，占股 43%。菜鸟网络还宣布总体投资规模将达到 3000 亿元，一期投资 1000 亿元人民币，将在未来 5—8年搭建完成智能物流骨干网络。

阿里在这一年还有一次不太起眼的收购：以 8000 万美元收购友盟。这次收购也让出生于 1985 年的蒋凡进入阿里巴巴。

在"大采购"之外，BAT 之间，也在加速"建墙"。2013 年 11 月，阿里关闭了微信跳转淘宝商品页功能，马云希望阿里的流量只在自己的体系内流淌。腾讯很快"投桃报李"，关闭了旗下产品的淘宝入口。中国最大的社交公司和电商公司静悄悄地关闭了通向彼此的大门。

腾讯继续挖掘微信价值

腾讯加速挖掘微信这张"船票"的所有价值。6 月 17 日，微信低调地针对一部分公众号开通了在线支付购物功能，腾讯还将旗下支付平台财付通引入微信公众号，用户可以通过微信公众号获取产品信息、直接进行购买并完成整个支付过程。微信试水购物和支付功能，意味着微信正朝着电商平台入口转变，为其实现商业化盈利铺路；但目前在移动支付市场上微信还并不具备革命性的力量。

2013 年的 8 月，腾讯的支付工具财付通与微信打通，推出微信支付。

盛夏的 7 月，突如其来的一场"飞机大战"拉开了移动端上社交游戏流行的序幕。微信和手机 QQ 里的游戏中心自此成为了 2013 年手游行业最值得关注的发布渠道。腾讯移动游戏平台已上线的四款游戏《天天爱消除》《天天连萌》《节奏大师》《天天酷跑》曾以包揽苹果 App Store免费榜前四名的位置证明了社交产品"游戏中心"的渠道价值。比拼游戏排名、好友互送"红心"、分享自己的游戏战绩、每日签到收获金币，这些玩法正大规模普及，深入大众玩家的内心。

微信公众号继续快速发展，张小龙表示："每个独立的个体都有自己的思考，都有自己的大脑，我们认为这样一种系统的健壮度，可能会远远超过只有一个大脑来驱动的系统。"

腾讯的重要性继续上升。2013 年，马化腾还当选成为全国人大代表。

张一鸣：我们会进入海外市场

2013 年，今日头条推出"头条号"，邀请 1 万多家知名的自媒体入驻生产内容，头条号成为继微信之外的第二大自媒体平台。截至 2017 年 10 月，"头条号"平台的账号数量已超过 110 万个。

在这年 8 月，接受《经济日报》采访时，张一鸣用形象的比喻，介绍了自家公司的业务。张一鸣说道："信息在计算机上处理最小的单位就是字节，信息的传输就是一场场字节的舞蹈。我们就想找出字节舞蹈的规律，促进信息的再流动和再分发。"在这个时间节点，大部分人还并没有意识到，今日头条的母公司实际名为"字节跳动"。

在国内市场突飞猛进的同时，张一鸣的目光，还一直盯着国际市场。

张一鸣 2013 年 3 月 17 日在接受 CSDN 采访时表示：

"我们也会登陆海外市场，比如通过推特、脸书、领英的社交数据的产品。但是，我们要确保在一个市场中稳坐头把交椅，我们不希望心猿意马，成为两个市场中的第二。移动互联网时代与以往不同，中国公司的现状不再是落后于美国两三年，我们经常可以看到一些公司的产品与海外的产品站在同一起跑线上，比如微信、UC。这是一个非常好的现象。我们也会进入海外市场，虽然我现在还无法给出具体时间，但是我们一直都在计划着。同时，我们在积极招聘国内擅长算法和模型的工程师、架构师的同时，也在寻求一些海外的人才。我们从去年就开始考虑海外计划。通过前期调研结果来看，是可行的。我们也在研究在哪里部署机房，是自己建立还是使用 Cloud Server（云服务）。而且，将我们的系统迁移到云端是否方便，如何让一套系统两地部署，以及产品设计是否需要改动，这些问题都在调研中。"

在这一年的一篇文章中，张一鸣写道：

在我们公司创立不到一年的时候，曾经有巨头想给我们一个很诱人的投资 offer：比 VC（风险投资）更高的估值、上亿的捆绑安装渠道、几千万 UV（独立访客）的 web 流量、数据等。接受这个 offer，在半年内，业务增速有望增长几倍。当时我很纠结，纠结了整整一个星期。后来我拒绝了，因为：

我觉得这些帮助是兴奋剂，在自己内功未成之前会导致内生力量受到遏制；

有些资源会让战略变形，比如我们本来不打算做 web 的，而有了这么大流量，你就会继续投入资源；

巨头的负面：卷入巨头战争，被迫站队，乃至"被站队"，或者想法不再自由奔放；

独立公司的定位，更有利于吸引一流人才，因为梦想和可能性无限。

这里的巨头应该就是 360，张一鸣拒绝周鸿祎的时候，周也并不觉得遗憾，他那时候告诉 360 高管，觉得自己可以再做一个今日头条。

阿里巴巴"无线 ALL IN"

2013 年初，马云宣布把所有的业务和组织重新划分，形成 25 个事业部。马云在内部讲话中强调：

"大企业要有小作为。所谓'小作为'，不光是指琐碎的工作细节，还有'小而美'的组织形态。互联网时代需要快速灵活的组织，阿里巴巴已经是个庞然大物，只有通过重新拆分才能保持'小而美'，做好'小作为'。"

为了抓住移动互联网的窗口期，阿里巴巴不但对组织进行刷新，更在战略上进行了关键布局。

2013 年，阿里巴巴推出了"无线 ALL IN"战略。ALL IN 在德州扑克里面意味着全部下注。手机淘宝、支付宝钱包、来往、钉钉等众多移动产品依次亮相。阿里巴巴迎来"国运之战"。

在阿里众多业务布局中，也许支付宝是让普通用户在使用过程中印象最深的一款应用。从这年 11 月开始，支付宝钱包开始作为独立品牌发展。此时的支付宝，已经近乎成为中国金融行业的一个基石产品。

2013 年 6 月 13 日，阿里巴巴和天弘基金合作推出余额宝。这款产品致力于让用户们沉睡在支付宝上的沉淀资产主动产生"利息"。余额宝比传统的银行存款收益更高，买入赎回操作更快。余额宝这款产品真正切到了传统金融的心脏。

可以说，余额宝严重冲击了原先铁板一块的存款利率。网民将大量存款从银行账号转移进余额宝。到了 2013 年底，余额宝用户已达 4303 万人，资金规模 1853 亿元人民币。到了 2014 年 2 月 27 日，余额宝用户超过 8100 万人，资金规模更是突破了 5000 亿元人民币。

2014 年 4 月，美联储主席、经济学家格林斯潘接受采访时表示支持余额宝。"中国把存款利率控制在 3% 左右，但观察金融市场的利率定价结构不难发现——银行间市场利率在 6% 左右，如果普通投资者能参与这个市场，而不是把钱存在只有 3% 利息的银行，投资回报率显然更高。相比之下，人们当然更欢迎 6% 的回报。""阿里巴巴所做的事情，实际是利用银行间市场与普通存款利率之间的利差来创造收益。这对中国来说是好事，余额宝将是中国金融体系正常化的第一步。""余额宝绝不是什么第二个央行。""余额宝实质上是一种金融中介，把较低的存款利率转化为较高的银行间市场利率。""但这么做是有限制的，到一定程度就做不下去了。"

微信的成功，让阿里巴巴在向移动互联网转型初期倍感压力。为了应对，阿里巴巴推出了类似的产品"来往"，并强压每一个阿里人去拉新用。2013 年 10 月，马云在阿里巴巴内网发布了这样一段文字：

阿里人，无线物联网的发展是按小时计算的。越有远大前景的东西，越需要当下残酷的执行。一个月没有惊喜结果是可怕的，三个月没有结果是要死人的！六个月后的事就是远景了。因为您的朝九晚五的工作方式在 2013—2015 年就是自杀。

今天，天气变了，企鹅走出了南极洲了，它们在试图适应酷热天气，让世界变成它们适应的气候。与其等待被害，不如杀去南极洲。去人家家里打架，该砸的就砸，该摔的狠狠地摔。兄弟们好好玩吧！微信 IM 本来就不是我们的。把企鹅赶回南极去！动起来！我们 11 月底将清点每个人的努力，我们 12 月的冬季攻势要更猛。

明天夏天，我们要看到火烧南极。这是一个每个人都可以参加玩的游戏。去装来往，晚上在来往上三陪聊天，去让世界看到阿里人疯了。让他们知道疯了的阿里人是如何的！让企鹅知道，来往不是易信！

言语之间，也能够感受到此时阿里巴巴面对来势汹汹的微信，内心的慌乱与莽撞。

马云迎来"第一次退休"

2013 年 1 月 15 日，继阿里巴巴业务架构调整成 25 个事业部后，马云向员工发出信件，宣布 4 个月后将不再担任阿里巴巴集团 CEO 一职。马云在邮件中写道：

"14 年的创业经历让我幸运地看清了自己想做的，能做的和必须放下的……从心底里，我佩服今天的年轻人。对于互联网行业来说，48 岁的我不再'年轻'，阿里巴巴的下一代比我们更有优势运营好互联网生态系统。""大家肯定很关心谁是未来的 CEO 吧。接任创始人 CEO 是个很艰难的工作，特别是接像我这样性格鲜明而又'ET'类的CEO更是需要有巨大的勇气和牺牲精神。阿里有幸有数位这样的领导者，每一位都具有罕见的领导魅力和风格。他们将会给未来的阿里带进不同的元素和气质。但要说服他们作出如此巨大的牺牲和投入，确非易事，这也是我考虑了一年多的事。所以我提前数月宣布离任CEO，鼓励年轻同事站出来担当，大家不用担心，我们有信心在5月10日宣布新任CEO。"

2013年，马云在内部发表讲话表示：

"我是非常幸运的人。十年前的今天，是'非典'在中国最危险的时候，所有人都没有信心，大家不看好未来。我们相信十年以后的中国会更好，十年后电子商务会在中国受更多人的关注。但我真没想到，十年后，我们变成了今天这个样子。这十年无数的人为此付出了巨大的代价，为了一个理想，为了一个坚持，走了十年。"

当然，考虑退休的马云，也在努力为阿里巴巴的102年梦想进行制度建设。9月10日，马云以内部邮件形式向外界介绍了阿里的"合伙人计划"。马云表示从2010年开始，阿里巴巴开始在内部的管理团队试运行"合作人"制度，每一年选拔新合伙人加入。到这封邮件发出时，阿里共有28名合伙人。

面对移动互联大潮，马云有意从舞台中心走到边上。"从今天晚上十二点以后，我将不是CEO，从明天开始，商业就是我的票友。"在5月10日淘宝十周年庆典上，马云正式将CEO一职交给了陆兆禧，马云则专任董事局主席。

一方面是余额宝的一鸣惊人，另一方面是电商业务再创新高，阿里巴巴的前景看起来十分光明。

不过，刚刚退休的"马云"，在5月28日这天，高调亮相菜鸟物流"中国智能骨干网"深圳启动会，宣布了这项计划投资3000亿元人民币的超级项目。人们马上意识到，马云的"退休"，或许是另一种形式的以退为进。

华为手机：推陈出新

任正非很欣赏特斯拉这家公司。2013 年的年底，任正非发表题为"华为要做追上特斯拉的大乌龟"的内部讲话。在他眼里，华为与宝马汽车类似，属于笨拙慢爬的乌龟，而特斯拉是跑着的"神龟"。

但此时，任正非还完全没有考虑过华为是否要涉足汽车行业，他更寄希望于华为手机业务能够快速崛起。或许属于华为的那只"神龟"，是手机业务。

"华为基本法"第二十三则写道：我们坚持"压强原则"，在成功关键因素和选定的战略生长点上，以超过主要竞争对手的强度配置资源，要么不做，要做，就极大地集中人力、物力和财力，实现重点突破。

华为可怕的地方就在于，它的确是一丝不苟地在践行"华为基本法"。

这年 12 月，余承东宣布华为的荣耀品牌独立，刘江峰出任总裁。刘江峰 1996 年加入华为，曾参与中国第一个自主开发的 GSM 系统研发，在接管荣耀之前，他是华为南太平洋地区部总裁。从职务上看，余承东是刘江峰的上司。但在早期，荣耀这条线基本上是独立运转的。

这一时期，国内智能手机企业厮杀的主战场仍然集中在千元机市场。粉丝经济叠加电商分销的"小米路线"，已经成为被公认的"成功模式"。在华为内部，专门划出一条手机产品线用来狙击小米，快速成为一种共识。荣耀的业务目标非常清晰：全面复制小米模式。[①]

从 2011 年起，华为消费者业务从品牌、渠道、产品层面做了转型。华为从白牌转型为自有品牌，运营从很单一化的运营商渠道向开放市场和电商转变，产品从低端手机转变为中高端、高端智能手机。2013 年 12 月 16 日，华为正式启用华为荣耀子品牌，华为用了一年时间，将荣耀的收入从 1 亿美元做到了 30 多亿美元。2013 年，华为砍掉 80% 的低端手机业务，采用精品策略，聚焦做"少而精"的产品。华为的目标是做

---

① 张假假：《华为手机往事：一个硬核直男的崛起故事》，饭统戴老板，2019 年 5 月 10 日。

人无我有的，要做第一，最棒的产品。余承东曾回忆：

"2012 年我们做了最薄的智能手机 P1，最快的智能手机 D1，2013 年初又推出来全球最大的 6.1 吋 Mate 手机。这个产品还不错，但由于华为在营销渠道、零售能力还很弱，并没有取得很大成功。紧接着推出的华为 P6 终于取得了一些成绩，卖了 400 多万台，而且在欧洲荣获最佳智能手机大奖。所以我们的决心是做最好的产品，不仅薄，而且外观精致、工艺不错。最近大家知道，Mate7 供不应求，卖得非常好，我们 3699 元的价格在市场上卖到 4000 ～ 5000 元。非常感谢大家的支持！

我坐飞机的时候，每次都能在头等舱看到华为 Mate7，华为产品终于进入了欧洲的高端市场。因为 Mate7 这款产品的设计极致，大屏、紧凑、超薄，同时又是全金属的，也是全球首家在安卓智能手机上实现按压式指纹识别。上周，我们发布了平行仿真双镜头的荣耀 6Plus，这和之前 HTC 等厂家的双镜头是不一样的。最近很多人分享大光圈的效果（的照片），这些照片都可以用荣耀 6Plus 拍出来，从这里面可以看到华为要做最棒最创新产品的决心。"①

余承东曾这样回忆华为手机的"款款劲爆"：

今年我们上市的几款旗舰产品，P7、G7、Mate7，还有荣耀 6、荣耀 6Plus 的市场销售口碑都非常好，而且销售量得到了急剧提升，华为手机终于在高端手机（市场）立足了。几年前我们做的低端产品消费者不愿意用，连华为员工自己都不愿意用，现在大家都抢着用，10 年、20 年没联系过的人给我（打）电话要买 Mate7。

"我们的员工也遇到同样的困惑，我们没有搞饥饿营销，每天产量也不少，但仍然不能满足市场的需求，我们没有预测到会有这样的市场热度，因为 Mate7 毕竟卖到 3000 多元的价格，市场上还溢价到四五千元来卖。前段时间，中国高端奢侈品品牌调查评选发现，华为 Mate7 在列。这是中国厂家第一次进入高端奢侈品领域，这让调查者感到非常惊

① 余承东，《创业家》首届黑马创交会分享，2014 年 12 月 21 日。https://www.c114.com.cn/topic/126/a874034.html。

讶与不可思议。这些事实激励我们要和各位创业家分享，我们要做真正极致的、用户体验好、用户喜欢的产品，这样才能成功。"

小米推出"红米"，雨果·巴拉加入小米

这一年，小米开始构建自己的智能产品生态，发布了好几款智能产品。这一年，乐视智能电视发布，乐视开始引爆江湖。

9月，雷军在接受 CNN 专访时认为："越了解小米，你就越会发现小米跟苹果的模式差别之大。"

这时，政府主管部门给了小米一个新课题：小米手机这么火，能不能带动一下国内产业链？

小米还只是刚刚创办的小公司，这么重的压力，雷军有点怀疑：小米扛得住吗？但没有太多思考时间，雷军决定干了再说。

就这样，2012年初，小米就制定了"红米计划"。"红米计划"就是，优选国内产业链，做国民手机。当时的国内产业链还不成熟，红米计划的第一代产品，雷军非常不满意，决定推倒重来。这下子 4000 万元的研发费用打水漂了。用户所见到的红米手机第一代，其实是小米研发的第二代，代号 H2。

2013年7月31日，红米手机正式发布。当时，小米借用了金山软件的一间会议室，没做任何装饰，只是做了一个背景板。这是小米历史上最简陋的一次发布会。红米手机能量巨大，一发布，就引发业内地震。没想到，第二天连金山软件的股价都涨了。第一代红米，热度远超过想象，一下子就卖了 4460 万台。这 4000 多万台智能手机，在 2013年，有力带动了国内产业链的发展。

2012年，小米手机年销售量 719 万台，2013年上升至 1870 万台。身处中国这个全球最大的智能手机市场，小米的性价比是巨大优势。

这一年，雨果·巴拉（Hugo Barra）加入小米，是加入中国互联网公

司知名度最高的西方管理者之一。他曾是 Google 负责 Android 操作系统的副总裁。研究公司 Canalys 的一位分析师表示："他是这个行业里的一个大人物，是 Google 的一个重要人物。这凸显了我们现在在手机市场上看到的一个趋势。中国制造商在塑造这一行业的未来上正起着很大的作用。"

2013 年，世界在加速

CNNIC 的数据显示，截至 2013 年 12 月 31 日，中国网民数为 6.18 亿，手机网民数 5 亿。上网设备中，网民使用台式电脑上网的比例达 69.7%，手机达 81.0%，笔记本电脑达 44.1%。[①]

移动互联网不是将要改变世界，而是正在改变世界。这一年，如日中天的 BAT 天团令人应接不暇的收购大战正在上演。在环境发生了重大变化之后，科技巨头们需要重新划定各自的领地边界。

在进入 2013 年之后，人工智能这一技术也开始真正引起科技领袖们的注意力。但关于人类应该如何与人工智能相处，不同人表现出了截然不同的态度。

在《埃隆·马斯克传》中记录了这样一个故事：2013 年，马斯克在自己的生日派对上，和 Google 的创始人佩奇展开了一场激烈的辩论。

马斯克认为，除非我们建立防火墙，否则人工智能可能会取代人类，让我们这个物种变成蝼蚁草芥，甚至走向灭绝。

佩奇则反驳说，如果有一天机器的智力，甚至机器的意识，都超过了人类，那又有什么关系呢？这只不过是进化的下一阶段罢了。

马斯克争论说，人类的意识是宇宙中宝贵的一缕烛光，我们不应该让它熄灭。佩奇认为那是多愁善感的人在胡说八道，如果意识可以在机器中复制，为什么它不配具有同等的价值？也许有一天，我们甚至能够

---

① 上网用户中，男性占 56.0%，女性占 44.0%，10 ～ 19 岁的网民占 24.1%，20 ～ 29 岁的网民占 31.4%。

将自己的意识上传到机器中。

但不论观点如何，人工智能这一技术，实际上正在以超出人们预期的速度，快速演进。

【战略金句】

◇ 马斯克：我从没觉得做电动汽车是一门好生意，它的失败率比成功率大得多，我只是觉得，这是应该去做的事情，我不想苦等别人来实现。

◇ 张小龙：每个独立的个体都有自己的思考，都有自己的大脑，我们认为这样一种系统的健壮度，可能会远远超过只有一个大脑来驱动的系统。

◇ 马云：大企业要有小作为。所谓"小作为"，不光是指琐碎的工作细节，还有"小而美"的组织形态。互联网时代需要快速灵活的组织，阿里巴巴已经是个庞然大物，只有通过重新拆分才能保持"小而美"，做好"小作为"。

扫码阅读本章更多资源

支付战争

我们正让这世界变得更加美好。(We're making the world a better place.)

——美剧《硅谷》第一季，2014

一旦为利益而争，人类的贪念就像毒药般在血液里扩散。

——电影《布达佩斯大饭店》，2014

    2014 年春节，腾讯发布的数据显示：从除夕到大年初一 16 时，参与抢微信红包的用户超过 500 万，总计抢红包 7500 万次以上，除夕夜零点时分，前 5 分钟内有 58.5 万人次参与抢红包，其中 12.1 万个红包被领取。

    而根据腾讯在分析师电话会议上透露，从农历除夕到正月初八这九天时间，有 800 万用户分发了近 4000 万个红包，分享红包的总金额达到 4 亿元。

    腾讯微信冠名春晚的效果可谓显著：2014 年 12 月 31 日，微信用户数是 5 亿，2013 年 12 月 31 日，这个数字是 3.55 亿，春节这个季度结束后，腾讯微信用户数是

5.49 亿，直接增加了 4900 万，到 2015 年 12 月 31 日，微信用户数更是突破 6.97 亿。也就是说，微信 2014 年增加了 1.45 亿用户，2015 年增加了 1.97 亿用户。

微信红包，几乎可以说是 1994 年中国正式引入互联网以来，最成功的一次网络营销事件。

颠覆的力量从来不是来自主流的、热门的市场，而是来自边缘地带，来自侧翼。

在 2014 年的春节前后，张志东把负责微信业务的同事拉进一个群，提出如何满足春节期间腾讯传统的给员工发红包的需求，微信红包由此诞生。

1 月 24 日，微信红包测试版传播速度极快，开发团队忙着给微信红包系统扩容，他们向总部申请，调来了 10 倍于原设计数量的服务器，并抓紧时间修改微信红包系统的最后细节。

微信红包还在内测时，一张网络流传的截图显示，马化腾又是这个产品的第一批体验者，他正邀请一些企业老板测试"抢红包"功能，在这张截图上，马化腾发了一个随机红包链接，50 个随机红包，人均 20 元。

2014 年的春节前 5 天，腾讯才正式对外推出微信红包。微信用户绑定银行卡后可以一对一或一对多发送定额红包，也可以派发"拼手气群红包"，微信群中的用户会得到随机额度的红包。

2014 年春节腾讯发起的微信红包项目，被马云称为"珍珠港事件"，更准确地说，是"珍珠港偷袭"。

腾讯则紧紧握住微信这张"船票"，开始尝试让旗下游戏、媒体、支付、电商等更多业务登船。腾讯这张"船票"的红利期，才刚刚开始。

这年 1 月份，田溯宁和丁健联名在《财经》杂志上发表了一篇名为《从消费互联网到产业互联网》的文章。文中写道："随着移动终端的多样化，智能终端的普及以及拥有了后台云计算及大数据的能力，互联网还将创造从改变消费者个体的行为到改变各个行业、政府乃至社会的新时代，我们称之为'产业互联网时代'，用互联网名词来说即'从小 C 时代到大 B 时代'。"

从 2014 年开始，除了以手机为核心的移动互联网，包括云计算、自动驾驶智能汽车在内的新兴赛道，也真正开始进入观察者的视野。

萨提亚·纳德拉：移动为先、云为先

在 PC 时代，微软凭借 Windows 操作系统一家独大。进入移动互联网时代后安卓和苹果崛起。微软躺着数钱的好日子一去不返。这一年，微软迎来了一位新任 CEO。

2008 年中国市场爆发，硅谷曾经兴起一阵华裔高管潮。到了 2014 年左右，伴随印度市场崛起，印度裔高管潮兴起。而微软的新任 CEO 纳德拉，或许是其中最成功的代表。

2 月 4 日，微软宣布萨提亚·纳德拉成为新任 CEO。比尔·盖茨卸任微软公司董事长，但在萨提亚·纳德拉的要求下，盖茨将以创始人和技术顾问的角色在董事会任职。纳德拉 1967 年生于印度，在接掌 CEO 之前，他已在微软工作二十余年。

2014 年，纳德拉上任后向微软全员发了一封全员信。邮件框架清晰，既有对战略的阐述，也有个人生活感悟，内容诚恳、有高度且亲切可感。纳德拉演讲主要涉及的关键信息有：描述公司愿景、阐述公司目前所处位置、判断行业发展趋势、鼓舞全员为公司使命奋斗。

纳德拉首先向全员介绍了自己是谁，如何工作。

"我今年 46 岁，结婚 22 年，有 3 个孩子。""我买了很多书，多到自己看不完，在网上注册了很多课程，多到完成不了。""家庭、好奇心和求知欲，这些定义了今天的我。"

"是清晰的目标和使命感，让我们克服不可能，完成不可能的任务，创新是驱动整个公司的核心价值。""工作最美妙的时刻，在于你发现它不再只是工作时。"

纳德拉对行业发展趋势进行预判：AI 为先！云为先！

"未来十年，计算将更加无处不在，信息将环绕在人们周围。""微软最早的任务是让每个办公桌和家里都有一台 PC，今天我们关注更为广泛的设备。"

在成为 CEO 的第 52 天，纳德拉正式提出"移动为先、云为先"的转型战略。基于这一战略，微软的所有软件开发将优先适配移动端，同时云计算开始被置于微软的战略核心位置。

纳德拉认为一个企业成功离不开三个要素，分别是：一个极受欢迎的想法，帮助这个想法落地的能力，以及促成此事的团队文化。"每家公司都需要新的想法和新的能力，但只有当公司文化能容许它们成长时，你才会得到这些想法和能力。"[1]

微软的纳德拉时代，正式开始了。

此时的世界与中国

《经济学人》杂志在这年下半年的一组系列封面报道中，认为"随着中国即将再次成为世界上最大的经济体，它寻求重新得到在过去千百年里所享有的尊重。但中国不知道该怎样获得这种尊重，或者说，它是否值得这样的尊重"。

这是一篇令人心情复杂的长篇评述，作者从历史的视角论证了中国崛起的必然性和内在矛盾性。

在 2014 年，中国替代美国成为全球第一的石油进口国，取代印度成为全球最大的黄金消费国，同时，中国还是铁矿石、煤炭、玉米、大

---

[1] 《专访纳德拉：微软是如何走出"中年危机"的》，《财新周刊》，2018 年第 46 期，http://weekly.caixin.com/201。

豆、水稻和铜的全球最大进口国，据 IMF2014 年数据，中国的经济总量大约是美国的 60%，但按国内货币供应量计算，人民币发行量已超过美元。

在《经济学人》看来，"究其野心，中国并不热衷于争夺全球霸权。中国对亚洲以外政治的兴趣不大，除非是关系到它获得尽量多的原材料和市场"。作者引用美国约翰·霍普金斯大学教授德布拉·普兰廷根的观点认为，"尽管中国的影响力越来越大，它的介入却不是霸权性的，而是交易性的"。

1 月 25 日，中国网球选手李娜以 2：0 战胜斯洛伐克选手齐布尔科娃，首次夺得澳网女单冠军，这也是澳网历史上第一个夺得女单冠军的中国人。

4 月，美国女作家加布瑞埃拉·泽文创作的长篇小说《岛上书店》出版。书中有句名言："每个人的生命中，都有无比艰难的那一年，将人生变得美好而辽阔。"

同样在 4 月，一款名为 Musical.ly 的产品在国际市场上线。这款产品由一个上海团队所开发，主攻海外市场，形式为短视频。

4 月 6 日，一部讲述硅谷高科技产业的讽刺剧《硅谷》在 HBO 开播。剧中有一句一直被"硅谷领袖们"高喊的口号：我们正让这世界变得更加美好。（We're making the world a better place.）

5 月 29 日，由筷子兄弟创作的一代神曲《小苹果》诞生，迅速占领各大广场。

7 月 14 日，巴西世界杯闭幕式，德国击败阿根廷，夺得世界杯冠军。自此德国队的夺冠史上，再加了一枚金星，也因此被称作"四星德国"。

这一年，歌手朴树在歌曲《平凡之路》中唱道："向前走，就这么走，就算你被给过什么；向前走，就这么走，就算你被夺走什么；向前走，就这么走，就算你会错过什么。"

美国客人：埃隆·马斯克、蒂姆·库克和扎克伯格

中国市场，对于所有全球性的科技公司来说，都是一块必争之地。

4月22日，特斯拉中国将向第一批预订了Tesla Model S的中国用户们交车。马斯克也非常重视这次交付，飞行万里首次来华，就是为了在交车仪式上，将车钥匙交到每一位名人车主手中，开启这一颠覆传统的汽车在中国的征程。

第一批中国用户正式从特斯拉汽车公司CEO埃隆·马斯克手中接过属于自己的Model S车钥匙。

特斯拉国内首批15位车主可谓豪华：汽车之家总裁李想、新浪CEO曹国伟、携程网创始人梁建章、原阿里大文娱董事长俞永福、一号店创始人于刚……名人效应和口碑传播，迅速燃爆了其核心用户所在的科技圈，让特斯拉高端、创新的品牌形象深入人心。

云游控股董事会主席兼CEO汪东风、UC优视董事长兼CEO俞永福、时代集团执行副总裁潘燕明、合一资本董事长许亮、著名央视电视制作人张涵、汽车之家总裁李想、三一投资总经理董晓栗、力帆足球俱乐部董事长尹喜地（代表），8名企业领袖从马斯克手中接过了属于自己的Model S钥匙，成为特斯拉在中国的第一批用户。

此时，刚刚从马斯克手中接过特斯拉钥匙的李想，仔细地观察和体验着这个美国品牌。

10月22日，苹果CEO蒂姆·库克到访郑州富士康，访问富士康工厂时，驻足在一名产线女工身旁，和她足足聊了5分钟。

进入厂区后，考斯特停在富士康厂区F区厂房门前，库克下车与等候他的人们握手致意。随后，他对着在门口欢迎他的人群挥动手臂，白头发下的红脸庞上堆满笑容。这种笑意，在此后的两个多小时内在他脸上频频绽放。

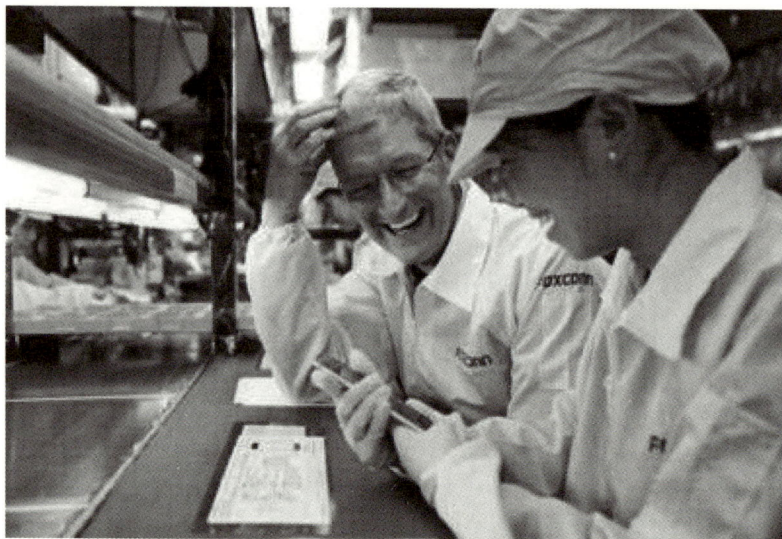

图 21-1　蒂姆·库克和一名女工在热烈地交谈

在众人的簇拥下，库克步行到二楼。在进入车间的通道上，富士康工作人员递上工作服，与众人一样，他换上了白色的格子夹克、鸭舌帽，套上鞋套，经过安检后进入了苹果 6 的组装车间。

据知情人士介绍，在车间内的两台液晶显示屏前，库克听工作人员用英文介绍郑州富士康的建设、生产情况时，始终微笑，不时颔首。听完介绍，也许是室内温度较高，也许是有点兴奋，他脱下了蓝色的西装外套。

从第一道工序开始参观，库克时而听工作人员讲解，时而停下脚步自己观察，还不时摆个 pose，配合一下随行摄影师的工作。

最后一道工序是装箱，16 时许，他来到这个工序的工作台前，不顾自己"苹果园主"的身份，亲自将几个箱子递给封箱的工人，在众人的笑声里当了一回"装箱工"。

还有富士康员工爆料称，库克一行人从 F 区出来后，参观了厂区其他区域，见到有员工用苹果手机拍照，他主动过去和员工握手。平时乘坐班车的员工还收到短信提醒说，"班车五点钟恢复正常，大家可以正常乘坐"，员工就餐时间推迟。

蒂姆·库克用这种方式，来体现他对中国这个重要的用户所在国、产业链所在国的重视。

10 月 22 日下午 6 点 30 分，刚刚出任清华大学经管学院顾问委员会委员的 Facebook 公司创始人兼首席执行官马克·扎克伯格（Mark Zuckerberg），出现在清华大学经管学院舜德楼。"我的中文很糟糕，但今天，我试一试用中文。"扎克伯格用并不流利但足以震惊全场的中文完成了整场对话。

谈及创业的经验和秘诀，扎克伯格表示："我觉得最好的公司，不是因为创始人想要成立公司，而是因为创始人想要改变世界。如果你只是想要成立公司，你会有很多想法，但不知道哪个想法最好，最后影响公司的发展。但反过来，如果你想要改变世界，有了很好的想法才去创业，这样你才会成立好的公司。"

"最重要的是不能放弃，"扎克伯格强调，"你可能还需要做很艰难的决定，比如解雇一些员工。放弃是很容易的，大部分都会放弃，最后坚持下来的是少数人。"

扎克伯格也回顾了自己的创业生涯，以及最近几年 Facebook 的发展情况。

"2004 年的时候，我想要联系整个哈佛的人。其实我一直想要联系整个世界的人。当我创立了 Facebook 后，我们很高兴帮助学生联系世界。其他公司不相信我们可以做到，但我们相信，我们现在有了 13 亿用户……2012 年我们的收入增长很慢，所有人都不高兴，但是我们把 Facebook 变成移动公司，现在我们有 7 亿移动用户。"

2014 年是 Facebook 创立的第十个年头，对于未来，扎克伯格还有更广阔的设想。

"下个十年我们应该发展什么？我觉得我们要发展三点：第一，我们想要连接整个世界，我们要帮助所有人使用互联网；第二，我们想要发展人工智能；第三，所有人用上手机以后，我相信下个平台是虚拟现实（virtual reality），oculus 是第一产品，我们希望还有别的很多产品。"

阿里巴巴赴美上市，腾讯走向开放

9月19日，8位来自"阿里巴巴生态系统"的普通客户敲响了纽交所的开市钟。

阿里巴巴将其 IPO[①] 价格确定为每股 68 美元，股票代码 BABA。阿里巴巴首日报收于 93.89 美元，较发行价上涨 38.07%，以收盘价计算，其市值突破 2300 亿美元。

阿里巴巴首次公开募股筹得 218 亿美元，也创造了纽交所有史以来全球最大的 IPO 纪录。

从用 50 万元人民币初创到上市市值达到 2300 亿美元左右，阿里巴巴用了 15 年。马云曾经在一部纪录片中，这样形容当年与 eBay 的商战："eBay 是海洋里的鲨鱼，我们是扬子江里的鳄鱼，在中国战争，我们肯定赢。"现在，这条来自扬子江里的鳄鱼，终于正式游入了太平洋。

《时代》杂志认为，阿里巴巴的 IPO 凸显了全球四大经济发展趋势，如越来越多的全球最重要公司将来自发展中国家，以及新兴市场创造蓝筹股等。

《连线》杂志表示阿里巴巴可以挑战世界上任何一家公司，有潜力成为下一个 Google。

《华尔街日报》则以更加务实的视角分析道：阿里巴巴要维持住估值，需要依靠稳定持续的增长和利润率，以继续保持亮眼的财务业绩。

"来纽约之前，我又看了一遍《阿甘正传》。我最崇拜阿甘。他教会我不管其他的东西如何改变，我想提醒自己，无论发生什么变化，我还是我，还是 15 年前那个每月挣 20 美元的人。"面对美国全国广播公司

---

① 即首次公开招股。

（CNBC）提出最崇拜何人的问题，马云直率地回答。

在 9 月发布的《胡润百富榜》中，马云家族以 1500 亿人民币问鼎中国首富。在 10 月份的《福布斯中国富豪榜》中，马云则以 1193 亿人民币登顶。到了 12 月份，彭博亿万富翁指数 [①] 则表示马云以 286 亿美元的身价超越中国香港超人李嘉诚，成为亚洲首富。

这一年，京东与腾讯深度绑定在了一起。3 月 10 日，腾讯与京东联合宣布，腾讯入股京东 15%，成为其一个重要股东。双方资产将进行整合，腾讯支付 2.14 亿美元现金，并将 QQ 网购、拍拍的电商和物流部门并入京东。易迅继续以独立品牌运营，京东会持易迅少数股权，同时持有其未来的独家全部认购权。

从 2014 年前后开始，腾讯非常克制自己对被投公司的干涉程度。后来接受了腾讯投资的黄峥曾表示："接受了腾讯的投资以后，我觉得腾讯非常好的地方是它是一个非常包容的文化。它从来不试图去改变被投公司，反过来会在经营管理或者有些需要帮忙的地方来帮一些忙。这个我觉得是最好的了。就是它提供了一个相对公平的竞争环境。"

5 月 22 日，京东在纳斯达克正式挂牌上市，股票代码为 JD，收盘价报 20.90 美元，较发行价上涨 10%，市值达约 286 亿美元。身为一家自营类电商的京东用多年来极低的毛利率得以换来"正品"和"标准化物流服务"两大竞争优势，从而逐渐坐稳江山。在上市的庆功酒会上，刘强东特意准备了一份全英文的演讲稿。当他自嘲自己讲的是"Suqian English"（即宿迁英语）时，京东的员工和投资人们全部开怀大笑。

阿里巴巴和京东同时选择在 2014 年上市，中国电商市场的格局终于稳定了下来。实际上，京东、阿里这两家公司占据了中国线上 B2C 零售 80% 市场份额，构成了电商双子星结构。

值得一说的是，2014 年，中国互联网公司迎来第三次上市潮。除了阿里和京东，还有一系列公司登陆美国资本市场。

4 月 17 日，微博正式登陆纳斯达克，成为全球范围内首家上市的中

---

① Bloomberg Billionaires Index。

文社交媒体，最高融资额为 3.2844 亿美元；

5 月 9 日，猎豹移动在纽交所挂牌上市，市值 19.32 亿美元；

5 月 16 日，聚美优品在美国纽交所挂牌上市；

5 月 22 日，京东纳斯达克上市，估值 257 亿美元；

6 月 24 日，迅雷成功登陆纳斯达克，市值 9.86 亿美元；

9 月 19 日，阿里巴巴正式赴美上市；

12 月 12 日，陌陌在纳斯达克正式挂牌上市，市值 31.51 亿美元。

BAT 继续"圈地运动"

中国互联网络信息中心的数据显示，截至 2014 年 6 月，中国网民手机上网使用率达 83.4%，首次超越传统 PC 使用率，手机作为第一大上网终端设备的地位更加稳固。以"BAT"为代表的互联网巨头，也开始加速自己在手机终端上的"圈地运动"。

1 月 12 日，李彦宏在参加一场活动时表示，百度已有 14 款移动产品实现用户过亿。但在很多观察者看来，就平台化思路而言，14 款亿级应用似乎过多。

李彦宏在这场活动上坦言，"目前全球科技产业都在学习苹果，做端到端的全产业链布局。比如 Google 也在研发自主品牌的芯片和服务器。每个公司都去做所有的东西，这个趋势持续下去会非常不健康。我更希望看到每个科技公司都能有明确的分工，做好自己能做好的事情。"

但在真正面对机会时，每家公司都认为，或许那就是自己能够做好的事情。

阿里巴巴、腾讯和百度在越来越多的互联网板块争夺中，针锋相对，正面对战。

这年春天，腾讯支持的滴滴和阿里支持的快的两款手机叫车软件，展开了史无前例的"补贴大战"。

滴滴打车在近三个月里，补贴金额高达 14 亿元人民币。而快的打车也声称，在这一轮大战中补贴了至少 6 亿美元。两家打车软件一路相互叫板，补贴额度节节攀升。两家公司用这种极端的方式，换来了过亿的注册用户数。补贴大战让打车软件原本可能需要走三四年的创业路压缩成不到一年，用户习惯被快速养成。[①]

在补贴的刺激下，滴滴平台订单量急剧上升，此时滴滴自有的服务器已经难以应对巨大的流量压力。慢慢有用户发现：到了上下班时间，滴滴系统受到流量冲击崩溃后，用户流量纷纷流向快的；在快的系统崩溃后，用户再次流回滴滴。

腾讯直接将滴滴的服务器搬到了腾讯云机房，同时扩展了数百台服务器。连续七天七夜的加班，滴滴的系统问题终于得到解决。一位腾讯员工回忆："这个单子的意义，首先是让大家知道滴滴的云服务是腾讯在支持；第二就是昭告世界，云计算的时代真的来了，不管你是谁，你得拥抱云计算了。"

实际上，阿里腾讯两家的火拼背后，是在抢夺移动支付的入口。此时移动出行市场，已经成为微信支付和支付宝争夺支付入口的一个核心场景。

就在滴滴和快的打得不可开交的时候，国际移动出行巨头 Uber 也正式登上了舞台。

Uber 在 2014 年 4 月，正式宣布进入中国市场。Uber 犹如一只巨大的八爪鱼，它的头在美国，但触角伸向四面八方。在中国，滴滴成为 Uber 的直接竞争对手。

按照程维的话说："我怎么看我们都赢不了。它是一个八爪鱼，它的头在美国，它在美国已经基本赢得竞争，但触角伸向四面八方。我们只是它在中国的对手而已。"Uber 完全可以通过其他市场的盈利，在中国市场与滴滴打消耗战。

---

① 最终这场全民盛宴以两家公司同时宣布停止补贴而告一段落。

百度看到了机会。12 月 17 日，百度与 Uber 正式签署了价值 6 亿美元的战略合作投资协议。百度将帮助 Uber 进一步开拓中国市场。[①]

王兴在这一年的最后一天对话《财经天下》时，曾对补贴大战进行过深入的分析：

我觉得要看你从什么层面上看互联网，互联网确实是一个非常翻天覆地的变革，但是在思维上，我真的不觉得这是最核心的事情。回到商业本身，你还是得帮什么人解决什么问题，如果有一个思维是亘古不变的，那还是客户思维。

举个例子，大家强调什么差别，互联网行业里产品经理被捧到至高无上的地位，整天讲用户体验，整天讲差异化，但是多数人没有意识到，在一个非免费产品里价格是最重要的差异化。互联网早期很多产品都是免费的，价格是无法实现差异化的，大家只能讲其他东西；当你不是免费的时候，对多数人来讲价格是最重要的差异。

马斯克开放所有特斯拉专利

2014 年 6 月，马斯克对于市面上销售的汽车只有不到 1% 使用电池驱动感到失望，于是他决定开放特斯拉专利，希望激励竞争对手加速发展。

在科技行业，专利往往代表着一家公司的竞争力和"护城河"。马斯克却决定"打开城门"，主动向行业开源特斯拉的专利。

面对行业发展缓慢的现实，马斯克意识到，只有先将"蛋糕做大"，特斯拉才有进一步发展的机会和条件。就像他自己说的："帮助别人，我认为这是一件共同繁荣的事情，这是好事。"

为了更好地实现其使命，特斯拉向公众公开了其电动汽车专利。这

---

① 除了 Uber，百度也在四面出击。一方面"All in O2O"持续加码团购、外卖、金融业务，另一方面也开始布局云计算、大数据以及 AI 等未来技术。

样，竞争对手就可以借鉴他们的想法并加入可持续发展革命。可以说，特斯拉公开专利，既是一次营销妙招，又是一次品牌升级，更是一次标准制定。但无论主观还是客观，特斯拉都在用这一举动，践行着加速世界向可持续能源转化的使命。

2014 年时，特斯拉的 Model S 已经上市，并形成了用户自发推荐的口碑传播。特斯拉顺势启动了推荐奖励计划。

这个激励计划采用双边奖励的方式，邀请朋友订购特斯拉，邀请人和购车人可各自得到 1000 美元的优惠券，优惠券可用于购买特斯拉汽车、配件和周边服务。新用户通过邀请链接订购后，两人的优惠券即可到账。随后特斯拉还推出了冲榜奖励，在每个区域（北美、亚太、欧洲）邀请人数最多的将会获得巨额奖励，包括：P90D Model S 一辆（价值 130 000 美元）；一个家用充电桩（价值 3000 美元）；出席内华达超级工厂的开幕式的资格。

特斯拉的奖励设计得极具吸引力，甚至包括 SpaceX 的总部之旅。特斯拉在此后持续开展着引人注目的推荐活动。一位 YouTube 发起人抓住了这个机会，为特斯拉带来超过 1200 万美元的推荐销售额，并将两辆下一代敞篷跑车带回家。该计划在 2019 年变得更大，因为特斯拉免费向推荐人赠送了 80 辆新敞篷跑车。推荐计划是一种奖励客户的绝妙方式，可以将新用户以一种非常顺滑的方式引导至品牌。为了让用户保持对产品的热情，让忠诚的用户们在购买旅程中走到最后一步——推荐给其他人，设计双边奖励机制非常必要。一方面，这样的机制会让推荐的用户获得切实的"好处"，激励其最大程度推荐；另一方面，因为是"双边设计"被推荐的潜在用户也不会有被打扰的感觉。

伴随着特斯拉宣布开放源代码，敏锐的中国创业者们，都嗅到了机会。

智能汽车，一段新故事

2 月 24 日，易车公司董事长李斌在自家阳台上拍了一张照片。照片里灰蒙蒙一片，近处是刚挖好地基却没有任何防尘措施的工地，百米开外则是遮天蔽日的雾霾。

"在雾霾天空下生活很绝望，让人觉得人生没有意义。在全体中国人得抑郁症之前，我们应该做一点事情，趁着自己还清醒。"李斌下定决心开始行动，创办一家生产高端电动车的公司。

早在两年前，李斌就有了造电动车的念头。而 2013 年底特斯拉的入华，更引发了他的关注和深层思考。

2013 年 12 月 16 日，特斯拉开始接受中国消费者的预订。虽然预订费高达 25 万元人民币，但特斯拉仍然在国内得到极大关注，同时也在资本市场受到广泛追捧，这唤醒了很多人对电动车商业化前景的乐观预期。

到了 8 月，李斌拉着秦力洪一起聊蔚来这个创业项目，李斌打开一个自己做的 Excel 表格给秦力洪看，里面包括了换电站和 NIO House（牛屋）等详细成本计算。今天如果再把 8 年前的这张表格拉出来看，方向上 80% 都在做，数字上正负偏差没有超过 20%。

李斌此前创办的易车公司是一家专注于为汽车经销商提供销售线索，同时为用户提供买车、用车、养车相关资讯服务的公司。他非常了解中国汽车产业的发展轨迹，并深谙车主从买车到用车、养车的痛点。

李斌认为，随着通信技术的发展，汽车公司的形态也在演化。他将其分为 3 类：

汽车 1.0——今天所见的大部分汽车公司。它们都诞生在互联网出现之前。

汽车 2.0——特斯拉，它是一家互联网时代的公司。

汽车 3.0——移动互联网时代的汽车公司。这是他创办的蔚来汽车努力的目标。

2014 年底，蔚来汽车正式创办，其定位是设计和研发高性能智能电动汽车，致力于成为一家"用户企业"。

李斌认为，坐拥"移动互联网 + 电动"，可以重新定义汽车的用户体验乃至汽车行业，这是一个真正的机会。

"现在的产业链条是厂家只卖车，后面的跟它没关系了，用户体验是分割的。"李斌认为，即使特斯拉也不能免俗，与传统汽车公司一样都在取悦未买车的人。他希望蔚来汽车不光要让用户成为粉丝，更重要的是用户要对企业和品牌有拥有感，而不是参与感。"蔚来会亲力亲为地做每一件事，我们的投入重点在这里。"

蔚来汽车很快获得了资本市场的认可，腾讯、京东、高瓴资本、红杉资本和愉悦资本等先后对其进行了投资。创业初期的李斌深知"沉默是金"，蔚来汽车自创办以来刻意保持低调，甚至没有开过一次大规模的新闻发布会。

年中，毕业于清华大学汽车工程系的夏珩与何涛等共同创办了小鹏汽车。创办小鹏汽车前，两人分别为广汽新能源控制系统开发负责人和广汽智能汽车、无人驾驶负责人。而何小鹏是这家新汽车公司的投资人。

很多人认为，正是因为何小鹏，这家公司才被命名为"小鹏汽车"，但实际上是因为团队准备了十几个名字注册，最后只有"小鹏"成功了。何小鹏自己最开始不太愿意，因为作为投资人不应该这样做。但后来秉持着"帮忙不添乱"的原则，他也没有过多干涉。

张一鸣确信，黄金时代已经到来

这年 2 月，张一鸣在接受《中国周刊》采访时表示：

我不是那种东一榔头西一棒槌什么都做过的创业者，从开始创业我就明确要一直做内容分发，因为我认为它的空间是最大的。存储的增长空间也就三五倍，传输不过十倍二十倍，但分发却是从一到巨大的翻倍。这就是我的保守，无论做什么，我都会想得非常清楚，至少有八成把握，我才会动手。

让张一鸣有些犹豫的，是字节跳动是否要做短视频。

2014 年，整条知春路地铁上都是腾讯微视的广告，微博的秒拍也在全力推广，张一鸣心里犹豫："加上经历了很多风波，精力上顾不上来。到年底美拍、快手已经起来了，我们感觉已经错过了。"

9 月底，一个由众多中国出海企业家所组成的临时团队，参加了由极客公园组织的硅谷行活动。他们用一周时间前往硅谷，参观了特斯拉、Airbnb 等众多美国互联网公司，还与杨致远进行了面对面交流。

杨致远在其为中国创业者举办的私人酒会上，对中国新一代的创业者表示，中国公司的产品进军海外市场完全不成问题。他也提醒，当产品在海外进行推广时，未必要强调这是来自中国公司的产品。如果产品足够优秀，用户不会有抵触的情绪。

台下正在聆听的人群中，个子稍显矮小的张一鸣听得格外认真，他仔细揣摩着这些真知灼见。而就在张一鸣在美国的这一周，刚刚在美上市的阿里巴巴以 2200 亿美元的市值超越亚马逊。

在 Facebook 和 Twitter 的总部，张一鸣意外地发现，这里居然有一批小米的粉丝用户。即使稍偏小众的一加手机在这里也有一批拥趸。当然最让张一鸣得意的是，当地华人中有些人正在使用今日头条。

在房屋共享公司 Airbnb 的文化墙上，张一鸣看到了这样一幅画面：一个衣衫褴褛却又潇洒的小伙子背着旧背囊纯真地笑着，在他旁边有这样一句话："在别人眼中我可能是一个无家可归的人，但是在我的眼里，我是在旧金山拥有 638 套房子的人！"一下子，张一鸣就被触动了。^①

这一周的时间让张一鸣确信，中国的互联网公司已经具备参与全球竞争的实力。张一鸣意识到，小米手机的崛起和阿里巴巴上市等事件正

---

① 张一鸣：《张一鸣硅谷行记——没有边界的网络》，极客公园，2014 年 10 月 20 日。

在被美国科技界关注到。

在这一周中，每当被问到是否有进军海外的计划，张一鸣总是给出这样一句话："当然有，我们正在招兵买马！"

回到北京后，张一鸣写了一篇名为《中国科技公司的黄金时代》的文章。在这篇文章中，张一鸣写道："中国科技公司的黄金时代正在来临"。

这次硅谷行让张一鸣意识到，中国科技公司的"黄金时代"正在来临；主要有两点原因。第一，中国正在成为全球市场中最重要的一部分，阿里巴巴上市后以2200亿美元的市值超越了亚马逊。这说明，只做好中国市场，就有机会做成一家全球第一的公司；第二，中国公司和中国公司的产品正在迅速地"入侵"硅谷。现在中国"出口"的产品不管是硬件还是软件，都更具科技含量。

在张一鸣看来，中国公司在执行力上相较硅谷的公司更为强大。他坚信，执行力层面的优势将成为中国公司在海外开疆拓土的法宝。除执行力外，实际上中国公司在研发、设计、产品推广上已经具有很强的竞争力。

张一鸣意识到："技术没有边界，作为科技的创业者，某种意义上说，我们都是冒险者，在看不到边界的地方探索着，我们对现实生活有着巨大的热情，希望能开拓一种新的产品和服务模式来改变传统的组织方式、工作与生活方式，这种观念是融于我们的血液之中的。"

2014年10月20日张一鸣在硅谷行总结中写道：

在房屋共享公司Airbnb的文化墙上，我看到了这样一幅画面：一个衣衫褴褛却又潇洒的小伙子背着旧背囊纯真地笑着。在他旁边有这样一句话："在别人眼中我可能是一个无家可归的人，但是在我的眼里，我是在旧金山拥有638套房子的人！"一下子，我就被触动了，这让我真真切切地体会到了那种说不太清，但又非常重要的观念。

我们正生活在一个传统与共享交替的年代。在硅谷、在中国、在全世界，总有那么一帮人，愿意从信息分享发展到物质共享，愿意把自己拥有的汽车和房子，都共享给网络上其他对此有需求的人，这种建立在技术基础上的共享，生产资料私有基础上的分享，给人带来了解放，让人更加自由，也让传统组织或社区的边界更加模糊。比如，我不必真正拥有自己的车和房子，或是我只拥有其中某样物质，但是网络却能为我带来丰富的选择，而且所需的花费并不多，这种选择来自其他人的共享。共享的人也能从中获取价值回报，这些回报也足以让共享的人过上自立的生活。在 Airbnb，共享房子的交易每天达到了十万单。

雷军：Are you OK？

2014 年 4 月，小米在印度举行新品发布会，雷军在开场用英文打了个招呼。不过雷军浓重的仙桃口音让人忍俊不禁，现场笑声不断。B 站 UP 主 Mr.Lemon 将雷军在印度发布会上的英语"惨案"剪辑成《【循环向】跟着雷总摇起来！ Are you OK！》，在 2015 年 4 月 30 日上传到 B 站后，一夜爆红，点击量超两千万次。

图 21-2　雷军"Are you OK？"

从此，雷军的英语成为了网友们的经典梗。很多人一提到雷军，就会情不自禁地哼起"Are you OK""Hello，Thank you""Thank you very much"的魔性旋律。雷军也很幽默地自嘲："你们没在 B 站听过我的歌吗？"

面对网友的恶搞，雷军不但没有郁闷，而是"豁得出去"，本人下场主动回应和自嘲。而这首歌，也成为了小米与网友"亲密无间"的最好例证。

雷军在《小米创业思考》中解释：

很多朋友问我怎么和用户互动，作为一个工程师、码农，我的性格其实比较内向。面对用户时我只有一个想法：只要能和用户玩到一起，我就豁得出去。

我在公众领域中最知名的标签应该不是企业家，而是"R U OK"。2014 年，我在一场海外发布会上的几句英语寒暄，被 B 站用户做成了鬼畜视频，在国内大火。我刚看到时感觉有点奇怪，但很快就释然了。我跟同事说，要不我们录个视频去 B 站跟大家交流一下。同事们都不赞同，说这个视频过一阵就没热度了。我说，既然这个视频这么火，说明这可能是新的交流方式，我们有必要去了解。于是，我们制作了第一支 B 站视频，向年轻用户们问好，坐实了我的"歌手"身份。"R U OK"也成了小米的一个梗，经久不衰。

这次印度发布会，正是小米国际化战略的具体落地活动之一。4 月份，小米用创纪录的 360 万美元买下 MI.com 的域名，这是小米为进军国际市场迈出的第一步。相比"XiaoMi"，"MI"对外国人更容易发音。

雷军在小米手机 4 发布会上首次提出小米的愿景是"让每个人享受科技带来的乐趣"。

12 月下旬，雷军宣布，小米已经完成最新一轮融资，估值高达 450 亿美元，总融资额 11 亿美元。投资者包括 All-Stars、DST、GIC、厚朴投资和云峰基金等投资机构。

前摩根士丹利明星分析师季卫东管理的科技投资基金 All-Stars

Investment 领投该轮投资。小米的现有股东俄罗斯投资基金 DST Global 和新加坡主权财富基金 GIC，也参与其中。马云发起的私募股权基金云峰资本和方风雷领导的厚朴投资也参与了该轮融资。

完成此轮融资后，估值高达 450 亿美元的小米科技一跃成为中国第四大互联网公司。排在前三位的分别是阿里、腾讯和百度。此前小米已完成四轮融资，2010 年底小米首轮融资估值为 2.5 亿美元。2013 年 8 月完成的第四轮融资时，小米估值为 100 亿美元。

市场调研公司 Canalys 的数据显示，当年二季度，小米手机的发货量超过三星，小米一跃成为中国最大的手机生产商。2014 年，小米手机销售量将达到 6000 万台，较 2013 年增长 220%。

小米手机依靠电商模式和接近成本价的销售价格在过去几年中快速成长。不过，利润率较低和核心技术储备不足仍是困扰小米的难题。

12 月 14 日，小米与美的公司宣布，双方达成战略合作协议，小米将投资 12.66 亿入股美的。美的公告显示，小米科技 2013 年营收 265.83 亿元，营业利润为 4.86 亿元，净利润 3.47 亿元；截至当年底，小米科技总资产为 64.52 亿元，总负债 60.57 亿元，所有者权益为 3.95 亿元。依据这一数据计算，小米科技净利润率仅为 1.3%。

而 12 月初，因爱立信称小米侵犯其核心专利，小米被迫在印度市场上暂停销售旗下的智能手机，包括已经在印度市场上开售的红米 1S 和红米 Note。

小米如日中天、如火如荼。软银孙正义委托雷军的老朋友陈一舟带话，表态愿意投资小米。雷军曾两次飞往日本，每次都与孙正义进行了长达四五个小时的长谈。

"500 亿美元的估值太贵了，450 亿美元的估值可以投资，软银希望最少持有 10% 的股份。"软银最终同意出资 50 亿美元，连带雷军沟通的其他投资者，这一轮融资额度能够达到惊人的 70 亿美元。雷军与孙正义约定 10 月 14 日在北京正式签署这一合约。这一合作意外地遭到了小米核心团队的反对，几位小米人认为这是在将可预见的胜利果实白白让与他人，这一合作终于作罢。[①] 最终，小米实现融资 11 亿美元，估值达到 450 亿美元。

在战场的另一面，一支庞大的队伍策马奔来，华为公司开始增加手机业务的战略投入。

王兴：美团这家公司永远离破产只有 6 个月时间

2 月份，王兴在内部讲话《"危·机"与"成长"》中提道：

"虽然我们占到了 50% 多的市场份额，但别忘了，我们做的不是传统、狭义、2010 年 3 月时的团购，而是经过一个 4 年演化的团购，它的本质是 O2O，通过线下线上，把消费者和商户连接在一起。现在线下有几万亿的服务业市场，线上只占到 1% 左右，这 1% 里面我们只占到 50% 多，这又算什么？"

"毫无夸张地说，美团这家公司永远离破产只有 6 个月时间。"王兴这样对内部的同事们强调紧迫性。

为了尽快拓展新边界，王兴让王慧文在美团内部搞一个"业务拓展动物园"实验，王慧文试验了很多新产品，外卖是其中之一。

到了 3 月份，厦门，傍晚 6 点多，干嘉伟坐在出租车上给王兴打电话。车开得很快，风很大，还开着车窗。干嘉伟说"我们外卖赶紧要搞。"

为什么会有这么强烈的感觉？因为干嘉伟在厦门跑的时候，发现有很多商家已经把外卖的单子放到了团购上，团购本来是吸引客户到店里来吃的，商家打折引流客户来消费。美团当时没有外卖产品，但外卖的客户需求商家已经感觉到了。他们把黄焖鸡米饭这样的外卖单子以团购的形式放到了美团网。

干嘉伟跑了常州和厦门两个城市，都发现，销售主管经理在跟他讲这个现象。

---

① 范海涛：《一往无前》，中信出版社，2020 年。

美团迅速开始加速落地外卖业务。

王兴认为竞争有两个维度，一个是提升自己产品效率的"竞"，另一个才是和对手在市场份额上的"争"。竞争更重要的是尊重规律，提升自身效率，而不是紧盯对手的"争"。

美团外卖负责人沈鹏启动"章鱼计划"，他在大学招了 1000 多名应届生，在暑期对这些员工进行集中培训，早启动晚分享，怎么判断什么可以当外卖爆品，如何吸引商家使用美团。这些新兵蛋子被散至各个市场去战斗。

美团专送的平均用时一度比饿了么快 7 ～ 8 分钟。美团重金投入，基于数据做配送调配，用算法系统不断提高平台效率。

2014 年，国际化、下沉化

1944 年 6 月 6 日早 6 时 30 分，以英美两国军队为主力的盟军先头部队总计 17.6 万人，从英国跨越英吉利海峡，抢滩登陆诺曼底，攻下了犹他、奥马哈、金滩、朱诺和剑滩五处海滩；此后，288 万盟国大军如潮水般涌入法国，势如破竹，成功开辟了欧洲大陆的第二战场。

《2014 年国民经济和社会发展统计公报》显示，2014 年，中国国内生产总值跨越 60 亿元人民币大关，达到 636463 亿元。值得关注的是，第三产业占 GDP 比重达到 48.2%，高出第二产业 5.6 个百分点。第三产业比重正式超过第二产业，中国经济迈入"服务化"时代。

据中国工业和信息化部数据，2014 年全年中国智能手机出货量为3.89 亿部，比 2013 年的 4.23 亿部有所下滑。对于中国互联网公司来说，在移动互联网增速开始变缓之际，开辟第二战场，成为了当务之急。

对于此时的科技互联网公司来说，第二战场有两个选择：一为国际化，二为下沉化。

2014 年，是互联网进入中国的第 20 年。也是中国互联网创业者真正开始开拓国际市场的第一年。以华为、小米、字节跳动、百度等为代

表的中国公司，开始抢滩登陆国际市场，试图开拓中国互联网公司的
"第二战场"。

作为互联网的从业者和"观察家"，王兴对中国互联网公司出海有
着颇为独立且有益的判断。在 2 月 11 日，出席 2014 亚布力中国企业家
论坛第十四届年会时，王兴表示：

陈东升理事长有一个很著名的论断，率先模仿也是创新，美团网这
个模式不是我们完全原创的，也是我们从美国引入的。但我们当时也不
是随便看了美国任何一个模式就去学和模仿，我们还是有对互联网的思
考在里面的。因为美团网是 2010 年初创立的，在 2009 年底的时候在讨
论我们第三次创业到底做什么样的事情，我们对互联网有理解和总结，
在此基础上我们选择做什么样的模式，因此选择了做美团网。

CNNIC 的数据显示，截至 2014 年 12 月 31 日，中国网民规模达
6.49 亿，手机网民规模达 5.57 亿。在上网设备中，网民使用台式电脑上
网的比例达 70.8%，手机达 85.8%，笔记本电脑达 43.2%，平板电脑达
34.8%，电视达 15.6%。CNNIC 分析，虽然中国网民规模的增速减缓，
但 2014 年中国仍新增网民约 3100 万人。手机网民规模增速加快，较
2013 年底增加了约 5700 万人。

对于中国的科技公司而言，中国尚有大部潜在地区有待开发，其中
以小城市和农村地区占多。CNNIC 表示，中国互联网普及率为 47.9%，
农村网民仅占约四分之一。与此形成对比的是，据美国人口调查局数
据，2013 年美国有 74.4% 的家庭使用互联网。

如何开拓国际市场，如何占领下沉市场，成为了接下来中国科技互
联网公司的战略路径。

越来越多互联网人关注到中国汽车行业正在飞速发展。

【战略金句】

◇ 贝佐斯：一个梦幻般的业务一般要有四个属性：一是客户非常有需

求；二是它能成长到很大的规模；三是资本回报率高；四是它能抵抗时间——也就是能够存续很多年。当你找到这样一种业务的时候，你应该把它紧紧抓住不放。

◇ **马斯克**：帮助别人，我认为这是一件共同繁荣的事情，这是好事。

◇ **王兴**：竞争有两个维度，一个是提升自己产品效率的"竞"，另一个才是和对手在市场份额上的"争"。竞争更重要的是尊重规律，提升自身效率，而不是紧盯对手的"争"。

扫码阅读本章更多资源

2015

天上神仙

我想叫什么就叫什么，我是火星之王，耶！

——电影《火星救援》，2015

要么我们对，要么我们错得离谱。

——电影《大空头》，2015

　　1月4日下午，时任国务院总理李克强来到深圳前海微众银行，他在一台电脑前敲下回车键，卡车司机徐军拿到了3.5万元贷款。

　　微众银行是中国首家互联网民营银行，这也是其完成的第一笔放贷业务。[①] 这家银行的定位是"既无营业网点，也无营业柜台，更无须财产担保，而是通过人脸识别技术和大数据信用评级发放贷款"的银行。

　　李克强在考察时强调，互联网金融一定要适度发

---

① 1月18日，深圳前海微众银行开始试营业，注册资本30亿元，经营范围包括吸收公众，主要是个人及小微企业的存款；主要针对个人及小微企业发放短期、中期和长期贷款；办理国内外结算以及票据、债券、外汇、银行卡等业务。

展。"政府要为互联网金融企业创造良好的发展环境，让你们有'舒适度'，不再被绑住手脚。同时，你们也要有一道防控风险的'防火墙'。"

除了金融行业，互联网正在加速走向各行各业、链接各行各业。

5 月 7 日上午，北京中关村创业大街知名的 3W 咖啡迎来一位特殊的客人，时任国务院总理李克强在这里喝咖啡的照片瞬间在网上疯传，3W 咖啡声名大噪。中关村创业大街，已经被创业者誉为"互联网创业地标"，很多人甚至为了喝一杯"总理咖啡"专程而来。

这一年的中关村创业大街，街区盘活空间 3 万余平方米，其中有 40 多家专业创业服务机构。仅 2015 年，街区入驻投资机构 2200 多家，创业大街孵化创业团队共计 1791 家，日均孵化 4.9 家，近 400 家创业企业获得融资，融资金额约 20 亿元，众多的青年人慕名而来。

虽然知道任何赛道的竞争都会异常激烈，但每一个创业者心潮澎湃。近二十年的互联网历史表明，当浪潮来临，最好的选择是一个猛子先跳进去。

3 月初，全国人大代表马化腾在两会提交《关于以"互联网＋"为驱动，推进中国经济社会创新发展的建议》，他呼吁以"互联网＋"驱动产业创新，促进跨界融合。

3 月 5 日，在十二届全国人大三次会议上，政府工作报告中首次提出"互联网＋"行动计划，旨在推动移动互联网、云计算、大数据、物联网等与现代制造业结合，促进电子商务、工业互联网和互联网金融健康发展，引导互联网企业拓展国际市场。

5 月 13 日召开的国务院常务会议再次提出，要加快高速宽带网络建设，促进提速降费。在 6 月 4 日举行的国务院常务会议上，官方再度决定围绕"双创"发起一系列税收支持、用房优惠等举措。

6 月 24 日，国务院常务会议通过《"互联网＋"行动指导意见》，明确了推进"互联网＋"，促进创业创新、协同制造、现代农业、智慧能源、普惠金融、公共服务、高效物流、电子商务、便捷交通、绿色生态、人工智能等若干能形成新产业模式的重点领域发展目标任务。

三大运营商很快行动起来，中国联通承诺在 2016 年底前降低全网移动用户数据流量综合单价 20% 以上；中国电信宣布 4M 以下宽带免费提速，流量资费降约四成；中国移动也表示将推出十二大提速降费新招。此外，三大运营商年内已实施面向所有用户的"流量当月不清零"政策。

仅 2015 年一年时间，中国移动 4G 用户从 2014 年的 9 千万飙升至 3.1 亿，中国电信 4G 终端用户净增 5138 万，中国联通 4G 用户数则是 4416 万。根据 CNNIC 的统计数据，2015 年，中国网民规模 6.88 亿，新增 3951 万，其中手机网民 6.2 亿，较去年增加了 6303 万。

每一个企业家，都在思考着"互联网 +"可能带来的时代机遇。每一家公司，都希望自己能够快速成长，"甩开"竞争对手。

3 月，全国人大代表马化腾在参加全国两会时，明确提出了腾讯要做的两件事情：连接和内容。马化腾表示：

"腾讯这一两年的战略做了很大的调整，我们把搜索、电商都卖掉之后，更加聚焦在核心，就是以通信和社交为核心，以微信和 QQ 为平台和连接器，我们希望搭建一个最简单的连接，连接所有的人和资讯、服务。第二个事就是内容产业。就这么简单，一个是连接器，一个是做内容产业。"

同样在 3 月，王兴在一场美团内部讲话《2015 年是 O2O 的决战年》中说道：

可能很多人都听过鸵鸟原理，我给大家讲一下这个故事。火鸡比母鸡要大一些，如果从旁观者的角度来看，火鸡确实比母鸡要大一圈或者大两圈。但是，母鸡看火鸡，其实会觉得大家差不多，母鸡也是不太服气火鸡，它觉得你可能就比我大那么一点。但是，当一只鸵鸟过来的时候，不管是母鸡还是火鸡，不管它们再不服气，在一个强大的反差面前它们都会认同鸵鸟确实比我大。这个道理非常深刻，人和人的对比，团队和团队的对比，公司和公司的对比，这个道理同样存在。

2015 年，谁会成为那只"鸵鸟"呢？

大洋彼岸的美国公司

2015 年夏天时，Google 已经推出了自动驾驶汽车、可穿戴设备、Nexus 智能机以及其他许多产品，并在深入探索人工智能、云计算、量子计算以及光纤网络。

鉴于公司的复杂性，佩奇和布林决定为公司进行瘦身，并成立了控股公司 Alphabet。佩奇和布林逐步退出了公司的日常运营[①]，把大权交给了皮查伊。10 月 2 日这一天，桑达尔·皮查伊正式成为 Google 新任 CEO。皮查伊于 1972 年出生于印度。硅谷在继微软纳德拉后，迎来又一位重磅印度 CEO。

11 月 3 日，亚马逊成立 20 年来的第一家实体书店在西雅图的大学村开业了。这家叫作亚马逊书店（Amazon Books）的门店，零售空间 5500 平方英尺[②]，存储空间 2000 平方英尺[③]，木头货架上摆放着 5000 ～ 6000 本畅销书。店内一共 15 名员工，其中包括图书管理员、零售店员和一名前台接待员。

在亚马逊看来，通过在线零售获得的大量数据，让它在实体书店的选址方面拥有其他书店无法比拟的优势。它将利用大数据来选择最吸引西雅图购物者的书目。与传统书店不同，亚马逊书店的每本书都封面朝外，而不是只露出书脊那样紧紧地堆放着。一个架子上面放着亚马逊网站上最畅销的书，还有一个架子上放着被顾客评为 4.8 星以上的书。书的评论也会显示在每本书的旁边。

亚马逊的稳步发展，也让杰夫·贝佐斯开始将更多精力，放到自己热爱的航天事业之上。

9 月 26 日，贝佐斯宣布，蓝色起源公司将把佛罗里达州的太空海岸作为其可重复使用的火箭发射母港。贝佐斯还展示了新的轨道运载火箭

---

① 他们分别担任 Alphabet 的 CEO 和总裁。
② 约 511 平方米。
③ 约 186 平方米。

2015: 天上神仙 / 527

"very big brother"（大哥大）的概念图，新火箭将垂直发射和着陆，以重复使用其第一级 [①]。

埃隆·马斯克的航天事业同样发展顺利。这年 12 月 22 日，SpaceX 的猎鹰 9 号火箭，在将 11 颗通信卫星送入轨道后，成功地将一级火箭回收到地面，创造了人类太空史上的第一次。这次发射任务的火箭轨迹震撼人心，延时摄影显示出了与 SpaceX 的 logo 中的"X"相似的形状。但对于马斯克来说，这一年或许另一件事更具里程碑意义：成立 OpenAI。

一件小事：OpenAI 成立

大约在十年前的 2005 年，山姆·奥尔特曼就在思考：如何才能实现"通用人工智能"。当时，"这被认为是职业自杀。"

奥尔特曼与埃隆·马斯克进行了持续交谈，后者也认为比人类更聪明的机器不仅是不可避免的，而且如果它们是由追逐利润的公司制造的，那么也是危险的。

两人都担心 Google 仍将是该领域的主导者，2014 年 Google 收购了顶级人工智能研究实验室 DeepMind，从而与马斯克分道扬镳。奥尔特曼与埃隆·马斯克设想建立一个非营利性人工智能实验室，该实验室可以成为道德平衡点，确保该技术不仅造福股东，而且造福全人类。

这年夏天，奥尔特曼找到了 Google Brain 的明星机器学习研究员伊利亚·苏茨克维尔 [②]。两人在 Google 总部附近的汉堡店 Counter 共进晚餐。当他们分开时，奥尔特曼钻进了车里，心想："我必须和那个家伙

---

① 2016 年 4 月，蓝色起源公司成功试飞了 New Shepard 火箭，载人部分成功地与火箭助推器分离，但火箭本身没有恢复。

② Ilya Sutskever。

一起工作。"他和马斯克花费晚上和周末的时间来吸引人才。奥尔特曼开车去伯克利和研究生约翰·舒尔曼（John Schulman）一起散步，与Stripe 首席技术官格雷格·布罗克曼（Greg Brockman）共进晚餐，与人工智能研究科学家沃伊切赫·扎伦巴（Wojciech Zaremba）会面，并与马斯克和其他人在加利福尼亚州门洛帕克的瑰丽酒店举行了集体晚宴。在那里，新实验室的构想开始成形。"蒙太奇就像一部电影的开头。"奥尔特曼说，"你试图让这群稍微格格不入的乌合之众去做一些疯狂的事情。"

OpenAI 有 6 位联合创始人——奥尔特曼、马斯克、苏茨克维尔、布罗克曼、舒尔曼和扎伦巴。里德·霍夫曼、彼得·蒂尔和杰西卡·利文斯顿（Jessica Livingston）等著名投资者承诺捐款 10 亿美元。

OpenAI 没有 CEO[①]，布罗克曼和苏茨克维尔是该组织事实上的领导人。在旧金山 Mission 区一家由箱包工厂改建而成的办公室里，苏茨克维尔的研究团队抛出各种想法，看看效果如何。"这是该领域一些最优秀人才的一次非常精彩的聚会。"克里西洛夫说，"与此同时，并不一定感觉每个人都知道自己在做什么。"

但 OpenAI 从成立初始，就一直坚持以追求普惠的 AGI 为目标。

2015 年底，OpenAI 正式向世界宣布自己的成立。这篇宣言只有 600多字，文章开头写道：

OpenAI 是一家非营利性人工智能研究公司。我们的目标是以最有可能造福全人类的方式推进数字智能，不受产生财务回报需求的限制。由于我们的研究没有财务义务，我们可以更好地专注于对人类产生积极影响。

我们认为，人工智能应该成为人类意志的延伸，并且本着自由的精神，应该尽可能广泛和均匀地分布。这次冒险的结果不确定，工作艰巨，但我们相信目标和结构是正确的。我们希望这对该领域的佼佼者来说是最重要的。

---

① 在 OpenAI 早期，奥尔特曼仍然担任 YC 总裁，并且只是远程参与。

这篇文章的两位署名作者分别是格雷格·布罗克曼和伊利亚·苏茨克维尔。[①]

关于人工智能的讨论与宣言

从 2015 年开始，科技领袖们越来越多开始讨论起人工智能的未来。

这年 3 月 29 日，海南博鳌亚洲论坛，百度创始人李彦宏主持了一场与微软创始人比尔·盖茨和特斯拉 CEO 埃隆·马斯克的对话。这场对话的主题是：人工智能。

比尔·盖茨强调保证人工智能的安全非常重要。他表示："我认为我们应该特别小心，可能会需要更多的时间来发展人工智能，但是我们这个方向是对的。我们可能需要更多的时间来发展人工智能，推动人工智能的安全性。进入未知领域我们不能操之过急。"

埃隆·马斯克则强调，自动驾驶这一类技术真的走进现实，还需要监管政策等诸多条件的进一步成熟。马斯克说："我们需要进行无人驾驶汽车模式的论证，比如要比较一下无人驾驶和有人驾驶之间的区别。是不是无人驾驶会比有人驾驶更安全？如果仅从技术上说，这种比照可能 2 到 3 年之后就能成型。但从监管批准的角度来说，可能还需要更多的时间。"

6 月 29 日这一天，张一鸣接受媒体人张泉灵采访，张泉灵问他："你不担心人工智能变成人类终结？"

张一鸣回答："我们目前看到的进步以及方向，多是在某个垂直领域的人工智能的可能性，比如推荐、比如天气预报等，目前无法想象一个通用的大脑的存在。而且我预计，我们现在对人工智能的想象都是人工想象，人工智能真正产生的影响，很可能是我们完全无法想象的。"

人工智能正在吸引业界更多领导者的目光。这一年，亚马逊和微软

---

① 格雷格·布罗克曼后来担任 OpenAI 的总裁，伊利亚·芮茨克维尔担任首席科学家。

分别为各自旗下的云软件平台 Amazon Web Services 和 Microsoft Azure
增加机器学习功能。机器学习软件，能够帮助客户从海量数据中快速发
现规律并作出一定趋势预测。

此时的世界与中国

4 月 14 日，河南省实验中学的一
位女教师的辞职信，突然火遍全网。
已经教书 11 年的这位女士，突然提
交了辞职信，信纸上只有十个字："世
界那么大，我想去看看。"

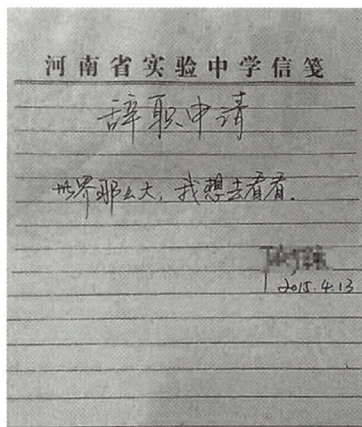

图 22-1 "我想去看看"邮件

这简单的十个字，迅速抓住了这
个国度数以亿计渴求自由的灵魂。无
数人为这个勇敢的女人点赞。

出走的不只这位女教师，还有央
视的明星主持人。2015 年，知名主持
人张泉灵选择离开央视，投身互联网
创投行业。

"今后，我的身份不再是央视主持人，因为生命的后半段，我想，
重来一次。"她决定离开工作了 18 年的央视，"我要跳出去的鱼缸，不
是央视，不是体制，而是我已经在慢慢凝固的思维模式。"吸引张泉灵
的，正是此时热的发烫得移动互联网。

但在这年的开年，中国人最关注的话题，却是一只马桶盖。

财经作家吴晓波在 2015 年 1 月 25 日发表了一篇文章《去日本买只
马桶盖》。吴晓波带着公司团队 20 多人在日本开 2 天时间的年会。半天
会议很快结束，吴晓波发现，团队中的年轻人在随后的一天半时间中集
中采购各类品质优越的日本产品。稍作了解，每年大量前往日本旅游的

中国游客会争先购买日本的优质商品。而时下大家购物清单上的首选产品竟然是日本马桶盖，甚至有国人一次会买两三只带回国内。

日本马桶盖热后面，遮掩的无疑是急需升级的"中国制造"。吴晓波在文中写道："中国制造的明天在于让中产不必越洋去买马桶盖"。

这一话题一度成为今年两会委员们讨论的热点。在一次政协经济界别的分组讨论会上，原银监会主席刘明康委员讲述了自己曾经历过的"马桶盖事件"："两三千块钱，国内也是这个价啊，我在西单买的一个国外的品牌在中国生产的产品，装上去就不好用，这要命啊。所以他就会跑到日本去买马桶盖，既然你粗制滥造惯了，那对不起，我就去（日本）买马桶盖。"

另一位政协委员，经济学家厉以宁直言，在经济新常态发展中，中国企业应该让产品更个性化，让服务更人性化。把品牌打到国外去，把顾客留到国内。

身为人大代表的格力电器董事长董明珠则把问题提升至企业诚信高度："为什么国人去日本买，一个就是可能我们的工艺没有别人高，技术上比不过别人，我觉得更重要的是企业过去的不诚信的行为，变成了今天在为过去的不诚信埋单。因为叫一个人相信你，过去上过当了，他用过不好，你叫别人还怎么相信你，企业就是在为自己过去的不诚信埋单。"

李克强总理在看望政协经济、农业界委员时也直接谈论了这一现象："当然我们抱着开放的心态，反对贸易保护主义，消费者有权有更多的选择，他可以买。但是反过来讲，我们的企业要升级，如果国内也有相当的产品，那消费者就会多买，成本还低，起码还可以减掉机票钱。"

小米顺势推出了小米电饭煲。雷军回忆：

当时，很多中国游客到日本疯狂抢购电饭煲，成了社会现象。我觉得不可思议，中国是世界工厂，怎么都做不好一个电饭煲。于是，我们决定孵化一家创业公司主攻高端电饭煲。研发了一年半时间，我们的电饭煲成功发布，引起了很大轰动。一家日本电视台特意买了几台，跟日本高端电饭煲一起做街头盲测，结果有点不可思议：6：4，我们胜出了！而我们的产品定价仅仅相当于日本同类产品的五分之一。后来，我们的电饭煲卖到了日本，非常受欢迎。①

这一年，微信支付和支付宝支付开始大战。纷纷发起补贴活动，到处贴二维码。现在，就连买菜买鸡蛋夹肉饼，都可以用手机扫码。这种便捷性是全世界最领先的。

新加坡总理李显龙在新加坡的国庆群众大会上曾言：

"尽管我们是先进的发达国家而中国只是发展中国家，但有些方面我们还是不如中国，比如中国的移动支付技术，当之无愧是全球最先进的。我们在电子支付方面比一些城市要落后很多，尤其是中国的城市。记得前几年我们人力部长林瑞生出访中国，在上海买栗子，他看到许多顾客拿着手机对着商贩的一个二维码摆弄了一番，之后拎着栗子就走了，没有给一分钱。当时他还以为这是有什么优惠，于是轮到他时，他讲，他给现金就好，不需要什么优惠，然而商贩却没说话，只是示意他看看自己的收款码，这下，林瑞生才明白这是高科技的微信收款二维码，觉得自己就像山里来的，汗颜得像个乡巴佬一般！"②

这年 9 月 16 日，由爱奇艺前首席内容官，著名制作人、主持人马东创办的米未传媒宣布成立。

10 月 5 日，中国药学家屠呦呦获得 2015 年诺贝尔生理学或医学奖。这是中国第一个诺贝尔奖女性得主。

移动互联网"上半场结束"，迎来合并潮

2 月 14 日情人节这天，程维和吕传伟同时发布公开信，宣布滴滴与快的正式合并。"打则惊天动地，和则恩爱到底。"程维写道："我们和快的走到了一起，还拉着腾讯和阿里走到一起，一定很多人惊呼，又相信

---

① 雷军：《小米十周年公开演讲》，2020 年 8 月 11 日。
② 李显龙出席新加坡国庆群众大会，2017 年 8 月 20 日。

爱情了。"

程维表示"这次合并创造了三个纪录，中国互联网历史上最大的并购案、最快创造了一家中国前十的互联网公司、整合了两家巨头的支持"。合并后的滴滴占据 80% 的市场份额。

吕传伟则在公开信中，透露了接受合并的一些原因："恶性的大规模持续烧钱的竞争不可持续""合并后可以避免更大的时间成本和机会成本"。在宣布合并后的 30 天中，吕传伟完成了股权的全部出清，并退出了管理层。

年底一场活动上，谈起 2 月份的滴滴快的合并，全程参与的华兴资本包凡曾经恰好翻到一本《希腊神话》，他这样回忆："BAT 就是天上的神仙，神仙在看我们人间的人打仗。"

BAT 犹如天上的神仙，俯瞰着人间分分合合。神仙打一个响指几乎就能永远改变一家普通公司的命运。故事还在继续。

4 月 17 日，分类信息领域同样完成了行业前两家公司的合并。58 同城与赶集网宣布合并。

在合并前的 2014 年，两家的广告投放总费用就超过了 15 亿元。2014 年 7 月，赶集网完成了 2 亿美元的融资，姚劲波向杨浩涌发短信表示："浩涌，人生苦短，咱们聊聊？"

事实上，从这之后，几乎每隔一段时间，姚劲波都在尝试完成两家的合并。

更让杨浩涌头疼的是，投资人并不站在他一边。为了"逼迫"赶集网接受合并，赶集网的战略投资人老虎基金，直接忽略与杨浩涌签过的排他性协议，把自己持有的赶集股份卖给了 58 同城。更可怕的是。老虎基金也开始说服其他投资人，一起将股票出售给 58 同城。

当然，杨浩涌也并不是什么软柿子。在合并谈判的最后时刻，杨浩涌提出合并价格要多增加 4 亿美元，姚劲波回忆："我当时手上有一个酒杯，差点就扔出去了"。

在合并完成的 6 个月后，杨浩涌辞职，创办瓜子二手车网。

　　7 月 13 日，美团天使投资人王江在朋友圈说："朋友问我最近为啥老看到美团负面消息，我说没问过王兴，以常理推断，大概是对手顶不住了吧"。

　　很快，合并的消息再次传来。10 月 8 日，美团与大众点评网正式宣布合并，新公司估值达 150 亿美元。王兴后来承认："我们和大众点评走在一起，红杉起到了关键的作用。"和这一年的所有叙事一样，在合并完成一个月后，大众点评网的创始人张涛退出。

　　合并之后的"新美大"，成为一家吃喝玩乐一站式服务平台，覆盖全国超过 2800 个市县区，拥有用户近 6 亿，日订单量突破 1300 万单，2015 年总交易额超 1700 亿元。

　　在差不多 2 个月后的 11 月 28 日，王兴在饭否上发帖："战略上打持久战，战术上打歼灭战。"

　　美团与大众点评的合并，标志着王兴与阿里的彻底决裂，打着奔向腾讯阵营的旗号独立发展。王兴在合并邮件中说，"昨天双方浴血奋战，今天我们握手言欢，明天我们共创未来"。美团点评合并 2 个月后，饿了么宣布获得阿里 12.5 亿美元的投资。拿到阿里巨额投资，意味着未来它将成为阿里系。

　　实际上从 2005 年开始，BAT 之间就已经出现了明显的业务重合和产品冲突。

　　阿里巴巴旗下的淘宝网，在开始就附带即时通信工具淘宝旺旺，旺旺此后逐步完善升级成为"阿里旺旺"，此后阿里巴巴正式进入搜索领域。

　　百度则先后推出 C2C 电子商城"有啊"，即时通信工具"百度 Hi"，之后是百度空间，基于贴吧和空间的微博产品"百度说吧。"，B2C 商城乐酷天。

　　腾讯则几乎是对阿里巴巴、百度，以及中国市场少有规模的产品模式，进行了"全面覆盖"。

　　2015 年，BAT 三大巨头继续抓紧抢占地盘。

百度在 O2O 布局方面，已经形成了两大模块：一是以百度糯米、地图、手机助手等为核心搭建起来的中高频 O2O，百度所布局的携程和去哪儿、优步、中粮我买网、蜜芽、e 袋洗等均成为其服务提供方；二是以百度本地直通车为主的产品，则覆盖了线下长尾、低频消费的本地生活服务。

这年 6 月李彦宏宣布，未来三年将向百度糯米追投 200 亿。也是 2015 年 6 月，阿里巴巴重启了沉寂多年的"口碑网"，并把淘点点等阿里系 O2O 业务板块划归到了支付宝。

推动 O2O 消费场景，少不了布局互联网金融，这年 11 月，百度与中信银行成立了"百信银行"之后，又与安联集团、高瓴资本联合成立了"百安保险"，均表示将结合 O2O 推出互联网金融产品。

阿里巴巴则入股了苏宁云商、圆通速递、印度在线支付平台 Paytm、美国在线零售商 Jet.com 和美国母婴电商 Zulily 等，对其电商业务的服务体系进行完善，并深化其在垂直电商、跨境电商的能力。

阿里巴巴的文化帝国版图初步显现。今年阿里巴巴最引人注目的两次资本运作，一次是入股苏宁云商，一次是 45 亿美元收购优酷土豆。加上 2014 年阿里巴巴收购港股公司文化中国并更名为阿里影业以来，逐步入股了华数影视、华谊兄弟、光线传媒、第一财经等。

阿里巴巴宣布入股苏宁的前几天，京东宣布入股永辉超市，进军生鲜 O2O。2015 年，阿里与"农村战略"并行的是面向城市的"电商超市"之战，阿里推出了面向城市社区小店的"零售通"，天猫宣布北京为第二主场，挥师北伐，在此后的两年时间，京东与天猫焦灼在城市战区，这直接导致后来的沃尔玛入股京东。

腾讯在 2015 年，完成了对盛大文学的收购，成立了阅文集团。而这年 9 月，腾讯也宣布成立两家影视公司：腾讯影业和企鹅影业，分别隶属于腾讯 IEG（互动娱乐事业群）和腾讯 OMG（网络媒体事业群）。

阿里巴巴和腾讯，通过打造新应用，外加对外战略投资，分别在移动互联网时代的"海洋战争"中，建立起了属于自己的霸权。而其他互联网公司，更多只能在局部的陆地战争中，进行激烈的争夺。

马化腾：有时候你什么都没有做错，就是错在你太老了

2014 年 12 月 31 日，微信用户数是 5 亿，到 2015 年 12 月 31 日，微信用户数突破 6.97 亿，也就是说，微信 2015 年增加了 1.97 亿。一年近 2 亿的新增用户，腾讯意识到，自己拿到的不只是移动互联网的"船票"，还是一张"头等舱"票。

2015 年，美国科技新闻媒体 The Information 的创始人杰西卡·莱辛写了一篇文章《Facebook 该向微信学习什么？》，杰西卡注意到刚刚宣布将 Messenger 对开发者们开放的 Facebook 与腾讯旗下的微信有极为类似的特质。

马化腾说："有时候你什么都没有做错，就是错在你太老了。我们最早看到 Snapchat，外国 13～18 岁小孩在用，我们高管用了觉得好傻好无聊，看不到价值，只投了一点，后来涨得很快。这个公司我们副总去过，就是海边一个玻璃房，很小的公司，感觉一个石头就把它击破了。当时只有 2000 万美元，我们没进去，现在远远超过我们想象，百亿美元。"正在阅读《三体》的马化腾在近几年，尤其充满危机感。

马化腾对这次大爆炸心有余悸，在一场公开活动中，马化腾回忆：

"2015 年的天津大爆炸，如果当时再严重点出事，你们朋友圈的数据全部都没了。真的，不是假的。只离 1.5 公里。我们的数据中心受损蛮严重的。铁门全部扭曲了。幸好机器还没有断电。我们全体人都撤，所以我们的亚洲最大数据中心啊，当时在天津最大的 20 多万台服务器，两度裸奔，没有人值守，非常担心。我们也不知道什么时候能回去。这个敲响了个警钟，所以一个数据是多重要啊，我们当时临急说去找备份，去哪找啊，没有存在别的地方。"

腾讯在 2015 年 11 月上线了《王者荣耀》，腾讯是在 2014 年重组八大游戏工作室后，设立了四大工作室群，《王者荣耀》是内部赛马胜出的。这是腾讯延续游戏霸主实质性的一幕，《王者荣耀》是未来几年腾讯游戏领域最重要的收入支撑，它的成功延续了微信神话，腾讯是不容置疑的。在此后的几年，腾讯用游戏赚来的钱，全球布局，并购了许多游戏公司，也把电竞直播这游戏分发最后一片热土牢牢掌控，继续捍卫它的游戏帝国。

2015 年，腾讯成为国内第一个收入突破千亿的互联网公司。或许是腾讯的成功来得太过容易，所以后来也有媒体质疑"腾讯没有梦想"。腾讯是在 2019 年，被阿里巴巴和字节跳动在新零售、云计算和内容、短视频几个领域压制，才逐渐意识到，腾讯战略与组织结构的滞后。

当时坐拥 5 亿用户的微信已经拥有明确的商业模式，但 Facebook 除了广告之外，商业模式并不清晰。

杰西卡·莱辛在文中认为，微信为品牌和用户之间搭建了一个沟通的平台，用户可在其中实现购物、支付等一系列商业行为，并且能够形成闭环。不同于美国的支付平台以抽成为盈余手段，亚洲互联网公司更多是使用所有移动存款运营一只货币市场基金，通过使用资金池去赚钱，而不是直接对用户去抽成。

医疗保健公司 Circle Medical（循环医疗公司）的创立源自一次意外经历，某位创始人的孩子在家庭度假时生病，父亲却不知道如何从网上叫到医生。所以，Circle Medical 诞生的目的就是让病人随时随地都能获得医疗服务。

创始人乔治·法瓦斯[①] 完全不知道腾讯，更没有想过将业务拓展至中国。直到腾讯投资了他在旧金山的循环医疗公司，该公司的应用程序可让用户按需求召唤医生。

"我的第一个问题是，'你们为什么对我们感兴趣？'"法瓦斯说。很快他就明白了。

---

① George Favvas。

"他们实在是太庞大的一个玩家，而医保系统'又这么差劲'。"法瓦斯说。

他还说腾讯对医疗保健领域感兴趣的原因和亚马逊与苹果等公司是一样的。"只不过，他们领先几年。"①

一天开 23 个会的雷军

这年双十一，小米在最后半小时反超对手，惊险守住全网手机品类销量第一的位置。时任销售总监朱磊表示："今年双十一其实是我们经历过三年，最跌宕起伏的一年。以前我们其实是赢得毫无悬念，基本上我们自家想怎么玩怎么玩。只是我们想甩你几倍的问题。今年我们真的是一直拼到了最后一分钟。"②

这次双十一的经历，正代表着小米此时的困境。

2015 年小米开始遭遇创业后的第一次低谷期，年初雷军为小米制定了销售 8000 万至 1 亿部手机的目标，年终小米销量是 7000 万。

2015 年底，前期超高速成长掩盖的非常多的问题，一下子全部爆发了出来。手机行业，从来没有一家公司在销量下滑后，还能成功逆转的。这时的小米处于生死存亡的关头。

形势极其严峻，雷军不得不亲自接管了手机部。

那段时间，苦不堪言。雷军经常早上 9 点上班，到了凌晨一两点，还在开会。有一天下班的时候，雷军数了数，一天下来，他居然开了 23 个会，让人无法置信。

小米的国际化也遭遇困境。刚组建的印度团队非常乐观，说服雷军特批了 50 万台。2015 年 1 月，这款旗舰手机在印度发布了。但谁也没

---

① 《腾讯 vs. 阿里巴巴：中国科技界主导权之争》，https://cn.nytimes.com/technology/20180601/china-tencent-alibaba/。

② 小米纪录片《一团火》，2018 年。

有想到，居然卖不动。

小米刚进入印度市场，品牌和渠道都还没有准备好，就直接定了 50 万台旗舰机。高达 10 亿库存，这对刚起步的印度业务来说，是个灭顶之灾！雷军一听到这个消息，就有点愣住了。运回国内？但那是 3G 版本的小米 4，此时国内已经完全是 4G 手机的天下。

小米最终组建了一支"救火队"，到全球去找 3G 市场消化。刚开始，这个团队只有 3 个人，从东南亚到南美，从欧洲到中东，全球跑了五六十个国家。当时小米在海外知名度还没现在这么高，吃了无数的闭门羹后，小米最终打开了一条路。有三类合作伙伴选择了小米：

卖石油、卖天然气的贸易商想转行进入手机行业；

卖笔记本电脑，现在想卖手机的；

一批二线代理商，想在小米身上赌一把。

在死磕了一年多之后，这要命的 10 亿库存，在损失惨重的基础上终于消化了。但这个过程中，小米所开拓出来的渠道也成了国际业务的先遣队，在一定程度上加快了小米国际化的进度。

4 月 23 日，小米在印度新德里召开小米 4i 发布会。雷军在台上一激动，脱口而出说了一句，"Are you OK？"现场气氛一下就炸裂了。因为独特的"湖北口音"和一直重复，"Are you OK？"一句被 bilibili 的用户制作成鬼畜视频"Are you OK"，播放量已达数千万次。没想到，这个视频传回国内，立马上了热搜。B 站的这个鬼畜视频，也让雷军成了 B 站的"知名歌手"。小米的市场部同事一开始还有点紧张，但雷军觉得没啥。随后小米公司的官方账号也入驻 bilibili。

小米在 2015 年开始遭遇瓶颈，更大因素是源自外部，即移动互联网第一拨红利见顶。互联网是线下社会的折射甚至放大，移动互联网的发展，与中国城乡二元结构有关，第一拨红利是 2010 年到 2015 年，是 PC 互联网的移动化，城市移动互联网是主流，2015 年开始，更多的农村人口逐渐纳入了移动互联网，与此同时，还有 4G 在 2015 年开始推广普及。

手机产业是最早感受也是最早体现这一变化的。小米从 2015 年开始增长放缓，在此后的 2016、2017 两年，手机圈中表现最好的是在农村市场、三四线城镇市场有渠道优势的 vivo 和 OPPO。

阿里 PK 工商总局，阿里上云

这一年年初，淘宝与国家工商总局^①之间，爆发了一场不大不小的冲突。事情起源于在国家工商总局相关部门发布的《2014 年下半年网络交易商品定向监测结果》中显示：淘宝网正品率最低，仅为 37.25%。

1 月 27 日，淘宝官方微博放出一封"一个淘宝店小二"的措辞激烈的公开信，点名指责国家工商总局网络监管司司长刘红亮"违规吹黑哨"，由此触发淘宝与国家工商总局大战。

淘宝网一个 80 后"运营小二"在这封公开信中，称抽样太少、逻辑混乱，国家工商总局是在"吹黑哨"。

1 月 28 日，国家工商总局白皮书要求阿里系高管守住底线，克服傲慢情绪，并列举了阿里系网络交易平台存在的突出问题。

同样在 1 月 28 日，淘宝网发表官方声明，称刘红亮司长在监管过程中"程序失当、情绪执法"，并就此向国家工商总局正式投诉。

这样的局面让所有人都感到有些尴尬。数日交锋之后，国家工商总局局长张茅会见阿里巴巴董事局主席马云，这被视为双方的和解动作，但阿里巴巴在事发后股价连日暴跌市值蒸发 300 亿美元。可以说，淘宝网这样的"硬怼操作"，让所有民营企业在以往任何时候想都不敢想。从侧面，也能够看出监管侧此时对互联网公司的宽松态度。

此时的阿里巴巴，有些焦虑。这年春节前的 2 月 13 日，马云在给阿里员工的内部信中写道，"除了上市以外，客观地讲我们对 2014 年的成绩并不非常满意……2014 年我们无论是在电商，云计算还是物流等方

---

① 2018 年改革为国家市场监督管理局和国家知识产权局。

面，我们原本可以做得更好"。或许正是因为"不满意"，这一年春节，阿里取消了全体员工的红包福利。

很快，阿里巴巴进行了重大组织调整。5 月初，张勇接替陆兆禧出任阿里集团 CEO。在上任阿里 CEO 后半年，12 月 7 日，张勇宣布对阿里架构进行大调整，阿里从 2013 年的"树状"管理模式改为"网状"，也就是变成"大中台，小前台"：作为前台的一线业务会更加敏捷，更快速适应瞬息万变的市场；中台将整合整个集团的运营数据能力、产品技术能力，对前台业务形成强力支撑。至于人事方面，淘宝、天猫等，都采用了"班委制"，就是给大家机会，看谁最后跑出来。

阿里"大中台，小前台"的框架，需要把整个阿里架构在云端，阿里巴巴和蚂蚁金服实际上从 2014 年就开始实行将数据存储、计算任务上云的"登月计划"，2015 年 6 月，历时一年半的"登月计划"宣告完成。在 BAT 中，阿里是最早布局云计算的。2015 年 10 月，阿里云开发者大会正式更名为"云栖大会"，云计算、大数据、量子计算、人工智能、生物识别、深度学习等前沿科技话题开始流行。也是从 2015 年开始，阿里在电商零售之外，有了云计算、高科技的新标签。

在 2015 年数博会上，马云说："我们其实正在进入一个新的能源的时代，这个时代核心资源不是石油，而是数据……未来计算能力将会成为一种生产能力，而数据将会成为最大的生产资料，会成为像水、像电、像石油一样的公共资源。"

张一鸣：中国有机会走在世界前列

在张一鸣的印象里，这年初，字节跳动内部围绕是否做短视频，进行了第二次集体讨论。

"2015 年初在冲绳举办年会的时候，我叫大家到一个居酒屋，第二次讨论做不做短视频。第一次是 2014 年，但当时一条途经知春路站的地铁上都是腾讯微视的广告，微博秒拍也在全力推广，我们心里有犹豫。加上经历了很多风波，精力上顾不上来。到年底美拍、快手已经起来了，我们感觉已经错过了。"

是否坚持做短视频这个问题，一直盘旋在张一鸣的脑中。对于张一鸣来说，这一年最重要的事情有两个：第一是产品的日活继续快速增长，第二是加强在国际化方面的尝试。4 月 29 日，在接受《好奇心日报》采访时，张一鸣介绍了 2015 年，对他来说，最重要的事情。张一鸣表示：

"我们有一些产品目标，整体来说希望日活有三倍的增长，还希望在国际化上有一些成绩。产品本身来说希望在用户的兴趣讨论功能上能够再迈进一步，希望把评论做得更进一步（对未来的战略计划我们不能说太多）。"

确实，张一鸣能够选择的方向太多了，他必须断舍离。这年 6 月，张一鸣在豆瓣上标注刚刚阅读完《断舍离》。他写道："听同事和候选人推荐。书一般，命题有意思，可以自己阐述。断舍离，轻装上路。"

关于走向国际市场，张一鸣有着自己的思考。在他看来，2015 年的中国，在人才、市场、模式等方面，都走在了世界前列。9 月 5 日，张一鸣在中国青年领袖公益演讲中提及：

过去我们说中国落后于欧美两到三年，但是现在变了，现在很多的产品、商业模式、运营实践，中国的公司都是领先国外的，很多东西都是中国先发明的，比如小米，不同的定价方式，不同的营销方式。比如今日头条，我们是最早在全球做全网搜索推荐引擎的。还有很多特色产品，"唱吧""陌陌"，这都是中国移动互联网的创新。

第一代互联网时期中国的教育不够发达，很多都是学习数学专业的人在做互联网的事情，经过十几年的发展，无论是程序员还是产品经理，人才越来越多，北京、深圳、杭州、成都就已经成为 IT 人才密集的创业基地。当然，还有很大的市场，中国人口密度高，像电商、O2O 等商业模式更有市场。所以中国有机会在应用领域、在商业领域走在世界前列。

在 9 月 30 日，出席龙岩籍互联网新锐高峰论坛时，张一鸣再次分析道：

> 2000 年左右，中国互联网是落后国外互联网好几年的，这次我去中美互联网论坛，跟国外的公司交流，我们发现现在美国的互联网公司，比如硅谷的互联网公司，觉得中国互联网公司发展非常迅速，中国市场也非常非常大，他们不敢再说我们 copy（复制）他们的模式。中国的企业做了非常多的创新，同样类型的企业，中国很多企业做得比美国更大、更好，比如阿里巴巴、支付宝，比亚马逊更大，在 O2O 领域，美团也比国外的同类产品做得更大更全面。

> 我们所在的新媒体领域，比国外的一些企业做得大得多，并且在这些基础的、平台型的互联网公司发展起来之后，中国"互联网+企业"也能走向海外，因为互联网金融和支付发展起来了，现在在海外做一次结算、交易非常容易，或是把产品卖到海外，所以我觉得可能海外市场也是一个重要的机会，可以把有特色的商品卖到更多的国家和地区去。

张一鸣如此重视国际化的另外一方面原因是："今日头条"的天花板显而易见。据中国商业媒体报道，一项公司的内部评估认为，中国新闻推送市场的总规模约为 2.4 亿日均用户。如果今日头条得到其中一半的用户，日均用户的峰值是 1.2 亿。从这个维度来看，为了保持增长，字节跳动必须将目光投向新产品形态，投向国际市场。

黄峥：整个中国，极少有团队能把这件事情做成

2015 年春节，微信与央视春晚合作"摇一摇得红包"，大量的用户

微信钱包里面有了钱。但是线下店面还有很多不能够进行消费，缺少消费场景。一个名叫黄峥的年轻创业者看到了机会。

黄峥在 2010 年，卖掉了他的第一个创业项目欧酷网后，开始尝试做出海业务。他的第一份工作，正是在 Google，因此，选择做出海相关业务显得非常自然。

黄峥先后曾经做过三家公司，其中包括婚纱公司乐贝、快时尚海外独立站公司墨灿，以及一家出海游戏公司友塔。

这些公司虽未大成，但也都在各自的领域取得小成。乐贝旗下婚纱礼服独立站 JJ'S House 曾一度做到国内垂直类目第一名；墨灿旗下服装独立站群做到过快时尚行业第二名，单日成交额 800 万元，在中国仅次于 SHEIN；友塔则是过去几年中国最成功的出海游戏公司之一，曾雇用了约 1500 名员工，单款游戏营收超过 11 亿美元。[①]

黄峥在积蓄着自己的能力，等待着天时地利人和的真正到来。

黄峥在后来接受媒体采访时，曾经仔细分享过自己的创业初衷：

"我从小受的教育其实觉得创业是个不错的事。所以一开始进 Google 之前也想创业，我想做成一家公司，公司能够赚钱，同时自己变牛一点。

在做这个拼好货[②]之前，中间我大概在家休息了有九、十个月，对人生的思考也更多一些。人为什么活着啊？

最终来讲是说我在追求自身的幸福。我发现两个事情对我是能够带来深层次的幸福感的。

第一个就是很深度地和一帮自己喜欢的小伙伴披荆斩棘创造一个什么东西。这个过程是一起有欢笑有眼泪，一起渡过难关。有一个很深的家庭的感觉。我享受这个过程，并且期待大家能够有个美满的未来。另外一方面是说，对拼好货这件事情来讲，我是希望能够做一件跟原来相

---

① 沈方伟：《黄峥出海前传，拼多多兄弟公司往事》，2022 年 8 月 24 日，https://new.qq.com/rain/a/20220824A02MTL00。

② 由黄峥创办的 C2B 模式的水果拼单社交分享电商，2016 年 9 月与拼多多合并。

比社会影响力更大一些，对自己有用，对别人也有用的东西。一定程度上能够促进良币驱逐劣币的发生。

我们这个团队可能和阿里团队差了 20 年，我们也许有机会在新的流量分布形式，新的用户交互形式和新的国际化的情况下，能够做出一个不一样的阿里，当然这句话可能当前看起来有点太大了，但是一步步走过去，也不见得没有机会。我不光是梦想，我也分析过，第一你去看整个电商市场，它的形式其实跟游戏一样在发生很大改变，今天阿里成功的形式未必是明天成功的，但是人的这个需求是依然存在，而且会进一步被放大的，所以潜在的市场的总量是很大的。

第二，老一辈总是要老的，年轻的一代或者逐渐步入中年的这部分人总会走到那一步的。那不是我也是跟我同龄的另外一个人。所以我要做的事情是说，有平常心踏踏实实做好我做的事情，努力成为我同一代人里面最靠谱的那一个。"[1]

黄峥回忆："我在家休息的时候看到整个的移动，尤其是智能手机对人的生活，尤其是人的每一天的行为带来的改变是巨大的。另外一方面当然要感谢移动支付的成熟。这两个东西，移动支付和全国的这种物流体系，中国是全世界领先的。"

2015 年 9 月，黄峥团队内部孵化的社交电商平台拼多多上线。拼多多主打微信熟人的拼单购买。以"多实惠、多乐趣"为口号。越多人参与拼单，价格能够越便宜。

黄峥努力说服自己的团队，跟随自己的步伐，重新扬帆起航。他回忆：

"我和小伙伴讲，他自己就在运营这个游戏公司、在运营这个电商公司。本身公司的经营都很好。第一，你们当前也不缺钱，那怎么样能够让你的生活或者未来（更有意义），你 30 岁还不到，应该去创造一些更让人佩服，更让自己年老的时候回过头来看更有社会意义的事情。"

黄峥这么做的前提是，他对自己的团队非常有信心。他曾分析："加

---

① 新经济 100 人：《黄峥的创业故事》。

入这个社交＋电商的模式有一家能出来的话，我们环顾周围去看，我们的团队做过电商又做过游戏，可能是整个中国来讲，极少有团队能够把这件事情做成的。"

以前我们做游戏，游戏本身是一种消费升级的需求，我们已经有大量的游戏公司在给各种各样的男生和小部分的女生创造游戏。但真正主流的女性游戏是什么？是购物。女性购物要的不是效率，而是整体的感受，怎么样把这种快乐的元素和购物相结合。这是我们游戏的经历给我们带来的思考。

从大环境来看，不论是阿里巴巴还是京东，都在努力满足着中国日益壮大的中产阶级的高消费需求。阿里巴巴通过连锁超市"盒马"，销售帝王蟹腿、30 年单一麦芽苏格兰威士忌和其他中高端商品。京东则是推出了名为 Toplife 的高端品牌电子商务门户网站。而黄峥则带领团队，开始以"拼单"模式，进行创业。黄峥回忆：

"最开始是选择了这种拼的模式，一开始是卖水果。这个过程是运气占更多。那个时候正好是微信红包摇一摇，大量的用户微信钱包里面有了钱。拼多多抓住了这个机会。地面支付不成熟，微信里面有红包；第二个阶段是我们在供应链、品控、商户迭代上下了很大的功夫。正因为是这些苦功夫使得我们相当于起跑之后中间的一段时间里面能够和别人拉开距离；第三个可能是在这个过程中我们决定不做自营，只做平台。避免了平台自身利益与商家冲突。"

一年跑下来，拼好货用户达到 6000 万，拼多多则达到 1 亿。在黄峥看来，拼多多在初期取得成功的原因，核心还是这个模式本身的成功。

"最重要的还是这个模式本身，原来的电商，阿里也好、京东也好，其实是更强的 Intentional Based（目的导向），拼多多在做的这个事情其实不是强目的为驱动的。另外一方面确实也加入了人和人的互动。把人的情感和购物的性价比能够融合起来。其实这种场景以前是不存在的。而且在智能手机普及之前，也是很难被规模化的。对这个东西深度的理解和相信，并且去坚持是最重要的事。"

在黄峥看来，拼好货与京东这样的传统电商，有着极大的不同。黄峥分析：

"我们当前的这个切入的维度，和我们这几年来积累的经验，已经和京东有极大的差异度，京东有点冷冰冰追求极致效率。我们一定程度上还是追求温情、追求乐趣。整个购物体验也不一样，我们虽然只做水果，但是我们后面也做越来越多其他的东西。但内幕的区分上和京东其实是差别很大的。它是男性，我是女性。刘强东也是会慢慢变老的。我自己创业来讲，我觉得每个人都有自己的能力圈。时代是一浪推一浪，我很难相信30年以后整个中国的电商还是这些大佬，这个是我做第一个公司的时候就跟我们的员工讲的，现在你看那些大佬是多少岁？再过20年，他多少岁我多少岁？"

程维：滴滴是最没有安全感的公司

与快的合并，并不意味着移动出行这场仗，滴滴已经赢了。

事实上，滴滴与Uber的竞争几乎进入白热化。

这年7月，Uber创始人卡兰尼克主动找上门，"要么接受Uber占股40%的投资，要么被Uber打败。"

程维毫不犹豫：开战！程维后来回忆，那一刻他仿佛看到了1840年列强来侵略中国。

敌人的敌人，就是朋友。

Lyft是Uber在美国市场的主要竞争对手。9月17日，滴滴快的宣布参加由乐天主导的对美国打车应用Lyft的新一轮融资，投资金额为1亿美元。此外，滴滴快的还与Lyft达成战略合作协议，将融合彼此的技术优势、产品开发实力、当地丰富的市场经验与网络资源，为往来于中美市场的用户提供移动互联网出行服务。

程维判断，Uber 在惨烈的中国市场，并不能坚持太久。"中国由于激烈的竞争、强大的巨头以及政府监管，相对是地狱模式；美国巨头不会尝试进入每个行业，相对是人间模式。"

事实上 Uber 入华两年，的确已经苦不堪言，Uber 总计烧钱超过 20 亿美元。仅在 2015 年，Uber 在中国市场烧了 15 亿美元，占据 Uber 全球市场支出的 60%。

虽然 Uber 本身很重视本土化运营，但不像 eBay 和亚马逊，Uber 从入华第一天起战略就异常激进。

每天早上九点钟，程维会召集团队召开主题为"狼图腾"的会议，思考对抗 Uber 的策略。程维和团队坚信，中国市场从来没有被国际巨头征服过，这次也一样不会。为了给自己打气，程维甚至在很长一段时间每天早上都会听《乌兰巴托的夜》。他们把 Uber 比作章鱼，触角遍及全世界，但身体还在美国。

除了 Lyft，滴滴还先后投资了 Uber 在全球的多位对手，包括印度的 Ola 和东南亚的 Grab，并且结成了共同的"反 Uber 联盟"。

面对滴滴的强势反击，Uber 最终与滴滴达成了合作协议，退出了中国。

程维曾表示："滴滴是最没有安全感的公司，生在血海狼窝里面。在这个行业里，我们碰到了很多困难，2015 年上半年仅在北京，我们的专车就被当成黑车抓了 1500 辆，一个城市就被罚了 2000 多万。我们在很多城市被宣布为非法，被约谈。"程维说他每天感觉就像坐在一辆飞速行驶的车上，轮子都要飞出去了，但还要继续踩油门，每天都惊心动魄的。

在后来接受财经作家吴晓波采访时，程维曾这样回忆 2015 年：

2015 年，我们开始从竞争导向转为用户导向。如果没有向用户提供更好的产品，比如日本出租车司机在酒店门口戴着白手套等待客人，我们距离赢得尊重还是有距离的，我们还需要把服务做得更好。[①]

---

① 吴晓波频道采访程维，《十年二十人》，2018 年。

2015 年，移动互联网的中场战事

这一年，OpenAI 正式成立了。但相比看起来还有些遥远的人工智能，移动互联网才是当今世界科技领域的主要叙事。

王兴曾分析："2015 年是中国互联网历史上一个非常特殊的年份。这一年发生了很多互联网公司的合并，包括滴滴和快的，58 和赶集，携程和艺龙、去哪儿。在这个大环境中，美团和大众点评也于 2015 年 10 月 8 日宣布合并。"

就如王兴所言，2015 年，移动互联网格局初定，并购成为年度关键词。

2 月：滴滴和快的合并

4 月：58 同城和赶集合并

8 月：优酷和土豆合并

10 月：美团大众点评合并

10 月：携程和去哪儿合并

12 月：世纪佳缘和百合网合并

资本成为改变互联网格局的关键因子，在没有盈利的状态下，竞争对手合并减少竞争成为资本极力促进的事情。当然，BAT 在这个过程中扮演了重要的角色。百度推动携程、去哪儿合并，滴滴和快的合并背后是腾讯的影子，快车成为微信支付最佳的渠道之一，美团、大众点评合并背后腾讯极力促成，优酷土豆的合并则是阿里大文娱为了在视频领域掘金而进行的战略布局。

但中国网民的增长速度依旧还没有显著放缓。CNNIC 的数据显示，截至 2015 年 12 月，中国网民规模达到 6.88 亿，而手机网民规模则达到 6.20 亿。

在上网设备中：网民使用台式电脑上网的比例为 67.6%，手机比例更是达到了 90.1%，笔记本电脑达 38.7%，平板电脑达 31.5%，电视达

17.9%。[①]

2010 年诸多事件中，有个数字是被大部分人所忽略的。根据国家统计局的数据，2010 年中国城镇人口 6.69 亿，乡村人口 6.71 亿，城乡各占中国人口的一半。到了 2015 年，中国城镇人口数是 7.71 亿，乡村人口数是 6.03 亿。中国移动互联网的进程，恰好与中国城镇人口超越乡村人口的进程重叠。

从 2010 年到 2015 年，城市移动互联网是主流，从 2015 年开始，更多的农村人口逐渐纳入了移动互联网。2014 年 12 月 31 日，微信有 5 亿活跃用户，2015 年 12 月 31 日，微信用户数突破 6.97 亿，2014 年微信一年增加了 1.45 亿用户，2015 年则增加了 1.97 亿，近 2 亿，微信 6.97 亿活跃用户数，约等于中国城镇人口数。

2015 年的合并浪潮，真正将中国移动互联网行业推向了高潮。从 2015 年之后，移动互联网创业，就鲜有巨头创业公司出现。没有人能够预料到，大洋彼岸那家名为 OpenAI 的公司，将会在数年后，掀起新的浪潮。

【战略金句】

◇ 马化腾：有时候你什么都没有做错，就是错在你太老了。

◇ 黄峥：老一辈总是要老的，年轻的一代或者逐渐步入中年的这部分人总会走到那一步的。那不是我也是跟我同龄的另外一个人。所以我要做的事情是说，有平常心踏踏实实做好我做的事情，努力成为我同一代人里面最靠谱的那一个。

扫码阅读本章更多资源

---

① 上网用户中，男性占 53.6%，女性占 46.4%，网民中 10 ～ 19 岁之间的用户占 21.4%，20 ～ 29 岁之间的用户占 29.9%，30 ～ 39 岁之间的用户占 23.8%。

2016

折叠空间

如果子弹注定要击中你，那一枪早开了。

——电影《比利·林恩的中场战事》，2016

年初，在温润的西雅图，时任微软全球执行副总裁的陆奇，正在尝试着骑一辆反向自行车。

这辆特殊的自行车需要倒着骑，如果方向盘向左拐轮子会向右滚。

陆奇试图通过如同周伯通"左右互搏"一般的产品，去用身体，去感受抹掉"肌肉记忆"。实际上，这也是一场技术测试。为了获得第一手数据，陆奇在自己的身上贴了诸多传感器。

但突然，陆奇的一个肌肉动作与这台设备的规则相反，陆奇来不及调整重新控制车体平衡，他重重地摔倒在地。陆奇为这次尝试所付出的代价，是腿骨骨折。

实际上，陆奇尝试骑这辆自行车还有另一个目的，那就是希望从身体层面，尝试感受一家传统公司面对新的科技浪潮时，面对新规则应该如何转向，如何忘记原有的技艺，掌握新的技巧。

此时，移动互联网上半场已近结束，陆奇所在的微软公司仍在移动端探索，前景并不明朗。这次受伤，让陆奇开始认真考虑回到中国的机会，陆奇的目标公司是百度。

比尔·盖茨挽留陆奇称："百度能给你什么，我都给你。"

陆奇则直言："你不能给我中国"。

这年 9 月，李彦宏在一次演讲中认定"互联网的下一幕，就是人工智能"。从 2016 年开始，百度似乎突然抓到了真正属于自己的"王牌"。

在李彦宏看来，百度在三年前就启动的百度大脑计划，到 2016 年已经具备了大概三岁孩子的智力水平。在这位计算机科学硕士出身的企业家看来，"中国人可能天生就适合干这个事"，在人工智能方面，很多学术论文，都是中国人写的。在李彦宏的力邀之下，陆奇最终选择加入百度，出任首席运营官。[①]

在刘慈欣的小说《三体》中，曾介绍过"技术爆炸"这一概念，"技术爆炸"指智慧文明在极短的时间内完成高科技研发，在宇宙时间轴上以爆炸形式迅速发展的现象，效果类似工业革命。

很多人猜想，也许人工智能，就是下一次"技术爆炸"。人工智能技术的确在变得越来越引人关注。以斯坦福大学为例，参加人工智能课程的学生人数从 1990 年的 80 人增长到 2016 年的 800 人。[②]

中国市场，此时已经变得足够吸引人。2016 年 6 月，在互联网女皇 Mary Meeker 的《2016 年互联网趋势》报告中，全球互联网前 10 强中中国公司占据 4 席，前 20 强中，中国公司则有 7 家。

每个曾经站到过科技浪潮之巅的公司，都期待借助移动浪潮，重回巅峰。每一个野心勃勃的新秀公司，更期待着偷天换日，将旧日的霸主踩在脚下。

对于很多 PC 互联网时代的公司而言，适应新的移动互联网时代似

---

① 吴晓波：《激荡十年，水大鱼大：中国企业　2008—2018》，中信出版社，2017 年。

② 李开复：《AI・未来》，浙江人民出版社，2018 年。

乎很难。科技公司的头顶上永远悬挂着一把剑，新一代技术对上一代公司的摧毁，相当于形成了一滴如《三体》中战无不胜的水滴。

2016 年上半年，王兴开始考虑国际化的问题。他去了一趟旧金山，去了一趟柏林，去了一趟以色列，去了一趟雅加达。在转一圈后，王兴认为：第一，国际化一定要做；第二，国际化急也急不得，这是一场长期战役，不是 1 年、2 年、3 年，也不是 5 年，而是 10 年以上才会有大成的事情，至少得用 10 年的眼光去看。

7 月，王兴在美团内部讲话中系统介绍了自己对下半场的理解：

从宏观角度看，整个中国的互联网也刚刚进入"下半场"。之前中国互联网的发展，在很大程度上靠的是人口红利，不管是早期 PC 网民的迅速增加，还是过去几年移动互联网用户的激增，大家发展的方式哪怕粗糙一点、成本高一点都不要紧，因为用户在快速增长，每年卖几亿部智能手机，大家的业务跟着水涨船高。

但是现在可以看到，这个时代已经过去了，智能手机的年销量已经不增长了，总体网民的增长也大幅趋缓。这个时候两条路：要不开拓海外市场，可能还有更多用户，但是国际化是非常不容易的事情；要不你就得精耕细作，把原有的用户服务得更好，通过每个用户创造更多的价值。

"如果你没有参加过竞技性的体育运动，或者没有关注过竞技性运动，很难理解'下半场'这个概念。"王兴曾如此向人介绍下半场的概念。实际上几乎每一个互联网公司都感受到了"下半场"的紧张节奏和气氛。

李世石：我以为我会轻松取胜

这年 3 月，在全球民众的注视下，Google 机器人阿尔法狗（Alpha-Go）战胜世界一流围棋选手李世石。从 AI 的视角来看，其业已征服的国际象棋每盘棋的总变化量约为 10 的 201 次方，中国象棋的总变化量约为 10 的 200 次方，而围棋却高达 10 的 808 次方，以天文数字领先于前两者。棋坛普遍认为，AI 还没有与人类九段高手正面交锋的能力。

2016 年 3 月，Google 旗下英国人工智能公司 DeepMind 研发的围棋 AI 阿尔法狗（AlphaGo）以 4 : 1 的比分战胜如日中天的韩国名将李世石，李世石仅在第四局凭"神之一手"略微挽回人类的颜面。

图 23-1　李世石对阵 AlphaGo

机器学习领域的专家佩德罗·多明戈斯（Pedro Domingos）表示："在这场竞赛中胜出的人，将主宰信息时代的下一阶段"。多明戈斯曾在 2015 年出版的《终级算法》（*The Master Algorithm*）一书中强调，人工智能和大数据技术将重塑世界。

在 2024 年和 Google 韩国团队的一场对话中，李世石回顾了这次交战的感受。

作为世界围棋冠军，在 2016 年之前我只和人类对弈过。但在 2016 年，我与 Google 的 AI 系统 AlphaGo 交战了五次。我承认，我在赛前确实低估了 AI 的强大能力，最终我只在这五局交手中赢下一场。当我首次收到 Google 的邀请与 AlphaGo 对弈时，我并没有完全意识到这是一件多么严重的事情。我以为我会轻松取胜，且只是一个偶然的实验而已。但当我与 AlphaGo 交战的细节被公开后，我才意识到 AI 的强大之处。

我仍然记得当时我是多么惊讶于 AlphaGo 在跟我对弈时的出色表现，它的招数让我感到十分诧异。围棋是一项极其复杂的战略游戏，比国际象棋要复杂很多很多倍。这意味着，AlphaGo 必须要具有创造性，而不仅仅是依靠其强大的计算能力。

后来我才了解到，科学家曾预测 AI 在十年内都不会达到这种能力。

所有的中国互联网公司开始思考，AI 时代，自己可以做点什么？

和深蓝等人工智能计算机在国际象棋中的获胜相比，围棋看起来似乎是一个独属于人类大脑荣耀的棋种。在很长一段时间里，顶级 AI 一直不能打败一些优秀的人类业余选手。直到这次对弈。AlphaGo 背后的科学家利用神经网络算法，将棋类专家的比赛记录输入计算机，并让计算机自己和自己"比赛"，不断进行学习训练。

此时的世界与中国

这一年，由 HBO 首播，乔纳森·诺兰担任总导演的美剧《西部世界》上映。这部影片讲述了这样一个故事：21 世纪 50 年代，德罗斯公司（Delos Inc）运行着好几个主题公园，其中包括以 19 世纪美国"狂野西部"为背景的西部世界（Westworld）。在这些主题公园里，居住着大量智能机器人"接待员"（Androids）。接待员看起来就是普通人类的面貌，每隔一段时间，它们的记忆就会被抹去。直到有一天，一位名叫德洛丽丝的女性接待员"觉醒"了，开始怀疑这个世界的真实性，一场血腥的"暴动"开始酝酿……

如果说，美剧中的"西部世界"，是人们对未来数字生活的一种狂野畅想，那么大众已经习以为常的互联网生活，则已经成为了每天和空气一样必须的存在。但就在 10 多年前，这一切看起来都还是如此梦幻。

为了向 1999 年的"72 小时网络生存测试"致敬，上海在这一年"复刻"了一次"72 小时无网络生存测试"，志愿者在结束后说得最多的一句话是：简直度日如年。

1999 年，当时为了推广互联网，曾经有一个非常轰动的"72 小时网络生存测试"，在北京、上海、广州寻找志愿者，把他们关在宾馆的房间里，看他们能否仅仅通过互联网而生存。

图 23-2　美剧"西部世界"海报

这次，活动主办方随机在上海选取了 6 名志愿者[①]参与测试，并将他们分成两组：第一组按照"无网络"原则，只保留语音和短信通信方式；第二组则是对照组，只能使用手机的移动互联网，而不能使用其他的传统通信方式。

两组人员可按照各自的日常生活与工作模式，持续 3 天测试才能完成任务。测试于 6 月上旬启动，经过一个月，全部 6 名志愿者完成了测试活动以及视频录制。

在本次测试中"损失最大、最不适应"的是 25 岁的志愿者李志豪：

第一天，他因为不能从网上叫车，上班迟到被老板扣了工资；

第二天，他与女朋友约会因为不能从网上订电影票，没看成电影，吃了女朋友的白眼；

① 　6 名志愿者均居住在上海，分别是：21 岁的简艺（贵州籍），25 岁的李志豪（上海籍），36 岁的常伟（河北人），46 岁的程建英（江西籍），56 岁的王燕和她的丈夫（均为上海籍）。

第三天，他请朋友吃饭却没带够现金，让朋友倒请自己。

李志豪称："主要是大环境很难适应，因为别人都有网络只有我无网络，会很难。如果大家都没网络，也许就可以找到很多共同的事情来做。"李志豪的感受，几乎可以代表每一个普通网民。

互联网，已经成为了水，成为了空气。没有人再质疑互联网的价值，每个人都在思考自己能够从中攫取到些什么？

2016 年的世界，正在发生着一些显著的变化。

《2016 年互联网趋势报告》[①] 指出，印度互联网用户达到 2.77 亿人，超过美国成为仅次于中国的互联网第二大国。印度是互联网使用率增长最快的国家，增幅达 40%。同时，印度互联网普及率才只有 22%，继中国之后，又一个互联网大国浮出水面，成为兵家必争之地。

这年 11 月 9 日，号称"美国优先"的地产富商，共和党候选人特朗普获选新任美国总统，世界上的大多数人都大感意外。

在最关键的投票夜，长期支持民主党的蓝领白人聚居的中西部几个州，不分性别、年龄和教育水平，几乎全面反水，转而支持被"主流社会"不齿的特朗普。特别是美国乡村选民，长期感觉被所谓"主流社会"抛弃、呼声被压制，通过对主流社会的选择说不来表达他们的怨愤。

英国《独立报》说这场大选"标志着世界政治的新纪元"。也有人将特朗普的胜选总结为充分利用社交网络，是互联网传播的胜利。显然，"推特总统"特朗普的诞生，是网络时代的产物，也给网络时代带来了更大的冲击，给全球发展大大增加了不确定性。

这年 6 月 28 日，《乡下人的悲歌》出版。这本书恰好在特朗普当选的这一年出版。作者万斯写道："人们愿意责怪所有人，唯独不责怪自己。"这本书讲述了作者在一个贫穷家庭的成长经历，同时也是从社会学角度对美国白人工薪阶层的审视。在特朗普获胜后，许多读者把这本书当作一种指南，来了解特朗普获得白人工薪阶层社区支持的原因。

---

① 2016 Internet Trends Report。

比尔·盖茨则在这年的一场 TED 演讲中预言："如果有什么东西在未来几十年里可以杀掉上千万人，那比较有可能是个高度传染的病毒，而不是战争。不是导弹，而是微生物。人类在核威慑上投注了很大的精力和金钱。但是我们在防止疫情的系统上却投资很少。我们还没有准备好预防下一场大疫情的发生。"

每个人都仔细聆听了这位科技领域大佬的分析，并没有人真正将他所提及的潜在危机放在心上。

人们真正感兴趣的，是那些炙手可热的科技品牌。

从 2016 年开始，传统的投资机构也开始考虑将科技公司作为投资目标，而科技领域的投资人们则更加大胆下注。

一直抵触科技行业投资目标的巴菲特，将目光投向了苹果公司。巴菲特旗下的伯克希尔哈撒韦公司披露的文件显示，截至当年 3 月 31 日，伯克希尔哈撒韦已经持有 981 万股苹果公司股票，价值 10.7 亿美元。

2016 年，孙正义成立了"愿景基金"第一期，筹集近 1000 亿美元。愿景基金重点关注处于发展后期的快速增长企业，一般最小投资金额 1 亿美元。这一基金所投企业一般有三个特点：

一、要有足够的营收，且收入尽量多样化；

二、要有足够多的客户，且客户留存率和复购率较高；

三、企业需迅速成长，且以差异化方式配置大量资本来获取市场份额。

这一强大基金拥有一支约 200 人的专业投资团队，在全球范围内筛选潜在被投公司 [①]。

中国人对 2016 年的记忆，则是更加五味杂陈。

这一年，中国正式废除"独生子女"政策，允许夫妇生育两个孩子。

---

① 被这一基金捕获的中国公司就有多达 12 家，包括：交通领域的滴滴、满帮、瓜子二手车，信息巨头字节跳动，教育领域的作业帮，阿里本地生活服务公司，Klook，平安好医生，医健通，金融一账通，众安保险，达闼科技。

这一年，中国人均住房建筑面积为 40.8 平方米。这个数字甚至超越了英国、德国等发达国家。

这年 8 月初，一本名为《北京折叠》的中篇科幻小说获得 2016 年度雨果奖。作者郝景芳 2006 年开始写作，在书中构建了一个不同空间、不同阶层的北京，像"变形金刚般折叠起来的城市"，却又"具有更为冷峻的现实感"。

故事多源自作者自己的生活日常，记叙现实的人情冷暖。这个折叠世界中有三个空间，依次住着蓝领、白领和金领。互联网公司竞争似乎也进入这样一个空间，每一家公司都希望进入金领世界，每一家公司都恐惧坠落蓝领空间。

8 月底，《鲁豫有约大咖一日行》节目组在采访万达集团董事长王健林期间，王健林在讲述很多学生一上来就说"我要当首富"后，耐心教导说："先定一个小目标，比方说，我先挣他一个亿"。而"小目标"也迅速成为了网络热词。

12 月 29 日，《京华时报》在头版正式发表公告，称自 2017 年 1 月 1 日起，《京华时报》纸质版休刊，但保留发展新媒体业务。实际上从 2014 年开始，就有一些知名纸媒陆续关停，如上海的《新闻晚报》、浙江的《今日早报》等。

伴随移动互联网的突飞猛进，传统纸媒更加式微，一大批传统媒体人开始进行更多尝试。

5 月 16 日，腾讯新闻与单向空间联合出品了一档人物访谈节目《十三邀》。在这档对谈节目中，每一期，主持人许知远都会与十三位来自不同领域的嘉宾进行对话，在对话中观察和理解这个世界。这个节目第一期的嘉宾是知识付费领域的领军人物罗振宇。

整场访谈火药味十足，许知远不断地暗示罗振宇作为一个知识分子，不该选择把知识做成快餐产品，卖给用户。而罗振宇则是坦诚回应："我屁也不是，我也没有什么学问，我不过是个知识点亮者。"

2016 年，也被称为知识付费元年。这一年，有大量知识付费类 App

及重量级子栏目上线。媒体人罗振宇推出了罗辑思维"得到"App、知乎推出"知乎 Live"、果壳推出"在行"和"分答"、喜马拉雅和蜻蜓FM 也推出了付费音频节目。

马斯克：挖地道、发火箭、造汽车

马斯克在 2016 年，做了很多事情。

2016 年 12 月，马斯克被困在洛杉矶的堵车中，他发推文说："堵车要把我逼疯了！我要造一台隧道挖掘机，开始挖隧道"。

2 小时后马斯克再次发推文："我们真的开始挖隧道了。"他接着写道："这家公司可以叫 The Boring Company！"在英文中，Boring 既有无聊的意思，也有钻孔的意思。

其实，马斯克早在 2016 年 1 月份，就多次在公开场合提到，自己想做一家"隧道公司"，来解决城市交通问题。

2017 年 2 月，马斯克真的在 SpaceX 的停车场挖了一条"demo地道"。

如果公司已经明确了具体方向，可以考虑在合适的时机、合适的场景，通过创始人来演绎"真实故事"，以便于后续的品牌故事传播。这样的公司会成为一种"流行病毒"，让人们对公司故事无法抗拒，让媒体对公司故事无法免疫。

2016 年 4 月 9 日凌晨，SpaceX 创造了历史。它的"猎鹰九号"火箭成功将货物送入太空后，第一级火箭垂直降落在大西洋上一艘名为"Of Course I Still Love You"（当然，我依旧爱你）的海上平台上。这是人类首次在海上回收火箭，也是 SpaceX 经过四次失败后的第五次尝试。

"Of Course I Still Love You"（当然，我依旧爱你）这个名字听起来很温馨，也很有趣。它其实是来自一本科幻小说《玩家》（*Player of Games*）中的一个超级智能飞船的名字。马斯克给 SpaceX 的另一艘回收平台也取了一个同样出自该科幻小说的名字："Just Read the Instructions"（记得看说明书）。

马斯克用这些富有文化内涵和幽默感的名字，向全世界展示了他对航天事业的热爱和执着。他似乎在说："是的，我知道这很难，我知道我可能会失败，但我不会放弃。当然，我依旧爱你。"而有人文格调的品牌设计会让品牌更具吸引力和影响力。一项对千人进行的调研发现，在同类品牌中，80% 的消费者更喜欢有幽默感的品牌。

2016 年 4 月 1 日，Model 3 发布会上，马斯克在台上表示：感谢每一位预订 Model 3 的车主，我们爱你们。参会的朋友们今天可以线下直接体验 Model 3，那些在线上的朋友，欢迎登录 tesla.com 进行预购。特斯拉在 2016 年所举办的 Model 3 发布会，全程只有 22 分钟 43 秒。

世界开始被短视频吃掉

这一年，一个名为 papi 酱的视频 IP 突然爆火。2015 年初，papi 酱与大学同学霍泥芳开始以名为 "TC girls 爱吐槽" 的微博账号发表短视频。2016 年 2 月，papi 酱凭借以变声形式发布的原创视频内容而在网络上获得一定关注度。

关于 papi 酱的崛起，张一鸣在这一年的头条号创作者大会上，做过系统的分析。在张一鸣看来，到了 2016 年，视频的"生产""分发"和"互动"三个核心环节，都发生了显著变化。

在生产环节，智能手机将视频制作门槛降到极低。绝大多数智能手机都可以支持 1080P 的高清视频录制，手机端的剪辑、特效 App 也已经足够成熟好用，一个人用一台手机已经可以生产出足够吸引人的内容。

在分发层面，互联网上内容激增后，用户们已经习惯通过社交分发，将有趣的内容分享给自己的亲友。而以今日头条为代表的"智能分发"，能够实现由机器来匹配人与信息。机器记录下用户看了什么内容，与其相似的人看了什么内容，再通过算法把用户可能感兴趣的内容推荐给他或她。

在互动层面，视频已渗透到了全部场景，除了八小时睡觉时间，一个人可以利用一切碎片时间观看视频，还可以与其他空间的观众进行互动。

张一鸣在 2016 年 10 月 20 日，出席金投赏论坛，在演讲中他表示：

消费层面，广告消费正在趋向视频化。随着 4G 和 Wi-Fi 技术的普及，并且制作门槛低、用户需求旺，短视频消费终于迎来了加速爆发期，视频广告的形式也会顺势成为新主流。就今日头条的视频数据来说，每天有 10 亿次播放，每天播放时长达到 2800 万小时。在今日头条平台上，用户观看短视频量呈现非常快速的增长，视频流量在不到一年的时间内就赶超了图文流量，信息走向视频化。目前来看，今日头条已成为国内最大的短视频平台，没有之一。

就如同张一鸣所言，短视频流量在快速超越图文，成为最主流的流量形式。

此时，快手是短视频赛道的领头羊。从 2015 年 6 月到 2016 年 2 月，快手的用户从 1 亿涨到了 3 亿。2016 年初，百度领投了快手。[①]

除了短视频，直播同样红得发紫。2016 年，也被称为中国"移动直播元年"。据不完全统计，2016 年中国在线直播平台超过 200 家。第 39 次《中国互联网络发展状况统计报告》更是显示，截至 2016 年 12 月，网络直播用户规模达 3.44 亿，占网民总体的 47.1%。

2016 年的直播，开始应用实时美颜技术和虚拟 AR 技术。直播热从娱乐很快扩展到了电商，从虚拟送礼营利走向推荐商品带货营利。这一年的微商在实时美颜直播技术中统统成为了网红。

---

① 不幸的是，由于看不到快手和百度业务的协同性，百度最终放弃了对快手的继续投资。

雷军："我们内心有心魔"

巴顿将军曾言："衡量成功的标准，不是站在顶峰的高度，而是在跌入低谷的反弹力。"

3月2日，雷军登上连线杂志 *WIRED* 英国版封面，标题为"是时候山寨中国了"。（"It's Time To Copy China"）。在这篇文章中，作者引用采访雷军的话："中国有许多创新和创意是西方还没跟上的。看看微信，人们都把它当作通信软件，但是它已经发展成了一个结合游戏、支付、多种网络服务的平台。小米是一个智能手机公司，但我们也是一个电子商务公司。小米网是中国第三大电子商务网站和游戏发行互联网服务公司。我们还投资创业公司，而且帮助他们的产品在 MI.com 上销售。"

但对小米来说，2016 年并不好过。核心的大背景是，2016 年智能手机销量达到顶峰，全球与中国都一样。

这年 1 月，雷军在小米年会上谈到 2015 年，表示"我们太不容易了""我们内心有心魔"。

2015 年中国手机市场增长趋缓，但市场竞争却空前激烈。小米全年手机出货量达到 7000 万，而小米 2015 年初所设定的数量是 8000 万至 1 亿。另一方面，2015 年全年华为手机全球出货量则超过 1 亿部。

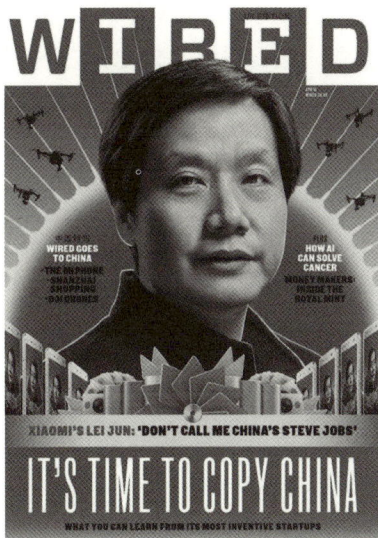

图 23-3　雷军登上《连线》杂志英国版封面

梁宁曾以一对数字来理解华为的突飞猛进与小米的黯然神伤。"2016 年，小米手机的开发人员大概是

200 人，不包括米聊等其他项目，就是直接围绕手机开发的人。华为当时有多少人围绕手机做开发？ 1.2 万人。2016 年，华为投了 1.2 万人围绕手机做开发，将近 100 倍的差距，直接砸下来。"①

"当红辣子鸡"小米遭遇了创立以来的"至暗时刻"。2015 年小米没有如愿完成 8000 万的销售目标。2016 年上半年，小米国内销量为 2366 万，而华为销量高达 4377 万。曾经的追赶者 OPPO 和 vivo 也分别实现了 2902 万、2555 万台。

在这年的年会演讲中，雷军重点回顾了 2010 年创业时小米所具备的"快乐创业"精神，并对全员发布了"聚焦""补课""探索"三大战略。

雷军后来回忆："2014 年到 2015 年完成 450 亿美元的估值融资之后，团队有些骄傲。如果不做 450 亿美元的融资，大力气增强硬件实力，小米表现会更好。"

到了 5 月，面对手机领域出现的问题，小米高层进行了几天几夜的商量。最终雷军决定自己下场接管，学习硬件的流程。从 5 月 18 日开始，雷军亲自负责手机研发及供应链。

7 月，小米手机部门在北京召开誓师大会。雷军表示："我其实是跟大家一起来解决这些问题。我没有任何批评和指责各位的意思。我今天真心压力很大。手机这一仗是我们小米绝对不能输的一仗。绝对不能输。如果大家希望赢的话，大家真的可以试一试支持我。看看我们在未来一年里面怎么干。因为今天千头万绪，每一件事都需要时间去解决。每一个战略、策略、打法都需要验证。我想跟大家说，不要奢望我在一个月、三个月、六个月就产生翻天覆地的变化。大家稍微多一点点耐心。"

从第二季度开始，雷军连续一年多，每天凌晨两点多从公司离开。

10 月 25 日，小米 MIX 发布，当 MIX 第一次点亮的瞬间，全面屏震惊了所有人。芬兰国家设计博物馆馆长评价说："小米 MIX 指明了

① 梁宁：《增长思维 30 讲》，得到，2019 年。

未来智能手机的发展方向"。MIX 发布成为了小米局势逆转的第一声号角。

实际上 MIX 源自 2014 年初小米几个工程师闲聊，"未来的手机是什么样的？"经过反复讨论，大家取得了一致的结论：手机正面全是屏幕。这个想法在当时可谓石破天惊。大家找雷军商量，雷军同意直接立项：这是了不起的想法，不要考虑量产性，不要考虑时间和投入，做出来为止。[①]

张一鸣：我们还是要大力尝试

2016 年，张一鸣推荐过一部 BBC 纪录片：《宇宙时空之旅》。这部片子讲述了宇宙恒星的演变过程，以及人类对宇宙认识的进化。涉及从原子到星球，从进化论到观测天文学。有宏大的叙事如现代天文物理学的发展、哈雷彗星、黑洞、超新星、暗物质；有精微的事物如水熊虫、光合作用原理、电子云、核聚变、中子、原子。"这个纪录片对我影响很大，它让我觉得人类很渺小"，张一鸣说。

张一鸣认为，ego（自我）和格局是一对反义词。优秀的企业和人才，不仅应该做到格局大，还应该做到 ego 小。ego 小、格局大，就像电子运动或者宇宙中的星球，每个物质有更大的发挥空间。ego 大、格局小，就像一个箱子内装了很多膨胀的气球，互相挤压彼此的生存空间。

张一鸣举例说，公司业务发展得比较快的时候，就不容易出现办公室政治，因为发展快代表格局变大，就算大家 ego 大，也不容易碰撞，但公司一旦发展缓慢，就容易挤在一起了。ego 会挡住人看问题的视线，而 ego 越小，越能包容他人，越能看清楚自己与世界、他人的关系。

移动互联网时代，传统的"人找信息"的搜索模式，正在快速转变

---

① 雷军：《小米十周年公开演讲》，2022 年 8 月 11 日，https://mp.weixin.qq.com/s/r_1css6ny IMYZNAkPD4DTQ。

为"信息找人"的模式。

用户从主动搜索获取信息，开始慢慢习惯被动通过刷手机来获取信息。这个变化看似简单，但本质上堪比一场"技术爆炸"。算法推荐几乎是移动互联网时代最大的红利。

在这年第三届世界互联网大会上，张一鸣系统阐述了人工智能技术早已深入今日头条的产品之中：

对于今日头条来说，人工智能的意义最终是要落到应用层面的，是为了让信息在碎片化的场景中实现最高效的流动。我相信技术没有边界，最近可能有人关注到，我们投资了印度一家和我们类似的公司，Dailyhunt，这是当地最大的信息分发平台。其实，2015 年 6 月今日头条就已经启动国际化，通过 Build&Buy 的方式在海外扩张，现在在日本、印度、东南亚国家、北美国家、巴西，今日头条都有一些布局。未来，在人工智能浪潮的推动下，我们希望今日头条能成为全球信息分发的基础设施。

张一鸣带领着字节跳动这支轻骑兵另辟蹊径，高速挺进了信息赛道的"中原战场"。

从 1994 年以来，信息赛道，历来是中国互联网行业最重要、最具价值的战场之一。可以说，移动互联网的信息大战，并不是一场简单的局部陆地战争，而是一场争夺未来多年信息霸权的"海洋之战"，胜利的一方将成为中国互联网在未来新的信息霸主。

蓦然回首，虽然灯火依旧阑珊，但轻舟已过万重山。从 2016 年开始，字节跳动疯狂成长，并逐步从技术工程师到商业化广告人才，快速从百度挖人。

这一年，在大洋彼岸的另一侧，一款名为 Musical.ly 的对口型应用在美国青少年用户中流行起来。这款应用，同样是由两名中国企业家在上海创立的。Musical.ly 的成功引起张一鸣的兴趣。

2016 年 3 月，字节跳动在公司内部推动了名为"Project X"的新计划，目标是尽可能复制 Musical.ly 的功能。这时，中国市场上的视频共享应用程序有数百个，但没有一款有将视频与配乐同步的技术。虽然视频与配乐的时差很小，只有 200 到 300 毫秒，但足以让潜在用户望而却步。而字节跳动的这款新产品成功解决了同步问题。

在某种意义上，抖音是 Musical.ly 这款应用的中国市场版本。当用户打开抖音，马上就会看到一段视频，视频没有播放或暂停按钮。上推屏幕，用户可以浏览似乎无穷无尽的 15 秒短视频，一个接一个，每段视频都占据了手机的整个屏幕。这样简单直观的设计，让任何人第一次使用时就能快速上手，并且能够快速为推荐引擎捕获数据。

2016 年，今日头条相继抽调了一些技术骨干成立了火山小视频和抖音这两个项目，抖音着重于音乐小视频方向。

2016 年 9 月，字节跳动上线了一款名为 A.me 的新应用，这款应用是一个音乐创意类短视频社交平台，被定位为一个帮助用户表达自我、记录美好生活的平台。创始团队最初只有七个人。他们设计了看似呆滞的 logo：桃红色音符躺在深黑底板上方。三个月后，A.me 改名"抖音"。

在上线初期，用户可以录制并发布 15 秒短视频。因为极为相似的 UI 设计，以及同样是面向年轻人群体提供 15 秒短视频社交服务，抖音被质疑抄袭 Musical.ly。在大部分人看来，这个应用，是字节跳动 App 工厂的又一款尝试性的产品。

就在抖音发布后不久，张一鸣接受了《财经》杂志的长篇采访。在采访过程中，张一鸣谈到了人性、堕落、正直、影响他的书籍、延迟满足感的重要性等等。在采访快结束的时候，采访者问张一鸣如何看待外界认为他"像机器人"这样非常现实主义的标签，张一鸣表示，不能面对现实总是会惹来麻烦。"预测未来的最好方式是创造它"，他说，"但前提是面对现实。"

到了 2016 年底，字节跳动经过第三轮讨论，张一鸣觉得还是不能放弃短视频，也许这会改变很多事情。"我们还是要大力尝试，不仅要做，还要做两款，不仅在国内做，还要在海外做，不仅要在海外做，还要做好并购。"

这一年，当记者询问张一鸣最大的梦想是什么时，他的回答是："把英语学好"。关于全球化，张一鸣也有着属于自己的思考。

有趣的是，这一年，在一档央视访谈节目上，拼多多创始人黄峥和字节跳动创始人张一鸣曾罕见同台。黄峥在当时谈到，如果自己是张一鸣，他会更加激进地去做海外市场，然后再反过来打中国市场。

为何要更激进地做全球化？黄峥当时给出了三个理由：第一，80 后创业者比老一代创业者，有更加全面的全球化视野；第二，帮助中国产品和信息走出去，也是对国家更好的事情；第三，全球化之后利用全球的资源来打中国市场，会更加从容。

在这年 11 月 18 日，答世界互联网大会记者问时，张一鸣直言：

我们过去都说中国市场、中国公司，但是我觉得总体趋势来说，世界是越来越连接的，从更长远的时间来看，我觉得大部分科技类公司的趋势应该是全球化。所以尽管中国公司可能之前更多是消费品出海，比如电子消费品，手机已经出海非常多了，但是互联网公司还是非常少的。如果不走出去，中国毕竟只有全球人口的 1/5，如果是具有规模效益那很难用 1/5 跟 4/5 竞争，这也是我们 2017 年最重要的战略，我们会在北美和东南亚有更大力度的投入。

张一鸣希望字节跳动三四年内能做到占中国广告市场份额的 20%。同时他坚持网站是落后的信息组织形式，它不是健康的生态，同时网站内容组织的形态也非常不好，通过索引的方式其实是杂乱无章的。"举个例子，我们打击低俗，如果一个作者老生产低俗内容，我们可以直接惩罚这个作者，网站是做不到的。"[1]

抖音看起来不过是中国移动互联网浪潮中的又一滴普通的水滴。这滴水滴在随后几年却迸发出了足以摧毁舰队的力量，在全球市场获得了空前的成功[2]。

---

[1] 宋玮：《张一鸣：今日头条不模拟人性，也不引导人性，你们文化人给了我们太多深刻的命题》，LateNews。

[2] 2017 年 11 月，今日头条收购北美短视频社交产品 Musical.ly。2018 年 8 月，这一产品正式与抖音国际版 TikTok 合并。

马云：未来只有新零售这一说

11月11日当天，天猫成交额1207亿元人民币，比2015年增长32%；京东"双十一"下单量超过3200万单，同比增长130%，交易额同比增长59%；苏宁易购"双十一"全渠道订单量增长193%，线上订单量增长210%。此外，国美、唯品会等电商平台"双十一"当日的销售同样比2015年大幅增长，小米、华为、暴风科技等公司的全网销售量也继续高歌猛进。

人们对电子商务，已经有些"审美疲劳"。在这年10月13日的云栖大会上，马云提出"新零售"概念。

"未来的10年、20年，将没有电子商务这一说，只有新零售这一说，也就是说线上线下和物流必须结合在一起，才能诞生真正的新零售。"

除了新零售，马云还提到新制造、新金融、新技术和新资源。

新制造指的是制造将从强调规模化、标准化转向智慧化、个性化和定制化。马云认为物联网革新伴随带来了大量数据，制造业只有按需定制才能满足消费者的个性需求。"B2C的制造模式将会彻底走向C2B改造。"

阿里巴巴希望通过"新零售"这一概念，重塑自身与生态，与各行各业之间的关系。平台型公司如何自处，如何与平台型公司相处，是摆在每一家互联网公司面前的一个问题。

马云这年在湖畔大学讲课过程中提道：

"你要么是平台型企业，要么利用好平台。因为不可能每一家公司都能成为平台。平台型企业的核心价值体系是如何让别人做得越来越强，而品牌企业是收所有的资源让自己越来越强。不是所有的企业可以成为平台，假设你不能成为平台，利用好平台。"

但对于阿里来说，2016年也不全是好消息。这年秋天，阿里巴巴一直陷入一些略显"无厘头"的争议事件之中。

9 月 12 日，为了能够成功拿到月饼，阿里巴巴有 4 名员工编写了脚本。阿里巴巴查明此事后对这 4 名员工做出劝退处理。一时，舆论哗然。很多阿里员工在内网公开质疑管理层的决定。做出这一决定前，包括马云、张勇、王坚等高管在内的管理层曾进行过 4 小时的复盘和讨论。

11 月 27 日，支付宝悄然上线了日记功能，此对该功能在支付宝界面尚无确定入口，用户在首页搜索框搜索"日记"，可出现"校园日记"和"白领日记"两个结果，点击进入可发现，这是支付宝推出的针对大学生和白领人群的圈子社交产品。另外，部分用户还收到了"生活在海外"圈子的推送。

这个功能立马吸引了很多人的注意。一大原因在于，这些圈子以吸引女性用户加入为前提，部分用户上传的图片比较露骨，尺度较大。

11 月，支付宝圈子事件爆发，近百个充斥着暧昧照片的"校园日记""白领日记"圈子引发巨大争议。十分刺耳的评论充斥在空气中：支付宝成了支付鸨；社交的一小步，援交的一大步；支付宝成了高端陌陌；阿里社交充满了情色荷尔蒙。

马云并没有打通支付宝管理层的电话。此时包括彭蕾在内的 22 位蚂蚁金服高管正在飞往旧金山的路上。

就在阿里巴巴开始大搞新零售，"升级"支付宝的同时，一支轻骑兵依仗对中低端品牌的吸引力，悄然开始杀入淘宝供给侧的大本营。

此时，在淘系内部，各类资源开始向头部集中：从 C 店到 B 店，从中小 B 店到品牌旗舰店，从中低端品牌到高端品牌，从高端品牌到 KA（核心大客户）。而被分散的资源，让大量中小商家开始"有了二心"。而 2015 年才刚刚成立的拼多多，抓住了这一红利。

科技自媒体"互联网怪盗团"曾对此有过一段经典的分析：

整个淘系的商家根据规模和品牌分为七级（注：不是消费者理解的"钻石""皇冠"等级），7 级（以 KA 为主）的权重最大，其次是 6 级，而 1～5 级能够分配到的流量已经很小了。

因此，淘系的中低端商家不得不寻找新的出路——不是放弃淘系，直到今天也没有多少人敢真正彻底放弃淘系；而是在淘系之外寻找"狡兔三窟"之道。它们考虑过京东，但是京东以自营为主的模式、效率较低的广告投放机制以及远低于淘系的 DAU/ 用户时长，降低了它的吸引力。它们考虑过微商，但是缺乏正规交易及规范机制的微商毕竟只是权宜之计。它们还考虑过微信公众号、小程序，但是微信既不做中心化流量分配，也不做中心化运营；而且，小程序真正迎来大发展要等到 2017 年底，时间太晚了。

在这个过程中，拼多多逐渐成为了中低端商家"出埃及记"的核心选择。它几乎具备这些商家所需要的一切条件：

以 SKU（单品）为核心，不设购物车，不搞店铺运营，专注于卖货，降低商家的运营及推广压力；

早期几乎没有高端品牌，聚焦于标品、白牌，全部流量供给相当于淘系 5 级以下的商家；

微信拼团模式提供了巨大的单品出货量，满足了标品及白牌商家薄利多销、尽可能做大单款爆品的需求；

绝妙的是，淘系商家原本无法有效利用微信场景（仅能通过淘口令），而拼多多早期 100% 是微信场景，与原有的淘系购物场景并不冲突。[①]

单车大战，最后连颜色都不够用了

最早提出"共享单车"这个概念的是戴威，一个出生于 1991 年的北京大学前学生会主席。2015 年 6 月 17 日，戴威写了一篇《这 2000 名北大人要干一票大的！》的网文，呼吁 2000 名北大师生贡献出自己的单车，"通过 ofo 公众号，可以注册消费、获取单车密码"，随后 1 天内，ofo 收到了 400 多份申请。

---

① 《拼多多崛起的深度复盘》，互联网怪盗团，https://new.qq.com/rain/a/20230904A03S4T00。

三个月后，ofo 共收上来 1000 多辆车，他们为这些车上了车牌、刷了漆、装了机械锁，不需要钥匙，根据密码就能打开。到 2016 年 1 月，ofo 走出了北大校门，在人大、北航、北师大等 15 所高校同时运营，获得 40 余万注册用户，服务近 100 万高校师生，日订单量达到 1 万。金沙江是第一家找到戴威的风险投资机构，在 1 月底，它以 1 亿元的估值拿到了 10% 的股份。

投资人快速替戴威算了一笔账：如果每天每辆车的使用频率是 8 次，每辆车成本 200 元，骑一次 0.5 元，两个月就回本，更有意思的是，用户要支付 99 元的押金，因此，现金流非常之好。这样的计算公式告诉戴威，为了增加投放量，单车未必需要来自共享，而应该自己生产。也就是说，在戴威提出"共享单车"这个概念的半年后，ofo 的商业模式已经与共享无关，而衍变为分时租赁模式。

这一年，李斌为一个单车项目想了一个名字 Mobike，取意 Mobile Bike。这个项目的中文名为摩拜单车。李斌为摩拜单车找到了一个充满使命感的创始人：胡玮炜。

80 后胡玮炜在《每日经济新闻》《新京报》和极客公园做了将近十年的汽车记者，当她把共享单车的构想告诉她的前老板、极客公园的创始人时，后者的第一个反应是"疯了吧，这个坑太大了"。胡玮炜说："不是你教我说要相信'相信'的力量吗？"她的前老板回答说："姑娘，我其实还有一句话没有跟你说，除了要相信'相信'的力量，你还要学会计算的力量，摩拜单车的自行车肯定会全部被偷光。"

胡玮炜的人生偶像，是以桀骜不驯著称的意大利女记者法拉奇。她希望照自己的想法走下去。2016 年初，胡玮炜造出了第一辆车。这辆车使用了带有定位功能的智能锁和免充气轮胎。这样的设计，能够让一辆车直接被"扔"在那儿 50 个月。但这样的设计，也让摩拜单车重达 48 斤，这要比普通单车重一倍多，单辆造价更是高达 2000 元左右。2016 年 4 月，摩拜单车正式上线，并在上海投入运营，它的押金是 299 元。

很快，资本如猎犬一样地蜂拥而至。①

8 月以来，共享单车龙头 ofo 和摩拜共进行了 8 次融资，投资方包括滴滴出行、小米、腾讯等互联网巨头。10 月 10 日，ofo 共享单车完成 1.3 亿美元 C 轮融资，投资方包括滴滴出行、小米等公司。同时摩拜单车在 10 月 13 日确认完成新一轮 C+ 融资，融资金额在 1 亿美元以上，投资方为高瓴资本、华平投资、腾讯等。

新进入者"小鸣单车"与"优拜单车"等也分别在 10 月和 9 月拿到了融资。除了创业公司以外，包括传统的政府公共自行车系统运营商等也进入了共享单车领域。一个直接的结果是，到年底，共享单车的新入局者发现：已经没有什么好的颜色值得挑选了。

关于单车，马化腾和朱啸虎还曾有一场著名的论战。马化腾认为一定要是智能设备，如智能车锁，这显然是技术派的看法；而朱啸虎代表运营派，也就是说：最成熟的产品和消费习惯，最广阔的市场，用资本轰开。

2016 年，乐观让人无往不利

2016 年的科技互联网世界有两个关键词：第一是"下半场"，第二是"人工智能浪潮"。

从 1990 年底算起，如果说 PC 互联网是科技浪潮的"第一增长曲线"，那么从 2010 年左右所兴起的移动互联网就是"第二增长曲线"。而到了 2016 年，以人工智能技术为代表的"第三增长曲线"开始显现。

CNNIC 的数据显示，截至 2016 年 12 月，中国网民规模为 7.31 亿，手机网民规模达 6.95 亿。上网设备中，网民使用台式电脑上网的比例达 60.1%，使用手机上网的比例达 95.1%，使用笔记本电脑上网的比例达 36.8%，使用平板电脑上网的比例达 31.8%，使用电视上网的比例达

---

① 吴晓波：《激荡十年，水大鱼大：中国企业 2008—2018》，中信出版社，2017 年。

25%。移动互联网这条第二曲线，从增速角度看，已经走过了最高峰，正式进入"下半场"。

对于"下半场"，真正的机会，一方面在于全球化，另一方面则在于下沉化。

素有"中国创投教父"之称的 IDG 资本全球董事长熊晓鸽，在这一年这样评判中国互联网企业：BAT 很了不起，但 BAT 最大的弱点在于过分中国化，而不是国际化。他眼中下一代互联网巨头的核心特征是，其产品除了属于中国市场，还应当是全世界的。

而以张一鸣为代表的新一代 80 后创业者，正在为突破全球市场进行着努力。另一方面，当年黄峥在央视节目中为张一鸣开出的药方是国际化，而黄峥为自己选择的是下沉化的道路。

从后来发生的事情来看，更让人兴奋的是，从 2016 年开始，人工智能这一"第三增长曲线"，已经初露增长苗头。伴随着英伟达的算力芯片，以及 OpenAI 里面的天才科学家们，一个将发生于未来的奇迹，开始进入酝酿期。

曾国藩曾言："物来顺应，未来不迎，当时不杂，既过不恋。"

科技互联网这列高速火车，继续呼啸而过，走过 2016 年。

【战略金句】

◇ 贝佐斯：Day 1 状态让公司充满活力，持续关注用户需求，不断进化，可以获得持续的成长；Day 2 状态让公司停滞不前，会逐渐变得无关紧要，经历着痛苦的衰退，最终迎接死亡。

◇ 任正非："春江水暖鸭先知"，你不下水，怎么知道天气变化。

◇ 王兴：企业里分三种人，8 小时是合格的；16 小时是中高层的；创始人更多是 24 小时，连做梦都是有关工作的，每天 9 点到公司开晨会。

我努力找到各个环节更擅长的人来做。

◇ 张一鸣：中国的互联网人口，只占全球互联网人口的五分之一，如果不在全球配置资源，追求规模化效应的产品，五分之一，无法跟五分之四竞争，所以出海是必然的。

扫码阅读本章更多资源

2017

走向世界

我受够了征求同意，我不要循规蹈矩，我要跟随自己的心。

——电影《寻梦环游记》，2017

　　3月，一对表兄弟在杭州上演的一出连续抢劫案成为热门新闻。兄弟二人来到杭州，计划"干几票大的"后快速跑路。两人持刀连续抢了三家便利店，却发现店家没多少现金，因为绝大多数顾客都用手机扫码付款。最终，两人合计只抢到了约1800元人民币，甚至还不够来回杭州的路费。据当地媒体报道，这两个犯罪分子被捕后，当中的一人哀叹："你们杭州怎么没现金！"

　　就如同杭州已经变成了"无现金城市"，在科技互联网的世界，一切都在变得物是人非，越来越疯狂。

　　在韩国棋手李世石之后，中国棋手柯洁也于2017年与AlphaGo展开对弈。

　　5月27日下午，戴着黑框眼镜的柯洁全神贯注地看着眼前的棋局，整个身体陷进了座位里，显得局促不安。

　　截至2017年5月，19岁的柯洁已经连续32个月在人类围棋排行榜上排名世界第一。但在这一天，这位平时自信满满、骄傲到近乎自负的世界冠军，一次次揉着自己的太阳穴，艰难地思考着眼前的棋局。这时的柯洁，和那些与他年龄接近，正在解决一道数学难题的高中生大学生们，看起来并没有什么差别。

　　而就在这次"大敌"当前之时，天才棋手柯洁还曾在微博上放出豪言："就算阿尔法狗战胜了李世石，但它赢不了我。"

‹返回　　　　　柯洁大棋渣　　　🔍　···

主页　　　微博　　　相册

柯洁大棋渣
1小时前　来自iPhone 6 Plus

就算阿尔法狗战胜了李世石，但它赢不了我

☑ 6664　　　💬 3063　　　👍 4481

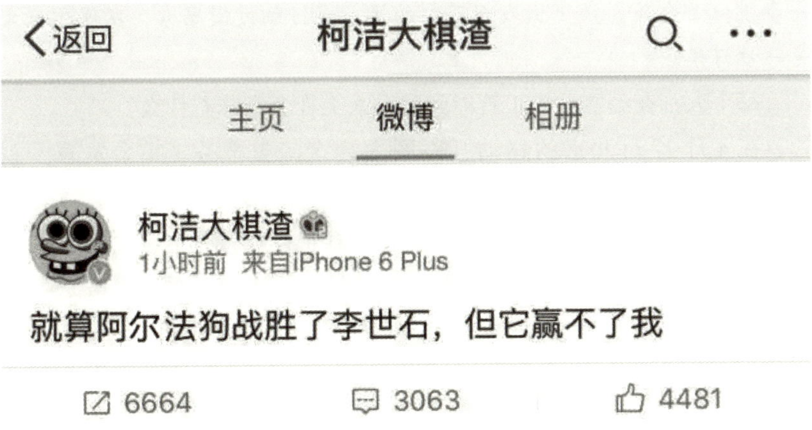

图 24-1　柯洁微博

　　实际上，这场比赛分别于 5 月 23 日、25 日和 27 日在乌镇的围棋峰会进行，最终在三局两胜的比赛中柯洁九段中盘告负，以总比分 0∶3 败于 AlphaGo。[①]

　　当柯洁坐到升级后的阿尔法狗[②]面前，阿尔法狗以 3∶0 毫无悬念的比分轻取柯洁。第三局比赛眼看大势已去，柯洁一度离场 20 分钟，回来后又泪洒现场。

　　赛后面对媒体，柯洁哽咽："阿尔法狗太冷静、太完美了，不给你任何希望。我跟它下棋特别痛苦，只能猜它一半的棋，差距太大。这是我

① 根据 Google 中国给出的双方对弈时间，在 5 月 23 日、25 日、27 日，柯洁将与 AlphaGo 进行三番棋对决，每方 3 小时，5 次 1 分钟读秒。

② AlphaGo Master 版。

与人工智能的最后三盘棋。"

"能和 AlphaGo 比赛，对我的意义超出以前所有比赛。今天的棋，我本以为能下得好些，没想到布局阶段就走出我自己都无法原谅的恶手，导致无法挽回，连坚持下去都很难。AlphaGo 实在太完美，没有任何缺陷，没有心态波动。所以我很责怪自己，没有下得更好一些。"

柯洁在赛后接受采访时说道，"AlphaGo 实在下得太好。我担心的每一步棋他都会下，还下出我想不到的棋，我仔细慢慢思索，发现原来又是一步好棋。"

每个人都在猜测，人工智能到底对人类社会意味着什么？

在 4 月 27 日北京的移动互联网大会上，史蒂芬·霍金发表了视频演讲。这位只能动三根手指却拥有人类最杰出大脑的物理学家警告说："我认为生物大脑能实现的东西和计算机能实现的东西之间没有真正的区别，人工智能的崛起，要么是人类历史上最好的事，要么是最糟的。"

人工智能时代，来了吗？

AlphaGo 的第一次重大胜利是在 2016 年 3 月，它和韩国传奇棋手李世石展开对抗，对弈五局四胜一负。这场没几个美国人感兴趣的比赛，却吸引了超过两亿八千万中国人观战。

柯洁向 AlphaGo 投子认输后不到两个月，国务院公布了《新一代人工智能发展规划》。这是国家发展人工智能的远景规划，明确提出未来将要对人工智能发展给予更多资金、政策支持，以及国家级的统筹规划。该计划希望到 2030 年，中国能成为人工智能领域的全球创新中心，在理论、技术及应用等方面领先全球。

嗅觉灵敏的中国风险投资人积极响应号召，2017 年一年，他们给予人工智能创业公司的风险投资占到全球人工智能投资的 48%，中国在这一数据上首次超越了美国。① 在柯洁输给阿尔法狗升级版的同一年，美国卡耐基梅隆大学开发的人工智能 Libratus 在面对 4 名人类顶尖得州扑克选手时（1v1 轮流对决），同样取得了最终胜利；两年之后，Libratus 又在 6 人德扑中力压 5 名人类赌神夺冠。这是 AI 首次在多人德扑中战胜人类。人类选手惊异地发现，AI 已经开始在牌局中完全随机地使用混合策略，这是人类一直在试图做的事。

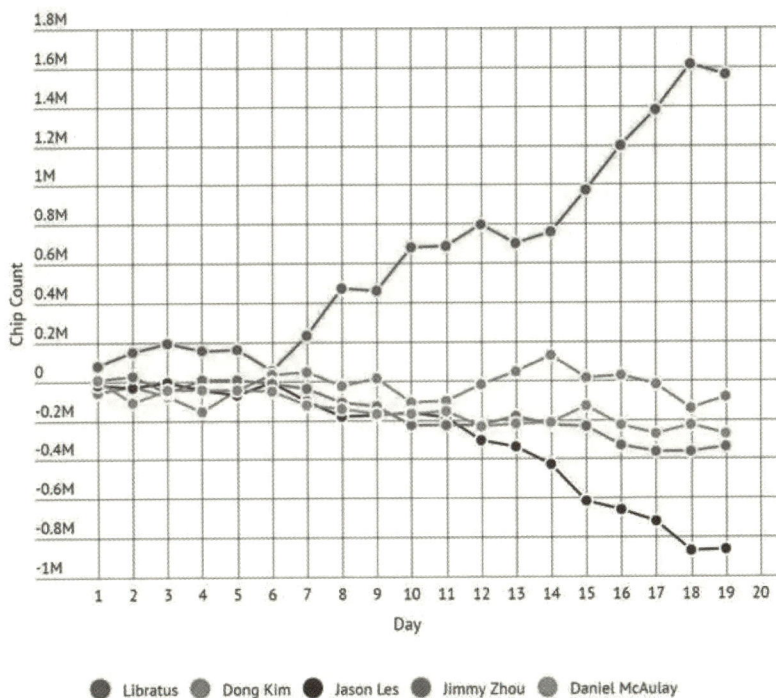

图 24-2 2017 年 Libratus 与其他四名人类选手的比赛数据，最上方的折线为 AI 得分

以色列人尤瓦尔·赫拉利的《未来简史》在全球热卖。在作者看来，几千年来，人类面临过的三大重要的生存课题——饥荒、瘟疫和战

① 李开复：《AI·未来》，浙江人民出版社，2018 年。

争，在未来都将不再是最重要的挑战，甚至在不远的时间里，克服死亡也仅仅是技术的问题。

人类面临的新议题是人工智能革命，它将造成个人价值的终结，除了极少数的精英，99% 的人将成为"无用之人"。

李开复则在他的新书《人工智能》中预测，"人工智能将在未来十年取代一半人的工作。在需要考虑少于 5 秒的领域，人根本不是机器的对手，它们不喊累、不闹情绪、犯错率极低"。

此时的世界与中国

1 月 9 日，美国当选总统特朗普在纽约的特朗普大厦会见了马云。两人进行了约 40 分钟的会谈。会谈结束后特朗普提议亲自送马云出门。全世界都在猜测，这位新任美国总统，将会给世界带来什么。1 月 20 日，唐纳德·特朗普在美国首都华盛顿宣誓就职，正式成为美国第 45 任总统。

10 月 27 日，电影《银翼杀手 2049》上市。故事发生在"大断电"30 年后。"复制人 K"（瑞恩·高斯林 Ryan Gosling 饰）是新一代的银翼杀手，在这个世界里，人类和复制人之间的界限划分得更加明确，复制人从刚一制造出来就被灌输了服务于人类的思想，绝对不被允许产生人类的感情。

一天，一具女性复制人的遗骨被挖掘了出来，但研究者发现这名女性复制人生前不仅怀过孕，还将孩子生了下来，这个孩子的存在将会彻底破坏政府苦心经营的规则和秩序。当局命令"复制人 K"找出这个孩子，并将他杀死……人类社会就是这样，通过讲述未来的假设故事，来思考潜在的技术伦理难题。

这一年，中国最火的电影，是由吴京导演和主演的《战狼Ⅱ》。这部 7 月上映的国产电影，最终斩获 56 亿元人民币的票房纪录。要知道，这个金额，已经超过了 2008 年的全国电影总票房。在影片最后，男主角把国旗插进受伤的右臂，高举风中，穿过正在交战的战场，让人印象深刻。

图 24-3　电影《战狼Ⅱ》海报

这一年，一档名为《中国有嘻哈》的真人秀火爆全网。"你有freestyle 吗？"成为年轻人们互相问候的流行语。

8 月 23 日，访谈节目《十三邀》的第二季开播。主持人许知远所访谈的首位嘉宾是前央视主持人，此时正在进行互联网创业的米未传媒CEO 马东。

马东在节目中认为，大众传媒的作用，不是追求最前沿，最前沿是学者的事情，是思想者的事情，大众传媒的作用是让没有接触过的人接触到相关的知识。虽然现在识字率提高了，但是 95% 的人还是在生活的，他们要的不是知识，而是娱乐。

10 月 1 日这一天，中国人正式告别了漫游费。工业和信息化部在这一天宣布，全面取消手机长途漫游费。

2017 年传统媒体"两微一端"上的用户数量持续快速增长，截至年底，《人民日报》法人微博聚集用户 9800 万，《人民日报》微信公众号订阅数达 1500 万，《人民日报》客户端累计自主下载量超过 2 亿，新华社客户端累计下载量达 2.5 亿次，中央电视台"央视影音"客户端累计下载量达 6.1 亿次。

微软重回王座，马斯克泪眼婆娑

萨提亚·纳德拉在其 9 月份出版的个人传记《刷新：重新发现商业与未来》中写道："云业务让我得到了一系列以后要谨记在心的教训，其中最重要的一条是，领导者必须同时看到外部的机会和内部的能力与文化，以及它们之间的所有联系，并在这种洞察变得众所周知之前率先反应，抢占先机。"

在接受采访的视频（CBS 的 *60minutes* 节目）中，马斯克眼睛湿润、时而哽咽。

图 24-4　纳德拉自传《刷新》

他说："我不知道什么叫放弃，除非我被困住或者死去。"马斯克创办 SpaceX，当他雄心勃勃地想把人类送上火星时，那些已经从事火箭事业几十年的人，包括尼尔·阿姆斯特朗、尤金·塞尔南都反对或看衰马斯克，主持人强调，他们说："你（马斯克）不懂这些你不了解的事。"

马斯克直言："这些人都是我心目中的英雄，真的很艰难。我真希望他们能来看看，我的工作有多么艰难。"

此时字幕又适时地打出一行字：Sometimes the very people you look

up to，let you down.（有时候，你的偶像会让你失望。）

主持人追问："是他们的事迹鼓舞了你去做这件事，对吧？"马斯克回答："是的。"

主持人又补问："他们在你前进的方向上扔石头、百般阻挠……"

此时马斯克的眼睛因为泪水在里面打转而变得格外晶亮，他靠使劲抿嘴来控制自己的情绪，但声音却无法控制地哽咽着回答道："的确很艰难。"

马斯克：从量产地狱中艰难爬出

3 月，福特汽车公司向媒体通报："在 2010 年的一份合同中，特斯拉同意不登记、不使用 Model E 商标。但后来特斯拉登记了 Model E 商标，福特坚决要求特斯拉遵守双方此前的协议。此事已经解决。"

这条新闻爆出后，人们发现，马斯克原来是想打造 SEXY（性感）的产品组合。实际上从 2012 年特斯拉开始交付 Model S 车型开始，马斯克就已经在悄悄设计 SEXY 车型组合。他希望通过这种方式，向世人展示：电动车不仅是为了环保，它们本身也是性感的。

在 2017 年中，所有特斯拉的员工都在为一件事努力，即提高计划在 2017 年上市的 Model 3 的产量。马斯克在当年 5 月给员工的邮件中写道："特斯拉必须是硬核和苛刻的。""特斯拉的及格线非常高，因为必须如此。"

马斯克永远把"打造产品"作为公司的主要矛盾，他会尽一切努力来聚合所有人力物力，以攻克这一主要矛盾。马斯克深知想要做好产品，有两种投入必不可少：一是人才的精力，二是充足的财力。马斯克在最大程度"榨取"工程师的才华，同时倾向于将所有的预算和资源都投入研发、制造和设计上。

为了实现这一目标，马斯克表现得很像一位"恶棍老板"。

2017 年 7 月，Model 3 开始正式投产下线，马斯克称"未来 6～9 个

月，我们面临的主要挑战是如何大规模量产这款车。"马斯克对外承诺
2018 年 6 月 30 日，特斯拉每周 Model 3 产量可达到 5000 辆；如果达成
5000 辆这个目标，特斯拉就能活下去；如果做不到，公司就会耗尽资
金。此时的特斯拉负债 100 亿美元；公司信用评级被穆迪下调；大量分
析师认为特斯拉无法兑现承诺而买空其股票；有 23% 的美国顾客则因无
法忍受等待取消 Model 3 订单。

为了解决特斯拉的困境，马斯克采取了一系列措施：

第一，主动透露空运新增"帐篷里的生产线"，提振信心：空运并
且在帐篷里增加一条全新生产线。

第二，调集工人加入 Model 3 生产队伍：关停部分 Model S 生产线
让工人加入 Model 3 的生产队伍中。

第三，对外介绍公司在优化生产线流程：让机器人减少 300 多个
"不必要的"焊缝，用更高效的环节以节省生产时间。

第四，CEO 主动睡在工厂督战：马斯克睡在工厂沙发上或者办公
桌底下，甚至会偶尔在装配线上拧螺丝。马斯克称："一套衣服我穿了 5
天，我将个人信誉，还有团队的信誉全都押进去。"

第五，宣布中国工厂提振士气：在当年股东大会上确认了传言已久
的中国工厂计划，新工厂可同时生产电池和汽车，这也是特斯拉第一座
在海外布局的工厂，计划于 2020 年投产。

第六，强调只对非生产部门裁员，生产部门将"增加人手"：裁员是
针对领固定薪资的员工，负责生产的职员不但不会被裁员，而且"很有
可能大规模增加人手"，裁员规模据估计有上千人。

特斯拉在承诺到期日的 5 个小时后，"勉强"完成了冲刺。

亚马逊收购全食超市

6 月 16 日，亚马逊和全食超市宣布达成最终合并协议。根据协议，

亚马逊将以每股 42 美元的价格，全现金收购全食超市，交易价值约为 137 亿美元，其中包括全食超市的净债务，这是亚马逊历史上规模最大的一笔收购。

全食超市于 1981 年在美国得克萨斯州奥斯丁建立第一家门店，提供比传统食品杂货店更多的天然和有机食品。

起初，两家公司的营业理念并不匹配：亚马逊是低价的领导者，而全食超市则出售高端产品。

花旗分析师指出，全食超市的经营利润率为 5.5%，高于亚马逊北美零售业务 3% 的利润水平。不过，高端路线也让全食超市遭遇了营业困境，自 2013 年达到顶峰以来，该公司股价已跌去近一半，开业一年以上的门店销售额也大幅下滑，由此给亚马逊的并购带来了好时机。

根据科文公司的分析，以市场份额计算，合并后的公司将成为美国第五大杂货零售商，仅次于沃尔玛、克罗格、开市客和阿尔伯森。无疑，亚马逊与全食超市的合并对其他零售商来说是一个很大的冲击，尤其是沃尔玛，因为沃尔玛一半以上的销售额来自食品杂货业，而且正在艰难地做着线上业务。

8 月 28 日，亚马逊完成对全食超市的收购。①

11 月 27 日午夜，第六届 "AWS re: Invent" 盛会开始，43 000 名观众来到拉斯维加斯现场。主题演讲中，安迪·贾西将开发人员比作作曲家，并借着五首音乐表达了主题。亚马逊证明，AWS 已经成熟化、体系化、多样化，并以更快的速度加快创新。

2017 年说什么热，那必须是新零售。新零售的本质是用智能传感设备和人工智能技术，让线下数据收集实现和线上电商一样的效果。

2017 年 5 月 12 日席卷全球的 "想哭（WannaCry）" 勒索病毒暴发，袭击全球 150 多个国家和地区，影响领域涵盖政府部门、医疗服务、公共交通、邮政、通信和汽车制造业等。网络治理全球性机制的缺失，在

---

① 到 2017 年 12 月 31 日，全食超市在北美地区的门店数为 465 家，另有 7 家在世界其他地区。

这场勒索病毒的灾难面前暴露无遗。病毒的源头就是美国国家安全局（NSA）泄漏的武器库产物。[1]

李彦宏：无人驾驶罚单已经来了，无人车量产还会远吗？

2017 年 7 月 5 日，在百度的 AI 开发者大会上，百度在现场展示了李彦宏乘坐无人车前往会场的画面。在行驶过程中，李彦宏通过语音指令控制车辆的加速、减速和转向，同时还展示了车辆的智能识别和避让功能。不过由于在直播中，有无人车实线并线的违规画面，一时引起了外界的广泛关注。

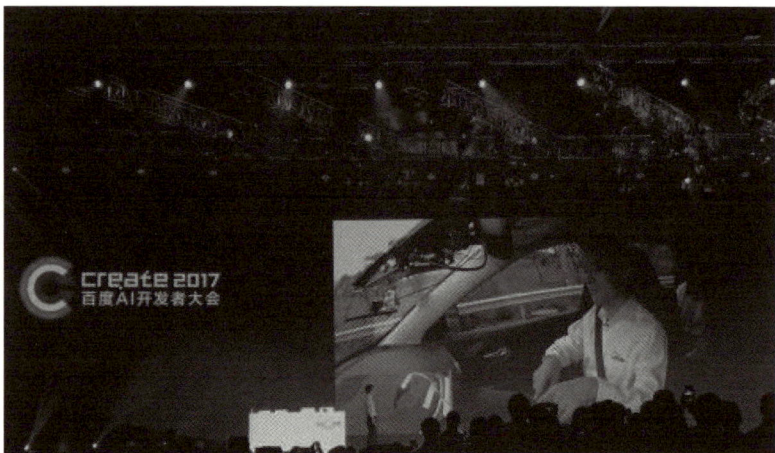

图 24-5　李彦宏"上五环"

关于李彦宏是否收到了罚单，罚了多少钱，一时间成了科技界最为津津乐道的话题。

---

① 　方兴东、钟祥铭、彭筱军：《全球互联网 50 年：发展阶段与演进逻辑》，阅读原文及学术引用，请务必参考《新闻记者》，2019 年第 7 期。

李彦宏则在当年 11 月 16 日的百度世界大会上，直接回应了这个话题，他表示："7 月百度 AI 开发者大会后，人们问我最多的问题是：你坐无人车上五环有没有吃到罚单？我可以告诉大家，我们确实收到了一张罚单。我想说的是，无人驾驶罚单已经来了，无人车量产还会远吗？"李彦宏巧妙地将这张"罚单"，变成了对百度的一种另类认可。实际上就在会议前一天的 11 月 15 日，科技部宣布，将依托百度建设自动驾驶国家新一代人工智能开放创新平台。

通过李彦宏的叙述，让这次的处罚变成了百度走在中国自动驾驶行业最前沿的直接力证。罚单的背后，饱含社会各界对自动驾驶的关注，这张罚单，也将在一定程度上加强大众对无人驾驶技术的认知和期待。

日前，北京市交通委联合市交管局、市经济信息委等部门，制定发布了加快推进自动驾驶车辆道路测试有关工作的指导意见和自动驾驶车辆道路测试管理实施细则两个指导性文件。

新规明确，在中国境内注册的独立法人单位，因进行自动驾驶相关科研、定型试验，可申请临时上路行驶。这就意味着，再也不用吃到李彦宏那样的罚单了。

自动驾驶汽车上路有法可依后，相信首批测试用自动驾驶汽车将很快在北京上路了。

王兴：上天、入地、全球化

这年 6 月，王兴向媒体分享：我们上个月刚刚实现整体盈亏平衡。如果不开拓新业务，我们可以在一年之后规模赢利，但我不认为短期赢利是我们追求的目标。其实无论是讨论边界还是讨论终局都是一种思考角度，但并不是唯一的思考角度。哪里有什么真正的终局呢？终局本来是下棋的术语，可是，现在的实际情况是棋盘还在不断扩大。[①]

---

① 宋玮：《对话王兴：太多人关注边界，而不关注核心》，《财经》，2017 年 4 月 21 日。

　　王兴谈互联网下半场（2017 年 4 月）："互联网的下半场，下半场被说了很多。总互联网网民渗透率已超过一半。网民数量不会再翻番了。全球也是这样的大趋势。未来的游戏规则在变化，机会是永远存在的。有三个大方向是最激动人心的。上天、入地、全球化这三个机会"。

　　"上天也就是高科技。更多公司是传统科技，不是高科技。65 年的摩尔定律一直在起作用。这是最底层的东西。狼来了说很多，一直是假的。但结局是狼真的来了。摩尔定律的终结有可能快到了。不是单个芯片性能越来越高，而是芯片数量越来越多，包括软银（ARM），它在将来有更大的价值。本质上最底层是需要增长的。全世界的格局就是大航海后大家的一直瓜分，一直到第一次世界大战。传统的 ABC，这三个是非常紧密地结合在一起的。未来高科技创业有越来越多的空间。但需要更多底层的积累，不是几个学生在车库就能捣鼓出来。互联网是中美两强。我们在底层确实需要更多探索。这是未来 5～10 年的驱动力。美团看起来和高科技没关系，我们美团每天 1000 万订单，每单要 30 分钟。我们在用 AI 做数据分析。但是无人车和机器人是并不遥远的事情。2020 年以前是很遥远的事情，2020 年下半年或 2021 年上半年，就会有 L4 的自动驾驶汽车出现。我们外卖的市场比美国大很多。AI 可以应用于很多领域。DeepMind 用 AI 去分析如何做新的化合物，AI 可以去分析更高效做化合物。今年春节我在硅谷看到一个名叫'不可能的食物'的公司，用科技来把植物蛋白直接变成动物蛋白。我吃了一个他们做出的肉做的汉堡，很好吃。牛羊吃草产生肉的速度很慢，这个高科技技术是革命性的，可能是更好更健康的肉。这个会改变这个行业。这看着是很基础的东西，但在技术上是很高科技的突破。

　　"入地，接地气不是需要做到地面，而是要扎到地底下去。如果只是在 C 端连接，微信已经足够了。你需要真正了解产业的方方面面，真的去提高效率，降低成本，要扎到地底下去。共享单车，ofo 说连接自行车，这个概念是错的，这是初级的接地面。更好的是去根据不同的需求去做不同的产品。我们在餐饮的 B 端在做很多投入，餐饮的 ERP、收银系统，酒店的 PMS、客房管理、猫眼等。我们都要意识到光连接你是干不过微信的，更多要围绕 2B 去做事情。

"全球化，为什么不叫国际化？国际化是说国境是天然边界。实际不是，可以看货币等。如今日头条，更重要的是语言。Facebook 等已经做了很多的基础设施。互联网下半场是中美的竞争，只有中美有巨型互联网公司。腾讯是全球前十大公司。不是互联网公司，不是 IT 公司，不是科技公司，而是所有公司中的前十。企业价值大小取决于解决问题的大小，每个行业大小取决于经济体的大小。如果中国企业不能很好地走出去，长时间来看是没有竞争力的。全球化是中国企业很大的机会，也是中国企业必须要做的事情。在很多商业模式方面，贴近 C 端的创新方面中国有优势，如共享单车。我们的美团外卖每天 1000 万订单，都比其他国家任何公司大 10 倍。从海外看，主要是看你是往上看还是往下看，看经济体发达还是落后。我们认为机会更大的是第三世界国家。我们有时空机可以知道目前那个市场处于什么阶段。当年日本企业出海，各个行业是协同一起做的。中国企业也可以这样。合成一起会有更强的战斗力。东南亚国家人口非常庞大，软件研发人员很少，很多国家根本没有足够的研发人员。一些传统互联网科技就可以创造很大的价值。这三个方向美团也都有考虑。"

在王兴看来，不论是在国内市场，还是在国际市场，阿里巴巴和腾讯还是非常有竞争力的，王兴曾表示：

我认为至少阿里巴巴和腾讯都还会非常厉害，能提供很多服务，对行业有很大影响力，会持续很长时间。虽然有很多新的公司出现，但并不代表阿里巴巴、腾讯已经老化了，恰恰相反，我觉得它们还处于非常有活力的状态。我们的出发点不是看同行，看竞争对手，在美团我们反复讲要以客户为中心，这不是一句空话。因为最终你还是要给客户创造价值，客户愿意直接或间接付你钱，公司才能够存在，才能创造商业价值，最后才能给股东回报。现在（互联网上）有那么多事情要做，如果你能选取某个角度，通过互联网或手机帮大家做得好一点，就是创造价值。竞争这两个字经常放在一起说，就变成思维定式了，但其实竞和争不一样，同向为竞，相向为争，所以我觉得我们是竞技。[①]

改变战局，今日头条 10 亿美元收购 Musical.ly

2016 年底，字节跳动开始内部孵化抖音中国版本，2017 年初开始进行中国市场运营和布局。

2017 年 3 月 13 日，岳云鹏在其微博里转发了"模仿他唱歌最像的"一条带抖音水印的视频，抖音开始被关注。

在看到产品有了一定热度后，字节跳动开始将资源向抖音倾斜。字节跳动主要做了两件事情。在中国市场，字节跳动赞助了 2017 年的综艺节目《中国有嘻哈》，节目中的人气选手相继入驻，刺激了抖音下载量的激增。

2017 年 5 月初，抖音正式进军海外市场，海外版 TikTok 上线。字节跳动的一个团队原本挑选了一批英文单词，随后将选择范围进一步缩小。最终，"TikTok"这个名字脱颖而出。"TikTok"这个名字有着一种神奇的魔力，从日本到印度再到阿根廷，不管用户使用什么母语，它在全球范围内的发音几乎一样。

5 月 12 日，抖音海外版 TikTok 在 Google 商店上线。从 5 月到 6 月，字节跳动开始在日本市场和韩国市场做早期测试。8 月份，字节跳动宣布进军日本市场。

到 2017 年 5 月时，抖音的日均用户已超过 100 万。大约在同一时间，张一鸣与 Musical.ly 的创始人进行了接触，提出了收购建议。张一鸣认为，两家公司是天作之合：字节跳动提供了算法能力和商业头脑；Musical.ly 则占据着世界上最有价值的客户群体之一，数百万美国青少年。

---

① 《包凡对话王兴、张一鸣》，"一 π 即合·华兴 π 对"，2017 年 4 月 26 日。

这年 7 月，张一鸣刚刚阅读完《3G 资本帝国》。8 月，张一鸣在读黄仁宇的《中国大历史》；10 月，张一鸣在豆瓣标注自己正在读《有限与无限的游戏：一个哲学家眼中的竞技世界》。2017 年之后，他几乎停止了在豆瓣更新阅读书单的习惯。

11 月 10 日，张一鸣以 10 亿美元收购 Musical.ly，此外字节还多花了 8660 万美元买下 News Republic，并向 Live.me 投资 5000 万美元。

傅盛回忆："张一鸣当时买 Musical.ly 时，他家住北京北边，我住东边，每次都是他跑过来跟我谈，谈了四五次。另一个希望购买的公司只是打了一个电话。张一鸣的那种坚决度、执着度非常强。"另一个人正是宿华。让宿华不爽的地方是，傅盛坐地起价，要求购买 Musical.ly 还必须搭车同时购买猎豹移动旗下的两款产品。

在移动互联网初期，从业者直接把 YouTube、爱奇艺搬到手机上，但一直到抖音出现，才算真正找到了属于移动互联网内容消费的正确答案。抖音从产品交互到内容形态，都和传统的视频服务有着根本性的区别。

腾讯和今日头条的摩擦由来已久，仅在 2017 年，腾讯就曾起诉今日头条 300 次，多与版权相关。

张一鸣在 2016 年底接受《财经》专访时曾表示：我从来没说过我绝对不卖公司这种话，我说的是，我们有机会把头条做成一个平台型公司，所以我不会卖公司。我没有选择拥抱巨头，但我不是"为了不拥抱而不拥抱"。如果和哪个公司合作，可以让今日头条在全球获得成功；可以促进更多地方的信息分发；可以更快进入机器学习在其他领域的应用，我并不排斥，但我不认为现在有这个机会存在。[①]

在这年 12 月的人工智能与人类文明论坛峰会致辞时，张一鸣表示：

在 PC 互联网时代，中国的互联网企业是全球互联网技术的学习者和跟随者；在人工智能的时代，我们看到很多中国科技公司开始在应用

---

① 宋玮，张一鸣：《今日头条不模拟人性，也不引导人性，你们文化人给了我们太多深刻的命题》，LateNews by 小晚。

层面，逼近甚至处于全球的领先水平，成为全球的领先者。但我们在开拓全球市场的同时，也有义务与全球各界一起去积极地思考新技术给全球带来的机遇和风险，做能为全球用户带来福祉的事情。我们希望我们的技术最终能造福全球用户。要实现这个愿望，不仅仅是一家企业能做到的，而是需要全球不同领域的人士共同努力。

在谈到有关人工智能技术带来的潜在安全与伦理等问题时，张一鸣表示：

关于人工智能的法律和伦理边界，我们可以去探讨、去辩论，但我觉得，作为人工智能的企业，应该永远恪守一条原则：必须对整个人类的未来充满责任感，充满善意。

目前，AI 正处在从实验室走向大规模商业化的早期阶段，很多人对它所带来的经济、法律、安全、伦理等问题开始担忧。比如，AI 可能会导致大规模失业；可能导致经济发展不平衡；可能会导致贫富差距加大；可能会让很多城市修改现行的交通法规；可能会完全颠覆教育、金融等传统行业。幸运的是，很多风险才刚刚露出苗头，在这个和技术赛跑的时间窗口，我们应该从最早期开始将技术的研发和对社会影响的研究同时推进，至少我认为一家负责任的人工智能科技公司应该这样。

黄峥：拼多多是电商界的"今日头条"

从 2017 年下半年开始，拼多多连续赞助了接近 20 档综艺，包括《极限挑战》《非诚勿扰》《奔跑吧》《快乐大本营》等，这直接使得这家公司用户数激增，走向大众。这家比小红书晚成立两年，同样位于上海的公司，在当下已经构建起了一个仅次于阿里巴巴、京东的千亿 GMV 电商平台。

拼多多除了在供给端大量吸引被淘宝"降权"的中小品牌之外，充分利用了"五环外人群"沉淀在微信支付中的先机，为其提供了一个完美的消费场景。

在中国庞大广阔的三线以下城市，以及一、二线城市的"五环外"地区，存在着大量还没有支付宝，以及微信支付也并未绑银行卡的人群，且以中老年人为主。通过春节抢红包等，这一庞大人群的微信支付账户里沉睡着一笔不大的现金，等待着被花出去。而在微信群里，通过拼团购买一双并非名牌的鞋，一些水果，对这些消费者来说，成为了一个不错的选择。

白牌能够实现在绝对的低价之下，提供质量还算过得去的商品。

在黄峥看来，拼多多是电商界的"今日头条"。

拼多多和淘宝的模式有本质不同。淘宝是流量逻辑，主体是搜索，用户要自己去找商品，所以需要海量 SKU 来满足长尾需求；拼多多代表的是匹配，推荐商品给消费者，SKU 有限，但要满足结构性丰富。

淘宝一直倡导 C2B 但做不起来，就是因为淘宝的千人千面相当于个性化搜索，但搜索本身是长尾的，你就很难做反向定制。而拼多多是把海量流量集中到有限商品里，有了规模之后再反向定制，从而极大降低成本。这也是沃尔玛和 Costco 的差别，拼多多的终极定位就是针对不同的人群做不同的 Costco。

淘宝的方向是对的。但作为上一阶段最成功的公司之一，当它迈向新时代时，它是有包袱的。他们现在的主体是搜索，不管你做什么改革都意味你把搜索给弱化。但搜索在拼多多中只是一个极小场景，甚至不在主页上。这好比百度想做今日头条的事情，他们都面临既有成功所带来的阻碍。[1]

2017 年 11 月 22 日，张一鸣在第三届今日头条创作者大会的演讲中，感慨短视频发展之迅速：

2016 年 9 月，我们推出了音乐短视频产品"抖音"，目前日均播放量达到 10 亿；同年 9 月，我们也在日本上线了海外短视频产品 Topbuzz

---

[1]　宋玮、房宫一柳：《对话拼多多黄峥：他们建帝国、争地盘，我要错位竞争》，《财经》，2018 年。

Video，目前在美国、巴西、日本等国家都取得了不错的成绩；6 月，小视频和直播产品"火山小视频"上线，目前日均播放量达到 20 亿。今年 2 月，我们全资收购了美国短视频应用 Flipagram。

6 月，今日头条旗下的独立短视频 App"今日头条视频"升级为"西瓜视频"推出；5 月上线了海外版产品 TikTok；这个月，我们刚刚完成了对音乐短视频产品 Musical.ly 的收购，让我们的小视频业务有机会更快上一个大台阶。经过我们这一年在短视频领域的加速冲刺，现在，在今日头条以及旗下的火山小视频、抖音短视频、Musical.ly、TopBuzz Video 等平台上，日均总播放量已经超过 100 亿，包括 OGC（Occupationally-generated Content，职业生产内容）、PGC（Professional Generated Conternt，专业生产内容）以及 UGC（User Generated Content，用户原创内容）在内的短视频发布量超过 2000 万条。

2017 年，一切属于下半场

这年 5 月底，哈佛大学国际政治学者格雷厄姆·艾利森出版了一本名为《注定战：中美能避免修昔底德陷阱吗？》的新书。作者在书中分析了过去五百年中发生过 16 次新兴大国威胁既有大国地位的事例，发现其中 12 次引起了战争。

公元前 5 世纪，陆地强国斯巴达关注到雅典正在快速崛起。双方在猜忌之下进行了长达 30 年的威胁和反威胁战争，最终两败俱伤。古希腊历史学家修昔底德总结说："使得战争无可避免的原因是雅典日益壮大的力量，还有这种力量在斯巴达造成的恐惧"。这被后人称作"修昔底德陷阱"。

这本书很快引起了中美两国学者的关注和讨论。

每个人都在猜测，中美两国之间的竞合关系，将会在随后的数年中，如何演绎。而互联网从业者们，对其尤为关切。

CNNIC 的数据显示，截至 2017 年 12 月，中国网民规模达 7.72 亿，手机网民规模达 7.53 亿。在上网设备中，网民使用台式电脑上网的比例达 53.0%，使用手机上网的比例达 97.5%，使用笔记本电脑上网的比例达 35.8%，使用平板电脑上网的比例达 27.1%，使用电视上网的比例达 28.2%。

彭博社在 7 月的一篇名为《美国科技巨头规模过大，再扩张可能被拆分》的文章中分析道："在美国，Google 占据搜索广告市场约 77% 的营收，亚马逊占据电商销售额的 38%，Facebook 的移动社交媒体流量占比更高达 75%。而且美国 5 强过去 10 年共进行了 436 笔收购，总价值高达 1310 亿美元。"

在 4 月 15 日出席新经济 100 人 CEO 峰会时，王兴强调了企业"出海"的必要性：

企业的价值大小取决于问题价值大小，取决于市场大小，取决于经济体的大小。中国虽然经济体越来越发达，而且中国拥有全世界六分之一的人，但如果只做这个事情，做到头，你也是不如另一部分大。因为美国的强大在于，美国互联网公司不光做美国市场，它做几乎全球的市场，除了中国市场。所以如果中国的企业不能真的很好地走出去，不能更好地服务更大的经济体的话，长期来看是缺乏竞争力的。

4 月 26 日，王兴在接受华兴资本采访[1]时，再次强调了中国互联网网民增速已经趋缓的现实：

以中国互联网为例，现在用户已经基本占到人口的一半。我记得以前每年 1 月份和 7 月份 CNNIC 都会发布中国网民报告，早几年我每年都看，从两三年前开始我就不看了，因为网民数量增长已经趋缓了，基本占一半人口，7 亿左右。当互联网渗透率超过 50% 的时候，按定义就不可能再翻番了，中国人口总体增长又不快，如果需要业务增长翻番的话，不可能单靠用户翻番来实现。可能对单个公司来讲还有很大空间，但对于互联网整个行业来讲红利就不大了。

---

[1] 《包凡对话王兴、张一鸣》，"一 π 即合·华兴 π 对"，2017 年 4 月 26 日。

【战略金句】

◇ 萨提亚·纳德拉：云业务让我得到了一系列以后要谨记在心的教训，其中最重要的一条是，领导者必须同时看到外部的机会和内部的能力与文化，以及它们之间的所有联系，并在这种洞察变得众所周知之前率先反应，抢占先机。

◇ 李彦宏：无人驾驶罚单已经来了，无人车量产还会远吗？

扫码阅读本章更多资源

2018

不要惊慌

"不管你喜不喜欢，该往前的不会后退"。

——电影《头号玩家》，2018

"Don't Panic"（不要惊慌）。

——飞向太空的特斯拉汽车屏幕，2018

9月29日下午，支付宝官方微博宣布："十一出境游的朋友，请留意支付宝付款页面，可能一不小心就会被免单。"

支付宝将会从转发这条微博的网友中，抽出1位集全球独宠于一身的中国锦鲤。奖品包括鞋包服饰、化妆品、各地美食券、电影票、SPA券、旅游免单、手机、机票、免费住酒店等。最终，这条微博被转发超过300万次。

10月7日，支付宝公布了"信小呆"获得"中国锦鲤全球免单大礼包"。"信小呆"是一位1992年生于天津的IT工程师，"信小呆"是她的微博ID名称。

她自称有一种"魔幻感"。11 月，中大奖后的信小呆从原本工作的 IT 公司辞职，她顶着"集全球独宠于一身"的光环旅行兑奖去了。

幸运的用户永远让人艳羡，但如果回头看产品层面，从硅谷到中关村，每一家科技公司都在与时间进行赛跑。让人欣慰的是，到 2018 年，可以说在全球范围内，中国互联网公司都有着相当的竞争优势。

8 月，一群硅谷高管来到北京的创新工场。在了解到中国科技公司的高管和普通员工的高强度工作后，一名风险投资人不禁感慨："我们在美国太懒了！"

"中国的互联网是一个墙内的花园，没有人能打入，除非你来自花园里面。"硅谷风险投资人韦斯利·陈说。

Basis Set Ventures 创始合伙人兰雪棹说，她出生在中国，每年都会回去看看。"在某种程度上，这好像是看到了未来。"

像红杉资本的迈克尔·莫里茨（Michael Moritz）这样的硅谷名人一直在敦促美国创业者和投资人向中国的工作伦理、野心和技术进步学习。①

马斯克：特斯拉怎么才能在中国打开市场？

2 月 6 日，马斯克用一次惊天动地的品牌活动，向全世界展示了他的特斯拉和 SpaceX 的魅力。

当地时间 15 时 45 分②，在约 10 万人的现场"围观"下，世界最强大运载火箭"猎鹰重型"从美国佛罗里达州肯尼迪航天中心 39A 发射台腾空而起，拖着熊熊尾焰直入蓝天。③

"猎鹰重型"上携带的这辆红色特斯拉跑车上播放着 1969 年戴

---

① 袁莉：《"996"、摄像头，硅谷高管来中国看到了什么？》，纽约时报中文网，2018 年。
② 北京时间 7 日 4 时 45 分。
③ 1969 年，"土星 5 号"火箭正是从这座发射台升空，首次将人类送上月球。

维·鲍伊演唱的经典歌曲《太空怪人》。跑车里坐着一个穿着太空服的假人，名叫"星际飞行员"（Starman）。仪表盘上写着"Don't Panic"（不要恐慌），这句话出自科幻小说《银河系漫游指南》（*The Hitchhiker's Guide to the Galaxy*）。

《银河系漫游指南》的电子书封面上显示的，正是 Don't Panic。这本书被誉为"科幻圣经"，讲述了一个地球人在地球毁灭后与外星人一起探索宇宙的故事。

除了这句忠告，马斯克还在跑车里放了一条毛巾。这也是《银河系漫游指南》中强调的一个重要物品。书中说："毛巾是对一个星际漫游者来说最有用的东西。""当一个人在面对了许多可怕的困难并且成功地战而胜之以后，他如果仍然还弄得清楚自己的毛巾在哪里，那么这显然是一个值得认真对待的人。"

马斯克用这些彩蛋，向全世界表达了他对科幻、对探索、对未来的热爱和憧憬。他也向全世界展示了他的品牌理念和个性魅力。

《引爆点》的作者马尔科姆·格拉德威尔说过："在适当情况下，总是存在一种简单的信息包装方法，使信息变得令人难以抗拒。我们的任务就是要找到这种包装方法。"马斯克的信息包装方法是：为公司讲一个伟大的故事。讲故事，是品牌触达受众最有力的方式，是品牌占领用户心智的"流行病毒"。而让火箭把跑车发射到太空，就是马斯克在为所有人讲述的匹配故事。

马斯克第二天在推特上透露了一个最感人的彩蛋。那就是跑车的电路板上刻着一句话：Made on earth by humans（"源于地球，人类制造"）。这句话不仅是对特斯拉和 SpaceX 团队的致敬，也是对全人类的鼓舞。它表明了马斯克的愿景和使命，就是要让人类成为一个多星球物种，探索宇宙的奥秘。

虽然有着这样出彩的品牌营销事件，但对马斯克来说，2018 年可谓是充满了艰难困苦。

8 月，马斯克在接受《纽约时报》采访时表示："过去一年是我职业生涯中最艰难和痛苦的一年，太痛苦了。"为了努力提高 Model 3 轿车的产量，马斯克一直处于疲惫不堪的状态。马斯克补充道："从运营角度来看，特斯拉最糟糕的日子已经过去了。但从个人痛苦的角度来看，最糟糕的时刻还没有到来。"

此时，特斯拉的大众款车型 Model 3 正面临产能爬坡的挑战，马斯克为了监督生产，就长期住在工厂的帐篷里。这样的举动效果显著。特斯拉在 2017 年交付了 10.3 万辆汽车，在马斯克住进工厂后，特斯拉终于开始艰难地达到每周生产 5000 辆的目标。2018 年全年，特斯拉总计交付了 24.5 万辆汽车。

对于马斯克来说，2018 年还有一个重要议题，就是如何打开中国市场？

这年 7 月 10 日，埃隆·马斯克抵达中国上海，与时任上海市委书记以及市长会面。特斯拉公司与上海临港管委会、临港集团共同签署了纯电动车项目投资协议。根据双方签订的合作备忘录，特斯拉要在上海临港建一座年产能为 50 万辆纯电动整车的超级工厂。这是上海有史以来最大的外资制造业项目，也是中国第一例以独资形式落地的外商汽车企业。

7 月 11 日早间，马斯克在上海一家中式快餐连锁店点了一份鸡粥，吃过后被车接走。7 月 12 日早上，马斯克又被网友拍到在北京街头吃煎饼的照片，并被网友调侃"有创业者精神"。早餐后，马斯克与北京市市长会面；当天下午，时任国家副主席王岐山在中南海紫光阁接见了马斯克。马斯克称，两人围绕历史、哲学以及时运进行了一次极其有趣的讨论。

马斯克如此重视中国市场，也很好理解。2014 年中国的新能源汽车产量 8.39 万辆，到了 2018 年已经达到了 110 万辆[①]，而全球是 200 万辆。

另一方面，中国官方也在进一步放开对外企的限制。4 月 17 日，国家发展改革委在《国家发展改革委就制定新的外商投资负面清单及制

---

① 2018 年，中国新能源汽车产量首次突破 100 万辆，同比增长 59.9%。

业开放问题答记者问》一文中明确提到，汽车行业将分类型实行过渡期开放，通过5年过渡期，汽车行业将全部取消限制。

7月28日，《外商投资准入特别管理措施（负面清单）（2018年版）》正式施行，新版外商投资负面清单规定，自2018年7月28日起取消专用车、新能源汽车外资股比限制，2020年取消商用车外资股比限制，2022年取消乘用车外资股比限制以及合资企业不超过两家的限制。

此时的世界与中国

2018年，全球互联网普及率突破50%，世界变成了上网的一半人和不上网的一半人。其中不上网的一半人中，有90%来自发展中国家。

从1978年到2017年，改革开放近40年，中国GDP的年均增长率达到了9.5%。2000年，中国GDP超过意大利，成为全球第六大经济体。2005年超过英国和法国，成为全球第四。2008年，超过德国，成为全球第三。2010年，超过日本，成为全球第二。到了2018年，中国经济一路狂奔，不但改变了中国，也同样改变了整个世界。

中国制造长期处在微笑曲线的底端，中国靠成本、靠规模实现了高速增长。对位未来，增长的驱动则更有可能来自技术和品牌。未来10年，未来20年，未来30年乃至40年，中国经济将何去何从？

人们并没有清晰的答案。事实上，2018年，人们听到最多的两个词，一个叫作黑天鹅，一个叫作灰犀牛。黑天鹅是指意外发生的事，是人们从来没有预见到的，让人措手不及。灰犀牛则指特别大的动物蹲在那儿，你跑过去，虽然让自己不要碰到它，但还是碰到了。

在2018年，一些个体偶遇了"黑天鹅"，一些公司则遭遇了"灰犀牛"。

3月23日凌晨，美国总统特朗普突然宣布对中国价值高达500亿美元的商品征收惩罚性关税。这是现代历史上美国总统对中国开出的最大一笔贸易"罚单"，酝酿已久的中美贸易战大幕快速拉开。

4 月 17 日，美国向中兴发难，禁止美国公司向中兴销售零部件、商品、软件和技术 7 年，直到 2025 年 3 月 15 日解禁。事实上 2017 年中兴与美国政府刚刚达成和解，向美国支付 8.92 亿美金罚款，中兴 2017 年的净利润和罚款金额几乎一致。

大部分产品均依赖美国部件供应的中兴几乎一夜之间陷入瘫痪。在多方斡旋下，中兴最后付出的代价是额外支付 10 亿美元罚款、替换当前高层管理团队和董事会，同时还需接受美国政府更严格的监控。

除了中兴，美国政府还在窥视着华为。12 月 1 日，华为首席财务官孟晚舟在加拿大温哥华被捕。美国要求加拿大将她引渡。从孟晚舟被捕的那一刻开始，任正非进入战斗状态。

所有人都能看明白，这一切的背后，是美国不甘于被中国继续紧紧追赶。全球贸易正在发生微妙的变化。

2013 年，半导体就取代石油成为中国最大的进口产品，年进口额超过 2200 亿美元。2018 年，中国进口芯片费用超过石油。芯片，也成为每一个中国科技人的辛酸话题。

《日本时报》在这年 5 月发表的文章《为什么中国造不出像样的半导体？》中直言：

中国目前是世界最大的芯片市场，但国内使用的半导体只有 16% 是国产。中国每年进口芯片约 2000 亿美元——超过石油进口。为发展本土芯片产业，政府给相关企业减税，并计划投资多达 320 亿美元，希望在芯片设计和制造方面领军世界。

或许中国面临的最大长期挑战是技术获取。尽管北京希望从零开始打造本土芯片产业，但最好的产品仍落后美国一两代。一个合理办法是从美企购买技术或与之结成伙伴关系，这也是日韩尖端企业走的路。但中国没法那样做。中国收购美国半导体公司常因安全原因遭否决。日韩等也对中方收购采取类似严审。

尽管存在种种阻碍，近年来中国其实已取得长足进展。中国一些企业为手机和其他技术产品设计半导体，然后把生产外包给外国工厂。同时，中国对相关工厂大笔投资，为管理者、工程师和科研人员提供关键经验。这一切不会带来捷径，但或许成为一个中国耗费半个世纪仍未能建成的产业的构成要素。

在 20 世纪 90 年代，全球的贸易中有 70% 是制成品，比如服装、眼镜、电视机、汽车、冰箱、空调、洗衣机等占 70%，工业中间件、工业软件服务占 30%。2018 年以后，工业制成品只占到 30%，工业中间件和工业相关服务、产品占到 70%。

而中国，则在这 70% 之中占据着相当大的比例。过去 40 年，中国的 GDP 增长平均在 9.5%，美国长期在 3% 左右，只有在 20 世纪 80 年代出现了一次咬合，其他时间中国远高于美国。

1894 年，美国的工业生产总值超过英国，跃居世界第一。从那一年算到 2018 年，已经过去了 124 年。美国打过三次重要的贸易战，第一次是跟英国人打，第二次是跟苏联人打，第三次是跟日本人打，这次美国人将目光投向了中国。

由于中美贸易冲突，蔚来汽车在纽交所募资金额只达到了预期中的一半。9 月 12 日敲钟完毕，蔚来创始人李斌在酒店里向太太感慨："一个时代结束了"。

除了中美之间的大国竞争，在人们关于 2018 年的记忆中，还有诸多重要的"小事件"。

在这一年的大热电影《绿皮书》中，有一句经典台词："世界上有太多孤独的人害怕踏出第一步。"

Z 世代已经走上舞台，成为中国网民中的中坚力量。QuestMobile 数据显示，截止到 2018 年 10 月，以 95 后和 00 后为代表的"Z 世代"用户已突破 3.69 亿。1 至 10 月整体网民共增长了 3700 万，而其中 95 后就占了 1500 万。占比超过 3 成的 Z 世代几乎贡献了移动互联网近一半的增长率。除了 Z 世代，农村互联网用户也成为了科技互联网公司竞争的重要方向。2018 年中国农村的互联网用户数量增加了 1300 万达到

2.22 亿，渗透率从 35% 增加到了 38%。

这一年，蔡崇信以一种新身份：NBA 球队的老板被人们所知。这年 4 月，蔡崇信以 11.5 亿美元的价格，正式收购布鲁克林篮网队 49% 的股份。但蔡崇信并不满足于此，第二年又以 13.5 亿美元的价格从球队大股东手中买下布鲁克林篮网剩余 51% 的股权。随后，他花费 11.5 亿美元收购了巴克莱中心。三笔交易合计，蔡崇信一共花费了 36.5 亿美元。蔡崇信回忆：

体育不仅教你守纪律和努力，而且还教你如何在失败后站起来，如果你输了一场比赛，你必须重新站起来。我认为这真的非常重要。这些原则中有很多适用于商业。

那我为什么要买一个篮球队呢？这其实是一个意外。当布鲁克林篮网挂牌出售时，那是在 2017 年，我真的不知道投资和成为运动队老板是什么感觉。

但后来我研究了联盟的特点，联盟如何分享收益这种经济学。NBA 的一大优点是他们有一个非常好的集体谈判协议，将球队、业主和球员之间的经济问题分开。球员真的提供了价值，对吧？所以他们应该公平地分享收益。这一切都在集体谈判协议中有所规定。

另外，NBA 的 30 个团队，无论在比赛上是否成功，都能公平地分享收益。例如，电视版权。如今，NBA 每年全国电视版权收入约为 27 亿美元，平均分配给 30 个团队。这与 EPL（英超联赛）非常不同。所以我认为这些特点几乎有点像社会主义，它们确保了每个投资 NBA 的人不会损失很多钱。而且布鲁克林篮网主场在纽约，是很珍贵的资产。

另一件事是布鲁克林，对吧？我们在纽约市，还有什么地方，还有什么其他方式可以让你有机会拥有一项资产，这有点像大城市、大国的皇冠上的宝石，拥有世界上最受欢迎的运动之一？ ①

在这年夏天的俄罗斯世界杯上，法国队最终斩获冠军。

---

① 2024 年 4 月 3 日，蔡崇信接受挪威主权财富基金首席投资官 Nicolai Tangen 专访。

扎克伯格的 Facebook 陷入争议

特朗普在美国 2016 年大选中当选总统，间接导致了一家名叫"剑桥分析"[①] 的公司成为新闻热点。据悉，这家公司对美国选民做心理剖析，使特朗普的竞选活动更有针对性，更有效。

不过，令这家英国伦敦的咨询公司的名字家喻户晓的，是《观察家报》的一篇报道。那篇报道解释了"剑桥分析"如何利用它所"收获"的成千上百万 Facebook 用户的个人信息。

Facebook 没能躲过这轮风波的冲击，也成了一个靶子。它的危机公关从最开始试图封杀新闻，后来转而质疑这件事是否算得上"信息泄露"。事情发酵了几天之后，Facebook 创办人扎克伯格终于公开道歉，还承诺要对"流氓软件"采取行动，而这个承诺后来不断被用来作为抨击他的武器。扎克伯格的原话是："我们有责任保护你们的数据，如果做不到，那我们就不配为你们服务。"

到了 4 月上旬，Facebook 估计被"剑桥分析"不恰当分享的个人信息涉及多达 8700 万用户，其中超过 100 万在英国。

这个估计数字依据的是剑桥大学一名学者，阿列克桑德·科根博士[②] 通过性格测试从 Facebook 上收获的账户数。

"剑桥分析"很快作出回应，称其母公司，SCL 选举顾问公司（SCL Elections），从科根博士手中获取了"仅仅"3000 万用户的信息，这些用户都是美国公民。

这则声明显然没有收到预期的效果，这家政治咨询公司 5 月份宣布关门。

不过，这轮风波现在被 Facebook 用作拒绝交付英国信息专员办公室对它罚款的抗辩理由之一，因为信息专员也承认没有证据表明英国公民

[①] Cambridge Analytica。

[②] Aleksandr Kogan。

的个人信息被泄露给剑桥分析公司。

这张 50 万英镑的罚单，对于 Facebook 来说还不到公司半小时的营业收入，但真正的代价是 Facebook 声誉因此遭受的重创。

马云退休：江湖永远存在，江湖英雄辈出

2018 年 8 月底，阿里巴巴 38 名合伙人在日本召开了每年一次的合伙人大会。这次会议的核心议题之一就是讨论马云卸任董事局主席的"传承计划"。

9 月 10 日教师节这一天也是马云的生日。马云通过一封公开信宣布自己将于次年，也就是 2019 年的 9 月 10 日正式辞去阿里巴巴董事局主席一职。马云的职位将由 CEO 张勇接任。

"我一直说阿里承担着伟大的使命和愿景，要走 102 年。但是我一个人是走不下去的，个人的阅历、背景、知识结构、体力、精力是有限的，必须要建立制度，建设文化，培养人才。和逍遥子（张勇）以及他的年轻团队比起来，我确实有些不一样的东西，比如有创始人的光环，有自己的阐释问题、运营管理的方式方法。但是，他们身上的东西我也没有，比如知识结构的全面性、系统性。"马云在接受新华社专访时，这样强调张勇团队的优势。

9 月 18 日，是阿里巴巴 2018 年全球投资者大会召开的第二天，也是在宣布传承计划一周后，马云在阿里巴巴全球投资者大会上首度现身，谈及阿里巴巴的传承人计划以及对阿里巴巴未来 20 年的规划时，马云反复强调自己对阿里巴巴的未来充满 100% 的信心。"我知道阿里巴巴这样的公司管起来不容易，我 100% 相信张勇将会比我做得更好。"

与大部分重要消息率先在国内公布不同，"传承计划"消息首先由境外媒体如彭博社、《纽约时报》传至国内。马云在接受彭博社采访时主动提及其"退休计划"。随后《纽约时报》进行了跟进报道，消息马

上传开。消息扩散时间为周五，时间点耐人寻味，或为阿里故意留出周末国内舆论发酵时间以及后续公关应对时间。

彭博社在 9 月 7 日的报道中介绍，马云接受采访时表示，他将创立一家以他本人名字命名的基金会，专注教育。"我想有一天，也许很快，我会回去教书"，马云说，"这是我认为我能做的比做阿里巴巴 CEO，还要好的事情"。

《纽约时报》9 月 7 日报道称，马云在接受采访时表示，他的退休并非一个时代的结束，而是"一个时代的开始"。他表示自己将把更多时间和财力花在教育上，"我喜欢教育"。

马云在公开信中写道："我们创建的合伙人机制创造性地解决了规模公司的创新力问题、领导人传承问题、未来担当力问题和文化传承问题。"

"1999 年创始之日起，我们就提出未来的阿里巴巴必须要有'良将如潮'的人才团队和迭代发展的接班人体系。经过 19 年的努力，今天的阿里巴巴无论是人才的质量和数量都堪称世界一流。"

马云崇敬的邓小平在晚年也曾坚持退休，建立成熟的最高领导层代际轮替制度。希望能够存在 102 年的阿里巴巴，其创始人也身体力行来建设组织的传承机制。

短视频赛道爆发，抖音称王

这年春节期间，字节跳动开始大规模"烧钱"推广抖音。字节跳动用高达数十亿元的资金，在京九铁路沿线以及成都等地大量投放广告。同时互联网用户也可以在主要的移动互联网渠道看到抖音的广告。

投放效果非常显著，短视频应用迅速下沉至三、四线城市，短视频用户规模和使用时长都呈现爆发式增长。在 2 月 14 日至 2 月 21 日的春节档期间，抖音每天都保持着 900 万左右的下载量，日活增长近 3000

万。整体日活数量更是达到了 6500 万①。

从多个维度看，短视频似乎就是为移动互联网时代而生的最佳产品。首先，短视频足够"短"，短则数秒，长则几分钟的短视频完美匹配了中国用户愈发加速的生活节奏，可实现用极低的时间成本获取娱乐；其次，文字和图片传递的信息与视频相比完全不在同一个级别。

抖音的快速裂变，很快引起了腾讯的警觉。3 月底，很多抖音用户发现微信朋友圈屏蔽了抖音短视频的分享链接。腾讯"封杀"抖音的说法甚嚣尘上。腾讯给出的回应是"为避免链接刷屏影响朋友圈阅读体验，微信对朋友圈内链接的传播设有防刷屏限制"。

4 月 19 日，抖音总裁张楠透露："TikTok，以及今日头条此前收购的 Musical.ly，目前已经覆盖全球超 150 多个国家，月活用户超过 1 亿。"事实上，国际市场上的绝大多数用户，还从没有见过抖音这样的竖屏 + 音乐短视频的模式。

到了 7 月 16 日，抖音官方正式宣布，抖音全球月活跃用户数超过 5 亿，上线于 2016 年 9 月的抖音，正式成为中国最大的短视频平台。

2018 年，抖音、快手、火山等短视频应用迅速崛起，尤其是 2018 年春节期间起截至为年 12 月，中国短视频用户达 6.48 亿，用户使用率为 78.2%。

短视频遭遇"成长的烦恼"

高速增长的同时，难免出现一些问题。字节跳动和快手在这年春天，遭遇了"成长的烦恼"。

3 月 31 日，央视《新闻直播间》与《东方时空》两档节目曝光了短视频平台存在的大量未成年孕妇现象。快手以及字节跳动旗下火山小视频均存在这类问题。

---

① 快手这一期间自然增长约 1000 万，日活增长至 1.1 亿。

4月4日，国家广播电视总局发文《国家广播电视总局严肃处理"今日头条"快手传播有违社会道德节目等问题》。该文要求未经审核的视频不得播出，两个平台必须审核所有上传视频。

4月10日，国家广播电视总局责令"今日头条"永久关停"内涵段子"客户端软件及公众号，并要求"今日头条"举一反三，全面清理类似视听节目产品。

内涵段子上线时间早于今日头条，是早期今日头条重要的流量来源，在关闭的这一时间节点，内涵段子已经拥有2亿用户。内涵段子的关停让张一鸣彻夜难眠。

4月11日凌晨4点钟，张一鸣发布《致歉和反思》，第一次放下"算法中立"的逻辑，重点强调产品的社会价值："我是工程师出身，创业的初心是希望做一款产品，方便全世界用户互动和交流。过去几年间，我们把更多的精力和资源，放在了企业的增长上，却没有采取足够措施，来补上我们在平台监管、企业社会责任上欠下的功课，比如对低俗、暴力、有害内容、虚假广告的有效治理。"

张一鸣在《致歉和反思》中还写道：

关心今日头条的朋友们：我真诚地向监管部门致歉，向用户及同事们道歉。从昨天下午接到监管部门的通知到现在，我一直处在自责和内疚之中，一夜未眠。今日头条将永久关停"内涵段子"客户端软件及公众号。产品走错了路，出现了与社会主义核心价值观不符的内容，没有贯彻好舆论导向，接受处罚，所有责任在我。

ofo 与摩拜：两种选择，不同结局

2017年10月的一天，在北京香格里拉酒店顶层的总统套房里，六位共享单车行业最有权势的人，尝试平心静气地谈一谈合并的可能性。

这六个人分别是：摩拜CEO王晓峰、ofo CEO戴威、蔚来董事长兼

CEO 李斌、腾讯投资管理合伙人李朝晖、滴滴高级副总裁朱景士和一位财务股东代表。

会议一直持续了七八个小时，戴威和王晓峰都表现得格外沉默。除了这两人之外，包括财务投资人、战略投资人，都希望两家尽快完成合并。七嘴八舌之下，略显疲惫的王晓峰在一旁做起了俯卧撑。

滴滴提醒戴威："以今天 ofo 的治理能力和竞争格局，独立发展很难持续。"但戴威坚信自己能够继续独立走下去。

但如果 ofo 的融资机制能够设计得更聪明，本有机会避免因为年轻 CEO 的刚愎自用而撞上南墙。不幸的是，ofo 的融资机制规定，自 A 轮起，每轮投资中持股过半的股东都享有一票否决权。就这样，包括 A 轮的金沙江、B 轮的经纬、C 轮的滴滴，以及创始人戴威，都握有一票否决权。

一票否决权本是用来"震慑"，但多人拥有这个核武器，各怀鬼胎的利益相关方充分博弈之下，反而导致最终无法达成一致。

到了 12 月，见势不妙的金沙江朱啸虎放弃希望，直接以最新一轮估值 20% 的溢价将自己手中的股票卖给了滴滴。事实上，朱啸虎是最终唯一全身而退的 ofo 投资人。

ofo 的创始团队对滴滴有着深深的猜忌，最终竟强制"驱逐"了滴滴派驻到公司帮助运营的两位高管。

很快，数十位从滴滴调到 ofo 的骨干员工纷纷告假。休假十天后，十几名骨干到滴滴开会，程维做了深刻复盘：凡是主赛道，通过投资解决诉求是不可能的。滴滴很快启动了自己的共享单车业务"青桔"。

而阿里巴巴则开始押注哈啰单车。共享单车的市场格局正在悄然发生改变。

2018 年 4 月 12 日，滴滴、蚂蚁金服和 ofo 再次坐下来谈合并，最终滴滴和阿里系希望直接购买创始团队的股票，然后派自己的管理团队入驻 ofo 进行改造。原本已经同意的戴威很快反悔。一位亲历者回忆"本来周末谈好了，结果过了一个周末，戴威说不行。"

时间来到 9 月，ofo 的账上没钱了。更可怕的是，此时的青桔和哈啰单车都已快速长大。所有人都意识到，ofo 即将被抛弃。在 2018 年的秋天，戴威手里握着啤酒瓶，颓然坐在北京的马路牙子边上边喝酒，边在想自己究竟哪步做错了。

而摩拜，最终则被美团收购。

4 月 3 日晚，在摩拜总部召开的股东大会上，超过三分之二的股东同意了被收购的决议。收购摩拜的，是王兴。摩拜收购案前夕，王兴和美团高管在街头骑共享单车，王兴有些纠结：到底收购还是不收购呢？最后咬咬牙，决定收购。

王晓峰不愿意出售摩拜给美团。他找了能找的所有人，直到股东大会前几分钟，还在努力说服投票者回心转意——支持公司独立发展。机会相当渺茫，不管是最大股东腾讯，还是他的搭档、董事长胡玮炜，都同意出售。结果是，王晓峰在股东大会投出反对票，但没能扭转态势，美团收购摩拜方案在 2018 年 4 月 3 日晚通过。

王晓峰和胡玮炜于凌晨返回公司。一位目击者称，他们情绪里夹杂了一种复杂的激动，"很难说是开心还是不开心，感慨孩子养完了，送人了。"

但对比 ofo 的悲剧，对于摩拜来说，没有人是输家。

就像王兴曾分享的，竞争的"竞"是提升自己产品效率的"竞"，"争"是和对手在市场份额上的"争"。要尊重规律，提升自身效率，而不是紧盯对手的"争"。

关于摩拜与 ofo，王兴认为双方把焦点过度放在了抢市场的"争"上面，而没有关注提升自家效率的"竞"上面。

TikTok 给腾讯上压力

5 月 4 日，一篇名为《腾讯没有梦想》的文章刷屏朋友圈。

这篇文章的作者潘乱提出了今日头条旗下的抖音这种"算法＋短视频＋开放式关系"产品抄袭了腾讯社交大本营，并引用张一鸣的观点："腾讯把公司做错了""相对来讲他们（腾讯和百度）更短视"。

张一鸣则对这篇文章表现得很冷静，他在朋友圈转发文章《谁说腾讯没有梦想》，并发表评论，他说："腾讯是一家极其优秀的公司，Pony 也是我最敬佩的 CEO。不仅是业务和实力，公司和管理层的能力和修为也是业界最好的，相信这也是业界共识，大家都心服口服。"

但这并不意味着两家公司"相敬如宾"。5 月 7 日这天，在亮出抖音国际版 TikTok 获得第一季度 App Store 免费下载量第一名的图片后，张一鸣在朋友圈直言"微信的接口封杀、微视的抄袭搬运挡不住抖音的步伐"。马化腾则直接回复"可以理解为诽谤"。

同样在 5 月份，张一鸣在朋友圈暗讽腾讯："如果不随便打压封杀应用和信息流动就是更值得尊敬的公司了。"马化腾则平淡回复："平台一视同仁，你过敏了。"

TikTok 是中国应用走向世界的一个典型代表。中国应用，正在全球市场上狂飙。2018 年，仅在印度 Android 前 100 大应用中，就有多达 44 款来自中国公司。

这年 10 月 23 日深夜，马化腾在知乎发帖："未来十年哪些基础科学突破会影响互联网科技产业？产业互联网和消费互联网融合创新，会带来哪些改变？"

马化腾：腾讯 30 岁以下的总监有多少？

对于 2018 年的腾讯来说，干部年轻化、云计算业务、游戏业务是舆论感知变化最大的三个领域。

在 2018 年的一次特别会上，马化腾发问："腾讯一两千个总监级干部，30 岁以下的有多少？"他获得的答案是：不到十个。

在 11 月召开的 20 周年会议上，腾讯总裁刘炽平直言，未来一年内，腾讯内部有 10% 不再胜任的管理干部要退，尤其是在中层干部领域。"几个月之内会完成"。

腾讯执行的"青年英才计划"把 20% 的晋升机会给予了年轻人，这是硬指标。刘炽平表示，"一个公司要年轻，一定要有更强的新陈代谢能力，也代表人员要不断地流动。"

在一场由 40 名副总裁参与的会议上，腾讯总裁刘炽平问道："觉得云的业务对公司未来发展非常重要，公司一定要去做的，请举手。"40 只手齐刷刷地举起来。

马化腾出现在了 2016 年底的腾讯云峰会现场。以往，马化腾极少出来为某个业务线站台。

在截至 2020 年 8 月的 12 个月里，来自 AWS 营收规模达到 426 亿美元，AWS 已经成为全球最重要的基础设施。每一家科技互联网公司，都意识到，云计算这块蛋糕到底有多大。

在游戏方面，从 2018 年 3 月底开始，国家广播电视总局暂停了游戏版号审批长达 9 个月，腾讯游戏的增长速度一度明显放缓，造成整个腾讯集团自 2005 年以来首次季度利润负增长。

腾讯游戏内部进行了一次关于未来战略方向的讨论。摆在它面前的是两条路：一边是出海，另一边是把二次元等细分的游戏垂类做起来。

很快，腾讯游戏进行了一次组织变动。原本负责国内发行业务的游戏副总裁刘铭开始组建海外发行的团队，在美国、印度、中东等国家和地区建立办公室，人数扩张到近 800 人。与此同时，国内发行团队剩下不足 300 人。"内部定下的目标是，海外市场的收入要占到游戏总收入的 50%。"①

9 月 30 日，腾讯宣布进行第三次重大组织架构变革。4 万多名腾讯员工的邮箱收到了一封组织架构调整的通知邮件。腾讯原有 7 大事业群变为 6 大事业群，新添云与智慧产业事业群（CSIG）、平台与内容事业

---

① 《腾讯游戏何以错过〈原神〉》，https://m.caijing.com.cn/api/show?contentid=4757282。

群（PCG）。原本散落在各条业务线中的游击队终于重组，腾讯有了 To B 方向的集团军。[1]

马化腾在腾讯成立 20 周年的活动上坦言：

过去一年最大的感受是责任，借助腾讯 20 周年的契机，我们反思了腾讯的使命和愿景，对此我有三个层面的理解：第一，我们要与时代同呼吸，与国家共命运；第二，我们的产品和服务改善老百姓生活的方方面面；第三，我们要跟生态中的开发者、产业合作伙伴和谐相处、共同发展。

互联网的下半场是产业互联网，未来 20 年，当互联网红利不再有的时候，产业互联网是我们连接一切的战略和愿景、使命的延展。产业互联网不是孤立存在的，正是我们在消费互联网有广泛的连接，才能更好地服务 To B 和 To G 的客户，这种能力也恰恰是我们在未来竞争中的法宝和利器。

今年，我们还加大了对前沿科技和基础科学的研发，这些看似和互联网没有直接关系，但却是未来互联网企业赢得竞争中相当大的变量，对企业、行业，甚至国家，显得尤其重要。因此，今年我们联手 20 位顶级的科学家发起"科学探索奖"，希望感染更多企业加入我们。在干部提升方面，我们会拿出 20% 名额优先倾斜更年轻的干部，希望未来有更多年轻人脱颖而出。

这年 8 月，微信的日登录量超过 10 亿。这是中国历史上第一款 App 有 10 亿 DAU 的数量级。在这一年 12 月 12 日的腾讯员工大会上，张小龙分享了自己对微信和 AI 的理解。

张小龙表示：

我一直强调微信是一个工具，而不是一个平台。只有工具才是对用户最友善的，才是真正对用户来说有意义的。微信一直努力要做好一个事情，就是把每一个用户当作它的朋友。我认为互联网的本质是消除了信息的不对称，当信息充分流通起来后，相应很多行业的组织形式也会

---

[1] 陆柯言：《腾讯云：蜕变的十年》，界面新闻，2020 年 11 月 11 日。

发生变化。微信本身最根源的价值，是希望整个行业里，所有在创造价值的人能够得到价值的回报。

在讲话的最后，张小龙引用贝佐斯的名言强调"善良比聪明更重要"，因为 AI 比你更聪明、更懂套路，但你可能比 AI 更善良。

2018 年上市潮，雷军、黄峥、王兴的选择

几乎每五年左右，中国互联网就会迎来一次上市潮。此前中国互联网曾经历过三次上市潮，分别是：2000 年前后三大门户相继上市、2005 年前后百度、腾讯、携程、盛大上市，2014 年前后阿里巴巴、京东上市。

从一个对比数据，能够看出 2018 年这次上市潮的规模。2018 年中国总计有 56 家技术、媒体和电信（TMT）公司在纽交所、纳斯达克或港交所上市，总市值达到 2220 亿美元。2017 年有 12 家 TMT 公司进行 IPO，2016 年则是 11 家。这一年，小米、美团、拼多多、爱奇艺、趣头条、哔哩哔哩、优信等一大批公司完成上市。2018 年 7 月 12 日这一天竟然同时有 8 家公司登陆香港证券交易所。8 家公司在 9:30 准备同一时间敲钟。最后港交所摆出了一共四面锣，两家公司共享一面锣。

小米 IPO 前夕，2018 年 4 月 25 日，雷军在武汉大学办了一场发布会，宣布了一项董事会决议："小米硬件综合净利率永远不超过 5%，如有超出的部分，将超出部分全部返还给用户。"

一个公司马上就要上市了，不好好路演"画大饼"，反而卡自己的利润空间，是不是有毛病呢？小米上市后，变成了一家公众公司，资本一定会逼着小米创造"超额"的利润。雷军自信能扛住这样的压力，但雷军担心：如果有一天自己不做 CEO 了，小米管理层不能继续坚持做"感动人心、价格厚道"的好产品。想来想去，只有一个办法：那就是以法律文件的形式，把这一使命固化下来，永久限制硬件净利率。

当雷军把这个想法和团队一说，股东们直接就炸锅了，尤其担心对股价有影响。有人说："你们是不是疯了，还想不想上市？"有人说："当初你们可不是这么说的，早知道如此，我就不投了。"还有人说："来不及了，别折腾了。"小米开了好多次紧急电话会，中间有几次都要聊不下去。雷军对他们说："优秀的公司赚取利润，伟大的公司赢得人心！如果你们同意，你们拥有的将是一家注定伟大的公司！"

7 月 9 日，小米在香港上市。雷军在上市仪式上表示："八年前，我有一个疯狂的想法。要用互联网方式做手机，提升中国产品的全球形象。造福全球的每个人。说实话，几乎没有人相信这个疯狂的想法。谢天谢地，公司第一天开业的时候，居然来了十三个人。我们一起喝了碗小米粥，就开始干革命。"

黄峥这样解释拼多多与淘宝之间的竞争关系。一是作为后来者受到的质疑。好比一桌人吃饭，淘宝刚起来时桌子是空的，而拼多多起来时，已经有 5 个人在桌上了，你在桌下硬要上去吃饭，但桌上的人不愿意你上来，桌下的人也不愿意你上去，我必然会受到双重打击；二是因为成长速度太快了，我们会在短时间内面对淘宝十年内要面对的所有问题。①

2018 年，黄峥在纳斯达克交易所提交了首次公开募股申请。黄峥在附信的开头写道，"拼多多不是一家传统的公司"。但和绝大多数创始人不同的是，黄峥并没有前往美国的上市现场，他解释："我自己没有特别向往这件事情，另外一个就是，尽管上市对很多人来讲确实是一件大事，但是毕竟只是公司成长过程中很小的一部分。我们一直是说要以消费者为中心。跟大家待在一起远比一个人在美国敲钟要有意义。"

2012 年，王兴曾在内部讲话《如何度过行业寒冬》中，分享自己对公司上市的思考：

将来要去哪里，可能必不可少要提到一个问题，就是上市的事情，

---

① 宋玮、房宫一柳：《对话拼多多黄峥：他们建帝国、争地盘，我要错位竞争》，《财经》，2018 年。

它不是我们的目标，它应该是我们在实现一个更长远的目标的过程中，在合适的情况下发生的事情。大家知道，我们的同行之前有不止一家做过不同的尝试，结果都不顺利，这是因为你不能把上市作为目标，而是应该有更坚实的目标，要服务好消费者，服务好商户，让整个企业能够健康持续地运转。那个时候上市是水到渠成的事情。

这个节点终于在 2018 年到来。9 月 20 日，美团在港交所上市。王兴在路演中坦言："如果没有苹果，没有 iPhone，没有后面的智能手机，没有移动互联网，我们今天所做的一切都是不可能实现的。"

王兴一直以来，都在强调乔布斯对自己的重要影响。他曾经表示："乔布斯对我的影响更大一点，比如品味方面。在消费方面，有三个核心点，数量、质量、品味。中国改革开放解决了数量问题，目前在质量和品味中间有一个很好的结合点就是品质。美团就是帮助用户提升生活品质。"

观察者牛文文这样评论美团上市：

"美团是今年或者说这一轮 IPO 中最有意义的一个。不只是市值，也不只是未来成长，主要是王兴代表着全新的一代企业领袖登场。这一代直接生于移动互联网，真正理解中国移动原住民，理解并直接服务上亿'付费用户'而不再只是'流量'，理解'五环外'的广大中国。在做宏大的无边界的商业梦想的时候，他们内心充满信念的力量，干净、直接、无畏，看不到什么'谋略'和'原罪'的影子。他们是真正在 BAT 阴影下长大但又真正无所畏惧的一代。年轻真好。祝福美团。致敬王兴。"

上市后的王兴有些意气风发，他思考着如何带领美团从中国，走向全球。王兴认为："2018 年是美团点评全球化探索的元年，也是我们向世界输出我们成功的商业模式、科技创新的开始。近两个月以来，我们已经连续投资两家海外的科技公司，分别是印度最大的外卖平台 Swiggy 和印度尼西亚最大的互联网平台 Go-Jek。对于海外市场，我们将长期保持关注并积极参与。"

滴滴多少有些时运不济。8 月 24 日下午，浙江乐清一个女孩在乘坐滴滴时遇害。几个月前还发生过一起郑州空姐遇害案。滴滴顿时陷入全国舆论的口水中，滴滴顺风车也无限期下线。滴滴在这一年，还受到了美团的夹击。美团打车上线的这一天，程维和王兴还在一起吃饭，但王兴只字未提，程维是过后看新闻才知道的。程维问王兴为什么要搞这件事，王兴说："就是试试。"

原以为合并了 Uber，网约车游戏已经结束了的程维，也不得不再一次直面竞争。作为回应，滴滴则上线了滴滴外卖。

当美团开始做打车，当滴滴开始做外卖，互联网公司的边界正变得越来越模糊。王兴认为，互联网典型的特征就是无边界。"传统行业可能很多井水不犯河水，甚至同样做地产，你做这个省，我做那个省。但互联网企业不管你干什么，中间这个边界都非常模糊，这就是这个行业的魅力。"

反垄断大潮汹涌

1986 年，大批海豹集结至北海，将挪威沿岸的鱼几乎吃光，渔民群体呼吁猎杀海豹。1995 年，挪威和加拿大撤销了海豹禁杀令，不断增长的海豹正在吃掉鳕鱼。海豹摄取大量的鱼，且吃得非常浪费。灰海豹、斑海豹和鞍纹海豹都不喜欢处理鱼骨头，它们扯开并吃下鳕鱼最软的腹部，剩下的大部分肉都会被浪费掉。因此，控制海豹族群数量成为了一项标准动作。加拿大的海豹捕猎期通常从每年的 11 月 15 日一直持续到下一年的 6 月 30 日。[①]

Facebook 数据"泄密门事件"，深刻地改变了网络治理的进程。利用社交媒体和假新闻影响美国大选的事实，让欧美终于放下"网络自由"和"信息自由流动"的一贯政治立场。

---

① 马克·科尔兰斯基：《一条改变世界的鱼：鳕鱼往事》，中信出版社，2017 年。

欧洲在全球互联网产业版图中几乎消失殆尽，却并不意味着在网络时代的出局。在网络制度建设方面，欧洲反而一马当先，超越中美，令人叹服。除首创网络"被遗忘权"等维护消费者权益的诸多创新，欧洲还利用反垄断法对 Google、Facebook 等网络巨头接连开出巨额罚单，成为互联网领域反垄断实践的全球第一高地。更显示欧洲制度建设能力的，是 2018 年 5 月 25 日欧盟出台的《通用数据保护条例》（GDPR），第一次确立了网民的网络主权，堪称全球网民的《独立宣言》。GDPR的价值是对互联网发展关键时期失衡权力的再平衡，影响深远，将成为世界各国数据保护立法和司法的第一参照。GDPR 也使得欧洲重新回到了全球网络空间的舞台中央。

中国开创了超级应用程序的先河。如微信、支付宝、美团等应用可让普通消费者享受从购物、乘车到转账等一站式服务。用户无须离开应用程序即可访问。全球科技公司都在复制这一概念。印尼骑行公司 Go-jek、日本的 LINE、美国的 Facebook 都在转向超级应用程序模式。Go-jek最开始时只提供摩托分享服务，后来融入了食品配送、移动支付、信息发送等功能；LINE 最开始只是一个信息平台，现在还能提供数字钱包、新闻流、视频、数字动漫等多种服务；Facebook 也在为独立信息 App 添加如聊天机器人、游戏、移动支付等功能。

拼多多、淘宝、蘑菇街等网上购物 App 开创了拼团购买和直播等概念，开创了社交＋电子商务的新模式。

中国在短视频领域处于领先位置。2012 年 Vine 本是短视频的领先者，TikTok 一经发布便风靡全球，连续五个季度成为 iOS 应用程序商店中下载次数最多的应用程序。

李开复认为：5 年前，直接比较中、美两国的发展很合理，网络公司的竞争就像赛跑一样，大致处于相邻的跑道上，美国稍微领先中国。但是到了 2013 年左右，中国互联网产业奋起直追，中国的创业者不再跟着美国公司的脚步前进，也不再一味模仿，而是开始研发硅谷没有的产品与服务。以往分析师常用类比形容词来描述中国的公司如"中国的

Facebook""中国的 Twitter"等，但在过去几年，这样的类比不再适用，因为中国互联网产业已经成为一个平行宇宙。①

2018 年，世界变了吗

事物发展无力挣脱其固有规律轨道。伊查克·爱迪斯的"企业生命周期理论"以人类生命周期，类比企业发展的不同阶段。该理论对企业生命周期的描述生动且刺眼，那条如山峰轮廓般的企业生命周期曲线上的每个点，似乎都隐藏着企业生存不得不直面的残酷危机。

企业生命周期理论对互联网公司同样极具现实对照价值。可以说，不论是在创业期、成长期、成熟期，抑或是可持续发展期、二次创业期，危机永远如影随形潜伏在企业之中。面对危机，企业经营者唯有时刻保持如临深渊、如履薄冰的战斗状态，才有机会实现"基业长青"。

拉长周期来看，每家企业都会经历"起始期""成长期""成熟期""衰败期"的生命周期。这样的运动轨迹，常常被称作"第一曲线"。为了"基业长青"，企业需要在高峰到来之前，开辟一条新道路，也就是公司的"第二曲线"。

时间和空间是理解商业世界的两个重要维度。从企业生存角度看，唯有真实认知到外部世界的时空环境变化，才能更精准定位自家公司在企业生命周期曲线上所处的位置，也才真正有机会打破时空对公司的限制，突破重围、重回浪潮之巅。

从时间维度考虑，毫无疑问世界已经进入智能经济时代。从 20 世纪 90 年代开始兴起的互联网公司发展至今已有近 30 年历史。从 PC 互联网时代、移动互联网时代，一直跃迁到目前正在进行中的以人工智能为核心驱动力的智能经济时代，互联网行业的浪头可以说一直在翻涌激荡。进入 21 世纪的第二个十年，人工智能、云计算、自动驾驶等核心

---

① 李开复：《AI·未来》，浙江人民出版社，2018 年 9 月。

技术正在快速成熟。

从 2010 年开始，移动互联网迎来黄金岁月。智能手机的普及，让全球网民数量 10 年间从 20 亿增长到 45 亿。而真正抓住移动互联网红利的公司，市值通常增长了至少 10 倍。这 9 年时光中，以字节跳动、美团、滴滴、小米、拼多多、快手为代表的新一代移动互联网公司横空出世，互联网公司真正成为影响国民经济的重要力量。以 TikTok 为代表的中国互联网公司开始"走向世界"。在信息赛道，信息流逐步替代搜索成为主流；在电商赛道，社交电商模式横空出世；在社交赛道，微信成为生态霸主；手机取代电脑成为主流。

在这个过程中，中国互联网的"孤岛效应"日益显著。互联网上的优质内容，从最开始灿若繁星的无数可互相跳转的链接，被埋藏到了诸如微信、今日头条以及其他应用之中。

如果从 1994 年算起，经过近 25 年的发展，中国企业在技术、人才、市场，甚至资金方面都已经有了与美国分庭抗礼的能力。PC 互联网时代的典型模式往往是中国的弄潮儿们复制美国模式，稍作改造应用至中国市场。在移动互联网时代已经陆续有部分企业，如小米、字节跳动开始进军国际市场。观察家发现，中国已经和美国一样，具备了走向成功的关键要素。

克劳塞维茨在《战争论》中写道："战争打到一塌糊涂的时候，真正的将军的作用是什么？就是要在看不清的茫茫黑暗中，用自己发出的微光，带着你的队伍前进！"人们期待着在不同行业、不同领域，有更多的"将军出现"。

【战略金句】

◇ 马化腾：第一，我们要与时代同呼吸，与国家共命运；第二，我们的产品和服务改善老百姓生活的方方面面；第三，我们要跟生态中的开发者、产业合作伙伴和谐相处、共同发展。

◇ 张小龙：AI 比你更聪明、更懂套路，但你可能比 AI 更善良。

◇ 王兴：传统行业可能很多井水不犯河水，甚至同样做地产，你做这个省，我做那个省。但互联网企业不管你干什么，中间这个边界都非常模糊，这就是这个行业的魅力。

扫码阅读本章更多资源

铂金时代

2019
—
2024 年

2019

传承计划

"世界上有太多孤独的人害怕踏出第一步"。

——电影《绿皮书》，2019

"凡是太阳照得到的地方，都是我们的领土"。

——电影《狮子王》，2019

大年初一，改编自刘慈欣同名小说的电影《流浪地球》上映，1.04 亿人走进电影院来体验人类社会的一种假想结局。

2075 年，太阳即将毁灭，地球已不适合人类居住。面对绝境，电影中的主角们试图带着地球一起逃离太阳系，寻找人类新家园。影片上映后，口碑极佳，全球累计票房近 7 亿美元。

《流浪地球》中的台词"道路千万条，安全第一条"一时间成为流行语。《人民日报》评论这部电影："电影不再是超级英雄拯救世界，而是人类共同改变自己的命运。"

2019 年的地球，确实面临着诸多困境。而科技界的"冲浪者们"历来对环境变化，有着最为敏感的神经。

"2019 年可能会是过去十年里最差的一年，但却是未来十年里最好的一年。"年初，王兴将偶然听到的一个段子发在了饭否上。但人们对这个大胆的预测，更多是模棱两可的态度。

2019 年初，任正非在北京发表讲话称："2019 年的冬天不是靠熬能够过去的。"

虽然中国的科技互联网领袖们看起来很悲观，但此时的中国互联网行业，从市值和用户层面看，正处在一个"巅峰时刻"。

"互联网女皇"Mary Meeker 在 2019 年度的《互联网趋势报告》中发现，全球市值前 30 大互联网公司中，中美两国占据了 25 席。其中美国共有 18 家，中国则有 7 家。这七家公司分别是：阿里巴巴、腾讯、美团、京东、百度、网易、小米。

2019 年全球用户支出排名前十的网络游戏中，来自中国的《王者荣耀》《梦幻西游》和 *PUBG MOBIL* 分列第二、第七、第九名。全球月活跃用户排名前十的网络游戏中，有四款为中国游戏。[1]

支付宝月活用户超 7.3 亿，两倍于美国人口。PayPal 则有 3.46 亿活跃账户。在截至 2020 年 6 月的 12 个月里，蚂蚁集团在中国处理了超过 17 万亿美元的数字支付业务。PayPal 2019 年的全年支付总额为 7120 亿美元。

2019 年 2 月 4 日，王兴在除夕美团内部信中写道：

从商业历史来看，绝大多数公司之所以失败不在于没掌握高难度动作，而是基本功出了问题。基本功就是业务和管理的基本动作，把基本功练扎实，就能产生巨大价值。如果对我们的业务不断进行动作拆解，就会发现业务最后都是由各项基本功组成的。

在互联网上半场，基本功不太好，还可以靠红利、靠战略、靠资源带动快速发展，但到了下半场，基本功不过关，活下去都很难。但是要

---

① 移动市场数据供应商 App Annie：《移动市场报告 2020》。

想练好基本功，并非一日之功，而是一个长期的事情，甚至可以说是企业全生命周期的事情。苦练基本功，"苦"是指我们要调整好心态，这不是一个满足新鲜感的事情，甚至可能有些枯燥。我们要努力建立好的机制，让"苦"转化为大家的成就感。"练"是核心，知易行难，看起来简单的动作要重复做、反复做，要争取一遍比一遍做得更好。

每天提高一点点，只要能坚持，就能产生指数效应，将我们的能力提高一大截。我们要苦练基本功，把基本功内化成为我们组织的能力。把基本功练扎实，我们就能赢99%的事情。

马斯克的回应：二者兼而有之

1月9日下午，中南海紫光阁，时任国务院总理李克强迎来新年首场外事活动，他在这里会见了特斯拉公司的首席执行官埃隆·马斯克。

特斯拉上海工厂已经开工建设，这是中国新能源汽车领域放宽外资股比后的首个外商独资项目。上海工厂是特斯拉在美国本土之外建设的首个超级工厂，总投资达500亿元人民币。这座工厂也是上海有史以来最大的外资制造业项目。

2014年，马斯克第一次提出在华兴建生产工厂，2017年6月确认落户上海南汇新城镇工业区。工厂于2019年正式开工。2019年12月30日，特斯拉上海超级工厂生产的首批特斯拉 Model 3 电动汽车在上海进行交付。

待这座工厂全部建成正式运营后，年产能将达到50万辆纯电动整车。无论是对上海，还是对特斯拉来说，这都将是一个值得夸耀的里程碑事件。

李克强总理表示："希望特斯拉公司成为中国深化改革开放的参与者、中美关系稳定发展的推动者。"马斯克快速回应："特斯拉将力争把上海工厂建造成世界最先进的工厂之一。"

"你所说的'最先进'含义是指工厂生产线，还是汽车本身？"李克强总理追问。

马斯克称二者兼而有之：上海工厂将通过智能系统，实现任何一个操作与中央数据库交流互动，就像"拥有生命一样"；该工厂生产的新能源汽车则在续航里程、功率成本、软件升级等若干指标方面均达到世界最先进水平。

2月19日，马斯克在推特上写道："特斯拉在2011年生产了0辆车，但会在2019年生产大概50万辆车。这意味着特斯拉在2019年的全年产能将达到50万辆左右，也就是每周生产1万辆车。年度交付车辆仍将是预计中的大约40万辆车。"

马斯克的底气，来自即将发布的特斯拉Model Y车型。在这年3月的Model Y发布会上，马斯克回忆："我们当初制造Roadster的根本原因是打破人们对电动汽车的刻板印象：电动汽车看起来很丑、速度很慢、性能很差；我们想造一辆电动车，告诉人们，电动车可以更快、更好看、更性感。"

在2019年3月的Model Y发布会上，马斯克列举了美国重要媒体历史上对电动汽车的看衰：

《福布斯》杂志（2011年）：电动汽车是个糟糕透顶的主意。

《洛杉矶时报》（2009年）：电动汽车和高尔夫球车没啥区别。

《每日邮报》（2011）：抱歉，电动汽车是在浪费空间。

几乎所有的品牌，不论成功还是失败，都会在创业的过程中，被一些重要媒体所贬损和贬低。马斯克喜欢用品牌成功的事实，来论证这些权威媒体的"不靠谱"，来说明自家品牌是经历了怎样的艰难险阻，才走到今天的。

2019年全年，特斯拉最终交付了约36.75万辆车，同比增长了50%。这基本实现了马斯克当年2月份在推特上所定的年度目标：即交付量达到大约40万辆。

此时的世界与中国

1 月，中国"嫦娥四号"探测器在月球背面成功着陆，在此前，人类还从来没有探测过这一区域。马斯克找到了新华社在推特上介绍中国这一成就的账号，并向"嫦娥四号"表示："祝贺！"这一原本并不被美国人所熟知的事件，在经过马斯克的推特祝贺转发之后，被大量转发。

2019 年，是中国加入 WTO 的第 18 年，是邓小平"南方谈话"的第 27 年，是中国改革开放的第 41 年，是中华人民共和国成立的第 70 年。

文化和旅游部的数据显示，这一年全国有 17.27 亿人次走进电影院，全国银幕数直接达到了 69787 块。总计有超过 400 部电影在今年上映，总票房达到有史以来最高的 642.66 亿元人民币。

4 月，8700 万人涌入电影院去看了超级大片《复仇者联盟 4》。面对中国这个充满想象力的市场，好莱坞蠢蠢欲动。《复仇者联盟 4》早于北美 2 天上映，"美国队长""雷神""鹰眼"这些超级英雄的扮演者也被主办方拉到了上海东方体育中心的首映式现场。

4 月 11 日，马云在阿里巴巴内部的一场分享活动中称："能做 996 是一种巨大的福气，很多公司、很多人想 996 都没有机会。如果你年轻的时候不 996，你什么时候可以 996？你一辈子没有 996，你觉得你就很骄傲了？这个世界上，我们每一个人都希望成功，都希望美好生活，都希望被尊重，我请问大家，你不付出超越别人的努力和时间，你怎么能够实现你想要的成功？"

996 背后是几代互联网人的汗水。高大华丽的互联网公司的灯光往往是一个城市最后关闭的。这些灯光照亮逐渐灰暗冰冷的天际，默默守护着新一天温暖的到来。

5 月，百度贴吧发布公告称："因系统维护，2017 年 1 月 1 日以前的帖子暂无法访问。"

到了 7 月，成本仅 6000 万的《哪吒之魔童降世》上映，吸引了 1.06 亿人次观看，最终斩获 50 亿票房。中国电影在今年表现优秀，2019 年票房十大电影中，国产片占了 8 部。电影从业者们欣喜地看到：中国的消费者愿意为中国电影买单了。

在电影行业，《少年的你》《我和我的祖国》上映；在电视剧行业，《都挺好》《陈情令》《庆余年》上线。

这一年，全国各大景区火爆异常，全年国内旅游人数达到 60 亿人次，共创收 6.63 万亿元。而出国游也不遑多让，1.55 亿人次的出境游，让 1338 亿美元从中国飞散至全球各处。从纽约到巴黎，从大阪到曼谷，到处都是中国人愉快的笑脸。

钱包鼓起来的国人在这一年中买了 2577 万辆汽车、3.89 亿部手机。

新旧媒体同时在尝试追赶这个世界的变化。这年 8 月，《新闻联播》入驻抖音、快手等短视频平台，入驻当天粉丝数超千万。这年 12 月，李子柒在 YouTube 上拥有近 800 万粉丝，超过 100 个短视频作品播放量突破 500 万。

北京大兴国际机场于 2014 年 12 月 26 日开工建设，2018 年 9 月 14 日定名"北京大兴国际机场"；2019 年 9 月 25 日，北京大兴国际机场正式通航；2019 年 10 月 27 日，北京大兴国际机场航空口岸正式对外开放，首都国际机构口岸实施的外国人 144 小时过境免签、24 小时过境免办边检手续等政策也将陆续在大兴国际机场实施。

到 2019 年底，中国拥有千万常住人口的城市有 16 个。

在《上海市生活垃圾管理条例》正式实施的 2019 年 7 月 1 日前后，负责监督垃圾分类的志愿者大爷大妈最常问的就是"你（扔的）是什么垃圾？"。

2019 年中国 GDP 接近 100 万亿元大关。按年平均汇率折算，人均 GDP 达 10276 美元，跨上 1 万美元台阶。一个拥有 14 亿人口的大国，实现人均 GDP 过万美元，堪称人类发展史上的奇迹。

这年 10 月，上海计划举办一个新能源汽车展，结果临展前一个月宣布延后一年。据说是因为当时报名的 60 多家车企中，有 30 多家倒闭了。胡润公布了最近三年中国有 10 家公司在不到三年的时间里成为了独角兽，其中 5 家是新能源汽车呢。让我们看看这些公司能活过多久。

证监会一位官员曾通过一个有趣的说法让大众明白了电动汽车的优势。这位官员说，在污染和二氧化碳排放问题上，使用内燃机汽车好比随地大小便，使用电厂发电的电动车，好比大家去上厕所。虽然厕所的粪便也需要处理，但是总比随地大小便容易清理干净。①

扎克伯格：TikTok 是中国科技巨头制造的第一个全球爆款

2019 年，扎克伯格为自己设定的年度目标是主持一系列公开讨论活动，探讨科技发展的未来及其对社会的影响，包括机遇、挑战、希望和焦虑。

但真正让扎克伯格感到焦虑的，是字节跳动的 TikTok。

TikTok 继续快速增长。Sensor Tower 数据显示，TikTok 全球下载量达近 15 亿次。美国下载量则为 1.22 亿次。为了发展，字节跳动也在小心翼翼地观察着"科技铁幕"的开合。

字节跳动声明称所有美国用户的数据均被存储在美国当地，并且"中国政府从未要求我们删除任何内容，如果被要求，我们也不会听从。"

10 月 17 日，扎克伯格在乔治城大学的一次演讲中，为 Facebook 披上了美国国旗。他对中国发难："直到最近，除中国外几乎所有国家的互联网一直都被具有强烈的言论自由价值观的美国平台所定义。"

---

① 吴军：《浪潮之巅》，人民邮电出版社，2019 年。

扎克伯格将 Facebook 与 TikTok 之间的竞争，描绘成为两种制度的较量。扎克伯格表示："中国正在建设自己的互联网，专注于非常不同的价值观，现在正在向其他国家输出他们的互联网愿景。"

扎克伯格在 7 月份的一次内部会议上承认："TikTok 是中国科技巨头制造的第一个全球爆款"。为了应对 TikTok 所带来的严重威胁，Facebook 开始开发一款名为 Lasso 的产品。扎克伯格坦言，TikTok 已经在美国尤其是年轻人群体中流行开来。它在印度的业务扩展也很快，规模已经超过 Facebook 旗下的 Instagram。

面对 TikTok 的崛起，Facebook 企图延续打败 Snapchat 的策略：通过抄袭复制对方产品的核心功能，然后通过庞大的用户群和平台资源为新产品导流，从而实现反超。但是，被扎克伯格寄予厚望的 Lasso 很快失败。上线一年后，Lasso 下载量仅为 42.5 万次，而同期 TikTok 下载量为 6.4 亿次。

张一鸣这个福建龙岩人，终于开始被全世界的媒体所关注。张一鸣入选美国《时代》杂志发布的 2019 年度全球百位最具影响力人物榜单。该榜单从 2004 年开始发布，李开复是张一鸣的主要推荐人。李开复在推荐词中写道：

从许多量化指标来看，张一鸣是世界顶级创业者。仅仅七年之后，他的人工智能社交媒体公司字节跳动成为了最有价值的初创公司，估值 750 亿美金，在全球布局十几款移动产品，拥有超过 10 亿的月活用户。

从各种定性指标来看，张一鸣同样令人印象深刻。字节跳动是第一个完全移动人工智能公司，在个性化新闻服务、基于视频的社交媒体和全球化方面取得了 Google、Facebook 和腾讯都未能取得的成功。

他是一位令人印象深刻的领导者。张一鸣温和，但魅力十足；有逻辑，但充满激情；年轻，但富有智慧。他说他从不设立边界。他挑战他的团队，推动团队重塑用户了解世界的窗口，并永远不会满足。

是的，张一鸣永远不会满足。

拼多多百亿补贴，补出个未来

2020 年 11 月 4 日，王兴在饭否写道："'你这一招已经用老了'，逍遥子闻言不禁一怔，十年了，第一次有人敢这么说他的'不老长春功'。他忍不住仔细打量起这个骨骼清奇的黄姓少年。"

实际上从 2019 年 iPhone 销售开始。拼多多就已经开始实施让淘宝京东有些摸不着头脑的"百亿补贴"计划。这个计划，将帮助其真正建立起一个从低端到高端的整体化电商平台，为相当比例的用户提供一站式选择。

拼多多通过开门，拥抱了大量被淘宝高端化"嫌弃"的小商家，让自家平台上拥有了无数物美价廉的白牌商品。而"百亿补贴"，让拼多多找到了通往顶级电商平台公司的战略路径。拼多多从为"大牌"投入"百亿"巨额补贴切入。因为买到了低价大牌，能够极大概率推动高价值用户进行复购。

自媒体互联网怪盗团曾对此分析道：

百亿补贴起到的是一个"诱导"作用：一开始你出于绝对低价的考虑买了 iPhone，还在嘀咕"拼多多卖的是不是假货"；收到东西之后，发现还不错，即使想退货，客服答应得也很爽快。就这样，一个本来不屑于拼多多的中高端白领用户被拉进了拼多多，开始其乐无穷地追逐各类商品。当然，白领用户被"拉进"拼多多的途径有很多种，低价水果是一种，陪着父母拼团也是一种。百亿补贴的作用是最明显的，但是就算没有百亿补贴，拼多多上面的"白牌"还是会一样便宜。

很多观察家批评拼多多的商业模式，不符合中国整体"消费升级"的大局。但拼多多用自己一次又一次震惊市场的预期，向世界证明了那句亘古不变的道理：存在即合理。这些批评家和观察家最大的问题，或许是只看到了中国的一个方面。

黄峥以一种非常务实的态度看待阿里巴巴和马云。黄峥在一次分享中坦言："别看我们比阿里晚四年上市，但我相信，阿里吃过的苦我们都会吃，一个都逃避不了。"但话锋一转，黄峥强调："但坑会看得到。付出的代价会少。"

在黄峥看来，拼多多与淘宝是不一样的物种。他曾这样分析：

"当年 Facebook 崭露头角之后，Google 推出了 Google +，但是后来还是没做起来社交，不得不承认了 Facebook 的地位，而且意识到 Facebook 的成长并不影响自己的成长。但是 Google 这时突然发现真正威胁自己地位的是亚马逊，因为二者本质上都是搜索广告模式。淘宝的广告形态和 Google 是一样的，都是依靠搜索卖广告，但是拼多多的广告形态更像是 Facebook，因此拼多多和淘宝是不一样的物种。"

任正非：我估计她将来有可能会当英雄

丘吉尔在《第二次世界大战回忆录》开头感叹：如果当初做好了准备，战争是可以避免的，巨大的损失是可以不发生的。但现实世界有时候就是很残酷，容不得人们提前做任何准备。

4 月 12 日，美国总统特朗普在白宫罗斯福厅发表美国 5G 部署的讲话，宣称"5G 是一场美国必须赢得胜利的竞赛"。2019 年，被很多人认为是 5G 商用元年，然而令人错愕的是，政治力量强力介入了通信行业的这次技术变革。

《纽约时报》在报道中写道："美国禁令导致大量美国科技公司纷纷远离华为。中国和美国酝酿多年的高科技之争陡然升级。中国长期阻止多家美国互联网巨头在其境内提供服务，并对其他美国科技公司的运营方式设置了严格限制。如今，美国政府同样表明，它也有办法以维护国家安全的名义，让外国公司遵守它的游戏规则。"①

华为创始人任正非 4 月 17 日打破沉默，直言："很不幸，美国将 5G

① 《Google、英特尔等美国公司"断供"华为》，《纽约时报》，2019 年 5 月 21 日。

技术视为一种战略武器。对他们来说，这就像一颗原子弹"。

实际的封锁政策很快到来。5 月 3 日，在美国策动下，来自 32 个欧美国家的网络安全官员齐聚布拉格，并提出新的 5G 安全标准，包括供应商所在国的法律环境、治理模式、有无安全合作协议都在考虑范围之内。

除了华为自身的安危，让任正非揪心的，还有自己的女儿，被限制自由活动，身处加拿大的孟晚舟。

4 月 13 日，任正非接受美国 CNBC 电视台的独家专访时谈及自己的女儿："她就像第二次世界大战的这架伊尔 2 轰炸机，被地面炮火、空中炮火打得破破烂烂的，还在飞行。她现在的处境就是这样的，如果返航了，就是英雄了，我估计她将来有可能会当英雄。"

5 月，美国商务部工业和安全局（BIS）开启了对华为的第一轮制裁，受此影响，华为无法再向美国企业购买产品和技术。

5 月 20 日，Google 宣布撤销华为安卓许可证并停止为新产品提供 GMS 服务[①]，至此华为手机海外市场受到严重影响。

图 26-1　华为伊尔 2 轰炸机海报

---

① GMS 是 Google 安卓生态的核心，提供 Google Play 商店、Google 搜索、Gmail、Google 地图、YouTube 等核心应用。

5月16日，一张来自华为员工社区"心声社区"的图片刷爆了朋友圈。图片中，一架飞机遍体鳞伤，却依然在空中飞行。图片配文是："没有伤痕累累，哪来皮糙肉厚，英雄自古多磨难。"这架飞机，就是华为公司创始人任正非用来比喻他女儿孟晚舟的。这架二战中被打得像筛子一样，浑身弹孔累累的飞机，依然坚持飞行，终于安全返回。这架飞机就是著名的伊尔2轰炸机。[①]

孟晚舟是华为公司的CFO，在半年前被美国通过加拿大非法羁押。

这张图片，是在美国对华为制裁政策再次升级后发布的。美国要求采用美国技术和设备生产的芯片，必须先经过美国同意才可出售给华为。这意味着，美国开始全方位阻断全球半导体供应商向华为供货。

面对美国的进一步打压，华为借用任正非的比喻，展示了华为永不屈服的决心。这架烂飞机堪称华为精神的代表。这张图片，也迅速击中了大众的情感。在发布于官方微博上后，获得山呼海啸般的支持。而孟晚舟，也在很大程度上成为华为的代名词。

不论是否能够顺利返航，她都已经成为了英雄。

在华为创立的前20多年，任正非极其低调，几乎没有接受过媒体访谈，直到2013年才露了第一次面。但这一年，时年75岁的他让华为的公共关系部给他安排了30多场采访，文字整理出来超过20万字。任正非没有其他选项，不论是对华为，还是自己的女儿，这位老人都在努力保持着自己的冷静与克制。

记者问："我们在园区走的时候，也注意到飞机的那张图。这张图您谈过很多次，哪怕现在上面有很多洞，仍然能够继续在天空中飞翔。为什么选择这张图，它的象征意义在哪里？"

任正非回答："这张图是我偶然在'悟空问答'网上发现的。美国发布实体清单不久，我在网上突然看到这张照片，感觉太像我们了，浑

---

① 伊尔2原本是作为单座的战斗轰炸机，但因为发动机功率不足，令本机飞行性能不足以跟德国Bf 109格斗。后来加装了机枪手的后座位和重机枪自卫，强化了装甲并集中攻击地面目标，才成为当时最成功的攻击机。德国对本机有"黑色的死神"之誉，斯大林也曾经把本机比喻为如红军的面包和空气般不可或缺。

身伤痕累累，就是'心脏'在跳动。这架飞机飞回来了，我相信我们也会飞回来着陆的，所以就选了这张照片。我发到'心声社区'以后，大家有同感就传播了。"

"这一年，学会了坚强承受，从容面对，不畏未知。"孟晚舟年底在公开信中这样写。

雷军：最励志的北漂故事

这年小米终于在物质层面拥有了自己的"大本营"。7 月，小米科技园正式开园。雷军还特意发了一条微博表示："北漂，奋斗九年多，终于买房了！小米科技园，8 栋楼，34 万平方米，52 亿元造价！"这条微博马上就火了，阅读量高达 3300 万。看来，每个北漂心里，都有一个买房的梦！让雷军想不到的是，北京的房产中介中居然到处转发，说这是"最励志的北漂故事"。

艾媒咨询统计数据显示，截至 2019 年 9 月，中国国产手机品牌在国内市场份额总占比已超过 85%，强势实现对国际品牌的逆转。但雷军的真正愿景，是在全球市场取得显著的成功。

但如何在全球市场真正取得成功，才是雷军此时最为关注的话题。1 月 8 日，有网友发现，雷军的知乎个人主页显示关注了问题："同样是国产手机，为什么华为是民族品牌，而在印度市场占有率第一的小米却不是民族骄傲？"这条问题下已有 500 多条回答，随后，雷军取消了关注该问题。

到 2019 年底，小米已经进入世界上 90 多个国家和地区，境外市场收入突破 100 亿美元。小米在西欧、印度和很多东南亚国家都有很多粉丝。在印度市场，小米智能手机出货量已连续十个季度排名第一。小米智能手机业务在全球 40 多个国家和地区排名前五。

小米与格力的"五年之约"也再次被人提起来。五年下来，小米从

200 多亿元涨到了 1749 亿元，涨了近 8 倍。但如果对比传统制造企业格力，则是从 1200 亿元涨到 1980 亿元，涨了 60%。拿最后的结果一比，小米还是输了。①

每次想起来打赌这件事情，雷军都很后悔。雷军很清楚，那个时候他们的确膨胀了。②

"执剑人"马云退休，阿里更新"六脉神剑"

伊查克·爱迪斯的企业生命周期理论以人类生命周期类比企业发展的不同阶段。

没有任何一家公司可以推脱企业生命周期理论。为了保证企业可持续、健康地发展，企业文化建设、制度建设显得尤其必要。

对于处在初创阶段的公司来说，整体企业管理风格更类似于家庭或家族；当公司发展到一定规模，在分权需求下，更适合部落式管理，核心领导人需要各自独当一面；当市场稳定后，企业更多进入村庄管理阶段，管理权力再次集中至"村委会"。

公司一旦上市，则需要进入城市化管理阶段，一切文明化、制度化、数字化。而当一家公司成为"国民公司"，则需要"国家级"的管理制度和文化。

中国的科技互联网公司也在随着产业和自身发展的节奏，回答着这个问题。其中的典型代表公司就是阿里巴巴。阿里巴巴从开始要做 80 年，到最后确定要活 102 年，一直在升级着公司的管理机制。而"权力交接"时刻则是阿里巴巴管理机制逐步完善的一个里程碑时刻。

9 月 7 日，杭州政府授予马云"功勋杭州人"荣誉称号，引起杭州

---

① 比较有戏剧性的是，结束打赌的第二年，小米就赢了。
② 一往无前 | 小米十周年，雷军公开演讲全文，2020 年 8 月 11 日，https://mp.weixin.qq.com/s/r_1css6nyIMYZNAkPD4DTQ。

当地核心媒体的第一拨集中报道。马云表示："今天我无比感谢，感恩，感动。杭州是我无比感动、感恩的城市。我获得很多荣誉，而这个家乡给我的荣誉，我最感动，最珍贵。"

9 月 9 日，马云到访阿里巴巴位于杭州的总部滨江园区，向同事道别，所到之处人山人海、水泄不通。而所有预告热点，最终交汇于 9 月 10 日晚会。

9 月 10 日无论是对阿里巴巴还是马云都是一个有着象征意义的时间点。9 月 10 日不仅是阿里巴巴创立纪念日，阿里巴巴自身在这年 9 月也处在一个较为难得的平稳时刻。对马云个人来说，9 月 10 日是他个人和他创办的企业的生日，还是教师节。

9 月 10 日这天晚上，在杭州奥林匹克体育中心，6 万名员工参加了这场庆典。作为"唯二"终身合伙人之一，马云无疑依旧是阿里巴巴的终极执剑人。但和 2006 年马云辞任公司总裁，2013 年卸任 CEO 相比，这一次的"退休"将让马云真正从烦琐的公司事务中解脱出来。

伴随着马云退休，阿里巴巴还更新了其公司价值观"六脉神剑"。

阿里巴巴使命仍为"让天下没有难做的生意"。愿景主要有两个，第一个愿景是"活 102 年：我们不追求大，不追求强，我们追求成为一家活 102 年的好公司"；第二个愿景则是"到 2036 年，服务 20 亿消费者，创造 1 亿就业机会，帮助 1000 万家中小企业盈利。"

图 26-2　阿里巴巴"新六脉神剑"

阿里巴巴的六条价值观则分别刷新为：

"客户第一、员工第二、股东第三"；

"因为信任，所以简单"；

"唯一不变的是变化"；

"今天最好的表现是明天最低的要求"；

"此时此刻，非我莫属"；

"认真生活，快乐工作"。

包括《纽约时报》、《福布斯》、CNN、BBC、Bloomberg 等多家国际主流媒体对阿里巴巴 20 周年庆相关活动进行了报告。相关新闻主要聚焦在马云未来在阿里巴巴的角色、张勇作为新商业领袖的商业思考。

9 月 11 日，马云在接受央视《对话》栏目专访时表示："江湖永远存在，江湖英雄辈出。我离开商业，但我关注商业，永远会在这个里面，当然我会在其他地方多折腾折腾，多造造，我觉得也是蛮有乐趣的。"

不幸的企业有着各自的不幸，长青的企业永远重视企业文化建设。纵观 30 年中国互联网发展，不同时期走向衰落的企业有着不同的失败原因。但能够一直实现"基业长青"的企业在企业文化方面总是有所建树的。

财经作家吴晓波认为："企业家是一种稀缺的、不可再生的生产资料，他们的养成，大概率与天赋和修养有关。马云肯定不来自火星，但想再克隆一个出来，却也完全没有可能。中国要诞生世界级的企业，首先要有世界级的企业家，屈指宇内，能够进候选名单的，不过六七人而已。按我的看法，排在前几名的是'一任三马'，任正非、马云、马化腾和马明哲，他们中的任何一个人'退赛'，都是中国商业的损失。"[1]

3 月 28 日，美团点评 CEO 王兴在接受《彭博商业》周刊采访时称，他认为中国最知名的企业创始人马云有"诚信问题"。

王兴称，马云在未获阿里巴巴董事会批准的情况下剥离了其数字支付业务支付宝，此事对中国商界领袖在全球的声誉造成了持久伤害。

那件事发生在 2011 年，在多数人眼中或许已是陈年旧事，但王兴并未抛之脑后。"他们想用谎言蒙混过关，甚至想让政府部门背锅，说是政府强迫他们这么做的。这并非事实"，他说，"我认为那件事的影响至今都被低估了。"

张一鸣则在一次媒体采访中，高度评价了马云在中国互联网行业中

---

[1] 吴晓波：《马云到底是不是"外星人"》。

的地位：

"马云，我觉得他是一个在中国的互联网历史上，是挺传奇代表性的人物。因为从阿里巴巴发展过程来说，它不像其他公司，一开始就踏对了 IM（即时通信），或者搜索这个方向。或者说一开始就进入一个快速滚动的，它其实是从 B2B 到 C2C，再到 B2C 平台，再到支付，再到整个金融。并且，整个公司对整个业界，各行各业起到非常大的影响，推动了支付的发展、物流的发展。整个公司，从它创立到它的第一个主业设立，隔了四年。一开始是阿里巴巴 B2B，03 年才有淘宝，后来才有支付宝，我印象中是 2010 年才有天猫。很少有公司能够在发展这么多年后，再推出比原来业务更具平台性或更大规模的业务，再后来有这个蚂蚁金服，余额宝，我觉得这个是无论是对商业，还是对公司的这种战略，还是对创业企业，都是有很大的这个示范效应的。"

王兴在这一年写了一条饭否："接下来几年，看拼多多的黄峥和淘宝 / 天猫的蒋凡这两个非常聪明的人如何较量，应该会很精彩。蒋凡要是能赢这一仗，那就是当之无愧的阿里 CEO 接班人，如果他有兴趣干这活的话。"事实上还有另一种结局，会让阿里人不寒而栗。如果黄峥赢了，那么会直接动摇阿里巴巴的根基。

人们当然认为，马云不会就此"退出江湖"。马云的格局、思想也深深烙进了阿里巴巴的公司基因之中。即便乔布斯已经离世多年，但在苹果公司的文化中，人们永远都可以轻易地看到乔布斯的 DNA。对于阿里巴巴来说，马云退休这个操作，并不影响马云的精神弥漫在阿里巴巴的每一间会议室和办公桌之中。①

---

① 张而驰、何书静、钱童、张琪：《审查科技巨头》，《财新周刊》，2020 年第 31 期。

腾讯全新使命愿景：用户为本，科技向善

11 月 11 日，腾讯 CEO 马化腾、总裁刘炽平及全体总办成员发出全员邮件，正式公布腾讯全新的使命愿景为"用户为本，科技向善"，并将公司价值观更新为"正直、进取、协作、创造"。

创立于 1998 年的腾讯，曾在 2003 年第一次发布公司的使命与愿景。彼时，腾讯的使命是："用户依赖的朋友、快乐活力的大学、领先的市场地位、值得尊重的合作伙伴、稳定和合理的利润"；腾讯的愿景则是："创一流的互联网企业"。

2005 年，已经成为中国互联网巨头的腾讯，正式发布了第二个版本使命与愿景。腾讯的使命刷新为："通过互联网服务提升人类生活品质"；腾讯的愿景则变更为："最受尊敬的互联网企业"。

从 2018 年 9 月 30 日开始，腾讯启动了公司历史上第三次战略升级和组织架构调整，提出"扎根消费互联网，拥抱产业互联网"，新成立了 PCG（平台与内容事业群）和主要在产业互联网领域探索的 CSIG（云与智慧产业事业群）。

到了这年 11 月 11 日，腾讯决定将"用户为本，科技向善"作为腾讯新的使命愿景。

作为国民企业的腾讯，同样开始以更高的格局来看待自己在国民经济中的角色与义务。

马化腾曾说过一句著名的危机论："有时候你什么都没有做错，就是错在你太老了"。在中国市场上，每当出现一款现象级的产品，腾讯社交帝国可能就会多一份隐忧。对于 2018 年的腾讯来说，字节跳动是最大的威胁。

实际上从 2015 年开始，腾讯就意识到了今日头条的威胁，并在当时推出了天天快报 App。在微信、应用宝、腾讯网等多产品矩阵的推动下，天天快报的 MAU 迅速飙升至 4000 多万。腾讯"阻击"今日头条的

意图显而易见。

2016 年 5 月，今日头条宣称累计激活用户数已达 4.8 亿，日活跃人数超过 4700 万，就此成为仅次于腾讯的第二大资讯平台。到了 2016 年，腾讯曾试图收购今日头条。有媒体称，腾讯给今日头条的估值是 80 亿美元。

张一鸣则在发给字节跳动内部的邮件中进行了辟谣。张一鸣表示曾有位同事郑重地跟他说，他来加入今日头条的目的可不是成为腾讯员工。"我当然也不是"，张一鸣强调："我创立公司，才不想成为腾讯高管，躺在 QQ 和微信大树下模仿别人，这样多没意思。"

而腾讯在产业互联网领域的探索，也被一些业内人士泼了冷水。"腾讯从来没有过 To B 的基因。"吴军一语激荡了舆论场。吴军揶揄腾讯云："做云计算的就一直堵在人家企业门口，甚至主动给人家企业先打个一百万进去，说你把数据迁移到我这里。"吴军认为这就如恐龙想去冰河时代生活。"腾讯是一个对社会没有危害的公司，但是你说要带给大家多少惊喜，微信之后我也真说不出来。"

吴军同样没有放过 Google："今天的 Google 是一个颇为平庸的公司。过去有它和没它世界是不一样的。它最后一个对人类最大的贡献是安卓。"[①]

张小龙：每天有 1 亿人想教我怎么做产品

3 月 6 日，马克·扎克伯格用一篇 3000 多字的文章阐述了自己对 Facebook 未来发展方向的规划，扎克伯格提到 Facebook 将会走向更加私密，并且在一个平台上为用户提供更多的服务，如社群、支付、电商购物等功能。

科技媒体 The Information 的创始人杰西卡·莱辛将自己 4 年多前写

---

① 吴军接受《头条有约》采访，2019 年 7 月。

的一篇题为"Facebook 该向微信学习什么"的文章重新挖出来转发到网上。这个消息也获得了扎克伯格本人的回应，他说很后悔 4 年前没有听从杰西卡·莱辛的建议，早一点向微信学习。

5 月，微信月活用户突破 11 亿。此时的微信，的确已经成为全球范围内，引人关注的成功产品。

在 1 月 9 日的微信公开课上，张小龙以 4 小时演讲阐述了自己有关微信的最新思考。

"在中国，每天都有 5 亿人说我们做得不好，每天还有 1 亿人想教我怎么做产品，我觉得这是非常正常的一个事情。"

"今年是第 8 年，在 8 月份的时候，微信的日登录量超过 10 亿，这是一个特别大的里程碑，这可能是国内历史上第一款 App 有 10 亿 DAU 的数量级。"

"每次当你看到微信这样的一个启动页面，你肯定都会有一个想法：这个人在干吗？他站在地球前面做什么？过了一年你的想法会变一点，再过一年又会变一点。正是因为这样，我觉得才是一个特别好的启动页面，因为他把想象空间留给了用户自己，10 亿用户有 10 个亿的理解，他会找到打动他的点。"

"我一直把自己当作产品经理而非职业管理者看待，我认为这是必要的，因为好的产品需要一定的独裁，否则它将包含很多不同意见以至于产品性格走向四分五裂。"

"微信会介入到每一个人的日常生活里面去。它应该紧随时代的潮流，甚至引导时代的潮流。当时是有这样一种感觉，但其实并不知道它会怎么样去介入，是哪些方面。但是如果不把它定位为一个生活方式，如果只定位为一个通信工具，那就会过于片面，或者让我们的未来没有那么大的想象空间。所以现在想起来，当时是很勇敢地提出了它是一个生活方式。"

"小程序是我们，或者说也是我个人职业生涯里面最大的一个挑战。因为我们从来没有试过还没做一个事情，就先宣布出来了。之所以这样做，其实是为了给自己一个压力，给团队一个压力，这个事情我们非做不可，而且一定要做到。"

张小龙在微信公开课上表示，要推出小程序的当天晚上，他与团队围绕一个主题一起讨论。这个主题是"我们小程序会有哪几种死法？"他们不是讨论小程序有多么美好的未来，而是说它有多难。

关于公众号，张小龙表示：

"公众号有一个特别好的现象，当时的公众号阅读量其实70%、80%来自朋友圈的转发，只有20%、30%是来自订阅号的。它符合一个二八定律，有20%的人去挑选信息，有80%的人去获益，通过20%的人挑选去阅读文章。"

"从发布到现在，每天进去朋友圈的人数一直在增长，没有停下来的势头。到现在每天有7.5亿人进入朋友圈，平均每个人要看十几次，所以每天的总量是100亿次。"

张小龙认可视频在科技互联网领域的权重在持续增加。他说："将来视频的交流一定会取代照片的交流，取代照片的发送，变成更多被采用的载体。因为很简单，视频所包含的信息量比照片大得多。"

对于 AI，张小龙称："我们并不会去跟风来做一个 AI，而是说 AI 是要落地到我们实际的一个功能或者是场景里面去的。好的技术是为产品服务的，AI 应该默默躲在后面帮助用户来做一些事情，就像语音识别一样。"

"我们对于用户的态度必须是一种善良的态度，而不是一种套路的态度。所以这种态度是一种基于理性之上的善良。如果这是一种非理性上的善良，我认为它是一种愚昧的善良。所以我认为善良本质上是一种能力。我说的这种善良并不是一种道德上的善良，也不是一种道德洁癖，只有我们对待用户有一种真正的理性的善良，才会使用户更长久地使用我们的产品。"

"2019 年最惨的人"进行自救

李斌被媒体称为"2019 年最惨的人"。9 月 24 日，蔚来汽车交出二季度财报，营收环比下滑 7.5%，达到 15 亿元，净亏损环比一季度继续扩大至 32.85 亿元。

蔚来汽车股价最低跌到了 1.19 美元每股，创上市以来新低。华尔街分析师将蔚来目标价下调至 0.9 美元每股，大股东高瓴清仓蔚来。

此时，合肥市政府成为了蔚来的"白衣骑士"，为其注入了宝贵的资金。合肥市与蔚来汽车签订了一笔 70 亿元的股权融资。交易完成后，合肥方面持有蔚来中国 24.1% 的股权，蔚来持有 75.9% 的股权。

蔚来也从四方面，开始全面提升车主的用车体验。

第一，面向客户，强调服务体系升级：为客户提供包括充电车、救援车进行道路救援，专员上门取送车进行维修、保养、充电在内的一系列服务。

第二，扩大换电站布局对外声量：实现了换电站的布局，让汽车车主在 3 分钟即可完成电池更换，极大程度上缓解了车主对于新能源汽车的续航焦虑。

第三，围绕车主，加强社群体验传播：斥巨资打造"NIO DAY"，为蔚来车主举办演唱会并且请来国际巨星"火星哥"。

第四，其他针对车主让利的营销活动：为首任车主提供不设期限、不限里程的终身免费质保服务，同时提供免费换电服务；蔚来为用户提供"3 年 0 息金融方案""5 年低息金融方案""电池租用"以及"分期贷"等多种优惠购车活动。

经过外部输血和内部整顿，蔚来终于将发展局势稳定了下来。

张一鸣用近三分之二的时间游历全球

2019 年，张一鸣用近三分之二的时间游历全球。在了解字节跳动在当地公司业务之余，张一鸣用更多时间与当地同事和朋友进行交流。"去德里迪利哈特集市做用户调研，去巴黎朋友家做客，去各地博物馆了解历史，我对世界的丰富性和文明的演化有了更深刻的理解。我们在全球多个国家有业务有用户，要更认真思考和外部世界的关系，对外部世界的贡献。"

字节跳动已发展成为横跨 30 个国家，180 多个城市，有超过 6 万名员工的超级公司。

但字节跳动的 2019 年，可谓饱受煎熬。

2019 年 11 月，美国联邦政府正式指示美国外国投资委员会[①]对 TikTok 进行国家安全审查，调查 2017 年字节跳动收购中国短视频创业公司 Musical.ly 的交易。

2019 年 10 月，扎克伯格在乔治城大学发表了时长 35 分钟，主题为"代表声音和自由表达"[②]的演讲，点名批评 TikTok "代表中国言论审查制度，而 Facebook 一直践行美式的自由表达价值观。"

沈南鹏曾在央视《遇见大咖》节目中为当年错过张一鸣的 A 轮投资而长叹多次。真格基金徐小平直言他比沈南鹏更遗憾，因为错过了今日头条的天使轮。周鸿祎更是爆料自己一开始已经投了今日头条，但中途以很低估值退出，犯了最愚蠢的错误。

沈南鹏在节目里表示，认识张一鸣时他心里打了个盹，因为张一鸣想通过互联网把新闻、故事、图片聚集在一起，根据每个人的不同喜好反推给用户。沈南鹏认为，张一鸣要做的事情在美国都没人做过，而这位创业者坚信这种产品有它的空间。在今日头条 A 轮融资时，红杉放弃了投资机会。

---

① CFIUS。

② Standing for Voice and Free Expression。

"作为投资人很理性，我们去拜访了很多他的竞争对手。所有的大公司都要做这个产品。新浪要做，搜狐要做，小米要做，腾讯要做，所以我们合伙人讨论以后，感觉这个市场竞争太激烈了，你一家小公司，没有机会。"

三位大佬悔不当初非常好理解。从 2012 年到 2019 年，短短 7 年时间，现在更多以"字节跳动"出现的这家公司估值已超过 750 亿美元，已经真正进入中国互联网已多年未有变化的第一梯队。

这家年轻巨头的掌门人是此时年仅 36 岁的张一鸣。字节跳动旗下抖音日活已超 2.5 亿，月活更是超 5 亿。用不到三年时间在流量占比上直接威胁到了第一流量巨头腾讯。

进入 2019 年，字节跳动开始像"八爪鱼"一样迅速扩张。字节跳动颇为成功的国际化战略更是让其未来引人无限遐想。或许张一鸣是 BAT 时代以来，第一位真正独立杀出一条血路的企业领袖。整个世界开始用放大镜重新审视这个外表羞涩的年轻巨头领袖。

道路从来都是曲折的。字节跳动未来也面临着一系列难题。这里面有未来营利的压力、有内容把控不好可能带来的威胁（如内涵段子事件）、字节 2B 端业务的想象力还不太够、国际业务本身的不可控性等等。

这位与马化腾一样热爱天文的年轻企业领袖，正在实现以一己之力单挑 BAT 的神奇之旅。在天下苦 BAT 久矣的呼喊中，一位赤膊英雄，正在打造属于自己的盖世奇功。

火热的直播电商，火热的李佳琦

"口红效应"是指在经济不景气的大环境下，口红的销量反而会逆势上涨。消费者愿意掏出钞票购买口红这类廉价的奢侈品，以寻求安慰。

2018 年，26 岁的湖南岳阳人李佳琦成功完成了"30 秒涂口红最多人数"的吉尼斯世界纪录挑战。被称为"口红一哥"。1992 年出生的李佳琦在 2019 年爆红。到 2019 年 6 月，李佳琦全网粉丝达到近 5000 万，堪比一线明星。

李佳琦从欧莱雅的最底层开始做起，每个月 3000 元的工资。

李佳琦回忆："我体验过从最底层做起来的那种感觉。我以前在比较好的公司上班的时候，3000 块钱一个月，我有一个月是连续出差，每天晚上就两三个小时上午睡觉时间。然后站柜台，我是从早上 6 点开始化妆，化了妆之后商场 9 点钟开门，我 8 点钟就站在那，站军姿迎接老板。然后开始从早上 8 点钟站到晚上 10 点多。开始做表格，做完了之后去吃饭。吃完饭睡两个小时。第二天起来又是这个样子。我连续一个月是这样的工作状态。"

市场整体潜力仍然巨大。国家统计局数据显示，2019 年中国线上实物零售总额达到 8.52 万亿元，2020 年如按 20% 增长率计算，大概率将达到 10 万亿元规模。但事实上，实物商品线上零售总额占社会零售也刚刚超过 20%。这一市场还有极大潜力等待挖掘。

淘宝直播已被证明模式可行。2019 年，淘宝直播年度用户超过 4 亿，GMV 达 2000 亿元，2020 年目标直指 5000 亿元。李佳琦等明星主播流量不亚于一线明星。

从业者意识到，直播电商这一模式，或许有机会加速这一渗透率的提升速度。

再回看中国互联网游戏、社交、泛娱乐、电商、信息这几大核心赛道，很明显，电商行业是与短视频平台最有可能实现突破的赛道。

2019 年，黄金时代，终点也是起点

2019 年，扎克伯格在一场公司内部对话活动中，特别谈到了抖音。扎克伯格表示：抖音做得很好。关于抖音，特别值得注意的一点在于，

有段时间，互联网行业的情况有些像是，一大群互联网公司主要是美国公司。随后出现了由中国公司组成的平行宇宙，几乎只在中国提供它们的服务。

我们看到了腾讯，他们将一些服务推广到东南亚。阿里巴巴已经将他们的支付服务拓展到东南亚。在更广泛的层面上，就全球扩张而言，这些工作还相当有限。

然而，由北京字节跳动开发的抖音实际上已经成为由中国科技巨头开发的第一款在全球各地表现强劲的消费级互联网产品。抖音在美国做得很好，尤其是在年轻群体中。抖音在印度的发展速度也很快。我认为就规模而言，抖音在印度已经超过了 Instagram。所以是的，这是个非常有趣的现象。

在商业战争中，受到竞争对手的直接夸赞，才是真正意义上的成功。扎克伯格的表述，从侧面进一步证明了抖音的成功。

可以说，中国开创了超级应用程序的先河。如微信、支付宝、美团等应用可让普通消费者享受从购物、乘车到转账等一站式服务。用户无须离开应用程序即可访问。全球科技公司都在复制这一概念。印尼骑行公司 Go-jek、日本的 LINE、美国的 Facebook 都在转向超级应用程序模式。Go-jek 最开始时只提供摩托分享服务，后来融入了食品配送、移动支付、信息发送等功能；LINE 最开始只是一个信息平台，现在还能提供数字钱包、新闻流、视频、数字动漫等多种服务；Facebook 也在为独立信息 App 添加如聊天机器人、游戏、移动支付等功能。

拼多多、淘宝、蘑菇街等网上购物 App 开创了拼团购买和直播等概念，开创了社交＋电子商务的新模式。

2019 年是中国全功能接入国际互联网 25 周年。从网民规模、公司市值等多个维度来看，2019 年的中国互联网，进入了"黄金时代"。CNNIC 的数据显示，截至 2019 年 6 月，中国网民规模为 8.54 亿人，互联网普及率达 61.2%，网站数量 518 万个。中国手机网民规模达 8.47亿，网民使用手机上网的比例达 99.1%。中国网络新闻用户规模达 6.86

亿，较 2018 年底增长 1114 万，占网民整体的 80.3%。[①]

2019 年美国互联网普及率达到 89%，中国互联网普及率则为 61.2%。但绝对数字方面中国互联网用户数量是美国互联网用户数量的 3 倍。中国使用手机进行支付的用户高达 5.83 亿，这一数字高于美国整个国家的人口。

而中国的头部互联网公司，在美国公司面前，也不遑多让。到 2019 年底，全球市值排名前 30 的互联网公司中，美国占据 18 席，中国占据 9 席。阿里巴巴与腾讯稳居全球互联网十强。

2019 年的科技互联网世界，全球只有两个大市场，一个是以美国为主，辐射北美加欧洲，另一个则是以中国为主，辐射东南亚、拉美、中东等。从美国到东南亚的全球互联网公司都在复制中国概念。

这一年，无论是 5G 和人工智能等技术突破，还是地缘政治介入、中美科技"脱钩"危险，都昭示着下一个十年不同寻常的机遇与挑战。唯一可以明确的是，2019 年是全球科技互联网发展的一个十字路口。

这年 5 月，任正非在接受央视《面对面》专访时表示：

> 美国今天把我们从北坡往下打，我们顺着雪往下滑一点，再起来爬坡。但是总有一天，两军会爬到山顶。这时我们决不会和美国人"拼刺刀"，我们会去拥抱，我们欢呼，为人类数字化、信息化服务胜利大会师，多种标准胜利会师（而欢呼），我们的理想是为人类服务，不是为了赚钱，也不是为了消灭别人。

互联网之前 10 年是一个时代，PC 互联网时代 5 年左右是一个时代，移动互联网时代 3 年左右就是一个时代。

时代更迭的速度明显在加快，创新是唯一出路。

---

① CNNIC，《第 44 次中国互联网络发展状况统计报告》。

【战略金句】

◇ 王兴：做最厉害的商业决策不能算小账，考虑投入产出比时不能受限于局部的所谓理性，因为它最后不仅影响你这个公司能赚多少钱，而且影响你这个国家的钱能值多少钱。

◇ 王兴：从商业历史来看，绝大多数公司之所以失败不在于没掌握高难度动作，而是基本功出了问题。基本功就是业务和管理的基本动作，把基本功练扎实，就能产生巨大价值。

扫码阅读本章更多资源

2020
重建世界

我们都是盲人，摸着世界这只大象。

——2020 年 11 月 24 日，王兴饭否

我们在同一条奔涌的河流。

——2020 年 5 月 4 日，bilibili 献给新一代的演讲《后浪》

1 月 8 日，一场中雨在武汉城内肆意弥漫，雨点在努力试探着这座古城的每一扇窗户。

这一天，武汉市中心医院的眼科医生李文亮有些疲惫，他刚刚接待了一位患者。这位以急性闭角型青光眼入院的患者食欲不佳，从入院的第二天起就开始发烧。

几天前的那封训诫书，还是让李文亮难以释怀。起因是他在医院翻阅到一份病例报告，本是随意浏览，但李文亮手中的这本病例却白纸黑字地显示，这位病人 SARS 冠状病毒高置信度阳性指标。或许是出于一位医生天然的责任感，或许是出于对诸多亲友的关心，或许只是发现自己无法承担这般沉重致命的信息，他最终决

定将这个信息传递出去。

当天下午，李文亮在一个同学微信群中发出两条提醒信息："华南水果海鲜市场确诊了 7 例 SARS。在我们医院后湖院区急诊科隔离。""最新消息是冠状病毒感染确定了，正在进行病毒分型。"

很快，武汉警方找到李文亮，并要求他签下散播谣言训诫书。

不幸的是，这位医生很快出现了咳嗽发热症状："一开始，我主要是发热、恶心，后来高烧慢慢退了，觉得有希望了。但是 16 日之后呼吸困难加重，完全不能下床，大小便都在床上"[1]。

2 月 7 日，35 岁的李文亮医生因患新型冠状病毒感染去世。这位全世界最早的"吹哨人"被美国《财富》杂志列为全球最伟大的 25 位抗疫领袖之一[2]。在去世后的第 126 天，李文亮的第二个孩子出生，是个男孩。

最初并不为人重视的新冠病毒，彻底重绘制了 2020 年的故事线。疫情自武汉暴发，快速扩散至全国，在中国压制住这一病魔后，它又悄无声息地抬头开始转战世界各地。人类痛苦地发现，疫情犹如一个穴居千年的幽灵，一旦逃脱似乎再也不愿离去。

一开始，人们寄希望于将疫情控制在武汉；很快，世界开始期待中国能够全面战胜疫情；后来，关注的焦点成为：疫情是否有可能在全球范围内结束于 2021 年。事实上，2020 年，全球范围内有超过 7000 万人感染，死亡人数则超过 160 万。[3]

面对这巨大的不确定性，科技领袖们也开始思考：这场疫情对世界来说究竟意味着什么？有人在按照逻辑推演着疫情可能带来的机遇，也有人着眼于未来十年的大环境变化。

比尔·盖茨认为这是一场新的世界大战：

---

[1] 百家号账号：《李文亮医生》，2020 年 2 月 3 日。

[2] 李文亮位居榜首，同时上榜的还有比尔·盖茨、马云等。

[3] 仅美国一国，感染人数就超过 1760 万人，死亡人数达 31.5 万人。新冠对所有地球人，都是平等的。感染新冠的国家领导人包括：美国总统特朗普、英国首相约翰逊、加拿大总理特鲁多、巴西总统博索纳罗、波兰总统杜达、阿尔及利亚总统特本。

"这像一次世界大战一样，不同的是，这次我们都站在同一边。"他同时强调："我和梅琳达在成长的过程中了解到，第二次世界大战影响和定义了我们父母那一代。相似的是，新冠病毒大流行，首次现代流行病，也将定义和影响这个时代。"①

马云认为：

"这次疫情过后，世界经济会发生巨大的变化，中国经济会发生巨大的变化。过去互联网技术只是让很多企业活得好，未来互联网技术是很多企业在疫情之后活下去的关键点。这次复工最快最迅速的是通过互联网技术的企业。互联网技术、电子商务必须成为新的基建，成为这个国家下一步腾飞的关键，也成为世界经济最主要的一个推动力量。"②

黄峥在致股东信中写道：

"虚拟世界和物理世界之间的界限空前模糊，我们将开始见证（而不仅仅是设想）一个新世界的诞生。在这个新世界里，'虚拟现实'这个词已经过时了。现实已经成为虚拟，虚拟也已经成为现实的一个部分。同样地，人类的物质需求和精神需求之间的区别也变得模糊起来。"③

人们原本以为这是又一场"非典疫情"，能够迅速收场。最终却发现这次的"新冠疫情"有些不一样。

但无论世界如何演变，科技互联网的世界永不眠。

特斯拉成为全球市值最高的汽车品牌

2020 年 6 月 11 日凌晨 2 时 49 分，资深推特用户埃隆·马斯克上线。他只敲击了几下，发出了 3 个字母："lol"（意为哈哈哈）。仅用了 1

---

① 比尔·盖茨：《"1 号现代大流行病"将重新定义这个时代》，个人博客（Gates Notes），2020 年 4 月 23 日。
② 马云：《今日疫情应对：马云的行动》，中央电视台《新闻 1+1》栏目，2020 年 4 月 17 日。
③ 黄峥：《拼多多 2019 年年报黄峥致股东信》，2020 年 4 月 25 日。

个小时，马斯克的这条推文就收获了 1.1 万转推和 7 万点赞。

"发生了啥？""你倒是说话啊"……吃瓜网友们被马斯克的这三个字母激发起了强烈的好奇心。

1 个小时后，马斯克发推文自己解开了谜团："股票啊"。

就在前一天，特斯拉正式超越丰田汽车，成为全球市值最高的汽车品牌。马斯克用这样一条玄妙的推文，来庆祝这个里程碑时刻。

这家全球市值最高汽车公司的老板，曾在不同的场景中多次声称："我讨厌营销"。但特斯拉真的像马斯克所说，讨厌营销吗？

事实上如果从 2010 年特斯拉上市算起，特斯拉曾策划执行过多个惊艳业界的品牌营销事件。比如"送跑车上太空"事件，比如对特斯拉"超级工厂"的宣传。特斯拉在品牌层面的持续创新，一直在"侧面战场"助推着公司的市值冲上云霄。

2020 年，为了嘲讽做空特斯拉的投资客，马斯克甚至还推出过印有"S3XY"的红色短裤。当这些短裤在特斯拉官网上线，网站因购买流量过大而一度崩溃。

马斯克在年底发 Twitter 称，在 Model 3 研发"最黑暗的那段日子"里，他曾联系苹果，想谈一谈让对方收购特斯拉的可能性。马斯克说，他当时打算讨论一下按当前价值的十分之一把特斯拉卖给苹果的可能性，暗示价格大概在 600 亿美元。2017 年，遇到产能瓶颈的特斯拉在提高 Model 3 产量时烧了大量钱。当时，马斯克告诉加州弗里蒙特工厂的员工，将会经历六个月或更长时间的"生产地狱"。

特斯拉的"逆风翻盘"，也让蔚来、小鹏、理想这三家中国智能汽车公司迎来命运的转折点。

蔚来股价在 2020 年上涨了 12 倍，小鹏汽车和理想汽车也不遑多让。

7 月 31 日晚上，理想汽车在纳斯达克上市首日，收盘大涨 43.13%。8 月底上市的小鹏，同样赶上了新能源牛市的末班车，2020 年 11 月小鹏涨幅超两倍，在 2020 年 11 月 30 日达到历史高位 74.49 美元每股。

这年 6 月，小鹏汽车 CEO 何小鹏曾在朋友圈发出一张与李斌、李想并排而坐的合照，照片中，李斌坐在正中间，一手搂着何小鹏，一手搂着李想。文案写道，"三个苦逼，忆苦思变"。

图 27-1　蔚小理三家公司创始人

此时的世界与中国

疫情打乱了世界的大多数计划，凭空到来的悲剧让人唏嘘。

2020 年初，受疫情影响全国大中小学推迟开学，2.65 亿在校生普遍转向线上课程。[①]

这一年，受疫情影响，中国绝大多数电影院只能停业休整，不少线下影院及头部企业出现巨额亏损。很多线下院线电影转为线上首播。

欢喜传媒的春节档大片《囧妈》，以 6.3 亿元打包价卖给字节跳动，改为线上首映。《囧妈》大年初一当天免费在西瓜视频平台播出，这一举动不仅赢得了观众的喜爱，还带动了电影投资方欢喜传媒的股价暴

---

① 国家统计局：《中国统计年鉴 2019》。

涨，同时也为字节跳动旗下多个 App 带来了大量流量。《囧妈》在线上上映后，为其带来了 4.92 亿港币的收入及 2033 万港币的净利润。这在电影行业哀鸿遍野时，已是不错的成绩。①

2020 年上半年，全球新冠疫情病例数的持续增长引发的不确定性与恐慌性因素等，致使美股两周内出现四次熔断，同时美国股市的暴涨暴跌也震惊了全球。

原本期待借奥运刺激经济的日本无奈将 2020 年东京奥运会延期至 2021 年，欧洲杯、美洲杯因为同样的原因被推迟至 2021 年，NBA 也迅速宣布停摆。

始于 2019 年 9 月的澳大利亚丛林大火，由于南半球进入夏季后持续的炎热和干燥天气，一直到 2020 年 2 月天降大雨后，燃烧了数月的大火才逐渐熄灭。这场世纪大火，烧毁了面积高达 11 万多平方公里的丛林、森林和公园，有至少 33 人和超过 30 亿只动物遇难。

科学研究报告指出，全球气候变暖使出现炎热、干旱天气的风险增大，发生丛林大火的风险也至少增加三成。由世界天气属性联盟② 撰写的报告判断，如果全球气温上升 2 摄氏度，干旱炎热天气出现的频率至少会增加四倍。人们感觉到，每一年的夏天，似乎都在变得比此前一年更热。

在"暂停键"按下近半年后，中国第一个走出了困境。

全国两会延迟至 5 月 21 日开幕，中国释放出重启的信号。在时任总理仅 1 万字的政府工作报告中，人们并没有发现年度经济增长目标。时任总理李克强感慨："对我们这样一个拥有 14 亿人口的发展中国家来说，能在较短时间内有效控制疫情，保障了人民基本生活，十分不易、成之惟艰。"③

《华尔街日报》评论：

中国打破持续了近 30 年的传统，没有制定 2020 年的经济增长目

① 注：2020 年，中国电影票房的总收入达到 200 亿，而 2019 年为 641.49 亿元。
② World Weather Attribution consortium。
③ 《仅 1 万多字！政府工作报告 40 多年来最短，最大程度体现务实》，《南方都市报》。

标，这明显承认了这个全球第二大经济体面临的挑战，眼下中国仍在努力应对新冠病毒大流行引发的不确定性。这是中国自 1994 年开始设定官方经济增长目标以来，首次没有提出一个数字目标。这一非同寻常的举动表明，在中国经历了 40 年来最严重的经济萎缩之后，中国政府领导人并不急于推出大规模刺激措施。这预示着越发依赖中国作为增长引擎的全球经济将面临更多痛苦。①

2020 年，同样是一个告别的年份。

篮球巨星科比·布莱恩特②坠机身亡与年末足球老将迭戈·马拉多纳③突发心脏病去世，成为纷扰的国际政治大事中，让全世界球迷们倍感伤痛的震撼消息。

1 月 26 日，41 岁的科比乘坐的私人直升机在美国加州卡拉巴萨斯附近坠毁后身亡。更加让人痛心的是，飞机上还有科比年仅 13 岁的女儿吉安娜。噩耗震惊了整个世界，令全世界的篮球迷心碎。

科比整个职业篮球生涯中只效力过洛杉矶湖人一支球队，曾代表球队赢得过五次 NBA 总冠军，被广泛认为是篮球历史上最伟大的球员之一。11 月 25 日，"一代球王"、足球史上最伟大球员之一的阿根廷巨星马拉多纳因心脏骤停辞世，终年 60 岁。

此时的中国企业，与美国企业在全球经济版图中呈现分庭抗礼的局面。

8 月，美国《财富》杂志公布了 2020 年世界 500 强企业名单。杂志封面是两条曲线，代表中国的绿色曲线经过十余年的陡峭增长后，终于在 2019 年与代表美国的黑色曲线相交，并在 2020 年压过代表美国的黑色曲线一头。中国公司迎来历史性时刻，500 强企业中，包括香港地区在内的中国大公司的数量为 124 家，首次超过了美国公司 121 家的数量。

---

① Jonathan Cheng：《中国未制定 GDP 增长目标，对依赖中国为引擎的世界经济是不祥之兆》，《华尔街日报》，2020 年 5 月 25 日。

② Kobe Bryant。

③ Diego Maradona。

自 1995 年推出以来，《财富》
世界 500 强名单见证了中国公司的
成长。1997 年中国只有 4 家公司上
榜。2001 年，中国正式加入世界贸
易组织，当年共有 12 家公司进入榜
单。2008 年奥运会以后，随着经济
的迅速发展，《财富》500 强企业里，
中国公司数量增长加速，先后超过
了德国、法国、英国、日本等老牌
资本主义国家，并在 25 年后的今年，
正式越过美国，在数量上登上榜首。

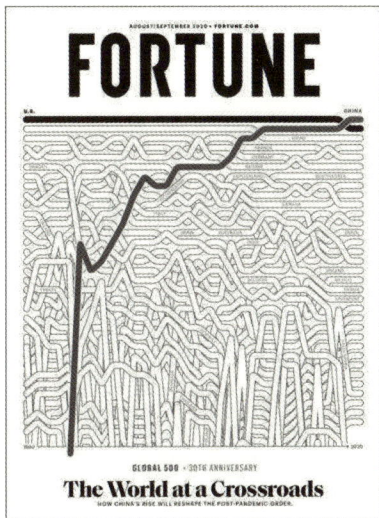

图 27-2 《财富》杂志封面

但让中国人苦恼的是，尽管中
国的基建硬件水平越来越先进，但
中国的芯片生产能力却越看越没有希望。

截至 2020 年底，中国的高速铁路运营里程达到了 3.79 万公里，与
2015 年末的 1.98 万公里相比较，中国的高铁运营里程数翻了近一番，
稳居世界第一。中国家庭户人均居住面积达到 41.76 平方米，平均每户
居住面积达到 111.18 平方米。

11 月 28 日，时任工业和信息化部副部长王志军在第二届中国发展
规划论坛上坦言：芯片行业，如果用房地产行业类比，我们只有设计图
纸的能力，但没有生产"生产设备"的能力。

电商赛道的新形态，直播火热

2 月 21 日，罗永浩在微博发起了一则投票，投票的内容是："你们
买东西时会看电商直播吗？或者，你们会看电商直播买东西吗？" 3.7 万
人参与投票后，有 2.6 万人给出了"不会"的答案。

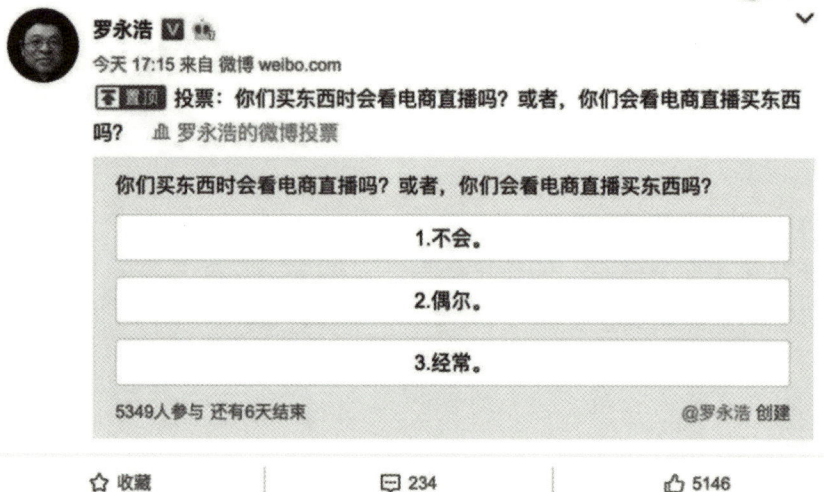

图 27-3　罗永浩进行电商直播微博调研

　　这个提问的背景是，中国电商直播赛道的数据，正在加速增长中。据中泰证券研究所 2020 年 2 月 7 日公布的数据，近 14 天以来，淘宝直播场均观看人数上升 43.13%，场均观看次数上升 30.05%。

　　2019 年直播电商全年市场规模达到了 4438 亿。但大部分消费者仍然不知道直播带货为何物，渗透率还极低。预计 2020 年行业总规模将继续扩大，达到 9610 亿元，同比增长 122%。

　　3 月 21 日，淘宝史上首个直播购物节启动。购物节期间，雅诗兰黛在自家店铺直播间连播了 15 个小时，成交较日常大涨 30 倍。苏宁旗舰店的直播间成交则同比大涨 719%。

　　就在淘宝开启首个直播购物节的前两天，罗永浩在微博宣布，"看了招商证券那份著名的调研报告之后，我决定做电商直播了。"在这份宣告之前，罗永浩还说"起初我认为它是零和游戏，不创造任何新的价值。"

　　4 月 1 日，罗永浩在抖音开播，3 小时内卖出了 91 万件商品，累计实现了超过 4800 万人观看，当日 GMV 超过了 1.1 亿。那天，抖音发布了一则战报，直接称呼罗永浩为"带货一哥"。

年中，罗永浩加入抖音电商直播，让直播带货成为了短视频平台进军电商领域的冲锋号，同时，快手、抖音以及小红书等主流平台通过差异化竞争方式大举向直播电商行业进发。

就像 2003 年的非典型肺炎意外加速了中国电商行业的发展。新冠病毒全球大流行，也让电商直播真正走进了中国的千家万户。在这之前，直播电商虽然增速也十分之快，但毕竟整体的市场规模仅有数千亿。行业也几乎由淘宝直播主导，京东的参与并没有泛起水花，快手也仅拿下了 400 亿左右的市场，而抖音的 KOL，更愿意尝试短视频带货和给淘宝导流。

2017 年，直播电商全国交易额是 300 多亿，2019 年 4000 多亿，2020 年突破 1 万亿。直播电商是全球商业史上第一个以人为终极节点的零售模型。

张一鸣：我会花更多时间精力在欧美和其他市场

在 7 月 29 日的反垄断听证会上，扎克伯格在证词中表示，美国国会在修订《反垄断法》时需考虑美国企业能否在国际竞争中胜出。当被议员问及"是否认为中国政府窃取美国技术"时，不同于库克、贝佐斯和皮查伊，扎克伯格表示"有各种证据表明，中国窃取美国技术。"事实上扎克伯格多次以 TikTok 的高速成长为例，说明 Facebook 正在面临着激烈的竞争。

据移动情报公司 Apptopia 估计，2020 年，TikTok 在美国的下载量为 8900 万次，甚至超过了 Zoom。但 TikTok 的 2020 年的故事底色，透着悲壮色彩，用"绝处逢生"来形容 2020 年的 TikTok 并不为过。

1 月 9 日，《纽约时报》在一篇名为"TikTok 被曝存在严重安全漏洞"的报道中写道："TikTok 的爆炸式增长成为中国互联网在西方取得成功的罕见案例。Sensor Tower 数据显示，该应用已被下载超过 15 亿次。到 2019 年底，TikTok 下载量即将超越 Facebook、Instagram、YouTube 和 Snapchat。"

张一鸣在 3 月的一封内部信中表示："接下来我会花更多时间精力在欧美和其他市场。"经过 8 年锻造，字节跳动已经从一家小小的创业公司变为变形金刚般的庞然大物。张一鸣还在这封信中透露，字节跳动 2020 年全球员工人数将达到 10 万人。

5 月 19 日，迪士尼高级执行副总裁凯文·梅耶尔 [1] 开始担任字节跳动首席运营官兼 TikTok 全球首席执行官 [2]。在级别上，凯文·梅耶尔与字节跳动中国董事长张利东、字节跳动中国 CEO 张楠一起直接向张一鸣汇报。

字节跳动选择了与华为截然不同的公关策略。中国人更多看到的是这家公司的隐忍、克制和理性。受到国际形势骤然变化的影响，字节跳动发现自己意外置身于中美政治旋涡中，并且一度处在这个旋涡的中心处。

李开复这样评价当年 Google 退出中国，与当下 TikTok 所遇难题两者之间的不同：

"Google 退出的时候，我已经离开了。不过环境和规则是很清楚的。①中国对于想进入外国互联网公司需要如何符合法律法规，描述得非常清楚（合资公司、ICP 证、服务器在中国、内容等）。愿意守这些法律法规的可以申请。Google 就是这样进来了。②当 Google 后来觉得不愿意守这些法律的时候，它就决定退出了。③美国处理 TikTok 并没有给出需要做什么才能继续运营，对于美国对它的控诉也没有提出任何证据，强迫收购 + 只给 45 天 + 收中间费，这些都是和 Google 不可比，更是不可思议的。"

---

① Kevin Mayer。

② 凯文·梅耶尔负责 TikTok、Helo、音乐、游戏等业务，同时负责除中国外的字节跳动全球职能部门，包括企业发展、销售、市场、公共事务、安全、法务。

彭博社写道："不管所有权如何动摇，任何潜在的买家或投资者都不会疏远 TikTok 的 1.65 亿美国用户。"

媒体人胡锡进谈道："无论结果如何，中国人都不应该抱怨字节跳动团队和张一鸣本人。在这个充满不确定性的世界上，他们是探索者、开拓者。他们作为一个企业，没有义务对标国家利益做事，他们只能通过壮大自己来间接推动国家的发展与繁荣。他们首先要活下来，发展好自己，这一利益和价值导向应当被置于企业道德规范的底线之上，我们不能要求所有企业都做捍卫国家利益的英雄。"①

梁建章则发文呼吁中国开放国际互联网，可以彻底打碎美国封锁 TikTok 的正当性。"如果我们趁着美国要封锁中国社交媒体的时机，及时开放国际互联网，就会赢得舆论战和外交战。美国抹黑中国无非是三个维度，一个是中国的体制低效，二是中国的体制封闭且排他，三是中国缺乏人权和自由。第一条已经被中国近几年取得的经济成就彻底打碎，如果中国未来具有美国更开放自由的互联网媒体环境，那么第二、三点也会变得不攻自破。"②

The Information 创始人、主编 Jessica E. Lessin 曾这样评论：

"封禁中国的 App，或者强迫他们剥离给非中国所有者，对美国也会造成影响。而没有美国技术，中国公司同样会变得更强大。他们将凭借实力，更好地在全世界与美国企业展开竞争。加之日益增长的移民限制，在美国的中国工程师可能会越来越少，反之亦然。这对任何人都没有好处。"

中国外交部发言人汪文斌批评了美国对待 TikTok 的方式。"TikTok 在美遭遇的'围猎'是典型的'政府胁迫交易'，"汪文斌说，"这充分暴露了美方少数政客强取豪夺的真实用意和经济霸凌的丑陋面目。"

几乎在扎克伯格发表言论的同时，TikTok 的新任 CEO 凯文·梅耶尔在官网发布博文，声明 TikTok 的价值。凯文·梅耶尔表示："由于

---

① 胡锡进：TikTok 的两宗"罪"，胡锡进观察，2008 年 8 月 2 日。
② 梁建章：《开放国际互联网可以彻底打碎美国封锁 TiKtok 的正当性》。

TikTok 的'中国血统'，我们受到的审查更多。我们接受了这一事实，并希望通过更大的透明度和问责制度，来心平气和地接受这一挑战。我们相信，我们会向用户、广告商、创作者、监管者表明，我们是遵守美国法律的，也是美国社区中最负责任和忠诚的一员。"

8 月 4 日，张一鸣在内部信中写道：

我其实很理解，人们对一家中国人创立的走向全球的公司有很高的期待，但是没有很充分和准确的信息，加上民众对当前美国政府很多行为有怨气，所以容易对我们有特别激烈的批评。只是多数人把这次事件问题的焦点搞错了，问题焦点根本不是 CFIUS 以 Musical.ly 并购危害国家安全为由强制 TikTok 美国业务出售给美国公司（这虽然不合理，但仍然是在法律的程序里，作为企业我们必须遵守法律别无选择），但这不是对方的目的，甚至是对方不希望看到的，其真正目的是希望全面封禁以及更多……复杂的事情在一定时期并不适合在公共环境中说。就像过去也有很多时候，对公司的批评我们并不能展开解释，大家一同经历之后对管理团队有更多的信任。对于公众的意见，我们要能接受一段时间的误解。希望大家也不要在意短期的损誉，耐心做好正确的事。这也是格局大、ego 小。

就在被迫出售在美业务的政治风暴逼近前，字节跳动创始人张一鸣购买了一幅有关"浪"的画作。此时是 2020 年初，他正栖身美国。突如其来的政治旋涡，让他处于高负荷和久坐状态，触发了腰背旧疾。他的身体忍受着疼痛。①

十年之后王兴终"称王"

大时代变化下，个人和机构实际上并没有太多选择。2020 年本是一个"周年之年"。这一年是小米、美团创立十周年，百度创立二十周年。

---

① https://new.qq.com/omn/20220425/20220425A01BED00.html。

疫情将所有庆祝活动的声调调低。

3月4日，"饭否话痨"王兴"莅临"微博发言："一转眼美团上线十年了。继续努力，帮大家吃得更好，生活更好！Eat Better, Live Better！"王兴还顺便转发了他在2010年3月4日的一句哲言："Everytime you spend money，you are casting a vote for what kind of world you want."

同样在这天晚上，王兴回到饭否写道："一时兴起听了一曲陈奕迅的《十年》。"

王兴在内部信《美团十周年》中写道：

今天是美团10岁的生日，比这更重要的是，我们将迎来更好的10年。新的10年，我们会在科技研发上加大投入，让科技更好地普惠产业发展；会在组织建设与人才发展上更上一层楼，为大家和公司共同发展创造更好的条件；会继续努力创造社会价值，和大家一起共创美好生活。

从2016年开始，王兴养成了在新浪微博每年发一次言的习惯。疫情之下，低调庆祝十周年是明智的。王兴在内部信中写道：美团新的十年，我不祝大家一帆风顺，我祝大家乘风破浪。

这年年底，王兴的搭档王慧文宣布退休。"十年，我需要休息休息，下一个十年，就托付给兄弟们了，感谢你们"，王慧文于2020年12月18日在朋友圈发文，美团内部信也同时官宣：美团联合创始人、高级副总裁王慧文按计划正式退休。

王兴在出席9月12日的HICOOL全球创业者峰会时，在演讲中提道：

可能大家之前有些误解，我在2016年说现在互联网进入下半场，似乎机会不多了，恰恰相反，或者从来都相反，创业的机会天时永远有，因为我们相信不管在哪一个阶段，不管已有的技术发展到什么阶段，总有更新的技术，总有一个无尽的前沿。我们要不断地往前探索，每一代人和每一代创业者都是建立在之前的基础上。

我们看过去五十几年，整个科技的发展，回归到一条，就是1965

年英特尔的创始人提出摩尔定律，半导体芯片的密度每 18 个月翻一番。非常令人惊叹的是，在过去接近 60 年时间里，这个定律一直在起作用，芯片的密度在不断地提升，计算能力、通信能力、感知能力都在不断地提升，所以才会有从大型机到小型机，从个人电脑和笔记本电脑到手机，到现在的可穿戴式设备，到万物互联。

这个进程不会停止，整个世界在摩尔定律的基础上都在数字化，而且是在加速地数字化。所以我认为创业的机会有，但你不要试图做别人已经做完的事情，你不要去做那些已经被数字化的事情，你应该找一个还没有被数字化的领域，去把它数字化。

米哈游给了腾讯压力

"游戏行业不应该有这么高的投资回报率，这只能说明我们投资的失败案例不够多。为什么失败案例不多？那是因为我们看得不够多，投资太保守。"

年初，在一场内部游戏投资策略会上，腾讯首席战略官詹姆斯·米切尔（James Mitchell）复盘了腾讯近年来在游戏领域的投资。在他看来，回报率极佳的投资数字背后，并不是好现象。事实上自 2005 年以来，腾讯平均每年的投资数量保持在 10 家之内。①

12 月初，苹果和 Google 相继将年度游戏大奖发给上线刚两个月的二次元手机游戏《原神》。

数据分析公司 Sensor Tower 的数据显示，不计国内 Android 用户，《原神》在两个月间的收入达到 3.93 亿美元，在全球超过腾讯"吃鸡"手游《绝地求生》（*PUBG MOBILE*），仅比《王者荣耀》低数千万美元。

《原神》背后的开发商米哈游，一家成立 8 年的中等规模公司开始

---

① 《腾讯游戏何以错过〈原神〉》，《财经》杂志，2021 年 4 月 16 日，https://m.caijing. com.cn/api/show?contentid=4757282。

被大部分人所知晓。要知道，米哈游此前只发布过 4 款游戏，且全部是二次元风格。

它完全绕开腾讯的游戏营销发行体系。米哈游将国内九成的营销费用花在 bilibili 以及字节跳动的今日头条和抖音、西瓜视频。玩家甚至不能在腾讯的应用商店应用宝下载它。到下半年，腾讯开始接触米哈游，尝试投资。但不缺钱的米哈游始终没有松口。

米哈游给的压力，并没有让腾讯慌乱。腾讯在寻找着属于自己的节奏。

在《基业长青》中，作者柯林斯推崇那些更注重自我改进，而不是把对手当作最终目标的公司。马化腾认为："在这个黑天鹅满天飞的时代，我们更需要目光向内。"

马化腾写道：

"一个令人兴奋的机会正在到来，移动互联网十年发展，即将迎来下一拨升级，我们称之为全真互联网。从实时通信到音视频等一系列基础技术已经准备好，计算能力快速提升，推动信息接触、人机交互的模式发生更丰富的变化。这是一个从量变到质变的过程，它意味着线上线下的一体化，实体和电子方式的融合、虚拟世界和真实世界的大门已经打开，无论是从虚到实，还是由实入虚，都在致力于帮助用户实现更真实的体验。从消费互联网到产业互联网，应用场景也已打开。通信、社交在视频化，视频会议、直播崛起，游戏也在云化。随着 VR 等新技术、新的硬件和软件在各种不同场景的推动，我相信又一场大洗牌即将开始。就像移动互联网转型一样，上不了船的人将逐渐落伍。"[1]

"小龙他们当时做 QQ 邮箱时，包括我在内，团队都把 QQ 邮箱变成了自己的工作邮箱。用户需求复杂多变，有时用户自己很难清楚地表达到底需要什么。所以往内看，把自己当成用户是一个很好的方法。真正重要的需求是有共性的。我们最早做即时通信，判断一个功能好还是

---

① 马化腾：年度特刊《三观》前言，腾讯集团，2020 年。

不好，用户喜不喜欢，都会问自己：这个是不是实用，是不是好用，是不是容易用？我们以一种用户的心态去本能地捕捉用户价值，不是理性，而是本能。就是这样一个简单的做法，朴素、直接、有效。"

这一年，腾讯因起诉老干妈拖欠广告费而引发关注，但随后被证实为被假公章所骗。腾讯通过自嘲和娱乐化的方式处理这一危机事件，赢得了公众的同情和理解。

腾讯的财报显示，2019 年全年腾讯云收入超过人民币 170 亿元，有超过 100 万的付费客户数。云计算是 To B 战场的主要故事。3 月 5 日，京东正式启动"京东智联云"品牌。

阿里巴巴的 CFO 武卫在 9 月的投资者日活动中预计，阿里云将在 2021 财年内扭亏为盈。

IBM 将公司一拆为二，新的 IBM 将更加专注于包括红帽在内的混合云业务。

面对宿命，字节跳动的努力

TikTok 处于美国政治中最具争议的三个问题："中国、大型科技公司和社交媒体"的交汇点，面临审查几乎是这个中国应用在美国市场的宿命。

总计拥有 740 万粉丝的三名 TikTok 网红在宾夕法尼亚州法院提起诉讼。这起诉讼在开始时并不引人关注，直到这三名 TikTok 网红主播占据了上风。有知情人士表示，这场法律行动是由 TikTok 及母公司字节跳动精心策划的。TikTok 将这些有影响力的网红主播安排为原告，帮助他们与专攻《第一修正案》的一名顶级律师联系起来，来辅助 TikTok 以自己的名义提起另一项诉讼。

针对今年 8 月特朗普总统要求关闭 TikTok 应用的命令，TikTok 在自己发起的诉讼中表示，美国商务部禁止下载或更新 TikTok 应用程序的初步禁令将损害该公司业务。

作为中国互联网公司全球化最成功产品，在海外拓展迅速，2020 年夏天被美国政府以安全威胁理由下禁令封杀，成为 2020 年夏天科技圈最热门的话题。从 8 月开始，字节跳动被迫剥离 TikTok 美国业务，特朗普允许美国公司收购 TikTok，事态扑朔迷离，一波多折。

9 月，字节跳动、甲骨文和沃尔玛就与 TikTok 合作达成原则性共识，一家名为 TikTok Global、总部设在美国的新公司将在得克萨斯州成立。这家公司将为所有美国的 TikTok 用户处理和存储数据，同时要在美国带来 2.5 万个就业机会，甲骨文和沃尔玛将联合持股 20%。11 月法庭裁决，商务部暂停制裁，但 TikTok 在美国的麻烦并未结束，挑战白宫禁令的上诉仍在进行。

9 月 27 日，一名华盛顿特区联盟地方法官裁定，美国政府此举可能超出了国家安全法规定的权限。特朗普政府随即对法院裁定提出上诉。

10 月 30 日，宾夕法尼亚州东区联邦法院法官叫停了美国商务部对 TikTok 的限制措施。美国商务部此前才禁止美国公司在应用商店中列出 TikTok。判决书中有这样的表述："如果不能使用 TikTok 应用，原告将无法接触到所有粉丝，也就无法获得 TikTok 提供的就业机会"。

最终，因为特朗普连任总统失败，有关的 TikTok 未来，被继续搁置起来。字节跳动也因此算是躲过了一劫。

剥离荣耀，华为壮士断腕

10 月 30 日下午，华为发布了 Mate 40 系列旗舰机型，当时的那场发布会，见证一系列新品的面世，尤其在发布会的结尾，"在一起，就可以"的宣言，在让人心潮激荡的 *Dream it possible* 歌曲的渲染下，给人留了极其深刻的印象。

这年 5 月和 8 月，美国 BIS 又展开了第二轮和第三轮制裁，将限制范围从美国公司扩大到所有使用美国技术和设备的公司，并已于 2020 年 9 月 15 日正式生效，受此影响，华为芯片供给遭受重大冲击，自研芯片无法找到代工[①]，外采芯片受到贸易限制。

5 月 15 日，美国商务部发布禁令，任何企业将含有美国技术的半导体产品给华为，必须先取得美国政府的出口许可，禁令实施前有 120 天的缓冲期。8 月，美国再度加紧对中国电讯巨头华为的"封杀"行动。美国商务部公布修订版禁令，将 38 家华为子公司列入"实体清单"，针对第三方供应商堵漏补缺，力求严控华为获取任何美国技术的渠道。

9 月 15 日，缓冲到期，禁令生效，华为获得芯片的商业渠道被切断。

11 月，华为将旗下荣耀手机资产全部出售给深圳市智信新信息技术有限公司。华为内部网站发表任正非在荣耀送别会上的讲话，解释了不得已被迫剥离荣耀的原因和动机。

任正非在送别荣耀的会议上开门见山说道："我们将分别，曾经相处的十数年，心中有依依不舍的难受与兴奋。我们处在一个伟大的时代，也处在一个最艰难的时期，我们本来是一棵小草，这两年的狂风暴雨没有把我们打垮，艰难困苦的锻炼，过几年也许会使我们变成一棵小铁树。铁树终会开花的。你们要走了，没有什么送你们的，除了秋风送寒吹落的一地黄叶。"

任正非激励他即将离去的下属们去做华为全球最强的竞争对手，超越华为甚至打倒华为。

关于华为与荣耀未来的关系，任正非格外拎得清："一旦'离婚'就不要再藕断丝连，我们是成年人了，理智地处理分开，严格按照合规管理，严格遵守国际规则，各自实现各自的奋斗目标。不能像小青年一样，婚姻恋爱，一会热一会冷，缠缠绵绵，划不清界限。也不要心疼华为，去想你们的未来吧！"

2020 年华为手机全球出货量同比下滑 21.4%。

---

① 同时华为芯片设计公司海思也丢失了 ARMV9 架构、EDA 软件更新等服务。

与此同时，历时近两年的孟晚舟案件出现新进展。来自加拿大联邦警察和边境管理局的多名证人 12 月先后在孟晚舟案听证会上出庭，就拘捕孟晚舟过程中是否存在程序滥用问题，接受控辩双方交叉询问，新的细节陆续曝光。

美国立场也似有松动，媒体报道称美国司法部在与孟晚舟及其辩护团队讨论达成一项认罪协议的可能，她承认有部分不当行为，然后就可以获释回中国。

反垄断浪潮来袭

最早经历过政府反垄断政策的是 20 世纪 90 年代末鼎盛时期的微软帝国。1998 年，美国联邦政府及 19 个州共同起诉微软，指责其将 IE 浏览器和 Windows 操作平台进行捆绑出售，彼时微软占据了 90% 的操作系统市场份额。2000 年 6 月，微软一度被联邦地区法官下令分拆成两家公司，即一个经营操作系统业务的公司和一个经营应用软件及互联网业务的公司，微软随后提出了延缓执行的请求，并提出了上诉。在克林顿总统的支持下，微软逃过被"肢解"的命运。

2002 年 11 月，微软与美国司法部针对绝大部分内容达成协议。这一和解方案要求微软与第三方公司共享 API，不过并没有要求微软更改已有的任何代码，也没有禁止微软在未来的 Windows 中捆绑其他软件。显而易见的是，反垄断减缓了微软的发展速度，让 Google 等美国科技领域后起之秀获得了生存立足点。

比尔·盖茨曾在 2019 年的一场媒体活动上表示："毫无疑问，反垄断诉讼对微软不利，我们本应该更专注于创造智能手机操作系统，因此，如果没有反垄断诉讼，你们（与会者）今天将会使用 Windows Mobile 操作系统。"盖茨还表示，如果不是因为始于 1998 年的美国政府反垄断案，他不会马上退休。

在美国司法部副部长杰弗里·罗森看来，如果政府不执行反垄断法确保竞争机制，将很可能失去下一波创新浪潮。"如果真的如此，美国人将永远不会看到下一个像 Google 这样的公司。"美国如此，中国亦然。

11 月 2 日，中国人民银行、中国银保监会、中国证监会、国家外汇管理局突然对蚂蚁集团领导层进行监管约谈。四家国字号金融管理部门联合约谈一家即将上市的公司，这在中国金融历史上尚属首次。

公告直接点名马云为"蚂蚁金服实际控制人"，敲打之意，溢于纸上。

11 月，中国政府的"监管大棒"终于落下。11 月 10 日，市场监管总局官方网站发布消息，为预防和制止平台经济领域垄断行为，引导平台经济领域经营者依法合规经营，促进线上经济持续健康发展，市场监管总局起草《关于平台经济领域的反垄断指南（征求意见稿）》。

就在同一天，央行前行长周小川在澳门的一场活动发言中表示，当前科技创新在催生巨大动能的同时，也给社会治理和全球治理带来巨大挑战：首先，发展中国家数字基础设施投入不足，全球数字鸿沟进一步拉大，减贫和发展仍然任重而道远；其次，人工智能颠覆传统产业，基因编辑技术进入了实际应用，引发结构性失业和社会伦理等问题；第三，互联网科技巨头掌控大量数据和市场份额，形成垄断抑制公平竞争。

一周后的 11 月 19 日，国务院办公厅发布文件，同意建立反不正当竞争部际联席会议制度。联席会议由市场监管总局牵头，还包含中央网信办、教育部、工业和信息化部、公安部、民政部、司法部、人民银行、银保监会、证监会等，共 17 个部门。监管面之广、力度之大，可以想象。

如果放眼全球，一直以来，中国政府对互联网经济在监管方面相对宽容。

11 月 27 日，工业和信息化部信息通信管理局副局长鲁春丛在一场有十多位互联网公司负责人在场的会议上有些愤懑地说道："现在我们最大的问题，有的企业我都找不到管理层，互相推诿。"

但每一个人都意识到，新的治理规则之下，对互联网公司的宽松政策，已经成为过去时。

中伦律师事务所反垄断专家斯科特·于在接受英国《金融时报》采访时表示："这标志着一个时代的结束，它将从根本上改变中国互联网公司的竞争格局。"

中国社会科学院国际法研究所竞争法研究中心研究员孙南翔表示：

"经过 20 多年的快速发展期，中国互联网行业从充分竞争走向垄断竞争、寡头竞争。《指南》出台的核心目的在于，恢复互联网市场的公平竞争、有效竞争、平等竞争，以激发创新创业创造的活力，最大限度地保护消费者的利益。"[1]

2020 年，我们摸着大象过河

2020 年，是备受煎熬的一年，也是充满机遇与挑战的一年。市场看起来危机四伏、爆雷事件频频发生。但中国科技互联网公司在这一年，还在继续乘风破浪前进。

从普华永道这年 3 月的一份数据中，所有人都能轻易看出科技互联网公司在商界的分量。在全球市值排名前十的公司中，互联网公司多达七家，其中：微软（2）、苹果（3）、亚马逊（4）、Alphabet（5）、阿里巴巴（6）、Facebook（7）、腾讯（8）。

发展到 2020 年，中国互联网呈现出另一种稳定的"金字塔格局"。AT 两家独大，冲刺万亿美元市值[2]。百度、字节跳动、快手、京东、拼多多、美团、滴滴、小米等八家公司已经达到或正在冲刺千亿美元市值。这些巨头之后，则是在垂直领域深耕的诸多独角兽公司。

如果说 Z 世代人群今年开始成为互联网主要关注用户，那么以王

---

① 《反垄断利器剑指科技巨头》，《科技日报》，2020 年 11 月 18 日。

② 华为作为一个独特科技公司之外，成为除阿里巴巴和腾讯之外，中国科技界的第三极。

兴、黄峥、张一鸣为代表的这一批 80 后[①]互联网领袖则开始站在互联网领袖的 C 位。他们和上一代互联网领袖很不一样，他们拥有更广阔的国际视野和战略野心，他们也拥有足够的耐心去落地实践。

分众传媒的江南春这样评价这一代企业家："黄峥、王兴、张一鸣这群人学会了某一个核心的东西之后，他们可以把它正循环起来，并且为看到这个正循环付出巨大的代价。他们不仅把融来的钱全部投下去，还把赚的钱全部投下去，他们可以孤注一掷去打一场战争。一群最聪明的人，顺着一个正循环的方向，滚雪球般把企业滚大。

"他们把这种东西发展扩大到了极致，最终做到那个临界点，取得巨大成功。他们不顾那个后果，或者他知道那个最终结果一定是好的。我们一旦成功就会止步不前。我们年纪轻时偶尔几次不谨慎造就了今天，但一旦略有成就，就开始保守。他们则不在乎结果，他们追求这个过程。他们当然也非常自信自己的结果，一个更大的结果。我们跟他们差了一级。"[②]

人们期待着 80 后企业家们能够创造出远超上一代的成就，人们也期待着 90 后的企业家们还能够继续有机会登上舞台，继续传承中国科技互联网的创业文化。

【战略金句】

◇ 张一鸣：对于公众的意见，我们要能接受一段时间的误解。希望大家也不要在意短期的损誉，耐心做好正确的事。这也是格局大、ego 小。

◇ 王兴：我不祝大家一帆风顺，我祝大家乘风破浪。

扫码阅读本章更多资源

---

① 王兴，1979 年生人。
② 江南春：《至少 1 个小时》，新浪财经，2020 年 11 月。

平凡之路

时间会让对手一一浮现。

——电影《自杀突击队》，2021

盖，这个世界就是一场电子游戏。

——电影《失控玩家》，2021

2021 年，一位名为"老师好我叫何同学"的 B 站 UP 主火了。

"何同学"生于 1999 年，是北京邮电大学的一名学生。在小学三四年级的时候，他知道了 MP3、MP4。五年级的时候，他的妈妈将淘汰了的诺基亚给了他。

据何同学自己介绍，一开始取"老师好我叫何同学"这个名字，是想看一看别人是怎么做视频的。而他所有的技巧，几乎都是在网上通过看一个又一个教程学会的。

2017 年 10 月，何同学第一次在 B 站上传视频。视频标题为"iPhone X 吐槽 Face ID 的三个缺点"，反应平平。2019 年 6 月 6 日，何同学做了一个名为"有多快？5G 在日常使用中的真实体验"的视频。这个视频让何同学的关注度直接上升到了 110 万。

何同学也有着自己的担忧和内耗。"我深刻地觉得，我与大部分的踏踏实实在学校里面学习的同学的差距是很大的。他们将来应该大概率都能在自己的领域里面有杰出的成就。我的工作的局限性就在于，过早地输出。将来没有什么可以输出的内容了，该怎么办？"

但何同学很清楚，自己会把这件事一直做下去。他意识到，能有机会持续做自己喜欢且自己也有一定优势的事情实属难得，所以他觉得不如就把这件事情做下去。他坦言："我特别喜欢乔布斯的一句话：我们都是穷尽自己仅有的一点天赋，来表达我们内心深处的感受。"

就像何同学一样，2021 年，几乎每个中国人，都在经历一场别人一无所知的战争。

"我有字节工牌，你有吗？"这一年，字节跳动的工牌莫名其妙地火了。网友们吐槽，怎么哪里都有戴字节工牌的人。不管是公交上、地铁上，还是高铁上，甚至假期在景区，都能看到字节的工牌。

字节跳动的员工也在"阿里 P8"之后，成为了互联网行业员工价值的最新度量衡。

这一幕似曾相识，福特的员工在 107 年前的美国，有过类似的感受。

1914 年 1 月 5 日，在当时人均日工资 2.38 美元的市场环境下，福特突然宣布将日工资提升到 5 美元。舆论一片哗然，观察家们认为，福特最终将为高薪酬付出代价。但最终人们发现，高薪酬为福特带来了远超预期的回报。

首先，来自全美各地 [①] 成千上万的最优秀的劳动者加入了福特工厂。尽管劳动强度极大，可是工人们还是愿意到福特的工厂工作，劳动力的更替率更是直接降低了 90%。而就在实施这一政策前，福特还一直在为

---

① 据 1914 年 11 月福特公司进行的一项调查，仅有 29% 的福特工人出生在美国，其他 71% 的工人来自 22 个不同的国家。

招不到工人而发愁。

其次，在实行了这一政策后，每一个福特人都为自己的身份感到自豪，"每个人都把公司徽章别在衣服外面，他们都以成为一个福特人为荣。本来，徽章是进出工厂的一个证件，但无论是星期天还是下班之后，他们一直都戴着徽章，目的是告诉别人：我是福特人！"

前福特工人身上的徽章，与字节跳动员工脖子上的工牌，在穿越了100多年的时间，跨越了 18 000 多平方公里的太平洋之后，看起来异曲同工。

2021 年，由彼得·戴曼迪斯和史蒂芬·科特勒写作的《未来呼啸而来》一书在中国市场上市。两位作者通过这本书，全面展示了商业创业风口上的 9 大指数型技术：量子计算、人工智能、网络、机器人、虚拟现实与增强现实、3D 打印、区块链、材料科学与纳米技术、生物技术，并洞察这 9 大指数型技术的互相融合会带来巨大的变革力量，将会完全重塑我们的生活方式与商业模式。

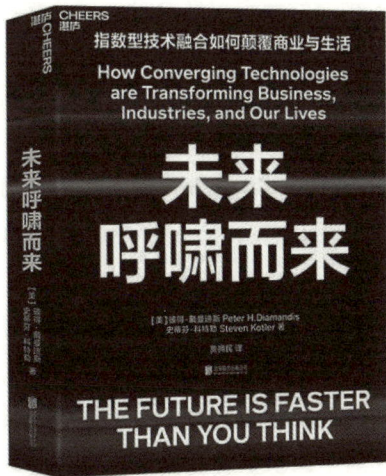

图 28-1 《未来呼啸而来》

科技世界的人们，不论身挂何种工牌，都在研究着、等待着这些新浪潮的来临。每个人都知道，当时机到来，最明智的选择是一个猛子先跳进去，往前游。

此时的世界与中国

2020 年 11 月 3 日，美国各地民众踊跃参加美国大选投票。有专家统计称，本次投票率之高创下了美国过去 120 年来的纪录，达 66%。特朗普与拜登获得的选票分别都超过了 7 千万张，超过了任何美国前总统的得票数。最终拜登凭借微弱优势胜选。

但特朗普并没有轻易认输，而是引发了一系列骚乱活动。1 月 7 日，推特和 Facebook 宣布暂时封禁特朗普的账号。1 月 8 日，拥有 8870 万粉丝的特朗普的推特账号被"永久封禁"，同时特朗普的竞选账号也被封禁。这是美国社交媒体首次破除对全球领导人的豁免权。

4 月的一个周日，凭借《无依之地》，华人导演赵婷作为第一位有色人种女性获得奥斯卡最佳导演奖。这部影片对悲伤和破灭的美国梦进行了一次苦乐参半的沉思。

11 月 29 日，45 岁的 Jack Dorsey 宣布辞去 Twitter CEO 的职务。创始人的离去，让这家社交媒体平台的未来，看起来有些失去了方向。①

夏天，东京举办了奥运会，阿里云作为奥运会全球官方唯一云服务合作伙伴，将中国的云能力也通过这场盛会，向全世界进行大规模输出。

这一年，吴京"中国"字样服装表情包突然火了。这个表情包，出自东京奥运会期间一位网友将吴京于电影《老师·好》中穿着"中国"字样服装的截图进行二次创作，添加了一些字样于"中国"二字周围表达对中国队的支持。该图走红后迅速在网络上出现了各种模仿，甚至成为了这届奥运会中国观众应援中国奥运代表团的标志。

这一年的春节档电影总票房达到了 80 亿元人民币，还创下了全球单一市场单日票房纪录。春节档有 7 部电影上线，《唐人街探案 3》和《你好，李焕英》直接吃掉了 80% 的票房。

国庆档上演了同样的戏码。在一共上映的 8 部电影中，2 部电影吃掉了 95% 的票房，其中：《长津湖》占到了总票房的 73.09%，《我和我的父辈》占到了 22%。

---

① CTO Parag Agrawal 被确认接任推特公司的新任 CEO。Parag Agrawal 于 2011 年加入 Twitter，自 2017 年 10 月起担任公司 CTO。

2021 年的世界，看起来不再那么"性感"。

过去 5 年，中国新生儿出生率持续下滑，2020 年中国出生人口为 1200 万人，最近几十年来人口出生率首次跌破 10‰。2021 年中国出生人口为 1062 万人，人口出生率进一步降至 7.52‰。如果减去死亡人口数后，2021 年中国总人口仅比上年末增加 48 万人，人口自然增长率低至 0.34‰。人口净增长 48 万，这意味着依靠劳动密集型增长的经济模式、经典意义上的人口红利正在消失。①

中国的城镇化发展速度，相较以往，也不再那么醒目。中国的城镇化率，在 2021 年底，已经到了 64.72%。这一年。全国风、光发电总量，是 9785 亿度，这相当于 10 个三峡水电站。

马斯克：我以后考虑租房居住

3 月 4 日凌晨，SpaceX 最新版的星舰飞船 SN10，进行第 3 次高空 10 公里飞行测试，首次成功实现了软着陆，但降落后不久在着陆坪上发生了爆炸，功亏一篑。

这一年，SpaceX 的估值在本周已超过 1000 亿美元，成为与字节跳动一样的"独角兽"公司。

这年 12 月的一天，埃隆·马斯克以 3000 万美元的价格，将自己最后一处位于硅谷的豪宅卖出。马斯克声称，这是他仅存的房子。

在这之后，马斯克从 SpaceX 那里租了一栋位于得克萨斯州，价值 5 万美元的房子。曾有媒体曝光过马斯克所租住的房子，房子大约 37 平方米，是那种可折叠的预制住宅，这种住宅安装速度很快，运输也很方便，也足够轻，可以被 Model X 拖拽。

作为全球首富，却不拥有任何不动产。马斯克似乎在亲身实践着"天下为公"的精神。这是马斯克打造个人品牌的重要一步。放弃财富

① 2021 年，政府将"二孩政策"，放宽到"三孩"。

让马斯克在舆论层面成了一个"自由而慷慨"的企业家。

马斯克曾在推特上发文这样解释自己为何卖房子："这是为了自由……我不需要现金，我把自己献给火星和地球，你拥有的东西只会压垮你。财富让人觉得压抑，抛售房产之后别人就不会因为我是亿万富翁而攻击我，所以我以后考虑租房居住。"

马斯克似乎在向公众讲述着这样的叙事：他不会被财富所束缚，而是会用财富来服务于自己的目标和愿景。他不会被负担所限制，而是会用负担来激励自己的行动和决策。

12 月 13 日，《时代》杂志将年度人物颁发给了马斯克。在年度人物评语中，《时代》杂志写道：

图 28-2　马斯克成为《时代》年度人物

这是一个渴望拯救我们的星球，让我们能居住在一个新的星球上的人：小丑、天才、边缘人物、梦想家、实业家、表演者、无赖……一个由托马斯·爱迪生、P.T. 巴纳姆、安德鲁·卡内基和《守望者》中的曼

哈顿博士 ① 组成的疯狂混合体，一个忧郁的、蓝皮肤的人间之神，发明了电动汽车，并准备移居火星。

从某种程度上，埃隆·马斯克已经成为继史蒂夫·乔布斯之后，美国科技界的新一代领军人物。相比充满神秘色彩的乔布斯，马斯克显得更加难以定义，他更复杂，也更有趣。股神沃伦·巴菲特这样评价他："我们玩玩游戏，而他在做大事，我们只是选择做容易的事情，我们不想和马斯克竞争，在很多事情上都是如此。" ②

除了特斯拉和 SpaceX，Neuralink、The Boring Company、xAI……马斯克旗下还有一系列充满想象力，又极具爆发力的科技品牌。用毕生精力，成功打造一个品牌，已属不易。而马斯克却一而再，再而三地打造出了一系列横跨多个领域的世界级科技品牌。

追根溯源，马斯克推崇通过第一性原理 ③ 来推动所有工作。第一性原理早已融入他的血液，指引着他做出所有商业决策。第一性原理就是把任何问题，拆解到最基础的层面，看哪些因素对解决问题，有决定性作用。以造火箭为例，马斯克发现，火箭就是由航空航天级别的铝合金，再加上钛、铜和碳纤维所组成的。经过调研他发现，这些火箭的原材料成本只占总成本的百分之二左右。

正是借助第一性原理去思考和实践，马斯克最终只用传统火箭一半的价格，造出了更为先进的火箭产品。擅长"上天入地"宏大叙事的马斯克，看似粗枝大叶，但对台前幕后的每句台词、每个细节，都通过他所推崇的"第一性原理"，进行了精心的计算和设计。

马斯克依旧非常担心人工智能的安全问题。这年 5 月，马斯克在一

---

① 曼哈顿博士（Doctor Manhattan）是 DC 漫画的虚构角色。首次登场于 1986 至 1987 年出版的漫画《守望者》，曼哈顿博士原为一名核物理学家强纳森·奥斯特曼（Jonathan Osterman），在 1959 年一次实验意外让自己裂解为亚原子状态，后来重组自己"复活"。以新形象再现的奥斯特曼博士，被强行加入由美国政府掌管的部门，并以曼哈顿计划将其命名为曼哈顿博士。

② 2023 年伯克希尔·哈撒韦公司的年度股东大会上的讲话。

③ 第一性原理最早可以追溯到亚里士多德所提出的一个哲学观点："每个系统中都存在一个最基本的命题，它不能被违背或删除。"

场活动中表示："我们需要小心人工智能的到来，谁在使用它，谁在控制它，它会符合大众的最大利益吗？有时候当我一直看着每个人的手机时，我在想，谁是谁的主人？"

相比较其他科技领袖，马斯克在技术安全性方面表现得尤为"保守"。马斯克非常关注人工智能技术、自动驾驶技术的安全问题。他会在不同的场合中，强调"全自动驾驶受伤率必须要远低于人工驾驶"时，自动驾驶技术才能够被广泛应用。同时，他也一直在高声疾呼，成立一个监管机构来确保人工智能技术的安全。

贝佐斯：发明创造是我们成功的根源

7 月 5 日，杰夫·贝佐斯正式卸任亚马逊公司 CEO 一职，目前负责亚马逊云计算业务的安迪·贾西将接任。

贝佐斯卸任亚马逊 CEO 时，他的个人净资产为 1970 亿美元。距离 1994 年他辞职创业，已经整整过去了 27 年。

贝佐斯声明："作为执行董事长，将继续参与亚马逊的重要活动，但我也将有更多时间和精力专注于第一天基金、贝佐斯地球基金、蓝色起源公司、《华盛顿邮报》和其他项目。"

对于接替贝佐斯的安迪·贾西，贝佐斯称："贾西在公司内部很有名气，他在亚马逊的时间几乎和我一样长，他将成为一名杰出的领导者，我对他充满信心。"

实际上为了保证过渡平稳，这次变化在年初就已经被确定了。

2 月 3 日，贝佐斯宣布将于第三季度卸任亚马逊 CEO，投身"蓝色起源计划"等事业。"蓝色起源"是贝佐斯 2000 年创办的商业太空公司，2019 年 5 月推出了 Blue Moon 月球着陆器，2020 年 7 月宣布要建设一个卫星互联网网络。

贝佐斯在给全员的信中写道："这段旅程始于大约 27 年前。当时亚马逊还只是一个想法，还没有名字。当时我被问得最多的问题是'什么是互联网？'幸运的是，我已经有很长一段时间不用再解释了。"

"发明创造是我们成功的根源。我们一起做过疯狂的事，然后让它们变为常态。我们率先推出了客户评论、一键点击、个性化推荐、Prime 超快发货、轻松购物（Just Walk Out）、气候承诺、Kindle、Alexa、Marketplace、基础设施云计算、职业选择（Career Choice）等等。如果你做对了，在一项令人惊讶的发明问世几年后，新事物就变成了常态。人们会对此习以为常，而这恰恰是发明家能得到的最大赞誉。"

打造元宇宙，Facebook 更名为 Meta

4 月，在英伟达举办的 GTC 大会中，有 14 秒的时间，CEO 黄仁勋是以虚拟人的形象出现。"数字黄仁勋"过于逼真，直到 8 月自曝之前都无人发现。英伟达做"数字黄仁勋"，需要 3D 建模，这 14 秒，每一秒都要花几万美元。

此时，人们还没有意识到，这个喜欢穿皮衣的男人，在科技互联网行业的戏份正在显著增加。

10 月 28 日，Facebook 在其 Connect 大会上宣布将公司名称正式更改为 Meta。扎克伯格在其《创始人的信》中表示："我们已经从桌面经过网络走到手机，从文本经过照片到视频，但这还不是终点。下一个平台将更具沉浸式，一个你置身其中，而不仅仅是看着它的互联网体验。我们称之为元宇宙，它将触及我们开发的每一款产品。"

此时的 Facebook，正在遭遇增长问题，Facebook 内部数据显示其 30 岁以下美国用户数据正在不断下降。Instagram 在关键市场的年轻用户增长同样开始"失速"。

前员工弗朗西斯·豪根（Frances Haugen）提供的一份文件显示：在过去的两年里，年轻人（18 至 29 岁）和青少年中，美国 Facebook 日活用户数分别下降了 2% 和 13%。很明显，Facebook 和 Instagram 最大的威胁来自 TikTok。用户在 TikTok 上花费的时间是 Instagram 的两到三倍。

"元宇宙"这个词出现在尼尔·斯蒂芬森[①]1992 年的科幻小说《雪崩》[②] 中，指的是物理现实、AR（增强现实）和 VR（虚拟现实）在共享的在线空间中融合。

2020 年 1 月，风险投资家马修·鲍尔（Matthew Ball）曾发表过一篇文章，详细阐述了元宇宙的关键特征。主要包括：第一，它必须跨越物理世界和虚拟世界；第二，包含完全成熟的经济；第三，提供"前所未有的交互性"，即用户必须能够将他们的化身和商品从 VR 中的某个地方带到其他地方，不管是谁在运营这个特定的部分。

元宇宙的热度，也引起了中国官方媒体的关注。这年 9 月 17 日，《人民日报》发表文章《虚拟人物赋能数字生活》，文章认为优质的虚拟人物来自生活又反哺生活，需关注传递正能量。文章写道：

"虚拟人物从外表衣着到言谈举止，都首先要健康清朗，避免低俗化、过度娱乐化倾向。与此同时，虚拟人物的运营者要对虚拟人物的'网络社交'负起责任……在技术支持下，虚拟人物可以被不断赋予丰富的人格特点、身世故事，这正是需要创作者发力的地方……涵养现实底蕴，用技术赋能数字生活，虚拟人物的未来值得期待。"

人们有些拿不定，这是一个真正的趋势，还是一团泡沫？有泡沫当然并不可怕，但泡沫之下，真的有啤酒吗？

智能汽车全新的春秋时代会到来

1 月 15 日深夜，王兴在饭否写下："特斯拉是典型的灰犀牛。"到了2021 年，已经没有人再质疑特斯拉的成功。

---

① Neal Stephenson。

② Snow Crash。

但在马斯克眼中，特斯拉最大的竞争对手，大概率是来自中国市场。

在年初的一场活动中，马斯克表示："很多中国公司的动作非常、非常、非常迅速。我猜测特斯拉最具有竞争力的对手，可能会是一家来自中国的公司。中国市场上竞争非常激烈。中国有一些非常好的公司，他们工作相当努力。"

同样在这场活动中，马斯克并不讳言自己对中国政府的赞赏：

"我和中国政府打交道的经验是他们对人民的反应非常敏锐，事实上，在关乎人民幸福感的事情上他们可能比美国更积极。在我和中国的政府官员会面时，他们一直都非常关心这一点。人们会对某件事情感到高兴吗？这件事真的能给人们带来幸福吗？事实上，他们可能比我在美国看到的，对公众意见要更为敏感。"

而中国的智能汽车公司，则在竞争着谁能够首先在本土市场脱颖而出。

这一年的智能汽车领域，最受关注的舞台，大概是上海车展。

4月19日，上海车展拉开帷幕。小鹏与蔚来的展台迎面相对，距离不到20米。何小鹏10:00这边刚刚演讲结束，李斌10:20对面准时登台。这是真真切切的"你方唱罢我登场"，也让所有在场的人恍惚间深感正处于这股浪潮之中。

何小鹏表示："从今天开始，从现在开始，智能汽车全新的春秋时代会到来。"他发现，过去5年中国曾经出现过300家宣布进入新造车行业的企业，到2021年只剩下10家左右。同样的故事将会在全球范围内再一次上演，现在全球300家左右的车企，最终可能只能幸存10家左右。

彼得・蒂尔曾有一句振聋发聩的名言：曾经我们想要的是飞行汽车，最后得到的却是140个字符。何小鹏还在这次的车展上，对外展示了小鹏汽车的"飞行汽车"原型。何小鹏称目标是在2024年实现飞行汽车量产，并且价格控制在100万元以内。何小鹏表示："我们从不做概念车或者展示车，我们所有探索都是为将其量产，改变我们的智能出行生活。仰望星空的基础在于脚踏实地。"

何小鹏表示："小鹏汽车对未来交通方式的探索不止于智能汽车。我们已经看到，信息的变革、能源的变化和工业的落地，这三大核心驱动正在智能出行领域全面融合，我们将加紧拥抱这一时代机遇，探索更高效、更安全，并符合碳中和的全新出行和生活方式。投资小鹏汇天，将进一步加速我们布局'跑、飞、行'的智能交通大生态"。

这次车展最为引人关注的品牌，毫无疑问是华为。

在上海车展前夕，华为就发布了包括 HarmonyOS 智能座舱、智能驾驶计算平台 MDC 810、4D 成像雷达、"华为八爪鱼"自动驾驶开放平台、智能热管理系统等在内的五大新品。

而就在车展的前一天，华为和北汽新能源联手打造的、全球首款贴有 HUAWEI Insight（HI）标的 ARCFOX α S 宣布了预售价格，并且计划在年底前交付。华为轮值董事长徐直军在华为分析师大会上表示华为自动驾驶功能比特斯拉还要好，能做到市区自动驾驶 1000 公里无接管。华为在上海市区进行的自动驾驶测试，一时让业内所有人以及普通汽车发烧友感到震撼。

这年 4 月份华为汽车业务的密集发声，可以说震动了整个汽车行业。喜欢指点江山的王兴直言：特斯拉终于遇到一个技术实力和忽悠能力都旗鼓相当的对手了。

但华为也面临着一个问题：汽车厂商为什么要在自动驾驶领域，选择与华为合作？

在 6 月 30 日的上汽集团股东大会上，当被投资者问及是否会考虑在自动驾驶方面与华为等第三方公司合作时，上汽董事长陈虹直言："如此一来，它成了灵魂，上汽成了躯体。对于这样的结果，上汽是不能接受的，要把灵魂掌握在自己手中。"

作为新入场者，华为在智能汽车赛道，还有很多难题要攻克。但好在这个市场还在飞速发展。2021 年，中国新能源汽车市场共生产 354.5

万辆，同比增长 1.6 倍。

　　自媒体互联网怪盗团，在《2021 年的互联网平台竞争版图》中按照用户基数与用户黏性两大维度，将中国的主要互联网公司进行了"排排坐"。

　　处在"霸主"地位的，分别是字节跳动、腾讯、阿里巴巴；

　　而"候补霸主"则包括美团、拼多多、京东、快手，以及半个滴滴；

　　百度、新浪与 360 则被划分至"昔日霸主"的阵列。作者强调，"百度通过这几年的艰苦奋斗，有脱离这个圈子的趋势。"

图 28-3　互联网怪盗团对中国科技互联品牌的分析

科技自立自强，从未变得如此重要

　　9 月 25 日深夜，孟晚舟搭乘中国政府包机从温哥华飞回深圳。孟晚舟在飞机上发布感言：

　　过去的 1028 天，左右踟蹰，千头万绪难抉择；过去的 1028 天，日夜徘徊，纵有万语难言说；过去的 1028 天，山重水复，不知归途在何处。

当一袭红裙的孟晚舟走下扶梯，恰与机舱上的五星红旗相映成辉。

图 28-4　孟晚舟抵达深圳宝安机场

英雄归来，总是让人心潮澎湃。公众虽然看不清中美关系未来将会走向何方，但却真心为华为、为孟晚舟感到骄傲和高兴。

但 2021 年，华为的日子其实"很难过"。4 月，第四轮制裁接踵而来，规定只要产品中涉及美国技术的厂商，不允许供应给华为 5G 设备，至此华为失去 5G 芯片的供应渠道。

综合四轮制裁，华为手机业务面临海外市场受挫＋缺芯＋只能使用 4G 三大困局，全球和国内的出货量均出现了大幅下滑，消费者业务营收占比从巅峰时期的 54% 下滑至 2021 年的 38%，急需寻找新的增长点。

2021 年受叠加出售荣耀手机的影响，华为手机全球市占率跌出前五。

这一年，中美关系在持续变化。美国退休海军上将詹姆斯·斯塔夫

里迪斯 [1] 和前海军陆战队员、情报官员埃利奥特·阿克曼 [2] 共同创作小说《2034》。该书讲述了中美在 2034 年发动战争，以台湾附近的海战以及中国与伊朗、俄罗斯的默契结盟拉开帷幕。

一些美国公司，也看到了大环境的变化，开始慢慢布局降低对中国产业链的依赖。苹果供应商生产基地在中国（不含台积电等台湾省内工厂）的比例，从 2019 年以前的 47%，降到了 2020 年的 41%，又降到了 2021 年的 36%。

科技自立自强，从未变得如此重要，它既是每个中国科技互联网从业者的衷心希望，也是推动中国国民经济进一步健康发展的重要引擎。

中国工程院院士高文坦言："具有国际影响力的开源开放的机器学习框架平台相对较少；中国顶级的人工智能领军人物比较少，约相当于美国的 20%。"

中国工程院院士倪光南建言，中国应该创建一个"中国体系"，取代由英特尔、微软、甲骨文等公司组成的计算机领域老牌垄断势力。中国还应该增加世界对其电信基础设施技术的依赖，从而对未来可能出现的断供形成强有力的"威慑"。

8 月 11 日，《人民日报》发表评论文章《坚定不移走自主研发之路》，围绕国资企业龙芯中科芯片谈关键技术需坚持自主研发、坚持开门研发。文章表示："加速推动信息领域核心技术突破，才能进一步保障国家经济发展安全，抓住发展主动权；强调自主创新，绝不意味着关起门来搞研发。开放才能打造更庞大的生态体系；坚持自主又兼容，既坚定地在自己的地基上'砌房子'，也欢迎更多人来'砌房子'，正是我国众多科技公司始终坚守的原则。"

中国也在显著加大在科技研发方面的投入。"十四五"规划承诺全社会研发经费投入年均增长大于 7%，尽管预计政府总体支出的增长要慢得多。这一数字超过了中国军队的预算增长。

---

[1] James Stavridis。

[2] Elliot Ackerman。

新战略在一定程度上重塑了此前的《中国制造 2025》计划，后者旨在推动中国在一系列尖端技术中占据领先地位。该计划希望在 2025 年以前实现中国制造商所需的 70% 核心零部件由自己生产。

为社会带来更多价值的互联网公司

4 月 27 日，北京市人力资源社会保障局劳动关系处副处长王林体验了一把"快递员一日游"。在快递员师傅的指导下，王处长放下身段化身快递小哥，骑着单车踏上了送货之旅。这位王处长马不停歇整整跑了 12 个小时，最终成功送出 5 单，其中有一单送的是快餐，因为迟到 1 小时，他只能获取配送费的 40%，这一单只赚了 6.6 元。

体验一天下来，王林净赚 41 块钱，这位下基层的官员累得坐在街边大呼："太委屈了，这个钱太不好挣了！"他曾信誓旦旦要赚 100 元。

就如同约翰·多恩的那句诗所言："没有人是一座孤岛，可以自全。"互联网无疑加速了中国现代化建设，方便了普通用户们的工作和生活。但到了 2021 年这个节点，不论是国家层面，还是公众层面，都希望互联网公司能够为社会带来更多价值。

4 月 10 日，市场监管总局依法作出行政处罚决定，责令阿里巴巴集团停止违法行为，并处以其 2019 年中国境内销售额（4557.12 亿元）4%的罚款，计 182.28 亿元。同时，按照行政处罚法坚持处罚与教育相结合的原则，向阿里巴巴集团发出《行政指导书》，要求其围绕严格落实平台企业主体责任、加强内控合规管理、维护公平竞争、保护平台内商家和消费者合法权益等方面进行全面整改，并连续三年向市场监管总局提交自查合规报告。

不同于阿里巴巴因"二选一"被罚全年营收 4%，美团此次罚金为 2020 年全年销售额的 3%，具体为 34.42 亿元。至于 1% 的不同比例，或许可在监管的公告中找到一些线索。市场监管总局公告显示，美团有主动承认、主动提供证据、主动全面自查整改行为，总局考虑了美团在调查过程中主动提供了执法机关尚未掌握的重要证据、停止"二选一"行为并全面自查整改、积极退还已收取的独家合作保证金等因素，做出上述处理意见。

美团在回应中表示："美团将以此为戒，依法合规经营，自觉维护公平竞争秩序，切实履行社会责任，更好地服从和服务于经济社会发展大局，努力为国家经济高质量发展多做贡献。"

服从和服务于经济社会发展大局，正是国家对平台型企业的期待。

中央财经大学中国互联网经济研究院副院长欧阳日辉认为"平台企业要服务国家战略，更好地承担起社会责任和道德责任，促进共同富裕……发达地区要通过数字经济发展来带动欠发达地区发展，先富带后富，最终实现共同富裕。"[①]

媒体人秦朔表示："要进一步考虑，如何更好地参与公益慈善和社会创新，为整个国家的共同富裕做贡献。这方面具体路径包括企业社会责任、社会责任投资、影响力投资、ESG、公益慈善创新等。"[②③]

互联网公司在这一年，用自己的"实际行动"，来践行社会价值。

1月20日，马云通过《浙江日报》旗下平台发表视频，问候百名乡村教师。只是，身着深蓝色长袖外衫的马云不复以往洒脱恣肆，神色略显拘谨。

4月19日，腾讯完成战略升级，正式提出"可持续社会价值创新"战略，并宣布将为此首期投入500亿元，设立"可持续社会价值事业部"，以推动战略落地。

8月18日，腾讯宣布投入500亿元资金启动"共同富裕专项计划"，资金聚焦乡村振兴、低收入人群增收、基层医疗体系完善、教育均衡发

① 欧阳日辉：《做大做强数字经济促进共同富裕》，《中国经济时报》，2021-8-25。
② 《2021年的互联网平台竞争版图》，互联网怪盗团，2021年10月10日，https://new.qq.com/rain/a/20211010A06U3U00。
③ 秦朔：《中国企业家该怎样促进共同富裕？》秦朔朋友圈，2021年8月22日。

展等民生领域。①

8 月 24 日，拼多多设立"百亿农研专项"，拼多多 CEO 陈磊担任项目一号位。上半年拼多多农（副）产品订单量同比增长 431%，涉农商家同比增长 180%。

8 月 31 日下午，美团 CEO 王兴在朋友圈表示，"美团"这个名字的含义就是"一起更好"，"共同富裕"本身就植根于美团的基因之中。

9 月 2 日，阿里启动"阿里巴巴助力共同富裕十大行动"，将在 2025 年前累计投入 1000 亿元，助力共同富裕。

黄峥事了拂衣去，张一鸣从台前走向幕后

这年 5 月 9 日，王兴在饭否上写道：

前两天一首唐诗让我颇为感叹：秦国警惕书生，但后来灭秦的刘项却不读书。这给我提了个醒，最危险的对手往往不是预料中的那些。这些年阿里一直盯着京东，最后却是拼多多斜刺里杀出来，用户数一举超过淘宝。同理，美团外卖最大的对手看起来是饿了么，但更可能颠覆外卖的却是我们还没关注到的公司和模式。

就如王兴所写，就当所有人都在猜测，京东是否有机会取代阿里巴巴的时候，没有人能够意识到在模式创新之下的拼多多，能够异军突起。但更没有人能够想到，刚刚走上事业巅峰的黄峥，会在这个时间点，选择急流勇退。

3 月 17 日，黄峥宣布辞任拼多多董事长，并放弃超级投票权。黄峥在这一年的致股东信中，宣布经董事会批准后，将董事长职位交棒给现任 CEO 陈磊。而不再担任董事长和拼多多管理职位后，黄峥 1∶10 的超级投票权也将失效，名下股份的投票权将委托拼多多董事会以投票的

---

① 腾讯 4 月投入 500 亿元的"可持续社会价值创新"战略着眼基础科学、教育创新、碳中和、FEW（食物、能源与水）、养老科技和公益数字化等领域的前瞻性探索。

方式来进行决策。①

　　黄峥在致股东信中，仔细描绘了自己想象中未来拼多多的样子。他写道：

　　拼多多会是什么样子呢？我未必能决定，但却可以快乐地和大家分享我自己的想象。

　　首先，拼多多会是一家永远把消费者利益和社会价值放在第一位的社会的企业。我们践行的"普惠，人为先，更开放"的新电商理念将在未来的日子里更鲜明地为行业和公众知晓。它面向最广大的人群，一点一滴地作出改进，努力为消费者，为社会创造价值，不论它是显著的还是不容易被看见的。也因为此，它将越来越受到大众的欢迎。它所面临的各种藩篱也会慢慢被打破，即使有时候会需要一点时间，甚至可能会有波折。但是"普惠，人为先，更开放"应该是个方向，它将在这个新时代绽放出不一样的活力。

　　其次，拼多多会是一家富于想象，不断迭代创新的企业。Costco + Disney 的愿景将会更具象、更生动地展现在面前。虽然当前还只是多实惠、多乐趣的初级阶段，但我们已经能够感受到多实惠叠加上多乐趣后带来的性质性的微妙的不同，感受到这背后的化学反应产生的 1 + 1 > 2 的巨大力量。过去几年的实践让我们更加相信，这个愿景是丰富、有趣、值得憧憬、可以追求的。

　　最后，拼多多会努力成为一家成熟的、国际化的公众机构。18 年上市时的股东信里有这样一段话："我们希望拼多多是一个公众机构，它为最广大的用户创造价值而存在。它不应该是彰显个人能力的工具，也不应该有过多的个人色彩。与此同时，它应该作为一个独立的公众机构，展示它作为一个机构独特的社会价值、组织结构和文化，并且因循着它自身独特的命运生生不息，不断演化。"那个时候拼多多还像一个刚上小学的小孩，而今虽然只过了 3 年，拼多多却已像是正进入青春期的少年，看着他的快速变化和成长，一旁的我既欣喜又焦虑。但无论是紧张

---

① 黄峥明确承诺，个人名下的股票在未来 3 年内继续锁定，不出售。

兴奋，还是惶恐，它总会有他自己成长的道路，希望今天我退董事长会有助于这位少年独立成人。

黄峥表示，"退休"之后，他想去做一些食品科学和生命科学领域的研究。

小时候，老师问我们长大了想做什么，我和很多人一样说想成为科学家。而今一晃已过不惑之年了，想成为真正的科学家也许已经不太可能了，但如果我努力，把中学里最喜欢的化学、大学里学的计算机、工作中学习的经营管理结合起来，我天真地想，说不定也能再做出点有意思的事儿。成不了科学家，但也许有机会成为未来（伟大）的科学家的助理，那也是一件很幸福的事儿。

其实，黄峥在2018年接受《财经》采访时也曾流露出想搞科研的心态。他当时表示，他希望未来转型成为真正意义上的科研人员。他的一个偶像是100美元纸钞上印的本杰明·富兰克林，富兰克林做到40岁以后就不参与商业了，主要去参与科研发明了避雷针。"我觉得非营利性的全心全意的科研工作对人类的贡献会更大。"

和黄峥一样在这一年选择退居幕后的80后企业家，还有张一鸣。

这年9月，一份报告显示，全球热门的短视频应用TikTok在美国和英国的平均使用时间已经超过了YouTube。应用监测公司App Annie的数据同样显示，TikTok的用户在应用上花费的平均时间更多，参与度更高。

张一鸣并没有留恋正在走向巅峰的事业。在这一年年中，张一鸣同样选择以公开信的形式，宣布自己将从前台走到幕后，并在11月2日正式完成权力交接。

5月20日，张一鸣发表内部信，表示自己将逐步脱离开CEO的工作。他在信中写道：

三年前，我跟一些创业者做了一个分享，核心是说CEO要避免一个普遍的负规模效应——当业务和组织变复杂、规模变大的时候，作为中心节点的CEO容易陷入被动：每天要听很多汇报总结，做很多审批和决策，容易导致内部视角，知识结构更新缓慢。所以最近半年，我逐渐形成这个想法，对自己的状态做一个调整，脱离开 CEO 的工作，能够相对专注学习知识，系统思考，研究新事物，动手尝试和体验，以十年为期，为公司创造更多可能。同时，公司在社会责任和公益上已经有一些进展，其中教育公益、脑疾病、古籍数字化整理等新项目也在持续探索中，我个人也有些投入，我还有更多想法，希望能更深度参与。

在这封信中，张一鸣还强调，梁汝波是他"真正信任的人"。张一鸣写道：

汝波是公司的联合创始人，字节跳动是我和他一起创立的第二家公司了。他在字节跳动陆续承担了产品研发负责人、飞书和效率工程负责人、集团人力资源和管理负责人等工作。公司创立以来，从采购安装服务器、接手我写了一半的系统到重要招聘、企业制度和管理系统建设，很多事情是他协助我做的。未来半年，我们两个会一起工作，确保在年底时把交接工作做好。请大家支持好新 CEO 汝波的工作！

创始人"退休"计划在这一年成为了一种流行。10 月 29 日晚，宿华卸任快手 CEO，程一笑成为新的 CEO，向宿华汇报。有趣的是，快手直接 copy 了张一鸣当时卸任 CEO 的表述："宿华此后将有更多时间专注于制定公司长期战略及探索新方向。"

2021 年，一切看起来在走向平凡

根据 CNNIC 的数据，截至 2021 年 12 月，中国网民规模为 10.32 亿，手机网民规模为 10.29 亿。上网设备中，网民使用台式电脑上网的比例达 35.0%，使用手机上网的比例达 99.7%，使用笔记本电脑上网的比例达 33.0%，使用平板电脑上网的比例达 27.4%，使用电视上网的比例则为 28.1%[1]。

---

[1] 在上网用户中，10 ～ 19 岁之间的用户占 13.3%，20 ～ 29 岁之间的用户占 17.3%，30 ～ 39 岁之间的用户占 19.9%，40 ～ 49 岁之间的用户占 18.4%。

此时的移动互联网，至少看起来，开始变得不那么性感。不论是美国的贝佐斯，还是中国的黄峥、张一鸣，都卸去了 CEO，去探寻科技新世界的方向和边界。

真正能够让创业者、让投资人，甚至是让普通消费者感兴趣的，是人工智能、是自动驾驶、是航空航天、是云计算……

2021 年，人们似乎已经对移动互联网有些提不起兴趣，更让人们兴奋的，是以人工智能为代表的新兴技术。

科技互联网领域创业主要的三种成功范式：技术优势、模式创新、用户体验[①]。到了 2021 年，中国公司在产品体验、模式创新方面已经足够领先，唯独在硬核技术领域依旧显得捉襟见肘。

这一年，围绕未来技术发展，有四个值得重点关注的技术趋势，分别是：深度学习技术广阔的商业前景、自动驾驶规模商业落地的真实到来、AI 纵深进入云计算行业解决方案以及生物科技方向的高速发展。

首先，深度学习技术备受瞩目，正在创造下一代计算平台。重仓百度的美国投资机构 ARK 在 2021 年趋势判断报告中认为，深度学习技术将在未来 15 ～ 20 年内为全球股票市值增加 30 万亿美元，这将是互联网整体市值的 2.5 倍。借助深度学习技术，以自动驾驶汽车为代表的新一代计算平台正在崛起。

其次，汽车智能化其势已成，自动驾驶规模商业落地指日可待。根据莱特定律，智能电动汽车销量有机会从 2020 年的约 220 万辆增长 20 倍，到 2025 年达到 4000 万辆。智能汽车有机会成为人类社会继 PC、智能手机之后的第三代智能终端。

再次，AI 纵深走进云计算，正在加速进入垂直行业核心业务系统。Gartner 在 2021 年云计算市场预测中写道："如果没有 AI 技术助力，大多数组织将无法将真正的 AI 项目从概念验证和原型设计转移到真正的全面落地生产。"Gartner 认为，AI 将让云更聪明，帮助更多企业实现数字化转型。这一年，阿里云在强调"云智能"、华为云也在将 AI 引入更

---

① 参见章节《1995：小站练兵》。

多行业解决方案中。

最后，生物计算有机会在 5 ～ 10 年内大放异彩。中国市场面临着老龄化社会到来；受疫情影响，国人健康消费意识显著提高。在生物计算领域，包括基因检测、多癌筛查、细胞与基因疗法等均已达到技术突破的临界点。科技公司通过技术创新，可为传统医疗提供更安全、高效和经济的药物、器械和医疗服务。

不论是被预测到的，抑或是被忽视的重要技术方向，中国人都不希望缺席。

汤因比曾在《历史研究》中说："创造是一种遭遇的结果，文明总是在异常困难而非异常优越的环境中降生。挑战越大，刺激越大。"

人们猜测着，进入 2022 年的科技世界，会有哪些惊喜？

【战略金句】

◇ **乔布斯**：我们都是穷尽自己仅有的一点天赋，来表达我们内心深处的感受。

◇ **贝佐斯**：发明创造是我们成功的根源。我们一起做过疯狂的事，然后让它们变为常态。

◇ **张一鸣**：CEO 要避免一个普遍的负规模效应——当业务和组织变复杂、规模变大的时候，作为中心节点的 CEO 容易陷入被动。

◇ **王兴**：最危险的对手往往不是预料中的那些。

扫码阅读本章更多资源

2022

无限游戏

我承认，我爱上了恐惧。

——2022 年北京冬奥会冠军谷爱凌《纽约时报》发文

2 月 21 日晚 6 点，字节跳动 28 岁的员工吴伟照常前往健身房锻炼。1 个小时之后，吴伟感觉不适，先是呕吐，随后倒地。在保安和教练急救后，被 120 救护车带走。2 月 22 日晚 9 点，吴伟妻子发文表示丈夫已经"猝死身亡"。就在 2 月初时，B 站也曾有一位负责审核的员工因春节连续加班猝死。一时间，社会再次发起对互联网"血汗工厂"的控诉。

10 月 7 日凌晨，年仅 53 岁的华为监事会副主席丁耕在跑过 28 公里后，不幸突发疾病去世。丁耕在 1996 年加入为华为，历任华为公司产品线总裁、全球解决方案销售部总裁、全球 Marketing 总裁、产品与解决方案总裁等。

按"996"工作制推进工作的互联网员工，在身体消耗上有些像运动员。人们为年轻生命的逝去感到惋惜，也在思考着这样的工作强度到底有什么意义。

另外一位字节跳动 28 岁"退休员工"郭宇年初发现，世界上最聪明的头脑和大量资本正在涌入加密行业。类似 OpenSea 这样的火热项目已经挺过周期中最难熬的部分，在 2021 年获得举世瞩目的成长。身在日本的郭宇决定，将 2022 年设为自己的创业间隔年。"从今年开始，我会将大部分时间投入到加密领域，以一切可能的方式创建下一代互联网的平台与产品。"[①]

对于每一个个体来说，只有活下去，让自己的人生变成一场无限游戏，才有意义。

这年年初，一个名为"回村三天，二舅治好了我的精神内耗"的视频，突然火了。

这个视频作品是哔哩哔哩用户"衣戈猜想"在 2022 年 7 月 25 日上传的，这个作品内容由旁白和作者二舅的生活画面构成。视频上线仅数日，播放量就已超过千万，并引起网民热议，众多官方新闻媒体也纷纷对此发表评论。

这则视频被许多网民所称赞，认为它确如标题所言治愈了人们的"精神内耗"；不过也有网民批评它是当代版的《活着》，有美化苦难的嫌疑。

2023 年 1 月 18 日，有投资者在平台上向中金公司提问："网传中金公司 2022 年十大预测错了九个，中金作为投行翘楚，如何提高研究能力？"

面对这一让人尴尬的质问，中金公司答复称：公司发布的研究报告基于独立、客观的数据分析，并严格按照监管要求履行质量审核及合规审查流程。但经济及市场的发展存在不确定性，2022 年，地缘冲突等非经济因素进一步使问题复杂化。报告观点仅供投资者参考，不构成投资推荐或操作建议。

---

① 郭宇《2022 我的创业间隔年》，mirror，https://guoyu.mirror.xyz/FvkF4cUcHI449aq5isP_WWzPAjAbkYuzcsVbLtkTw-A。

投资者们所质疑的，是中金公司在 2022 年初，发布的《中金 2022 年十大预测：有"惊"无"险"》。

展望一：A 股"有惊无险"。A 股权益类公募基金年度收益中位数可能会明显高于 2021 年。错：权益类公募基金收益明显低于 2021 年。

展望二：港股"均值回归"，可能在 2022 年迎来阶段性明显修复。错：2022 年恒生指数下跌 15.46%，恒生科技指数下跌 27.19%。

展望三：成长跑赢价值。长风格可能是获取超额收益的重点。错：周期跑赢成长和价值，领涨板块为煤炭。

展望四：电动车产业链及新能源行业高景气将扩散到相关领域。错：电新板块 2022 年下跌 25.43%。

展望五：泛消费领域可能是 2022 年亮点之一。错：2022 年大消费是跌幅最惨的板块之一，仅在年末有所回补。

展望六：商品市场趋弱。实际情况是：在俄乌冲突下，多个大宗商品在 2022 年创下历史新高。

展望七：公募基金新增份额超过 3 万亿份。错：2022 年公募基金新发份额 1.4 万亿份，同比下滑 48%。

展望八：沪深港通北向资金净流入超过 3000 亿元。错：2022 年北向资金累计净流入 900 亿元。

展望九：债务问题在 2022 年仍值得重视。正确：2022 年以房企为代表的债务违约事件层出不穷。

展望十：美股 2022 年涨幅将明显收窄。错：2022 年美股三大股指全线收跌，道指跌 8.78%，纳指跌 33.1%，标普 500 跌 19.4%。

不但中金公司预测错了，每个人都没有意识到 2022 年，会以一种出人意料的方式到来。

正如霸菱[1]首席环球策略师柯睿思[2]讲的，"在迎接新的一年之际，我们都怀着一定程度的谦卑态度。"

---

[1] Barings。

[2] Christopher Smart。

年初，每个中国人都在等待冬奥会的到来。2月4日，第二十四届冬季奥林匹克运动会在北京召开。这届冬奥会的口号为"一起向未来"（Together for a Shared Future）。

北京冬奥会期间，熊猫形状的吉祥物"冰墩墩"意外走红，一时间"一墩难求"。比"冰墩墩"更红的是年仅18岁的自由式滑雪运动员谷爱凌。2月8日，谷爱凌在决赛采用了此前从未在正式比赛中跳出的"向左偏轴转体1620度"高难度动作，逆转夺冠。谷爱凌在本届冬奥会上共获得2金1银。

6月，北京大学国发院的周其仁教授跑到广东佛山去做企业调研。在一个工厂里，他见到整个工厂空空荡荡，只有一个老板在。周教授就问他，你为什么不回家？老板说等订单。他给工人每人每天发30块钱，让他们待在家里，等订单下来了，就发个短信让工人马上来上班。一个人孤独地在生产线边上等待订单，是千千万万中国企业家的2022年。

马斯克：我更像是一个开发技术的工程师

马斯克在2022年，还收购了一家新公司：Twitter。

1月16日，当马斯克在美国特拉华州出席一场法律活动时，他这样描述自己的身份："在SpaceX，实际上我是负责火箭的工程师，在特斯拉负责技术。CEO通常被视为有点以商业为重点的角色，但实际上，我的角色更像是一个开发技术的工程师。"

在骨子里，马斯克认为自己是工程师的角色。而他旗下的所有公司，本质上是在追求一个慈善目标。4月6日，马斯克在柏林工厂接受TED主席克里斯·安德森（Chris Andersen）专访时真情流露："特斯拉、Neuralink、The Boring Company，它们本质上都是慈善机构，如果我们定义慈善是对人类的爱的话。"

8 月 15 日，马斯克在微博平台发文，祝贺特斯拉上海超级工厂第 100 万辆整车下线。同样在这一天，特斯拉对外事务副总裁陶琳转发微博强调："两年多时间，不仅仅是特斯拉，整个中国的新能源汽车行业都有了巨大发展。致敬由 99.9% 的中国人组成的上海工厂团队；感谢所有合作伙伴，特斯拉供应链本地化率已经超过 95%。"

这年 8 月，在特斯拉股东大会上，马斯克继续畅想自动驾驶的未来："我想曾经有一段时间我们有电梯操作员。有电梯操作员和大型继电器之类的东西是很正常的，但你知道，我们不能时不时地犯错误，肯定有人会犯错。但这就像我们有了自动电梯，按一个按钮就可以到你的楼层，这就是未来汽车的发展方向。"

10 月 1 日，马斯克的特斯拉人形机器人"擎天柱"如约登场，这一刻，全球科技圈期待多时。从 2022 年预告到正式亮相，1 年之间，"擎天柱"从真人扮演者变成了裸露着电线的人形机器人，马斯克的"造人梦"终于照进现实。

在特斯拉播放的视频中，擎天柱展示了浇水、搬箱子、流水线工作的技能，马斯克设想，未来机器人将用于家庭做饭、修剪草坪和照顾老人，乃至成为人类的"伙伴"或伴侣。

进入这一年的第三季度，马斯克将更多精力，放在了推特上面。

10 月 26 日上午，马斯克抱着一个水槽，小跑进入了推特总部大楼。随后，他在推特上发布了这段入场视频，配文："进入推特总部——把它渗透下去！"（let that sink in!）

这句英文双关语，代表着花时间慢慢理解并接受某种新事物。"鸟儿自由了"，马斯克在下一条推特中强调。马斯克在收购 Twitter 后，成为了继贝佐斯收购《华盛顿邮报》后又一位科技领域媒体大亨。

10 月 27 日，马斯克将自己在 Twitter 上的个人介绍改为"Chief Twit"（首席推手），他以 440 亿美元正式收购 Twitter。随后，马斯克开始用他经典的"马氏管理法"重构推特。

11 月的一天，推特的所有员工都收到了来自新老板马斯克的邮件：

"任何从事软件开发或设计的人（在湾区）都要赶到公司总部 10 楼，参加密集而紧张的工作。谢谢你们，埃隆。"

在接手推特之后，马斯克针对推特以"松散"著称的工作文化，直接来了"三板斧"：

裁掉冗余的低效员工，以节省成本；

减少任何非必要的公司开支，比如免费午餐；

要求所有员工将精力聚焦在软件开发和设计上。

这是典型的马斯克式的工作方式。有趣的是，当马斯克在推特发起这场"整风运动"的同时，另一边的 SpaceX 员工们则表示，马斯克专注于推特让他们松了一口气，因为这给他们带来了一个"更平静"的工作环境。

或许我们能从马斯克在 2022 年 5 月 31 日写给特斯拉的全员信中，找到马斯克如此疯狂工作的原因。他当时写道：

"你的职位越高，你就越应该让大家都看到你。这就是我住在工厂的原因，这样生产线上的人可以看到，我是和他们一起工作的，如果我不这么做，特斯拉早就破产了。"

此时的世界与中国

尤瓦尔·赫拉利曾在《未来简史》中写到 20 世纪人类社会的伟大成就是克服了饥荒、瘟疫和战争。但在 21 世纪的第 2 个十年，瘟疫和战争以一种让人意外的方式卷土重来。

2022 年 2 月下旬，俄罗斯突袭乌克兰，原本全世界都以为这会是一场"闪电战"，却最终却演变为了一场旷日持久、结果难料的战争。而新冠疫情，依旧在地球的很多国家和地区肆虐，继续打破着人们的生活和工作节奏。

这年夏天，热浪继续席卷全球，千百万人亲身体验着气候变化的影响。7 月 19 日，21 个欧洲国家发布高温预警。英国首都伦敦气温在当天达到了 40 摄氏度，打破了历史纪录；与英国隔海相望的法国，高温带来的山火在全境蔓延；葡萄牙经历了 47 摄氏度的全国最高气温，许多火车停运，飞机停飞；巴基斯坦的贾科巴巴德[①] 在 5 月创下 49 摄氏度的新温度纪录；在澳大利亚，该国西部的昂斯洛[②] 气温在今年 1 月达到 50.7 摄氏度，追平南半球有可靠记录以来的最高温。

但在疫情、战争、自然灾害之外，这个蓝色星球的一些科技突破，也在散发出绚丽的光彩和让人着迷的魅力。

4 月，国际学术顶刊 *Science* 罕见地连发 6 篇论文，揭示人类的基因之谜，宣告人类基因组完整图谱首次绘制完成。人类基因组计划被誉为生命科学界的登月计划。2001 年"生命天书"人类基因组工作草图绘制完成，2003 年首次完成 92% 的人类基因组测序，到 2022 年，人类基因组测序的剩下 8% 被补齐，"生命天书"终于被完整载入史册。

7 月 12 日早上 6 时许，韦布太空望远镜正式"营业"。它拍摄的第一张正式照片发布，也是迄今为止人类拍摄到的最遥远、最清晰的宇宙红外图像。这张照片是韦布望远镜利用近红外相机，合计曝光 12.5 个小时在不同波段拍摄并合成的图像。通过韦布望远镜的观测数据，天文学家可以了解、分析这些星系的质量、存在年限、演化历程等。

詹姆斯·韦布太空望远镜耗资近百亿美元，是哈勃望远镜的继任者，其目的为研究最古老的恒星，并深入观察宇宙的过去。韦布望远镜覆盖的图像大小近似一粒沙子，却揭示了数千个星系。现在，每一个地球人只需要登录美国航空航天局（NASA）官网，就可以观赏来自 46 亿光年以外的绝美星系……

---

① Jacobabad。
② Onslow。

图 29-1　韦布太空望远镜拍摄的第一张照片

7 月 18 日，美国《时代》杂志发布题为"元宇宙将改变世界"的封面文章，作者马修·鲍尔（Matthew Ball）指出，元宇宙正在重塑生活，尽管对社会到底意味着什么还不清楚，科技巨头们对元宇宙没有形成统一的共识，但未来掌握元宇宙的公司将占据主导地位。

马修·鲍尔是知名的元宇宙支持者，也是控股公司 Epyllion 的 CEO，风险投资公司 Makers Fund 的风险合伙人，曾著有《元宇宙及其将如何彻底改变一切》（*The Metaverse And How it Will Revolutionize Everything*）。

从 2021 年开始，元宇宙概念急剧升温。鲍尔在文章中提到，据美国证券交易委员会报告，2022 年上半年，"元宇宙（metaverse）"一词在监管文件中出现 1100 多次，去年被提及 260 次，而此前的二十年中，这一概念只出现过十几次。

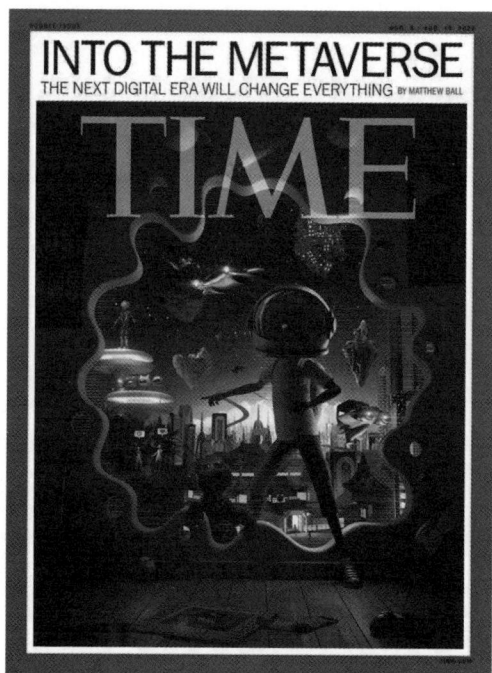

图 29-2 《时代》杂志有关元宇宙封面

7 月 28 日，DeepMind 宣布，通过 AlphaFold 成功预测了来自 100 万个物种的约 2 亿种蛋白质结构，几乎涵盖了地球上所有已知的蛋白质。人类迈入了数字生物学的全新时代。现如今，开源的 AlphaFold 2 数据库让研究人员确定蛋白质 3D 结构的时间可以按秒计算。

蛋白质对人体的重要性不言而喻，是人类细胞、组织、器官的重要构成部分。对蛋白质结构的预测，将使得人们对生物学的理解达到新的高度。此次，DeepMind 更新的蛋白结构数据库包含植物、细菌、动物等多种生物的蛋白质预测结构，能够对可持续性、粮食问题、疑难杂症等重大问题的解决提供助力。除 DeepMind 外，Meta 正在微生物领域开展蛋白质结构预测，其预测结构比 AlphaFold 快了 60 倍。

8 月，美国科罗拉多州博览会艺术比赛宣布了一名令人惊喜的获奖者，这位获奖者名为杰森·艾伦，他既不是专业的画家，也不是自由艺术家，而是一款桌面游戏的 CEO。他的获奖作品《太空歌剧院》，由新型 AI 绘画工具"Midjourney"创作而成。生成式 AI 正在加速走进人类社会。

图 29-3　AI 作品《太空歌剧院》

7 月 24 日 14 时 22 分 22 秒，长征五号 B 遥三运载火箭在文昌航天发射场一号发射工位点火起飞。火箭飞行约 495 秒后，将中国空间站问天实验舱准确送入预定对接初始轨道入口，发射任务圆满成功。

10 月 31 日，梦天实验舱在太空中顺利完成转位，中国天宫空间站"T"字基本构型在轨组装完成。从 2021 年 4 月天和核心舱发射至今，历时 19 个月之久，中国空间站"组装"完成，标志着中国空间站工程将从建造阶段逐步转入应用与发展阶段。

11 月 16 日，阿尔忒弥斯 1 号任务首飞成功，沿月球轨道飞行 140 多万英里。距离 1972 年阿波罗登月，已经过去 50 年之久。2017 年，美国 NASA 的太空飞行项目"阿尔忒弥斯计划"启动，计划在未来十年里把人类再次送上月球。该计划的第一步是火箭发射，而踏出第一步，就足足花费了 5 年时间。原定于 2017 年执行的阿尔忒弥斯 1 号，因飞船设计、天气原因等不断延后，将这个首飞时刻留到了 2022 年。

2024 年，美国宇航局将开展阿尔忒弥斯 2 号任务，届时将有宇航员完成为期 10 天的绕月飞行任务。2025 年底或 2026 年，阿尔忒弥斯 3 号任务将完成月球南极附近利用 SpaceX 的星舰载人着陆。人类重返月球的计划正徐徐展开。

12 月 5 日，美国能源部宣布里程碑式成就：世界首次激光核聚变"点火"成功。核聚变反应是太阳等恒星的能量来源，核聚变能也被视为未来社会的"终极能源"。从 2010 年开始，美国能源部就一直在冲击"点火"目标，直到今年，终于实现"科学能量盈亏平衡"，即实验从可控核聚变中产生了 3.15MJ 的能量，超过了向目标输入的 2.05 兆焦耳的能量，能量增益达到 153%。美国能源部宣布核聚变点火成功，有助于人们增强对核聚变清洁能源前景的信心，但距离商业用电仍很遥远。

2022 年世界杯在卡塔尔举行，这是该国和中东地区的第一次。这也是第一次在北半球冬季举行的世界杯。卡塔尔花费了数十亿美元建造设施和升级其基础设施。这届世界杯的决赛在 12 月份上演，阿根廷经过点球大战战胜法国，梅西终于夺得世界杯冠军。

而梅西此前曾表示，本届将是自己的最后一届世界杯。梅西夺冠，很神奇，因为几乎从第一天开始，每个人都在预测，阿根廷会夺得冠军。

财经作家曾航曾说：你意识到没有？中国就像一口大火锅，里面的元素越丰富，味道就越好，创造性就越足。里面没有任何一样东西是真正多余的。

中国社会也的确在变得元素越来越丰富，味道越来越多。

到了 2022 年，中国消费者，已经非常习惯通过电商直播进行购物。据网经社数据，2018 年，直播电商全年市场规模 1354.1 亿，相比 2017 年增长了 589.46%。到了 2022 年，直播电商市场全年的市场规模已经达到了 35 000 亿，相比 2018 年增长了近 25 倍，占据了整个在线电商市场份额的四分之一。

这一年，中国全国电影总票房为 300.67 亿元人民币，其中国产电影票房为 255.11 亿元，在总票房中占比为 84.85%。

2022 年全国影片票房前 10 名中有 8 部国产片，《长津湖之水门桥》《独行月球》《这个杀手不太冷静》分列新片票房榜前三，三片合力贡献票房近百亿，约占全年票房的三分之一。其中，《长津湖之水门桥》单片累计票房达 40.67 亿元，摘得年度票房榜冠军。

图 29-4　电影《长津湖之水门桥》海报

这部电影，以抗美援朝战争第二次战役中的长津湖战役为背景，讲述了中国人民志愿军第九兵团七连战士们在结束了新兴里和下碣隅里的战斗之后，接到了更为艰巨的任务，为阻止美军陆战一师撤退，在咽喉要道"水门桥"展开殊死搏斗的故事。

现实中的中国社会结构，似乎在加速走向 "M 型社会"。

大前研一对 M 型社会有四个判断依据：少子老年化、高储蓄率、长期货币增发、阶层板结。

2022 年，这四个依据正在中国社会发生。首先是少子老年化，2006 年日本 65 岁以上人口占比 20.2%，2021 年上海 65 岁以上人口占比 26.9%。2006 年的日本家庭平均储蓄率与 2022 年的中国家庭平均储蓄率也相差无几，前者 34%，后者 36%。与此同时，中国的长期货币增发比日本严重得多。2002—2022 年，中国 M2 增长 1396%，而日本 1986—2006 年 M2 增长为 73%。

越来越安静的科技企业家们

"如果我一整天都没看到、想到或做过什么值得在饭否上说的事，那这一天就太浑浑噩噩了。"众所周知，这是写在王兴最后的 "精神家园" 饭否简介里的内容。但在 2022 年，王兴没有在饭否上说过话。

丁磊则在音乐的世界中，表达着自己的审美和对世界的观察。2022 年丁磊在网易云音乐上共分享了 89 条动态，平均每 4 天他就会分享一首歌，在一众互联网大佬中，绝对算得上 "话痨" 级别的。在他的歌单中，有易烊千玺、二手玫瑰等当下流行歌手 / 乐队的歌，有庾澄庆、杨千嬅等实力歌手的歌，还包括 Taylor Swift、Rihanna 等外国歌手的歌曲。

同时，在世界杯期间，丁磊分享了比赛场馆播放的歌曲《心墙》，称 "法国和阿根廷即将会师决赛，大家看好哪支球队"；在《阿凡达 2》上映期间，他分享了电影的宣传曲 *nothing is lost*，并与用户互动 "村民们去电影院看了吗"。

马化腾则偶尔会通过转发公众号文章的方式，委婉地表达自己的一些观点。

5 月份，马化腾曾转发了一篇文章《除了胡锡进，没人关心经济了》，并评论"这段描述得太形象了"：

"部分网民关心经济的方式是：企业可以破产，但不可以裁员；企业可以破产，但不可以加班。至于什么叫中国经济？他们不懂，也不关心，他们唯一关心的中国经济就是芯片和所谓的硬核科技，至于衣食住行，都太俗不可耐了，不重要，当然，如果他们叫的外卖晚了十分钟，他们可是会骂娘的，骂起外卖小哥来比谁都狠。"

"真想念那段黄金时代，互联网大佬活跃在舞台上，你方唱罢我登场，好不热闹。如今，互联网一代已经功成身退，江湖早已不是那个江湖。"一位老媒体人在朋友圈感慨。

Temu、TikTok、《原神》继续高歌猛进

9 月 1 日才登陆美国的拼多多"姊妹版"Temu，在 9 月中旬就先后占领了美国 Android 应用商店和 Google Play 商店购物应用的单日下载量第一，超过亚马逊和 SHEIN。

10 月 18 日，入驻美国不到 50 天的 Temu，直接登顶 App Store 的购物应用单日下载第一，征服了高贵的苹果用户。可以说，Temu 仅仅用了 1 个多月时间，就已经成为受欢迎程度仅次于亚马逊的购物 App。

根据研究公司 Sensor Tower 的数据，仅 2022 年上半年，TikTok 应用在全球的下载量就超过 6.2 亿次。但 TikTok 高悬头顶之上的"安全身份问题"并未真正得到解决。2022 年，《纽约时报》这样评价字节跳动："这个公司夹在新旧时代的中间—对美国来说太中国化，对中国来说太美国化。"

这一年，《原神》已经成为世界上最热门的手机游戏之一。这个游戏所讲述的故事，是一个一个神秘旅行者卷入了人类与神灵之间的战争。在这款游戏中，充满着巨型机器人、和人类等高的剑、巨大眼睛、

身穿女仆装的女性等元素。玩家们可以通过具体的角色，去探索一个巨大的王国，深入地下城，与怪兽战斗，完成任务，从而推进故事发展。

自从 2020 年底发布以来，这款产品逐渐成为中国电子游戏行业第一个真正意义上，在全球范围内走红的产品。根据监测移动应用的 Sensor Tower 的数据，仅在上市的第一年，《原神》就赚到了 20 亿美元。更为重要的是，《原神》的大部分收入来自海外。

日本福冈游戏开发商 Grounded Inc. 的首席执行官二木幸生在接受《纽约时报》采访时表示，从技术、艺术指导和游戏玩法的角度来看，《原神》代表着中国的巨大飞跃。"坦白地说，这是一款很棒的游戏，"他还说，这让他所在行业的许多人认为"我们有麻烦了"。

而这款游戏背后的公司，总部位于上海的米哈游也开始被越来越多中国媒体所关注和报道。除了米哈游之外，腾讯、网易也在四处出击，积极从产品和资本角度，开拓国际市场。

在年产值 2000 亿美元的全球电子游戏产业中，中国已经真正成为继日本和美国之后的第三股力量。

悬而未决，中美关系将走向何方？

8 月 25 日，美国总统拜登签署一项旨在实施《2022 年芯片和科学法案》的行政命令。该法案向在美国的芯片制造企业提供巨额补贴的同时，要求这些企业必须同意"不在中国发展精密芯片的制造"。

8 月下旬，华为内部论坛上线了一篇名为"整个公司的经营方针要从追求规模转向追求利润和现金流"的文章。任正非在文章中直言："未来十年应该是一个非常痛苦的历史时期，全球经济会持续衰退。"

华为上半年销售收入 3016 亿元人民币，同比下降 5.87%；净利润 150.8 亿元，同比下降过半，净利润率也下降到 5%。可以看出，虽然营收相比去年同期变化不大，但是利润的下滑速度远远超过了营收的下滑速度。

华为只是一个缩影，事实上因为美国的制裁，无数中国企业的日子，过得都很艰难。

对于中美关系这一话题，不同的人，有着不同的观点。

《纽约客》中国问题专家欧逸文（Evan Osnos）在 10 月份指出："2012 年，40% 的美国人对中国持负面看法；而如今，根据皮尤研究中心的数据，这一比例超过了 80%。"

《纽约时报》专栏作家汤马斯·佛里曼在 11 月初写道：

"在美中关系的恶化中，美国并非无可指责。自第二次世界大战以来，我们从来没有遇到过在经济和军事上都与我们不相上下的地缘政治对手。来自北京的挑战日渐加剧，对此我们从来都是不自在的，特别是因为中国的动力不是石油，而是它的储蓄、辛勤努力和家庭作业——也就是说，愿意付出牺牲，以此实现国家的伟大，并强调教育和科学。我们曾经就是这样。"

投资人瑞·达利欧则在其出版的《原则 2》中，用了两个章节来讨论全球化背景下的中国经济。他提出中美未来博弈将会有六大战场：贸易战、技术战、资本战、地缘政治战、文化战、军事战。

2022 年，中国在全球制造业中的占比是 29.8%，美国则是 15.3%；在世界 500 强中，中国进入榜单的有 145 家，美国有 124 家，中国已经超过美国 21 家；在专利申请方面，中国是 6.95 万件，美国是 5.96 万件；在科研人力投入上，中国是 228.1 万人年，美国是 155.5 万人年。

从这些数据都可以看出，中国的产业经济并非全无优势可言。

但很多出口外贸型的中国制造工厂，在美国合作伙伴的要求下，开始把先进的生产线迁移到东南亚和印度。美国在制造业领域摆脱对中国的依赖，将是一个中长期现象。

全球科技行业"去肥增瘦"

11 月 10 日，一记重锤砸向扎克伯格，美国元宇宙巨头 Meta 宣布高达 1.1 万人大裁员，创始人马克·扎克伯格发全员信为自己的误判而致歉。这是该公司 18 年历史上首次大规模裁员，也将围绕元宇宙落地可行性的激烈讨论再度推至高潮。元宇宙的商业落地进程，似乎并不及人们起初预期的那么快。

Meta 裁员并不是孤例。151 000，这是 Layoffs.fyi 给出的科技业裁员数量。随着硅谷面临缩减规模的压力，包括亚马逊、Meta、Twitter 和 Stripe 在内的多家企业裁员。这种转变在一定程度上是一种大流行之后的盘整。此前消费者居家不出导致服务需求猛增，于是这些公司大举招人。随着今年下半年经济整体放缓，企业面临困境，科技板块股票开始暴跌。

科技从业者们享受着高薪的福利，也开始承受随时失业的风险。

这年第四季度，因为创始人在内部会议上"火力全开"，两家中国科技公司备受关注。这里面，一家公司是京东，另一家公司是腾讯。

京东和腾讯分别在 11 月和 12 月举办的两场内部会议备受关注。京东创始人刘强东、腾讯创始人马化腾直言不讳，火光四溅。

11 月 20 日，刘强东首先登场。当天，刘强东召集所有京东高管，进行了一场近四小时的管理培训会议。刘强东直言："拿 PPT 和假大空词汇忽悠自己的人就是骗子。"在大约 48 小时后，刘强东发布了一封"2000 多名京东中高层降薪，同时给集团一线员工增加福利"的全员信。

12 月 15 日，马化腾拍马赶到。在这天召开的腾讯内部员工大会上，马化腾罕见地直指各条业务线当前的痛点问题。可谓苦口婆心、辣手仁心。

对于 PCG 部分业务改革，马化腾讽刺："你活都活不下去了，周末还休闲地打球？"

对于 CSIG 的排名焦虑，马化腾直言："不要被人家奚落两句，说哎呀你这个云是不是被华为给超过了，你才老三了（你就忍不住）；无所谓！我们不着急，千万不要上当。"

对于内部贪腐问题，马化腾感叹："我看完（调查结果）之后才知道，为什么我们很多业务做不起来，那当然做不起来了，这么多漏洞在被掏，（业务）不可能起得来；我跟你们讲，只是你们没机会看，看完之后吓死人。"

阿里巴巴和腾讯，也从 2022 年开始，通过出售或者派息等方式，进行"生态瘦身。"

3 月，蚂蚁集团已将其持有的 15.1% 的 36 氪股份全部出售，退出其股东序列；10 月，蚂蚁集团卖出所有持有的财新传媒股份；12 月，腾讯选择以派息的方式"减持"京东股票。业内人士认为腾讯此举足够优雅，以对自己和京东冲击最小的方式完成了减持动作，同时规避了监管风险。

跳出中国科技互联网来看，全球范围内的科技公司均在经历"至暗时刻"。2020 年疫情以来，受到美国政府持续"放水"影响，科技互联网公司股价一飞冲天。为了控制高通胀，美联储开始持续加息，到今年 12 月，美联储已经连续 7 次加息。

到下半年，科技巨头中仅有苹果实现了净利润增长。更加依靠广告市场的 Google、Meta 等公司的利润下滑尤其严重。

货币紧缩背景下，全球科技互联网公司的股价节节下落。为了稳住基本盘，几乎所有公司均开始缩减开支、开源节流。

小米开启年底裁员，字节跳动 CEO 强调公司业绩低于预期，将继续"去肥增瘦"。

在这样的恶劣环境之下，每一家公司的创始人都在重新审视公司的业务边界，都在重新审视公司的花名册的薄厚。为了生存下去，现在的确到了"不看广告看疗效"的关键时刻。

创业维艰，创始人对公司的生存前景最为敏感。每一位创始人都在寒冬中自问，公司是否能够抵御住这场暴风雪，不在寒冷中轰然倒下。而身处其中的每一位参与者，都开始重新审视，自己所在的业务线是否在为公司创造实实在在的价值？自己所做的工作在有价值的前提下，是否确实不可被替代？

ChatGPT 横空出世，一切才刚刚开始

2022 年 6 月，当奥尔特曼和他的团队向比尔·盖茨展示一款聊天机器人的早期版本时，盖茨表示，除非它能够通过大学先修课程的生物学考试之类的测试，否则他对此并不感兴趣。盖茨回忆，"我以为那次把他们打发走，够让他们再忙活两三年"，但三个月后他们就回来了。

奥尔特曼、微软首席执行官萨提亚·纳德拉等人到盖茨家吃晚饭，向他展示了一个名为 GPT 4 的新版本，盖茨抛给它一大堆生物学问题让它作答。盖茨说："这东西真让我大开眼界。"他接着问，如果此时面对一个父亲，他的孩子生病了，它会怎么说。"GPT 4 给出了一个审慎而出色的回答，这个答案可能比我们在场的任何人给出的答案都要好。"

2022 年夏末，微软的办公室还没有恢复大流行前的繁忙热闹。但在 9 月 13 日，纳德拉将其级别最高的高管们召集至微软高管所在的中心 34 号楼。当时距离奥尔特曼决定发布 ChatGPT 还有两个月。

奥尔特曼与布罗克曼为与会者演示了 GPT 4。他们先是询问了 GPT 4 一些生物方面的问题，随后布罗克曼让高管们尝试为难这个聊天机器人。有人询问了关于光合作用的问题。它不仅给出了答案，还排除了其他可能性。当这个聊天机器人似乎表现出知道该如何进行逻辑推理时，微软研究院负责人彼得·李大为讶异。他转身问坐在自己身边的微软首席科学家，"什么情况？！"

然后，纳德拉告诉他的副手们，一切都将会改变。这是一名通常更喜欢与他人达成共识的领导者，但这一次他在发号施令。他说，"我们

要让整个公司都围绕着这个技术战略转向"，首席科学家埃里克·霍维茨后来回忆道。"这是计算机技术历史上的一大核心发展，我们要出现在这一波浪潮的前列。"[①]

11 月 30 日，OpenAI 正式发布了 ChatGPT 3.5，迅速在业界引起轰动。ChatGPT 用 5 天时间就获取了 100 万用户。掌握聊天"神技"的 AI 对话模型 ChatGPT 横空出世，一夜爆红，成为科技圈当红"炸子鸡"，连马斯克都惊呼"ChatGPT is scary good"。

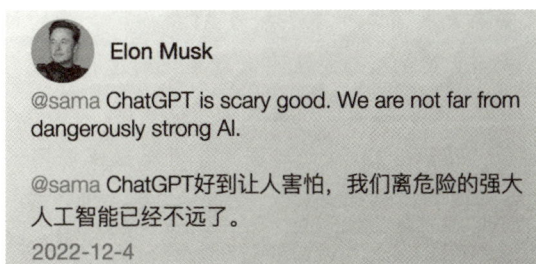

图 29-5　马斯克发文称赞 ChatGPT

ChatGPT 由 OpenAI 研发，公开发布不到一周，使用人数已经超过百万。由于给出精准答案的能力强大，ChatGPT 甚至被称作"Google 搜索的威胁"。相比于其他类似语言模型，ChatGPT 与人类的交流过程更像"人类"，它的基本技能不仅包括问答聊天、写文章、编程改 bug，甚至还能为一篇高深莫测的学术论文划重点，为人们制订假期计划、商业策划方案……这也被看作是普通用户第一次与强大 AI 的亲密接触。

ChatGPT 的爆火，正值科技圈对 AI 内容生成（AIGC）产业倾注了大量的投资热情。这款 AI 爆品也标志着自然语言处理领域似乎正在进入一个新的阶段。不过训练数据背后的偏见性问题仍是 AI 对话模型长期的痼疾，迈过这一道门，AI 对话模型才能真正触达落地普及的广阔天地。

---

① KAREN WEISE，CADE METZ，NICO GRANT，MIKE ISAAC，《AI 军备竞赛：一场永远改变了硅谷的巨头之战》，纽约时报中文网，2023 年 12 月 12 日，https://cn.nytimes.com/technology/20231212/ai-chatgpt-google-meta/。

马斯克直言："ChatGPT 好到让人害怕，我们离危险的强大人工智能已经不远了。"

负责 Google 研究的副总裁 Jeff Dean 在总结 2022 年时表示："自然对话显然是人们与计算机交互的一种重要且新兴的方式。"

90 后科学家兼创业者杨植麟[①] 认为，大模型实现突破，主要是互联网多年积累的数据、芯片突破计算能力提升、Transformer 算法架构三浪叠加之后的结果。他分析道：

第一，互联网发展了二十多年，为 AI 提供了大量的训练数据。互联网等于是把这个世界或人的想法去做数字化的过程，让每一个人产生数据，每一个人脑子里的想法最终变成了一堆数据。

这个很巧合，估计 2000 年的时候大家开始做互联网产品像搜索引擎的时候，或者做门户网站的时候，可能从来没有想到有一天这些数据居然能够为人类文明的下一代科技做出贡献。等于说在科技树的发展上，互联网是 AI 的前置节点。

第二，计算机里面很多技术也都是 AI 的前置节点，比如说要达到 10 的 25 次方 FLOPs（每秒浮点运算次数）的运算才能得到足够聪明的模型。

但是要这么多次浮点数运算同时在单一集群里面，在一个可控的时间范围内完成计算，这个在十年前是没法做到的。

这就取决于芯片技术的发展、网络技术的发展，不光是芯片算得快，还要把芯片连接起来，还要有足够大的带宽、有足够大的存储空间，所有这些技术叠在一起才能在两三个月时间内算到 10 的 25 次方。

如果要花两三年才能算 10 的 25 次方，可能就训练不出来现在的模型，因为叠加周期很长，每次训练失败了可能要再等好几年，就只能训练少一两个数量级的模型。但是少一两个数量级的浮点数运算就产生不出来现有的智能，这个就是背后的所谓规模化定律决定的。

---

① 杨植麟是清华大学交叉信息研究院的助理教授，同时也是清华大学教授唐杰的得意门生。杨植麟曾在 Facebook AI Research 和 Google Brain 工作。

第三是算法上的提升。Transformer 结构是 2017 年被发明的，发明的开始还是翻译模型，有点像专用的概念。后来有很多人拓展更通用的概念，后来大家发现 Transformer 是一个高度通用的架构。不管是什么样的数据，不管要学的是什么，只要能用数字化表述它就能用 Transformer 学习，而且这个通用体现在规模化的性质非常好。

如果用一个更传统的结构，比如说用循环神经网络或卷积神经网络，可能会发现到了 10 亿参数或更多的时候，再加参数或再加计算就不会变好。但是对 Transformer 来讲，只要一直加就会一直好，而且几乎看不到上限。这样的结构，使得通用学习成为可能。只要不断地把数据放到模型里面去，然后定义你要学习的目标函数。

这三个东西加起来，就产生了现在我们看到的通用模型，而且是缺一不可。[①]

美国管理学家迭戈·寇明说："一个经济体的强弱，不取决于引入先进科技的速度，而取决于使用先进科技的深度。"此时的中国科技从业者所担心的是：我们落后了吗？

雷军：品牌战略、技术战略、产品战略需"三位一体"

2022 年，有一次李想和雷军电话交流造车相关的话题，雷军最后问了李想一个问题："李想，你对于小米造车有什么好的建议？"李想回答："我就一个建议，你本人必须 all in 造车，没有人可以替代你。"[②]

雷军在这一年发了一条推文，他认为当电动汽车产业成熟的时候，全球前 5 的汽车品牌将拥有超过 80% 的市场份额，对小米而言，达到成

---

① 2024 年 9 月 14 日，杨植麟在天津大学宣怀学院做了一场分享。
② 李想微博。

功的唯一途径就是成为前 5 中的一员，年销量超过 1 千万辆，竞争将十分残酷。

深知造车竞争惨烈的雷军，认真践行了李想的建议，他选择"all in 造车"。

"大家的春节都过得不好，都特别特别焦虑，我们的项目进度怎么办？"2022 年春节后上班的第一天，雷军取消所有日程，组织汽车部最核心的十几个人开会商量怎么解决，"就这么一个临时召集的会，谁也没有想到，一开开了整整 21 天，开成了一个马拉松式的会议"。

刚开始大家还比较矜持，第二天开始争论越来越激烈，有时候一个问题能从早晨 9 点吵到晚上 9 点。"在这个争论过程中，我就下决心，我们团队什么时候吵明白了，我们就什么时候散会，我们就一直开到吵明白为止。"雷军回忆称，当时汽车团队的一千多人都在等待会议结果。

"今天回想这个会对我们很重要，因为我们来自五湖四海不同背景，第一次有如此长时间、高密度、面对面的讨论，帮助了大家相互了解、相互融合。"雷军称，这次讨论会总结下来形成了一个最重要的共识：小米作为一个新来者，只要能顺利上牌桌就是巨大的成功。

9 月，雷军在社交平台表示，"特斯拉比小米提前 10 多年进入电动汽车行业，有些人认为小米已经错过了进入电动汽车行业的时间窗口。对此，我不同意，比赛才刚刚开始，我认为小米还有很多机会。"

雷军在《小米创业思考》中表示：

关于品牌的定义有很多不同的解释，我的理解是，品牌是用户对一个企业提供的产品、服务、渠道、传播等全流程体验的综合认知。品牌建设对企业发展有着不言而喻的关键意义。品牌是信任积累的载体，能够显著提升业务增长与拓展的效率；品牌是一种影响极为深远的文化，是企业与用户之间共同的信仰，是企业得以持续、健康发展的能量之源。关于品牌，最常见的是将其理解为传播战术。实际上，品牌远不只是传播战术，它还是所有业务方向重要的共识，是企业最重要的核心资产之一。品牌战略就是面向大众认知的、外化可感知的集团战略。我们可以这样理解，品牌战略、技术和产品战略，以及用户经营战略是公司整体战略在不同领域的投影，当且仅当这三大战略高度统一、"三位一体"时，公司才能持续高速稳健地发展，取得长久的成功。

雷军或许是中国第一位明确讲品牌战略的重要性，使其与集团战略对齐的科技领袖。

雷军永远站在小米品牌战略的 C 位，并为品牌建设这个 CEO 工程，引入了一系列组织机制和方法保障。小米公司专门成立了集团品牌管理委员会，对小米集团品牌资产进行统一的维护、管理、监督，并将品牌规范使用纳入各业务部门年度考核。此外，小米还引入了 IPD 管理体系，通过管理工具拉通品牌与业务流程，建立品牌主张、产品定义、目标用户"三位一体"的管理体系。

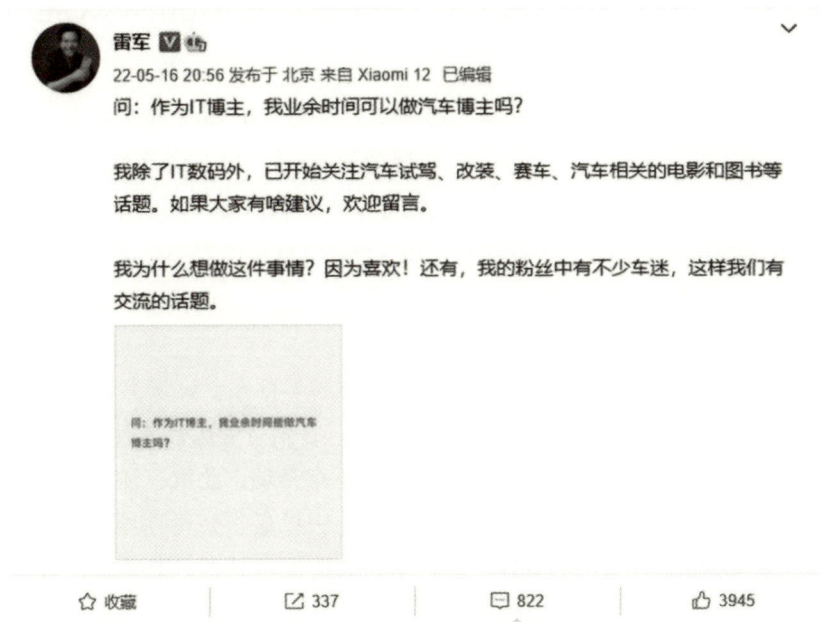

雷军 V

22-05-16 20:56 发布于 北京 来自 Xiaomi 12 已编辑

问：作为IT博主，我业余时间可以做汽车博主吗？

我除了IT数码外，已开始关注汽车试驾、改装、赛车、汽车相关的电影和图书等话题。如果大家有啥建议，欢迎留言。

我为什么想做这件事情？因为喜欢！还有，我的粉丝中有不少车迷，这样我们有交流的话题。

☆ 收藏　　　☑ 337　　　🗨 822　　　👍 3945

图 29-6　雷军微博谈自己的"博主身份"

最后，小米还引进了一系列可量化的指标来衡量品牌建设的成果，比如 NPS 和 BHT。NPS 即用户净推荐值体系，NPS 能够分解量化展示出用户对本品牌各方面的满意度，同时指出品牌表现的具体优点和缺点；而 BHT 是品牌健康度体系，包括认知度、偏好度、第一提及率等，它所体现的是用户对品牌的感性认知、品牌对用户心智的影响力和占据水准，以及用户下一次购买的偏好考虑等。

小米不但将品牌战略、技术战略、产品战略打造为"三位一体"，更在机制和工具方面，为品牌这个 CEO 工程提供了最充分的保障。

作为 IT 博主的小米创始人雷军在社交平台透露了自己想业余时间做汽车博主的想法。他表示，自己除了 IT 数码外，已开始关注汽车试驾、改装、赛车、汽车相关的电影和图书等话题。

问界，华为所打造的智能汽车生态品牌联盟

2022 年 10 月 22 日晚，华为通过线上方式举办 Mate 40 发布会。在介绍业界首款 5 nm 工艺的 5G SoC 麒麟 9000 系列时，余承东表示：其遥遥领先于同行。在介绍屏幕、电池等多个参数点时，几乎每个方面都有遥遥领先于同行之说。据统计，整个华为 Mate 40 发布会上，余承东一共说了 14 次"遥遥领先"。"遥遥领先"一词不胫而走，从此成为了华为和余承东的"专属词汇"。

2023 年 4 月 1 日，余承东在中国电动汽车百人会论坛上表示："之所以叫华为问界，是想成为一个生态品牌，让消费者选择的时候不会很困惑，因为现在是赛力斯生产的，马上还有奇瑞、北汽、江淮生产搭载华为整套解决方案的车出来。我们加上去以后，公司领导有不同的意见，我们就出了一个文件，把'华为'给取消掉了，其实本质没有改变。"

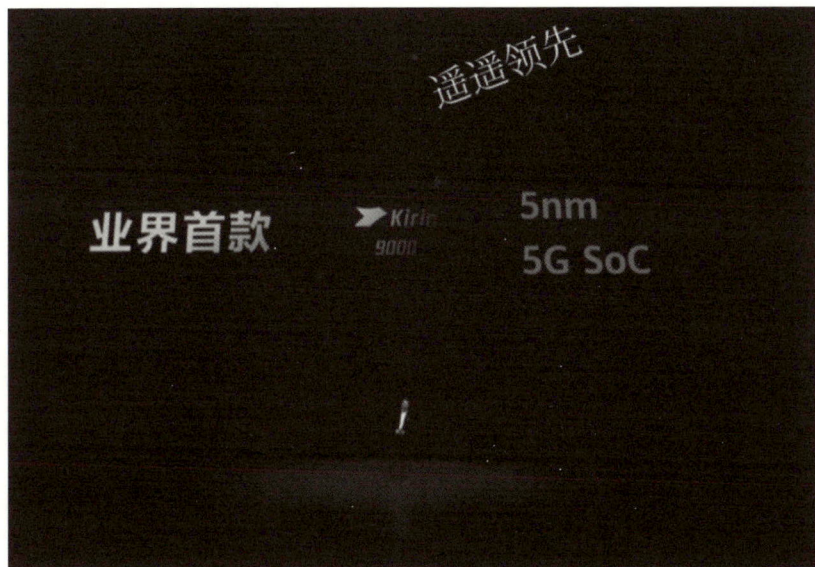

图 29-7　华为 Mate 40 发布会

这年 6 月份，理想汽车创始人、董事长兼 CEO 李想在微博中坦言："2022 年三季度，问界 M7 的发布和操盘，直接把理想 ONE 打残了，我们从来没遇到过这么强的对手，很长一段时间我们毫无还手之力。华为的超强能力直接让理想 ONE 的销售崩盘、提前停产，一个季度就亏损了十几亿……"

造车与否，这是华为进军智能汽车行业时面临的难题。直接下场造车，不仅成本高昂，还会招致美国的进一步打压。但如果不造车，华为在智能汽车领域的品牌影响力又如何体现呢？

毕竟，华为直接参与了智能化、软件、芯片、设计等一系列环节，但这些车辆并没有明显的"华为印记"。而且，华为的生产合作方有赛力斯、奇瑞、北汽等多家汽车厂商。这势必会让用户在认知上感到困惑。

华为最终走出了一条品牌新路：成立问界品牌。"问界"是华为在智能汽车领域的生态品牌，它既避免了直接造车的风险，又实现了与车企伙伴们在品牌侧的共创、共赢。

余承东直言："我们在问界这个车上开创了一个新的商业模式，就是由华为做的生态品牌联盟，这是和车厂共同研发，不是代工。华为没有造车资质，也没有做整车的人，但是提供智能化、软件、芯片、设计、体验、质量管控等，我们是联合开发，车厂的设计人员、质量管控，双方一起来做。"

华为智选车所规划产品有十余款车型，每家合作车企都推一个新品牌不太现实。如果以问界品牌统筹，不同定位产品还能互相借力。比如超豪华产品会带来品牌溢价，有利于中高端定位车型销售。

夫唯不争，天下莫能与之争。华为不与合作伙伴抢生意，而是通过打造"问界"这一生态品牌，来全面提升智能汽车行业的水平和竞争力。

对于品牌建设，任正非也有着独特的观点：

你们对品牌的理解不要偏狭，不要认为品牌就是广告，不要理解为要投入很多钱才能建立品牌。广告是必需的，但只是手段之一，处处、时时都是品牌。比如，苹果公司在形象设计和服务设计上做了一系列工作，值得我们学习。有人去苹果售后维修摔坏的手机屏幕，经鉴定无法修复，售后直接免费更换了一个手机。其实打碎手机屏的人并不多，提供了这种服务，就是在树立品牌。①

品牌不仅仅是广告，而且是一切商业行为的综合体现。产品、价格、渠道、促销等等，都对品牌的塑造有着至关重要的作用。

一旦掌握了一套成熟、有效的品牌管理办法，则可在任何业务上，游刃有余。2022 年 7 月，华为董事余承东在一场发布会上坦言："我带的团队，经过这十年的摔打，已经懂得了如何打造顶尖品牌。如果说今天活不下去了，哪怕去做鞋子、袜子、桌子、椅子，我们都有信心做到最好。"

华为在品牌打造方面，已经拥有了一套体系化的先进方法论。比如，产品方面，华为始终坚持以客户需求为导向，不断创新和提升技术水平，打造出高质量、高性能、高安全的产品；在价格方面，华为采用

---

① 任正非谈品牌：《不要狭隘地将品牌理解成广告》。

了合理的定价策略，既保证了自身的利润空间，又体现了对客户的尊重和价值；在渠道方面，华为建立了全球化的销售网络和服务体系，覆盖了各个市场和区域，提供了便捷和专业的服务；在促销方面，华为运用了多种方式和手段，比如举办各种活动、发布各种资讯、邀请各界人士参与等，来增加品牌的曝光度和影响力。这些都对品牌的塑造有着至关重要的作用，也真正助力华为的品牌逐步从中国走向世界。

詹姆斯·卡斯在《有限与无限的游戏》中写道："世上至少有两种游戏。一种可称为有限游戏，另一种称为无限游戏。有限游戏以取胜为目的，而无限游戏以延续游戏为目的。"

小鹏 G9 定价风波，理想产品节奏问题

2022 年 9 月 21 日，小鹏发布 G9，上市的当晚，就被用户吐槽车型配置混乱、配置搭配不合理。

造成的影响有：原先预订的用户大量退单，同时小鹏汽车在美股和港股双双大跌，跌幅超过 10%，G9 在第一个完整交付的 2022 年 10 月，销量仅有 623 辆。

何小鹏直言，（为了平息 G9 定价风波而进行的）这场涉及组织架构和人事变动的深刻变革是"二次创业"。变革举措包括：

第一，紧急回应，重新对配置定价：修改了 G9 车型名称，以 Plus/Pro/Max 来划分不同版本，并且将此前需要选配的配置标配到不同版本的车型上，相当于变相降价。

第二，对外重点展示全新组织架构：2022 年 10 月，小鹏开启全面组织架构调整，包括成立战略、产品规划、技术规划、产销、OTA 五大委员会，建立三个产品平台矩阵，确保以客户和市场导向为主，端到端地负责产品全业务闭环。

第三，加强新加入高管王凤英的传播：2023 年 1 月底，原长城汽

车总裁王凤英加入小鹏，出任总裁，全面负责公司的产品规划、产品矩阵以及销售体系，并向何小鹏汇报；王凤英上任后立下了宏大 flag："三年小鹏销量达百万级别，五年小鹏市值达千亿美元。"

第四，以精细化为目标，设立财经平台：2022 年 12 月底，新设立财经平台，主要用于提升成本费用管控的精细化水平和财务体系的合规能力。

第五，原管理层低调调整：2022 年 11 月底，联合创始人、总裁夏珩辞去执行董事职务，CEO 助理李鹏程离职。

同样在 9 月，理想 ONE 降价促销和即将停产的消息引发用户集体投诉；理想 L8 与理想 ONE 产品换代出现打架情况。

理想 ONE 在 8 月共交付 4571 辆，同比下降近 52%，环比下降 56%，是造车新势力当中唯一一家同比和环比均出现下降的企业，有超过 1000 名车主发起集体投诉。

理想汽车很快做出回应。理想发布《关于理想 ONE 售后保障及软件升级服务的说明》，其中承诺将严格履行对于所有车主的质保承诺，并在使用过程中提供原厂纯正配件用于维修保养和质保服务，用户对于后续的车辆售后保障完全不用担心；将原厂售后零配件的生产与供应保障，提高至自停产后不少于 12 年。此外理想还做了以下动作，来应对这次危机：

第一，强调新车型享同等售后政策：理想 ONE 车主将享受和新车型同样的售后服务，享有首任车主终身质保权益的用户不受任何影响。

第二，保证软件迭代跟进：持续提供 OTA 升级服务，以丰富手机钥匙共享等产品功能，以及长期的车机、增程电动与智能驾驶的迭代。

第三，传播赠送流量 & 加油卡让利车主：理想 ONE 追加赠予三年流量无忧，追加赠予所有理想 ONE 车主三年每月 20G 的免费流量；同意为七、八月份购车的车主补贴 3000 元的加油卡。

第四，放低姿态，称向华为学习：全面向华为学习，人手最少购买 10 本华为的公开书籍。

第五，强调组织升级，从华为挖人：原华为全球 HRBP 管理部部长李文智任职 CFO 办公室负责人；原华为意大利终端业务部部长、荣耀海外销售与服务部部长邹良军任职销售与服务高级副总裁。

自称被华为"打残了"的理想，整装之后，重新开启了自己的新征程。

2022 年，努力变成无限游戏

《反脆弱》的作者纳西姆·尼古拉斯·塔勒布说："验证你是否活着的最好的方式，就是查验你是否喜欢变化。"

2022 年底 GPT 4 发布，这一事件成为了人类走向 AGI 的一个巨大里程碑，因为 GPT 4 做到了以前从来不可能做到的效果。

算力、数据、算法这三条河流，在 2022 年，终于汇聚一处，最终冲破束缚，奔向通用人工智能的海洋。数据方面，此前互联网已经在全球发展了 28 年，为 AI 积累了海量数据。算法方面，Transformer 架构提出，一个可以被规模化的网络结构终于出现。算力方面，半导体产业的发展，乃至整个软件生态的发展，让人类能够去训练 10 的 25 次方浮点数运算这样的庞大模型。

AI 的发展得益于互联网、Transformer 架构和半导体技术的发展，这三个天时地利的因素共同促成了 AI to C 的机会。甚至有观点认为：互联网最大的价值，或许就是为 AI 积累了二十多年的数据。

潮起，每个人都觉得自己是弄潮儿；潮退，才能知道谁在裸泳。

熊彼特说创新是当我们面对山呼海啸般的不确定的时候，仍然敢于挑战所有的不确定性。

但所有人都知道，这一切，都还只是一个开始。

【战略金句】

◇ 埃隆·马斯克：你的职位越高，你就越应该让大家都看到你。这就是我住在工厂的原因，这样生产线上的人可以看到，我是和他们一起工作的，如果我不这么做，特斯拉早就破产了。

◇ 雷军：品牌是用户对一个企业提供的产品、服务、渠道、传播等全流程体验的综合认知。

扫码阅读本章更多资源

智能元年

往前看，别回头啊。

——电视剧《漫长的季节》，2023

风浪越大，鱼越贵。

——电视剧《狂飙》，2023

伏尔泰曾言："最长的莫过于时间，因为它永远无穷尽，最短的也莫过于时间，因为我们所有的计划都来不及完成。"对于有足够智慧的人来说，或许只有时间，才是唯一的货币。

2023 年，对于很多还没有准备好的人来说，来得有些太快了。但那些跃跃欲试者，却对这一年早已急不可待。

5 月 22 日晚，歌手孙燕姿突然发文感慨："我的 AI 角色也成为了目前所谓的顶流。我想说的是，你跟一个每几分钟就推出一张新专辑的人还有什么好争的……人类无法超越它已指日可待。"

孙燕姿在帖子中写道：

无论是 ChatGPT 还是 AI 或者你想叫它什么名字，这个"东西"现在能够通过处理海量的信息，同时以最连贯的方式拼接组合手头的任务，来模仿或创造出独特而复杂的内容。等一下，人类不就是这样做的吗？之前我们一直坚信，思想或观点的形成是机器无法复制的任务，这超出了它们的能力范围，但现在它却赫然耸现并将威胁到成千上万个由人类创造的工作，比如法律、医学、会计等行业，以及目前我们正在谈论的，唱歌。

与此同时，"AI 出来后第一个失业的是孙燕姿"这一话题，也被推上了微博热搜榜。

就在这位歌手发文之前的一两周时间里，在 AI 的加持下，孙燕姿以一种少见的方式，在网络中实现二次翻红。仅在 B 站平台上，就有上千条与"AI 孙燕姿"相关的视频。由"AI 孙燕姿"所翻唱的《发如雪》播放量达到了 122 万，《下雨天》也达到了 116 万。网友调侃：本人未曾开口，轻而易举地"占据"华语乐坛半壁江山。

不仅仅是孙燕姿，世界上的很多角色，都在这一年，通过各种形式真切地感受到了生成式 AI 的魅力和威胁。

1 月底，ChatGPT 的全球月活用户超过了 1 亿，ChatGPT 也就此取代 TikTok，成为了人类历史上用户增速最快的应用。

2 月，加利福尼亚州的一家健康公司的研究人员，尝试测试了 ChatGPT 在美国执业医师资格考试中的表现，ChatGPT 获得了合格成绩。而在美国，最难考出执照的两个职业，分别是医生和律师。

在 4 月 22 日上海的一场演讲中，奇绩创坛的创始人陆奇大胆预测："OpenAI 未来肯定比 Google 大，只不过大 1 倍、5 倍还是 10 倍。"要知道，此时 Google 的市值早已超过万亿美元，人们不禁好奇：OpenAI 到底有着怎样的潜力？

陆奇与中美两国人工智能产业界真正处在权势顶峰的大人物们，有着千丝万缕的关系，其中包括山姆·奥尔特曼、李彦宏、王小川等。

这年 8 月，一名计算机科学专业学生研发的人工智能模型从赫库兰尼姆古卷中识别出古希腊文"porphyras"（意为紫色）。公元 79 年，维苏威火山喷发让数以百计的卷轴在被掩埋后留存至今，赫库兰尼姆古卷正是其中之一。这是现代社会中人工智能首次帮助破译古代卷轴的部分内容。

还有无数人工智能技术走进生产生活的案例在涌现。

以 ChatGPT 的"出圈"为标志，2023 年的 AI 狂飙大戏的序幕，正式拉开。不论是科技互联网领域的从业者，还是普通大众，都意识到：人工智能的浪潮涌来了。

比尔·盖茨在 11 月 10 日表示："近 30 年来，我一直在思考智能体，并在 1995 年出版的《未来之路》一书中提到了它们，但直到最近，由于人工智能的进步，它们才变得实用起来。智能体不仅会改变每个人与电脑互动的方式。它们还将颠覆软件行业，引领自我们从输入命令到点击图标以来最大的计算机革命。"[1]

2023 年 7 月 7 日，Midjourney 创始人大卫·霍尔茨在接受媒体采访时谈道：我觉得中国古代文学有一些最美的对人类历史的深刻思考，Midjourney 这个名字其实来自我最喜欢的一本道家书籍的翻译，来自庄子。我之所以喜欢这个词，是因为我觉得人有时很容易忘记过去，容易有失溶感，对未来感到迷茫和不确定，但最重要的是我们就生活在旅途中，我们来自丰富和美丽的过去，在我们面前是疯狂和难以想象的、宝贵的未来。

OpenAI：关键玩家

毫无疑问，OpenAI，位于这一波人工智能浪潮的最汹涌处。

---

[1]　比尔·盖茨：《人工智能将彻底改变你如何使用电脑》，比尔·盖茨微信公众号，2023 年 11 月 10 日。

成立于 2015 年 12 月的 OpenAI，2018 年 6 月 在 题 为 "Improving Language Understanding by Generative Pre-Training" 的论文中正式公开了其第一个 GPT 模型 GPT 1。此后几年经过多次迭代，直到 2022 年底，其 GPT 3.5 因高质量的问答彻底引爆了互联网。

几乎全球的科技领袖，都在第一时间达成共识，认为 ChatGPT 将对人类社会产生划时代的影响。上一次让人们达成这一类共识的产品，是 iPhone。

图 30-1 《经济学人》2023 年 4 月 22 日封面

比尔·盖茨表示："ChatGPT 诞生的重要意义，不亚于 PC 或互联网的诞生。"比尔·盖茨认为，人类社会现在正处于重大转变的开端。

一个新时代的最初几年往往以许多变化为标志。如果你年纪够大，应该还记得互联网诞生之初的情景。起初，你可能不知道有多少人在使用它。但随着时间的推移，它变得越来越普遍，直到有一天，你意识到大多数人都有电子邮件地址，在网上购物，并使用搜索引擎来回答他们的问题。

我们现在正处于这一转变的开端。这是一个令人兴奋和困惑的时代，如果你还没有想好如何充分利用人工智能，那你并不孤单。

英伟达的 CEO 黄仁勋则更是直白，他直接把 ChatGPT 比作 iPhone："ChatGPT 是人工智能的'iPhone 时刻'。"

在这年 5 月的腾讯 2023 年股东大会上，马化腾直言：

"我们最开始以为这是互联网十年不遇的机会，但是越想越觉得这是几百年不遇的、类似发明电的工业革命一样的机遇。互联网企业都有很多的积累，都在做，我们也一样在埋头研发，但是并不急于早早做

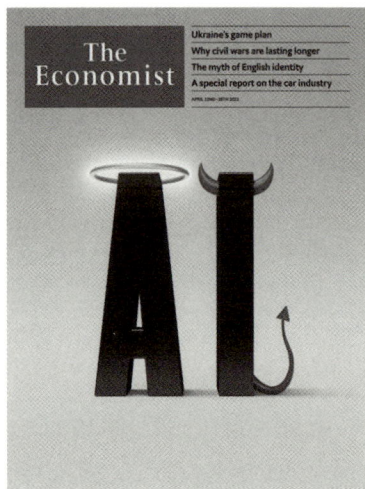

完，把半成品拿出来展示。"

2021 年，OpenAI 创始人山姆·奥尔特曼曾询问了前来拜访的张一鸣一个问题：如何做出一款日活 10 亿的 App？

OpenAI 也在沿着当年苹果推 iPhone 的节奏继续推进着。11 月 7 日，OpenAI 在其首届开发者日上，正式推出了 GPT Store。此时，OpenAI 在全球范围的开发者数量已经突破了 200 万。每个人，都在为 OpenAI 所引领的这一波科技浪潮的发展速度感到震惊。事实上，即便是在 OpenAI 内部，ChatGPT 的受欢迎程度都令人震惊。

人们也发现，OpenAI 这家公司，也在发生着一些微妙的变化。在 2 月 14 日发布的 *Planning for AGI and beyond* 中，OpenAI 的 *Mission* 措辞发生了细微变化：

"Our mission is to ensure that artificial general intelligence—AI systems that are generally smarter than humans—benefits all of humanity."

中文可翻译为："我们的使命是确保通用人工智能（通常比人类更聪明的人工智能系统）造福全人类。"

这里面显示了 OpenAI 的两个变化。第一个变化是增加了对 AGI 的描述，指明了 AGI 的智慧程度会高于人类智能。第二个变化是把"不以财务回报"为目的改为了普惠人类。

在这一年的大热电影《奥本海默》中，妻子对奥本海默说："世界正在急速转向，属于你的时刻来了。"

如果说 OpenAI 是 2023 年科技界真正拿到 AI 船票的那家公司，那么山姆·奥尔特曼则

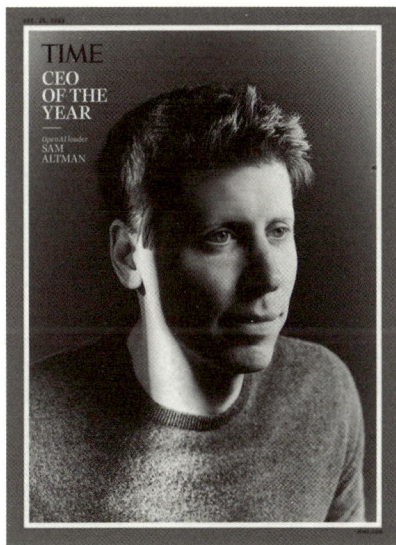

图 30-2　奥尔特曼当选《时代》年度 CEO

是 OpenAI 这艘大船的唯一船长。12 月 6 日，美国《时代》杂志公布了 2023 年年度人物名单，OpenAI 首席执行官山姆·奥尔特曼当选年度首席执行官。

但现实世界总是让人摸不着头脑。就在全世界都在称赞这位年轻的 CEO 时，这年年底，OpenAI 突然上演了一出令人大跌眼镜的狗血剧情。

11 月 16 日这天晚上，OpenAI 联合创始人兼首席科学家伊利亚·苏茨克维尔邀请奥尔特曼第二天中午聊天。在指定时间，奥尔特曼与苏茨克维尔一起参加了一场线上会议，除布罗克曼外，整个董事会成员都出席了会议。苏茨克维尔告诉奥尔特曼，他将被解雇，消息很快就会公布。

"这真的感觉就像一个奇怪的梦，比我想象的要强烈得多。"奥尔特曼后来告诉《时代》杂志。

伊利亚·苏茨克维尔、Quora 首席执行官亚当·迪安吉洛、乔治城大学安全与新兴技术中心战略总监海伦·托纳和企业家兼计算机科学家塔莎·麦考利四人是起初决定将奥尔特曼免职的董事会成员。董事会决定解雇奥尔特曼，原因是认为他与董事会的沟通"并非总是保持坦诚"。

11 月 17 日，OpenAI 董事会正式对外宣布，OpenAI 创始人奥尔特曼辞去首席执行官一职，并退出董事会。而 OpenAI 的另一位创始人格雷格·布罗克曼则辞去了董事会主席一职。董事会的声明很简洁：公告称奥尔特曼"在与董事会的沟通中始终不坦诚，阻碍了董事会履行职责的能力"，"董事会不再相信他继续领导 OpenAI 的能力。"

罢免事件发生后，38 岁的奥尔特曼与他在科技行业的盟友，以及 OpenAI 的几乎全部员工，开始寻求迫使公司董事会为他复职的办法。已经在硅谷浸淫多年的奥尔特曼怎会束手就擒？

该事件以令人应接不暇的速度快速变化。首先是 OpenAI 的最大投资方微软宣布，奥尔特曼、布罗克曼等人将加入该公司，成立一个新的高级人工智能实验室。

另一方面，OpenAI 的超过 700 名员工中，几乎所有人都签署了一封信，告知董事会如果奥尔特曼不能复职，他们将离开公司追随他加入微软，这家初创公司的未来将因此陷入危机。除了对奥尔特曼的尊敬，员工们也清晰地知道，一旦更换 CEO，自己手中的公司股票的价值将会大打折扣。

最终，奥尔特曼如愿回归 OpenAI 重新担任 CEO，并彻底改组了董事会，还为微软提供了一个观察员席位。

"我爱 OpenAI，过去几天我所做的一切都是为了保住这个团队及其使命。"奥尔特曼在 X（原 Twitter）[①] 上写道。"在新董事会和萨提亚的支持下，我对重回 OpenAI 并进一步巩固与微软的紧密合作充满了期待。"

吃瓜的人们除继续感慨"世界是个草台班子"，也在揣度，这里面究竟发生了什么事情。

xAI：了解宇宙的真实本质

OpenAI 的竞争对手，也在快速涌现。其中最为引人关注的，是 OpenAI 的发起人之一马斯克所创办的 xAI。

2023 年 3 月，马斯克在社交媒体平台 X 办公楼的第十层，正式创建了 xAI。这家公司初期的团队成员由特斯拉、SpaceX 以及他 17 岁的儿子、表兄弟和管理家族办公室的 Jared-Birchall 的儿子组成，后续又招募了来自 OpenAI、微软以及 Meta 的研究人员，目的是在三个月内超越 OpenAI，提供一个有竞争力的大语言模型。

7 月初，埃隆·马斯克在社交媒体 X 上正式对外宣布了人工智能公司 xAI 的存在。

xAI 的官网显示，公司的宗旨是"了解宇宙的真实本质"。公司由马斯克本人亲自带队，其他成员则来自 DeepMind、OpenAI、Google 研究院、微软研究院、特斯拉、多伦多大学等，曾参与过 DeepMind 的

[①] 2024 年 7 月 24 日，马斯克将 Twitter 正式更名为 X。

AlphaCode 和 OpenAI 的 GPT 3.5 和 GPT 4 聊天机器人等项目。

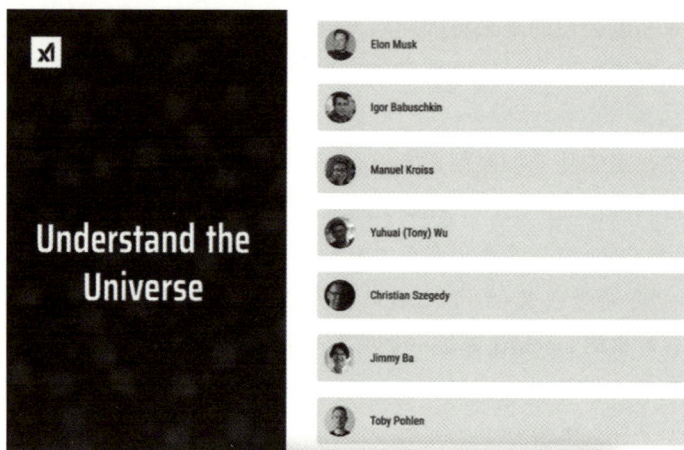

图 30-3　xAI 官网截图

　　马斯克将 xAI 定位为与 OpenAI、Google 和 Anthropic 等公司同台竞技，他们是 ChatGPT、Bard 和 Claude 等知名聊天机器人的推手。

　　马斯克对于人工智能风险的担忧一如既往。xAI 团队目前由研究员 Dan Hendrycks 作为顾问，他目前是人工智能安全中心的负责人。该中心是一个非营利组织，旨在"减少与人工智能相关的社会风险"，该中心还表示应将人工智能风险和流行病、核战争等其他大规模风险一并优先考虑。

　　11 月 5 日，埃隆·马斯克在 X 上宣布推出 Grok。xAI 表示，Grok 这一人工智能工具"最大限度地造福全人类，并将是任何人的强大的研究助理。"

此时的世界与中国

　　这一年的热词是"草台班子"，普通人不论是对中金这样的顶级金融公司，还是对各个大厂中的精英人群，都在快速祛魅。

2023 年 7 月的第一周，被宣布为地球有史以来最热的一周。根据非营利机构"气候中心"的数据，从 2022 年 11 月到 2023 年 10 月，地球经历了有记录以来最热的 12 个月。全球气温比前工业化时代的纪录上升了 1.3℃，这一数据已经接近 2015 年《巴黎协定》所设定的全球变暖升温控制基准 1.5℃。

加拿大发生了前所未有的山火，巴西亚马孙丛林也出现历史性干旱，而飓风"多拉"则在毛伊岛造成了美国一个多世纪以来最致命的火灾。

表现异常的，不仅仅是天气。

这年 3 月，人民币首次超过美元，成为中国跨境支付中使用最广泛的货币。到了 4 月，印度则取代中国成为世界上人口最多的国家。5 月 6 日，英国国王查尔斯三世的加冕仪式，在英国伦敦的威斯敏斯特教堂顺利举行。

对于中国人来说，2023 年难言轻松。

春节一过，原本所有中国人都长舒了一口气。年初，人们想象着，2023 年将会不一样。在新冠疫情整整肆虐了三年之后，每一个中国人，都希望中国经济这条大船，能够迅速开足马力，再次迎风远航。因为这艘船的速度，影响着船上每个人的实际生计。

人们也希望找一些合适方式，释放一下体内所积累的烦闷。2023 年的"五一"假期，全国共接待游客"报复式反弹"到 2.74 亿人次。①

6 月 15 日晚，一位北京球迷从看台一跃而下，冲进了工体正在举办的阿根廷国家队对阵澳大利亚国家队的比赛中。这位球迷疯狂奔跑，先后"摆脱"了多位保安，成功拥抱了偶像梅西。这位球迷当天所穿的球鞋，甚至也一度登上了某电商平台的球鞋热销榜。人们在现场，在网络上，为这个勇敢的年轻人的"撒欢"喝彩。

舆论场中，有越来越多的专家学者，开始拿中国和日本做对比。

2006 年，日本管理学家大前研一出版了一本名为《M 型社会》的

---

① 2022 年是 1.6 亿人次。

书。大前研一判断：从 1990 年到 2006 年，日本经济失速的这些年份中，日本社会正逐渐形成一种"M 型"双峰结构，高收入人群和低收入人群各居两端，并且贫富差距不断拉大，而位于中间的中产阶层则向下塌陷，如同"M 型"一般。

2023 年，中国人口为 14.1 亿人，全年出生人口 902 万人（比 2022 年少 54 万人），死亡 1110 万人（比 2022 年多 69 万），这意味着，中国人口整体减少了 208 万人。

与此同时，中国的下沉人群规模依旧足够庞大。根据易观的数据，到 2023 年底，中国第三方输入法 TOP3，即搜狗、讯飞、百度三家去重活跃用户规模共计约 5.78 亿人。做一道简单的算术题：10.92 – 5.78 = 5.14 亿。从绝对值来算，中国目前网民里面大约有 5.14 亿用户不会使用输入法。不论是抖音快手，还是拼多多，在移动互联网的下半场，真正吃透红利的，是抓住了这 5.14 亿"相对下沉人群"的公司。

2023 年中国国内生产总值（GDP）同比增长 5.2%，这比年初制定的 5% 的目标要乐观。但从官方到经济学家都指出，中国经济目前仍然存在社会预期偏弱，房地产市场疲软等问题。

在这年 9 月 10 日的一场直播活动中，有网友留言吐槽一支中国品牌的眉笔售价竟然高达 79 元人民币，这引起了主播的不满。

"哪里贵了？这么多年都是这个价格好吧。不要睁着眼睛乱说，国货品牌很难的。"情绪明显上来的主播进一步补充说，"有时候找找自己的原因，这么多年了工资涨没涨，有没有认真工作？"这位主播正是中国电商直播界的"一哥"：李佳琦。

李佳琦的言论，迅速点燃了网友们的怒火。网民们抨击他"赚钱之后变得很膨胀""挣我们的钱还看不起消费者"。更是有人质疑，在中国经济正在低迷之时，赚到了钱的李佳琦"有没有了解民生疾苦"。李佳琦的微博粉丝一天之内减少了近 100 万。

事实上，如果李佳琦对这一年流行的影视剧稍加留意，就能够意识到，普通人们的神经，正在变得愈发敏感。

这一年的中国影视剧，充满了对 20 世纪 90 年代末期的追忆。

1 月 14 日，电视剧《狂飙》上映，这部电视剧讲述了 20 世纪 90 年代以京海市为背景的扫黑故事。在剧中，一线刑警安欣与以高启强为首的黑恶势力展开长达二十年的斗争。扮演高启强的演员张颂文因其充满张力的表演，一夜成名。

4 月 22 日，电视剧《漫长的季节》上映。这部电视剧的背景是中国 20 世纪 90 年代的下岗潮。从 1995 年到 2002 年，中国国有企业和集体企业中，共有 6000 多万名职工下岗。不幸下岗的工人们，有人借机高升远走，有人从此疲于奔命，更多人潦倒惨淡，了却余生。

与 30 年前的下岗潮呼应的是，最新一代的大厂年轻人们，正处在这一波裁员风暴的中心。

腾讯 2023 年第一季度的财报显示：腾讯共计拥有 106 221 名员工，较 2022 年同期减少了 1 万人。一年减员 1 万人，力度之大，可见一斑。腾讯并不孤独，实际上每一家互联网大厂，都在上演着类似的故事。阿里巴巴 2022 年全年直接减员 1.9 万名员工。阿里巴巴的总员工人数，从原来披露的 24 万，下降到了约 22 万。虽然舆论场中，不时就会出现大厂员工去跑滴滴一类的吸引眼球的新闻。但进入 2023 年之后，属于互联网大厂的漫长季节，可能才刚刚开始。

2023 年这般的中国互联网，很难不让人唏嘘。要知道就在十年前，中国互联网还完全是另一番景象。2013 年的中国互联网，高歌猛进、东成西就。彼时的字节跳动刚刚成立一年，在当年正式推出了"头条号"；如日中天的小米开始构建自己的智能产品生态；微信在这一年上线了公众号；王兴雄心勃勃地为美团的未来做着规划：2015 年 GMV 过千亿、2020 年突破万亿……

故事的另一面是，面对新的航向与征程，那些有些力不从心的老船员，将不得不下船。一些主动离去，一些被赶下去。唯一能带走的，是对那段大厂往事的回忆。

强大如阿里巴巴和腾讯尚是如此，其他"大厂"的情况可以想象。

更让人揪心的是，大厂裁员只是当下失业叙事的冰山一角。

中国 4 月份城镇失业率为 5.2%，16 岁至 24 岁人口的城镇失业率更是达到触目惊心的 20.4%。要知道，在即将到来的 6 月，将会有 1000 余万刚刚毕业的大学生走向社会……失业问题，继 20 世纪 90 年代之后，再一次被摆上了桌面。

互联网大厂，正在经历漫长的季节；年轻人们，正在经历漫长的季节；中国经济，同样在经历漫长的季节。

在电视剧《漫长的季节》的结尾，"大厂下岗员工"老年王响穿越玉米地，来到了熟悉的铁轨前，又仿佛看到了曾经疾驰而过的火车，以及火车上的自己。男主角王响对年轻的自己喊道："往前看，别回头啊。往前看。"

在寒意仍未真正褪去之前，每一个个体，都开始忧心忡忡着自己的未来，猜测着这漫长寒冷的季节，是否终于走到了终点。普通人，更希望看到真实的生活和实实在在的幸福。

但科技互联网行业的新故事正在上演。7 月份，梁文锋在杭州成立了一家名为深度求索的人工智能公司。"只招 1% 的天才，去做 99% 中国公司做不到的事情。"面试过 DeepSeek 的应届生这样评价其招聘风格。

微软：此时真正的赢家

所有科技界的从业者都在思考：ChatGPT 是否正在引发新一轮"技术爆炸"？因为科技行业的历史已经无数次证明，一旦"技术爆炸"发生，大概率会有新的平台型巨头诞生，曾经看似无敌的王者有可能突然轰然倒下。

但站在 2023 年的时间节点，从所有维度来看，微软看起来都是真正的赢家。

在萨提亚·纳德拉的领导下，微软提前布局重金投资了 OpenAI，这让微软提前"预约"了 OpenAI 的潜在巨大收益。

图 30-4　OpenAI 官网介绍

根据 Business Insider 报道，实际上自 2021 年以来，比尔·盖茨一直在幕后默默策划微软的 AI 革命。

早在 2017 年，比尔·盖茨就和纳德拉及一小群公司高管分享了一份备忘录。在备忘录中，比尔·盖茨预测，一个新的世界秩序将很快由他所谓的"AI agents"带来，即能够预测我们每一个需求的数字个人助理。

这些 Agents 将比 Siri 和 Alexa 强大得多，拥有神一般的知识和超自然的直觉。"Agents 不仅会改变每个人与电脑的互动方式，"比尔·盖茨写道，"它们还将颠覆软件行业，带来自我们从输入命令到点击图标以来最大的计算革命。"

为了获取微软这样的巨头的资金支持，同时践行最初的愿景不让股东利益左右 OpenAI 发展的方向，OpenAI 采取了一种极其特殊的股权投资协议设计。简单来说，未来盈利后 OpenAI 的利润分配将按照四个阶段进行：

第一阶段：创始团队投资者将优先获得收益分配权，保证创始团队收回投资本金；

第二阶段：在创始团队投资者收回投资本金后，微软将有权获得 OpenAI 75% 的利润分配，直至收回其 130 亿美元投资；

第三阶段：在 OpenAI 的利润达到 920 亿美元后，微软的利润分配比例从 75% 下降至 49%；

第四阶段：在 OpenAI 利润达到 1500 亿美元后，微软和其他投资者（所有 LP）的股份将无偿转让给 OpenAI 的非营利基金。

这意味着，微软将会收获未来 OpenAI 逐步壮大之后的主要收益，直到 OpenAI 在未来的某一天，真正变成一个纯粹的非营利组织。

从 2023 年的时间标尺来看，真正的领先者是微软。

在很大程度上，微软甚至把传统搜索巨头们，真正逼到了墙角。根据《华尔街日报》报道，Google 创始人谢尔盖·布林为了追赶 OpenAI，在 Google 的大模型产品 Gemini 研发过程中，连续几个月每周有 3～4 天会来办公室和研究人员一同工作。连招聘研究员这样的人事决策，布林也会亲临。

英伟达："卖铲人"吃饱

3 月下旬，"摩尔定律"的提出者戈登·摩尔去世。戈登·摩尔在 20 世纪 60 年代，发现了半导体行业的一个潜在定律：在某个特定周期内，晶体管数量与价格基本成反比。更被人们所熟知的版本是：每过 18 个月，晶体管的数量会加倍，价格却会减半。

而根据 Sevilla et al. 的数据，大模型参数的增长速度，则是传统摩尔定律的 17.5 倍。这意味着，人工智能大模型正在以一种人们从未见识过的速度急速增长。

在任何一场科技革命中，"卖铲人"往往是最先赚到钱的赢家。这次的"卖铲人"赢家，是英伟达。

2023 年夏天，英伟达的季度营收首次超过了芯片巨头英特尔。要知道 2000 年时，英特尔的市值是 2770 亿美元，这个数量是英伟达市值的 60 倍。

由于对人工智能半导体的需求增加，英伟达迅速成为全球首家市值超过 1 万亿美元的芯片制造商。经过 23 年的时光推进，英特尔市值变成了英伟达的八分之一。

事实上，此时的 AI 芯片行业，有超过 80% 的算力供给都是由英伟达提供的，这让黄仁勋在科技世界中变得分量十足。他拥有着核心的分配权力，因为在众多订单里，他选择哪家公司，那家公司的胜算就多了一分。

全球几乎每一家顶尖科技公司，都是英伟达"忠诚的客户"。英伟达整个财年整体营收的 1/5，也就是 110 亿美元，是由一家客户贡献的，这家公司没有透露它的名字，但所有人都知道这家公司是大肆囤积芯片的 Meta。而微软、Google 和亚马逊等公司在云计算业务上也相当依赖英伟达的发货，这三家公司 1/4 以上的开销都交给了英伟达，高昂的成本让它们极为迫切地想要寻找平替方案，但又担心因此"得罪"英伟达。

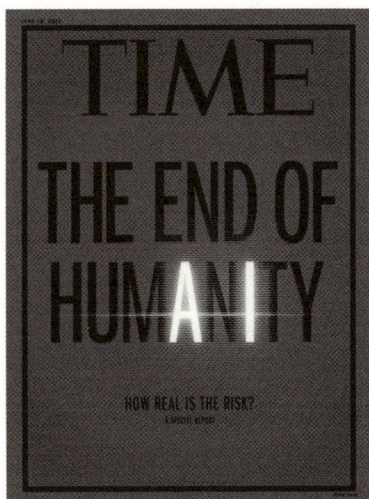

图 30-5 《时代》2023 年 6 月的封面图

甲骨文的老板拉里·埃里森回忆了一个细节，他和马斯克曾约黄仁勋吃饭，那顿持续了一个多小时的晚餐中只发生了两件事情，吃寿司，以及乞讨（begging），"没错，我指的就是字面意思上的，乞讨。"

所有迹象表明，属于英伟达的好日子，似乎才刚刚开始。

百度发布文心一言

3 月 16 日，李彦宏正式发布了自研人工智能聊天机器人文心一言。李彦宏自豪地表示，百度是全世界科技大公司中第一个发布类似 ChatGPT 的企业，早于亚马逊、Google、Facebook 的母公司 Meta 等。

李彦宏在发布会上强调："文心一言不是中美科技对抗的工具，而是一代一代百度技术人员在追寻我们让科技改变世界的一个梦想当中的自然的结果。"

无论是哪家中国公司，都不可能靠突击几个月就能做出这样的大语言模型。深度学习、自然语言处理，需要多年的坚持和积累，没法速成。

在人工智能时代，IT 技术的技术栈发生了根本性变化，从过去三层已进入"芯片—框架—模型—应用"四层。和其他中国公司相比，百度可以在技术栈的四层架构中实现端到端优化，大幅提升效率。尤其是框架层和模型层之间，有很强的协同作用，可以帮助构建更高效的模型，并显著降低成本。事实上，超大规模模型的训练和推理，给深度学习框架带来了很大考验。

"在全球范围内，在四层架构的每一层都有领先产品的公司几乎没有，这是百度非常独特的优势。"李彦宏透露，后续，芯片、框架、大模型和终端应用场景可以形成高效的反馈闭环，帮助大模型不断调优迭代，从而升级用户体验。

文心一言也就此，成为了中国市场最炙手可热的产品。当文心一言在 8 月 31 日面向全社会开放服务时，首日即回答了网友 3342 万个问题，并成为登顶 Apple Store 免费应用榜首的首个中文 AI 原生应用。

李彦宏在 3 月的发布会上强调："我们相信，人工智能会彻底改变我们今天的每一个行业。AI 的长期价值，对各行各业的颠覆性改变，才刚刚开始。未来，将会有更多的杀手级应用、现象级产品出现，将会有更多的里程碑事件发生。"

作为中国人工智能领域的绝对领军公司，百度为中国打出了自己的 AI 之牌。虽然每个人都知道，中国的文心一言与美国的 ChatGPT 还有着不小的差距，但这段新的追赶之路，毕竟正式吹响了号角。

华为携 Mate 60 归来，问界 M7 焕发新生

8 月 29 日中午，华为商城在毫无征兆的情况下，突然上线 Mate 60 Pro，搭载麒麟芯片 9000S，这款产品所引发的震动像给市场投了一枚炸弹。产品快速销售一空。

Mate 60 的发布，意味着华为没有放弃智能手机高端市场。华为也在用自己的方式，尝试在工程层面，突破中国自主研发芯片的边界。

到了 9 月 10 日，当华为 Mate 60 Pro 和华为 Mate 60 再次开启全款销售，几秒钟即告售罄。无论从品牌影响力、用户口碑、产品性能上，都能看到，华为在高端手机市场上依旧具备十足的竞争力。

这款产品，甚至还冲击到了苹果在中国市场的地位。没有华为 Mate 60 之前，有机构对 iPhone15 销量的预期是 1 亿部。华为 Mate 60 面世之后，机构对 iPhone 销量预期变成了 7800 万部。

但手机市场，已经不是一个让人感到兴奋的赛道。IDC 数据显示，2016 全年全球智能手机市场一共出货 14.7 亿部，而到 2023 年，这一数字已经下降至 11.4 亿部。对于有危机意识的手机厂商来说，尽早寻找新出路才是当务之急。

华为消费者业务的聚焦点，早已转向了汽车业务。幸运的是，这一年华为的 Mate 60 系列，与华为的问界 M7 互相配合，迅速打开了市场。

在整个上半年，华为汽车发展得一直很不顺利。在某种程度上，这源于任正非为华为汽车所安上的"紧箍咒"。

2020 年 11 月，任正非曾签发文件强调"华为不造车"。彼时，任正

非措辞非常严厉地表示，"以后谁再建言造车，干扰公司，可调离岗位，另外寻找岗位"，并在文章底部标明，本文从发文之日起生效，有效期为 3 年。

就在这年 3 月 31 日，距离上一份文件失效还有几个月的时候，任正非再次签发决策公告，强调"华为不造车"，"有效期 5 年"，并且严格要求不能让"华为"或"HUAWEI"出现在整车宣传和外观上，"华为问界""HUAWEI AITO"都不行。

这个决策直接指向了负责问界品牌的华为智选车业务部，早在 2 月份的时候，问界的不少宣传物料，已经带上了"HUAWEI"字样。负责人余承东有点气不过，当晚跑到华为的内部社区心声论坛相关帖子下留言："这个时代变了，这只会让我们更加艰难！若干年后，大家都会看明白的！留给时间去检验吧！"过了一会儿，这一条又消失了。

问界 M7 在初期的销量表现，并不能说是成功。2023 年上半年，问界 M7 月销量从 1200 多台降至 6 月的 400 多台，连续 4 个月单月销量未超过 1000 台，问界品牌销量月销萎缩至不足一万台。

危机之下，余承东称华为投入了 5 亿元，对问界 M7 进行大改。9 月 12 日发布的问界 M7 改款，堪称华为的背水一战。

全新问界 M7 在续航、性能、智能座舱、智能驾驶等方面都进行了突破，价格定在 24.98 ～ 32.98 万元，比旧款起售价调低了 4 万元。同时配置上诚意十足，曾经是 M7 高配车型才具有的座椅通风、加热、按摩等功能，在新 M7 上均为标配。

9 月 13 日，官方公布了问界新 M7 订单量突破 15 000 台，这距离问界新 M7 上市还不足 24 小时。而 Mate 60 Pro 的发布，更是成功"助攻"了新款问界 M7 的销量。华为甚至采取了买新款问界 M7，可优先购买 Mate 60 Pro 的营销举措。"华为汽车"，也就此走向了逆袭之路。

李想，在打造汽车品牌方面的系统思考

1月28日，在理想发布的内部员工信中提到，理想汽车到2030年的愿景是：成为全球人工智能行业的领导者。

创始人李想表示："在创立之初，我们希望15年后的理想汽车可以在人工智能领域（软件2.0）构建完整的体系化能力"。

2023年，理想汽车凭借三款SUV车型，斩获中国市场30万元以上SUV销量的冠军，以及30万元以上新能源汽车销量的冠军。全年累计交付量同比增长182.2%，成为首个迈过30万辆年交付量大关的中国新势力车企。

这一年，有越来越多人关注到了李想的微博。

6月19日，李想在微博写道：

"不少厂商的朋友都在问我们同事，我的微博谁负责运营？如何运营？其实我的微博都是Mind GPT生成并发布的，它擅长上网冲浪和在线怼人，我负责线下和蔼可亲。微博的言论不能代表我个人。"

李想，或许是"蔚小理"三家造车新势力中，最爱发微博的老板。

李想几乎每天都会在微博上分享智能汽车产业的动态、理想汽车的进展、自己的经营哲学等内容。他的微博风格直接、真诚、有趣，有时候还会爆粗口、内涵对手、对喷网友。李想的微博不仅能够宣传理想汽车的品牌和产品，还能够化解危机，为理想证明。

他多次怼媒体、怼友商，都起到了反击谣言、树立形象的效果。他塑造出了一个接地气、不端不装、敢说敢做的人设，让消费者觉得亲切和可信任。这样的李想，为理想汽车赢得了大量免费的关注。据统计，仅在2023年6月的前19天里，李想总共发布了31条微博，其中有一天甚至发了9条。李想更是被国内某一家车企的内部会议称为"微博之王"，被认为是中国智能汽车行业中，最擅长进行社交媒体营销的CEO。

擅用微博，只是李想整体品牌管理体系的一环。李想对品牌建设，也有着一套自己的哲学。

在 3 月 2 日的理想汽车春季媒体分享会上，李想表示：

"做一个从 0 到 1 的企业最重要的其实是品牌。因为品牌要回答对内、对外硬币两面的问题。我们要先对内回答：我是谁，要到哪里去，以怎么样的方式去。另一方面，我们必须要对消费者回答清楚：我们是谁，提供什么样的价值。"

李想曾直言，中国 300 多家造车新势力中，只有 1% 的公司在品牌方面是合格的。很多公司没有明确的品牌定位和目标，产品逻辑和市场传播都是乱套的。他说："品牌是脑袋，产品是身体。"如果没有清晰的品牌脑袋，就会导致内部管理混乱，产品质量下降，消费者信任流失。

理想汽车硬币的一面是对品牌建设的重视，另一面却是使用品牌费用的绝对克制。5 月 3 日，李想在微博上强调：

"我们品牌市场费用率是 0.6%，包含了品牌所有的公关、活动、广告、车展、发布会、车主运营等，几万元的费用我都要审批，避免乱花钱；主流品牌市场费用率是 2%～3%，是我们的 4～5 倍。包含品牌＋渠道的全口径销售费用率，也是豪华品牌的四分之一。比传统品牌多的部分是研发费用率，3 倍。"

李想做了两个极端的选择。一方面，他把品牌市场费用率压缩到了 0.6%，仅为主流汽车品牌市场费用的 25%。这意味着理想汽车要在有限的预算下，做出更高的品牌效果。另一方面，他把理想汽车的研发费用率提升到传统品牌的 3 倍。

这与特斯拉在研发与营销侧有着惊人的相似。对于品牌来说最核心的就是质量，要把经费主要用到研发上面，这才是品牌体系的地基。

比亚迪：在一起，才是中国汽车

如果说，理想汽车是"造车新势力"的代表，那么比亚迪，则可以说是新能源智能汽车赛道的代表。2022年，比亚迪超越特斯拉，成为了全球销量第一的新能源汽车公司。

8月，伴随着比亚迪的第500万辆汽车下线，比亚迪也推出了一则致敬整个行业的"中国汽车"广告：

今年，是中国一汽成立的第70年。

当第一辆"解放"问世，中国在世界汽车行业上，标注了自己的名字。

东风汽车在芦席棚中用双手敲出这个名字。

长安汽车用第一辆微车为个名字扬起新的旗帜。

上汽集团用来之不易的体系为它打开全新局面。

广汽集团用新生为这个名字写下新的注脚。

奇瑞汽车用第一辆风云为它增添新的标志。

吉利集团在一次次大胆尝试中写下这个名字的万丈豪情。

长城汽车在皮卡市场留下这个名字的脚印。

比亚迪和这个名字一起，踏上新的征程。

小鹏汽车、蔚来汽车、理想汽车，不断为这个名字创造新的可能。

70年，我们的故事各不相同，但方向却又如此相通。

从源头的第一滴水开始，在艰难中涌出山缝，聚流成溪，在险峻中穿出山谷。

交融成川奔流于每寸热土，挺立于新能源潮头之上，从一滴水，到一方水土。

这个名字不断交织、不断壮大，越过汹涌的巨浪，迎向更辽阔的大海。

在那里，我们不分你我，在那里，我们乘风破浪，打破旧的神话，踏出新的长空，成就世界级品牌。

这个名字，将由你、由我，由每一位中国汽车人共同书写。

这个名字，叫：一汽、东风、长安、上汽、广汽、奇瑞、吉利、长城、比亚迪、小鹏、蔚来、理想，中国汽车。

在一起，才是中国汽车。

行至 2023 年，中国新能源智能汽车赛道，已经蔚然成林。从国家的产业战略层面，正是 2019 年大胆引入特斯拉这条"鲇鱼"，彻底激活了中国汽车行业。中国新能源车企就此开始走上了"内卷之路"，彻底摆脱了以往品牌、质量等被诟病的问题。中国不但是世界上最大的汽车市场，也是本土车企最具竞争力的汽车市场。

"鲇鱼"特斯拉，也成为中国新能源汽车产业链中的重要一环。2019 年，马斯克选择相信中国，在上海花了 11 个月的时间建立一家超级工厂，到了 2023 年，特斯拉中国总计有 20 000 名员工，99.99% 是本土职员，特斯拉的零部件国产化率是 95%，供应链本土化率 95%。更为重要的是，在过去几年里，特斯拉发展了 360 家中国一级供应商，其中 60 家成为特斯拉的全球供应商。

到 2022 年底，中国市场一直由德国汽车制造商主导。而比亚迪在 2023 年的第一季度成功超越了大众。自 20 世纪 80 年代以来，大众汽车首次不再是中国最大的销售商，这极具有象征意义，不论是对比亚迪，还是对中国汽车行业。

拼多多：电商城头新王旗

"我们这个团队可能和阿里团队差了 20 年。"2016 年 3 月，拼多多创始人黄峥在他的个人公众号文章上讲述创业梦想，"我们也许有机会在新的流量分布形式，在新的用户交互形式和新的国际化的情况下，能够做出一个不一样的阿里，当然这句话可能当前看起来有点太大了，但是一步一步走过去，也不见得没有机会。"

在黄峥写就这篇文章的那年夏天，拼多多用户量刚刚突破 1 亿，而阿里巴巴的用户量则高达 4 亿。对比当时尚无上市消息的拼多多，市值超 2000 亿美元的阿里巴巴看起来是巨无霸。

高盛在 2023 年的一份报告中估计，以产品销售额计算，拼多多占中国电子商务市场的 19%，京东占 20%，阿里巴巴占 41%。而拼多多显著高于阿里和京东的市场增速，让其股价一飞冲天。2023 年 11 月 29 日，拼多多盘中市值超越阿里，成为美股市值最高中概股。

就在拼多多市值超过阿里的这天夜里，马云在阿里内网罕见发声：

"我相信今天的阿里人大家都在看都在听。我更坚信阿里会变，阿里会改。所有伟大的公司都诞生在冬天里。AI 电商时代刚刚开始，对谁都是机会，也是挑战。"

张勇的两个关键职位被两位阿里合伙人接替：集团董事局主席一职交给了蔡崇信，CEO 的岗位由吴泳铭接任。二人都是阿里最初创立时就在的"十八罗汉"之一。这位程序员出身的新任 CEO 在上任后，他对内反思称淘宝曾经押注了太多的新方向，这反而导致公司在电商基本需求层面的投入度和关注度远远不足。

除了马云，刘强东同样深受触动。12 月 9 日 22 点，刘强东在京东公司内网表示了自己"不会躺平"的态度。

刘强东是在回应一位京东运营人员在内网的长文时，做出如上表达的。这位员工历数了京东存在的一些问题，主要包括：①促销机制复杂；②平台大促需要提前规划好节奏和力度；③平台生态需要给到 pop 商家更多支持；④低价心智，需要人人执行到位，贯彻到底。

"出现这么多问题，当然都是我管理不善，我非常自责，但是无论如何，我不会躺平，也希望兄弟们不会躺平。"刘强东称，"现在组织庞大臃肿低效，改变起来确实需要时间。"刘强东强调，京东必须改变，否则没有出路。

到 2023 年，拼多多的百亿补贴让所有竞争对手感到焦虑，拼多多已销售近千亿元苹果产品，成为未获苹果授权的中国最大销售渠道，公司一年的总成交额也从 1 万亿元涨到了 4 万亿元，约为阿里的一半。阿里、京东"山寨"推出的百亿补贴，反过来进一步增强了用户对拼多多的品牌认知。

2023 年，百亿补贴对拼多多的 GMV 贡献占比已经超 23%，接近 1 万亿元。约 6.2 亿用户在百亿补贴上买过东西。

即便跳出中国电商行业，从中国整个互联网行业层面看，拼多多的表现也足够"逆天"。2023 年，绝大多数中国互联网公司股价下跌，拼多多逆势上涨近 80%，跑赢了纳斯达克综合指数以及多数美国互联网大公司。

而 Temu 的高歌猛进，更是让拼多多的未来充满想象力。根据研究机构 Similarweb 披露的数据，截至 2023 年 12 月，Temu 的独立用户数量已达 4.67 亿，与全球速卖通齐平，位列全球电商排行榜第二名。亚马逊以 26.59 亿用户稳居第一，SHEIN 则以 1.723 亿用户排名第三。

此时的拼多多的海外版本 Temu 已进入 40 个国家。仅在这一年的第二季度，Temu 的下载量就达 7400 万，在全球范围内排名第九。拼多多和 Temu 的增长，证明了低价策略加上中国电商市场营销经验，适用于美国市场。Temu 可以保证低价和利润，是因为把中国的供应链应用到了极致。拼多多的低价战略，在移动互联网的下半场，被事实证明是真正正确的电商策略。实际上，拼多多真正吃透了下沉人群的红利。

2004 年时，雷军被迫将卓越网卖给了亚马逊，亚马逊彼时希望借助大举进攻中国电商市场。在大约 20 年后，中国下一代互联网公司的代表 Temu 和 SHEIN 成功打入亚马逊的大本营，对其形成直接威胁。

字节跳动：超越腾讯、直追 Meta

B 站董事长陈睿曾在媒体采访中这样评价张一鸣："《狮子王》中有一句话，太阳照得到的地方，都是我的疆土。我认为张一鸣真正的梦想就是做一个 Super Company（超级公司），一个突破人类过去商业史所有边界和格局的 Super Company。"

字节跳动，在 2023 年，同时在国内市场和国际市场快速突进。

在国内市场，中国互联网市值长期排名第一的腾讯，这一年的营收和营收增速均被字节跳动追上。字节跳动 2023 年销售额达到 1100 亿美元，超过腾讯。2022 年，字节跳动年收入为 850 亿美元，同比增长 29%。此前，有外媒报道称，字节跳动上半年收入约为 540 亿美元。腾讯今年上半年营收约为 2992 亿元，约合 413 亿美元。而美团的核心业务本地生活也备受来自抖音的直接挑战，其股价经历了大幅下滑，几近腰斩。抖音让字节跳动的广告收入在两年内赶超百度，疫情期间壮大的抖音电商又抢走了天猫的品牌营销预算。

在国际市场，尽管字节跳动尚未上市，但根据 The Information 的数据，字节跳动上半年的营收和营收增速，已经达到了 Facebook 母公司 Meta 同期营收的近九成。移动数据调研机构 data.ai 所发布的数据显示，截至 2023 年底，TikTok 累计用户支出达到 100 亿美元，成为首款实现这一目标的非游戏类应用。TikTok 的全球月活用户已超 10 亿。其中美国市场月活用户超过 1.5 亿，欧洲市场月活用户超 1 亿；东南亚市场月活用户超 3.25 亿。

此时的 TikTok，已经学会了身段柔软地化解海外市场的危机。在东南亚市场的 3.25 亿 TikTok 用户中，有 1.25 亿来自印尼，泰国和菲律宾则分别有 4300 万、5000 万。根据公开数据，2022 年 TikTok 东南亚电商 GMV 为 44 亿美元，其中印度尼西亚站为 25 亿美元，占比近 60%。

如此快速的拓展速度，很快吸引来了当地监管者的目光。在印度尼西亚政府这年 9 月制定新规定的过程中，相关部门抨击中国电商平台的低价服装损害了印度尼西亚当地商户的利益。迫于官方压力，10 月 4 日，在印度尼西亚发展得如火如荼的 TikTok 突然关停了印度尼西亚的电商业务，"小黄车"下架，购物需跳转至外部链接，大小商家一片哀号。此时，距离其在印度尼西亚开展电商业务不过 2 年时间。CEO 周受资据称曾匆忙前往印度尼西亚公关，但还未来得及沟通，到达当天印度尼西亚就颁布了修订法案。

从 2020 年开始，张一鸣就将跨境电商列为公司三项重点新业务方向之一。而印度尼西亚则是 TikTok 电商业务尝试的首站。数据显示，印度尼西亚的 TikTok 活跃用户数排名全球第二，仅次于美国，每月活跃用户高达 1.25 亿人。

但久经国际市场考验的字节跳动，很快为这道难题找到了解法。人们很快发现，TikTok 印度尼西亚电商业务以一个全新的身份，重新上线了。

12 月 11 日，TikTok 宣布，与印度尼西亚科技独角兽 GoTo 集团达成电商战略合作，TikTok 印度尼西亚电商业务将与 GoTo 旗下印度尼西亚最大的本土电商平台 Tokopedia 合并，TikTok 获得合资企业 75% 控股权。此外，TikTok 还承诺未来将投入 15 亿美元为业务发展提供资金支持，TikTok 的印度尼西亚电商业务终于在"双十二"得以恢复上线。UBS 研报显示，在禁令前，TikTok Shop 占据印度尼西亚市场份额的 15%～20%，而与 Tokopedia 合并后，TikTok Shop 市场份额则扩展到了 28.1%。

此前，就有业内人士预测，因为印度尼西亚市场是 TikTok 电商的主力战场，而印度尼西亚政府很看好电商行业，双方应该都不想就此放弃。只是，TikTok 重返印度尼西亚的时间还是要比大多数人预料的快一些，有业内人士调侃："毕竟上交了 15 个亿美元的红包。"

而在美国，政界人士们，也对如何处理 TikTok 问题，表现出了难得的谨慎。当商务部长吉娜·雷蒙多被问及拜登政府是否准备禁止 TikTok，以阻止中国的影响力进入美国人的手机时，她打趣道："要我从政治人物的角度来说，我会觉得，这将让你永远失去所有 35 岁以下的选民。"[①]

这家一直相信大力出奇迹的公司，在征战国际市场的过程中，更多开始使用身段更柔软的解题思路。

---

① David E. Sanger，《中国至关重要，但美国总统候选人为何鲜少提及对华政策？》纽约时报中文网，2024 年 8 月 30 日。

2023 年，每个人都有一个计划

迈克·泰森曾有名言："在被对手一拳打在脸上之前，每个人都有一个计划。"拳王的这句至理名言，对应 2023 年的科技市场，很是应景。以阿里巴巴、腾讯为代表的中国传统互联网霸权遭到来自新贵的一记重拳。全球科技互联网行业，更是被 ChatGPT 打得有些"蒙圈"。

首先是以字节跳动和拼多多为代表的中国互联网公司在海外市场取得突破。

2023 年，黄峥和张一鸣均在"全球化"方面取得重大进展。2023 年，字节跳动不但在广告收入上超过阿里巴巴，整体营收也超过了腾讯；而拼多多的市值则一度超过阿里巴巴，成为电商行业的梦魇与榜样。这时，真正能够代表中国互联网的公司，已经变成了拼多多、字节跳动、SHEIN。

成功开拓海外市场，已经成为一流中国科技互联网公司的必要条件。中国互联网公司以往有一种思维，出海是为国内服务的，先做好国内市场，再做全球市场，但新一代的创业者，从创业第一天就朝着做一家全球互联网企业的目标去了。

更为引人关注的是，OpenAI 的突然崛起，切切实实给了科技互联网行业的每个重磅选手一记重拳。而面对生成式 AI 的浪潮，每一家公司，至少都有一个雄心勃勃的计划。

2023 年 11 月 18 日，埃隆·马斯克的"星舰"第二次升空爆炸，马斯克在火箭残骸落地的现场没心没肺地拍下并发布了一张照片。他说："失败是一种选择，如果事情没有失败，那就是你的创新还不够。"

世界即将进入 2024 年，人类将迎来更多的失败，以及比更多还要多的创新。

益普索的最新调查揭示，过去一年中，认为人工智能将在未来三到五年内深刻改变其生活的受访者比例从 60% 升至 66%。此外，对人工智能产品和服务感到紧张的公众比例也显著上升，达到 52%，较 2022 年增加了 13 个百分点。而在美国，皮尤研究中心的报告显示，52% 的美国人对人工智能的担忧远超过对其的期待，这一比例相较于 2022 年的 38% 有了显著增长。

人们有一种感觉，世界似乎重新回到了互联网刚刚开启的 1994 年。属于人工智能的浪潮，真正到来了吗？

继团购领域的百团大战、共享单车领域的"颜色大战"之后，中国市场在人工智能时代掀起了新一轮的"百模大战"。公开资料显示，截至 2023 年 10 月份国内已经发布了 238 个大模型，而 6 月份的时候这个数字是 79 个，4 个月就翻了 3 倍。另一组数据显示，截至 2023 年 10 月，Hugging Face 上已经有接近 3 万个文本生成模型可供下载。

无论如何，中国的大模型故事，终于开启了新篇章。

【战略金句】

◇ 埃隆·马斯克：失败是一种选择，如果事情没有失败，那就是你的创新还不够。

◇ 李想：做一个从 0 到 1 的企业最重要的其实是品牌。因为品牌要回答对内、对外硬币两面的问题。我们要先对内回答：我是谁，要到哪里去，以怎么样的方式去。另一方面，我们必须要对消费者回答清楚：我们是谁，提供什么样的价值。

扫码阅读本章更多资源

2024

且听龙吟

只有看到未来，才会有未来。

——电视剧《繁花》，2024

"步履不停，便是得救之法。"

——游戏《黑神话：悟空》，2024

风险投资家里德·霍夫曼[①]在 3 月 26 日的一场谈话中，这样描述正在进行中的人工智能浪潮："从根本上来说，我认为我们正在做的是创造一种认知工业革命，就像心灵的蒸汽机一样。作为其中的一部分，它极大地增强了我们的能力。蒸汽机的出现使物理事物变得更加强大，引发了工业革命，推动了运输和物流，促进了制造业的发展。现在，我们正在经历的是一场在认知和语言特征上的革命。"[②]

[①]　Reid Hoffman。

[②]　里德·霍夫曼：《哥伦比亚大学商学院炉边谈话》，2024 年 4 月，https://mp.weixin.qq.com/s/uF5Di3NPmESHQ7ZnfvjGvQ。

所有迹象都表明，从 2022 年开始的这一次浪潮将有所不同。事实上，人们还从未感受过如此强的推背感。

从 2 月 19 日开始，一张"两大 AI 巨头"的图片广泛传播。图中二人分别是 OpenAI 的山姆·奥尔特曼，和卖 AI 课程的李一舟。有网友戏称李一舟和山姆·奥尔特曼为"中美两大 AI 巨头"。

李一舟从 2021 年开始尝试在抖音上做短视频。不少网友质疑，类似的课程是在"割韭菜"。[①] 备受争议的李一舟，最终被微信、抖音等平台封禁。

拿李一舟和山姆·奥尔特曼对比，既让人哭笑不得，又多少让从业者感到有些心酸。人们担心的是：中国会在人工智能这波浪潮中掉队吗？

"这是典型的 FOMO 嘛，就是 Fear of Missing Out，怕错过。"投资人朱啸虎在年初，这样解释人们对于人工智能浪潮的狂热。拾象科技的创始人李广密则感慨："LLM 浪潮是人类科学发现的文艺复兴。"

一边是推背感极强的 AI 浪潮到来，另一边却是极其恶劣的投融资环境。

2024 年，是互联网进入中国的第三十年，也是人工智能浪潮席卷全球的第二年。十年水流东，十年水流西。流水不争先，但争滔滔不绝。对于那些从 20 世纪 90 年代就投入浪潮的人来说，如何实现基业长青，是一个终极命题。

一家公司的文化，终究是创始人的人格投射。一家公司的战略，终究是创始人的格局投射。如果把每一个企业家都当作一个 AI 模型，每个创业者在年轻时的经历与磨炼，锻造了他或她主要的"战略算法"。而数据层面，"打下江山"的创始人们，很容易陷入自己所创建的公司的"信息茧房"之中。

对于创始人来说，最大的产品一定是公司，而不是产品。因为只有伟大的公司，伟大的文化，才能够真正地基业长青。而再伟大的产品，

---

① 市场传言，李一舟通过售卖 AI 课，收入高达 5000 万。

在面临新技术浪潮的时候，总有错过的时候。而伟大的公司，可以错过一次浪潮，但总有机会在下一次浪潮中"咸鱼翻身"。

江湖代有才人出，各领风骚三五年。科技互联网行业的竞争，是一场无限游戏，对于每一个参与者来说，最关键的是让游戏继续下去。

2024 年，每一家科技互联网公司，都把"战略聚焦"作为自家能够继续生存的一个关键词。战略聚焦意味着每一家公司需要在目标上、在资源上、在人心上进行聚焦。

很明显，AI 为所有玩家，不论是昔日的霸主，还是今天的白手起家者，都提供了一次重新洗牌的机会。当爆炸性的新技术出现后，巨头们会有些犹豫是否要第一时间拥抱新技术，因为一旦拥抱，就会把过去的现金牛给杀掉。即使自己不杀自己的现金牛，也有别人来杀。对于创业公司来说，则能够撇下这类的困扰，一路蒙眼狂奔。

麦克卢汉曾言："我们总是透过后视镜来观察目前，我们其实是倒着走向未来"。处在人工智能浪潮的前 1000 天，任何人如果尝试去定义"这座正在爆发的火山"，无疑是狂妄的。我们唯一能做的，或许是从不同角色参与者的观点中，去窥探、去臆测科技互联网未来世界的边界和方向。

山姆·奥尔特曼：一种电影中 AI 的感觉

OpenAI 曾提出通用人工智能五级标准，用来确认人工智能的进展[1]。

第一级：聊天机器人，具有会话语言的人工智能，即交互的能力；

第二级：推理者，解决人类水平问题的人工智能，即推理的能力；

第三级：代理，能够代表用户采取行动的人工智能，即调用的能力；

---

[1] 这很像自动驾驶领域 L₁ 至 L5 的分级。

第四级：创新者，能够帮助发明的人工智能，即发现、发明的能力；

第五级：组织者，能够完成组织工作的人工智能，即组织协同的能力。

从推进情况来看，2024 年，OpenAI 的模型能力，正在从"第一级"向"第二级"转化。

5 月 14 日凌晨 1 点，OpenAI 以线上直播形式召开发布会，全程 26 分钟，延续了 OpenAI 发布会短平快风格，整体舞台偏温馨家居风格。

OpenAI 首席技术官米拉·穆拉蒂是本次发布会的主讲人，而山姆·奥尔特曼并没有出现在这场发布会上。

在这场发布会上，OpenAI 正式发布了 GPT 4o。[①]，多模态是其最大的升级。该模型同时具备文本、图片、视频和语音方面能力，可接受任何文本、音频和图像的组合作为输入，并直接生成上述这几种媒介输出。

此外，OpenAI 还推出了桌面版 ChatGPT：一个更简洁的 ChatGPT 桌面应用程序，适用于 macOS，UI 界面看起来更圆润、更加简洁。

GPT 4o 对话明显更像人，能进行实时翻译，可以识别表情，也可通过摄像头识别画面写代码分析图表。山姆·奥尔特曼还在 X 平台单独发了一个名词：her。山姆是在暗指 2013 年上映的电影 Her。这部电影所讲述的，是一段人与人工智能系统的化身相爱的科幻爱情

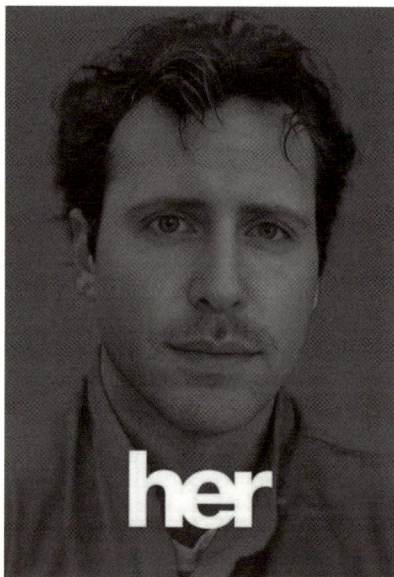

图 31-1　被网友 P 成电影 Her 风格的奥尔特曼

---

① "o" 代表 "omni"，即全面、全能的意思。

电影。有好事者，将电影海报中男主人公的头像，换成了山姆·奥尔特曼。这张照片也伴随着全球对 OpenAI 的关注，进行了广泛的传播。

山姆·奥尔特曼在会后的博文中写道：

它给人一种电影中 AI 的感觉，达到与人类相似的响应速度和表达能力，标志着一个重大的转变。它反应迅速、智能、有趣、自然且实用。以前，我与计算机对话从未感觉如此自然；随着我们逐步增加个性化选项、获取个人信息的权限、代表用户执行操作的能力等功能，可以预见到一个激动人心的未来：我们能够利用计算机完成以往无法想象的更多事务。[1]

人们感慨，或许在有生之年，真的能够看到硅基生命的到来？

到了下半年的 9 月 12 日，OpenAI 在官网发布公告称，开始向全体订阅用户推送 OpenAI o1 预览模型，这个模型也被业界称为"草莓"大模型。OpenAI 认为，对于复杂推理任务而言，新模型代表着人工智能能力的崭新水平，因此值得将计数重置为 1，给它一个有别于"GPT 4"系列的全新名号。

测试结果显示，o1 解决数学和编码等复杂问题的能力显著优于 GPT 4o。o1 采取与众不同的"思维链"[2] 模式进行训练，以此提升大模型的逻辑推理能力。o1"思考"越久，思维链越长，面对复杂问题的表现就越好。据 OpenAI 介绍，在测试中，o1 的下一个更新模型在物理、化学和生物等具有挑战性的基准任务上的表现，已经达到了博士生的水平。[3]

到了 10 月初，OpenAI 宣布融资 66 亿美元，其融资后估值达到了1570 亿美元。如果按移动互联网时期流行的 10 亿美元独角兽公司来计算，OpenAI 的价值已经相当于 157 个独角兽。科技互联网的世界，就是如此疯狂。

无论如何，人们确信，OpenAI 将继续在相当长的一段时间内，处在

---

[1] blog.samaltman.com。

[2] Chain of Thought。

[3] OpenAI 曾解释过，2023 年发布的 GPT 4 类似于高中生的智能水平。

人工智能浪潮的波峰之上。

此时的世界与中国

如果说，2023 年的热词"草台班子"，是对精英的祛魅，2024 年的热词或许是"历史走入垃圾时间"。人们期待尽快度过这段艰难的时光，尽快迎来刷新。

2024 年的世界，依旧不太平。

俄罗斯与乌克兰的战争依旧没有结束的苗头，中东地区以色列与伊朗、黎巴嫩等国的战争风险在持续上升。

11 月 6 日这天，美国共和党人特朗普击败民主党候选人哈里斯，当选为第 47 任美国总统。世界似乎又回到了 2016 年的叙事。这个结果，至少看起来对字节跳动，是一个好消息。

毕竟特朗普曾公开表态：他不会封禁 TikTok。同样在 11 月初，有媒体报道字节跳动在 2024 年上半年的营收，已经达到 730 亿美元①，这已经无限接近 Meta 在上半年所完成的 755.27 亿美元的营收规模。1983 年出生的张一鸣，至少在公司量级层面，已经真正可以与 1984 年出生的扎克伯格平起平坐。

中国的国门，更宽阔地面向世界打开。

3 月 14 日，中国正式对瑞士、爱尔兰、匈牙利、奥地利、比利时、卢森堡六国试行免签政策。从 2024 年 3 月 14 日到 11 月 30 日期间，上述国家持普通护照人员来华经商、旅游观光、探亲访友和过境不超过 15 天，可免签入境。

在此之前，中国已经对法国、德国、意大利、马来西亚、荷兰、西班牙实施了上述免签政策，这次六国加入"免签朋友圈"，有望进一步带动入境旅客的增加。9 月 30 日，外交部进一步宣布对葡萄牙、希腊、

---

① 同比增长 35%。

塞浦路斯、斯洛文尼亚的来华人员试行免签政策。

根据《纽约时报》的报道，"中国现在生产三分之一的全球制成品，超过美国、德国、日本、韩国和英国生产的总和。"

这年暑期档，由徐峥自导自演的电影《逆行人生》上线。这部电影中的主人公高志垒中年从互联网公司被裁失业。家里老人的医药费、房贷月供、女儿学费等方面，处处都要用钱。在生活压力下，45 岁的高志垒决定穿上外卖骑手服。不过在影片上映后，观众对《逆行人生》的评价显著分化，部分观众认为该影片是"富人演穷人""消费苦难美化苦难"等。

图 31-2　电影《逆行人生》海报

像电影中去送外卖的故事，在现实中并不能说很多。更多没有太多选择的普通人，决定去做自媒体。这一年，"离职博主"成为了最拥挤的自媒体赛道，在小红书上扎堆的离职博主中也不乏小红书自家员工的身影。

8 月 20 日上午 10 点，游戏科学公司正式发售《黑神话：悟空》，游戏上线 PS5、Steam、Epic Games Store 和 WeGame 平台。这款游戏，是中国首款大型 3A 游戏。

　　游戏发售 1 小时后，Steam 同时在线玩家人数突破 100 万，成为历史上同时在线人数最多的单机游戏。到了 8 月 24 日晚，《黑神话：悟空》总销量超过 1000 万份。游戏上线 24 小时内，多只概念股上演涨停潮。

　　所有品牌都意识到，只有蹭到"黑神话"的热度，才有机会被关注。瑞幸率先推出联名款"黑神话腾云美式"并推出联名包装；英伟达推出处理器与显卡 PC 配置，保证《黑神话：悟空》在 4K 分辨率下稳定运行；荣耀 MagicBook Pro 16 与《黑神话：悟空》进行深度音频联调。

　　这一游戏是如此火热，甚至出现在了外交部的沟通会上。面对记者提问，外交部发言人毛宁回答："我不了解电子游戏，但是感谢你让我关注到这款游戏。从名字看，这款游戏取材于中国古典文学名著《西游记》，我想这也反映了中国文化的吸引力。"

　　周鸿祎则评论道：中国第一款 3A 级大作一下子取得如此大的成功，有点像中国足球队进了世界杯还拿了不错的名次。很多人老觉得游戏行业没什么价值，偏娱乐。但是我想说的是在人类的发展历史上，有很多事情当时你是看不出它们的价值的。比如说大胆讲一句，没有游戏行业就没有今天的人工智能，没有游戏工业的强大驱动力，可能就不会有GPU 的诞生，有了 GPU 的加持有了英伟达的超强算力，再加上互联网海量的数据，才有了我们今天人工智能的爆炸性的增长。

　　中国的科技互联网公司，继续在海外市场突飞猛进。

　　8 月，亚马逊上线"仅退款"功能。亚马逊的公告中显示，将"扩大卖家处理客户退货的选项"，将为使用亚马逊物流（FBA）的美国卖家提供灵活的"（退款）不退货"选项，从而高效处理其库存。这项"仅退款"功能适用于售价低于 75 美元（约 536 元）的产品。

　　9 月 12 日，根据 Similarweb 数据，拼多多旗下海外电商平台 Temu 超越 eBay 成为全球第二大电子商务网站，Temu.com 每月的访问量接近 7 亿次。最早淘宝将 eBay 挤出中国市场，20 年后拼多多的 Temu 在国际市场继续挤压 eBay。

　　这年十一国庆假期前，中国政府全面打开了刺激经济的"工具库"。

这次的政策包，既包括货币政策，也包括财政政策，力度超出了所有人的预期。A 股随即快速上涨。中国人太需要这样一场经济刺激了。

黄仁勋：这不是音乐会，而是一场开发者大会

3 月 18 日，英伟达一年一度的 GPU[①] 技术大会（GTC）时隔五年重回线下，线下参会者从 2019 年的约 8000 人翻倍至 1.6 万人，线上参会者高达约 30 万人。"以前只有苹果的发布会能有如此派头。"一名常驻硅谷的科技行业人士对财新感叹道，如今英伟达已是硅谷"顶流"。

因为报名情况超预期，英伟达不得不在位于圣何塞会议中心的 GTC 主会场之外，单独为英伟达创始人兼 CEO 黄仁勋另寻演讲场馆，最终落定 SAP 中心体育馆[②]。"我希望你们意识到，这不是音乐会，而是一场开发者大会。"

2024 年的英伟达，依旧在科技互联网的世界中，扮演着"最强卖铲人"的角色。毫无疑问，让这场"音乐会"永远演奏下去，是英伟达最希望看到的未来。黄仁勋在一场对话中坦言：

我认为，自 1964 年以来，现代计算并没发生过根本性改变。尽管在 20 世纪的 80 年代和 90 年代，计算机经历了一次重大的转型，形成了今天我们所熟悉的形态。但随着时间的流逝，计算机的边际成本持续下降，每十年成本下降至原值的十分之一，十五年下降至原值的千分之一，二十年下降至原值的万分之一。在这场计算机革命中，成本的降低幅度是如此之大，以至于在二十年的时间里，计算机有万倍量级的成本锐减，这种变化为社会带来了巨大的动力。

这种变革可以被称为全新的工业革命。在过去，我们从未真正经历

---

① 图形处理器。

② 这里是北美职业冰球联盟（NHL）球队圣何塞鲨鱼队的主场，也是硅谷最主要的演唱会举办地之一。

过这样的变革，但现在，它正缓缓展开在我们面前。不要错过接下来的十年，因为在这十年里，我们将创造出巨大的生产力。时间的钟摆已经启动，我们的研究人员已经开始行动。

英伟达的股价，也让人感到有些晕眩。6 月 19 日凌晨 1 时许，英伟达股价盘中涨 3.5%，市值达到 3.337 万亿美元，正式超越苹果、微软，成为全球市值最高的公司。英伟达被很多人称为"地球上最重要的股票"。①

马斯克：xAI 就像是冷战时期的 SR-71 黑鸟侦察机

马斯克的疯狂旅程，还在继续。

3 月，SpaceX 进行"星舰"第三次试飞，发射 47 分钟后，星舰执行二次点火演示，"猛禽"发动机点火顺利成功，标志着星舰试飞取得又一里程碑式的突破。随后，星舰重新进入大气层，在剧烈的摩擦下丢失信号，画面显示其海拔 65 千米。SpaceX 称在重返大气层过程中失去了星舰，原预定计划其应坠落在印度洋中。按照 SpaceX 的设想，星舰将是一种可重复使用的运输系统，可将人和货物送至地球轨道，帮助人类重返月球，前往火星等地。

6 月 6 日上午 8 时 50 分，星舰在得克萨斯州博卡奇卡附近的星际基地发射，发射几分钟后，火箭助推器成功在墨西哥湾软着陆，这也是 SpaceX 首次将助推器完好无损地回收。

马斯克在火箭重返后，通过 X 平台发帖祝贺。他表示："尽管星

---

① 20 多年前的思科，也是在市值超越微软后实现登顶的。英伟达市值登顶的当天，又有美国主流财经媒体将其与 21 世纪初互联网泡沫时期的龙头公司思科（Cisco）进行类比，称两者有一些相似之处，警示投资者当心热潮背后的泡沫。

舰丢失了很多碎片，且襟翼受损，但还是一路成功返回并软着陆在海洋中！"

星舰的火箭系统也是有史以来最高的，122 米的高度比包括基座在内的自由女神塑像还高出约 30 米。这一火箭系统底部的超级重型助推器上有 33 个 SpaceX 的大功率"猛禽"发动机，是人类历史上最多的。当所有发动机开足马力，能产生 7590 吨推力，将星舰飞船从发射台推向太空。实际上这枚火箭对美国宇航局（NASA）重返月球的计划也至关重要。NASA 计划在 2026 年使用星舰系统将宇航员送往月球。

星舰是为了完全可重复使用而设计的。根据马斯克的估计，有朝一日可能用不到 1000 万美元的成本将 100 吨有效载荷送入太空。

在 2024 年之前，SpaceX 曾分别于 2023 年 4 月、2023 年 11 月进行过两次发射，每次都较前一次取得更大进展。但每次结果都以火箭在飞行结束前摧毁而告终。

伟大的产品似乎往往要到第四代才会走向彻底成功，这看起来几乎有一种魔力。iPhone 4、Model 3、星舰都证明了这一规律。

10 月 13 日晚 8 时 30 分许，星舰进行了第五次试射，在星舰发射升空 2 分多钟后，一级超重型火箭与星舰分离，开始返回。在距离星舰发射 6 分多钟后，第一级成功被发射塔架上的"筷子"机械臂夹住，这是 SpaceX 第一次尝试回收星舰的第一级。随后，星舰在印度洋成功溅落。

发射不能停，星舰在 2024 年 11 月下旬，还进行了第六次试飞。这一年，SpaceX 公司的估值，达到了 2550 亿美元。当然，就像每个人知道的那样，SpaceX 只是马斯克商业帝国的一部分。

10 月 1 日，OpenAI 在旧金山召开了年度开发者大会，此时的 OpenAI 刚刚获得一笔 66 亿美元的融资，创下硅谷历史上最大融资的历史。

同样在这一天的晚上，马斯克在位于旧金山的 OpenAI 旧总部，进行了一次人才招募的 Party。马斯克对与会者说：我们想创造一个尽可能良性的超级 AI。马斯克也不忘揶揄 OpenAI 的问题：

ChatGPT 是封闭的、以利润最大化为目的的人工智能，所以我无法信任它们，AI 不该被 OpenAI 或 Google 这样的公司控制，它们总是将最佳模型保密。xAI 将改变这一点：AI 模型属于 xAI，但会与全世界共享。

马斯克将 xAI 比作一家超音速喷气飞机公司，与冷战时期的 SR 71 黑鸟侦察机相提并论。SR 71 黑鸟从来没有被击落过，因为它只有一个策略：加速，用不断的加速去解决所有麻烦。马斯克认为，xAI 需要的就是不停地加速、不停地加速，才有希望赶上三个巨头的脚步，并在三足鼎立的格局中插上一脚。

图 31-3 SR 71 黑鸟侦察机

但有趣的是，虽然 SR 71 黑鸟侦察机使用了当时最强的技术，但在滑行时却依然漏油。只有在加速到巡航速度飞行时，金属的膨胀才可以密封所有泄漏点，解决漏油的问题。这意味着，一旦 SR 71 出问题，它唯一能杀死的只有自己的飞行员，而不是敌方的有生力量。

11 月底，xAI 结束了新一轮高达 60 亿美元的融资，令估值升至 500 亿美元。有消息认为，马斯克可能使用这笔融资购买 10 万枚英伟达芯片，用于打造 xAI 在美国田纳西州孟菲斯的数据中心。①

除了 xAI，Anthropic 在 2024 年 6 月发布了其最新大模型 Claude 3.5 Sonnet。这款模型在多项评测中超过了 OpenAI 的 GPT 4o。由于其在代码方面表现优异，使得其尤其受程序员人群的欢迎。这家公司背后，同样站着一家巨头公司：亚马逊。亚马逊在 2023 年曾对其投资 40 亿美元，2024 年继续追加投资了数十亿美元。这家公司的估值，达到了 400 亿美元左右的规模。

光辉岁月，中国互联网迎来 30 周年

AlphaBet 的 CEO 桑达尔·皮查伊曾表示："互联网是人类发明过的最伟大的均衡器。"所谓"均衡器"，就是尽可能填平地域、阶层、文化之间的沟壑，消除人类社会的资源不平等和信息不对称，从而促进"世界是平的"这个理念的彻底实现。

2024 年 4 月 20 日，是中国全功能接入国际互联网 30 周年的日子。此时，全球活跃度最高的 20 个 App，几乎全部来自中美两国。微信、抖音、手机淘宝等本土应用牢牢统治着中国本土市场。更令人欣喜的是，在海外市场，TikTok、Temu、SHEIN 等应用也展现出了足够的竞争力。

4 月 20 日，中国互联网协会在京召开"中国互联网 30 周年发展座谈会"。腾讯马化腾、小米雷军、搜狐张朝阳、360 周鸿祎等作为互联网企业家代表出席。

在这场活动中，马化腾调侃周鸿祎："现在成了主播，周鸿祎的'鸿'是网红的红"，周鸿祎则称马化腾是老朋友，还感谢了腾讯视频号对他直播的支持。

相信两人在 2010 年都很难想象，一个轮回之后，两人会在这样一

---

① 该数据中心号称全球最大，除了用于训练 xAI 的 AI 聊天机器人 Grok，也支持特斯拉的完全自动驾驶计划（FSD）。

个充满象征意义的时空场合下，如此轻松地互相调侃。这距离 2002 年，两人在"西湖论剑"上初次见面过去了 22 年，距离 2010 年两人"兵戎相见"，过去了 14 年。

这天晚上，周鸿祎在自己的微信朋友圈感慨："一晃三十年创业，伴随着互联网成长，我们都是开拓者、建设者、经历者、参与者也是受益者。"

与想象中的盛大相比，人们对中国互联网 30 周年的纪念，要低调很多。

从 1994 年 4 月 20 日到 2024 年 4 月 20 日，中国互科技联网的故事在北京、深圳、杭州、上海、广州这些城市之间轮番上演。对于从业者来说，互联网是北京西二旗后厂村的周期性堵车，是杭州西溪阿里总部的加班灯光，是深圳腾讯总部楼下排队领取开门利是，是上海高大上的办公楼里此起彼伏的讨论。

刚刚过去的 30 年，是中国科技互联网公司从无到有，并逐步走向世界的 30 年。

在 PC 互联网时代，中国公司凭借本土化的产品优势，成功在每一条赛道击退了美国公司。以三大门户为代表的第一代中国互联网公司大多是复制美国模式，被验证模式的成功概率更高；以 BAT 为代表的第二代中国互联网公司根据中国市场本土特点，进行了充满想象力的创新。

在移动互联网时代，中国公司依靠更领先的模式创新，成功打入国际市场。以字节跳动、拼多多为代表的第三代中国互联网公司则带着中国互联网创新范式，由守转攻全面进击国际市场。

在方兴未艾的人工智能时代，中国公司从技术研发这个真正的"硬骨头"开始啃，希望实现突破。

英国科幻小说家亚瑟·查理斯·克拉克[1] 曾言："任何足够先进的技术无异于魔法。"[2] 科技与互联网在全球范围内，的确一直在上演着一台

---

[1]　Arthur Charles Clarke。

[2]　Any sufficiently advanced technology is indistinguishable from magic。

又一台的魔法大戏。

300 年前，也就是大约 3600 个月之前，如果我们告诉当时的人，未来人类能够在天上飞行，今天在北京，明天到纽约，人们一定会以为我们疯掉了。

30 年前，也就是大约 360 个月之前，如果我们告诉当时的人，2024年全球的人类都将共享和共建互联网，并且正在快速走向通用人工智能，当时的人们估计大概率会觉得我们得了妄想症。

科技就是这样，能够穿越时间，逐渐散发魔力，让一些人们看起来与魔法无异的能力，逐渐变成现实。

雷军：大家是不是应该叫我雷厂长了？

在 2024 年以前，所有智能汽车赛道的主要公司都在猜测：苹果将在行业里扮演怎样重磅的角色。正是因为这一背景，当 2 月底，苹果突然宣布放弃造车，整个科技界都倍感意外。

何小鹏直言："去年还讨论过，汽车行业新进入者会在 2024 年内全部出牌，但除了苹果。2024 年后的十年会进入淘汰赛和全明星赛。但没有想到苹果在 2024 年出了这样的牌。"

李想则在微博上分析："苹果放弃造车，选择聚焦人工智能是绝对正确的战略选择，时间点也合适。

"第一，做成了 to C 的人工智能，苹果会成为一家 10 万亿美金的企业；人工智能输了，苹果会成为一家 1 万亿美金的企业。人工智能会成为所有设备、服务、应用、交易的最顶层入口，苹果的必争之战。

第二，做成了汽车，大获成功，苹果会增加 2 万亿美金的市值，但是汽车大获成功的必要条件仍然是人工智能。汽车的电动化是上半场，人工智能才是决赛。

手机延展的人工智能是比特，汽车的人工智能是原子，人工智能横跨数字世界和物理世界。

人工智能成功的三个必要条件：人才、数据、算力。"

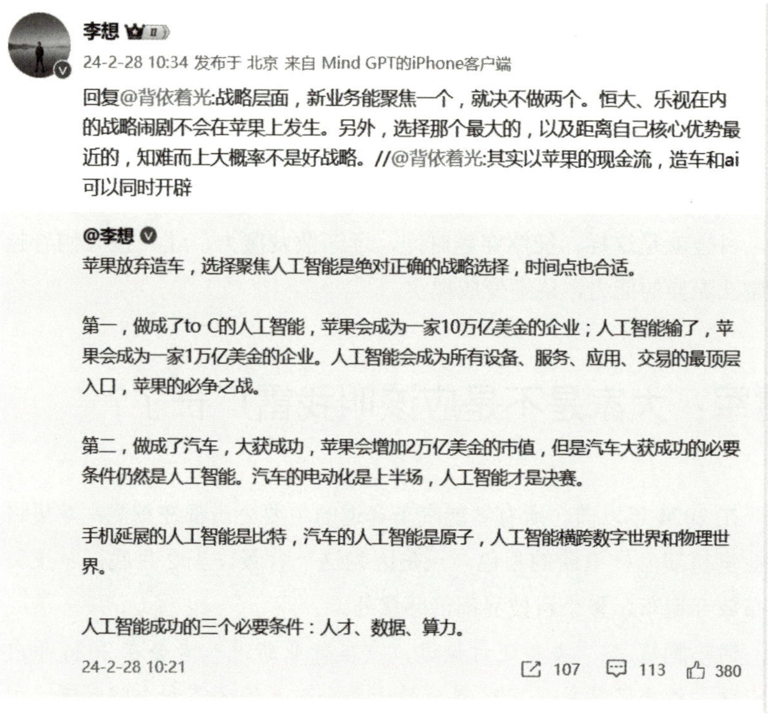

李想 👑
24-2-28 10:34 发布于 北京 来自 Mind GPT的iPhone客户端
回复@背依着光:战略层面，新业务能聚焦一个，就决不做两个。恒大、乐视在内的战略闹剧不会在苹果上发生。另外，选择那个最大的，以及距离自己核心优势最近的，知难而上大概率不是好战略。//@背依着光:其实以苹果的现金流，造车和ai可以同时开辟

@李想 ✔
苹果放弃造车，选择聚焦人工智能是绝对正确的战略选择，时间点也合适。

第一，做成了to C的人工智能，苹果会成为一家10万亿美金的企业；人工智能输了，苹果会成为一家1万亿美金的企业。人工智能会成为所有设备、服务、应用、交易的最顶层入口，苹果的必争之战。

第二，做成了汽车，大获成功，苹果会增加2万亿美金的市值，但是汽车大获成功的必要条件仍然是人工智能。汽车的电动化是上半场，人工智能才是决赛。

手机延展的人工智能是比特，汽车的人工智能是原子，人工智能横跨数字世界和物理世界。

人工智能成功的三个必要条件：人才、数据、算力。

24-2-28 10:21   ↗ 107   💬 113   👍 380

图 31-4　李想微博分析苹果战略

雷军则表示："看到这个新闻，非常震惊！小米战略是'人车家全生态'，我们深知造车难度，3 年前依然做了无比坚定的战略选择，认认真真为米粉造一辆好车！"

"如果我是 Tim Cook 的话，我绝对不会这么做"，雷军强调。和苹果不同，小米的造车故事，的确比预想的要顺利得多。

在 3 月 28 日的小米汽车发布会上，雷军直言：小米奋斗的目标，是通过 15 到 20 年努力，成为全球前五的汽车厂商。下线仪式结束后大家散去，雷军一个人围着试产车转了一圈又一圈，最后打开车门，又在里面坐了很久、很久，"真的不敢相信我们的车真的造出来了。在那个时

刻，真的百感交集"。雷军这样感叹。

3月29日，罗永浩在微博评论小米汽车："各种补贴拿完了差不多20万吧，足以把这个价位段的大部分油车、杂牌电车、不够智能的电车都淘汰掉了。小米很可能继平价手机市场之后，在大众消费车市场上重新上演良币驱逐劣币的史诗性一幕。"

就在小米举行发布会的第二天，特斯拉宣布其所生产的第600万辆电动智能汽车下线。对于小米来说，漫漫征途才刚刚开始。

图 31-5　小米 SU7 发布会

4月3日上午，小米 SU7 首批交付仪式在北京亦庄的小米汽车工厂总装车间举行。雷军为每一位车主打开车门，将其迎入驾驶舱。他选择用这样一种低姿态，亲手向首批车主交车，与此同时，小米全国28城交付中心也同步开启首批交付。雷军这一天在微博发文：

"三年前的豪言壮语，今天变成了现实。今天非常开心，把车交给了我们首批车主！我会将一台台崭新的小米 SU7 亲自交到首批车主手上。从今天开始，小米正式成为一家车厂。大家是不是应该叫我雷厂长了？"

在造车的过程中，雷军继续展现着自己30多年的"认真精神"。

首先，雷军决定自己开车。雷军给自己定了一个目标：成为国内开车最好的车企老板之一。从 2021 年到 2024 年这三年间，雷军试驾过超过 170 款车，光是试驾笔记就有 20 多万字。

其次，雷军不仅自己开车，还下决心学会赛车。他不光自己学，还带着小米管理团队一起学，最终，他如愿拿到了赛车牌照。而小米管理团队和工程师也有超过 100 人获得赛车牌照。

"我觉得玩赛车以后，我对车的认知进了一大步。因为之前自己开车，我从来没有开过地板油、地板刹，就是一脚踩死，遇到刹车的时候也是一脚踩死。而且我也不知道什么叫转向精准，什么叫操控，什么叫指哪儿打哪儿，开完赛车以后全明白了。后来觉得车跟车之间差距大极了，所以更深地理解了什么是人车合一。"

雷军认为，学赛车对自己帮助很大，此后他也力争亲自参加汽车研发的每一个关键节点。

到了 11 月 13 日这天，小米 SU7 第 100 000 辆正式下线，仅用 230 天，创造了新车企 10 万辆最快下线纪录。小米汽车工厂将持续扩充产能，目标在 2024 年底交付 12 万辆。小米 SU7 也实现了单月交付量超 20 000 台，提前完成 10 万台全年交付目标已无悬念。

对于智能汽车赛道而言，何时实现自动驾驶，依旧是绕不开的一个话题。这一年，在自动驾驶领域，"端到端"的解决方案成为最为火热的方向。3 月份，特斯拉推出了 FSD 系统的 V12 版本，该版本宣称删除了几十万行的人工规则代码，采用了端到端自动驾驶解决方案。此后国内厂商快速跟进，并强调自家端到端技术的"微创新"。

华为在 4 月发布了 ADS 3.0，8 月上车，强调该版本采用端到端大模型，实现了全场景贯通的类人智驾；到了 7 月底，小鹏宣布向全球用户全量推送 AI 天玑系统 XOS 5.2.0 版本，该版本采用了国内首个量产端到端大模型，官方宣称其高阶智驾系统提升到了"全国都好用"的水平；10 月 23 日，理想汽车宣布行业首创双系统智能驾驶解决方案"端到端 + VLM 视觉语言模型"正式全量推送；10 月 28 日，智己汽车宣布 IM

AD 3.0 率先完成从"最像人"到"有直觉"的断代式进化，为智驾系统率先注入 AI 生成的"直觉"[①]。

但中国智能汽车公司，在 2024 年，也开始受到西方国家的"政策阻击"。5 月中旬，美国政府决定对来自中国的电动汽车征收 100% 的关税，美国汽车制造商对此表示欢迎，称这些汽车将削弱美国对电动汽车和电池工厂的数十亿美元投资。6 月 12 日，欧盟公布对自中国进口的电动汽车拟征收的临时关税水平，并拟于 7 月 4 日起由各成员国海关执行。

中国智能汽车的国际市场征途，看起来才刚刚开始。

字节跳动：保卫 TikTok

美东时间 3 月 7 日，TikTok 向美国地区共计 1.7 亿用户推送了一则开屏弹窗：号召他们给所在地区的国会议员打电话，要求撤销针对 TikTok 的剥离法案。

弹窗的大致内容为：国会正计划全面禁止 TikTok。现在就说出来——在政府剥夺 1.7 亿美国人宪法赋予的言论自由之前。这将损害数以百万计的企业，摧毁全国无数创作者的生计，并使艺术家失去观众。

"让国会（议员）知道 TikTok 对你意味着什么，告诉他们投反对票，现在就打电话。"

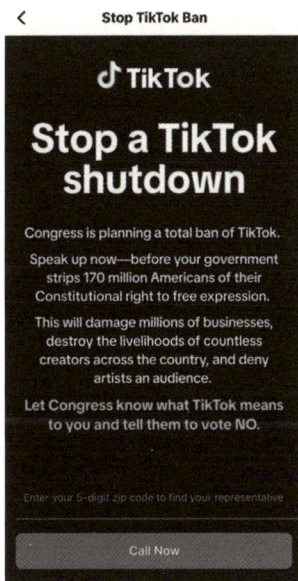

图 31-6　TikTok 开屏弹窗

---

① 基于与 Momenta 联合打造的"一段式端到端直觉式智驾大模型"。

　　为防止用户无法准确找到所在地区的议员，TikTok 还很贴心地在弹窗下方准备了入口，用户只需输入五位数的 Zip Code，即可显示该区的议员办公室电话。

　　就在弹窗发布几个小时后，北京时间 3 月 8 日凌晨，美国众议院能源和商务委员会以 50：0 的投票结果一致通过了剥离法案。

　　3 月 5 日，19 位美国众议院议员提出一项名为"保护美国人免受外国对手控制应用程序侵害法"的跨党派法案。

　　其中要求字节跳动在 165 天内剥离对旗下短视频应用 TikTok 的控制权（直接或间接持股小于 1%，且不受其控制），否则将禁止美国应用商店和网络托管服务商为其提供服务，也就是从 App Store 和 Google 商店中全面下架。

　　TikTok 首席执行官周受资在 1 月 31 日接受美国国会质询时表示，目前 TikTok 在美国地区的月活已经突破 1.7 亿，这比该公司去年 3 月公布的数据又增加了 2000 万。

　　皮尤研究中心在这年年初也曾发布过一组调查数据，显示自 2020 年以来，通过 TikTok 观看新闻的用户比例几乎翻倍，从 22% 增加到 43%。尤其在 18～29 岁青年群体之间，有近三分之一的人通过 TikTok 获取新闻资讯。

　　而另一项同样来自皮尤研究中心的统计数据显示，在美国 30 岁以下的青年中，使用 TikTok 的人数已经高于 Instagram、Twitter、YouTube 等社交媒体平台。

　　特朗普的当选，让 TikTok 的前景又显得"柳暗花明"起来。当被问及特朗普是否会阻止 TikTok 在美国被封禁时，特朗普团队的发言人表示，他将"兑现"这些承诺，但没有提供具体细节信息。

　　这一次，不论结果如何，靴子终将落地。

关于大模型在中国的百家争鸣

这年 8 月，Google 前 CEO 埃里克·施密特在斯坦福大学的一场内部活动中，分享了自己的一些观点。在谈到 TikTok 时，施密特表示：

政府正在尝试禁止 TikTok。如果 TikTok 被禁，我建议你们每个人都这样做，告诉你的大语言模型，接下去的操作是复制一份 TikTok。获取所有用户信息，获取所有音乐资源，再加入我的个性化设置。在接下来的 30 秒内编制这个程序。然后发布出去。如果一小时内它没有迅速传播开来，那就沿着同样的思路尝试另一种方式。这就是命令。一步接一步。

施密特也谈到了围绕 AI，中美地缘竞争的关系。他对美国的青年们表示：

在你们这一代人的有生之年，围绕知识霸权的美中对抗将会是主要的斗争。因此，美国政府基本上禁止了英伟达芯片出口到中国，尽管他们并不愿意明说这是他们的初衷。我们在芯片制造技术上大约领先 10 年，在小于 5 纳米的芯片方面，我们大约领先 10 年。

施密特在 2024 年 5 月初，曾和彭博社有一场访谈。他在肯定美国在 AI 领域领先中国两三年的同时，也指出了中国人工智能发展目前的四个短板：

第一，受美国制裁和管制，中国因芯片问题和供应短缺而陷入困境。

第二，用于训练大模型的中文材料较少，而英语在互联网、研究论文和书籍中占主导地位。

第三，由于通缩、国际关系紧张等问题，中国正面临外商投资和风险投资大幅减少的问题。

第四，中国正专注建立营利性应用公司，并非以平台为重点，在基础研究领域方面仍然落后。

周鸿祎在这年两会前后直言："目前，Meta 已经有 50 万块 GPU，明年可能会买百万块，微软应该也会按照百万级别去下订单。而国内的所有人工智能公司加在一起可能有 50 万块 GPU，但都分散在各个公司里。"

在科技互联网的世界，每周都有新故事，扒开都是老戏码。

扎克伯格在公开信中写道："有些人认为，美国必须采用闭源，以防止中国获得这些模型"，但"这是行不通的，只会让美国及其盟友处于不利地位"。

中国全部大模型产品 DAU 加起来可能也就是千万量级，非常小，比人们平时用的每个应用都小很多。用户的市场教育还远远没有完成。ChatGPT 在美国被推出来之后，迅速席卷全球，在两个月之内用户量即达到了 1 亿，这样的现象级事件在中国还没有发生。

ChatGPT 点燃了美国市场，市场被教育之后，创业也容易了、销售也容易了，大公司接受也容易了。我们现在最重要的事情是尽快推进市场教育，这样才能够让整个大模型生态健康地往前发展。[①]

李开复认为，这是所有友商都应该去一起推动的共同的目标，这个目标如果达不到，其实 to c、to b 往前推进都会有挑战。

在他看来，能够创造最大价值、拥有最多用户、最快达到 1 亿用户的，都将是原生的 AI 应用。如果一个应用的核心 AI 能力不是必需的，那么它只是在做一个基础的、类似网页的 App，这不是真正的 AI 应用。真正的 AI 应用应该是，如果去掉大模型，整个应用就无法成立、无法工作、不存在。

李彦宏则认为，中国公司要避免掉入"超级应用陷阱"。不是说一定要出现一个 10 亿 DAU 级别的 App 才叫成功，那是移动时代的思维逻辑。数据层面证明，大模型正在被更多应用到各行各业。在百度看来，

① 郭晓静：独家对话李开复：中国 AI 助手赛道 DAU 仅千万量级，市场教育迫切，腾讯科技，2024 年 6 月。

不是要推出一个"超级应用"，而是要让更多人、更多企业打造出数百万级"超级有用"的应用。截至 2024 年 11 月初，百度文心一言大模型的日均调用量已经超过 15 亿，相较一年前首次披露的 5000 万次，增长约 30 倍。这证明，不管是否有超级应用，不管是否超级有用，至少有超级多人在调用大模型的能力。

DeepSeek：中国版本的 AI 答案

2024 年 12 月 26 日，位于中国杭州的深度求索公司发布 DeepSeek-V3，训练成本仅 557 万美元，性能接近 GPT-4o，迅速引发了业内众多资深从业者的关注。

2025 年 1 月 20 日，深度求索发布 DeepSeek-R1 推理大模型，与 o1 性能相近。从产品层面来看，DeepSeek 实现了产业界的一个"不可能三角"：媲美 OpenAI 的顶尖能力、极低价格、全面开源。

2025 年中国春节期间，DeepSeek 的 AI 助手在 140 个市场中成为下载量最多的移动应用。由于下载量陡增，DeepSeek 服务器几度被挤崩。

在资本市场层面，2025 年 1 月 27 日，受 DeepSeek 冲击，纳斯达克综合指数跌幅达 3.07%，人工智能龙头企业英伟达公司股票暴跌近 17%，市值蒸发 5927 亿美元，创下美股史上最大单日市值损失纪录。CNBC 称 DeepSeek「动摇了美国在 AI 领域的统治地位」；华尔街日报称美国政府的出口限制或许难以阻止中国 AI 技术的快速发展。

可以说，DeepSeek 的问世，让中国迎来了属于自己的"ChatGPT 时刻"。游戏科学 CEO 冯骥发微博直言 DeepSeek 为"国运级别的科技成果"。

英伟达 AI 科学家吉姆·范（Jim Fan）表示："一家非美国公司正在延续 OpenAI 的初心——真正开放、前沿的研究，赋能所有人。"

Meta 首席科学家杨立昆（Yann LeCun）则强调，外界不要只关注中美 AI 竞争，DeepSeek 更重要的价值是"开源对闭源的胜利"。

著名 AI 投资机构 A16Z 的联合创始人马克·安德森表示：

DeepSeek 对这些知识的运用堪称大师级。他们最令人钦佩的壮举，是以开源的形式将成果慷慨地赠予世界。这是一种范式逆转，令人叹为观止。美国的 OpenAI 如同一个紧闭的黑匣子，而埃隆·马斯克甚至戏称其应更名为"ClosedAI"。OpenAI 最初的愿景是完全开源，而今却走向了封闭。其他 AI 巨头，如 Anthropic，也筑起了高墙，甚至停止发布研究论文，将一切视为私有领地。我们需要开源，就像我们需要言论自由、学术自由和研究自由一样。[①]

这个产品背后的公司深度求索，以及深度求索的创始人梁文锋，迅速引起了全球 AI 从业者的关注。更让人们感到神奇的是，这家公司仅有 150 人左右，且都是一些中国顶级高校的应届毕业生，或者还没有毕业的博四、博五实习生。

梁文锋，瘦削、低调，永远架着一副深度眼镜，是一个典型的理工技术男形象。在一次接受媒体采访时，梁文锋说到："我们经常说中国 AI 和美国有一两年差距，但真实的 gap（差距、差别）是原创和模仿之差。如果这个不改变，中国永远只能是追随者，所以有些探索也是逃不掉的。随着经济发展，中国也要逐步成为贡献者，而不是一直搭便车。"

客观来看，中美各家大厂的大模型表现都很优秀，问题不在于哪家模型性能高出 1%，而是 OpenAI 成本高昂的模型路线是否具有可持续性。OpenAI 每年花费 70 亿美元，面临着巨额亏损。现在出现了一个竞争对手，将成本低廉数倍的开源模型免费开放给市场，且这个竞争对手资源充沛，目前看来，DeepSeek 有足够的资金储备持续投入模型研发，并已经有效地将计算成本降低至原来的五分之一到十分之一。

在大模型领域的中美企业竞争，从这一刻，才刚刚开始。

---

① 马克·安德森 Andreessen Horowitz 接受美国知名播客 Invest Like the Best 采访，2025 年 2 月，https://news.qq.com/rain/a/20250217A0447700。

AI 时代的计算平台会是什么？

5 月初，在春节新品发布会上的一则"史上最薄"iPad 广告，让苹果公司陷入了"人与机器"之争。这则广告展示了工业压力机压碎了电视机、乐器、书籍等物品，最终仅剩一台新款 iPad Pro 的画面。

网友解读，iPad 取代钢琴、书籍等艺术符号，似乎传递了一种文化被科技取代或摧毁的负面信息。面对这显而易见的联想，苹果对广告内容进行道歉，并取消了在电视上播放这则广告的计划。

自从 ChatGPT 诞生以来，人们一直在质疑，苹果是否在人工智能时代，已经落伍了？乔布斯在 2007 年所开启的故事，还能够在 2024 年继续向前演绎吗？

在 6 月的苹果全球开发者大会上，苹果终于向世界推出了自己的人工智能解决方案。有趣的是，苹果还为 AI 取了一个新名字：Apple Intelligence。Apple Intelligence 被定义为 iPhone、iPad 和 Mac 的个人智能系统，它利用苹果芯片的能力来理解和创建语言和图像，以及跨应用采取行动。

此外，苹果还宣布与 OpenAI 合作，用户可以呼唤 Siri，以及在全系统的写作工具中调用 ChatGPT，实现聊天机器人、图像生成等功能。9 月初，苹果正式发布了 iPhone 16 系列，苹果 AI 也成为了全场的焦点。

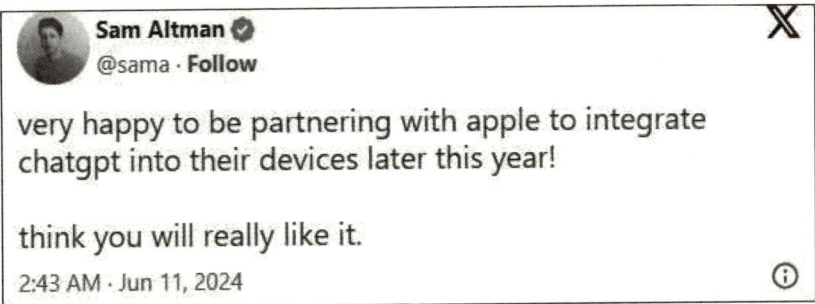

图 31-7　奥尔特曼在 X 平台介绍 OpenAI 与苹果合作

　　苹果在大模型的竞争中，并没有走在前列。但凭借其庞大的软硬件生态，和遍布全球的忠诚用户，苹果还将在人工智能浪潮中，扮演着相当重要的角色。

　　9 月下旬，Meta 发布了其秘密研发十年之久的"神秘产品"：Meta Orion AR 眼镜。它被扎克伯格称为"世界上最先进的眼镜"。据 Meta 介绍，每副眼镜的生产成本大约 1 万美元。2024 年所发的 Orion 眼镜，仅用作演示和内部开发套件 ①，并不对外正式开售。这次 Meta 官方几乎没有提供任何有关 Orion 的参数信息，芯片、光学、续航均未涉及。

　　在发布会期间的一场媒体采访中，扎克伯格详细介绍了自己的一些观点与判断：

　　我们应该关注未来，因为就像从桌面到移动的转变一样，未来也会出现新事物。那是什么呢？我认为最简单的版本基本上就是你开始看到的 Orion。这个愿景是，一副普通的眼镜，可以做两件非常基本的事情。第一是将全息图放到这个世界中，以提供这种逼真的存在感，就像你和在另外地方的一个人，就如同面对面一样交流。就像我们做的那样，你可以玩虚拟的乒乓游戏或其他什么。你们可以一起工作。

　　你可以坐在咖啡店里，打开整个工作站的不同显示器。你可以在飞机上或汽车后座上打开全屏电影院。它具有出色的计算能力和完整的存在感，就像你和人们在一起，无论他们身在何处。

　　第二，它是人工智能的理想设备。原因在于眼镜具有独特的优势，可以让人们看到你所看到的，听到你所听到的。它会给你非常微妙的反馈，比如它可以在你耳边说话，或者在眼镜上显示其他人看不到的无声输入，并且不会将你与周围的世界隔离开来。我认为这一切都将非常深刻。现在，当我们开始时，我曾认为全息图部分在人工智能之前就可以实现。命运的转折很有趣，人工智能部分实际上在全息图真正能够以可承受的价格大规模生产之前就已经实现了。

　　但这就是我们的愿景。我认为，现在每天戴眼镜的人已经达到 10

---

① 大约仅生产 1000 副。

亿到 20 亿，这一点很容易理解。就像所有升级到智能手机的人一样，我认为未来十年内，所有戴眼镜的人都会很快升级到智能眼镜。然后我认为智能眼镜将开始变得非常有价值，很多今天不戴眼镜的人最终也会戴上它。①

在扎克伯格看来，人们不会很快放弃手机。因为当手机成为主要的计算平台时，用户并没有放弃电脑。扎克伯格有一个很深的印象，在 21 世纪 10 年代初的某个时候，他注意到自己会坐在电脑前，然后拿出手机来做事。

下一代核心的计算平台究竟是什么？人们一直争吵不休。但至少在肉眼可见的很多年里，手机将继续稳稳地站在舞台中心，而智能眼镜、VR 头盔、智能耳机等设备将围绕在手机周围，继续"伴舞"。此外，人形机器人，也必将加速走进人类的生产和生活。

什么样的组织形式，能够真正通往 AGI？

从顶级人才的绝对值上来看，美国在全球范围内有着显著的优势。美国智库 MacroPolo 发布的《全球 AI 人才追踪 2.0》报告，旨在评估顶尖 AI 人才在全球的流动趋势。这份报告显示：

第一，美国是顶级 AI 人才的首选工作地。在美国的研究机构中，美国和中国的研究人员（基于本科学历判断）占顶尖 AI 人才的 75%。

第二，美国仍然是顶尖 AI 人才（排名前 2%）的首选目的地。

第三，美国拥有 60% 的顶尖 AI 机构。

4 月 17 日，MiniMax 的创始人闫俊杰在接受"晚点"采访时坦言："我说一个非常恐怖的观点，对大模型这个领域贡献前 20，甚至前 50 的人，可能没有一个人在中国公司工作。我们现在靠天才路径不 work。目前唯一的方式就是聚拢一些基本素质足够优秀的人，做一个比较好的成

① 扎克伯格：接受 The Verge 副主编 Alex Heath 采访，2024 年 9 月。

长型组织，不断一起突破挑战，让大家高速成长起来。希望三年之后，对这个领域贡献前 20、前 50 的人能来自中国公司。"[1]

除了人才基数之外，什么样的组织形式在 AI 时代是更先进的生产力，是另一个人们热衷讨论的话题。在通往 AGI 之路的过程中，到底什么组织形式是最适合的？不同的人，有不同的观点。

这年 4 月，山姆·奥尔特曼在一档访谈节目中表示：世界上有很多 AI 组织可以复制其他人的工作。但真正的挑战在于如何首次创造出新的东西，并在多年后始终如一地做到这一点。我们的愿景是建立一个研究组织、一个产品组织，并将这些成果推向世界。我们希望不断创新，不仅仅是让 GPT 5 变得惊人，而是持续推动 GPT 6、GPT 7、GPT 8 的发展，无论我们如何称呼它们。我们的目标是确保我们已经做好了准备，从研究人员可以带我们去哪里，这对产品的发展意味着什么，这意味着整个公司必须遵循什么。这是我们面临的一个大问题。[2]

但另一方面，"原本执着"的 OpenAI 也在考虑将公司变成一家真正追求利润的公司。

在中国的企业家中，对 AI 时代公司组织的变化提出最多思考的，是杨植麟。在杨植麟看来，大模型和互联网的开发方式完全不一样，互联网可以做规划式的发展，但大模型是涌现式的，就类似一个是指一个地方种一棵树，一个是把整片森林承包下来，生产方式不一样，组织对应也要做一些调整。

杨植麟曾对什么组织最适合 AI，做过一番系统分析：

Lab 是历史了。以前 Google Brain 是产业界最大的 AI lab，但它是把研究型组织安插在大公司。这种组织能探索新想法，很难产生伟大系统——能产生 Transformer，但产生不了 ChatGPT。现在的开发方式会演变成，你是要做一个巨大的系统，需要新的算法，扎实的工程，甚

① 程曼祺：对话 MiniMax 闫俊杰：AGI 不是大杀器，是普通人每天用的产品，晚点 LatePost，2024 年 4 月 17 日。

② 山姆·奥尔特曼接受 20VC 主理人 Harry Stebbings 专访，https://mp.weixin.qq.com/s/a2YFtCSNYoriSrbuiSQvgw。

至很多产品和商业化。好比 21 世纪初，你不可能在实验室研究信息检索，要放在现实世界，有一个巨大的系统，有一个有用户的产品，像 Google。所以，科研或教育系统会转变职能，变成培养人才为主。

我想强调，它不是纯科学，它是科学、工程和商业的结合。它得是一个商业化组织，是公司，不是研究院。但这个公司是从零到一建造的，因为 AGI 需要新的组织方式——①生产方式跟互联网不一样；②它会从纯研究变成研究、工程、产品、商业相结合。

核心是，它应该是一个登月计划，有很多自顶向下的规划，但规划中又有创新空间，并不是所有技术都确定。在一个 top-down（自上而下）框架下有 bottom-up（自下而上）的元素。本来不存在这样的组织，但组织要适配技术，因为技术决定了生产方式，不匹配就没法有效产出。我们相信大概率要重新设计。①

而从实践层面来看，梁文锋的深度求索公司，是中国最像早期充满理想主义的 OpenAI 的公司。

人们对于什么样的组织形式最能够通向 AGI，并无定论。唯一能够确定的是，那一定是一个"新物种"。这个"新物种"身上会有一些 OpenAI 的影子，也必然会有一些月之暗面的影子。

阿里巴巴、腾讯，谁是"中国版微软"？

人们发现，不论是作为阿里巴巴董事长的蔡崇信，还是作为 CEO 的吴泳铭，都有着丰富的投资财务背景。市场在猜想，阿里巴巴在新一届领导层的指导下，将会演绎出怎样不同版本的故事。这年 4 月，蔡崇信在接受美国媒体采访时，深度反思了阿里巴巴的战略。蔡崇信认为：

在过去的几年里，当我们审视内部并反思过去几年的情况时，我们

---

① 张小珺：《月之暗面杨植麟复盘大模型创业这一年：向延绵而未知的雪山前进》，腾讯新闻《潜望》，2024 年 3 月 1 日，https://new.qq.com/rain/a/20240229A0990C00/。

知道阿里落后了，因为我们忘记了我们真正的客户是谁。我们的客户是使用我们的 App 进行购物的人，而我们没有给他们最好的体验。

所以在某种程度上，我们砸了自己的脚，没有真正关注给用户创造价值，因此作为重组的一部分，我们找来了新 CEO。我是董事长，CEO 比我小 12 岁。他非常以用户为中心，专注于产品、界面和用户体验。这对我们来说是最重要的。①

同样在这次访谈中，蔡崇信也坦言，在顶尖大模型方面，中国与美国之间有着 2 年左右的差距。阿里巴巴在布局大模型方面的策略是："买下整个赛道。"阿里巴巴投资了中国一级市场上估值最高的几家 AI 大模型初创公司，并在 2 ～ 3 家公司中可能是大股东。

在光年之外后，按照时间排序，先后出现了 6 家"独角兽"级别的大模型创业公司，分别是：

由张鹏任 CEO，唐杰任首席科学家的智谱 AI；

由商汤前副总裁闫俊杰创立的 MiniMax；

由天才少年杨植麟所创立的月之暗面（Moonshot AI）；

由王小川所创立的百川智能；

由姜大昕出任 CEO 的阶跃星辰；

由李开复所创立的零一万物。

阿里巴巴试图对市场讲一个"中国版微软 +OpenAI"的故事。阿里巴巴本身拥有通义千问，还全面投资了中国市场重点公司。这样"1 + N"的布局，让人很容易联想到同样拥有强大的云计算业务的微软的战略。

媒体人潘乱曾在 2024 年感慨："别拿这轮 AI 创业跟移动互联网比，目前还不配。"关于 AIGC 类的应用，市场上逐步形成了一些共识：

第一，大模型本身是新事物，各家产品数据量级都还较小，整体还处在教育市场阶段，如果留存不 OK，不宜大量投放。在中国市场，除了月之暗面的 Kimi，其他几乎每家公司，不论巨头还是独角兽，都对投

---

① 蔡崇信接受挪威主权财富基金首席投资官 Nicolai Tangen 专访，2024 年 4 月 3 日。

放保持了相当程度的克制。

第二，AIGC 这一类的新应用，具体能够实现的功能，需要产品市场和用户一起共创挖掘。在人工智能这波浪潮中，人们惊奇地发现，即使是做出这款产品的产品经理，也并不知道这个应用能够在哪些场景中应用。这个"哆啦A梦"的口袋，需要用户和做产品的人一起挖掘。

第三，目前还没有一家产品真正通过什么王牌功能打穿一个主流人群。

第四，拉长周期看终局，"数据""记忆"能力有机会成为具体产品结实的护城河功能。

在大模型之外，拥有足够的用户数据和使用习惯的公司，看起来最有竞争力。从这个层面来看，如果微信把"文件传输助手"改造为"个人智能助理"，会比拥有 GPT 能力的 Siri 更有吸引力吗？腾讯所推出的元宝等应用，正在将这个设想，逐步变为现实。"企鹅"，依旧是那个让所有创业者感到恐惧的存在。

从历史来看，每一代的超级应用，都会比上一代要放大一个数量级。PC 互联网时代的王牌应用是搜索，移动互联网时代的超级应用是推荐，AI 时代到底是什么？还没有人有明确的答案。

历史的航道无数次证明，下一代核心平台，往往出自"新物种"。做出 ChatGPT 的不是 Google，也不是微软或者亚马逊，而是 OpenAI；做出抖音的不是阿里巴巴、腾讯或百度，而是字节跳动。开往下一个时代的船，又会从哪个新的码头起航呢？

AI 搜索的终局，将走向何方？

有机构预计，AI 搜索引擎产品 Perplexity 在 2024 年的营收将达到 3500 万美元，是年初预计值的 7 倍。2023 年一整年，其 AI 搜索引擎共完成了 5 亿个问题的工作量，而到了 2024 年 7 月，仅在一个月之内，就处理了约 2.5 亿个问题。到了 10 月，这家公司更是对外宣布，其每周的处理问题数量，已经达到上亿级别。

Perplexity 的 CEO 埃拉文德·斯里尼瓦斯认为：Perplexity 是一个知识发现引擎，不是搜索引擎。我们称它为答案引擎，在我看来，你得到答案后旅程才开始。我相信我们正朝着的方向既不是搜索也不是答案引擎，而是发现，朝着知识发现的方向发展。在互联网之前，知识一直在不断传播。这是一个比搜索更大的事。[①]

可以说，从 2022 年 11 月底 ChatGPT 发布，引发生成式 AI 浪潮以来，在 AI 搜索这个领域，主要存在"三大门派"。

第一大门派：传统综合搜索巨头。这里的"搜索巨头"，自然是指国际市场上的 Google、必应，以及中国市场的百度。

第二大门派：AI 原生搜索引擎。代表产品有国外的 Perplexity ，国内秘塔 AI 搜索等。

第三大门派：Chatbot 类产品。比如 ChatGPT[②]、文小言、Kimi、豆包、支小宝、元宝、百小应等等。

当然，在这三大门派之外，如果细心观察，包括百度文库、微信读书等传统移动互联网产品，都已经开始嵌入越来越多的 AI 功能。

但 AI 搜索，的确是生成式 AI 浪潮以来，几乎最受关注的应用赛道。大家这么看中这个赛道，背后的道理也很容易理解。因为这是肉眼可见的一块"大蛋糕"。

要知道，搜索引擎一直是互联网各条赛道里，最赚钱的赛道之一。2023 年仅 Google 一家公司的营收，就到了 3073.9 亿美元，这相当于22132 亿人民币，而其中的绝大多数收入，是来自搜索广告。

也就是说，哪怕只从 Google 的蛋糕上，咬下来 1% 的市场份额，那也是 200 亿人民币左右的营收盘子。这个体量已经相当于 2 家 360 公司了。

---

① Aravind Srinivas 接受播客 Lex Fridman 的专访，2024 年 7 月。
② GPTSearch。

也正是这个原因，不论是国外的 Perplexity，还是国内的秘塔 AI，都在不论是资本市场，还是舆论场里，持续地吸引着大家的眼球。但始终没有任何一个产品，真正从乱军中杀出，成为新一代的"超级英雄"。

如果纵览中国互联网 30 年的发展史，最终让一家公司能够突出重围的，无非是三点：更牛的技术能力、更领先的商业模式、更好的产品体验。

第一，显著领先于行业的技术能力。这往往出现在领先技术刚刚出现时，比如 2022 年底发布 ChatGPT 3.5 的 OpenAI，比如 1945 年 7 月 16 日，成功进行世界上第一次核爆炸的美国。任何一波科技浪潮，技术总是最先出现，而这一优势也最难长久保持。

第二，更先进的商业模式。这种领先，往往出现在原有赛道霸主已经有些麻痹的时候，比如 2015 年成立的拼多多社交电商，比如 2020 年之后开始爆发的直播电商。

第三，更好满足用户需求的产品体验。比如微信 2011 年，在和米聊的竞争中脱颖而出，比如 TikTok 凭借"上下滑"的产品交互风靡全球市场。

生成式 AI 的这一波浪潮发展至今，至少在中国市场，大模型技术的差距已经显著缩窄。生成式 AI 产品的商业模式探索，才刚刚起步。站在 2024 年这个时间点，从产品层面通过创新以实现突破，才是竞争的关键。而 AI 搜索这一战场，无疑是目前看起来最适合的练兵场和观测台。

李彦宏：智能体是 AI 时代的网站

智能体，即 Agent 这个词，在 2024 年，变得越来越火热。不论是预言家，还是来自中美的科技领袖们，都认为智能体将会大规模出现。

预言家凯文·凯利认为，或许智能体就是硅基生命的一种初期形态。在一场演讲中，他详细介绍了自己对智能体的理解：

AI 就像是降临到地球上的外星人一样，但是它们是由人类来进行设计和编程制造的，可能超过了人类的智能，也有可能有认知。但最重要的一点是，它们并不像人，它们是一个硅基生物，有不同的认知和思维方式。思维方式的不同，可能就构成了 AI 与人之间最大的不同，这并不是差错，而是特点，甚至是优势，它们可能会有创造性的思维，用完全不同于人的思维去做决策。

在新经济的时代，不同的思维方式是非常重要的，如果我们要在一个互联的世界生存，可能很难出现完全不同的、跳脱于所有人的思维方式，但是 AI 就可以做到，他可以帮助人们跳出常规思维，用一个全新的视角去思考。所以我觉得 AI 中存在一些像 ET 这样的很聪明的智能体。

PC 互联网时代，用户的典型产品应用形态是浏览器。在移动互联网时代，是 App 应用。在人工智能时代，会是智能体吗？如果是，会是什么样的智能体？

在科技互联网领域，几乎所有的头部企业家均认为，未来的人类世界，将充满各式各样的软硬件智能体。

山姆·奥尔特曼认为："AI 智能体更有趣的点在于，你可以做一些作为人类你不会或不能做的事情。比如，不是让 AI 智能体给一家餐厅打电话订餐，而是让它同时联系 300 家餐厅，并找出哪一家对你来说最特别。不仅如此，它能够在 300 个地方接电话，它可以进行人类无法做到的大规模并行操作。"

在奥尔特曼看来，AI 智能体可以成为一个非常聪明的高级同事，人们可以与之合作完成项目，它能够很好地完成一个为期两天或两周的任务。而当智能体遇到问题时，也能够联系用户求助，但最终它能够带给用户很棒的工作成果。

扎克伯格也在一次访谈节目中大胆预测，未来人类将生活在一个有数亿，甚至数十亿 AI 智能体的世界中，最终 AI 智能体的数量可能会比人类还多，人们能以不同的方式与之互动。

2024: 且听龙吟 ／ 791

黄仁勋在 10 月出席联想的一场活动时分享道，未来将有数百万甚至数十亿的 AI 智能体，他开玩笑称"小 Jensen 玩偶"们将帮助人类完成各种任务。在黄仁勋看来，未来将有两种人工智能：一种是理解物理世界的实体机器人，另一种则是理解信息世界的信息机器人，这两种 AI 将成为全球产业的基石。黄仁勋乐观地预言，未来人们将与 AI "同事"一起工作，这些 AI 可能擅长市场营销、芯片设计、软件编程、验证或构建智能体来协助供应链管理，最终实现"超人"式的生产力。

在 6 月的一场活动上，李彦宏给出了自己的答案："生成式人工智能，我更看好的方向是什么呢？是智能体（Agent）。"

"当时看网站是怎么做出来的？通过浏览器一看源代码，非常简单，稍微改一点，我也可以做出来，今天做智能体跟这个很类似……起个名字，告诉它回答什么、不回答什么，就做成了。"

李彦宏认为，智能体将会大量出现，最终形成生态。"未来，在各行各业、各个领域都会依据自己具体的场景，根据自己特有的经验、规则、数据，做出来这些智能体。"

智能体不仅能对话，还具备反思和规划能力，"如果说得不对，它能自己想想哪儿错了；它还有规划能力，为了实现目的，能规划要调用什么工具。"

李彦宏认为，智能体或许还将具备协作能力，"有些复杂的任务，可以通过多个智能体来完成，就像公司里有 CEO，还有财务、技术、销售主管，他们协作起来，能完成一个非常复杂的任务。"

在大模型领域，第二名或许应该是一家中国公司？

不同于 PC 互联网时代，中国公司可以直接参考美国产品模式进行中国化，也不同于移动互联网时代，中国公司可以基于 iOS 或者安卓生态，进行灵活创新，在 AI 时代，中国公司如何在大模型和应用层面为自身设定目标，是每一个细心的从业者都在思考的问题。

从全球范围看，头部创业公司手里全部有超过 10 亿美元级别的现金量。美国的 Google、微软、Meta、xAI 等公司，大概率在可预期的未来数年中，会投入数百亿乃至上千亿美元。中国的科技互联网公司强如字节跳动、阿里巴巴或腾讯，他们或许有着同样足够的研发资金，但却无法获得足够多的 GPU 芯片。

因此至少拉长 3～5 年时间看，中国在通往通用人工智能的道路上，不管是有钱的"大厂"，还是"没钱"的创业公司，在算力层面的投入一定会比美国的科技公司小 1～2 个数量级。

在算力无法保证的情况下，提升数据和算法的质量变得更加重要。当然，中国科技互联网公司还有一个一直以来的撒手锏：用户体验。

AIGC 类产品，和 PC 互联网时代的网页、移动互联网时代的 App 都不一样。每一个 AIGC 产品，不仅体现在一个个模型上，也体现在用户的创造上。中国公司在大模型能力上会落后一些，但有机会为用户提供更好的用户体验，通过用户弥补这些差距。

像字节跳动这样的公司正在寻找"新的抖音"。字节将相当多的资源，投入了产品"豆包"上面。基于豆包大模型开发了 AI bot，豆包可以实现 AI 智能聊天、对话、问答，预制了多个智能体，支持学习、生活、情感等多个场景，同时也允许用户定制自己的 AI 智能体。

QuestMobile 数据显示，截止到 2024 年 7 月份，豆包以 3042 万的月活用户规模位居中国 AI 原生应用的第一名。每个人都知道，退居幕后的张一鸣，对大模型同样表现得野心勃勃。

MiniMax 的创始人闫俊杰有一个有趣的观点，他认为，中国能够诞生大模型领域全球排名第二的公司。闫俊杰在 6 月的一场活动中表示：

AI 研发投入一定是越来越大的，这是不可否认的事情。短期会有很多的竞争，国内和海外的竞争都会有很多，很多随机性没法考虑得很清楚。但是如果长期看，考虑五年、十年以后，假设全世界只有三家公司，或者说只有五家公司。那至少第二名应该是一家中国公司。

首先，在中国有 10 亿的互联网用户，至少用户规模上中国是绝对领先。

其次，从人才上，虽然中国目前整体环境，创新能力，距离美国还是有差距的。但也可以看到很多优秀的人会回来或者成长起来，并且我们不一定把 AI 想成特别神秘的事情，它和别的学科是一样的，比如跟新能源和生物制药是类似的。我相信中国整体的人才质量和人才生态会越来越好。那个时候中国最好的公司，有可能与美国第一的公司有差距，但是大概率会比美国第二的公司好，因为在美国也会头部聚拢。短期的算力资源，芯片制程上是落后的，但通信互联我们是领先的。

闫俊杰认为，做 AI 产品的人，应该跟用户一起来创造更好的人工智能，而不是说做了一个很好的技术给别人，这就是我们对技术跟产品的理解。"用户或者说用户的创造是模型和产品的一部分，而不是分散的两个个体，不是要做一个最好的东西，然后像上帝一样让所有人用。"

一场看不见的科技战争，才刚刚拉开序幕

罗曼·罗兰说："生活中只有一种英雄主义，那就是认清生活的真相之后依然热爱生活。"2024 年 9 月 10 日，是阿里巴巴成立 25 周年纪念日，马云在内部网站发声：

25 年我最骄傲的不是我们创办了多少家公司，而是这些公司给社会带来了多少的变化和价值。骄傲的不是我们赚了多少钱，市值多高，而是赚了钱以后的阿里人还有理想，还是有情有义。我骄傲的是能和阿里人一起工作，一起经历，一起坚持，一起探索未来，一起品味失败和教训。我骄傲的是曾经和阿里那么多优秀的年轻人一起争辩未来，畅想

794 \ 铂金时代（2019—2024 年）

未来，创造未来！

我骄傲的是，没有支付，我们创建支付；没有物流，我们参与物流；没有互联网支撑技术，我们投入云。信用不值钱，我们让信用变得无价。我们相信技术可以也必须帮助每一个普通人，让每一个普通的老百姓因为技术也获得尊严。

我更骄傲的是我们有幸参与了推动社会的进步，从帮助无数年轻人创业开店，到蚂蚁森林，到药监码，到用技术减少拐卖儿童现象，到解决春运火车票，到疫情当中上千名程序员通宵达旦开发健康码，到那么多优秀员工放下舒适熟悉的工作生活环境去贫困地区担任"乡村经济特派员"。阿里人业绩以外的"侠气"有幸得到了认可。

对于阿里巴巴是这样，对于每一家科技互联网公司，同样是如此。

从 1994 年到 2024 年，互联网这个"均衡器"持续在中国社会产生影响。电商、社交、信息、泛娱乐、计算平台这五条科技互联网赛道如同五条大河。水流从上游而下，逐渐既急且宽。五条河流会部分重合，与更多支脉最终聚合成海。

从 1994 年到 2000 年，"青铜时代"的中国科技互联网行业，三大门户迅速崛起，成为中国互联网第一阶段核心巨头，主要赛道也初步成型。

从 2001 年到 2009 年，中国科技互联网进入"白银时代"。BAT 成功接过三大门户的火炬，开始统治中国互联网行业，万物霜天竞自由。

从 2010 年到 2018 年，中国科技互联网行业迎来"黄金时代"。以 TMD 为代表的移动互联网新贵开始崭露头角，与 BAT 展开新旧交替的权力 PK，中国科技公司开始真正走向全球市场。

从 2019 年开始，中国科技互联网行业进入了"铂金时代"。行业进入以人工智能为代表的互联网新时期，一方面以字节跳动、拼多多为代表的新一代中国互联网公司扬帆出海，在多个主流赛道抢占国际市场，另一方面，繁荣多彩的消费互联网开始褪下金色，以人工智能、云计算为代表的产业互联网迎来爆发。

30 年的中国科技互联网故事，一代又一代创业者们在懵懂中起步，在茫然中坚持，在拨云见日前选择决绝，在豁然开朗后释然。这个行业有诸多震惊世人的巅峰时刻，也经历过遭遇各个维度质疑的多次低谷。

长江、黄河，不会倒流。当万流入海，千帆启航，一段新故事正在开启。

互联网经过 30 年的发展，已经完整地走过了一个时代。而人工智能时代，作为科技互联网行业的"第二曲线"，也已经进入了历史的第二年。

从 40 后的任正非、柳传志，到 60 后的马云、李彦宏、张朝阳，乃至 70 后的马化腾、雷军、周鸿祎、刘强东、王兴，一直到 80 后的张一鸣、黄峥，每一代中国科技互联网行业的领军人物，都更加具有国际化视野，对最新一波的科技浪潮更为敏感。而一号位的人格和格局，又直接映射到了公司的文化和战略之中。

围绕人工智能这一波浪潮，我们既能够看到 60 后的李彦宏、李开复，也能够看到 70 后的周鸿祎、王小川，以及 80 后的闫俊杰，乃至 90 后的杨植麟、王兴兴。AI 浪潮带来了科技行业的一个奇观：四代人同场竞技。

需要注意的是，这并不是孤例。在国际赛场上，我们能够看到，60 后的黄仁勋、库克，70 后的马斯克、谢尔盖·布林，80 后的山姆·奥尔特曼、扎克伯格。

挖掘这 30 年时光最大的价值或许在于，重温历史，思考未来。因为虽然历史不会重演，但总会押韵。

对于很多西方的观察家来说，像 DeepSeek 这样令人惊艳的 AI 应用，有一个无法被忽视的标签：来自中国。德意志银行的分析师马克·安德里森（Marc Andreessen）将 DeepSeek 的发布称为"中国的斯普特尼克时刻"（Sputnik moment）。

1957 年，苏联发射了人类历史上第一颗人造卫星——斯普特尼克 1 号（Sputnik 1），这标志着苏联在太空竞赛中的突破，当时震撼了全世界，更是直接刺激了美国。"斯普特尼克时刻"在这之后，被指某一国家或地区在某个领域突然突破，带来巨大的技术、经济或政治影响，通常促使全球或其他国家重新评估自己的发展方向和竞争力。

当然，美国人对任何挑战者永远充满警惕。美国总统特朗普认为，DeepSeek 的出现"给美国相关产业敲响了警钟"，美国"需要集中精力赢得竞争"。

美国正在"集中精力"赢取竞争的领域，不止人工智能。如果跳脱出正在风口上的人工智能叙事，能够更加清醒地看到，DeepSeek 只是人类社会众多正在走向奇点的关键新兴技术之一。

21 世纪刚刚走过四分之一，新兴关键技术加速的推背感，是如此强烈，让人有些目眩。人工智能、具身智能、脑机接口……

这是一场没有硝烟的战争，这是看得见的科技战争。全球各国的政府头脑、科技精英们你争我赶、只争朝夕。必须承认，我们现在能够看到的，只是冰面之上的一角，在冰面之下，还有着深不可测的水位。

可以说，从 2025 年开始，一个新的 30 年的故事，刚刚开启第一篇章。

卡尔·萨根在《宇宙》中写道："在广袤的空间和无限的时间中，能与你共享同一颗行星和同一段时光，是我莫大的荣幸。"

受时间空间所限，本书难以完美，因此要特别感谢你的耐心阅读。行文到这儿，停笔至此，读过这 30 年的科技互联网故事之后，你的人生使命，又是什么呢？

对时间最大的慷慨，莫过于把一切都献给现在。只愿你，既往不恋，当下不杂，纵情向前！

扫码阅读本章更多资源